2026
The Newest Edition
최신판

핵심이론+10개년 기출

에너지관리기능사
기출문제집 필기

저자 **김재호**

핵심이론 저자직강
동영상 강의 무료
cafe.naver.com/sehwabooks

도서출판 세화

NAVER 카페　cafe.naver.com/sehwabooks ▼　🔍

머리말

이제는 융합과학의 시대이다.

신재생에너지, 풍력발전, 해양온도차발전, 해류발전, 조류발전, 태양광, 연료전지, 생물자원에서 얻는 바이오에너지, 화학반응을 이용한 수소에너지, 지하에서 얻은 고온의 지하수와 증기를 이용한 지열발전, 그 외에 미래에너지로는 천연가스의 일종인 셰일가스와 심해의 메탄얼음 형태인 메탄하이드레이트가 있는데, 아직은 생산단가를 낮추어야 하는 문제를 가지고 있다.

전력 부족 문제와 지구 열대화 등의 우리가 당면한 과제들로 인해 에너지에 대한 관심이 크게 높아졌다. 그러나 에너지 문제는 관심만으로 해결할 수 있는 것은 아니다. 우리의 현실은 환경재앙으로 인간의 생존권이 크게 염려되고 있다. 우리가 사용하고 있는 에너지의 사용량을 절감하고, 대책을 세우지 않으면 모든 인간이 문명의 위기를 맞을 것이다.
아직 갈 길이 먼 미래에너지 상용화는 에너지 절약부터 실현해야 한다.

그러므로 에너지관리자의 수요는 더욱 증가할 것으로 예상된다. 이에 따라 그동안 강단에서의 오랜 강의와 실무경험을 토대로 틈틈이 준비하였던 자료를 이용하여 책을 펴게 되었다. 인쇄가 거듭될 때마다 미흡한 점을 수정·보완하여 완벽한 기술도서가 될 수 있도록 노력할 것을 약속하며, 끝으로 본서의 출간을 위해 온갖 정성을 기울여 주신 세화출판사 박용사장님 그리고 임직원 여러분들에게 감사의 뜻을 표한다.

저자 씀

출제기준(필기)

- 직무 분야 : 환경·에너지
- 자격 종목 : 에너지관리기능사
- 검정 방법 : 객관식(시험시간 : 1시간)
- 직무내용 : 에너지 관련 열설비에 대한 기기의 설치, 배관, 용접 등의 작업과 에너지 관련 설비를 정비, 유지관리하는 직무이다.

시험 과목	출제 문제 수	주요 항목	세부 항목	세세 항목
열설비 설치, 운전 및 관리	60	1. 보일러 설비 운영	(1) 열의 기초	❶ 온도 ❷ 압력 ❸ 열량 ❹ 비열 및 열용량 ❺ 현열과 잠열 ❻ 열전달의 종류
			(2) 증기의 기초	❶ 증기의 성질 ❷ 포화증기와 과열증기
			(3) 보일러 관리	❶ 보일러 종류 및 특성
		2. 보일러 부대설비 설치 및 관리	(1) 급수설비와 급탕설비 설치 및 관리	❶ 급수탱크, 급수관 계통 및 급수내관 ❷ 급수펌프 및 응축수 탱크 ❸ 급탕 설비
			(2) 증기설비와 온수설비 설치 및 관리	❶ 기수분리기 및 비수방지관 ❷ 증기밸브, 증기관 및 감압밸브 ❸ 증기헤더 및 부속품 ❹ 온수 설비
			(3) 압력용기 설치 및 관리	❶ 압력용기 구조 및 특성
			(4) 열교환장치 설치 및 관리	❶ 과열기 및 재열기 ❷ 급수예열기(절탄기) ❸ 공기예열기 ❹ 열교환기
		3. 보일러 부속설비 설치 및 관리	(1) 보일러 계측기기 설치 및 관리	❶ 온도계 ❷ 압력계 ❸ 수면계, 수위계 ❹ 유량계, 가스미터
			(2) 보일러 환경설비 설치	❶ 집진장치의 종류와 특성 ❷ 매연 및 매연 측정장치
			(3) 기타 부속장치	❶ 분출장치 ❷ 슈트블로우 장치
		4. 보일러 안전장치 정비	(1) 보일러 안전장치 정비	❶ 안전밸브 및 방출밸브 ❷ 방폭문 및 가용마개 ❸ 저수위 경보 및 차단장치 ❹ 화염검출기 및 스택스위치 ❺ 압력제한기 및 압력조절기 ❻ 배기가스 온도 상한 스위치 및 가스누설긴급 차단밸브 ❼ 추기장치 ❽ 기름 저장탱크 및 서비스 탱크 ❾ 기름가열기, 기름펌프 및 여과기 ❿ 증기 축열기 및 재증발 탱크

〈적용 기간 : 2026. 01. 01. ~ 2028. 12. 31.〉

시험 과목	출제 문제 수	주요 항목	세부 항목	세세 항목
열설비 설치, 운전 및 관리	60	5. 보일러 열효율 및 정산	(1) 보일러 열효율	① 보일러 열효율 향상기술 ② 증발계수(증발력) 및 증발배수 ③ 전열면적 계산 및 전열면 증발율, 열부하 ④ 보일러 부하율 및 보일러 효율 ⑤ 연소실 열발생율
			(2) 보일러 열정산	① 열정산 기준 ② 입출열법에 의한 열정산 ③ 열손실법에 의한 열정산
			(3) 보일러 용량	① 보일러 정격용량 ② 보일러 출력
		6. 보일러설비설치	(1) 연료의 종류와 특성	① 고체연료의 종류와 특성 ② 액체연료의 종류와 특성 ③ 기체연료의 종류와 특성
			(2) 연료설비 설치	① 연소의 조건 및 연소형태 ② 연료의 물성(착화온도, 인화점, 연소점) ③ 고체연료의 연소방법 및 연소장치 ④ 액체연료의 연소방법 및 연소장치 ⑤ 기체연료의 연소방법 및 연소장치
			(3) 연소의 계산	① 저위 및 고위 발열량 ② 이론산소량 ③ 이론공기량 및 실제공기량 ④ 공기비 ⑤ 연소가스량
			(4) 통풍장치와 송기장치 설치	① 통풍의 종류와 특성 ② 연도, 연돌 및 댐퍼 ③ 송풍기의 종류와 특성
			(5) 부하의 계산	① 난방 및 급탕부하의 종류 ② 난방 및 급탕부하의 계산 ③ 보일러의 용량 결정
			(6) 난방설비 설치 및 관리	① 증기난방 ② 온수난방 ③ 복사난방 ④ 지역난방 ⑤ 열매체난방 ⑥ 전기난방
			(7) 난방기기 설치 및 관리	① 방열기 ② 팬코일유니트 ③ 콘백터 등
			(8) 에너지절약장치 설치 및 관리	① 에너지절약장치 종류 및 특성

출제기준(필기)

시험 과목	출제 문제 수	주요 항목	세부 항목	세세 항목
열설비 설치, 운전 및 관리	60	7. 보일러 제어설비 설치	(1) 제어의 개요	❶ 자동제어의 종류 및 특성 ❷ 제어 동작 ❸ 자동제어 신호전달 방식
			(2) 보일러 제어설비 설치	❶ 수위제어 ❷ 증기압력제어 ❸ 온수온도제어 ❹ 연소제어 ❺ 인터록 장치 ❻ O_2 트리밍 시스템(공연비 제어장치)
			(3) 보일러 원격제어장치 설치	❶ 원격제어
		8. 보일러 배관설비 설치 및 관리	(1) 배관도면 파악	❶ 배관 도시기호 ❷ 방열기 도시 ❸ 관 계통도 및 관 장치도
			(2) 배관재료 준비	❶ 관 및 관 이음쇠의 종류 및 특징 ❷ 신축이음쇠의 종류 및 특징 ❸ 밸브 및 트랩의 종류 및 특징 ❹ 패킹재 및 도료
			(3) 배관 설치 및 검사	❶ 배관 공구 및 장비 ❷ 관의 절단, 접합, 성형 ❸ 배관지지 ❹ 난방 배관 시공 ❺ 연료 배관 시공
			(4) 보온 및 단열재 시공 및 점검	❶ 보온재의 종류와 특성 ❷ 보온효율 계산 ❸ 단열재의 종류와 특성 ❹ 보온재 및 단열재시공
		9. 보일러 운전	(1) 설비 파악	❶ 증기 보일러의 운전 및 조작 ❷ 온수 보일러의 운전 및 조작
			(2) 보일러가동 준비	❶ 신설 보일러의 가동 전 준비 ❷ 사용중인 보일러의 가동 전 준비
			(3) 보일러 운전	❶ 기름 보일러의 점화 ❷ 가스 보일러의 점화 ❸ 증기발생시의 취급
			(4) 보일러 가동후 점검하기	❶ 정상 정지시의 취급 ❷ 보일러 청소 ❸ 보일러 보존법
			(5) 보일러 고장시 조치하기	❶ 비상 정지시의 취급

⟨적용 기간 : 2026. 01. 01. ~ 2028. 12. 31.⟩

시험 과목	출제 문제 수	주요 항목	세부 항목	세세 항목
열설비 설치, 운전 및 관리	60	10. 보일러 수질 관리	(1) 수처리설비 운영	❶ 수처리 설비
			(2) 보일러수 관리	❶ 보일러 용수의 개요 ❷ 보일러 용수 측정 및 처리 ❸ 청관제 사용방법
		11. 보일러 안전관리	(1) 공사 안전관리	❶ 안전일반 ❷ 작업 및 공구 취급 시의 안전 ❸ 화재 방호 ❹ 이상연소의 원인과 조치 ❺ 이상소화의 원인과 조치 ❻ 보일러 손상의 종류와 특징 ❼ 보일러 손상 방지대책 ❽ 보일러 사고의 종류와 특징 ❾ 보일러 사고 방지대책
		12. 에너지 관계법규	(1) 에너지법	❶ 법, 시행령, 시행규칙
			(2) 에너지이용 합리화법	❶ 법, 시행령, 시행규칙
			(3) 열사용기자재의 검사 및 검사면제에 관한 기준	❶ 특정열사용기자재 ❷ 검사대상기기의 검사 등
			(4) 보일러 설치시공 및 검사기준	❶ 보일러 설치시공기준 ❷ 보일러 설치검사기준 ❸ 보일러 계속사용 검사기준 ❹ 보일러 개조검사기준 ❺ 보일러 설치장소변경 검사기준
			(5) 기계설비법	❶ 법, 시행령, 시행규칙

차례

제1과목 보일러 설비 운영

1. 열의 기초 ········· 14
2. 증기의 기초 ········· 18
3. 보일러 관리 ········· 19

제2과목 보일러 부대설비 설치 및 관리

1. 급수설비와 급탕설비 설치 및 관리 ········· 22
2. 증기설비와 온수설비 설치 및 관리 ········· 24
3. 압력 용기 설치 및 관리 ········· 25
4. 열교환 장치 설치 및 관리 ········· 25

제3과목 보일러 부속설비 설치 및 관리

1. 보일러 계측기기 설치 및 관리 ········· 28
2. 보일러 환경설비 설치 ········· 29
3. 기타 부속 장치 ········· 30

| 제4과목 | 보일러 안전 장치 정비 |

1 보일러 안전장치 정비 ··· 32

| 제5과목 | 보일러 열효율 및 정산 |

1 보일러 열효율 ·· 36
2 보일러 열정산 ·· 40
3 보일러 용량 ·· 41

| 제6과목 | 보일러 설비 설치 |

1 연료의 종류와 특성 ·· 44
2 연료설비 설치 ·· 45
3 연소의 계산 ·· 47
4 통풍장치와 송기장치 설치 ·· 49
5 부하의 계산 ·· 50
6 난방설비 설치 및 관리 ··· 51
7 난방기기 설치 및 관리 ··· 53

차례

제7과목 보일러 제어설비 설치

1 제어의 개요 ·· 58

제8과목 보일러 배관설비 설치 및 관리

1 배관의 도면 파악 ·· 62
2 배관의 재료 준비 ·· 63
3 배관 설치 및 공사 ·· 65
4 보온 및 단열재 시공 및 점검 ·· 67

제9과목 보일러 운전

1 보일러 가동 준비 ·· 70
2 보일러 운전 ·· 70
3 보일러 가동 후 점검하기 ·· 71
4 보일러 고장 시 조치하기 ·· 71

제10과목 보일러 수질 관리

1. 보일러수 관리 ··· 74

제11과목 보일러 안전관리

1. 공사 안전관리 ··· 78

제12과목 에너지 관계법규

1. 에너지법 ··· 82
2. 에너지 이용 합리화법 ·· 82
3. 열사용 기자재의 검사 및 검사면제에 관한 기준 ······································ 82
4. 보일러 설치 시공 및 검사 기준 ·· 84

부록 과년도 출제 문제

제1과목

보일러 설비 운영

1 열의 기초

(1) 섭씨온도와 화씨온도의 관계식

① $°C = \frac{5}{9}(°F - 32)$

② $°F = \frac{9}{5}°C + 32$

(2) 절대 온도

① 섭씨온도의 절대 온도 : $K = °C + 273$

② 화씨온도의 절대 온도 : $°R = °F + 460$

> **예제**
>
> 절대 온도 380K을 섭씨온도로 환산하면 약 몇 °C인가?
>
> **풀이** $°C = 380K - 273 = 107°C$
>
> **답** 107°C

(3) 압력

① 단위 면적당 작용하는 힘

② 압력(kg/cm^2) $= \dfrac{\text{힘}1(kg)}{\text{면적}(cm^2)}$

(4) 1kcal

표준 대기압하에서 순수한 물 1kg을 14.5°C에서 15.5°C로 1°C 높이는 데 필요한 열량

(5) 열용량

일정한 온도를 지니고 있는 어떤 물체의 온도를 1°C 올리는 데 필요한 열량(kcal/°C)

(6) 비열

① 어떤 물질의 단위 질량[1kg에서 온도를 1°C 높이는 데 소요되는 열량(kcal/kg·°C)]

② 비열비(K) : 정압 비열을 정적 비열로 나눈 값으로 항상 1보다 큰 값을 가진다.

$$K = \frac{C_p}{C_v} > 1$$

(7) 열의 이동

① 전도

② 대류

㉮ **자연 대류** : 유체의 비중 차에 의해서 자연히 열이 이동되는 것

㉯ **강제 대류** : 펌프나 송풍기 등의 장치를 설치하여 열이 이동되는 것

예 에어컨

> **참고**
>
> 대류의 또 다른 표현
>
> 액체나 기체는 열팽창에 의해 밀도가 변하고 그 부분은 온도 차에 의해 유체 분자가 직접 이동하면서 순환 운동을 하여 열을 전달하며 데워지는데, 이런 현상을 대류라 한다.

③ 복사

> **참고**
>
> 열관류
>
> 고체 벽의 한 쪽에 있는 고온의 유체로부터 이 벽을 통과하여 다른 쪽이 있는 저온의 유체로 흐르는 열의 이동

(8) 열역학 법칙

① 열역학 제0법칙(열평형의 법칙)

온도가 서로 다른 두 개의 물체를 접촉시키면 높은 온도를 지닌 물체의 온도는 내려가고 낮은 온도의 물체 온도는 상승하여 결국에는 두 물체의 온도가 서로 같게 된다. 이때 이 두 물체는 열평형을 이루었다고 한다.

$$T_m(\text{평균 온도}) = \frac{G_1C_1t_1 + G_2C_2t_2}{G_1C_1 + G_2C_2}$$

여기서, G_1, G_2 : 물질의 무게(kg)

C_1, C_2 : 물질의 비열(kcal/kg·℃)

t_1, t_2 : 물질의 온도(℃)

> **예제**
>
> 10℃의 물 400kg과 90℃의 더운물 100kg을 혼합하면 혼합 후의 물의 온도는?
>
> **풀이** $\frac{(G_1C_1t_1 + G_2C_2t_2)}{(G_1C_1 + G_2C_2)} \cdot \frac{(10 \times 400 + 90 \times 100)}{500} = 26℃$
>
> **답** 26℃

② 열역학 제1법칙(에너지 보존의 법칙)

열과 일은 하나의 에너지 형태이고, 열을 일로 바꿀 수 있고 일을 열로 바꿀 수 있다.

㉮ 열의 일당량(427kgf·m/kcal)

㉯ 일의 열당량($\frac{1}{427}$kcal/kgf·m)

③ 열역학 제2법칙(열효율 100%인 기관의 제작은 불가능)

열을 일로 전환시킬 때는 열의 전부는 일로 전환되지 않으며 일부의 열은 부득이 손실된다.

④ 열역학 제3법칙

어떠한 이상적인 방법으로도 어떤 계를 절대 영도($0°K$)에 이르게 할 수 없다.

(9) 기체에 관한 법칙

① 보일의 법칙(Boyle's law)

일정한 온도에서 기체가 차지하는 부피는 압력에 반비례한다.

$PV = P_1 V_1$

> **예제**
>
> 7atm일 때 4L로 압축 충전되어 있는 공기를 온도를 바꾸지 않고 게이지 압력 1atm으로 하면 몇 L의 체적을 차지하는가?
>
> **풀이** $PV = P'V'$
>
> $(7+1) \times 4 = (1+1) \times V'$
>
> $V' = \frac{(7+1) \times 4}{(1+1)} = \frac{32}{2} = 16L$
>
> **답** 16L

② 샤를의 법칙(Charles's law)

일정한 압력에서 기체의 부피는 절대 온도에 비례한다.

$\frac{V}{T} = \frac{V_1}{T_1}$

> **예제**
>
> 기체 산소의 1℃에서 부피는 274cc이다. 2℃에서의 부피는 얼마나 되는가? (단, 압력은 일정하다.)
>
> **풀이** $\frac{V}{T} = \frac{V_1}{T_1}$, $V_1 = V \times \frac{T_1}{T} = 274 \times \frac{(273+2)}{(273+1)} = 275$cc
>
> **답** 275cc

③ 보일-샤를의 법칙(Boyle-Charles's law)

일정량의 기체가 차지하는 부피는 압력에 반비례하고, 절대 온도에 비례한다.

$$\frac{PV}{T} = \frac{P_1 V_1}{T_1}$$

예제

0℃, 1atm에서 10L인 기체가 있다. 273℃, 4atm에서 차지하는 기체의 부피는 몇 L인가?

풀이 $\frac{PV}{T} = \frac{P_1 V_1}{T_1}, \frac{1 \times 10}{0+273} = \frac{4 \times V_1}{273+273}$

$V_1 = \frac{1 \times 10 \times (273+273)}{(0+273) \times 4} = 5L$

답 5L

(10) 현열과 잠열

① 현열(감열) : 물질의 상태는 변화 없이 온도만 변화시키는 데 필요한 열량

$Q = G \times C \times (t_2 - t_1) = G \times C \times \Delta t$

여기서, Q : 열량(kcal)

G : 질량(kg)

C : 비열(kcal/kg·℃)

t_1 : 최초 온도(℃)

t_2 : 최후 온도(℃)

예제

어떤 액체 1,200kg을 30℃에서 100℃까지 온도를 상승시키는 데 필요한 열량은 몇 kcal인가? (단, 이 액체의 비열은 3kal/kg·℃임)

풀이 $Q = GC\Delta t = 1,200 \times 3 \times (100-30) = 252,000$ kcal

답 252,000kcal

② 잠열(숨은열) : 물체의 온도를 변화시키지 않고, 상 변화를 일으키는 데만 사용되는 열량

㉮ 물의 기화 잠열은 539cal/g(539kcal/kg)

㉯ 얼음의 융해열은 80cal/g(80kcal/kg)

$Q = G\gamma$

여기서, Q : 열량(kcal)

G : 질량(kg)

γ : 잠열(예 얼음의 융해 잠열 80kcal/kg, 물의 기화 잠열 539kcal/kg)

> **예제**
>
> 표준 대기압 상태에서 0℃ 물 1kg을 100℃ 증기로 만드는 데 필요한 열량은 몇 kcal인가? (단, 물의 비열은 1kcal/kg·℃이고, 증발 잠열은 539kcal/kg임)
>
> **풀이** $Q = Q_1 + Q_2$
> $Q_1(\text{현열}) = Gc\varDelta t = 1 \times 1 \times (100-0) = 100\text{kcal}$
> $Q_2(\text{잠열}) = G\gamma = 1 \times 539 = 539\text{kcal}$
> ∴ $Q = 100 + 539 = 639\text{kcal}$
>
> 🖺 639kcal

③ 전열량(엔탈피) : 어떤 물체(얼음, 물, 수증기)가 갖는 단위 중량당의 열량

㉮ 포화 증기 엔탈피 $(h'') = h' + \gamma \text{(kcal/kg)}$

> **예제**
>
> 건포화 증기 100℃의 엔탈피는 얼마인가?
>
> **풀이** $h'' = h' + \gamma = 100\text{kcal/kg} + 539\text{kcal/kg} = 639\text{kcal}$
> 여기서, h'' : 엔탈피, h' : 현열, γ : 잠열
>
> 🖺 639kcal/kg

2 증기의 기초

(1) 과열 증기

① 압력이 일정할 때 건포화 증기에 열을 가해 온도를 높인 증기로 이렇게 해서 된 증기

② 과열도=과열 증기 온도-포화 증기 온도

제1과목 보일러 설비 운영

3 보일러 관리

(1) 보일러의 종류 및 특성

① 구조에 의한 분류

분류		종류
원통 보일러	노통 보일러	코니시 보일러, 랭커셔 보일러
	입형 보일러	입형 횡관 보일러, 입형 연관식 보일러, 코크란 보일러
	연관 보일러	횡형 연관 보일러, 입형 연관 보일러, 케와니 보일러(기관차형 보일러)
	노통 연관 보일러	스코치 보일러, 하우덴 존슨 보일러, 노통 연관 패키지 보일러
수관 보일러	자연 순환식 보일러	바브콕 보일러, 윌콕스 보일러, 타쿠마 보일러, 야로우 보일러
	강제 순환식 보일러	섹션 보일러, 라몬트 보일러, 베록스 보일러
	관류 보일러	벤슨 보일러, 슐처 보일러
	복사 보일러	방사 보일러
특수 보일러	폐열 보일러	
	특수 연료 보일러	
	특수 열매체(액체) 보일러	다우섬 보일러, 카네크롤 보일러
	간접 가열 보일러	슈미트 보일러
난방 보일러	주철제 증기 보일러	
	주철제 온수 보일러	

(2) 각종 보일러의 특징

① 노통 보일러

> **참고**
> 코니시 보일러에서 노통을 편심으로 설치하는 가장 큰 이유는 보일러수의 순환을 좋게 하기 위함이다.

② 연관 보일러(횡형 연관 보일러)
  ㉮ 연관 : 관의 내부로 연소가스가 지나가는 관

③ 노통 연관 보일러

> **참고**
> 노통을 한쪽으로 편심시켜 부착하는 이유는 보일러수를 원활하게 순환하기 위함이다.

④ 관류 보일러

보일러 드럼 없이 초임계 압력 이상에서 고압 증기를 발생시키는 보일러이다.

⑤ 열매체식 보일러

비점이 낮은 물질인 수은, 다우섬 등을 사용하여 저압에서도 고온을 얻을 수 있는 보일러

(3) 스테이(stay)의 종류

스테이란 강도가 약한 부분의 강도를 보강하기 위해 사용되는 부분을 말하며, 보강재라고도 한다.

① 거싯(gusset) 스테이
② 관 스테이
③ 경사(oblique) 스테이
④ 볼트(bolt) 스테이
⑤ 바(bar) 스테이
⑥ 도그(dog) 스테이

제2과목
보일러 부대설비 설치 및 관리

1 급수설비와 급탕설비 설치 및 관리

(1) 급수 장치의 종류

① 급수 펌프

㉮ 분류

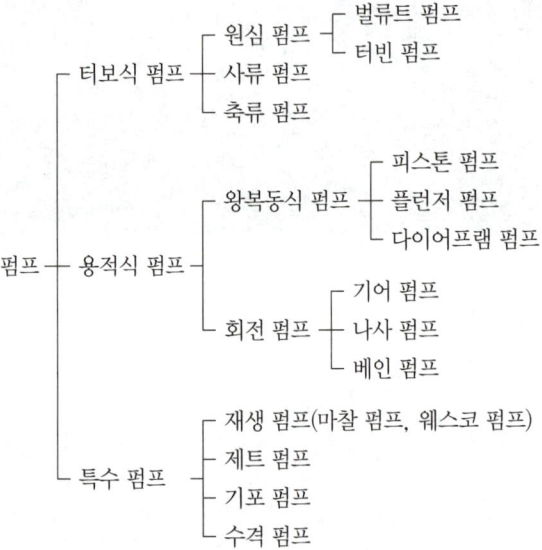

㉯ 원싱턴 펌프 : 증기의 압력 에너지를 이용하여 피스톤을 작동시켜 급수를 행하는 펌프이다.

㉰ 펌프의 이상

㉠ 캐비테이션 : 물이 관 속으로 유동하고 있을 때 흐르는 물속의 어느 부분의 정압이 그때 물의 온도에 해당하는 포화 증기압 이하로 되면 부분적으로 기포(증기)가 발생하는 현상을 말하며, 공동 현상이라고 한다.

ⓐ 발생 시 현상
- 흡입 능력이 없어진다.
- 소음과 진동이 일어난다.
- 운전 불능이 된다(양수 불능).
- 임펠러 가이드에 부식이 생겨 구멍이 난다.
- 기포가 흡입되어 토출측에 오면 고압으로 된다.

ⓑ 방지법
- 흡입 양정을 짧게 한다.
- 흡입관의 직경을 크게 한다.
- 흡입관의 마찰 저항을 작게 한다.
- 점도가 큰 유체는 주의한다.
- 양흡입 펌프를 사용한다.

ⓒ 서징(surging)
ⓐ 현상 : 송출 압력과 송출 유량 사이의 주기적인 변동이 발생하는 현상이다(맥동 현상).
ⓑ 원인
- 배관 중에 물 탱크나 공기 탱크가 있을 때
- 유량 조절 밸브가 탱크 뒤쪽에 있을 때
- 펌프의 양정 곡선이 산고 곡선이고, 곡선의 산고 상승부에서 운전했을 때

② 인젝터(injector)

펌프의 대용으로 증기의 열에너지를 압력 에너지로 전환시키고 다시 운동 에너지로 바꾸어 고속도의 물의 흐름을 만들어 급수를 하는 것이다(증기를 이용한 급수 장치).

㉮ 장점
㉠ 증기를 이용하므로 동력을 필요로 하지 않는다.
㉡ 급수 예열 효과가 있다.
㉢ 설치에 넓은 장소를 요하지 않는다.
㉣ 구조가 간단하고 소형이다.
㉤ 기동과 정지가 필요치 않다.

㉮ 단점
㉠ 흡입 양정이 매우 낮다.
㉡ 급수 효율이 낮다.
㉢ 급수의 조절이 어렵다.

(2) 급수 장치

① 급수 밸브의 크기

전열 면적 $10m^2$ 이하	호칭 20A 이상
전열 면적 $10m^2$ 초과	호칭 25A 이상

2 증기설비와 온수설비 설치 및 관리

(1) 주증기 밸브

① 글로브 밸브(glove valve, 스톱 밸브)
   ㉠ 유량 조절이 용이하다.
   ㉡ 고압 배관이나 기체 배관에 사용한다.

② 게이트 밸브(슬루스 밸브)
   ㉠ 유량 조절이 곤란하다.
   ㉡ 마찰 저항이 작다.

③ 앵글 밸브(angle valve)
   글로브 밸브와 유사하지만 유체의 방향을 90° 바꾸어서 흐르게 한다.

④ 콕(cock)
   0~90° 사이의 임의의 각도로 회전함으로써 유량을 조절하는 밸브

⑤ 볼 밸브(ball valve)
   구멍을 막거나 열어 밸브를 개폐시킨다.

⑥ 체크 밸브
   유체의 역류를 방지하기 위해 사용되는 밸브

(2) 주증기관

① 주증기관에서 증기의 건도를 향상시키는 방법
   ㉠ 감압하여 증기의 압력을 낮춘다.
   ㉡ 드레인 포켓을 설치한다.
   ㉢ 증기 공간 내에 공기를 제거한다.
   ㉣ 기수 분리기를 사용한다.

(3) 비수 방지관

증기의 발생이 활발해지면 증기와 함께 물방울이 같이 비산하여 증기관으로 취출되는데 이때 드럼 내 증기 취출구에 부착하여 증기 속에 포함된 수분 취출을 방지해 주는 관

(4) 기수 분리기

기수 분리기는 비수 방지판과 같이 건조한 증기를 얻기 위한 기능을 하는 것이나 수관식 보일러의 증기 드럼 및 외부 증기 배관에 설치하여 증기 중에 혼입된 수분을 분리하는 장치

(5) 스팀(증기) 헤드

보일러 증기관과 부하측 증기관 사이에 설치하여 송기 및 정지가 용이하도록 하기 위해 설치

(6) 감압 밸브

보일러에서 발생한 증기의 압력을 내리기 위하여 사용되는 밸브

(7) 신축 이음 장치

배관이 증기의 압력과 열에 의해 팽창과 수축을 하게 되고 이로 인해 배관 이음부 등 장치에 무리가 발생한다. 이를 방지하기 위한 장치

(8) 스팀(증기) 트랩

증기 사용 설비 배관 내의 응축수를 자동적으로 배출하는 장치로 수격 작용 등을 방지

3 압력 용기 설치 및 관리

(1) 플래시 탱크

탱크 외부로부터 탱크 내부보다 높은 압력 또는 온수보다 높은 열수를 받아들여서 증기를 발생하는 제2종 압력 용기

4 열교환 장치 설치 및 관리

> **참고**
>
> 연도에서 폐열 회수 장치의 설치 순서
> 과열기 → 재열기 → 절탄기 → 공기 예열기

(1) 과열기

① 열 가스 흐름 방식 분류
  ㉮ **병류형** : 증기와 열 가스 흐름의 방향이 같다.
  ㉯ **향류형** : 증기와 연소 가스의 흐름이 반대 방향으로 지나면서 열교환이 되는 방식이다.
  ㉰ **혼류형** : 병류형과 향류형의 조합이다.

② 과열 증기의 장점
  ㉮ 적은 증기로 많은 열을 얻음
  ㉯ 관내 마찰 저항 감소
  ㉰ 증기 원동소(화력 발전소)의 이론 효율 증가
  ㉱ 관내 부식 마찰 저항 감소

③ 과열 증기의 단점
  ㉮ 가열 표면의 온도를 일정하게 유지하기 곤란
  ㉯ 가열 장치에 열응력 발생(제품의 손상 우려)
  ㉰ 직접 가열 시 열손실 증가
  ㉱ 과열기 표면의 고온 부식 발생 용이

(2) 절탄기(급수 예열기, economizer)

연도 내의 배기가스의 여열을 이용하여 보일러의 급수를 예열하는 장치이며, 급수와 보일러수의 온도 차 감소로 열응력을 줄여준다.

(3) 공기 예열기(air preheater)

연도 내 배기가스의 열로 연소용 공기를 예열하는 장치이며, 보일러 윈드 박스 주위에 설치되는 장치 또는 부품과 가장 거리가 멀다.

① 발생되는 부식
  공기 예열기에 가장 주의를 요하는 것은 공기 입구와 출구부의 저온 부식이다.

(4) 열교환기

① 열교환기의 능률 향상
  ㉮ 유체의 유동 길이를 짧게 한다.
  ㉯ 고체부 열용량을 적게 한다.
  ㉰ 유체의 온도차를 가능한 크게 한다.

제3과목
보일러 부속설비 설치 및 관리

1 보일러 계측기기 설치 및 관리

(1) 압력계

부르동관은 동관의 탄성 변형을 이용한 것으로 80℃ 이상의 경우 탄성을 잃는 특징이 있다.

(2) 수면계

① 보일러의 상용 수위 : 수면계의 $\frac{1}{2}$ 위치와 일치한다.

② 직접식 액면계 : 유리관식

(3) 온도계

① 바이메탈 온도계

서로 다른 두 종류의 금속판을 하나로 합쳐 온도 차이에 따라 팽창 정도가 다른 점을 이용한 온도계

(4) 유량계

① 급수 유량계

급수량과 증기 발생량을 측정하기 위해 설치한다.

② 급유 유량계

액체 연료 및 가스 연료의 측정용이다.

(5) 가스 미터

① 실측식 가스 미터
  ㉮ 건식 가스 미터
    ㉠ 막식 가스 미터
    ㉡ 회전자식(roots형) 가스 미터
  ㉯ 습식 가스 미터
② 추량식 가스 미터
  ㉮ 벤투리 미터
  ㉯ 오리피스 미터
  ㉰ 터빈식
  ㉱ 델타형

2 보일러 환경설비 설치

(1) 매연 및 집진 장치

① 매연 발생 원인
- ㉮ 통풍력이 부족했을 때
- ㉯ 연료의 질이 나쁠 때
- ㉰ 연소실의 온도가 낮을 때
- ㉱ 연소실의 용적이 작을 때
- ㉲ 연료와 공기의 혼합이 잘 안 될 때
- ㉳ 연료와 연소 장치가 맞지 않을 때
- ㉴ 무리하게 연소율이 높였을 때
- ㉵ 공기량이 부족할 때

> **참고**
>
> 카본의 생성 원인
> ① 연료의 점도가 과대할 때
> ② 연소용 공기가 부족할 때
> ③ 연료의 유압이 과대할 때
> ④ 연료의 온도가 과대 또는 과소할 때

② 집진 장치
- ㉮ 관성력식 집진 장치 : 분진 가스를 집진기 내에 충돌시키거나 열가스의 흐름을 반전시켜 급격한 기류의 방향 전환에 의해 분진을 포집하는 집진 방법
- ㉯ 세정식 집진 장치 : 함진 배기가스를 액방울이나 액막에 충돌시켜 분진 입자를 포집·분리하는 집진 장치
  - ㉠ 유수식
  - ㉡ 가압수식 : 벤투리 스크러버

3 기타 부속 장치

(1) 분출 장치

관수의 농축을 방지하고 관수의 순환을 양호하게 하기 위한 장치

(2) 슈트 블로어(soot-blower) 장치

보일러 전열면의 그을음을 제거하여 전열 효율을 높이기 위해 설치하는 장치

제4과목

보일러 안전 장치 정비

1 보일러 안전 장치 정비

(1) 안전 밸브(safety valve)

> **참고**
> 안전 밸브의 수동 시험
> 최고 사용 압력의 75% 이상의 압력으로 한다.

① 안전 밸브의 종류
  ㉮ 스프링식 안전 밸브 : 증기 보일러에 가장 많이 사용되는 형식
  ㉯ 중추식 안전 밸브
  ㉰ 지렛대식 안전 밸브

(2) 방폭문

연소실 내의 미연소 가스에 의한 폭발 발생 시 폭발 가스를 연소실 외부로 배출시켜 보일러의 손상을 방지한다. 즉 보일러의 연소 가스 폭발 시에 대비한 안전 장치

(3) 가용 마개(가용전)

저수위 등에 따른 이상 온도의 상승으로 보일러가 과열되었을 때 작동하는 안전 장치

(4) 압력 제한 장치

① 압력 조절기
② 압력 제한기

(5) 저수위 경보 장치(수위 경보기)

본체 내의 수위가 안전 저수위(사용 중 유지해야 할 가장 낮은 수위 – 수면계의 최하부) 이하가 될 경우 자동적으로 경보를 발하여 취급자로 하여금 조치하도록 하는 것

① 종류
  ┌ 기계식(마그네틱식, 열팽창관식)
  └ 전기식 ┌ 버저식(플로트식)
           └ 전극식

② 수위 제어

　㉮ 수위 제어의 방법

　　㉠ 1요소식 : 수위만 검출하여 제어

　　㉡ 2요소식 : 수위와 증기 유량을 동시에 검출하여 제어

　　㉢ 3요소식 : 수위와 증기 유량, 급수 유량을 검출하여 제어

(6) 화염 검출기(flame project)

보일러 운전 중 정전이나 실화로 인하여 연료의 누설이 발생하여 갑자기 점화되었을 때 가스 폭발 방지를 위해 연료 공급을 차단하는 안전 장치

① 플레임 로드(flame road)

　화염의 이온화 현상에 따른 전기 전도성을 이용하여 화염의 유무를 검출하는 것이다.

(7) 전자 밸브(solenoid valve)

급유 장치에서 보일러 가동 중 연소의 소화, 압력 초과 등 이상 현상 발생 시 긴급히 연료를 차단하는 장치

(8) 증기 축열기(steam accumulator)

보일러에서 발생한 증기를 저장하여 과부하 시에 증기를 방출하는 장치

제5과목

보일러 열효율 및 정산

1 보일러 열효율

(1) 보일러 열효율

① 상당 증발량

시간당 실제 증발량이 흡수한 전열량을 온도 100℃의 포화수를 100℃의 증기로 바꿀 때의 그 열량으로 나눈 값이다.

$$G_e(\text{상당 증발량}) = \frac{G(h_2 - h_1)}{539} = G \times \text{증발 계수}(\text{kg/h})$$

여기서, G : 실제 증발량(kg/h)
h_2 : 발생 증기 엔탈피(kcal/kg)
h_1 : 급수 엔탈피(kcal/kg) = 급수 온도

> **예제**
>
> 급수 온도 21℃에서 압력 14kgf/cm², 온도 250℃의 증기를 1시간당 14,000kg을 발생하는 경우의 상당 증발량은 약 몇 kg/h인가? (단, 발생 증기의 엔탈피는 635kcal/kg이다.)
>
> **풀이** $G_e(\text{상당 증발량}) = \dfrac{G(h_2 - h_1)}{539}$
>
> 여기서, G : 실제 증발량(kg/h)
> h_2 : 발생 증기 엔탈피(kcal/kg)
> h_1 : 급수 엔탈피(kcal/kg) = 급수 온도
>
> $G_e = \dfrac{14,000(635 - 21)}{539} = 15,948\text{kg/h}$
>
> **답** 15,948kg/h

② 보일러 마력(boiler horsepower)

100℃의 물 15.65kg을 1시간에 증기로 만들 수 있는 능력을 말한다.

$$\text{보일러 마력}(HP) = \frac{G(h_2 - h_1)}{539 \times 15.65} = \frac{\text{매시 상당 증발량}}{15.65}$$

㉮ 보일러 마력 : 상당 증발량 15.65kg/h

> **예제**
>
> 1보일러 마력을 열량으로 환산하면 몇 kcal/h인가?
>
> **풀이** 1보일러 마력의 열출력 = 15.65kg/h × 539kcal/kg = 8,435kcal/h
>
> **답** 8,435kcal/h

③ 전열면 증발률과 열부하

㉮ **전열면 증발률**(kg/m²·h) : 전열면 1m²당 1시간 동안의 증발량을 말한다.

㉠ 전열면(보일러) 증발률 $= \dfrac{G_a}{F}$ (kg/m²·h)

여기서, F : 전열 면적(m²)
G_a : 실제 증발량

> **예제 1**
>
> 보일러 증발률이 80kg/m²·h이고, 실제 증발량이 40t/h일 때 전열 면적은 약 m²인가?
>
> **풀이** 전열 면적 $= \dfrac{40\text{t/h}}{80\text{kg/m}^2\cdot\text{h}} = \dfrac{40\times10^3\text{kg/h}}{80\text{kg/m}^2\cdot\text{h}} = 500\text{m}^2$
>
> 달 500m²

> **예제 2**
>
> 전열 면적이 30m²인 수직 연관 보일러를 2시간 연소시킨 결과 3,000kg의 증기가 발생하였다. 이 보일러의 증발률은 약 몇 kg/m²·h인가?
>
> **풀이** 보일러의 증발률 $= \dfrac{\text{매시 실제 증발량(kg/h)}}{\text{전열 면적(m}^2)} = \dfrac{1,500\text{kg/h}}{30\text{m}^2} = 50\text{kg/m}^2\cdot\text{h}$
>
> 매시 실제 증발량을 1,500kg/h로 본다.
>
> 달 50kg/m²·h

④ 연소실 열발생률(열부하)

연소실 단위 용적 1m³에서 1시간 동안에 발생되는 열량이다.

⑤ 보일러 부하율

매시 실제 증발량을 최대 증발량으로 나눈 것이다.

보일러 부하율 $= \dfrac{\text{매시 실제 증발량}}{\text{최대 증발량}} \times 100\%$

> **예제**
>
> 보일러 실제 증발량이 7,000kg/h이고, 최대 연속 증발량이 8t/h일 때, 이 보일러 부하율은 몇 %인가?
>
> **풀이** 보일러 부하율 $= \dfrac{\text{보일러 실제 증발량}}{\text{최대 연속 증발량}} \times 100$
> $= \dfrac{7,000\text{kg/h}}{8,000\text{kg/h}} \times 100 = 87.5\%$
>
> 여기서, 8ton/h = 8,000kg/h이다.
>
> 달 87.5%

⑥ 보일러 효율 계산 방법

㉮ 연소 효율(%) = $\dfrac{\text{연소실에서 실제 발생한 열량}}{\text{매시 연료 사용량} \times \text{연료의 저위 발열량}} \times 100$

예제

보일러 효율이 85%, 실제 증발량이 5t/h이고, 발생 증기의 엔탈피는 656kcal/kg, 급수 온도의 엔탈피는 56kcal/kg, 연료의 저위 발열량은 9,750kcal/kg일 때 연료 소비량은 약 몇 kg/h 인가?

풀이 $\eta = \dfrac{G_a(h_2 - h_1)}{G_f \times H_l} \times 100\%$,

$G_f = \dfrac{G_a(h_2 - h_1) \times 100\%}{\eta \times H_l} = \dfrac{5 \times 1{,}000 \times (656 - 56) \times 100}{85 \times 9{,}750} = 362 \text{kg/h}$

답 362kg/h

㉯ 상당(환산) 증발량(kg/h) 값으로 보일러 효율(η)을 구하는 식

보일러 효율(η) = $\dfrac{\text{상당 증발량} \times 539}{\text{연료 사용량} \times \text{저위 발열량}} \times 100\%$

$= \dfrac{G_a(h_2 - h_1)}{G_f \times H_l} \times 100\%$

예제

다음은 증기 보일러를 성능 시험하고 결과를 산출한 것이다. 보일러 효율은?

- 급수 온도 : 12℃
- 연료의 저위 발열량 : 10,500kcal/Nm³
- 발생 증기의 엔탈피 : 663.8kcal/kg
- 증기 사용량 : 373.9Nm³/h
- 증기 발생량 : 5,120kg/h
- 보일러 전열 면적 : 102m²

풀이 보일러 효율(η) = $\dfrac{G_a(h_2 - h_1)}{G_f \times H_l} \times 100\% = \dfrac{5{,}120(663.8 - 12)}{373.9 \times 10{,}500} \times 100\% = 85\%$

답 85%

㉰ 증기 보일러 효율(%) = $\dfrac{\text{상당 증발량} \times 538.8}{\text{연료 소비량} \times \text{연료의 발열량}}$

㉔ 열정산에서 보일러 효율을 구하는 방법

예제

시간당 100kg의 중유를 사용하는 보일러에서 총 손실 열량이 200,000kcal/h일 때 보일러의 효율은 약 얼마인가? (단, 중유의 발열량은 10,000kcal/kg임)

풀이 입·출열법에 따른 보일러 효율(η) = $\dfrac{\text{유효 출열}}{\text{입열}} \times 100$

$= \dfrac{(100 \times 10,000) - 200,000}{100 \times 10,000} \times 100 = 80\%$ **답** 80%

참고

보일러의 입출열 및 손실열의 관계
① 총 입열량 = 유효 출열량 + 총 손실 열량
② 보일러의 열손실 중에서 가장 큰 것 : 배기가스에 의한 손실

(2) 열효율 향상을 위한 방안

① 절탄기 또는 공기 예열기를 설치하여 배기가스 열을 회수한다.
② 급수 온도가 높으면 연료가 절감되므로 고온의 응축수는 회수한다.
③ 온도가 높은 블로 다운수를 회수하여 급수 및 온수 제조 열원으로 활용한다.
④ 연료를 완전 연소시킨다. 불완전 연소에 의한 연소 열량을 줄인다.
⑤ 보일러 장치의 설계를 최대한 효율이 높도록 한다.
⑥ 화염의 길이 등을 점검하여 그을음 등에 의한 전열에 방해가 되지 않도록 한다.
⑦ 동 저부 등에 침전물 등이 체류되지 않도록 적절한 조치를 한다.
⑧ 급수의 수 처리를 통하여 관수가 농축되지 않도록 한다.
⑨ 수관의 경우에는 연소 가스의 접촉을 유도하기 위해 핀 등을 부착한다.
⑩ 연관의 경우에는 연소 가스의 유속을 감소시키고 전열의 효과를 증대시키기 위해 방해판을 삽입한다.
⑪ 관체의 외부로의 방산 및 열전도를 감소시키기 위해 보온을 철저히 한다.
⑫ 연소 장소에 적합한 연료를 사용한다.

2 보일러 열정산

(1) 보일러 효율의 정산 방식

① 입출열법에 따른 효율 $= \left(\dfrac{\text{유효 출열}}{\text{입열}}\right) \times 100\%$

> **예제**
>
> 다음 중 매시간 1,000kg의 LPG를 연소시켜 15,000kg/h의 증기를 발생하는 보일러의 효율(%)은 약 얼마인가? (단, LPG의 총 발열량은 12,980kcal/kg, 발생 증기 엔탈피는 750kcal/kg, 급수 엔탈피는 18kcal/kg임)
>
> **풀이** $\eta = \dfrac{\text{유효 출열}(Q_s)}{\text{입열 합계}(Q_f)} \times 100\% = \dfrac{15{,}000 \times (750-18)}{1{,}000 \times 12{,}980} \times 100\% = 84.6\%$ **답** 84.6%

② 열정산의 계산 방법

㉮ 입열 항목

㉠ 연료의 연소열

㉡ 연료의 현열

㉢ 공기의 현열

㉣ 노내 분입 증기에 의한 입열

㉤ 열에 상당하는 입열

3 보일러 용량

(1) 증기 보일러
상당 증발량(ton/h, kg/h), 정격 부하 상태의 마력, 연속 증발량

(2) 온수 보일러
정격 출력(kcal/h, kJ/h)

(3) 증기 보일러 용량 1ton/h는 온수 보일러 용량 60만kcal/h와 같다.

(4) 보일러의 열출력 및 정격 출력
① 열출력
  ㉮ 증기 보일러의 열출력＝매시 실제 증발량×(h_2-h_1)[kcal/h] 또는
  ＝상당 증발량×539kcal/h
  ㉯ 온수 보일러의 열출력＝매시 온수 발생량×C×(t_2-t_1)
② 정격 출력
  ㉮ 정격 출력＝최대 증발량(정격 용량)×539kcal/h
  ㉯ 정격 출력＝H_1(난방 부하)＋H_2(급탕 부하)＋H_3(배관 부하)＋H_4(시동 부하)

제6과목

보일러 설비 설치

1 연료의 종류와 특성

(1) 고체 연료의 특징

① 고체 연료

㉮ 석탄

㉠ 연료비 : 고정 탄소와 휘발분의 비율로 연료비가 클수록 나타나는 현상

> **참고**
>
> 석탄의 고위 발열량
> 3,000~7,500kcal/kg

② 액체 연료

㉮ 중유 첨가제의 종류

㉠ 안정제 : 슬러지의 생성 방지제 역할을 한다.

③ 기체 연료

㉮ 장점

㉠ 유황이나 회분이 거의 없다.

㉡ 기계적인 무화 과정이 불필요하다.

㉢ 연소 효율이 높고 자동 제어가 용이하다.

㉣ 연소 조절 및 점화·소화가 용이하다.

㉯ 단점

㉠ 시설비가 많이 들고 연료의 가격이 비싸다.

㉡ 누설 시 화재 및 폭발의 위험이 크다.

㉢ 수송이나 저장이 불편하다.

㉣ 고체나 액체 연료보다 공기비가 가장 작다.

㉤ 작은 공기비로 완전 연소가 가능하다.

2 연료설비 설치

(1) 연소의 구비 조건
① 연소실 내의 온도를 고온으로 유지할 것
② 연료를 적당하게 예열하여 공급할 것
③ 연소하는 데 충분한 시간을 부여할 것
④ 연소실의 용적을 넓게 할 것

> **참고**
> 산화 반응은 발열 반응이고 연소열로 연소 생성물과 연소물의 온도가 상승할 것, 그리고 복사열의 파장이 가시 범위에 도달하면 빛을 발생할 것

(2) 착화 온도(착화점, 발화 온도, 발화점)
외부의 열원 없이 주위의 열에 의해 불이 붙는 최저의 온도를 말한다.

(3) 인화점
인화 온도라 하며, 가연성 액체의 증기 등이 불씨에 의해 불이 붙는 최저 온도를 말한다.

(4) 연소의 형태
① **고체 연료** : 표면(직접) 연소, 분해 연소, 증발 연소, 자기(내부) 연소
② **액체 연료** : 분무 연소(증발 연소)
③ **기체 연료** : 확산 연소, 예혼합 연소

(5) 연료의 연소 방식
① 고체 연료의 연소 방식
  ㉮ 화격자 연소 방식
  ㉯ 미분탄 연소 방식
  ㉰ 유동층 연소 방식
② 액체 연료의 연소 방식
  ㉮ 무화 연소 방식 예 중유
  ㉯ 기화 연소 방식 예 톨루엔, 등유, 경유

③ 기체의 연소 방식
   ㉮ 확산 연소 방식
   ㉯ 예혼합 연소 방식

(6) 연료의 연소 장치

> **참고**
> 보일러 연소 장치의 선정 기준
> ① 사용 연료의 종류와 형태를 고려한다.
> ② 연소 효율이 높은 장치를 선택한다.
> ③ 과잉 공기를 적게 사용할 수 있는 장치를 선택한다.

① 기류 분무식 버너(공기 분무식 버너)
   ㉮ **고압 기류식 버너** : 수 기압(MPa)의 분무 매체를 이용하여 연료를 분무하는 형식의 버너로서 2유체 버너라고도 한다.

> **참고**
> (1) 오일 여과기의 기능
>   ① 펌프를 보호한다.
>   ② 유량계를 보호한다.
>   ③ 연료 노즐 및 연료 조절 밸브를 보호한다.
> (2) 유류 보일러 시스템에서 중유를 사용할 때 흡입측의 여과망 눈 크기
>   20~60mesh

> **참고**
> 가스 버너의 특징
> ① 연소 장치가 간단하고 보수가 양호하다.
> ② 고부하 연소가 가능하다.
> ③ 가스와 공기의 조절비 제어가 간단하다.
> ④ 연소 조절 범위가 넓다.

3 연소의 계산

(1) 이론 산소량
연료를 이론적으로 완전 연소시키는 데 필요한 최소한의 산소량이다.

(2) 이론 공기량
연소에 필요한 산소를 공급하는 데는 공기를 공급해야 한다. 공기량을 100으로 할 경우 산소는 21%, 질소는 79%를 차지하므로

$$\text{이론 공기량}(A_0) = O_2 \times \frac{100}{21} (\text{Nm}^3/\text{kg})$$

(3) 실제 공기량
실제 공기 $A = A_0 \times m$
여기서, m : 공기비(공기 과잉 계수)

(4) 공기비
① 완전 연소 시

$$m = \frac{\text{실제 공기량}(A)}{\text{이론 공기량}(A_0)}$$

② 공기비가 작을 경우(공기량이 부족한 경우)
  ㉮ 미연소 가스에 의한 열손실이 증가한다.
  ㉯ 불완전 연소가 되기 쉽다.
  ㉰ 미연소 가스로 인한 역화 및 폭발의 위험이 있다.
  ㉱ 매연 발생량이 증가한다.

(5) 연소(배기) 가스량

> **참고**
> 보일러에서 연소 가스의 배기는 배기가스의 온도가 높을 때 잘 된다.

(6) 발열량

① 발열량의 단위

㉮ 고체 및 액체 연료 : kcal/kg

㉯ 기체 연료 : kcal/Nm³

② 발열량의 종류

㉮ 고위(총) 발열량(H_h) : 연료의 측정 열량 저위 발열량(H_l)에 수증기의 증발 잠열을 포함한 연소 열량

㉯ 저위(진) 발열량(H_l) : 고위 발열량(H_h)에서 수증기의 증발 잠열을 제외한 연소 열량

③ 고위(총) 발열량(H_h)과 저위(진) 발열량(H_l)

㉮ $H_h = 8,100C + 34,000\left(H - \dfrac{O}{8}\right) + 2,500S \,(\text{kcal/kg})$

㉯ $H_l = H_h - 600(9H + W) \,(\text{kcal/kg})$

$H_l = 8,100C + 28,600\left(H - \dfrac{O}{8}\right) + 2,500S - 600W \,(\text{kcal/kg})$

여기서, C, H, O, S, W는 연료 1kg당 함유한 각 성분의 양을 kg으로 표시한 것이다.

4 통풍장치와 송기장치 설치

(1) 통풍

① 통풍의 종류

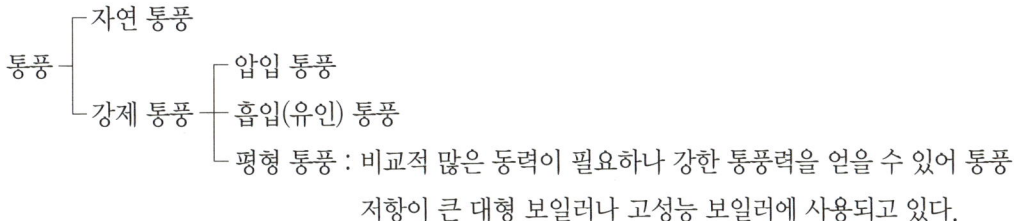

② 통풍력을 크게 하는 조건
㉮ 연돌의 높이를 높인다.
㉯ 배기가스 온도를 높인다.
㉰ 연도의 굴곡부를 줄인다.
㉱ 연돌의 단면적을 넓힌다.
㉲ 외기의 비중량이 낮다.

(2) 통풍장치

① 원심형 송풍기
㉮ 흡입 통풍용 송풍기
  ㉠ 다익형
  ㉡ 플레이트형

(3) 댐퍼(damper)

① 목적
㉮ 통풍량을 조절하여 연소실 열효율 상승
㉯ 가스의 흐름을 차단
㉰ 주연도, 부연도의 경우 가스의 흐름을 변환

(4) 연도

연소실에서 발생한 배기가스를 연돌(굴뚝)로 빠지게 하는 통로이다.

(5) 연돌

통풍력을 높이고 배기되는 가스를 대기 중에 멀리 확산시켜 대기 오염을 방지하기 위해 설치된다.

5 부하의 계산

(1) 난방 부하 계산식

열관류율과 전열 면적에 의한 외기 온도와 실내 온도의 차이로 구한다.

① 외벽, 지붕 및 창문을 통한 손실

> **예제**
>
> 벽체 면적이 $24m^2$, 열관류율이 $0.5kcal/m^2 \cdot h \cdot ℃$, 벽체 내부의 온도가 $40℃$, 벽체 외부의 온도가 $8℃$일 경우 시간당 손실 열량은 약 몇 kcal/h인가?
>
> **풀이** 시간당 손실 열량 $= 0.5kcal/m^2 \cdot h \cdot ℃ \times 24m^2 \times (40-8)℃ = 384kcal/h$ **답** 384kcal/h

(2) 보일러 용량 결정

> **참고**
>
> 서모스탯
> 저탕식 급탕 설비에서 급탕의 온도를 일정하게 유지시키기 위해서 가스나 전기를 공급 또는 정지하는 것

6 난방설비 설치 및 관리

(1) 증기 난방

> **참고**
> 증기 난방에서 환수관의 수평 배관에 관경이 가늘어지는 경우 편심 리듀서를 사용하는 이유
> 응축수의 체류를 방지하기 위해

① 증기 난방 시공
  ㉮ 하트포드 접속법(hart-ford connection)
    ㉠ 특징
      ⓐ 저압 증기 난방에서 환수관을 보일러에 직접 연결할 경우 보일러 내의 압력에 의한 보일러수가 환수 주관으로 역류하게 되면 보일러 수위가 안전 저수위 이하로 내려가 위험을 유발할 수 있다.
      ⓑ 증기 주관과 환수관을 연결한 밸런스관을 설치하여 안전 저수위면 위쪽으로 환수관을 설치한다.
  ㉯ 리프트 피팅
    ㉠ 정의
      증기 난방에서 저압 증기 환수관이 진공 펌프의 흡입구보다 낮은 위치에 있을 때 응축수를 원활히 끌어올리기 위해 설치하는 것
    ㉡ 특징
      ⓐ 진공 환수식 증기 배관에서 리프트 피팅으로 흡상할 수 있는 1단의 최고 흡상 높이는 1.5m 이하로 한다.
      ⓑ 대규모 난방에 이용한다.

> **참고**
> **루프형 배관**
> 증기 난방 배관 시공 시 환수관이 문 또는 보와 교차할 때 이용되는 배관 형식으로 위로는 공기, 아래로는 응축수를 유통시킬 수 있도록 시공하는 배관

(2) 온수 난방

① 온수 순환 방식에 의한 분류

㉮ 중력(자연) 순환식 난방

㉠ 온수, 온도 차에 의한 비중력 차로 순환하는 방식이다.
㉡ 보일러는 최하위 방열기보다 더 낮은 곳에 설치한다.
㉢ 단독 주택이나 소규모 난방에 사용한다.

> **참고**
> ① 단관 중력 순환식 온수 난방의 배관은 두 관을 앞내림 기울기로 하여 공기가 모두 팽창 탱크로 빠지게 한다.
> ② 온수 난방 배관 시공 시 배관 구배 : $\frac{1}{250}$ 이상

② 온수 난방의 시공

㉮ 중력 환수식 온수 난방

㉠ 상향 공급식(하향 공급식) 앞쪽 내림 구배로 한다.
㉡ 배관 내 공기는 팽창 탱크로 유도한다.
㉢ 방열기마다 공기빼기 밸브 장치를 설치한다.
㉣ 공급수의 온도는 60~90℃이다.

(3) 복사 난방

방을 형성하고 있는 벽체에 열원을 매입하고 벽면을 그대로 가열면으로 사용하여 복사열에 의해 난방하는 형식이다(대류식보다 쾌감도가 좋음).

(4) 지역 난방

지역 난방은 1개소 또는 수 개소의 보일러실에서 지역 내의 공장, 가정, 아파트, 병원 등 다수의 건물에 증기 또는 온수를 배관으로 공급하여 난방을 하는 방식으로 105~110℃의 열매를 수송한다.

7 난방기기 설치 및 관리

(1) 방열기

증기 또는 온수 등의 열매를 유입하여 열을 방산하는 기구이다.

① 방열기의 방열량

$$H = K(t_2 - t_1) = 온수\ 순환량(kg/m^2 \cdot h) \times 비열(kcal/kg \cdot ℃) \times 온도차(℃)$$

여기서, H : 방열기의 방열량($kcal/m^2 \cdot h$)

K : 방열기의 방열 계수($kcal/m^2 \cdot h \cdot ℃$)

t_2 : 방열기 내 열매의 온도(평균 온도 ℃)

t_1 : 실내 공기 온도(℃)

예제 1

방열기 내 온수의 평균 온도 85℃, 실내 온도 15℃, 방열 계수 $7.2kcal/m^2 \cdot h \cdot ℃$인 경우 방열기 방열량은 얼마인가?

풀이 방열기 방열량($kcal/m^2 \cdot h$)
 = 방열기의 방열 계수($kcal/m^2 \cdot h \cdot ℃$) × (방열기 내 열매의 평균 온도 − 실내의 공기 온도)℃
 = $7.2kcal/m^2 \cdot h \cdot ℃ \times (85-15)℃ = 504kcal/m^2 \cdot h$

답 $504kcal/m^2 \cdot h$

예제 2

난방 부하가 2,250kcal/h인 경우 온수 방열기의 방열 면적은 몇 m^2인가? (단, 방열기 방열량은 표준 방열량으로 함)

풀이 온수 방열기의 방열 면적(m^2) = $\dfrac{2,250kcal/h}{450kcal/h} = 5m^2$

여기서, 온수 방열기의 방열량 : $450kcal/h = 7.2(80-18)$

방열기 내·외부 온도 차 : 62℃

단, 80 : 방열기 내를 흐르는 열매의 평균 온도 = $\dfrac{방열기\ 입구\ 온도 - 방열기\ 출구\ 온도}{2}$

18 : 실내 온도

답 $5m^2$

② 방열기 소요 쪽수
  ㉮ 증기 난방의 경우

  $$N_s = \frac{H}{650 \times a}$$

  여기서, N_s : 증기 난방에서 방열기 쪽수
  a : 방열기 1쪽의 방열 면적(m^2)
  H : 난방 부하(난방을 필요로 하는 방의 손실 열량(kcal/h))

  예제

  어떤 건물의 소요 난방 부하가 54,600kcal/h이다. 주철제 방열기로 증기 난방을 한다면 약 몇 쪽(section)의 방열기를 설치해야 하는가? (단, 표준 방열량으로 계산하며, 주철제 방열기의 쪽당 방열 면적은 0.24m^2임)

  풀이 방열기의 섹션 수(증기 난방 시) $= \dfrac{\text{전손실 열량(kcal/h)}}{650 \times \text{쪽당 방열 면적}(m^2)}$
  $= \dfrac{54,600}{650 \times 0.24}$
  $= 350$쪽

  답 350쪽

  ㉯ 온수 난방의 경우

  $$N_w = \frac{H}{450 \times a}$$

  여기서, H : 난방 부하
  N_w : 온수 난방에서 방열기 쪽수
  a : 방열기 1쪽의 방열 면적(m^2)

  예제

  어떤 거실의 난방 부하가 5,000kcal/h이고, 주철제 온수 방열기로 난방할 때 필요한 방열기의 쪽수(절수)는? (단, 방열기 1쪽당 방열 면적은 0.26m^2이고, 방열량은 표준 방열량으로 함)

  풀이 온수 난방 방열기 쪽수(N_w) $= \dfrac{H}{450 \times a} = \dfrac{5,000}{450 \times 0.26} = 43$

  여기서, N_w : 온수 난방 방열기 쪽수
  H : 실의 난방 부하(kcal/h)
  a : 방열기 형식에 따른 섹션 1개당 면적(m^2)

  답 43

③ 상당 방열 면적(EDR)

$$S = \frac{H_r}{Q_0}$$

여기서, S : 소요 상당 방열 면적(m^2)

H_r : 그 실에 필요한 난방 부하(kcal/h)

Q_0 : 방열기의 방열량(kcal/$m^2 \cdot$h)

> **예제**
>
> 난방 부하가 5,600kcal/h, 방열기 계수 7kcal/$m^2 \cdot$h$\cdot$℃, 송수 온도 80℃, 환수 온도 60℃, 실내 온도 20℃일 때 방열기의 소요 방열 면적은 몇 m^2인가?
>
> **풀이** $Q_0 = k(t_2 - t_1) = 7\left(\frac{80+60}{2} - 20\right) = 350$
>
> $\therefore S = \frac{H_r}{Q_0} = \frac{5,600}{350} = 16m^2$
>
> **답** $16m^2$

> **참고**
>
> 공기빼기 밸브
>
> 난방 설비 배관이나 방열기에서 높은 위치에 설치해야 하는 밸브

제7과목

보일러 제어설비 설치

1 제어의 개요

(1) 신호 전달 방식
① 공기압식
② 유압식
③ 전기식(전류식)

(2) 자동 제어의 목적
① 압력이나 온도가 일정한 상태를 얻기 위하여
② 경제적인 증기를 얻기 위하여
③ 자동화에 의한 인원 절감
④ 보일러의 안전한 운전을 위함

(3) 자동 제어의 종류
① 시퀀스 제어
　미리 정해진 순서에 따라 순차적으로 제어의 각 단계가 진행되는 제어 방식으로, 작동 명령이 타이머나 릴레이에 의해서 수행되는 제어 예 세탁기, 자동판매기, 교통 신호기, 전기밥솥 등
② 피드백 제어
　폐회로를 형성하여 제어량의 크기와 목표치의 비교를 피드백 신호에 의해 행하는 제어
　㉮ 증기 압력 제어
　㉯ 노내압 제어
　㉰ 수위 자동 제어 장치
　　㉠ 1(단)요소식 : 수위 검출
　　㉡ 2요소식 : 수위와 증기 유량 검출
③ 인터록(inter lock) 제어
　제어 결과에 따라 현재 진행 중인 제어 동작을 다음 단계로 진행되지 않도록 차단하는 장치
　㉮ 프리퍼지 인터록 : 대형 보일러의 경우 송풍기가 작동되지 않으면 전자 밸브가 열리지 않고 점화가 안 된다.

> **참고**
> 인터록(inter lock)
> 구비 조건에 맞지 않을 때 작동을 정지시키는 것

제8과목

보일러 배관설비 설치 및 관리

배관의 도면 파악

(1) 도시 기호

① 유체의 종류와 기호

유체의 종류	공기	가스	유류	수증기	증기	물
기호	A	G	O	S	V	W

② 방열기의 호칭 및 도시

〈방열기 호칭 및 도시법〉

종류		기호
주형	2주형	II
	3주형	III
	3세주형	3
	5세주형	5
벽걸이형	횡형	W-H
	종형	W-V

2 배관의 재료 준비

(1) 관 및 관 이음쇠의 종류 및 특징

① 강관(steel pipe)

㉮ 스케줄 번호(Schedule Number)

관의 두께를 나타내는 번호이며, 번호가 클수록 관의 두께가 두껍다.

$$스케줄 번호(Sch.\ No) = 10 \times \frac{P}{S}$$

여기서, P : 사용 압력(kgf/cm²)

$$S : 허용 응력(kgf/mm^2) = \frac{인장\ 강도(kgf/mm^2)}{안전율}$$

② 강관의 종류와 KS 규격 기호

㉮ 배관용 : 압력 배관용 탄소강 강관(SPPS)

(2) 관 이음쇠 종류 및 특징

① 강관용 이음쇠

> **참고**
> 리턴 벤드
> 강관 배관에서 유체의 흐름 방향을 바꾸는 데 사용되는 이음쇠

㉮ 배관의 관 끝을 막을 경우 : 캡

> **참고**
> 플러그
> 엘보나 티와 같이 내경이 나사로 된 부품을 폐쇄할 필요가 있을 때 사용한다.

㉯ 관의 분해, 수리, 교체가 필요할 경우 : 유니언

② 관 이음

㉮ 플렉시블 이음 : 진동이 있는 곳에 가장 적합한 이음

㉯ 목적 : 열팽창에 의한 관의 파열을 막기 위하여

> **참고**
> 냉동용 배관 결합 방식에 따른 도시 방법 중 용접식
> ———•———

(3) 신축 이음쇠의 종류 및 특징

① 이음 종류

㉮ 루프형(loop type) : 고온, 고압에 적당하며 신축에 따른 자체 응력이 생기는 결점이 있다.

㉯ 슬리브형(sleeve type)

㉰ 벨로스형(bellows type)

㉱ 스위블형(swivel type) : 열팽창에 대한 신축이 방열기에 영향을 미치지 않도록 주로 증기 및 온수 난방용 배관에 사용되며, 2개 이상의 엘보를 사용하는 신축이음

(4) 밸브 종류 및 기호

앵글 밸브 : ↗

(5) 패킹재 및 도료

① 패킹재(packing)

㉮ 글랜드 패킹 : 밸브의 회전 부분에 기밀을 유지할 목적으로 사용

㉠ 종류

ⓐ 석면 각형 패킹

ⓑ 석면 얀

ⓒ 아마존 패킹

ⓓ 몰드 패킹

ⓔ 편조 패킹

ⓕ 플라스틱 패킹

ⓖ 메탈 패킹

② 방청용 도료(paint, 녹막이 도료)

㉮ 합성 수지 도료

㉠ 프탈산계

㉡ 요소 멜라민계

㉢ 염화 비닐계

㉣ 실리콘 수지계

3 배관 설치 및 공사

(1) 배관 공구 및 장비

① **파이프 리머** : 파이프 커터로 관을 절단하면 안으로 거스러미(burr)가 생기는 데 이것을 능률적으로 제거하기 위해 사용되는 공구

② **파이프 렌치** : 회전시키는 데 사용되는 공구

> **참고**
> 파이프 벤더에 의한 구부림 작업 시 관에 주름이 생기는 원인
> 바깥지름에 비하여 두께가 너무 얇다.

③ **그루빙 조인트 머신** : 파이프와 파이프를 홈 조인트로 체결하기 위하여 파이프 끝을 가공하는 기계

(2) 관의 절단, 접합, 성형

① 엘보 사이의 파이프의 절단 길이(L)

절단 길이=파이프의 길이−(엘보의 중심 치수+엘보의 중심 치수)
+(유효 나사부+유효 나사부)

> **예제**
> 호칭 지름 20A인 강관을 그림과 같이 배관할 때 엘보 사이 파이프의 절단 길이는? (단, 20A 엘보의 끝단에서 중심까지의 거리는 32mm이고, 파이프의 물림 길이는 13mm이다.)
>
>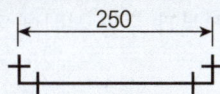
>
> **풀이** 절단 길이=250−(32+32)+(13+13)=212mm
>
> **답** 212mm

② 곡관부의 실제 절단 길이(l)

㉮ $l = \pi D \times \dfrac{\theta}{360}$

> **예제**
> 호칭 지름 15A의 강관을 각도 90도로 구부릴 때 곡선부의 길이는 약 몇 mm인가? (단, 곡선부의 반지름을 90mm로 한다.)
>
> **풀이** $l = \pi D \times \dfrac{\theta}{360} = 3.14 \times 180 \times \dfrac{90}{360} = 141.4$mm
>
> **답** 141.4mm

㉴ $l = 2\pi R \times \dfrac{\theta}{360}$

여기서, l : 곡관의 실제 절단 길이
D : 지름
R : 곡률 반지름
θ : 각도

> **예제**
>
> 호칭 지름 15A의 강관을 굽힘 반지름 80mm, 각도 90℃로 굽힐 때 굽힘부의 필요한 중심 곡선부 길이는 약 몇 mm인가?
>
> **풀이** 중심 곡선부 길이 $= 2 \times 3.14 \times 80\text{mm} \times \dfrac{90}{360}$
> $= 126\text{mm}$
>
> **답** 126mm

③ 관의 접합 성형

> **참고**
>
> 플랜지
> 배관 중간이나 밸브, 펌프, 열교환기 등의 접속을 위해 사용되는 이음쇠로서 분해, 조립이 필요한 경우에 사용된다.

(3) 배관 지지

① 서포트(support)
  ㉮ 파이프 슈 : 배관의 곡관부 부분과 수평 부분에 관으로 영구히 고정시켜 배관의 이동을 구속시키는 것
  ㉯ 롤러 서포트 : 관을 지지하면서 신축을 자유롭게 하는 것으로 롤러가 관을 받친다.
  ㉰ 리지드 서포트 : I빔으로 만든 지지대의 일종이며 정유 시설의 송유관에 사용한다.
  ㉱ 스프링 서포트 : 상하 이동이 자유로우며 파이프의 하중에 따라 스프링이 완충 작용을 하여 배관을 지지한다.

② 브레이스(brace)
압축기 진동과 서징, 관의 수격 작용, 지진 등에서 발생하는 진동을 억제하기 위해 사용되는 지지 장치

4 보온 및 단열재 시공 및 점검

(1) 보온재의 종류와 특성

① 보온재 선정 시 고려하여야 할 사항
- ㉮ 열전도율이 가능한 작아야 한다.
- ㉯ 불연성의 것으로 사용 온도에서 장시간 사용하여도 내구성이 있으며 변질되지 않아야 한다.
- ㉰ 부피 비중이 작아야 한다.
- ㉱ 적합한 기계적 강도를 가져야 한다(기계적 강도가 클 것).
- ㉲ 시공이 용이하고 확실하게 할 수 있어야 한다.
- ㉳ 흡수성이 없고, 가공이 용이해야 한다.
- ㉴ 안전 사용 온도 범위에 적합해야 한다.
- ㉵ 물리적, 화학적 강도가 커야 한다.
- ㉶ 보온재의 가격
- ㉷ 공사 현장의 작업성

> **참고**
> 경질폼 러버 보온통 안전 사용 온도 : 180℃

② 유기질 보온재
- ㉮ 펠트(felt)
- ㉯ 텍스류
- ㉰ 플라스틱 폼
- ㉱ 탄화 코르크
- ㉲ 코르크
- ㉳ 기포성 수지

③ 무기질 보온재
- ㉮ 탄산마그네슘
- ㉯ 포그라스(발포초자)
- ㉰ 유리 섬유
- ㉱ 규조토
- ㉲ 암면
- ㉳ 광재면 보온판
- ㉴ 석면(아스베스트)
- ㉵ 규산칼슘
- ㉶ 펄라이트 보온판
- ㉷ 실리카 파이버 및 세라믹 파이버
- ㉸ 팽창 질석(버미큘라이트)
- ㉹ 세라크울
- ㉺ 글라스 폼
- ㉻ 내화 단열 벽돌

(2) 단열재의 종류와 특성

> **참고**
>
> spalling(박락) 현상
> 내화 벽돌 등이 사용 중에 내부에 생기는 응력 때문에 균열이 생기거나 표면이 떨어지는 것

> **참고**
>
> 배관의 단열 공사를 실시하는 목적
> ① 열에 대한 경제성을 높인다.
> ② 온도 조절과 열량을 높인다.
> ③ 온도 변화를 제한한다.
> ④ 화상 및 화재 방지를 한다.

제9과목

보일러 운전

1 보일러 가동 준비

(1) 신설 보일러의 가동 전 준비
① 본체 각부의 점검
② 연소실 및 연도의 점검
③ 계측기 및 밸브 점검
④ 부속 장치의 점검
⑤ 소다 보일링

(2) 사용 중인 보일러의 가동 전 준비 사항
① 각종 기기의 기능을 검사하고, 급수 계통의 이상 유무를 확인한다.
② 댐퍼를 개방하고, 프리퍼지를 행한다.
③ 각 밸브의 개폐 상태를 확인한다.
④ 보일러수 물의 높이는 상용 수위로 하여 수면계로 확인한다.

2 보일러 운전

(1) 보일러의 점화

> **참고**
>
> 운전 중 화염이 블로 오프(blow-off)된 경우 특정한 경우에 한하여 재점화에서 점화 장치는 화염의 소화 직후 1초 이내에 자동으로 작동한다.

3. 보일러 가동 후 점검하기

> **참고**
> ① 가동 보일러의 산 세정의 순서
>   전처리 → 수세 → 산액 처리 → 수세 → 중화 방청
> ② 산 세관
>   ㉮ 사용 약품 산의 종류
>   ㉠ 염산(HCl) ㉡ 황산(H_2SO_4) ㉢ 인산(H_3PO_4) ㉣ 질산(HNO_3)

(1) 보일러의 보존법

① 건조(장기) 보존법 : 보일러 보존 시 동결 사고가 예상될 때 실시하는 밀폐식 보존법
  ㉮ 소다 만수 건조법 : 보일러의 내부를 완전히 건조시켜 부식을 방지하는 방법이다. 흡습제로는 생석회, 실리카겔, 염화칼슘, 활성 알루미나, 오산화인이 사용된다.

> **참고**
> 보일러를 장기간 사용하지 않고 보존하는 방법 : 건조 후 생석회 등을 넣고 밀봉하여 보존한다.

4. 보일러 고장 시 조치하기

(1) 비상 정지 시 일반적인 조치 사항

① 연료 공급을 중단한다.
② 연소 공기의 공급을 멈춘다.
③ 압력은 자연히 떨어지게 기다린다.
④ 주증기 밸브를 닫는다.
⑤ 급수할 필요가 있는 경우는 급수를 하여 수위를 유지한다.
⑥ 댐퍼는 개방된 상태로 두고 통풍을 한다.

제10과목

보일러 수질 관리

1 보일러수 관리

(1) 보일러 용수 측정 및 처리

> **참고**
>
> 기폭의 상승 효과를 얻기 위한 조건
> ① 수온이 높을수록
> ② 기폭 시간이 길수록
> ③ 물과 공기의 접촉이 많을수록
> ④ 물의 표면적이 클수록
> ⑤ 수중의 가스 농도가 높고, 주위 대기 중의 가스 농도가 낮을수록

① 보일러수의 내처리(2차 처리) : 관외 처리로 만족한 급수 처리를 할 수 없으므로 보일러 본체에 약품을 첨가하여 급수의 유해성을 화학적이나 물리적으로 청관제를 사용하는 방법이다.
  ㉮ 탈산소제 : 용수 중에 산소를 제거하기 위함 예 아황산소다, 탄닌, 히드라진 등

(2) 청관제 사용 방법

① 보일러 내처리로 사용되는 약제 중 가성 취화 방지, 탈산소, 슬러지 조정 등의 작용을 하는 것 : 탄닌
② 청관제 선정 시 주의 사항
  ㉮ 수질을 정확히 분석 및 파악한다.
  ㉯ 청관제 주요 성분을 파악한다.
  ㉰ 가열 후 슬러지 생성을 관찰한다.
  ㉱ 스케일의 화학적 성질을 파악한다.

memo

제11과목

보일러 안전관리

1 공사 안전관리

(1) 보일러 사고 발생 원인

① 제작상의 원인
- ㉮ 용접 불량
- ㉯ 강도 부족
- ㉰ 부속 장치 미비
- ㉱ 구조 및 설계 불량
- ㉲ 관의 두께 불량
- ㉳ 재료 불량

② 취급상의 원인
- ㉮ 압력의 초과
- ㉯ 프리퍼지 및 포스트퍼지 불량에 의한 가스 폭발
- ㉰ 저수위 사고에 의한 과열
- ㉱ 수질 관리 불량에 의한 보일러 부식
- ㉲ 스케일 생성에 의한 보일러 과열 및 폭발
- ㉳ 사전 점검 불충분에 의한 안전 사고
- ㉴ 급수 처리 불량

(2) 보일러 손상의 종류와 특징

① 내부 부식
- ㉮ 전면 부식
- ㉯ 국부 부식
  - ㉠ 점식(pitting) : 보일러 내면이 작은 점 모양으로 부식이 발생하는 것으로 용존 산소가 급수 중에 유입되어 산화 반응이 일어나면서 발생하며, 개방된 표면에서 구멍 형태로 깊게 침식하는 부식
  - ㉡ 구식(grooving) : 구상 부식이라 하며 보일러의 모재가 연결(용접)되는 부분에서 U자나 V자 모양으로 부식이 발생하는 것

> **참고**
> 구상 부식의 발생 장소
> ① 경판의 급수 구멍　② 노통의 플랜지 원형부　③ 접시형 경판의 구석 원통부

② 외부 부식
  ㉮ 고온 부식
    원인 물질로는 나트륨, 유황 및 연료 내에 함유된 바나듐이 연소 시 산화하여 전열면에 융착하는 부식

> **참고**
> ① 라미네이션은 강괴(ingot) 속에 잔류된 가스가 강철판의 관을 만들 경우 압연(rolling)할 때에 압축되어 얇은 흠을 만드는 것으로서 일종의 재료의 결함이다.
> ② 블리스터가 많이 발생되는 부분은 보일러 동의 화염에 접촉되는 부분, 노통, 연관, 수관 등이다.

③ 팽출(bulge)과 압궤(collapse)
  ㉮ 팽출
    보일러의 본체가 화염에 과열되어 외부로 볼록하게 튀어나오는 현상
  ㉯ 압궤
    노통이나 연관이 스케일로 인하여 과열되어 보일러수로부터 압축을 받아 발생하는 현상

(3) 보일러 사고 방지 대책

① 보일러의 파열 원인
  ㉮ 이상 감수
  ㉯ 제한 압력 초과
  ㉰ 보일러 구조상 결함(설계 불량, 제작 불량, 재료 불량, 최고 사용 압력 이하에서 파손)

② 역화(back fire)
  ㉮ 역화의 원인 : 화구에서 화염이 갑자기 노(연소실) 밖으로 나오는 현상
    ㉠ 점화 시에 착화가 늦을 경우
    ㉡ 점화 시에 공기보다 연료를 먼저 노내에 공급했을 경우
    ㉢ 압입 통풍이 너무 강한 경우
    ㉣ 실화 시 노내의 여열로 재점화할 경우
    ㉤ 연료 밸브를 급개하여 과다한 양을 노내에 공급했을 때
    ㉥ 흡입 통풍이 부족할 경우
    ㉦ 노내에 미연소 가스가 충만해 있을 때 점화되었을 경우(프리퍼지 부족)
    ㉧ 불완전 연소의 상태가 두드러진 경우
  ㉯ 역화 방지 대책
    ㉠ 점화 방법이 좋아야 한다(점화 시 착화는 신속하게).
    ㉡ 공기를 노내에 먼저 공급하고 다음에 연료를 공급할 것
    ㉢ 노 및 연도 내에 미연소 가스가 발생하지 않도록 할 것

   ② 점화 시 댐퍼를 열고 미연소 가스를 배출시킨 뒤 점화할 것
   ⑩ 실화 시 재점화할 경우 노내를 충분히 환기시킨 후 점화할 것
   ⑪ 통풍량을 적절히 유지시킬 것
 ③ 포밍(forming) : 보일러수에 불순물이 많이 포함되어 보일러수의 비등과 함께 수면 부근에 거품의 층을 형성하여 수위가 불안정하게 되는 현상
  ㉮ 발생 원인
   ⊙ 주증기 밸브를 급히 개방 시
   ⓒ 고수위로 운전할 때
   ⓒ 증기 부하가 과대할 때
   ② 보일러수가 농축되었을 때
   ⑩ 보일러수 중에 부유물, 유지분, 불순물이 많이 함유되어 있을 때
   ⑪ 급격한 과연소를 하였을 때
  ㉯ 방지 대책
   ⊙ 주증기 밸브를 천천히 개방한다.
   ⓒ 정상 수위로 운전한다.
   ⓒ 과부하가 되지 않도록 운전한다.
   ② 보일러수의 농축을 방지한다.
   ⑩ 보일러수 처리를 철저히 하여 부유물, 유지분, 불순물을 제거한다.

제12과목

에너지 관계법규

1 에너지법

(1) 용어의 정의
① **에너지** : 연료·열 및 전기를 말한다.
② **에너지 사용자** : 에너지 사용 시설의 소유자 또는 관리자를 말한다.
③ **에너지 공급 설비** : 에너지를 생산·전환·수송 또는 저장하기 위하여 설치하는 설비를 말한다.

2 에너지 이용 합리화법

(1) 목적
에너지의 수급을 안정시키고 에너지의 합리적이고 효율적인 이용을 증진하며, 에너지 소비로 인한 환경 피해를 줄임으로써 국민 경제의 건전한 발전 및 국민 복지의 증진과 지구 온난화의 최소화에 이바지함을 목적으로 한다.

3 열사용 기자재의 검사 및 검사면제에 관한 기준

(1) 열사용 기자재

구분	품목명	적용 범위
보일러	강철제 보일러 주철제 보일러	다음 각 호의 어느 하나에 해당하는 것을 말한다. 1. 1종 관류 보일러 : 강철제 보일러 중 헤더의 안지름이 150mm 이하이고, 전열 면적이 5m² 초과 10m² 이하이며, 최고 사용 압력이 1MPa 이하인 관류 보일러(기수분리기를 장치한 경우에는 기수분리기의 안지름이 300mm 이하이고, 그 내부부피가 0.07m³ 이하인 것에 한한다)를 말한다. 2. 2종 관류 보일러 : 강철제 보일러 중 헤더의 안지름이 150mm 이하이고, 전열 면적이 5m² 이하이며, 최고 사용 압력이 1MPa 이하인 관류 보일러(기수분리기를 장치한 경우에는 기수분리기의 안지름이 200mm 이하이고, 그 내부부피가 0.02m³ 이하인 것에 한한다)를 말한다.

보일러	강철제 보일러 주철제 보일러	3. 제1호 및 제2호 외에 금속(주철을 포함한다)으로 만든 것. 다만, 소형 온수 보일러·구멍탄용 온수 보일러·축열식 전기 보일러 및 가정용 화목보일러는 제외한다.
	소형 온수 보일러	전열 면적이 14m² 이하이며, 최고 사용 압력이 0.35MPa 이하의 온수를 발생하는 것. 다만, 구멍탄용 온수 보일러·축열식 전기 보일러·가정용 화목 보일러 및 가스 사용량이 17kg/h(도시 가스는 232.6kW) 이하인 가스용 온수 보일러를 제외한다.
	구멍탄용 온수 보일러	「석탄산업법 시행령」 제2조 제2호의 규정에 의한 연탄을 연료로 사용하여 온수를 발생시키는 것으로서 금속제에 한한다.
	축열식 전기 보일러	심야 전력을 사용하여 온수를 발생시켜 축열조에 저장한 후 난방에 이용하는 것으로서 정격 소비 전력이 30kW 이하이며, 최고 사용 압력이 0.35MPa 이하인 것
	캐스케이드 보일러	「산업표준화법」 제12조 제1항에 따른 한국산업표준에 적합함을 인증받거나 「액화석유가스의 안전관리 및 사업법」 제9조 제1항에 따라 가스용품의 검사에 합격한 제품으로서, 최고사용압력이 대기압을 초과하는 온수보일러 또는 온수기 2대 이상이 단일 연통으로 연결되어 서로 연동되도록 설치되며, 최대가스용량의 합이 17kg/h(도시가스는 232.6kW)를 초과하는 것
	가정용 화목보일러	화목등 목재 연료를 사용하여 90℃ 이하의 난방수 또는 65℃ 이하의 온수를 발생하는 것으로서 표시 난방 출력이 70kW 이하로서 옥외에 설치하는 것
태양열 집열기	태양열 집열기	
압력 용기	1종 압력 용기	최고 사용 압력(MPa) 내부부피(m³)을 곱한 수치가 0.004를 초과하는 다음 각 호의 1에 해당하는 것 1. 증기 그 밖의 열매체를 받아들이거나 증기를 발생시켜 고체 또는 액체를 가열하는 기기로서 용기 안의 압력이 대기압을 넘는 것 2. 용기 안의 화학반응에 의하여 증기를 발생하는 용기로서 용기 안의 압력이 대기압을 넘는 것 3. 용기 안의 액체의 성분을 분리하기 위하여 해당 액체를 가열하거나 증기를 발생시키는 용기로서 용기 안의 압력이 대기압을 넘는 것 4. 용기 안의 액체의 온도가 대기압에서의 비점을 넘는 것
	2종 압력 용기	최고 사용 압력이 0.2MPa를 초과하는 기체를 그 안에 보유하는 용기로서 다음 각 호의 1에 해당하는 것 1. 내부부피가 0.04m³ 이상인 것 2. 동체의 안지름이 200mm 이상(증기 헤더의 경우에는 동체의 안지름이 300mm 초과)이고, 그 길이가 1천mm 이상인 것
요로	요업 요로	연속식 유리 용융 가마·불연속식 유리 용융 가마·유리 용융 도가니 가마·터널 가마·도염식 가마·셔틀 가마·회전 가마 및 석회 용선 가마
	금속 요로	용선로·비철금속 용융로·금속 소둔로·철금속 가열로 및 금속 균연로

4 보일러 설치 시공 및 검사 기준

(1) 보일러 설치·시공 기준

① 옥내 설치

보일러 동체 최상부로부터(보일러의 검사 및 취급에 지장이 없도록 작업대를 설치한 경우에는 작업대로부터) 천장, 배관 등 보일러 상부에 있는 구조물까지의 거리는 1.2m 이상이어야 한다. 다만 소형 보일러 및 주철제 보일러의 경우에는 0.6m 이상으로 할 수 있다.

② 옥외 설치

㉮ 보일러에 빗물이 스며들지 않도록 케이싱 등의 적절한 방지 설비를 하여야 한다.

㉯ 노출된 절연재 또는 패킹 등에는 방수 처리(금속 커버 또는 페인트 포함)를 하여야 한다.

㉰ 보일러 외부에 있는 증기관 및 급수관 등이 얼지 않도록 적절한 보호 조치를 하여야 한다.

㉱ 강제 통풍 팬의 입구에는 빗물 방지 보호판을 설치하여야 한다.

(2) 보일러 계속 사용 검사 기준

> **예제**
>
> 강철제 증기 보일러의 최고 사용 압력이 0.4MPa인 경우 수압 시험 압력은?
>
> **풀이** 강철제 증기 보일러의 수압 시험 압력 = 최고 사용 압력 × 2배
> = 0.4MPa × 2 = 0.8MPa
>
> **답** 0.8MPa

① 보일러의 계속 사용 검사 기준 중 내부 검사

㉮ 관의 부식 등을 검사할 수 있도록 스케일을 제거하여야 하며 관 끝부분의 손상, 취화 및 빠짐이 없어야 한다.

㉯ 노벽 보호 부분은 벽체의 현저한 균열 및 파손 등 사용상 지장이 없어야 한다.

㉰ 연소실 내부에는 부적당하거나, 결함이 있는 버너 또는 스토커의 설치 운전에 의한 현저한 열의 국부적인 집중으로 인한 현상이 없어야 한다.

부록

과년도 출제문제

※ 2017년 이후 문제부터는 CBT 복원 문제입니다.

에너지관리기능사 (2016. 1. 24 시행)

01 증기 트랩이 갖추어야 할 조건에 대한 설명으로 틀린 것은?

① 마찰 저항이 클 것
② 동작이 확실할 것
③ 내식, 내마모성이 있을 것
④ 응축수를 연속적으로 배출할 수 있을 것

해설 증기 트랩이 갖추어야 할 조건
㉠ 마찰 저항이 작을 것
㉡ 동작이 확실할 것
㉢ 내식, 내마모성이 있을 것
㉣ 응축수를 연속적으로 배출할 수 있을 것
㉤ 공기를 뺄 수 있을 것
㉥ 워터해머에 강할 것

02 보일러의 수위 제어 검출 방식의 종류로 가장 거리가 먼 것은?

① 피스톤식   ② 전극식
③ 플로트식   ④ 열팽창관식

해설 보일러의 수위 제어 검출 방식의 종류
㉠ 전극식
㉡ 플로트식
㉢ 열팽창관식

03 중유의 첨가제 중 슬러지의 생성 방지제 역할을 하는 것은?

① 회분 개질제   ② 탈수제
③ 연소 촉진제   ④ 안정제

해설 안정제의 설명이다.

04 일반적으로 보일러의 상용 수위는 수면계의 어느 위치와 일치시키는가?

① 수면계의 최상단부
② 수면계의 2/3 위치
③ 수면계의 1/2 위치
④ 수면계의 최하단부

해설 보일러의 상용 수위 : 수면계의 1/2 위치

05 다음은 증기 보일러를 성능 시험하고 결과를 산출한 것이다. 보일러 효율은?

- 급수 온도 : 12℃
- 연료의 저위 발열량 : 10,500kcal/Nm³
- 발생 증기의 엔탈피 : 663.8kcal/kg
- 증기 사용량 : 373.9Nm³/h
- 증기 발생량 : 5,120kg/h
- 보일러 전열 면적 : 102m²

① 78%   ② 80%
③ 82%   ④ 85%

해설 보일러 효율(η) $= \dfrac{G_a(h_2-h_1)}{G_f \times H_L} \times 100\%$

$= \dfrac{5,120(663.8-12)}{373.9 \times 10,500} \times 100\%$

$= 85\%$

06 동작 유체의 상태 변화에서 에너지의 이동이 없는 변화는?

① 등온 변화   ② 정적 변화
③ 정압 변화   ④ 단열 변화

정답 01 ① 02 ① 03 ④ 04 ③ 05 ④ 06 ④

해설 ① 등온 변화 : 일정한 온도를 유지하고 부피와 압력을 변화시키는 과정으로 온도가 일정하기 때문에 기체나 물질의 내부 에너지는 변하지 않으므로 계에 흡수된 열은 계가 한 일과 같아야만 한다.
② 정적 변화 : 계의 부피를 일정하게 유지하면서 이루어지는 열역학적 계의 상태 변화 과정이다.
③ 정압 변화 : 계의 압력을 일정하게 유지하면서 이루어지는 열역학적 계의 상태 변화 과정이다.
④ 단열 변화 : 외부와 열의 출입이 없는 상태에서 이루어지는 기체의 상태 변화로 에너지의 이동이 없다.

07 어떤 물질 500kg을 20℃에서 50℃로 올리는데 3,000kcal의 열량이 필요하였다. 이 물질의 비열은?

① 0.1kcal/kg·℃
② 0.2kcal/kg·℃
③ 0.3kcal/kg·℃
④ 0.4kcal/kg·℃

해설 $Q = G_c(t_2 - t_1)$
$c = \dfrac{Q}{G(t_2-t_1)} = \dfrac{3,000}{500(50-20)} = 0.2 \text{kcal/kg·℃}$

08 보일러 유류 연료 연소 시에 가스 폭발이 발생하는 원인이 아닌 것은?

① 연소 도중에 실화되었을 때
② 프리퍼지 시간이 너무 길어졌을 때
③ 소화 후에 연료가 흘러들어 갔을 때
④ 점화가 잘 안 되는데 계속 급유했을 때

해설 유류 연료 연소 시 가스 폭발이 발생하는 원인
㉠ 연소 도중에 실화되었을 때
㉡ 소화 후에 연료가 흘러들어 갔을 때
㉢ 점화가 잘 안 되는데 계속 급유했을 때

09 보일러 연소 장치와 가장 거리가 먼 것은?

① 스테이
② 버너
③ 연도
④ 화격자

해설 ㈎ 보일러 연소 장치 : ② 버너, ③ 연도, ④ 화격자
㈏ ① 스테이 : 버팀

10 보일러 1마력에 대한 표시로 옳은 것은?

① 전열 면적 10m²
② 상당 증발량 15.65kg/h
③ 전열 면적 8ft²
④ 상당 증발량 30.6lb/h

해설 보일러 1마력
㉠ 상당 증발량 15.65kg/h인 보일러
㉡ 표준 상태에서 100℃의 물 15.65kg을 1시간 동안 같은 온도인 증기로 바꿀 수 있는 능력을 갖는 보일러
㉢ 4.9kgf/cm²·atg(게이지 압력) 하에서 급수 온도 37.8℃에서 시간당 증발량이 13.6kg의 능력을 갖는 보일러

11 보일러 드럼 없이 초임계 압력 이상에서 고압 증기를 발생시키는 보일러는?

① 복사 보일러
② 관류 보일러
③ 수관 보일러
④ 노통 연관 보일러

해설 ① 복사 보일러 : 화로를 수냉벽으로 하여 연소 화염에서 나오는 복사열을 유효하게 이용하는 수관 보일러이다.
③ 수관 보일러 : 지름이 작은 동과 수관으로 구성되어 있으며 수관을 주체로 한 보일러이다.
④ 노통 연관 보일러 : 노통이 1개인 코니시 보일러와 횡연관 보일러의 장점을 취합한 보일러이며, 보일러 효율이 80~85% 정도로서 현재 중·소형 보일러로 가장 많이 사용한다.

정답 07 ② 08 ② 09 ① 10 ② 11 ②

12 과열 증기에서 과열도는 무엇인가?

① 과열 증기의 압력과 포화 증기의 압력 차이다.
② 과열 증기 온도와 포화 증기 온도와의 차이다.
③ 과열 증기 온도에 증발열을 합한 것이다.
④ 과열 증기 온도에서 증발열을 뺀 것이다.

해설 과열도 = 과열 증기 온도 − 포화 증기 온도

13 절탄기에 대한 설명으로 옳은 것은?

① 연소용 공기를 예열하는 장치이다.
② 보일러의 급수를 예열하는 장치이다.
③ 보일러용 연료를 예열하는 장치이다.
④ 연소용 공기와 보일러 급수를 예열하는 장치이다.

해설 절탄기(economizer) : 보일러의 급수를 예열하는 장치

14 왕복동식 펌프가 아닌 것은?

① 플런저 펌프   ② 피스톤 펌프
③ 터빈 펌프   ④ 다이어프램 펌프

해설 펌프의 종류
(가) 왕복동식 펌프
  ㉠ 플런저 펌프   ㉡ 피스톤 펌프
  ㉢ 다이어프램 펌프
(나) 회전식 펌프
  ㉠ 터빈 펌프   ㉡ 볼류트 펌프
  ㉢ 휴젯 펌프

15 수위 자동 제어 장치에서 수위와 증기 유량을 동시에 검출하여 급수 밸브의 개도가 조절되도록 한 제어 방식은?

① 단요소식   ② 2요소식
③ 3요소식   ④ 모듈식

해설 수위 자동 제어 장치
㉠ 단요소식(1요소식) : 수위만을 검출하여 급수량을 조절하는 제어 방식
㉡ 2요소식 : 수위와 증기 유량을 동시에 검출하여 급수 밸브의 개도가 조절되도록 한 제어 방식
㉢ 3요소식 : 수위와 증기량, 급수량을 동시에 검출하여 수위를 일정 수위가 되도록 급수량을 조절하는 제어 방식

16 세정식 집진 장치 중 하나인 회전식 집진 장치의 특징에 관한 설명으로 가장 거리가 먼 것은?

① 구조가 대체로 간단하고 조작이 쉽다.
② 급수 배관을 따로 설치할 필요가 없으므로 설치 공간이 적게 든다.
③ 집진물을 회수할 때 탈수, 여과, 건조 등을 수행할 수 있는 별도의 장치가 필요하다.
④ 비교적 큰 압력 손실을 견딜 수 있다.

해설 회전식 집진 장치의 특징
㉠ 구조가 대체로 간단하고 조작이 쉽다.
㉡ 집진물을 회수할 때 탈수, 여과, 건조 등을 수행할 수 있는 별도의 장치가 필요하다.
㉢ 비교적 큰 압력 손실을 견딜 수 있다.

17 보일러 사용 시 이상 저수위의 원인이 아닌 것은 어느 것인가?

① 증기 취출량이 과대한 경우
② 보일러 연결부에서 누출이 되는 경우
③ 급수 장치가 증발 능력에 비해 과소한 경우
④ 급수 탱크 내 급수량이 많은 경우

해설 보일러 사용 시 이상 저수위의 원인
㉠ 증기 취출량이 과대한 경우
㉡ 보일러 연결부에서 누출이 되는 경우
㉢ 급수 장치가 증발 능력에 비해 과소한 경우

정답 12 ② 13 ② 14 ③ 15 ② 16 ② 17 ④

18 자동 제어의 신호 전달 방법에서 공기압식의 특징으로 옳은 것은?

① 전송 시 시간 지연이 생긴다.
② 배관이 용이하지 않고 보존이 어렵다.
③ 신호 전달 거리가 유압식에 비하여 길다.
④ 온도 제어 등에 적합하고 화재의 위험이 많다.

해설 신호 전달 방식 중 공기압식의 특징 : 전송 시 시간 지연이 생긴다.

19 자연 통풍 방식에서 통풍력이 증가되는 경우가 아닌 것은?

① 연돌의 높이가 낮은 경우
② 연돌의 단면적이 큰 경우
③ 연도의 굴곡 수가 적은 경우
④ 배기가스의 온도가 높은 경우

해설 ① 연돌의 높이가 높은 경우

20 가스용 보일러 설비 주위에 설치해야 할 계측기 및 안전 장치와 무관한 것은?

① 급기 가스 온도계
② 가스 사용량 측정 유량계
③ 연료 공급 자동 차단 장치
④ 가스 누설 자동 차단 장치

해설 가스용 보일러 설비 주위에 설치해야 할 계측기 및 안전 장치
㉠ 가스 사용량 측정 유량계
㉡ 연료 공급 자동 차단 장치
㉢ 가스 누설 자동 차단 장치

21 어떤 보일러의 증발량이 40t/h이고 보일러 본체의 전열 면적이 580m²일 때 이 보일러의 증발률은?

① 14kg/m²·h
② 44kg/m²·h
③ 57kg/m²·h
④ 69kg/m²·h

해설 보일러의 증발률(kg/m²·h)

$$= \frac{\text{매시 실제 증발량}(kg/h)}{\text{전열 면적}(m^2)}$$

$$= \frac{40,000 kg/h}{580 m^2} = 69 kg/m^2 \cdot h$$

22 연소 시 공기비가 작을 때 나타나는 현상으로 틀린 것은?

① 불완전 연소가 되기 쉽다.
② 미연소 가스에 의한 가스 폭발이 일어나기 쉽다.
③ 미연소 가스에 의한 열손실이 증가될 수 있다.
④ 배기가스 중 NO 및 NO_2의 발생량이 많아진다.

해설 연소
㈎ 공기비가 작을 때 나타나는 현상
　㉠ 불완전 연소가 되기 쉽다.
　㉡ 미연소 가스에 의한 가스 폭발이 일어나기 쉽다.
　㉢ 미연소 가스에 의한 열손실이 증가될 수 있다.
　㉣ 배기가스 중 CO%가 증가한다.
㈏ 공기비가 클 때 나타나는 현상
　㉠ 열손실 온도가 낮아지며 연소 온도가 저하된다.
　㉡ 배기가스량의 증가로 열손실이 많아지며, 연료 소비량이 증가한다.
　㉢ 배기가스 중 NO 및 NO_2의 발생량이 많아진다.
　㉣ 배기가스 중 CO%가 낮아진다.

23 제어 장치의 인터록(inter lock)이란?

① 정해진 순서에 따라 차례로 동작이 진행되는 것

정답 18 ① 19 ① 20 ① 21 ④ 22 ④ 23 ②

② 구비 조건에 맞지 않을 때 작동을 정지시키는 것
③ 증기 압력의 연료량, 공기량을 조절하는 것
④ 제어량과 목표치를 비교하여 동작시키는 것

해설 제어 장치에서 인터록 : 구비 조건에 맞지 않을 때 작동을 정지시키는 것

24 액체 연료의 주요 성상으로 가장 거리가 먼 것은?

① 비중
② 점도
③ 부피
④ 인화점

해설 액체 연료의 주요 성상
㉠ 비중 ㉡ 점도 ㉢ 인화점

25 연소 가스 성분 중 인체에 미치는 독성이 가장 작은 것은?

① SO_2
② NO_2
③ CO_2
④ CO

해설 인체에 미치는 독성이 가장 작은 것 : CO_2

26 열정산 방법에서 입열 항목에 속하지 않는 것은?

① 발생 증기의 흡수열
② 연료의 연소열
③ 연료의 현열
④ 공기의 현열

해설 열정산에서 입열 항목
㉠ 연료의 연소열
㉡ 연료의 현열
㉢ 공기의 현열
㉣ 노내 분입 증기의 보유열

27 증기 과열기의 열 가스 흐름 방식 분류 중 증기와 연소 가스의 흐름이 반대 방향으로 지나면서 열교환이 되는 방식은?

① 병류형
② 혼류형
③ 향류형
④ 복사 대류형

해설 증기 과열기의 열 가스 흐름 방식에 의한 분류
㉠ 병류형 : 연료 가스와 과열기 내 증기의 흐름 방향과 같으며 가스에 의한 소손은 적으나 열의 이용도가 낮다.
㉡ 혼류형 : 병류형과 향류형을 조합한 것이며 열의 이용도가 양호하고 가스에 의한 소손도 적다.
㉢ 향류형 : 증기와 연소 가스의 흐름이 반대 방향으로 지나면서 열교환이 되는 방식이다.

28 유류용 온수 보일러에서 버너가 정지하고 리셋 버튼이 돌출하는 경우는?

① 연통의 길이가 너무 길다.
② 연소용 공기량이 부적당하다.
③ 오일 배관 내의 공기가 빠지지 않고 있다.
④ 실내 온도 조절기의 설정 온도가 실내 온도보다 낮다.

해설 유류용 온수 보일러에서 버너가 정지하고 리셋 버튼이 돌출하는 경우 : 오일 배관 내의 공기가 빠지지 않고 있다.

29 다음 열효율 증대 장치 중에서 고온 부식이 잘 일어나는 장치는?

① 공기 예열기
② 과열기
③ 증발 전열면
④ 절탄기

해설 과열기는 고온 부식이 잘 일어나는 장치이다.

정답 24 ③ 25 ③ 26 ① 27 ③ 28 ③ 29 ②

30 증기 보일러의 기타 부속 장치가 아닌 것은?

① 비수 방지관
② 기수 분리기
③ 팽창 탱크
④ 급수 내관

해설 증기 보일러의 기타 부속 장치
㉠ 비수 방지관
㉡ 기수 분리기
㉢ 급수 내관

31 온수 난방에서 방열기 내 온수의 평균 온도가 82℃, 실내 온도가 18℃이고, 방열기의 방열계수가 $6.8 kcal/m^2 \cdot h \cdot ℃$인 경우 방열기의 방열량은?

① $650.9 kcal/m^2 \cdot h$
② $557.6 kcal/m^2 \cdot h$
③ $450.7 kcal/m^2 \cdot h$
④ $435.2 kcal/m^2 \cdot h$

해설 $H_r = K_r(t_r - t_o)$
$= 6.8(82 - 18)$
$= 435.2 kcal/m^2 \cdot h$

32 증기 난방에서 저압 증기 환수관이 진공 펌프의 흡입구보다 낮은 위치에 있을 때 응축수를 원활히 끌어올리기 위해 설치하는 것은?

① 하트포드 접속(hartford connection)
② 플래시 레그(flash leg)
③ 리프트 피팅(lift fitting)
④ 냉각관(cooling leg)

해설 ③ 리프트 피팅(lift fitting)의 설명이다.

33 온수 보일러에 팽창 탱크를 설치하는 주된 이유로 옳은 것은?

① 물의 온도 상승에 따른 체적 팽창에 의한 보일러의 파손을 막기 위한 것이다.
② 배관 중의 이물질을 제거하여 연료의 흐름을 원활히 하기 위한 것이다.
③ 온수 순환 펌프에 의한 맥동 및 캐비테이션을 방지하기 위한 것이다.
④ 보일러, 배관, 방열기 내에 발생한 스케일 및 슬러지를 제거하기 위한 것이다.

해설 온수 보일러에 팽창 탱크를 설치하는 이유
물의 온도 상승에 따른 팽창에 의한 보일러의 파손을 막기 위한 것이다.

34 포밍, 플라이밍의 방지 대책으로 부적합한 것은?

① 정상 수위로 운전할 것
② 급격한 과연소를 하지 않을 것
③ 주증기 밸브를 천천히 개방할 것
④ 수저 또는 수면 분출을 하지 말 것

해설 포밍, 플라이밍의 방지 대책
㉠ 정상 수위로 운전할 것
㉡ 급격한 과연소를 하지 않을 것
㉢ 주증기 밸브를 천천히 개방할 것
㉣ 보일러수의 농축을 방지할 것
㉤ 보일러수 처리를 철저히 하여 보유물, 유지분, 불순물을 제거할 것

35 보일러 급수 처리 방법 중 5,000ppm 이하의 고형물 농도에서는 비경제적이므로 사용하지 않고, 선박용 보일러에 사용하는 급수를 얻을 때 주로 사용하는 방법은?

① 증류법
② 가열법
③ 여과법
④ 이온 교환법

해설 증류법의 설명이다.

정답 30 ③ 31 ④ 32 ③ 33 ① 34 ④ 35 ①

36 보일러 설치·시공 기준상 유류 보일러의 용량이 시간당 몇 톤 이상이면 공급 연료량에 따라 연소용 공기를 자동 조절하는 기능이 있어야 하는가? (단, 난방 보일러인 경우이다.)

① 1t/h ② 3t/h
③ 5t/h ④ 10t/h

해설 유류 보일러의 용량이 10t/h 이상이면 공급 연료량에 따라 연소용 공기를 자동 조절하는 기능이 있어야 한다.

37 온도 25℃의 급수를 공급받아 엔탈피가 725kcal/kg 의 증기를 1시간당 2,310kg 발생시키는 보일러의 상당 증발량은?

① 1,500kg/h
② 3,000kg/h
③ 4,500kg/h
④ 6,000kg/h

해설 상당 증발량$(G_e) = \dfrac{G_a(h_2 - h_1)}{539}$(kg/h)
$= \dfrac{2,310(725 - 25)}{580\text{m}^2}$
$= 3,000\text{kg/h}$

38 다음 중 가스관의 누설 검사 시 사용하는 물질로 가장 적합한 것은?

① 소금물 ② 증류수
③ 비눗물 ④ 기름

해설 가스관의 누설 검사 시 사용하는 물질 : 비눗물

39 중력 순환식 온수 난방법에 관한 설명으로 틀린 것은?

① 소규모 주택에 이용된다.
② 온수의 밀도 차에 의해 온수가 순환한다.
③ 자연 순환이므로 관경을 작게 하여도 된다.
④ 보일러는 최하위 방열기보다 더 낮은 곳에 설치한다.

해설 ③ 자연 순환이므로 관경을 크게 하여야 한다.

40 보일러를 장기간 사용하지 않고 보존하는 방법으로 가장 적당한 것은?

① 물을 가득 채워 보존한다.
② 배수하고 물이 없는 상태로 보존한다.
③ 1개월에 1회씩 급수를 공급 교환한다.
④ 건조 후 생석회 등을 넣고 밀봉하여 보존한다.

해설 보일러를 장기간 사용하지 않고 보존하는 방법 : 건조 후 생석회 등을 넣고 밀봉하여 보존한다.

41 진공 환수식 증기 난방 장치의 리프트 이음 시 1단 흡상 높이는 최고 몇 m 이하로 하는가?

① 1.0 ② 1.5
③ 2.0 ④ 2.5

해설 진공 환수식 증기 난방 장치의 리프트 이음 시 1단 흡상 높이 : 최고 1.5m 이하

42 연료의 연소 시, 이론 공기량에 대한 실제 공기량의 비, 즉 공기비(m)의 일반적인 값으로 옳은 것은?

① $m = 1$ ② $m < 1$
③ $m < 0$ ④ $m > 1$

해설 공기비(m)의 일반적인 값 : $m > 1$

정답 36 ④ 37 ② 38 ③ 39 ③ 40 ④ 41 ② 42 ④

43 가스 보일러에서 가스 폭발의 예방을 위한 유의 사항으로 틀린 것은?

① 가스 압력이 적당하고 안정되어 있는지 점검한다.
② 화로 및 굴뚝의 통풍, 환기를 완벽하게 하는 것이 필요하다.
③ 점화용 가스의 종류는 가급적 화력이 낮은 것을 사용한다.
④ 착화 후 연소가 불안정할 때는 즉시 가스 공급을 중단한다.

해설 ③ 점화용 가스의 종류는 가급적 화력이 높은 것을 사용한다.

44 보일러 드럼 및 대형 헤더가 없고 지름이 작은 전열관을 사용하는 관류 보일러의 순환비는?

① 4　　② 3
③ 2　　④ 1

해설 관류 보일러의 순환비 : 1

45 온수 난방 설비에서 온수, 온도 차에 의한 비중력차로 순환하는 방식으로 단독주택이나 소규모 난방에 사용되는 난방 방식은?

① 강제 순환식 난방
② 하향 순환식 난방
③ 자연 순환식 난방
④ 상향 순환식 난방

해설 ① 강제 순환식 난방 : 순환 펌프 등에 의해 온수를 강제 순환시키는 방법으로 대규모 난방에 사용된다.
② 하향 순환식 난방 : 보일러에서 송수 주관을 최상층까지 올려 세워서 최상층 천정에 배관하고, 하향 수직관을 세워 각 방열기로 연결하는 방식이다.
④ 상향 순환식 난방 : 송수 주관을 최하층의 천정에 배관하여 상향 수직관을 설치하여서 각 방열기로 연결하는 방식이다.

46 보일러 사고의 원인 중 제작 상의 원인에 해당 되지 않는 것은?

① 구조의 불량　　② 강도 부족
③ 재료의 불량　　④ 압력 초과

해설 보일러 사고의 원인
(가) 제작 상의 원인
　㉠ 구조적 불량　　㉡ 강도 부족
　㉢ 재료의 불량　　㉣ 용접 불량
(나) 취급 상의 원인
　㉠ 압력 초과　　㉡ 가스 폭발
　㉢ 수위 감소　　㉣ 수관리 불량
　㉤ 과열　　㉥ 점검 불충분

47 압축기 진동과 서징, 관의 수격 작용, 지진 등에서 발생하는 진동을 억제하기 위해 사용되는 지지 장치는?

① 벤드벤　　② 플랩 밸브
③ 그랜드 패킹　　④ 브레이스

해설 브레이스 : 압축기 진동과 서징, 관의 수격 작용, 지진 등에서 발생하는 진동을 억제하기 위해 사용되는 지지 장치

48 열팽창에 대한 신축이 방열기에 영향을 미치지 않도록 주로 증기 및 온수 난방용 배관에 사용되며, 2개 이상의 엘보를 사용하는 신축 이음은?

① 벨로즈 이음　　② 루프형 이음
③ 슬리브 이음　　④ 스위블 이음

해설 ① 벨로즈 이음 : 설치에 넓은 장소를 필요로 하지 않고 신축에 의한 응력을 일으키지 않는 이음
② 루프형 이음 : 강관 또는 동관 등을 구부려서 구부림에 따른 신축을 흡수하는 이음
③ 슬리브 이음 : 슬리브 파이프를 이음쇠 본체 측과 슬라이드시킴으로써 신축을 흡수하는 이음

정답 43 ③　44 ④　45 ③　46 ④　47 ④　48 ④

49 보일러수 내처리 방법으로 용도에 따른 청관제로 틀린 것은?

① 탈산소제 - 염산, 알코올
② 연화제 - 탄산소다, 인산소다
③ 슬러지 조정제 - 탄닌, 리그닌
④ pH 조정제 - 인산소다, 암모니아

해설 탈산소제 : 보일러수 중의 용존 산소를 처리할 목적으로 사용하는 것
㉠ 탄닌
㉡ 아황산소다
㉢ 히드라진

50 하트포드 접속법(hart-ford connection)을 사용하는 난방 방식은?

① 저압 증기 난방   ② 고압 증기 난방
③ 저온 온수 난방   ④ 고온 온수 난방

해설 하트포드 접속법은 저압 증기 난방의 습식 환수 방식에 사용된다.

51 난방 부하를 구성하는 인자에 속하는 것은?

① 관류 열손실
② 환기에 의한 취득 열량
③ 유리창으로 통한 취득 열량
④ 벽, 지붕 등을 통한 취득 열량

해설 난방 부하를 구성하는 인자 : 관류 열손실

52 증기관이나 온수관 등에 대한 단열로서 불필요한 방열을 방지하고 인체에 화상을 입히는 위험 방지 또는 실내 공기의 이상 온도 상승 방지 등을 목적으로 하는 것은?

① 방로   ② 보냉
③ 방한   ④ 보온

해설 ④ 보온의 설명이다.

53 보일러 급수 중의 용존(용해) 고형물을 처리한 는 방법으로 부적합한 것은?

① 증류법   ② 응집법
③ 약품 첨가법   ④ 이온 교환법

해설 보일러 급수 중의 용존(용해) 고형물을 처리하는 방법
㉠ 증류법
㉡ 약품 첨가법
㉢ 이온 교환법

54 에너지법에서 정한 지역 에너지 계획을 수립·시행하여야 하는 자는?

① 행정자치부 장관
② 산업통상자원부 장관
③ 한국에너지공단 이사장
④ 특별시장, 광역시장, 도지사 또는 특별자치도지사

해설 지역 에너지 계획을 수립·시행하여야 하는 자 : 특별시장, 광역시장, 도지사 또는 특별자치도지사

55 증기 보일러에는 2개 이상의 안전 밸브를 설치하여야 하는 반면에 1개 이상으로 설치 가능한 보일러의 최대 전열 면적은?

① $50m^2$ ② $60m^2$
③ $70m^2$ ④ $80m^2$

해설 증기 보일러의 안전 밸브
㉠ 2개 이상으로 설치한다.
㉡ 1개 이상으로 설치 가능한 보일러의 최대 전열 면적은 $50m^2$이다.

정답 49 ① 50 ① 51 ① 52 ④ 53 ② 54 ④ 55 ①

56 에너지 이용 합리화법상 에너지 진단 기관의 지정 기준은 누구의 영으로 정하는가?

① 대통령
② 시·도지사
③ 시공업자단체장
④ 산업통상자원부 장관

해설 에너지 진단 기관의 지정 기준 : 대통령령

57 열사용 기자재 중 온수를 발생하는 소형 온수 보일러의 적용 범위로 옳은 것은?

① 전열 면적 $12m^2$ 이하, 최고 사용 압력 0.25MPa 이하의 온수를 발생하는 것
② 전열 면적 $14m^2$ 이하, 최고 사용 압력 0.25MPa 이하의 온수를 발생하는 것
③ 전열 면적 $12m^2$ 이하, 최고 사용 압력 0.35MPa 이하의 온수를 발생하는 것
④ 전열 면적 $14m^2$ 이하, 최고 사용 압력 0.35MPa 이하의 온수를 발생하는 것

해설 소형 온수 보일러의 적용 범위 : 전열 면적 $14m^2$ 이하, 최고 사용 압력 0.35MPa 이하의 온수를 발생하는 것

58 효율 관리 기자재가 최저 소비 효율 기준에 미달하거나 최대 사용량 기준을 초과하는 경우 제조·수입·판매업자에게 어떠한 조치를 명할 수 있는가?

① 생산 또는 판매 금지
② 제조 또는 설치 금지
③ 생산 또는 세관 금지
④ 제조 또는 시공 금지

해설 효율 관리 기자재가 최저 소비 효율 기준에 미달 또는 최대 사용량 기준을 초과하는 경우 제조·수입·판매업자에게 하는 조치 : 생산 또는 판매 금지

59 에너지 이용 합리화법에 따라 산업통상자원부령으로 정하는 광고 매체를 이용하여 효율 관리 기자재의 광고를 하는 경우에는 그 광고 내용에 에너지 소비 효율, 에너지 소비 효율 등급을 포함시켜야 할 의무가 있는 자가 아닌 것은?

① 효율 관리 기자재의 제조업자
② 효율 관리 기자재의 광고업자
③ 효율 관리 기자재의 수입업자
④ 효율 관리 기자재의 판매업자

해설 효율 관리 기자재의 광고를 하는 경우에는 그 광고 내용에 에너지 소비 효율, 에너지 소비 효율 등급을 포함 시켜야 할 의무가 있는 자
㉠ 효율 관리 기자재의 제조업자
㉡ 효율 관리 기자재의 수입업자
㉢ 효율 관리 기자재의 판매업자

60 검사 대상 기기 조종 범위 용량이 10t/h 이하인 보일러의 조종자 자격이 아닌 것은?

① 에너지관리기사
② 에너지관리기능장
③ 에너지관리기능사
④ 인정검사 대상 기기 조종자 교육이수자

해설 검사 대상 기기 조종자의 자격 및 조종 범위

조종자의 자격	조종 범위
에너지관리기능장 또는 에너지관리기사	용량이 30t/h를 초과하는 보일러
에너지관리기능장, 에너지관리기사 또는 에너지관리산업기사	용량이 10t/h를 초과하고 30t/h 이하인 보일러
에너지관리기능장, 에너지관리기사, 에너지관리산업기사 또는 에너지관리기능사	용량이 10t/h 이하인 보일러
에너지관리기능장, 에너지관리기사, 에너지관리산업기사, 에너지관리기능사 또는 인정검사 대상 기기 관리자의 교육을 이수한 자	1. 증기 보일러로서 최고 사용 압력이 1MPa 이하이고, 전열 면적이 $10m^2$ 이하인 것 2. 온수 발생 및 열매체를 가열하는 보일러로서 용량이 581.5kW 이하인 것 3. 압력 용기

정답 56 ① 57 ④ 58 ① 59 ② 60 ④

에너지관리기능사 (2016. 4. 2 시행)

01 압력에 대한 설명으로 옳은 것은?
① 단위 면적당 작용하는 힘이다.
② 단위 부피당 작용하는 힘이다.
③ 물체의 무게를 비중량으로 나눈 값이다.
④ 물체의 무게에 비중량을 곱한 값이다.

해설 압력이란 단위 면적당 작용하는 힘이다.

02 유류 버너의 종류 중 수 기압(MPa)의 분무 매체를 이용하여 연료를 분무하는 형식의 버너로서 2유체 버너라고도 하는 것은?
① 고압기류식 버너 ② 유압식 버너
③ 회전식 버너 ④ 환류식 버너

해설 ② 유압식 버너 : 유압 펌프를 사용하여 기름에 고압력을 주어 무화시키는 형식의 버너이다.
③ 회전식 버너 : 부속 설비가 없으며 화염이 짧고 안정한 연소를 얻을 수 있으며 자동 제어에 편리한 구조로 되어 있다.
④ 환류식 버너 : 가스 터빈용 등으로 사용되는 와류형 분사 밸브의 한 형식이다.

03 증기 보일러의 효율 계산식을 바르게 나타낸 것을 고르면?

① 효율(%) = $\dfrac{상당 증발량 \times 538.8}{연료 소비량 \times 연료의 발열량} \times 100$

② 효율(%) = $\dfrac{증기 소비량 \times 538.8}{연료 소비량 \times 연료의 비중} \times 100$

③ 효율(%) = $\dfrac{급수량 \times 538.8}{연료 소비량 \times 연료의 발열량} \times 100$

④ 효율(%) = $\dfrac{급수 사용량}{증기 발열량} \times 100$

해설 증기 보일러의 효율(%)
= $\dfrac{상당 증발량 \times 538.8}{연료 소비량 \times 연료의 발열량} \times 100$

04 보일러 열효율 정산 방법에서 열정산을 위한 액체 연료량을 측정할 때, 측정의 허용 오차는 일반적으로 몇 %로 하여야 하는가?
① ±1.0%
② ±1.5%
③ ±1.6%
④ ±2.0%

해설 액체 연료량 측정 시 측정의 허용 오차 : ±1.0%

05 중유 예열기의 가열하는 열원의 종류에 따른 분류가 아닌 것은?
① 전기식
② 가스식
③ 온수식
④ 증기식

해설 중유 예열기의 가열하는 열원의 종류에 따른 분류
㉠ 전기식 ㉡ 온수식 ㉢ 증기식

06 공기비를 m, 이론 공기량을 A_o라고 할 때, 실제 공기량 A를 계산하는 식은?
① $A = m \cdot A_o$
② $A = m/A_o$
③ $A = 1/(m \cdot A_o)$
④ $A = A_o - m$

해설 실제 공기량(A) = 공기비(m) · 이론 공기량(A_o)

정답 01 ① 02 ① 03 ① 04 ① 05 ② 06 ①

07 보일러 급수 장치의 일종인 인젝터 사용 시 장점에 관한 설명으로 틀린 것은?

① 급수 예열 효과가 있다.
② 구조가 간단하고 소형이다.
③ 설치에 넓은 장소를 요하지 않는다.
④ 급수량 조절이 양호하여 급수의 효율이 높다.

해설 인젝터
(가) 장점
  ㉠ 급수 예열 효과가 있다.
  ㉡ 구조가 간단하고 소형이다.
  ㉢ 설치에 넓은 장소를 요하지 않는다.
(나) 단점
  ㉠ 급수량 조절이 어려우며 급수의 효율이 낮다.
  ㉡ 흡입 양정이 낮다.

08 다음 중 슈미트 보일러는 보일러 분류에서 어디에 속하는가?

① 관류식   ② 간접 가열식
③ 자연 순환식 ④ 강제 순환식

해설 보일러의 분류

종류		실용 예
원통 보일러	노통 보일러	코니시 보일러, 랭커셔 보일러
	입형 보일러	입형 횡관 보일러, 입형 연관식 보일러, 코크란 보일러
	연관 보일러	횡형 연관 보일러, 입형 연관 보일러, 케와니 보일러(기관차형 보일러)
	노통 연관 보일러	스코치 보일러, 노통 연관 패키지 보일러, 하우덴 존슨 보일러
수관 보일러	자연 순환식 보일러	바브콕 보일러, 윌콕스 보일러, 타쿠마 보일러, 야로우 보일러
	강제 순환식 보일러	섹션 보일러, 라몬트 보일러, 베록스 보일러
	관류 보일러	벤슨 보일러, 슐처 보일러
	복사 보일러	방사 보일러

특수 보일러	주철제 섹셔널 보일러	주철제 증기 보일러, 주철제 온수 보일러
	특수 열매체(액체) 보일러	수은 보일러, 다우섬 보일러, 세큐리티 보일러(열매체의 종류 : 수은, 다우섬, 카네크롤, 모빌섬)
	폐열 보일러	하이네 보일러, 리 보일러
	간접 가열식 (2중 증발) 보일러	슈미트 보일러, 뢰플러 보일러
	특수 연료 보일러	특수 연료의 종류 : 버케이스, 바크, 흑액, 소다회수
	전기 보일러	—
난방용 보일러	주철제 증기 보일러	—
	주철제 온수 보일러	—

09 보일러의 안전 장치에 해당되지 않는 것은?

① 방폭문
② 수위계
③ 화염 검출기
④ 가용 마개

해설 ② 수위계 : 측정 장치

10 보일러의 시간당 증발량 1,100kg/h, 증기 엔탈피 650kcal/kg, 급수 온도 30℃일 때, 상당 증발량은?

① 1,050kg/h
② 1,265kg/h
③ 1,415kg/h
④ 1,733kg/h

해설 상당 증발량 $= \dfrac{G(h_2 - h_1)}{539}$

$= \dfrac{1,100(650-30)}{539} = 1,265 \text{kg/h}$

여기서, G : 실제 증발량(kg/h)
  h_1 : 급수 엔탈피(급수 온도)(kcal/kg)
  h_2 : 발생 증기 엔탈피(kcal/kg)

11 보일러의 자동 연소 제어와 관련이 없는 것은?

① 증기 압력 제어
② 온수 온도 제어
③ 노내압 제어
④ 수위 제어

해설 보일러의 자동 연소 제어
㉠ 증기 압력 제어
㉡ 온수 온도 제어
㉢ 노내압 제어

12 보일러의 과열 방지 장치에 대한 설명으로 틀린 것은?

① 과열 방지용 온도 퓨즈는 373K 미만에서 확실히 작동하여야 한다.
② 과열 방지용 온도 퓨즈가 작동한 경우 일정 시간 후 재점화되는 구조로 한다.
③ 과열 방지용 온도 퓨즈는 봉인을 하고 사용자가 변경할 수 없는 구조로 한다.
④ 일반적으로 용해전은 369~371K에 용해되는 것을 사용한다.

해설 ② 과열 방지용 온도 퓨즈가 작동한 경우 일정 시간 후 재점화되지 않는 구조로 한다.

13 보일러 급수 처리의 목적으로 볼 수 없는 것은?

① 부식의 방지
② 보일러수의 농축 방지
③ 스케일 생성 방지
④ 역화 방지

해설 보일러 급수 처리의 목적
㉠ 부식의 방지
㉡ 보일러수의 농축 방지
㉢ 스케일 생성 방지

14 배기가스 중에 함유되어 있는 CO_2, O_2, CO 3가지 성분을 순서대로 측정하는 가스 분석계는?

① 전기식 CO_2계
② 헴펠식 가스 분석계
③ 오르자트 가스 분석계
④ 가스 크로마토그래피 가스 분석계

해설 ① 전기식 CO_2계 : CO_2
② 헴펠식 가스 분석계 : CO_2, C_mH_n(탄화수소류), O_2, CO
④ 가스 크로마토그래피 가스 분석계 : H_2, O_2, N_2, CO, CO_2, CH_4, C_2H_2, C_2H_4, C_2H_6

15 보일러 부속 장치에 관한 설명으로 틀린 것은?

① 기수 분리기 : 증기 중에 혼입된 수분을 분리하는 장치
② 슈트 블로어 : 보일러 동 저면의 스케일, 침전물 등을 밖으로 배출하는 장치
③ 오일 스트레이너 : 연료 속의 불순물 방지 및 유량계 펌프 등의 고장을 방지하는 장치
④ 스팀 트랩 : 응축수를 자동으로 배출하는 장치

해설 ② 슈트 블로어 : 보일러 전열면의 그을음을 제거하여 전열 효율을 높이기 위해 설치하는 장치

16 일반적으로 보일러 패널 내부 온도는 몇 °C를 넘지 않도록 하는 것이 좋은가?

① 60°C
② 70°C
③ 80°C
④ 90°C

해설 보일러 패널 내부 온도는 60°C를 넘지 않도록 한다.

정답 11 ④ 12 ② 13 ④ 14 ③ 15 ② 16 ①

17 함진 배기가스를 액방울이나 액막에 충돌시켜 분진 입자를 포집 분리하는 집진 장치는?

① 중력식 집진 장치
② 관성력식 집진 장치
③ 원심력식 집진 장치
④ 세정식 집진 장치

해설 ① 중력식 집진 장치 : 자체 중력에 의해 자연 침강시킨 후 분리한다.
② 관성력식 집진 장치 : 분진 가스를 방해판 등에 충돌시키거나 급격한 방향 전환 등에 의해 매연을 분리·포집하는 집진 장치이다.
③ 원심력식 집진 장치 : 함진 가스를 선회 운동시켜 매진의 원심력을 이용하여 분리한다.

18 보일러 인터록과 관계가 없는 것은?

① 압력 초과 인터록
② 저수위 인터록
③ 불착화 인터록
④ 급수 장치 인터록

해설 보일러 인터록
㉠ 압력 초과 인터록
㉡ 저수위 인터록
㉢ 불착화 인터록

19 상태 변화 없이 물체의 온도 변화에만 소요되는 열량은?

① 고체열
② 현열
③ 액체열
④ 잠열

해설 현열의 설명이다.

20 보일러용 오일 연료에서 성분 분석 결과 수소 12.0%, 수분 0.3%라면, 저위 발열량은? (단, 연료의 고위 발열량은 10,600kcal/kg이다.)

① 6,500kcal/kg
② 7,600kcal/kg
③ 8,950kcal/kg
④ 9,950kcal/kg

해설 저위 발열량(H_L)
$= H_h - 600(9H + W)$
$= 10,600 - 600(9 \times 0.12 + 0.003)$
$= 9,950$ kcal/kg

21 보일러에서 보염 장치의 설치 목적에 대한 설명으로 틀린 것은?

① 화염의 전기 전도성을 이용한 검출을 실시한다.
② 연소용 공기의 흐름을 조절하여 준다.
③ 화염의 형상을 조절한다.
④ 확실한 착화가 되도록 한다.

해설 ① 연소실의 온도 분포를 고르게 하며 안정된 화염을 얻어 노내의 국부 가열을 방지한다.

22 증기 사용 압력이 같거나 또는 다른 여러 개의 증기 사용 설비의 드레인관을 하나로 묶어 한 개의 트랩으로 설치한 것을 무엇이라고 하는가?

① 플로트 트랩
② 버킷 트랩핑
③ 디스크 트랩
④ 그룹 트랩핑

해설 ① 플로트 트랩 : 저압 증기용 기기 부속 트랩으로다 량의 응축수를 처리하기 위해 사용하며, 열교환기 등에 쓰인다.
③ 디스크 트랩 : 드레인이 스팀 트랩 내에 고이면 트랩 내의 온도가 낮아져서 변압실 내의 압력이 저하되기 때문에 디스크는 들어올려져 드레인이 배출된다.

정답 17 ④ 18 ④ 19 ② 20 ④ 21 ① 22 ④

23 보일러 윈드박스 주위에 설치되는 장치 또는 부품과 가장 거리가 먼 것은?

① 공기 예열기
② 화염 검출기
③ 착화 버너
④ 투시구

해설 보일러 윈드박스 주위에 설치되는 장치 또는 부품
㉠ 화염 검출기
㉡ 착화 버너
㉢ 투시구

24 보일러 운전 중 정전이나 실화로 인하여 연료의 누설이 발생하여 갑자기 점화되었을 때 가스 폭발 방지를 위해 연료 공급을 차단하는 안전 장치는?

① 폭발문
② 수위 경보기
③ 화염 검출기
④ 안전 밸브

해설 ③ 화염 검출기의 설명이다.

25 다음 중 보일러에서 연소 가스의 배기가 잘 되는 경우는?

① 연도의 단면적이 작을 때
② 배기가스 온도가 높을 때
③ 연도에 급한 굴곡이 있을 때
④ 연도에 공기가 많이 침입될 때

해설 연소 가스의 배기가 잘 되는 경우
㉠ 연도의 단면적이 클 때
㉡ 배기가스 온도가 높을 때
㉢ 연도에 급한 굴곡이 없을 때
㉣ 연도에 공기가 적게 침입될 때

26 전열 면적이 40m²인 수직 연관 보일러를 2시간 연소시킨 결과 4,000kg의 증기가 발생하였다. 이 보일러의 증발률은?

① 40kg/m²·h
② 30kg/m²·h
③ 60kg/m²·h
④ 50kg/m²·h

해설 보일러 증발률
$$=\frac{\text{매시 실제 증발량(kg/h)}}{\text{전열 면적(m}^2\text{)}}=\frac{4,000\text{kg/2h}}{40\text{m}^2}$$
$$=50\text{kg/m}^2\cdot h$$

27 다음 중 보일러 스테이(stay)의 종류로 가장 거리가 먼 것은?

① 거싯(gusset) 스테이
② 바(bar) 스테이
③ 튜브(tube) 스테이
④ 너트(nut) 스테이

해설 ⑺ 스테이(stay) : 버팀 또는 지지라 하며 강도가 부족한 부분에 부착하여 강도를 보강하고 변형이나 파손을 방지한다.
⑷ 스테이의 종류
㉠ 거싯(gusset) 스테이
㉡ 바(bar) 스테이
㉢ 튜브(tube) 스테이
㉣ 도그(dog) 스테이
㉤ 볼트(bolt) 스테이
㉥ 경사(oblique) 스테이
㉦ 거더(girder) 스테이

28 과열기의 종류 중 열가스 흐름에 의한 구분 방식에 속하지 않는 것은?

① 병류식
② 접촉식
③ 향류식
④ 혼류식

해설 과열기의 종류 중 열가스 흐름에 의한 구분 방식
㉠ 병류식
㉡ 향류식
㉢ 혼류식

정답 23 ① 24 ③ 25 ② 26 ④ 27 ④ 28 ②

29 고체 연료의 고위 발열량으로부터 저위 발열량을 산출할 때 연료 속의 수분과 다른 한 성분의 함유율을 가지고 계산하여 산출할 수 있는데 이 성분은 무엇인가?

① 산소
② 수소
③ 유황
④ 탄소

해설 고체 연료의 고위 발열량으로부터 저위 발열량을 산출할 경우에는 연료 속의 수분과 수소 성분의 함유율을 가지고 계산한다.

저위 발열량(H_l) = 고위 발열량(H_h) − 증발 잠열
$\quad\quad\quad\quad\quad\;\;$ = 고위 발열량(H_h) − 600(9H+W)

여기서, H : 수소
$\quad\quad\;\;$ W : 증발 잠열(연료 속의 수분)

30 상용 보일러의 점화 전 준비 사항에 관한 설명으로 틀린 것은?

① 수저 분출 밸브 및 분출 콕의 기능을 확인하고, 조금씩 분출되도록 약간 개방하여 둔다.
② 수면계에 의하여 수위가 적정한지 확인한다.
③ 급수 배관의 밸브가 열려 있는지, 급수 펌프의 기능은 정상인지 확인한다.
④ 공기빼기 밸브는 증기가 발생하기 전까지 열어 놓는다.

해설 ① 수저 분출 밸브의 잠긴 상태를 점검한다.

31 도시 가스 배관의 설치에서 배관의 이음부(용접 이음매 제외)와 전기 점멸기 및 전기 접속기와의 거리는 최소 얼마 이상 유지해야 하는가?

① 10cm
② 15cm
③ 30cm
④ 60cm

해설 도시 가스 배관의 설치에서 배관의 이음부와 전기 점멸기 및 전기 접속기와의 거리 : 최소 30cm 이상 유지

32 증기 보일러에는 2개 이상의 안전 밸브를 설치하여야 하지만, 전열 면적이 몇 이하인 경우에는 1개 이상으로 해도 되는가?

① 80m^2
② 70m^2
③ 60m^2
④ 50m^2

해설 증기 보일러의 안전 밸브
㉠ 2개 이상으로 설치한다.
㉡ 1개 이상으로 설치 가능한 보일러의 최대 전열 면적은 50m^{2}이다.

33 배관 보온재의 선정 시 고려해야 할 사항으로 가장 거리가 먼 것은?

① 안전 사용 온도 범위
② 보온재의 가격
③ 해체의 편리성
④ 공사 현장의 작업성

해설 배관 보온재의 선정 시 고려해야 할 사항
㉠ 안전 사용 온도 범위
㉡ 보온재의 가격
㉢ 공사 현장의 작업성

34 증기 주관의 관말 트랩 배관의 드레인 포켓과 냉각관 시공 요령이다. 다음 (   ) 안에 적절한 것은?

> 증기 주관에서 응축수를 건식 환수관에 배출하려면 주관과 동경으로 (㉮)mm 이상 내리고 하부로 (㉯)mm 이상 연장하여 (㉰)을(를) 만들어준다. 냉각관은 (㉱) 앞에서 1.5m 이상 나관으로 배관한다.

① ㉮ : 150, ㉯ : 100
㉰ : 트랩, ㉱ : 드레인 포켓
② ㉮ : 100, ㉯ : 150
㉰ : 드레인 포켓, ㉱ : 트랩

③ ㉮ : 150, ㉯ : 100
㉰ : 드레인 포켓, ㉱ : 드레인 밸브
④ ㉮ : 100, ㉯ : 150
㉰ : 드레인 밸브, ㉱ : 드레인 포켓

해설 드레인 포켓과 냉각관 시공 요령 : 증기 주관에서 응축수를 건식 환수관에 배출하려면 주관과 동경으로 100mm 이상 내리고 하부로 150mm 이상 연장하여 드레인 포켓을 만들어준다. 냉각관은 트랩 앞에서 1.5m 이상 나관으로 배관한다.

35 파이프와 파이프를 홈 조인트로 체결하기 위하여 파이프 끝을 가공하는 기계는?

① 띠톱 기계
② 파이프 벤딩기
③ 동력 파이프 나사 절삭기
④ 그루빙 조인트 머신

해설 ④ 그루빙 조인트 머신의 설명이다.

36 보일러 보존 시 동결 사고가 예상될 때 실시하는 밀폐식 보존법은?

① 건조 보존법
② 만수 보존법
③ 화학적 보존법
④ 습식 보존법

해설 ① 건조 보존법의 설명이다.

37 온수 난방 배관 시공 시 이상적인 기울기는 얼마인가?

① 1/100 이상
② 1/150 이상
③ 1/200 이상
④ 1/250 이상

해설 온수 난방 배관 시공 시 이상적인 기울기 : 1/250 이상

38 온수 난방 설비의 내림 구배 배관에서 배관 아랫 면을 일치시키고자 할 때 사용되는 이음쇠는?

① 소켓
② 편심 리듀서
③ 유니언
④ 이경 엘보

해설 ② 편심 리듀서의 설명이다.

39 두께 150mm, 면적 15m²인 벽이 있다. 내면 온도는 200℃, 외면 온도가 20℃일 때 벽을 통한 열손실량은? (단, 열전도율은 0.25kcal/m·h·℃이다.)

① 101kcal/h
② 675kcal/h
③ 2,345kcal/h
④ 4,500kcal/h

해설 $Q = \lambda \dfrac{\Delta t}{d} F$

$0.25 \times \dfrac{200-20}{0.15} \times 15 = 4,500 \text{kcal/h}$

40 보일러수에 불순물이 많이 포함되어 보일러수의 비등과 함께 수면 부근에 거품의 층을 형성하여 수위가 불안정하게 되는 현상은?

① 포밍
② 프라이밍
③ 캐리오버
④ 공동 현상

해설 ② 프라이밍 : 비수라 하며 압력의 급강하, 거품이 부풀어올라 터지면서 수면 위로 물방울이 튀어 오르는 현상
③ 캐리오버 : 보일러수 속의 용해 고형물이나 현탁 고형물이 증기에 섞여 보일러 밖으로 튀어나가는 현상
④ 공동 현상 : 유수 중에 그 수온의 증기 압력보다 낮은 부분이 생기면 물이 증발을 일으키고 또한 수중에 용해하고 있는 공기가 석출하여 작은 기포를 다수 발생하는 현상

정답 35 ④ 36 ① 37 ④ 38 ② 39 ④ 40 ①

41 수질이 불량하여 보일러에 미치는 영향으로 가장 거리가 먼 것은?

① 보일러의 수명과 열효율에 영향을 준다.
② 고압보다 저압일수록 장애가 더욱 심하다.
③ 부식 현상이나 증기의 질이 불순하게 된다.
④ 수질이 불량하면 관계통에 관석이 발생한다.

해설 ② 저압보다 고압일수록 장애가 더욱 심하다.

42 다음 보온재 중 유기질 보온재에 속하는 것은?

① 규조토   ② 탄산마그네슘
③ 유리 섬유   ④ 기포성 수지

해설 ㉠ 무기질 보온재 : 규조토, 탄산마그네슘, 유리 섬유 등
㉡ 유기질 보온재 : 기포성 수지 등

43 관의 접속 상태·결합 방식의 표시 방법에서 용접 이음을 나타내는 그림 기호로 맞는 것은?

① ──┼──
② ──●──
③ ──╫──
④ ──╫╢──

해설 ① 나사 이음
② 유니언 이음
③ 용접 이음
④ 플랜지 이음

44 보일러 점화 불량의 원인으로 가장 거리가 먼 것은?

① 댐퍼 작동 불량
② 파이로트 오일 불량
③ 공기비의 조정 불량
④ 점화용 트랜스의 전기 스파크 불량

해설 보일러 점화 불량의 원인
㉠ 댐퍼 작동 불량
㉡ 공기비의 조정 불량
㉢ 점화용 트랜스의 전기 스파크 불량

45 다음 방열기 도시 기호 중 벽걸이 종형의 도시 기호는?

① W-H   ② W-V
③ W-Ⅱ   ④ W-Ⅲ

해설 방열기 도시 기호

종 별	기 호
벽걸이 종형	W-V
벽걸이 횡형	W-H

46 배관 지지구의 종류가 아닌 것은?

① 파이프 슈   ② 콘스탄트 행거
③ 리지드 서포트 ④ 소켓

해설 ④ 소켓 : 관 이음쇠

47 보온 시공 시 주의 사항에 대한 설명으로 틀린 것은?

① 보온재와 보온재의 틈새는 되도록 적게 한다.
② 겹침부의 이음새는 동일 선상을 피해서 부착한다.
③ 테이프 감기는 물, 먼지 등의 침입을 막기 위해 위에서 아래쪽으로 향하여 감아 내리는 것이 좋다.
④ 보온의 끝 단면은 사용하는 보온재 및 보온 목적에 따라서 필요한 보호를 한다.

해설 ③ 테이프 감기는 물, 먼지 등의 침입을 막기 위해 아래에서 위쪽으로 향하여 감아올리는 것이 좋다.

정답 41 ② 42 ④ 43 ③ 44 ② 45 ② 46 ④ 47 ③

48 온수 난방에 관한 설명으로 틀린 것은?

① 단관식은 보일러에서 멀어질수록 온수의 온도가 낮아진다.
② 복관식은 방열량의 변화가 일어나지 않고 밸브의 조절로 방열량을 가감할 수 있다.
③ 역귀환 방식은 각 방열기의 방열량이 거의 일정하다.
④ 증기 난방에 비하여 소요 방열 면적과 배관경이 작게 되어 설비비를 비교적 절약할 수 있다.

해설 ④ 증기 난방에 비하여 소요 방열 면적과 배관경이 크게 되어 설비비가 많이 발생한다.

49 온수 보일러에서 팽창 탱크를 설치할 경우 주의 사항으로 틀린 것은?

① 밀폐식 팽창 탱크의 경우 상부에 물빼기 관이 있어야 한다.
② 100℃의 온수에도 충분히 견딜 수 있는 재료를 사용하여야 한다.
③ 내식성 재료를 사용하거나 내식 처리된 탱크를 설치하여야 한다.
④ 동결 우려가 있을 경우에는 보온을 한다.

해설 ① 밀폐식 팽창 탱크의 경우 팽창관이나 팽창 흡수 장치 또는 안전 밸브를 설치하여야 한다.

50 보일러 내부 부식에 속하지 않는 것은?

① 점식
② 저온 부식
③ 구식
④ 알칼리 부식

해설 보일러의 부식
㉠ 내부 부식 : 점식, 구식, 알칼리 부식 등
㉡ 외부 부식 : 저온 부식, 고온 부식 등

51 보일러 내부의 건조 방식에 대한 설명 중 틀린 것은?

① 건조제로 생석회가 사용된다.
② 가열 장치로 서서히 가열하여 건조시킨다.
③ 보일러 내부 건조 시 사용되는 기화성 부식 억제제(VCI)는 물에 녹지 않는다.
④ 보일러 내부 건조 시 사용되는 기화성 부식 억제제(VCI)는 건조제와 병용하여 사용할 수 있다.

해설 ③ 보일러 내부 건조 시 사용되는 기화성 부식 억제제(VCI)는 물에 녹는다.

52 증기 난방 시공에서 진공 환수식으로 하는 경우 리프트 피팅(lift fitting)을 설치하는데, 1단의 흡상 높이로 적절한 것은?

① 1.5m 이내
② 2.0m 이내
③ 2.5m 이내
④ 3.0m 이내

해설 진공 환수식에서 리프트 피팅 1단의 흡상 높이 : 1.5m 이내

53 배관의 나사 이음과 비교한 용접 이음에 관한 설명으로 틀린 것은?

① 나사 이음부와 같이 관의 두께에 불균일한 부분이 없다.
② 돌기부가 없어 배관상의 공간 효율이 좋다.
③ 이음부의 강도가 작고, 누수의 우려가 크다.
④ 변형과 수축, 잔류 응력이 발생할 수 있다.

해설 ③ 이음부의 강도가 크고, 누수의 우려가 작다.

정답 48 ④ 49 ① 50 ② 51 ③ 52 ① 53 ③

54 보일러 외부 부식의 한 종류인 고온 부식을 유발하는 주된 성분은?

① 황
② 수소
③ 인
④ 바나듐

해설 보일러 외부 부식
㉠ 저온 부식 유발하는 주된 성분 : 유황(S)
㉡ 고온 부식 유발하는 주된 성분 : 바나듐(V)

55 에너지 이용 합리화법에 따라 고시한 효율 관리 기자재 운용 규정에 따라 가정용 가스 보일러의 최저 소비 효율 기준은 몇 %인가?

① 63%
② 68%
③ 76%
④ 86%

해설 가정용 가스 보일러의 최저 소비 효율 기준 : 76%

56 에너지 다소비 사업자는 산업통상자원부령이 정 하늘 바에 따라 전년도의 분기별 에너지 사용량·제품 생산량을 그 에너지 사용 시설이 있는 지역을 관할하는 시·도지사에게 매년 언제까지 신고해야 하는가?

① 1월 31일까지
② 3월 31일까지
③ 5월 31일까지
④ 9월 30일까지

해설 에너지 다소비 사업자는 산업통상자원부령이 정하는 바에 따라 전년도의 분기별 에너지 사용량·제품 생산량을 1월 31일까지 그 에너지 사용 시설이 있는 지역을 관할하는 시·도지사에게 매년 신고해야 한다.

57 저탄소 녹색성장 기본법에서 사람의 활동에 수반하여 발생하는 온실가스가 대기 중에 축적되어 온실가스 농도를 증가시킴으로써 지구 전체적으로 지표 및 대기의 온도가 추가적으로 상승하는 현상을 나타내는 용어는?

① 지구 온난화
② 기후 변화
③ 자원 순환
④ 녹색 경영

해설 ② 기후 변화 : 사람의 활동으로 인하여 온실가스의 농 도가 변함으로써 상당 기간 관찰되어 온 자연적인 기후 변동에 추가적으로 일어나는 기후 체계의 변화
③ 자원 순환 : 자원의 절약과 재활용 촉진에 관한 법률에 따른 자원 순환
④ 녹색 경영 : 기업이 경영 활동에서 자원과 에너지를 절약하고 효율적으로 이용하며 온실가스 배출 및 환경 오염의 발생을 최소화하면서 사회적, 윤리적 책임을 다하는 경영

58 에너지 이용 합리화법에 따라 산업통상자원부 장관 또는 시·도지사로부터 한국에너지공단에 위탁된 업무가 아닌 것은?

① 에너지 사용 계획의 검토
② 고효율 시험 기관의 지정
③ 대기전력 경고표지 대상 제품의 측정 결과 신고의 접수
④ 대기전력 저감 대상 제품의 측정 결과 신고의 접수

해설 산업통상자원부 장관 또는 시·도지사로부터 한국에너지공단에 위탁된 업무
㉠ 에너지 사용 계획의 검토
㉡ 이행 여부의 점검 및 실태 파악
㉢ 효율 관리 기자재의 측정 결과 신고의 접수
㉣ 대기전력 경고표시 대상 제품의 측정 결과 신고의 접수
㉤ 대기전력 저감 대상 제품의 측정 결과 신고의 접수

정답 54 ④ 55 ③ 56 ① 57 ① 58 ②

ⓑ 고효율 에너지 기자재 인증 신청의 접수 및 인증
ⓢ 고효율 에너지 기자재의 인증 취소 또는 인증 사용 정지 명령
ⓞ 에너지 절약 전문 기업의 등록
ⓩ 온실가스 배출 감축 실적의 등록 및 관리
ⓒ 에너지 다소비 사업자 신고의 접수
ⓚ 진단 기관의 관리·감독
ⓔ 에너지 관리 지도, 냉난방 온도의 유지·관리 여부에 대한 점검 및 실태 파악
ⓟ 검사 대상 기기의 검사, 검사증의 교부 및 검사 대상 기기의 폐기 등의 신고의 접수
ⓗ 검사 대상 기기 조종자의 선임·해임 또는 퇴직 신고의 접수 및 검사 대상 기기 조종자의 선임 기한 연기에 관한 승인

59 에너지 이용 합리화법에서 효율 관리 기자재의 제조업자 또는 수입업자가 효율 관리 기자재의 에너지 사용량을 측정받는 기관은?

① 산업통상자원부 장관이 지정하는 시험기관
② 제조업자 또는 수입업자의 검사기관
③ 환경부 장관이 지정하는 진단기관
④ 시·도지사가 지정하는 측정기관

해설 효율 관리 기자재의 제조업자 또는 수입업자가 효율 관리 기자재의 에너지 사용량을 측정받는 기관 : 산업통상자원부 장관이 지정하는 시험기관

60 에너지 이용 합리화법에서 정한 국가 에너지 절약 추진 위원회의 위원장은?

① 산업통상자원부 장관
② 국토교통부 장관
③ 국무총리
④ 대통령

해설 국가 에너지 절약 추진 위원회의 위원장 : 산업통상자원부 장관

정답   59 ①   60 ①

에너지관리기능사 (2016. 7. 10 시행)

01 다음 중 유류 연소 버너에서 기름의 예열 온도가 너무 높은 경우에 나타나는 주요 현상으로 옳은 것은?

① 버너 화구의 탄화물 축적
② 버너용 모터의 마모
③ 진동, 소음의 발생
④ 점화 불량

> **해설** 버너 화구의 탄화물 축적 원인
> ㉠ 기름의 예열 온도가 너무 높은 경우
> ㉡ 기름 중에 역청질의 성분이 많을 경우
> ㉢ 기름 내에 슬러지의 함유량이 많을 경우

02 대형 보일러인 경우에 송풍기가 작동하지 않으면 전자 밸브가 열리지 않고, 점화를 저지하는 인터록은?

① 프리퍼지 인터록   ② 불착화 인터록
③ 압력 초과 인터록   ④ 저수위 인터록

> **해설** 인터록의 종류
> ㉠ 프리퍼지 인터록 : 대형 보일러인 경우에 송풍기가 작동하지 않으면 전자 밸브가 열리지 않고, 점화를 저지한다.
> ㉡ 불착화 인터록 : 버너에서 연료를 분사한 후 소정의 시간이 경과되어도 착화를 볼 수 없을 때나 또는 어떠한 원인으로 화염이 소멸한 상태로 된 때에는 전자 밸브를 닫아서 연소를 저지한다.
> ㉢ 압력 초과 인터록 : 증기 압력이 소정 압력을 초과할 때에는 전자 밸브를 닫아서 연소를 저지한다.
> ㉣ 저수위 인터록 : 수위가 소정의 수위 이하일 때에는 전자 밸브를 닫아서 연소를 저지한다.
> ㉤ 저연소 인터록 : 유량 조절 밸브가 저연소 상태로 되지 않으면 전자 밸브를 열지 않아서 점화를 저지 한다.

03 가압수식을 이용한 집진 장치가 아닌 것은?

① 제트 스크러버
② 충격식 스크러버
③ 벤투리 스크러버
④ 사이클론 스크러버

> **해설** 가압수식을 이용한 집진 장치
> ㉠ 제트 스크러버
> ㉡ 벤투리 스크러버
> ㉢ 사이클론 스크러버

04 절탄기에 대한 설명으로 옳은 것은?

① 절탄기의 설치 방식은 혼합식과 분배식이 있다.
② 절탄기의 급수 예열 온도는 포화 온도 이상으로 한다.
③ 연료의 절약과 증발량의 감소 및 열효율을 감소시킨다.
④ 급수와 보일러수의 온도차 감소로 열응력을 줄여준다.

> **해설** 절탄기 : 급수와 보일러수의 온도차 감소로 열응력을 줄여준다.

05 분진 가스를 집진기 내에 충돌시키거나 열가스의 흐름을 반전시켜 급격한 기류의 방향 전환에 의해 분진을 포집하는 집진 장치는?

① 중력식 집진 장치
② 관성력식 집진 장치
③ 사이클론식 집진 장치
④ 멀티 사이클론식 집진 장치

> **해설** ② 관성력식 집진 장치의 설명이다.

정답 01 ① 02 ① 03 ② 04 ④ 05 ②

06 비열이 0.6kcal/kg·℃인 어떤 연료 30kg을 15℃에서 35℃까지 예열하고자 할 때 필요한 열량은 몇 kcal인가?

① 180
② 360
③ 450
④ 600

해설
$$x(\text{kcal}) = \frac{0.6\text{kcal}}{\text{kg}\cdot\text{℃}} \times 30\text{kg} \times (35-15)\text{℃}$$
$$= 360\text{kcal}$$

07 습증기의 엔탈피 hx를 구하는 식으로 옳은 것은? [단, h : 포화수의 엔탈피, x : 건조도, r : 증발 잠열(숨은열), v : 포화수의 비체적]

① $hx = h + x$
② $hx = h + r$
③ $hx = h + xr$
④ $hx = v + h + xr$

해설 습증기 엔탈피$(hx) = h + xr$
여기서, h : 포화수의 엔탈피
  x : 건조도
  r : 증발 잠열(숨은열)

08 보일러의 자동 제어에서 제어량에 따른 조작량의 대상으로 옳은 것은?

① 증기 온도 : 연소 가스량
② 증기 압력 : 연료량
③ 보일러 수위 : 공기량
④ 노내 압력 : 급수량

해설 보일러의 자동 제어(ABC : Automatic Boiler Control)

종류와 약칭	제어량	조작량
증기 온도 제어(STC)	증기 온도	전열량
급수 제어(FWC)	보일러 수위	급수량
연소 제어(ACC)	증기 입력	공기량, 연료량
	노내 입력	연소 가스량

09 화염 검출기의 종류 중 화염의 이온화 현상에 따른 전기 전도성을 이용하여 화염의 유무를 검출하는 것은?

① 플레임 로드
② 플레임 아이
③ 스택 스위치
④ 광전관

해설 화염 검출기의 종류
① 플레임 로드 : 화염의 이온화 현상에 따른 전기 전도성을 이용하여 화염의 유무를 검출한다.
② 플레임 아이 : 화염의 방사선을 감지하여 화염의 유무를 검출한다.
③ 스택 스위치 : 화염의 발열을 이용한 것으로 바이메탈에 의해 작동되며, 주로 소용량 온수 보일러의 연도에 설치한다.

10 원심형 송풍기에 해당하지 않는 것은?

① 터보형
② 다익형
③ 플레이트형
④ 프로펠러형

해설 원심형 송풍기
㉠ 흡입 통풍용 : 다익형, 플레이트형
㉡ 압입 통풍용 : 터보형

정답 06 ② 07 ③ 08 ② 09 ① 10 ④

11 석탄의 함유 성분이 많을수록 연소에 미치는 영향에 대한 설명으로 틀린 것은?

① 수분 : 착화성이 저하된다.
② 회분 : 연소 효율이 증가한다.
③ 고정 탄소 : 발열량이 증가한다.
④ 휘발분 : 검은 매연이 발생하기 쉽다.

해설 ② 회분 : 연소 효율이 낮아진다.

12 보일러 수위 제어 검출 방식에 해당되지 않는 것은?

① 유속식
② 전극식
③ 차압식
④ 열팽창식

해설 보일러 수위 제어 검출 방식
㉠ 전극식   ㉡ 차압식   ㉢ 열팽창식

13 다음 보일러의 손실열 중 가장 큰 것은?

① 연료의 불완전 연소에 의한 손실열
② 노내 분입 증기에 의한 손실열
③ 과잉 공기에 의한 손실열
④ 배기가스에 의한 손실열

해설 보일러의 손실열 중 가장 큰 것 : 배기가스에 의한 손실열

14 증기의 압력 에너지를 이용하여 피스톤을 작동시켜 급수를 행하는 펌프는?

① 워싱턴 펌프
② 기어 펌프
③ 벌류트 펌프
④ 디퓨저 펌프

해설 급수 펌프
㉠ 동력식 펌프 – 벌류트 펌프 : 임펠러의 원심력에 의해 급수되는 것으로 안내 날개가 없으며, 저압 저양정용이다.
㉡ 비동력식 펌프 – 워싱턴 펌프 : 증기의 압력 에너지를 이용하여 피스톤을 작동시켜 급수를 행하는 펌프이다.

15 다음 중 보일러수 분출의 목적이 아닌 것은?

① 보일러수의 농축을 방지한다.
② 프라이밍, 포밍을 방지한다.
③ 관수의 순환을 좋게 한다.
④ 포화 증기를 과열 증기로 증기의 온도를 상승시킨다.

해설 보일러수 분출의 목적
㉠ 보일러수의 농축을 방지한다.
㉡ 프라이밍, 포밍을 방지한다.
㉢ 관수의 순환을 좋게 한다.

16 화염 검출기에서 검출되어 프로텍터 릴레이로 전달된 신호는 버너 및 어떤 장치로 다시 전달되는가?

① 압력 제한 스위치
② 저수위 경보 장치
③ 연료 차단 밸브
④ 안전 밸브

해설 버너 및 연료 차단 밸브로 전달되어 연료 공급을 차단한다.

17 기체 연료의 특징으로 틀린 것은?

① 연소 조절 및 점화나 소화가 용이하다.
② 시설비가 적게 들며 저장·취급이 편리하다.
③ 회분이나 매연 발생이 없어 연소 후 청결하다.

정답 11 ② 12 ① 13 ④ 14 ① 15 ④ 16 ③ 17 ②

④ 연료 및 연소용 공기도 예열되어 고온을 얻을 수 있다.

해설 ② 시설비가 많이 들며, 저장이 불편하다.

18 다음 중 수관식 보일러 종류가 아닌 것은?

① 타쿠마 보일러
② 가르베 보일러
③ 야로우 보일러
④ 하우덴 존슨 보일러

해설 보일러의 분류

종류		실용 예
원통 보일러	노통 보일러	코니시 보일러, 랭커셔 보일러
	입형 보일러	입형 횡관 보일러, 입형 연관식 보일러, 코크란 보일러
	연관 보일러	횡형 연관 보일러, 입형 연관 보일러, 케와니 보일러(기관차형 보일러)
	노통 연관 보일러	스코치 보일러, 노통 연관 패키지 보일러, 하우덴 존슨 보일러
수관 보일러	자연 순환식 보일러	바브콕 보일러, 윌콕스 보일러, 타쿠마 보일러, 야로우 보일러
	강제 순환식 보일러	섹션 보일러, 라몬트 보일러, 베록스 보일러
	관류 보일러	벤슨 보일러, 슐처 보일러
	복사 보일러	방사 보일러
특수 보일러	주철제 섹셔널 보일러	주철제 증기 보일러, 주철제 온수 보일러
	특수 열매체 (액체) 보일러	수은 보일러, 다우섬 보일러, 세큐리티 보일러(열매체의 종류 : 수은, 다우섬, 카네크롤, 모빌섬)
	폐열 보일러	하이네 보일러, 리 보일러
	간접 가열식 (2중 증발) 보일러	슈미트 보일러, 뢰플러 보일러
	특수 연료 보일러	특수 연료의 종류 : 버케이스, 바크, 흑액, 소다회수
	전기 보일러	—
난방용 보일러	주철제 증기 보일러	—
	주철제 온수 보일러	—

19 보일러 1마력을 열량으로 환산하면 약 몇 kcal/h인가?

① 15.65
② 539
③ 1,078
④ 8,435

해설 1보일러 마력 : 100℃의 물 15.65kg을 1시간에 같은 온도의 증기로 바꿀 수 있는 능력(증발 잠열=539kcal/kg)
∴ 15.65kg/h×539kcal/kg=8,435kcal/h

20 연관 보일러에서 연관에 대한 설명으로 옳은 것은 어느 것인가?

① 관의 내부로 연소 가스가 지나가는 관
② 관의 외부로 연소 가스가 지나가는 관
③ 관의 내부로 증기가 지나가는 관
④ 관의 내부로 물이 지나가는 관

해설 연관 : 관의 내부로 연소 가스가 지나가는 관

21 90℃의 물 1,000kg에 15℃의 물 2,000kg을 혼합시키면 온도는 몇 ℃가 되는가?

① 40
② 30
③ 20
④ 10

해설 $x(℃) = \dfrac{(90℃ \times 1,000\text{kg}) + (15℃ \times 2,000\text{kg})}{(1,000\text{kg} + 2,000\text{kg})}$
$= 40℃$

정답 18 ④ 19 ④ 20 ① 21 ①

22 보일러 효율 시험 방법에 관한 설명으로 틀린 것은?

① 급수 온도는 절탄기가 있는 것은 절탄기 입구에서 측정한다.
② 배기가스의 온도는 전열면의 최종 출구에서 측정한다.
③ 포화 증기의 압력은 보일러 출구의 압력으로 부르동관식 압력계로 측정한다.
④ 증기 온도의 경우 과열기가 있을 때는 과열기 입구에서 측정한다.

해설 ④ 증기 온도의 경우 과열기가 있을 때는 과열기 출구에서 측정한다.

23 유류 보일러 시스템에서 중유를 사용할 때 흡입 측의 여과망 눈 크기로 적합한 것은?

① 1~10mesh
② 20~60mesh
③ 100~150mesh
④ 300~500mesh

해설 유류 보일러 시스템에서 중유 사용 시 흡입 측의 여과망 눈 크기 : 20~60mesh

24 비교적 많은 동력이 필요하나 강한 통풍력을 얻을 수 있어 통풍 저항이 큰 대형 보일러나 고성능 보일러에 널리 사용되고 있는 통풍 방식은?

① 자연 통풍 방식
② 평형 통풍 방식
③ 직접 흡입 통풍 방식
④ 간접 흡입 통풍 방식

해설 통풍 방식의 종류
㈎ 자연 통풍 : 연돌 내의 연소 가스와 외부 공기와의 밀도 차이에 의하여 생기는 대류 현상에 의하여 통풍하는 것으로 소용량 보일러에 사용한다.
㈏ 강제 통풍 : 강력한 통풍력을 필요로 한 경우 송풍기를 사용하여 통풍력을 증가시키는 방법이다.
　㉠ 압입(가압) 통풍 : 송풍기를 이용하여 연소용 공기를 연소실 앞에서 노내로 불어 넣어 공급하는 방식이다.
　㉡ 흡인 통풍 : 연도의 끝이나 연돌 하부에 송풍기를 설치하여 연도 내의 압력을 대기압보다 낮게 유지된다.
　㉢ 평형 통풍 : 비교적 많은 동력이 필요하나 강한 통풍력을 얻을 수 있어 통풍 저항이 큰 대형 보일러나 고성능 보일러에 널리 사용한다.

25 고체 연료에 대한 연료비를 가장 잘 설명한 것은?

① 고정 탄소와 휘발분의 비
② 회분과 휘발분의 비
③ 수분과 회분의 비
④ 탄소와 수소의 비

해설 고체 연료에 대한 연료비 $= \dfrac{\text{고정 탄소}}{\text{휘발분}}$

26 보일러의 최고 사용 압력이 0.1MPa 이하일 경우 설치 가능한 과압 방지 안전 장치의 크기는?

① 호칭 지름 5mm
② 호칭 지름 10mm
③ 호칭 지름 15mm
④ 호칭 지름 20mm

해설 보일러의 최고 사용 압력과 과압 방지 안전 장치 크기

최고 사용 압력	과압 방지 안전 장치 크기
0.1MPa 이하	호칭 지름 20mm

정답 22 ④　23 ②　24 ②　25 ①　26 ④

27 보일러 부속 장치에서 연소 가스의 저온 부식과 가장 관계가 있는 것은?

① 공기 예열기
② 과열기
③ 재생기
④ 재열기

해설 공기 예열기
㉠ 저온 부식을 방지하기 위해 출구 배기가스 온도는 150℃ 이하가 되지 않도록 한다.
㉡ 저온 부식이 발생되기 쉬우므로 배기가스의 온도는 노점 이상으로 유지되어야 한다.

28 비점이 낮은 물질인 수은, 다우섬 등을 사용하여 저압에서도 고온을 얻을 수 있는 보일러는?

① 관류식 보일러
② 열매체식 보일러
③ 노통 연관식 보일러
④ 자연 순환 수관식 보일러

해설 ② 열매체식 보일러 : 비점이 낮은 물질인 수은, 다우 섬 등을 사용하여 저압에서도 고온을 얻을 수 있는 보일러

29 어떤 보일러의 연소 효율이 92%, 전열면 효율이 85%이면 보일러 효율은?

① 73.2%
② 74.8%
③ 78.2%
④ 82.8%

해설 보일러 효율 = 연소 효율 × 전열면 효율
= (0.92 × 0.85) × 100
= 78.2%

30 온수 온돌의 방수 처리에 대한 설명으로 틀린 것은?

① 다층 건물에 있어서도 전층의 온수 온돌에 방수 처리를 하는 것이 좋다.
② 방수 처리는 내식성이 있는 루핑, 비닐, 방수 모르타르로 하며, 습기가 스며들지 않도록 완전히 밀봉한다.
③ 벽면으로 습기가 올라오는 것을 대비하여 온돌 바닥보다 약 10cm 이상 위까지 방수 처리를 하는 것이 좋다.
④ 방수 처리를 하여 열손실을 감소시킬 수 있다.

해설 ① 다층 건물에 있어서도 기초 바닥이 지면과 접하는 곳에는 방수 처리가 필요하다.

31 압력 배관용 탄소 강관의 KS 규격 기호는?

① SPPS
② SPLT
③ SPP
④ SPPH

해설 강관의 종류와 KS 규격 기호

	종류	KS 규격 기호
배관용	압력 배관용 탄소 강관	SPPS
	저온 배관용 강관	SPLT
	배관용 탄소강 강관	SPP
	고압 배관용 탄소강 강관	SPPH

32 중력 환수식 온수 난방법의 설명으로 틀린 것은?

① 온수의 밀도차에 의해 온수가 순환한다.
② 소규모 주택에 이용된다.
③ 보일러는 최하위 방열기보다 더 낮은 곳에 설치한다.
④ 자연 순환이므로 관경을 작게 하여도 된다.

해설 ④ 자연 순환이므로 관경을 크게 해야 한다.

33 전열 면적 12m²인 보일러의 급수 밸브의 크기는 호칭 몇 A 이상이어야 하는가?

① 15
② 20
③ 25
④ 32

해설 급수 밸브 및 체크 밸브의 크기

전열 면적 10m² 이하	호칭 20A 이상
전열 면적 10m² 초과	호칭 25A 이상

34 보온재의 열전도율과 온도와의 관계를 맞게 설명한 것은?

① 온도가 낮아질수록 열전도율은 커진다.
② 온도가 높아질수록 열전도율은 작아진다.
③ 온도가 높아질수록 열전도율은 커진다.
④ 온도에 관계없이 열전도율은 일정하다.

해설 보온재는 온도가 높아질수록 열전도율은 커진다.

35 글랜드 패킹의 종류에 해당하지 않는 것은?

① 편조 패킹
② 액상 합성수지 패킹
③ 플라스틱 패킹
④ 메탈 패킹

해설 (가) 글랜드 패킹
  ㉠ 석면 각형 패킹
  ㉡ 석면약
  ㉢ 아마존 패킹
  ㉣ 몰드 패킹
  ㉤ 편조 패킹
  ㉥ 플라스틱 패킹
  ㉦ 메탈 패킹
(나) 나사용 패킹
  ㉠ 페인트
  ㉡ 일산화연
  ㉢ 액상 합성수지

36 배관 중간이나 밸브, 펌프, 열교환기 등의 접속을 위해 사용되는 이음쇠로서 분해, 조립이 필요한 경우에 사용되는 것은?

① 벤드
② 리듀서
③ 플랜지
④ 슬리브

해설 ① 벤드 : 강관 배관에서 유체의 흐름 방향을 바꾸는 데 사용되는 이음쇠
② 리듀서 : 지름이 서로 다른 관과 관을 접속하는 데 사용되는 단 이음쇠
④ 슬리브 : 배관이 통과하는 곳에 짧은 관일 끼워 놓은 것

37 급수 중 불순물에 의한 장해나 처리 방법에 대한 설명으로 틀린 것은?

① 현탁 고형물의 처리 방법에는 침강 분리, 여과, 응집 침전 등이 있다.
② 경도 성분은 이온 교환으로 연화시킨다.
③ 유지류는 거품의 원인이 되나, 이온 교환 수지의 능력을 향상시킨다.
④ 용존 산소는 급수 계통 및 보일러 본체의 수관을 산화 부식시킨다.

해설 ③ 유지류는 거품의 원인이 되나, 이온 교환 수지의 능력을 감소시킨다.

38 난방 설비 배관이나 방열기에서 높은 위치에 설치해야 하는 밸브는?

① 공기 빼기 밸브
② 안전 밸브
③ 전자 밸브
④ 플로트 밸브

해설 ① 공기 빼기 밸브는 난방 설비 배관이나 방열기에서 높은 위치에 설치한다.

정답 33 ③ 34 ③ 35 ② 36 ③ 37 ③ 38 ①

39 기름 보일러에서 연소 중 화염이 점멸하는 등 연소 불안정이 발생하는 경우가 있다. 그 원인으로 가장 거리가 먼 것은?

① 기름의 점도가 높을 때
② 기름 속에 수분이 혼입되었을 때
③ 연료의 공급 상태가 불안정한 때
④ 노내가 부압(負壓)인 상태에서 연소했을 때

해설 연소 불안정이 발생하는 경우
㉠ 기름의 점도가 높을 때
㉡ 기름 속에 수분이 혼입되었을 때
㉢ 연료의 공급 상태가 불안정한 때
㉣ 기름 배관 내 공기가 누입될 경우
㉤ 기름의 온도가 너무 높을 경우

40 배관의 관 끝을 막을 때 사용하는 부품은?

① 엘보   ② 소켓
③ 티   ④ 캡

해설 ① 엘보 : 배관의 방향을 바꿀 경우
② 소켓 : 동일 지름의 관(동경관)을 직선 결합할 경우
③ 티 : 관을 도중에서 분기할 경우

41 어떤 강철제 증기 보일러의 최고 사용 압력이 0.35MPa이면 수압 시험 압력은?

① 0.35MPa   ② 0.5MPa
③ 0.7MPa   ④ 0.95MPa

해설 강철제 증기 보일러 수압 시험 압력
＝최고 사용 압력×2
∴ 0.35MPa×2＝0.7MPa

42 온수 난방 설비의 밀폐식 팽창 탱크에 설치되지 않는 것은?

① 수위계   ② 압력계
③ 배기관   ④ 안전 밸브

해설 온수 난방 설비 팽창 탱크의 주위 배관 및 부설 장치
㉠ 밀폐식 : 수위계, 압력계, 안전 밸브, 압축 공기 공급관 등
㉡ 개방식 : 팽창관, 안전관, 일수관, 배기관 등

43 다른 보온재에 비하여 단열 효과가 낮으며, 500℃ 이하의 파이프, 탱크, 노벽 등에 사용하는 보온재는?

① 규조토   ② 암면
③ 기포성 수지   ④ 탄산마그네슘

해설 ② 암면 : 무기질 보온재 중 하나로 안산암, 현무암에 석회석을 섞어 용융하여 섬유 모양으로 만든 것을 말한다.
③ 기포성 수지 : 열전도율이 낮으며 합성수지 및 고무질로 다공질하여 만든 것으로 안전 사용 온도 80℃ 이하이다.
④ 탄산마그네슘 : 염기성 탄산마그네슘 85%와 석면 15%를 배합한 것으로 물에 개서 사용하며, 안전 사용 온도는 250℃ 이하이다.

44 진공 환수식 증기 난방 배관 시공에 관한 설명으로 틀린 것은?

① 증기 주관은 흐름 방향에 1/200~1/300의 앞내림 기울기로 하고 도중에 수직 상향부가 필요한 때 트랩 장치를 한다.
② 방열기 분기관 등에서 앞단에 트랩 장치가 없을 때에는 1/50~1/100의 앞올림 기울기로 하여 응축수를 주관에 역류시킨다.
③ 환수관에 수직 상향부가 필요한 때에는 리프트 피팅을 써서 응축수가 위쪽으로 배출되게 한다.
④ 리프트 피팅은 될 수 있으면 사용 개소를 많게 하고 1단을 2.5m 이내로 한다.

해설 ④ 리프트 피팅은 될 수 있으면 사용 개소를 많게 하고 1단을 1.5m 이내로 한다.

정답 39 ④ 40 ④ 41 ③ 42 ③ 43 ① 44 ④

45 보일러의 내부 부식에 속하지 않는 것은?

① 점식
② 구식
③ 알칼리 부식
④ 고온 부식

해설 보일러의 내부 부식
㉠ 점식
㉡ 구식
㉢ 알칼리 부식

46 보일러 성능 시험에서 강철제 증기 보일러의 증기 건도는 몇 % 이상이어야 하는가?

① 89
② 93
③ 95
④ 98

해설 강철제 증기 보일러의 증기 건도 : 98% 이상

47 보일러 사고의 원인 중 보일러 취급상의 사고 원인이 아닌 것은?

① 재료 및 설계 불량
② 사용 압력 초과 운전
③ 저수위 운전
④ 급수 처리 불량

해설 (개) 보일러 취급상의 사고 원인
㉠ 사용 압력 초과 운전
㉡ 저수위 운전
㉢ 급수 처리 불량
㉣ 가스 폭발
㉤ 과열
㉥ 점검 불충분
(내) 보일러 제작상의 사고원인
㉠ 재료 및 설계 불량
㉡ 용접 불량
㉢ 판의 두께 부족

48 실내의 천장 높이가 12m인 극장에 대한 증기 난방 설비를 설계하고자 한다. 이때의 난방 부하 계산을 위한 실내 평균 온도는? (단, 호흡선 1.5m 에서의 실내 온도는 18℃이다.)

① 23.5℃
② 26.1℃
③ 29.8℃
④ 32.7℃

해설 실내 평균 온도(t_m)=$t+0.05(h-3)t$
여기서, t : 호흡선(바닥에서 1.5m 높이)의 실내 온도
h : 실내 천장 높이
0.05 : 열전달 저항값
($h-3$) : 천장 높이가 3m 이상인 경우
∴ $t_m = 18+0.05(12-3) \times 18 = 26.1℃$

49 보일러 강판의 가성 취화 현상의 특징에 관한 설명으로 틀린 것은?

① 고압 보일러에서 보일러수의 알칼리 농도가 높은 경우에 발생한다.
② 발생하는 장소로는 수면 상부의 리벳과 리벳 사이에 발생하기 쉽다.
③ 발생하는 장소로는 관구멍 등 응력이 집중하는 곳의 틈이 많은 곳이다.
④ 외견상 부식성이 없고, 극히 미세한 불규칙적인 방사상 형태를 하고 있다.

해설 ② 발생하는 장소로는 수면 이하의 리벳과 리벳 사이에서 발생하기 쉽다.

50 보일러에서 발생한 증기를 송기할 때의 주의 사항으로 틀린 것은?

① 주증기관 내의 응축수를 배출시킨다.
② 주증기 밸브를 서서히 연다.
③ 송기한 후에 압력계의 증기압 변동에 주의 한다.
④ 송기한 후에 밸브의 개폐 상태에 대한 이상 유무를 점검하고 드레인 밸브를 열어 놓는다.

정답 45 ④ 46 ④ 47 ① 48 ② 49 ② 50 ④

해설 ④ 발생 증기 압력이 상용 압력에 도달하여 증기를 증기 소비처에 공급할 경우에는 증기 트랩과 드레인 밸브 등이 닫혀 있는지, 기능은 확실한지 등을 점검한다.

51 증기 트랩을 기계식, 온도 조절식, 열역학적 트랩으로 구분할 때 온도 조절식 트랩에 해당하는 것은?

① 버킷 트랩　　　② 플로트 트랩
③ 열동식 트랩　　④ 디스크형 트랩

해설 증기 트랩의 종류

작동 원리에 따른 종류	구조상에 다른 종류
기계식	버킷 트랩, 플로트 트랩
온도 조절식	열동식(벨로스식) 트랩, 바이메탈식
열역학식	디스크형 트랩, 오리피스식

52 보일러 전열면의 과열 방지 대책으로 틀린 것은?

① 보일러 내의 스케일을 제거한다.
② 다량의 불순물로 인해 보일러수가 농축되지 않게 한다.
③ 보일러의 수위가 안전 저수면 이하가 되지 않도록 한다.
④ 화염을 국부적으로 집중 가열한다.

해설 ④ 화염을 국부적으로 집중 가열하지 않는다.

53 난방 부하가 2,250kcal/h인 경우 온수 방열기의 방열 면적은? (단, 방열기의 방열량은 표준 방열량으로 한다.)

① $3.5m^2$　　　② $4.5m^2$
③ $5.0m^2$　　　④ $8.3m^2$

해설 온수 방열기의 방열 면적(m^2) = $\dfrac{난방 부하(kcal/h)}{450}$

∴ $\dfrac{2,250kcal/h}{450} = 5.0m^2$

54 증기 난방에서 환수관의 수평 배관에서 관경이 가늘어지는 경우 편심 리듀서를 사용하는 이유로 적합한 것은?

① 응축수의 순환을 억제하기 위해
② 관의 열팽창을 방지하기 위해
③ 동심 리듀서보다 시공을 단축하기 위해
④ 응축수의 체류를 방지하기 위해

해설 증기 난방에서 편심 리듀서를 사용하는 이유 : 응축수의 체류를 방지하기 위해

55 에너지 이용 합리화법상 시공업자 단체의 설립, 정관의 기재 사항과 감독에 관하여 필요한 사항은 누구의 영으로 정하는가?

① 대통령령　　　② 산업통상자원부령
③ 고용노동부령　④ 환경부령

해설 시공업자 단체의 설립, 정관의 기재 사항과 감독에 관하여 필요한 사항은 대통령령으로 정한다.

56 에너지 이용 합리화법상 열사용 기자재가 아닌 것은?

① 강철제 보일러
② 구멍탄용 온수 보일러
③ 전기 순간 온수기
④ 2종 압력 용기

해설 열사용 기자재
㉠ 보일러 : 강철제 보일러, 주철제 보일러, 소형 온수 보일러, 구멍탄용 온수 보일러, 축열식 전기 보일러, 캐스 케이드 보일러, 가정용 화목 보일러
㉡ 태양열 집열기
㉢ 압력 용기 : 1종 압력 용기, 2종 압력 용기
㉣ 요로 : 요업 요로, 금속 요로

정답　51 ③　52 ④　53 ③　54 ④　55 ①　56 ③

57 다음 에너지 이용 합리화법의 목적에 관한 내용이다. ( ) 안의 A, B에 각각 들어갈 용어로 옳은 것은?

> 에너지 이용 합리화법은 에너지의 수급을 안정시키고 에너지의 합리적이고 효율적인 이용을 증진하며 에너지 소비로 인한 (A)을(를) 줄임으로써 국민 경제의 건전한 발전 및 국민 복지의 증진과 (B)의 최소화에 이바지함을 목적으로 한다.

① A : 환경 파괴, B : 온실가스
② A : 자연 파괴, B : 환경 피해
③ A : 환경 피해, B : 지구 온난화
④ A : 온실가스 배출, B : 환경 파괴

해설 에너지 이용 합리화법의 목적 : 에너지의 수급을 안정시키고 에너지의 합리적이고 효율적인 이용을 증진하며 에너지 소비로 인한 환경 피해를 줄임으로써 국민 경제의 건전한 발전 및 국민 복지의 증진과 지구 온난화의 최소화에 이바지함을 목적으로 한다.

58 에너지 이용 합리화법에 따라 고효율 에너지 인증 대상 기자재에 포함되지 않는 것은?

① 펌프
② 전력용 변압기
③ LED 조명 기기
④ 산업 건물용 보일러

해설 고효율 에너지 인증 대상 기자재
㉠ 펌프
㉡ LED 조명 기기
㉢ 산업 건물용 보일러

59 에너지법에 따라 에너지 기술 개발 사업비의 사업에 대한 지원 항목에 해당되지 않는 것은?

① 에너지 기술의 연구·개발에 관한 사항
② 에너지 기술에 관한 국내 협력에 관한 사항
③ 에너지 기술의 수요 조사에 관한 사항
④ 에너지에 관한 연구 인력 양성에 관한 사항

해설 에너지 기술 개발 사업비의 사업에 대한 지원 항목
㉠ 에너지 기술의 연구·개발에 관한 사항
㉡ 에너지 기술의 수요 조사에 관한 사항
㉢ 에너지에 관한 연구 인력 양성에 관한 사항

60 다음 고효율 에너지 인증 대상 기자재의 종류가 아닌 것은?

① 펌프
② 산업 건물용 보일러
③ 무정전 전원 장치
④ 관류 보일러

해설 고효율 에너지 인증대상 기자재의 종류
㉠ 펌프
㉡ 산업건물용 보일러
㉢ 무정전 전원 장치
㉣ 폐열 회수용 환기장치
㉤ 발광다이오드(LED) 등 조명기기
㉥ 그 밖에 산업통상부장관이 특히 에너지 이용의 효율성이 높아 보급을 촉진할 필요가 있다고 인정하여 고시하는 기자재 및 설비

정답 57 ③ 58 ② 59 ② 60 ④

에너지관리기능사 (2016. 10. 2 시행)

01 절대 온도 380K를 섭씨 온도로 환산하면?

① 107℃
② 653℃
③ 684℃
④ 626℃

해설 절대 온도 $T(K) = ℃ + 273.15$
섭씨 온도(℃) = 절대 온도 $T(K) - 273.15$
∴ $380 - 273.15 ≒ 107℃$

02 대기압이 750mmHg일 때 진공압이 720mmHg이면 절대 압력은?

① 720mmHg
② 750mmHg
③ 30mmHg
④ 710mmHg

해설 절대 압력 = 대기압 - 진공압
= 750 - 720
= 30mmHg

03 다음 중에서 복사열 전달에 적용되는 법칙의 이름은?

① 뉴턴의 냉각 법칙
② 돌턴의 법칙
③ 스테판-볼츠만의 법칙
④ 푸리에의 법칙

해설 ① 뉴턴의 냉각 법칙 : 대류
② 돌턴의 법칙 : 부분 압력의 법칙
③ 스테판-볼츠만의 법칙 : 복사(방사)선에 의한 열전달
④ 푸리에의 법칙 : 고체 간의 열전달(예 전도)

04 압력이 일정할 때 과열 증기에 대한 설명으로 가장 적절한 것은?

① 습포화 증기에 열을 가해 온도를 높인 증기
② 건포화 증기에 압력을 높인 증기
③ 습포화 증기에 과열도를 높인 증기
④ 건포화 증기에 열을 가해 온도를 높인 증기

해설 압력이 일정할 때 과열 증기 : 건포화 증기에 열을 가해 온도를 높인 증기

05 물의 임계 온도는 몇 ℃인가?

① 100   ② 273
③ 374   ④ 410

해설 임계 온도 : 임계점 상태의 액체 온도로 일정한 압력하에서 기체를 액화시킬 수 있는 최고의 액온을 말한다. (물의 임계 온도 : 374.15℃, 647.3K)

06 보일러 구성의 3대 요소 중 안전과 관계되는 부분은?

① 본체
② 분출 장치
③ 연소 장치
④ 부속 장치

해설 보일러 구성의 3대 요소
㉠ 본체(몸체) : 연소열을 받아 증기 및 온수를 발생시키는 동체 및 관군이다.
㉡ 연소 장치 : 연료를 연소시키기 위한 장치로서 연소실, 연도, 연돌 등이 있다.
㉢ 부속 장치 : 보일러를 안전하고 효율적으로 운전하기 위한 장치로서 각종 계기류 안전 장치, 급수 장치, 송기 장치, 분출 장치 등이 있다.

정답 01 ① 02 ③ 03 ③ 04 ④ 05 ③ 06 ④

07 다음 입형(직립) 보일러에 대한 설명으로 틀린 것은?

① 동체를 바로 세워 연소실을 그 하부에 둔 보일러이다.
② 전열 면적을 넓게 할 수 있어 대용량에 적합하다.
③ 다관식은 전열 면적을 보강하기 위하여 다수의 연관을 설치한 것이다.
④ 횡관식은 횡관의 설치로 전열면을 증가시킨다.

해설 ② 전열 면적을 넓게 할 수 있어 소용량에 적합하다.

08 다음 중 파형 노통의 종류가 아닌 것은?

① 모리슨형
② 아담슨형
③ 파브스형
④ 브라운형

해설 파형 노통 종류
㉠ 모리슨형
㉡ 파브스형
㉢ 브라운형

09 일반적으로 열효율이 가장 높은 보일러는?

① 수관식 보일러
② 노통 연관 보일러
③ 연관 보일러
④ 노통 보일러

해설 보일러 열효율이 높은 순서
㉠ 수관식 보일러(90% 이상)
㉡ 노통 연관 보일러(85%)
㉢ 연관 보일러(70~80%)
㉣ 노통 보일러(60~70%)

10 주철제 보일러의 특징 설명으로 옳은 것은?

① 내열성 및 내식성이 나쁘다.
② 고압 및 대용량으로 적합하다.
③ 섹션의 증감으로 용량을 조절할 수 있다.
④ 인장 및 충격에 강하다.

해설 ① 내열성이 나쁘고, 내식성이 우수하다.
② 고압 및 대용량으로 부적합하다.
④ 인장 및 충격에 약하다.

11 보일러의 안전 장치와 거리가 가장 먼 것은?

① 과열기
② 안전 밸브
③ 저수위 경보기
④ 방폭문

해설 ㈎ 보일러의 안전 장치
㉠ 안전 밸브 ㉡ 고·저수위 경보기
㉢ 방폭문   ㉣ 전자 밸브
㉤ 압력 제한기 ㉥ 화염 검출기
㉦ 가용 마개
㈏ 열교환(폐열 회수) 장치
㉠ 과열기   ㉡ 재열기
㉢ 절탄기   ㉣ 공기 예열기
㉤ 열 교환기

12 수위 경보기의 종류에 속하지 않는 것은?

① 맥도널식
② 전극식
③ 배플식
④ 마그네틱식

해설 수위 경보기의 종류
㉠ 맥도널식 ㉡ 전극식 ㉢ 마그네틱식

13 연소 안전 장치 중 플레임 아이(flame eye)로 사용되지 않는 것은?

① 광전관
② CdS cell
③ PbS cell
④ CdP cell

정답 07 ② 08 ② 09 ① 10 ③ 11 ① 12 ③ 13 ④

해설 연소 안전 장치 중 플레임 아이(flame eye)로 사용되는 것 : 자외선 광전관, 적외선 광전관, 황화카드뮴 셀(CdS cell), 황화납 셀(PbS cell)

14 증기 보일러의 운전 중 수면계가 파손된 경우 제일 먼저 조치할 사항은?

① 드레인 콕을 닫는다.
② 물 콕을 닫는다.
③ 급수 밸브를 닫는다.
④ 펌프를 가동하여 급수한다.

해설 증기 보일러의 가동 중 수면계가 파손되면 저수위로 인한 가동 정지 및 과열 현상의 발생 가능성이 있으므로 누수를 방지하기 위해 동체와 수면계 사이의 물 콕을 닫아야 한다.

15 펌프의 공동 현상(캐비테이션)이 발생할 때의 설명으로 잘못된 것은?

① 양정이 상승한다.
② 부식이 발생한다.
③ 운전 불능이 되기도 한다.
④ 소음, 진동이 발생한다.

해설 공동 현상(캐비테이션) : 물이 관 속으로 유동하고 있을 때 흐르는 물속의 어느 부분의 정압이 그때 물의 온도에 해당하는 증기압(포화) 이하로 되면 기포가 발생하는 현상
㉠ 소음과 진동이 발생한다.
㉡ 양정과 효율이 저하된다.
㉢ 날개에 부식이 발생한다.
㉣ 운전 불능이 되기도 한다.

16 보일러의 용량을 나타내는 것으로 부적합한 것은?

① 상당 증발량 ② 보일러의 마력
③ 전열 면적   ④ 연료 사용량

해설 보일러의 용량을 나타내는 것
㉠ 상당 증발량 ㉡ 보일러의 마력 ㉢ 전열 면적

17 1보일러 마력을 열량으로 환산하면 몇 kcal/h인가?

① 8,435   ② 9,435
③ 7,435   ④ 10,173

해설 ㉠ 보일러 마력 : 상당(환산) 증발량 값이 15.65 kg/h인 보일러
㉡ 증기 보일러 열출력=상당 증발량×539kcal/kg
㉢ 1보일러 마력의 열출력=15.65×539=8,435kcal/h

18 육상용 보일러의 열정산 방식에서 환산 증발 배수에 대한 설명으로 맞는 것은?

① 증기의 보유 열량을 실제 연소열로 나눈 값이다.
② 발생 증기 엔탈피와 급수 엔탈피의 차를 539로 나눈 값이다.
③ 매시 환산 증발량을 매시 연료 소비량으로 나눈 값이다.
④ 매시 환산 증발량을 전열 면적으로 나눈 값이다.

해설 환산 증발 배수= $\frac{\text{시간당 환산 증발량}}{\text{시간당 연료 소비량}}$

19 보일러 열정산을 설명한 것 중 옳은 것은?

① 입열과 출열은 반드시 같아야 한다.
② 연소 효율에 따라 입열과 출열은 다르다.
③ 방열 손실로 인하여 입열이 항상 크다.
④ 열효율 증대 장치로 출혈이 항상 크다.

해설 ㉠ 열정산이란 열장치에서 공급된 열량(총 입열)과 소비된 열(출열)과의 사이의 양적 관계를 명백히 하는 것이다.
㉡ 열정산에서는 입열 항목과 출열 항목의 합계는 같아야 한다.

정답 14② 15① 16④ 17① 18③ 19①

20 보일러 열효율 정산 방법에서 열정산을 위한 급수량을 측정할 때 그 오차는 일반적으로 몇 %로 하여야 하는가?

① ±1.0 ② ±3.0
③ ±5.0 ④ ±7.0

해설 급수량 : 용량 탱크나 체적식 유량계, 오리피스 등으로 행한다. 체적으로 구해진 값은 비체적으로 나누어 중량으로 환산한다.
급수량＝측정량(l)/비체적(l/kg)
(측정의 허용 오차는 ±1.0%로 한다.)

21 기체 연료의 단점은?

① 시설비가 많이 든다.
② 집중 가열이나 균일 가열이 곤란하다.
③ 예열이 필요 없다.
④ 연료비가 싸다.

해설 기체 연료의 단점
㉠ 가격이 비싸다.
㉡ 저장이나 수송이 곤란하다.
㉢ 누설 시 화재 폭발의 위험이 크다.
㉣ 유해 가스가 많다(CO).
㉤ 시설비가 많이 들고, 설비 공사에 많은 기술을 요한다.

22 다음 중 프로판 가스가 완전 연소될 때 생성되는 것은?

① CO와 C_3H_8 ② C_4H_{10}과 CO_2
③ CO_2와 H_2O ④ CO와 CO_2

해설 $C_3H_8+5O_2 \rightarrow 3CO_2+4H_2O$

23 다음 중 고체 연료의 연소 방식에 속하지 않는 것은?

① 화격자 연소 방식 ② 확산 연소 방식
③ 미분탄 연소 방식 ④ 유동층 연소 방식

해설 연료의 연소 방식
㈎ 고체 연료의 연소 방식
　㉠ 화격자 연소 방식　㉡ 미분탄 연소 방식
　㉢ 유동층 연소 방식
㈏ 미분탄 연료의 연소 방식
　㉠ U형 연소　㉡ L형 연소
　㉢ 코너탭 연소　㉣ 슬래그탭 연소
㈐ 액체 연료의 연소 방식
　㉠ 무화 연소 방식　㉡ 기화 연소 방식

24 액체 연료의 유압 분무식 버너의 종류에 해당하지 않는 것은?

① 플런저형 ② 외측 반환유형
③ 직접 분사형 ④ 간접 분사형

해설 액체 연료의 유압 분무식 버너의 종류
㉠ 플런저형
㉡ 외측 반환유형
㉢ 직접 분사형

25 보일러 가동 중 실화(失火)가 되거나, 압력이 규정치를 초과하는 경우에 연료 공급을 자동적으로 차단하는 장치는?

① 광전관 ② 화염 검출기
③ 전자 밸브 ④ 체크 밸브

해설 ① 광전관(photoelectric tube) : 광전 효과를 이용하여 전기식 신호를 만드는 진공관으로, 음극에서 빛에너지를 흡수하여 광전자를 방출하고 양극에서 광전자를 모아 전류를 만든다.
② 화염 검출기(flame project) : 연소실 내의 화염 상태가 불안정하거나 실화 시에 이를 검출하여 전자 밸브로 연료 공급을 차단하여 역화나 미연소 가스 축적으로 인한 폭발 사고를 사전에 방지해주는 안전 장치이다.
④ 체크 밸브(check valve) : 액체의 역류를 방지하기 위해 한쪽 방향으로만 흐르게 하는 밸브이다.

정답 20 ①　21 ①　22 ③　23 ②　24 ④　25 ③

26 자동 제어가 발전하게 된 동기로서 적합하지 않은 설명은?

① 균일한 제품을 다량으로 생산할 필요성 때문에
② 자료를 빠른 속도로 처리하는 능력을 이용하기 위하여
③ 기계적 제어에는 사람의 능력으로 한계점이 있기 때문에
④ 기기 장치가 점차로 정밀하고 복잡하게 되었기 때문에

해설 ② 자동 제어란 기계 장치가 자동적으로 행하는 제어로서 자료를 빠른 속도로 처리하는 능력을 이용하기 위한 것은 아니다.

27 자동 제어의 비례 동작(P 동작)에서 조작량(Y)은 제어 편차량(e)과 어떤 관계가 있는가?

① 제곱에 비례한다.
② 비례한다.
③ 평방근에 비례한다.
④ 평방근에 반비례한다.

해설 비례 동작(P 동작)은 제어 편차량이 검출되면 비례하여 조작량을 가감하는 동작으로 잔류 편차(offset, 오프셋)가 남는다.

28 결과가 원인이 되어 제어 단계를 진행하는 제어장치로서 블록 선도가 폐회로로 구성되는 자동 제어는?

① 피드백 제어   ② 시퀀스 제어
③ 인터록   ④ 다변수 제어

해설 자동 제어
㉠ 피드백 제어 : 폐회로(결과가 원인으로 되어 제어 단계 진행)
㉡ 시퀀스 제어 : 개회로(제어 순서에 따라 제어 단계 진행)
㉢ 인터록 : 한쪽 조건이 충만되지 않으면 다른 제어는 정지

29 보일러 자동 제어에 대한 다음 설명에서 ( )에 들어갈 용어로 옳은 것은?

> 보일러 자동 제어는 제어 순서에 따라 제어 단계가 진행되는 (㉮) 제어와, 한쪽 조건이 충족되지 않으면 다른 단계의 동작(제어)이 정지되는 (㉯) 제어의 결합으로 이루어진다.

① ㉮ 피드백(feedback), ㉯ 시퀀스(sequence)
② ㉮ 피드백(feedback), ㉯ 인터록(interlock)
③ ㉮ 인터록(interlock), ㉯ 시퀀스(sequence)
④ ㉮ 시퀀스(sequence), ㉯ 인터록(interlock)

해설 ㉠ 시퀀스(sequence) 제어 : 개(開)회로, 제어 동작이 순서에 의해 진행되는 제어이다.
㉡ 인터록(interlock) 제어 : 어떤 조건이 충족되지 않으면 다음 동작을 멈추게 하는 제어이다.

30 자동 제어 시 어느 조건이 구비되지 않으면 그 다음 동작을 정지시키는 제어 형태는?

① 온-오프 제어   ② 인터록 제어
③ 피드백 제어   ④ 비율 제어

해설 ② 인터록 제어 : 자동 제어 시 전 동작이 행해지지 않으면 다음 동작을 정지시키는 제어 형태이다.

31 난방 부하 계산 과정에서 고려하지 않아도 되는 것은?

① 난방 형식
② 주위 환경 조건
③ 유리창의 크기 및 문의 크기
④ 실내와 외기의 온도

해설 난방 부하 계산 과정 시 고려할 사항
㉠ 주위 환경 조건
㉡ 유리창의 크기 및 문의 크기
㉢ 실내와 외기의 온도

정답 26 ② 27 ② 28 ① 29 ④ 30 ② 31 ①

32 하트포드 접속법은 저압 증기 보일러의 배관 방식이다. 어느 부분에 적용하는 배관법인가?

① 보일러의 증기관과 환수관 사이
② 고압 배관과 저압 배관 사이
③ 관말 트랩 장치 배관
④ 방열기 주위 배관

해설 하트포드 배관법
보일러의 물이 환수관으로 역류하는 것을 방지하기 위하여 설치하는 배관법

33 단관 중력 순환식 온수 난방의 배관은 주관을 앞내림 기울기로 하여 공기가 모두 어느 곳으로 빠지게 하는가?

① 드레인 밸브
② 팽창 탱크
③ 에어 벤트 밸브
④ 체크 밸브

해설 단관 중력 순환식 온수 난방의 배관
주관을 앞내림 기울기로 하여 공기가 모두 팽창 탱크로 빠지게 한다.

34 방열기의 형식에 따른 대표적인 종류에 속하지 않는 것은?

① 대류형(convector)
② 벽걸이형(wall)
③ 기둥형(column)
④ 복사형(panel)

해설 ④ 패널(panel)은 매립형 온수 코일로 복사 난방에 적용된다.

35 손실 열량 3,000kcal/h의 사무실에 온수 방열기를 설치할 때 방열기의 소요 섹션 수는 몇 쪽인가? (단, 방열기 방열량은 표준 방열량으로 하며, 1섹션의 방열 면적은 0.26m²임)

① 12쪽
② 15쪽
③ 26쪽
④ 32쪽

해설 온수 방열기의 소요 섹션 수

$$N_w = \frac{H_r}{450 \times a}$$

여기서, a : 방열기 형식에 따른 섹션 1개당 면적(m²)
H_r : 실의 난방 부하(kcal/h)

$$N_w = \frac{3,000}{450} \times 0.26 = 26쪽$$

36 철금속 가열로란 단조가 가능하도록 가열하는 것을 주목적으로 하는 노로서, 정격 용량이 몇 kcal/h를 초과하는 것을 말하는가?

① 200,000
② 500,000
③ 100,000
④ 300,000

해설 철금속 가열로 : 단조가 가능하도록 가열하는 것을 주목적으로 하는 노로서, 정격 용량이 500,000kcal/h를 초과하는 것이다.

37 액상 열매체 보일러 시스템에서 열매체유의 액 팽창을 흡수하기 위한 팽창 탱크의 최소 체적(V_T)을 구하는 식으로 옳은 것은? (단, V_E는 승온 시 시스템 내의 열매체유 팽창량, V_M은 상온 시 탱크 내의 열매체유 보유량임)

① $V_T = V_E + V_M$
② $V_T = V_E + 2V_M$
③ $V_T = 2V_E + V_M$
④ $V_T = 2V_E + 2V_M$

정답 32 ① 33 ② 34 ④ 35 ③ 36 ② 37 ③

해설 액상 열매체 보일러 시스템에서 팽창 탱크의 최소 체적

$V_T = 2V_E + V_M$

여기서, V_T : 팽창 탱크의 최소 체적
 V_E : 승온 시 시스템 내의 열매체유 팽창량
 V_M : 상온 시 탱크 내의 열매체유 보유량

38 최고 사용 압력이 16kgf/cm^2인 강철제 보일러의 수압 시험 압력으로 맞는 것은?

① 8kgf/cm^2
② 16kgf/cm^2
③ 24kgf/cm^2
④ 32kgf/cm^2

해설 강철제 보일러의 수압 시험 압력
㉠ 최고 사용 압력 0.43MPa 이하=최고 사용 압력의 2배 (단, 시험 압력이 0.2MPa 미만인 경우에는 0.2MPa)
㉡ 최고 사용 압력 0.43MPa 초과 1.5MPa 이하
㉢ 최고 사용 압력 1.5MPa 초과=최고 사용 압력의 1.5배
$16\text{kgf/cm}^2 = 1.6\text{MPa}$이므로
수압 시험 압력 $= 16\text{kgf/cm}^2 \times 1.5 = 24\text{kgf/cm}^2$

39 급수 탱크의 설치에 대한 설명 중 틀린 것은?

① 급수 탱크를 지하에 설치하는 경우에는 지하수, 하수, 침출수 등이 유입되지 않도록 하여야 한다.
② 급수 탱크의 크기는 용도에 따라 1~2시간 정도 급수를 공급할 수 있는 크기로 한다.
③ 급수 탱크는 얼지 않도록 보온 등 방호 조치를 하여야 한다.
④ 탈기기가 없는 시스템의 경우 급수에 공기 용입 우려로 인해 가열 장치를 설치해서는 안 된다.

해설 ④ 탈기기가 없는 시스템의 경우 급수에 공기 용입 우려로 인해 가열 장치를 설치해야 한다.

40 안전 밸브의 부착 방법으로 틀린 것은?

① 보일러 증기부에 부착시킨다.
② 보일러 몸체에 직접 부착시킨다.
③ 밸브축을 수직으로 부착시킨다.
④ 밸브축을 수평으로 부착시킨다.

해설 안전 밸브의 부착은 쉽게 검사할 수 있는 장소에 밸브축을 수직으로 하여 가능한 한 보일러의 동체에 직접 부착시켜야 하며, 안전 밸브와 안전 밸브가 부착된 보일러 동체 등의 사이에는 어떠한 차단 밸브도 있어서는 안 된다.

41 보일러 점화 전의 준비 사항에 대해 틀리게 설명한 것은?

① 모든 밸브와 콕을 열어 놓는다.
② 보일러 수위는 상용 수위로 하며 수면계로 확인한다.
③ 연소실 및 연도 내의 잔류 가스를 배출하기 위해 연도의 각 댐퍼를 열어 놓는다.
④ 각종 계기의 기능을 검사하고 급수 장치의 이상 유무를 확인한다.

해설 ① 수저 분출 밸브의 잠김 상태를 점검한다.(각 밸브의 개폐 상태 확인)

42 보일러 점화 조작 시 주의 사항에 대한 설명으로 틀린 것은?

① 연소실의 온도가 높으면 연료의 확산이 불량해져서 착화가 잘 안 된다.
② 연료 가스의 유출 속도가 너무 빠르면 실화 등이 일어나고, 너무 늦으면 역화가 발생한다.
③ 연료의 유압이 낮으면 점화 및 분사가 불량하고, 높으면 그을음이 축적된다.
④ 프리퍼지 시간이 너무 길면 연소실의 냉각을 초래하고, 너무 늦으면 역화를 일으킬 수 있다.

정답 38 ③ 39 ④ 40 ④ 41 ① 42 ①

해설 ① 연소실의 온도가 높으면 연료의 확산이 양호해져서 착화가 잘 된다.

43 가동 보일러에 스케일과 부식물 제거를 위한 산 세척 처리 순서로 올바른 것은?

① 전처리 → 수세 → 산액 처리 → 수세 → 중화·방청 처리
② 수세 → 산액 처리 → 전처리 → 수세 → 중화·방청 처리
③ 전처리 → 중화·방청 처리 → 수세 → 산액 처리 → 수세
④ 전처리 → 수세 → 중화·방청 처리 → 수세 → 산액 처리

해설 산 세척 처리 순서
전처리 → 수세 → 산액 처리 → 수세 → 중화·방청 처리

44 보일러 급수 중 Fe, Mn, CO_2를 많이 함유하고 있는 경우의 급수 처리 방법으로 가장 적합한 것은?

① 분사법　　　② 기폭법
③ 침강법　　　④ 가열법

해설 ② 기폭법의 설명이다.

45 스케일이나 부식을 방지할 목적으로 청관제를 쓰는 청관제의 주성분이 아닌 것은?

① 탄산칼슘($CaCO_3$)
② 탄산소다(Na_2CO_3)
③ 무수인산소다($Na_2H_2PO_4$)
④ 인산소다(Na_2PO_4)

해설 청관제의 주성분
㉠ 탄산소다(Na_2CO_3)
㉡ 무수인산소다($Na_2H_2PO_4$)
㉢ 인산소다(Na_2PO_4)

46 보일러 파열 사고 중 구조상의 결함에 의한 파열 사고가 아닌 것은?

① 압력 초과
② 설계 불량
③ 구조 불량
④ 재료 불량

해설 관리자의 책임은 사용 중에 취급 부주의로 발생하는 현상으로 압력 초과, 저수위, 미연소 가스 폭발, 과열 등이고 설계, 구조, 재료 불량의 경우는 취급자가 할 수 없는 경우이다.

47 보일러 내면에 반점 모양으로 생기는 부식은?

① 일반 부식
② 점식
③ 구식
④ 가성 취화

해설 ② 점식(pitting) : 수중의 용존 가스에 의한 점상을 이루는 부식
③ 구식(grooving) : 열의 팽창, 수축에 의한 피로 현상으로 V형, U형의 홈을 내면서 일으키는 부식
④ 가성 취화 : 보일러관의 리벳 연결부 등이 강한 알칼리 용액의 작용에 의하여 균열을 발생하는 부식

48 강판 제조 시 강괴 속에 함유되어 있는 가스체 등에 의해 강판이 두 장의 층을 형성하는 결함은?

① 라미네이션　　　② 크랙
③ 블리스터　　　　④ 심 리프트

해설 ② 크랙 : 반복적인 열응력을 끊임없이 받아 무리를 받고 있는 부분에 발생하는 것
③ 블리스터 : 라미네이션의 재료가 외부로부터 강하게 열을 받아 소손되어 부풀어 오르는 현상
④ 심 리프트 : 리벳 이음에서 리벳의 둘레 부분은 강도가 약하므로 균열이 생기게 되어 리벳에서 리벳으로 금이 나가는 현상

정답　43 ①　44 ②　45 ①　46 ①　47 ②　48 ①

49 보일러 본체나 수관, 연관 등에 발생하는 블리스터(blister)를 옳게 설명한 것은?

① 강판이나 관의 제조 시 두 장의 층을 형성하는 것
② 라미네이션된 강판이 열에 의해 혹처럼 부풀어 오르는 것
③ 노통이 외부 압력에 의해 내부로 짓눌리는 현상
④ 리벳 조인트나 리벳 구멍 등의 응력이 집중하는 곳에 물리적 작용과 더불어 화학적 작용에 의해 발생하는 균열

해설 블리스터(blister)
라미네이션된 강판이 열에 의해 혹처럼 부풀어 나오는 현상

50 보일러의 손상에서 팽출(澎出)을 옳게 설명한 것은?

① 보일러의 본체가 화염에 과열되어 외부로 볼록하게 튀어나오는 현상
② 노통이나 화실이 외측의 압력에 의해 눌려 쭈그러져 찢어지는 현상
③ 강판에 가스가 포함된 것이 화염의 접촉으로 양쪽으로 오목하게 되는 현상
④ 고압 보일러 드럼 이음에 주로 생기는 응력 부식 균열의 일종

해설 팽출 : 보일러의 본체가 화염에 과열되어 외부로 볼록하게 튀어나오는 현상

51 다음 중 배관용 아크 용접 탄소강 강관의 기호로 맞는 것은?

① SPPW   ② SPA
③ STM   ④ SPW

해설 ① SPPW : 수도용 아연 도금 강관
② SPA : 배관용 합금강 강관
③ STM : 기계 구조용 탄소강 강관

52 배관의 나사 이음과 비교한 용접 이음의 특징으로 잘못 설명된 것은?

① 나사 이음부와 같이 관의 두께에 불균일한 부분이 없다.
② 돌기부가 없어 배관상의 공간 효율이 좋다.
③ 이음부의 강도가 작고, 누수의 우려가 크다.
④ 변형과 수축, 잔류 응력이 발생할 수 있다.

해설 ③ 이음부의 강도가 크고, 누수의 우려가 없다.

53 보온 시공 시 주의 사항에 대한 설명으로 틀린 것은?

① 보온재와 보온재의 틈새는 되도록 적게 한다.
② 겹침부의 이음새는 동일 선상을 피해서 부착한다.
③ 테이프 감기는 물, 먼지 등의 침입을 막기 위해 위에서 아래쪽으로 향하여 감아내리는 것이 좋다.
④ 보온의 끝 단면은 사용하는 보온재 및 보온 목적에 따라서 필요한 보호를 한다.

해설 보온 시공 시 주의 사항
㉠ 보온재와 보온재의 틈새는 되도록 적게 한다.
㉡ 겹침부의 이음새는 동일 선상을 피해서 부착한다.
㉢ 보온의 끝 단면은 사용하는 보온재 및 보온 목적에 따라서 필요한 보호를 한다.

정답 49 ② 50 ① 51 ④ 52 ③ 53 ③

54 다음의 보온재 중 진동이 있는 곳에서 사용할 수 없는 것은?

① 석면
② 탄산마그네슘
③ 규조토
④ 유리 섬유

해설 ③ 규조토의 설명이다.

55 보온재 중 열전도율이 가장 작은 것은?

① 탄산마그네슘
② 암면
③ 규조토
④ 석면

해설 ① 탄산마그네슘 : 0.05~0.07kcal/h·m·℃
② 암면 : 0.04~0.05kcal/h·m·℃
③ 규조토 : 0.08~0.095kcal/h·m·℃
④ 석면 : 0.048~0.065kcal/h·m·℃

56 에너지법에서 사용하는 "에너지"의 정의를 가장 올바르게 나타낸 것은?

① "에너지"라 함은 석유·가스 등 열을 발생하는 열원을 말한다.
② "에너지"라 함은 제품의 원료로 사용되는 것을 말한다.
③ "에너지"라 함은 태양, 조파, 수력과 같이 일을 만들어 낼 수 있는 힘이나 능력을 말한다.
④ "에너지"라 함은 연료·열 및 전기를 말한다.

해설 ④ 에너지란 연료·열 및 전기이다.

57 다음 중 에너지 이용 합리화법의 목적과 거리가 먼 것은?

① 에너지 소비로 인한 환경 피해 감소
② 에너지의 수급 안정
③ 에너지의 소비 촉진
④ 에너지의 효율적인 이용 증진

해설 에너지 이용 합리화법의 목적 : 에너지의 수급을 안정시키고 에너지의 합리적이고 효율적인 이용을 증진하며 에너지 소비로 인한 환경 피해를 줄임으로써 국민 경제의 건전한 발전 및 국민 복지의 증진과 지구 온난화의 최소화에 이바지함을 목적으로 한다.

58 에너지 이용 합리화법상 열사용 기자재가 아닌 것은?

① 강철제 보일러
② 구멍탄용 온수 보일러
③ 전기 순간 온수기
④ 2종 압력 용기

해설 열사용 기자재
㉠ 보일러 : 강철제 보일러, 주철제 보일러, 소형 온수 보일러, 구멍탄용 온수 보일러, 축열식 전기 보일러, 캐스 케이드 보일러, 가정용 화목 보일러
㉡ 태양열 집열기
㉢ 압력 용기 : 1종 압력 용기, 2종 압력 용기
㉣ 요로 : 요업 요로, 금속 요로

59 저탄소 녹색 성장 기본법상 녹색성장위원회는 위원장 2명을 포함한 몇 명 이내의 위원으로 구성하는가?

① 25
② 30
③ 45
④ 50

해설 녹색성장위원회의 구성 : 위원회는 위원장 2명을 포함한 50명 이내의 위원으로 구성한다.

60 신축·증축 또는 개축하는 건축물에 대하여 그 설계 시 산출된 예상 에너지 사용량의 일정 비율 이상을 신·재생에너지를 이용하여 공급되는 에너지를 사용하도록 신·재생에너지 설비를 의무적으로 설치하게 할 수 있는 기관이 아닌 것은?

① 공기업
② 종교 단체
③ 국가 및 지방자치단체
④ 특별법에 따라 설립된 법인

해설 신·재생에너지 설비를 의무적으로 설치하게 할 수 있는 기관
㉠ 공기업
㉡ 국가 및 지방자치단체
㉢ 특별법에 따라 설립된 법인

정답 60 ②

에너지관리기능사 (2017. 1. 14 시행)

01 주철제 보일러의 일반적인 특징 설명으로 틀린 것은?

① 내열성과 내식성이 우수하다.
② 대용량의 고압 보일러에 적합하다.
③ 열에 의한 부동 팽창으로 균열이 발생하기 쉽다.
④ 쪽수의 증감에 따라 용량 조절이 편리하다.

해설 ② 대용량의 저압 보일러에 적합하다.

02 보일러 효율을 올바르게 설명한 것은?

① 증기 발생에 이용된 열량과 보일러에 공급한 연료가 완전 연소할 때의 열량과의 비
② 배기가스 열량과 연소실에서 발생한 열량과의 비
③ 연도에서 열량과 보일러에 공급한 연료가 완전 연소할 때의 열량과의 비
④ 총손실 열량과 연료의 연소 열량과의 비

해설 보일러 효율은 연소실로 공급된 연료가 연소 시 발생된 열량과 동 내부에 있는 물이 그 열을 흡수하여 증기나 온수를 발생하는 데 이용된 열량과의 비율이다.

03 건포화 증기 100°C의 엔탈피는 얼마인가?

① 639kcal/kg
② 539kcal/kg
③ 100kcal/kg
④ 439kcal/kg

해설 엔탈피=현열+잠열
100kcal/kg+539kcal/kg=639kcal/kg

04 보일러의 연소 가스 폭발 시에 대비한 안전 장치는?

① 방폭문
② 안전 밸브
③ 파괴판
④ 맨홀

해설 ① 방폭문 : 보일러의 연소 가스 폭발 시에 대비한 안전 장치

05 어떤 고체 연료의 저위 발열량이 6,940kcal/kg이고, 연소 효율이 92%라 할 때 연료의 단위량의 실제 발열량을 계산하면 약 얼마인가?

① 6,385kcal/kg
② 6,943kcal/kg
③ 7,543kcal/kg
④ 8,900kcal/kg

해설 실제 발열량=저위 발열량×연소 효율
=6,940kcal/kg×0.92
=6,385kcal/kg

06 다음 중 보일러에서 연소 가스의 배기가 잘 되는 경우는?

① 연도의 단면적이 작을 때
② 배기가스 온도가 높을 때
③ 연도에 급한 굴곡이 있을 때
④ 연도에 공기가 많이 침입될 때

해설 ② 연소 가스의 배기는 배기가스 온도가 높을 때 잘 된다.

정답 01 ② 02 ① 03 ① 04 ① 05 ① 06 ②

07 액체 연료의 연소용 공기 공급 방식에서 1차 공기를 설명한 것으로 가장 적합한 것은?

① 연료의 무화와 산화 반응에 필요한 공기
② 연료의 후열에 필요한 공기
③ 연료의 예열에 필요한 공기
④ 연료의 완전 연소에 필요한 부족한 공기를 추가로 공급하는 공기

해설 ① 액체 연료의 연소용 공기 공급 방식에서 1차 공기란 연료의 무화와 산화 반응에 필요한 공기이다.

08 건도를 x라고 할 때 습증기는 어느 것인가?

① $x=0$
② $0<x<1$
③ $x=1$
④ $x>1$

해설 건도(건조도) : 습증기의 전질량 중 증기가 차지하는 질량비(x)를 말하고, 건조도가 0이면 포화수를 나타내고 건조도가 1이면 건포화 증기를 나타낸다.
0(포화수)< 건조도(x)< 1(건포화 증기)

09 보일러 부속 장치 설명 중 잘못된 것은?

① 기수 분리기 : 증기 중에 혼입된 수분을 분리하는 장치
② 슈트 블로어 : 보일러 동 저면의 스케일, 침전물 등을 밖으로 배출하는 장치
③ 오일 스트레이너 : 연료 속의 불순물 방지 및 유량계 펌프 등의 고장을 방지하는 장치
④ 스팀 트랩 : 용축수를 자동으로 배출하는 장치

해설 ㉠ 분출 장치 : 보일러 동 저면의 스케일, 침전물 등을 밖으로 배출하는 장치
㉡ 슈트 블로어 : 증기나 공기를 이용해서 그을음을 불어 내어 전열 효율을 높이는 장치

10 고체 연료와 비교하여 액체 연료 사용 시의 장점을 잘못 설명한 것은?

① 인화의 위험성이 없으며, 역화가 발생하지 않는다.
② 그을음이 적게 발생하고, 연소 효율도 높다.
③ 품질이 비교적 균일하며, 발열량이 크다.
④ 저장 및 운반 취급이 용이하다.

해설 ① 인화의 위험성이 있고, 역화가 발생한다.

11 보일러의 자동 제어 장치로 쓰이지 않는 것은?

① 화염 검출기
② 안전 밸브
③ 수위 검출기
④ 압력 조절기

해설 보일러의 자동 제어 장치
㉠ 화염 검출기
㉡ 수위 검출기
㉢ 압력 조절기

12 다음 기호와 같은 밸브의 종류 명칭은?

① 게이트 밸브
② 체크 밸브
③ 볼 밸브
④ 안전 밸브

해설 ① 게이트 밸브 : ON, OFF 기능
② 체크 밸브(역류 방지 밸브) : 유체의 역류를 방지하는 것
③ 볼 밸브 : 유량 조절 기능
④ 안전 밸브 : 초과 압력을 방출하는 안전 장치

정답 07 ① 08 ② 09 ② 10 ① 11 ② 12 ②

13 배관의 신축 이음 종류가 아닌 것은?

① 슬리브형　　② 벨로스형
③ 루프형　　　④ 파일럿형

해설 배관의 신축 이음 종류
㉠ 슬리브형
㉡ 벨로스형
㉢ 루프형

14 엘보나 티와 같이 내경이 나사로 된 부품을 폐쇄할 필요가 있을 때 사용되는 것은?

① 캡　　　② 니플
③ 소켓　　④ 플러그

해설 ④ 플러그의 설명이다.

15 증기 트랩을 기계식 트랩(mechanical trap), 온도 조절식 트랩(thermostatic trap), 열역학적 트랩(thermodynamic trap)으로 구분할 때, 온도 조절식 트랩에 해당하는 것은?

① 버킷 트랩
② 플로트 트랩
③ 열동식 트랩
④ 디스크형 트랩

해설 ③ 열동식 트랩의 설명이다.

16 다음 중 유기질 보온재에 속하지 않는 것은?

① 펠트
② 세라크 울
③ 코르크
④ 기포성 수지

해설 ② 세라크 울 : 무기질 보온재

17 온수 난방의 배관 시공법에 관한 설명으로 틀린 것은?

① 배관 구배는 일반적으로 1/250 이상으로 한다.
② 운전 중에 온수에서 분리한 공기를 배제하기 위해 개방식 팽창 탱크로 향하여 선상향 구배로 한다.
③ 수평 배관에서 관 지름을 변경할 경우 동심 이음쇠를 사용한다.
④ 온수 보일러에서 팽창 탱크에 이르는 팽창관에는 되도록 밸브를 달지 않는다.

해설 ③ 수평 배관에서 관 지름을 변경할 경우 편심 이음쇠를 사용한다.

18 환수관의 배관 방식에 의한 분류 중 환수 주관을 보일러의 표준 수위보다 낮게 배관하여 환수하는 방식은 어떤 배관 방식인가?

① 건식 환수
② 중력 환수
③ 기계 환수
④ 습식 환수

해설 ④ 습식 환수 배관 방식의 설명이다.

19 보일러의 열정산 목적이 아닌 것은?

① 보일러의 성능 개선 자료를 얻을 수 있다.
② 열의 행방을 파악할 수 있다.
③ 연소실의 구조를 알 수 있다.
④ 보일러 효율을 알 수 있다.

해설 열정산 목적
㉠ ①, ②, ④
㉡ 열의 손실을 파악할 수 있다.
㉢ 열설비의 성능을 파악할 수 있다.

정답 13 ④　14 ④　15 ③　16 ②　17 ③　18 ④　19 ③

20 증기 난방 시공에서 관말 증기 트랩 장치에서 냉각 레그(cooling leg)의 길이는 일반적으로 몇 m 이상으로 해주어야 하는가?

① 0.7
② 1.2
③ 1.5
④ 2.0

해설 관말 증기 트랩 장치에서 냉각 레그(cooling leg)의 길이는 1.5m 이상으로 한다.

21 액체 연료 중 경질유에 주로 사용하는 기화 연소 방식의 종류에 해당하지 않는 것은?

① 포트식
② 심지식
③ 증발식
④ 무화식

해설 경질유에 사용하는 기화 연소 방식 종류
㉠ 포트식, ㉡ 심지식, ㉢ 증발식

22 슈미트 보일러는 보일러 분류에서 어디에 속하는가?

① 관류식
② 자연 순환식
③ 강제 순환식
④ 간접 가열식

해설 보일러의 종류

	종류	실용 예
원통 보일러	노통 보일러	코니시 보일러, 랭커셔 보일러
	입형 보일러	입형 횡관 보일러, 입형 연관식 보일러, 코크란 보일러
	연관 보일러	횡형 연관 보일러, 입형 연관 보일러, 케와니 보일러(기관차형 보일러)
	노통 연관 보일러	스코치 보일러, 노통 연관 패키지 보일러
수관 보일러	자연 순환식 보일러	바브콕 보일러, 윌콕스 보일러, 타쿠마 보일러, 야로우 보일러
	강제 순환식 보일러	섹션 보일러, 라몬트 보일러, 베록스 보일러
	관류 보일러	벤슨 보일러, 슐처 보일러
	복사 보일러	방사 보일러
특수 보일러	폐열 보일러	
	특수 연료 보일러	
	특수 액체 보일러	다우섬 보일러
	간접 가열 보일러	슈미트 보일러
난방용 보일러	주철제 증기 보일러	
	주철제 온수 보일러	

23 과잉 공기량에 관한 설명으로 옳은 것은?

① (과잉 공기량)=(실제 공기량)×(이론 공기량)
② (과잉 공기량)=(실제 공기량)/(이론 공기량)
③ (과잉 공기량)=(실제 공기량)+(이론 공기량)
④ (과잉 공기량)=(실제 공기량)−(이론 공기량)

해설 과잉 공기량이란 공기비(m)이다.
(과잉 공기량)=(실제 공기량)−(이론 공기량)

24 원통형 보일러에 관한 설명으로 틀린 것은?

① 입형 보일러는 설치 면적이 작고 설치가 간단하다.
② 노통이 2개인 횡형 보일러는 코니시 보일러이다.
③ 패키지형 노통 연관 보일러는 내분식이므로 방산 손실 열량이 적다.
④ 기관 본체를 둥글게 제작하여 이를 입형이나 횡형으로 설치 사용하는 보일러를 말한다.

해설 ㉠ 노통이 1개인 횡형 보일러 : 코니시 보일러
㉡ 노통이 2개인 횡형 보일러 : 랭커셔 보일러

25 슈트 블로어 사용에 관한 주의 사항으로 틀린 것은?

① 분출기 내의 응축수를 배출시킨 후 사용할 것
② 부하가 작거나 소화 후 사용하지 말 것
③ 원활한 분출을 위해 분출하기 전 연도 내 배풍기를 사용하지 말 것
④ 한 곳에 집중적으로 사용하여 전열면에 무리를 가하지 말 것

해설 ③ 원활한 분출을 위해 분출하기 전 연도 내 배풍기를 사용한다.

26 다음 중 임계점에 대한 설명으로 틀린 것은?

① 물의 임계 온도는 374.15℃이다.
② 물의 임계 압력은 225.65kgf/cm²이다.
③ 물의 임계점에서의 증발 잠열은 539kcal/kg이다.
④ 포화수에서 증발의 현상이 없고 액체와 기체의 구별이 없어지는 지점을 말한다.

해설 임계점 : 물을 가열하여 압력을 높이면 어느 지점에서 액체, 기체 상태의 구분이 없어지고 증발 잠열이 0kcal/kg인 상태가 된다.

27 다음 중 확산 연소 방식에 의한 연소 장치에 해당하는 것은?

① 선회형 버너
② 저압 버너
③ 고압 버너
④ 송풍 버너

해설 확산 연소 방식에 의한 연소 장치 : 선회형 버너

28 보일러의 보존법 중 장기 보존법에 해당하지 않는 것은?

① 가열 건조법
② 석회 밀폐 건조법
③ 질소 가스 봉입법
④ 소다 만수 보존법

해설 보일러의 장기 보존법
㉠ 석회 밀폐 건조법
㉡ 질소 가스 봉입법
㉢ 소다 만수 보존법

29 배관의 신축 이음 중 지웰 이음이라고도 불리며, 주로 증기 및 온수 난방용 배관에 사용되나, 신축량이 너무 큰 배관에서는 나사 이음부가 헐거워져 누설의 염려가 있는 신축 이음 방식은?

① 루프식
② 벨로스식
③ 볼 조인트식
④ 스위블식

해설 ④ 스위블식 신축 이음 방식의 설명이다.

30 다음 중 구상 부식(grooving)의 발생 장소로 거리가 먼 것은?

① 경판의 급수 구멍
② 노통의 플랜지 원형부
③ 접시형 경판의 구석 원통부
④ 보일러수의 유속이 늦은 부분

해설 ㈎ 구상 부식이란 보일러의 모재가 연결(용접)되는 부분에서 U자나 V자 모양으로 부식이 발생하는 것
㈏ 구상 부식(grooving)의 발생 장소
㉠ 경판의 급수 구멍
㉡ 노통의 플랜지 원형부
㉢ 접시형 경판의 구석 원통부

정답 25 ③ 26 ③ 27 ① 28 ① 29 ④ 30 ④

31 보일러에서 포밍이 발생하는 경우로 거리가 먼 것은?

① 증기의 부하가 너무 작을 때
② 보일러수가 너무 농축되었을 때
③ 수위가 너무 높을 때
④ 보일러수 중에 유지분이 다량 함유되었을 때

해설 ① 증기의 부하가 클 때

32 온수 난방 배관 시공 시 배관 구배는 일반적으로 얼마 이상이어야 하는가?

① $\dfrac{1}{100}$ ② $\dfrac{1}{150}$
③ $\dfrac{1}{200}$ ④ $\dfrac{1}{250}$

해설 온수 난방 배관 시공 시 배관 구배 : $\dfrac{1}{250}$ 이상

33 보일러의 옥내 설치 시 보일러 동체 최상부로부터 천장, 배관 등 보일러 상부에 있는 구조물까지의 거리는 몇 m 이상이어야 하는가?

① 0.5 ② 0.8
③ 1.0 ④ 1.2

해설 보일러 옥내 설치 시 보일러 동체 최상부로부터 천장, 배관 등 보일러 상부에 있는 구조물까지의 거리 : 1.2m 이상

34 글랜드 패킹의 종류에 해당하지 않는 것은?

① 편조 패킹 ② 액상 합성수지 패킹
③ 플라스틱 패킹 ④ 메탈 패킹

해설 글랜드 패킹 종류
㉠ 편조 패킹, ㉡ 플라스틱 패킹, ㉢ 메탈 패킹

35 사용 중인 보일러의 점화 전에 점검해야 될 사항으로 가장 거리가 먼 것은?

① 급수 장치, 급수 계통 점검
② 보일러 동 내 물때 점검
③ 연소 장치, 통풍 장치의 점검
④ 수면계의 수위 확인 및 조정

해설 사용 중인 보일러 점화 전에 점검해야 될 사항
㉠ 급수 장치, 급수 계통 점검
㉡ 연소 장치, 통풍 장치의 점검
㉢ 수면계의 수위 확인 및 조정

36 저온 배관용 탄소 강관의 종류의 기호로 맞는 것은?

① SPPG ② SPLT
③ SPPH ④ SPPS

해설 ① SPPG : 연료 가스용 탄소 강관
② SPLT : 저온 배관용 탄소 강관
③ SPPH : 고압 배관용 탄소 강관
④ SPPS : 압력 배관용 탄소 강관

37 합성수지 또는 고무질 재료를 사용하여 다공질 제품으로 만든 것이며, 열전도율이 극히 낮고 가벼우며 흡수성은 좋지 않으나 굽힘성이 풍부한 보온재는?

① 펠트 ② 기포성 수지
③ 하이 울 ④ 프리패브

해설 ② 기포성 수지 보온재의 설명이다.

38 물질의 온도는 변하지 않고 상(phase) 변화만 일으키는 데 사용되는 열량은?

① 잠열 ② 비열
③ 현열 ④ 반응열

해설 ㉠ 잠열 : 물질의 온도는 변하지 않고 상 변화만 일으키는 데 사용되는 열량
㉡ 현열(감열) : 물질의 상태는 변화 없이 온도만 변화시키는 데 소요되는 열량

39 절탄기(economizer) 및 공기 예열기에서 유황(S) 성분에 의해 주로 발생되는 부식은?

① 고온 부식
② 저온 부식
③ 산화 부식
④ 점식

해설 ① 고온 부식 : 연료 내에 함유된 바나듐(V)이 산화되어 오산화바나듐(V_2O_5)으로 되어 고온 전열면에 융착되는 부식
② 저온 부식 : 절탄기 및 공기 예열기에서 유황(S) 성분에 의해 주로 발생되는 부식
③ 산화 부식 : 금속 원소들이 산화되어서 금속 산화물을 만드는 부식
④ 점식(pitting) : 보일러 내면에 작은 점 모양으로 부식이 발생하는 것으로 용존 산소가 급수 중에 유입되어 산화 반응이 일어나면서 발생하는 부식

40 충전탑은 어떤 집진법에 해당되는가?

① 여과식 집진법
② 관성력식 집진법
③ 세정식 집진법
④ 중력식 집진법

해설 ③ 세정식 집진법 : 함진 배기가스를 액방울이나 액막에 충돌시켜 매진을 포집 분리하는 집진법
예 충전탑

41 다음 중 물의 임계 압력은 어느 정도인가?

① $100.43 kgf/cm^2$
② $225.65 kgf/cm^2$
③ $374.15 kgf/cm^2$
④ $539.15 kgf/cm^2$

해설 ㈎ 임계 압력 : 포화수가 증발 현상 없이 증기로 변화할 때의 상태점을 임계점이라 하며 이때의 압력을 임계 압력, 이때의 온도를 임계 온도라 한다.
㈏ ㉠ 물의 임계 압력 : $225.65 kgf/cm^2$
㉡ 물의 임계 온도 : 374.15℃

42 보일러를 본체 구조에 따라 분류하면 원통형 보일러와 수관식 보일러로 크게 나눌 수 있다. 수관식 보일러에 속하지 않는 것은?

① 노통 보일러
② 타쿠마 보일러
③ 라몬트 보일러
④ 슐처 보일러

해설 원통 보일러 : 노통 보일러

43 연소 방식을 기화 연소 방식과 무화 연소 방식으로 구분할 때 일반적으로 무화 연소 방식을 적용해야 하는 연료는?

① 톨루엔
② 중유
③ 등유
④ 경유

해설 ㉠ 무화 연소 방식 : 작은 분구에서 액체 연료 입경을 작게 하여 비표면적을 크게 하기 위해서 안개와 같이 분사시키는 것
예 중유
㉡ 기화 연소 방식 : 연료를 고온의 물체에 접촉 또는 충돌을 주어 액체를 기체의 가연 증기로 바꾸어 연소시키는 것
예 톨루엔, 등유, 경유

44 보일러의 인터록 제어 중 송풍기 작동 유무와 관련이 가장 큰 것은?

① 저수위 인터록
② 불착화 인터록
③ 저연소 인터록
④ 프리퍼지 인터록

정답 39 ② 40 ③ 41 ② 42 ① 43 ② 44 ④

해설 ① 저수위 인터록 : 수위가 소정의 수위 이하일 때 전자 밸브를 닫아서 연소를 저지하는 것
② 불착화 인터록 : 버너에서 연료를 분사 후 소정의 시간이 지나도 착화를 볼 수 없을 때나 또는 어떠한 원인으로 화염이 소멸한 상태로 된 때에 전자 밸브를 닫아서 연소를 저지하는 것
③ 저연소 인터록 : 유량 조절 밸브가 저연소 상태로 되지 않으면 전자 밸브를 열지 않아서 점화를 저지하는 것
④ 프리퍼지 인터록 : 대형 보일러에서 송풍기가 작동하지 않으면 전자 밸브가 열리지 않고 점화를 저지하는 것

45 다음 연료 중 단위 중량당 발열량이 가장 큰 것은 어느 것인가?
① 등유
② 경유
③ 중유
④ 석탄

해설 ① 등유 : 10,500~12,000kcal/kg
② 경유 : 11,000~11,500kcal/kg
③ 중유 : 10,000~11,000kcal/kg
④ 석탄 : 3,000~7,500kcal/kg

46 스프링식 안전 밸브에서 저양정식인 경우는?
① 밸브의 양정이 밸브 시트 구경의 1/7 이상 1/5 미만인 것
② 밸브의 양정이 밸브 시트 구경의 1/15 이상 1/7 미만인 것
③ 밸브의 양정이 밸브 시트 구경의 1/40 이상 1/15 미만인 것
④ 밸브의 양정이 밸브 시트 구경의 1/45 이상 1/40 미만인 것

해설 스프링식 안전 밸브

종류	크기
저양정식	밸브의 양정이 밸브 시트 구경의 $\frac{1}{40}$ 이상 $\frac{1}{15}$ 미만
고양정식	밸브의 양정이 밸브 시트 구경의 $\frac{1}{15}$ 이상 $\frac{1}{7}$ 미만
전양정식	밸브의 양정이 밸브 시트 구경의 $\frac{1}{7}$ 이상
전량식	밸브 시트 지름이 목부분 지름의 1.15배

47 보일러의 오일 버너 선정 시 고려해야 할 사항으로 틀린 것은?
① 노의 구조에 적합할 것
② 부하 변동에 따른 유량 조절 범위를 고려할 것
③ 버너 용량이 보일러 용량보다 작을 것
④ 자동 제어 시 버너의 형식과 관계를 고려할 것

해설 ③ 버너 용량이 보일러 용량보다 클 것

48 온수 난방은 고온수 난방과 저온수 난방으로 분류한다. 저온수 난방의 일반적인 온수 온도는 몇 ℃ 정도를 많이 사용하는가?
① 45~50
② 60~90
③ 100~120
④ 130~150

해설 온수 난방
㉠ 저온수 난방의 온수 온도 : 60~90℃
㉡ 고온수 난방의 온수 온도 : 100℃ 이상

49 배관의 높이를 표시할 때 포장된 지표면을 기준으로 하여 배관 장치의 높이를 표시하는 경우 기입하는 기호는?
① BOP
② TOP
③ GL
④ FL

해설 ① BOP(Bottom Of Pipe) : 지름이 서로 다른 관의 높이 표시 방법이며, 관 외경의 아랫면까지의 높이를 기준으로 표시하는 경우

정답 45 ① 46 ③ 47 ③ 48 ② 49 ③

② TOP(Top Of Pipe) : 관의 외경의 윗면을 기준으로 표시하는 경우
③ GL(Ground Line) : 포장된 지표면을 기준으로 하여 배관 장치의 높이를 표시하는 경우
④ FL(Floor Line) : 각 층 바닥면을 기준으로 하여 높이를 표시하는 경우

50 회전 이음, 지블 이음이라고도 하며, 주로 증기 및 온수 난방용 배관에 설치하는 신축 이음 방식은?

① 벨로스형 ② 스위블형
③ 슬리브형 ④ 루프형

해설 ② 스위블형 신축 이음 방식의 설명이다.

51 다른 보온재에 비하여 단열 효과가 낮으며 500℃ 이하의 파이프, 탱크, 노벽 등에 사용하는 것은?

① 규조토 ② 암면
③ 글라스 울 ④ 펠트

해설 ㉠ 암면 : 300~550℃에서 관, 탱크, 노벽 등에 사용한다.
㉡ 글라스 울 : 유리 원석을 최첨단 고속 회전 원심 공법으로 만들어 섬유 굵기가 가늘며 균일하다. 또한 비섬유질이 없고 많은 양의 섬유가 섬세하게 집면 되어 있어 우수한 단열 효과를 발휘한다.
㉢ 펠트 : 100℃ 이하에서 사용한다.

52 보일러 수처리에서 순환 계통 외 처리에 관한 설명으로 틀린 것은?

① 탁수를 침전지에 넣어서 침강 분리시키는 방법은 침전법이다.
② 증류법은 경제적이며 양호한 급수를 얻을 수 있어 많이 사용한다.
③ 여과법은 침전 속도가 느린 경우 주로 사용하며 여과기 내로 급수를 통과시켜 여과한다.
④ 침전이나 여과로 분리가 잘 되지 않는 미세한 입자들에 대해서는 응집법을 사용하는 것이 좋다.

해설 증류법 : 비경제적이며 양호한 급수를 얻을 수 있다.

53 강철제 증기 보일러의 최고 사용 압력이 4kgf/cm^2이면 수압 시험 압력은 몇 kgf/cm^2로 하는가?

① 2.0 ② 5.2
③ 6.0 ④ 8.0

해설 최고 사용 압력×2배=수압 시험 압력
$4\text{kgf/cm}^2 \times 2배 = 8\text{kgf/cm}^2$

54 열사용 기자재 검사 기준에 따라 안전 밸브 및 압력 방출 장치의 규격 기준에 관한 설명으로 옳지 않은 것은?

① 소용량 강철제 보일러에서 안전 밸브의 크기는 호칭 지름 20A로 할 수 있다.
② 전열 면적 50m^2 이하의 증기 보일러에서 안전 밸브의 크기는 호칭 지름 20A로 할 수 있다.
③ 최대 증발량 5ton/h 이하의 관류 보일러에서 안전 밸브의 크기는 호칭 지름 20A로 할 수 있다.
④ 최고 사용 압력 0.1MPa 이하의 보일러에서 안전 밸브의 크기는 호칭 지름 20A로 할 수 있다.

해설 ② 전열 면적 50m^2 이하의 증기 보일러에서 안전 밸브의 크기는 호칭 지름 25A로 할 수 있다.

55 저탄소 녹색 성장 기본법에 따라 온실가스 감축 목표의 설정·관리 및 필요한 조치에 관하여 총괄·조정 기능은 누가 수행하는가?

① 국토교통부 장관
② 산업통상자원부 장관
③ 농림축산식품부 장관
④ 환경부 장관

해설 저탄소 녹색 성장 기본법에서 온실가스 감축 목표의 설정·관리 및 필요한 조치에 관한 총괄·조정 기능 : 환경부 장관

56 에너지법에서 정의한 에너지가 아닌 것은 어느 것인가?

① 연료   ② 열
③ 풍력   ④ 전기

해설 에너지란 연료·열 및 전기를 말한다.

57 열사용 기자재 관리 규칙상 검사 대상 기기의 검사 종류 중 유효 기간이 없는 것은?

① 구조 검사
② 계속 사용 검사
③ 설치 검사
④ 설치 장소 변경 검사

해설 구조 검사 : 유효 기간이 없다.

58 신에너지 및 재생에너지 개발·이용·보급 촉진법에서 규정하는 신·재생에너지 설비 중 "지열 에너지 설비"의 설명으로 옳은 것은?

① 바람의 에너지를 변환시켜 전기를 생산하는 설비
② 물의 유동 에너지를 변환시켜 전기를 생산하는 설비
③ 폐기물을 변환시켜 연료 및 에너지를 생산하는 설비
④ 물, 지하수 및 지하의 열 등의 온도 차를 변환시켜 에너지를 생산하는 설비

해설 지열 에너지 설비 : 물, 지하수 및 지하의 열 등의 온도 차를 변화시켜 에너지를 생산하는 설비

59 에너지 이용 합리화법에 따라 고효율 에너지 인증 대상 기자재에 포함하지 않는 것은?

① 펌프
② 전력용 변압기
③ LED 조명 기기
④ 산업 건물용 보일러

해설 고효율 에너지 인증 대상 기자재
㉠ 펌프
㉡ LED 조명 기기
㉢ 산업 건물용 보일러

60 에너지 이용 합리화법에 따라 에너지 다소비 업자가 산업통상자원부령으로 정하는 바에 따라 매년 1월 31일까지 시 도지사에게 신고해야 하는 사항과 관련이 없는 것은?

① 전년도의 에너지 사용량·제품 생산량
② 전년도의 에너지 이용 합리화 실적 및 해당 연도의 계획
③ 에너지 사용 기자재의 현황
④ 향후 5년간의 에너지 사용 예정량·제품 생산 예정량

해설 에너지 다소비 업자가 산업통상자원부령으로 정하는 바에 따라 1월 31일까지 시·도지사에게 신고해야 하는 사항
㉠ 전년도의 에너지 사용량, 제품 생산량
㉡ 전년도의 에너지 이용 합리화 실적 및 해당 연도의 계획
㉢ 에너지 사용 기자재의 현황

정답 55 ④ 56 ③ 57 ① 58 ④ 59 ② 60 ④

에너지관리기능사 (2017. 3. 25 시행)

01 다음 부품 중 전후에 바이패스를 설치해서는 안 되는 부품은?

① 급수관
② 연료 차단 밸브
③ 감압 밸브
④ 유류 배관의 유량계

해설 ② 연료 차단 밸브는 전후에 바이패스를 설치해서는 안 된다.

02 피드백 제어를 가장 옳게 설명한 것은?

① 일정하게 정해진 순서에 의해 행하는 제어
② 모든 조건이 충족되지 않으면 정지되어 버리는 제어
③ 출력 측의 신호를 입력 측으로 되돌려 정정 동작을 행하는 제어
④ 사람의 손에 의해 조작되는 제어

해설 피드백 제어(폐회로) : 출력 측의 신호를 입력 측으로 되돌려 정정 동작을 행하는 제어

03 섭씨온도(℃), 화씨온도(℉), 켈빈 온도(K), 랭킨 온도(°R)와의 관계식으로 옳은 것은?

① $℃ = 1.8 \times (℉ - 32)$
② $℉ = \dfrac{(℃ + 32)}{1.8}$
③ $K = \dfrac{5}{9} \times °R$
④ $°R = K \times \dfrac{5}{9}$

해설 ① $℃ = \dfrac{5}{9}(℉ - 32)$
② $℉ = \dfrac{9}{5}℃ + 32$
④ $°R = ℉ + 460 = K \times 1.8$

04 보일러 통풍에 대한 설명으로 틀린 것은?

① 자연 통풍은 일반적으로 별도의 동력을 사용하지 않은 연돌로 인한 통풍을 말한다.
② 압입 통풍은 연소용 공기를 송풍기로 노 입구에서 대기압보다 높은 압력으로 밀어 넣고 굴뚝의 통풍 작용과 같이 통풍을 유지하는 방식이다.
③ 평형 통풍은 통풍 조절은 용이하나 통풍력이 약하여 주로 소용량 보일러에서 사용한다.
④ 흡입 통풍은 크게 연소 가스를 직접 통풍기에 빨아들이는 직접 흡입식과 통풍기로 대기를 빨아들이게 하고 이를 이젝터로 보내어 그 작용에 의해 연소 가스를 빨아들이는 간접 흡입식이 있다.

해설 ③ 평형 통풍은 통풍 조절은 용이하나 통풍력이 강하여 주로 대형 보일러에 사용한다.

05 전기식 온수 온도 제한기의 구성 요소에 속하지 않는 것은?

① 온도 설정 다이얼
② 마이크로 스위치
③ 온도차 설정 다이얼
④ 확대용 링 게이지

해설 전기식 온수 온도 제한기의 구성 요소
㉠ 온도 설정 다이얼
㉡ 마이크로 스위치
㉢ 온도차 설정 다이얼

정답 01 ② 02 ③ 03 ③ 04 ③ 05 ④

06 다음 중 KS에서 규정하는 온수 보일러의 용량 단위는?

① Nm^3/h ② $kcal/m^2$
③ kg/h ④ kJ/h

> **해설** KS에서 규정하는 온수 보일러 용량 단위는 kJ/h이다.

07 표준 대기압 상태에서 0℃ 물 1kg을 100℃ 증기로 만드는 데 필요한 열량은 몇 kcal인가? (단, 물의 비열은 1kcal/kg·℃이고, 증발 잠열은 539kcal/kg임)

① 100 ② 500
③ 539 ④ 639

> **해설** $Q = Q_1 + Q_2$
> $Q_1(현열) = Gc\Delta t$
> $\qquad = 1 \times 1 \times (100-0)$
> $\qquad = 100 kcal$
> $Q_2(잠열) = G\gamma$
> $\qquad = 1 \times 539$
> $\qquad = 539 kcal$
> $\therefore Q = 100 + 539$
> $\qquad = 639 kcal$

08 저수위 등에 따른 이상 온도의 상승으로 보일러가 과열되었을 때 작동하는 안전 장치는?

① 가용 마개
② 인젝터
③ 수위계
④ 증기 헤더

> **해설** ① 가용 마개(가용전)의 설명이다.

09 보일러용 연료 중에서 고체 연료의 일반적인 주성분은? (단, 중량%를 기준으로 한 주성분을 구한다.)

① 탄소 ② 산소
③ 수소 ④ 질소

> **해설** 고체 연료의 일반적인 주성분 : 탄소(C)

10 열사용 기자재 검사 기준에 따라 전열 면적 12m²인 보일러의 급수 밸브의 크기는 호칭 몇 A 이상이어야 하는가?

① 15
② 20
③ 25
④ 32

> **해설** 급수 밸브 및 체크 밸브의 크기
>
> | 전열 면적 10m² 이하 | 호칭 20A 이상 |
> |---|---|
> | 전열 면적 10m² 초과 | 호칭 25A 이상 |

11 열사용 기자재 검사 기준에 따라 온수 발생 보일러에 안전 밸브를 설치해야 되는 경우는 온수 온도 몇 ℃ 이상인 경우인가?

① 60
② 80
③ 100
④ 120

> **해설** 열사용 기자재 검사 기준 : 온수 발생 보일러에 안전 밸브를 설치해야 되는 경우는 온수 온도가 120℃ 이상인 경우이다.

12 보일러 작업 종료 시의 주요 점검 사항으로 틀린 것은?

① 전기의 스위치가 내려져 있는지 점검한다.
② 난방용 보일러에 대해서는 드레인의 회수를 확인하고 진공 펌프를 가동시켜 놓는다.

정답 06 ④ 07 ④ 08 ① 09 ① 10 ③ 11 ④ 12 ②

③ 작업 종료 시 증기 압력이 어느 정도인지 점검한다.
④ 증기 밸브로부터 누설이 없는지 점검한다.

해설 ② 난방용 보일러에 대해서는 드레인의 회수를 확인하고 진공 펌프를 정지시켜 놓는다.

13 다음 중 동관 이음의 종류에 해당하지 않는 것은 어느 것인가?

① 납땜 이음
② 기볼트 이음
③ 플레어 이음
④ 플랜지 이음

해설 동관 이음의 종류
㉠ 납땜 이음
㉡ 플레어(압축) 이음
㉢ 플랜지 이음
㉣ 용접 이음

14 다음 보온재 중 안전 사용(최고) 온도가 가장 낮은 것은?

① 탄산마그네슘 물 반죽 보온재
② 규산칼슘 보온판
③ 경질 폼 러버 보온통
④ 글라스 울 블랭킷

해설 ① 250℃
② 650℃
③ 180℃
④ 300℃

15 보일러 내처리로 사용되는 약제 중 가성 취화 방지, 탈산소, 슬러지 조정 등의 작용을 하는 것은?

① 수산화나트륨
② 암모니아
③ 타닌
④ 고급 지방산 폴리알코올

해설 ③ 타닌 : 가성 취화 방지, 탈산소, 슬러지 조정 등의 작용

16 프라이밍의 발생 원인으로 거리가 먼 것은?

① 보일러 수위가 높을 때
② 보일러수가 농축되어 있을 때
③ 송기 시 증기 밸브를 급개할 때
④ 증발 능력에 비하여 보일러수의 표면적이 클 때

해설 ㈎ 프라이밍(priming) : 비수라 하며 압력의 급강하, 거품이 부풀어 올라 터지면서 수면 위로 물방울이 튀어 오르는 현상을 말한다.
㈏ 프라이밍 발생 원인
 ㉠ 보일러 수위가 높을 때
 ㉡ 보일러수가 농축되어 있을 때
 ㉢ 송기 시 증기 밸브를 급개할 때
 ㉣ 증발 수면이 좁거나, 증기부가 작을 때
 ㉤ 증기 부하가 과대할 때
 ㉥ 관수에 유지분, 부유물, 불순물이 많을 때
 ㉦ 청관제 사용이 부적당할 때
 ㉧ 증기 발생이 과다하거나 급격히 증기를 발생시킬 때
 ㉨ 보일러수 중에 불순물이 다량 함유된 때

17 건배기가스 중의 이산화탄소분 최댓값이 15.7%이다. 공기비를 1.2로 할 경우 건배기가스 중의 이산화탄소분은 몇 %인가?

① 11.21
② 12.07
③ 13.08
④ 17.58

해설 공기비$(m) = \dfrac{15.7\%}{CO_2\%}$

$CO_2\% = \dfrac{15.7}{1.2} = 13.08$

18 통풍 방식에 있어서 소요 동력이 비교적 많으나 통풍력 조절이 용이하고, 노내압을 정압 및 부압으로 임의로 조절이 가능한 방식은?

① 흡인 통풍
② 압입 통풍
③ 평형 통풍
④ 자연 통풍

> **해설** ① 흡인(유인) 통풍 : 송풍기를 연도에 설치하여 배기가스를 연도로 강제로 배출하는 방식
> ② 압입 통풍 : 송풍기를 이용하여 연소용 공기를 연소실 앞에서 노내로 불어넣어 공급하는 방식
> ④ 자연 통풍 : 배기가스의 부력을 이용하여 연돌로부터 흡입 통풍을 하는 것

19 석탄의 함유 성분에 대해서 그 성분이 많을수록 연소에 미치는 영향에 대한 설명으로 틀린 것은?

① 수분 : 착화성이 저하된다.
② 회분 : 연소 효율이 증가한다.
③ 휘발분 : 검은 매연이 발생하기 쉽다.
④ 고정 탄소 : 발열량이 증가한다.

> **해설** ② 회분 : 연소 효율이 감소한다.

20 전기식 증기 압력 조절기에서 증기가 벨로스 내에 직접 침입하지 않도록 설치하는 것으로 가장 적합한 것은?

① 신축 이음쇠
② 균압관
③ 사이펀관
④ 안전 밸브

> **해설** 사이펀관의 설명이다.

21 함진 배기가스를 액방울이나 액막에 충돌시켜 분진 입자를 포집·분리하는 집진 장치는?

① 중력식 집진 장치
② 관성력식 집진 장치
③ 원심력식 집진 장치
④ 세정식 집진 장치

> **해설** ① 중력식 집진 장치 : 배출 가스를 용적이 큰 침강실에 끌어들여 그 내부의 가스 유속을 0.5~1m/sec 정도로 해주면 분진이 중력 작용에 의해 침강한다는 원리를 이용하여 분진을 가스와 분리시키는 장치
> ② 관성력식 집진 장치 : 분진을 함유한 배출 가스를 5~10m/sec의 속도로 흐르게 하면서 장애물들을 이용하여 흐름 방향을 급격히 바꾸어 주면 분진이 갖고 있는 관성력으로 인해 분진이 직진하여 장애물에 부딪힌다. 이 원리를 이용하여 분진을 가스와 분리시키는 장치
> ③ 원심력식 집진 장치 : 원심력을 이용하여 분진을 함유한 가스에 중력보다 훨씬 큰 가속도를 주게 되면, 분진과 가스와의 분리 속도가 무게에 의한 침강과 비교해서 커지게 되는 원리를 이용하는 집진 장치

22 보일러 내처리로 사용되는 약제의 종류에서 pH, 알칼리 조정 작용을 하는 내처리제에 해당하지 않는 것은?

① 수산화나트륨
② 히드라진
③ 인산
④ 암모니아

> **해설** ㉠ 보일러수의 내처리 : 2차 처리라 하며 보일러 본체에 청관제 약품을 사용하는 방법이다.
> ㉡ pH, 알칼리 조정 작용 : pH 값이 낮아져 산성에 가까우면 부식을 일으킬 염려가 많으므로 조정제를 첨가하여 pH 값을 높여줌으로써 스케일 고착과 부식을 막을 수 있다. 내처리제에는 수산화나트륨, 인산, 암모니아, 탄산나트륨 등이 있다.

정답 18 ③ 19 ② 20 ③ 21 ④ 22 ②

23 보일러에서 발생하는 부식 형태가 아닌 것은?

① 점식　　　　　② 수소 취화
③ 알칼리 부식　　④ 라미네이션

해설 ① 점식(pitting) : 내부 부식에 속하며 보일러수 중의 산소, 탄산가스가 용해하면서 콩알만한 작은 구멍 형태의 부식이 군데군데 떼를 지어 발생한다.
② 수소 취화 : 고용된 수소에 의해서 재료가 취화되어 부스러지는 현상이다. 이 경우 인장 응력을 받고 있으면 응력 부식 균열로 발전한다.
③ 알칼리 부식 : 보일러수 속에 수산화나트륨 등의 유리 알칼리 농도가 너무 높아지고 pH가 너무 상승하면 증발관 등에서 수산화나트륨이 농축하여 고농도 알칼리와 고온 작용으로 강재를 부식시키는 것이다.
④ 라미네이션(lamination) : 일종의 재료의 결함으로 강괴 속에 잔류된 가스체가 강철판을 압연할 때에 압축되어 2장의 층을 형성하고 있는 흠을 말한다.

24 배관 내에 흐르는 유체의 종류를 표시하는 기호 중 증기를 나타내는 것은?

① A　　　　② G
③ S　　　　④ O

해설 ① A : 공기　② G : 가스
③ S : 수증기　④ O : 유류

25 방열기의 종류 중 관과 핀으로 이루어지는 엘리먼트와 이것을 보호하기 위한 덮개로 이루어지며 실내 벽면 아랫부분의 나비 나무 부분을 따라서 부착하여 방열하는 형식의 것은?

① 컨벡터
② 패널 라디에이터
③ 섹셔널 라디에이터
④ 베이스 보드 히터

해설 ① 컨벡터(convector) : 대류의 작용을 응용한 난방으로, 표면은 공기 또는 액체의 운동을 통해 열을 밖으로 발산하도록 설계한 것이다.
② 패널 라디에이터(panel radiator) : 방열면의 위치에 따라서 바닥 난방, 벽 난방, 천장 난방 등으로 분류된다. 보통의 증기 난방 또는 온수 난방이 실내의 공기를 방열기에 의한 대류로 난방을 한다.
③ 섹셔널 라디에이터 : 증기용, 온수용이 있다.

26 온수 순환 방법에서 순환이 빠르고 균일하게 급탕할 수 있는 방법은?

① 단관 중력 순환식 배관법
② 복관 중력 순환식 배관법
③ 건식 순환식 배관법
④ 강제 순환식 배관법

해설 온수 순환 방법
㉠ 단관 중력 순환식 배관법 : 온수 주관을 하향 기울기로 하여 공기가 모두 팽창 탱크로 빠지도록 한 것
㉡ 복관 중력 순환식 배관법 : 상향 공급식이란, 온수 공급관은 상향 기울기, 복귀관은 하향 기울기로 한 것. 하향 공급식은 공급관, 복귀관 모두 하향 기울기로 한 것
㉢ 강제 순환식 배관법 : 온수 순환 방법에서 순환이 빠르고 균일하게 급탕할 수 있는 방법

27 보일러 가동 시 맥동 연소가 발생하지 않도록 하는 방법으로 틀린 것은?

① 연료 속에 함유된 수분이나 공기를 제거한다.
② 2차 연소를 촉진시킨다.
③ 무리한 연소를 하지 않는다.
④ 연소량의 급격한 변동을 피한다.

해설 맥동(진동) 연소의 발생 방지법
㉠ 연료 속에 함유된 수분이나 공기를 제거한다.
㉡ 연소실이나 연도에 가스 포켓부가 만들어지지 않게 한다.
㉢ 무리한 연소를 하지 않는다.
㉣ 연소량의 급격한 변동을 피한다.

정답 23 ④　24 ③　25 ④　26 ④　27 ②

28 다음 중 보일러 스테이(stay)의 종류에 해당되지 않는 것은?

① 거싯(gusset) 스테이
② 바(bar) 스테이
③ 튜브(tube) 스테이
④ 너트(nut) 스테이

해설 ㈎ 스테이(stay) : 버팀 또는 지지라 하며 강도가 부족한 부분에 부착하여 강도를 보강하고 변형이나 파손을 방지한다.
㈏ 스테이의 종류
  ㉠ 거싯(gusset) 스테이
  ㉡ 바(bar) 스테이
  ㉢ 튜브(tube) 스테이
  ㉣ 도그(dog) 스테이
  ㉤ 볼트(bolt) 스테이
  ㉥ 경사(oblique) 스테이
  ㉦ 거더(girder) 스테이

29 유류 보일러의 자동 장치 점화 방법의 순서로 맞는 것은?

① 송풍기 기동 → 연료 펌프 기동 → 프리퍼지 → 점화용 버너 착화 → 주버너 착화
② 송풍기 기동 → 프리퍼지 → 점화용 버너 착화 → 연료 펌프 기동 → 주버너 착화
③ 연료 펌프 기동 → 점화용 버너 착화 → 프리퍼지 → 주버너 착화 → 송풍기 기동
④ 연료 펌프 기동 → 주버너 착화 → 점화용 버너 착화 → 프리퍼지 → 송풍기 기동

해설 유류 보일러의 자동 장치 점화 방법 순서
송풍기 기동 → 연료 펌프 기동 → 프리퍼지 → 점화용 버너 착화 → 주버너 착화

30 공기 예열기에서 전열 방법에 따른 분류에 속하지 않는 것은?

① 전도식
② 재생식
③ 히트 파이프식
④ 열팽창식

해설 전열 방법에 따른 공기 예열기의 분류
㉠ 전도식, ㉡ 재생식, ㉢ 히트 파이프식

31 슈트 블로어에 관한 설명으로 잘못된 것은?

① 전열면 외측의 그을음 등을 제거하는 장치이다.
② 분출기 내의 응축수를 배출시킨 후 사용한다.
③ 블로 시에는 댐퍼를 열고 흡입 통풍을 증가시킨다.
④ 부하가 50% 이하인 경우에만 블로한다.

해설 슈트 블로어(soot blower) 장치 : 그을음 제거기라 하며 보일러 전열면 외부나 수관 주위에 부착해 있는 그 을음이나 재를 불어 제거시키는 것으로 부하가 50% 이하인 경우에는 블로를 하지 않는다.

32 보일러의 안전 장치와 거리가 가장 먼 것은?

① 과열기
② 안전 밸브
③ 저수위 경보기
④ 방폭문

해설 ㈎ 보일러의 안전 장치
  ㉠ 안전 밸브
  ㉡ 고·저수위 경보기
  ㉢ 방폭문
  ㉣ 전자 밸브
  ㉤ 압력 제한기
  ㉥ 화염 검출기
  ㉦ 가용 마개
㈏ 열교환(폐열 회수) 장치
  ㉠ 과열기
  ㉡ 재열기
  ㉢ 절탄기
  ㉣ 공기 예열기
  ㉤ 열교환기

정답 28 ④ 29 ① 30 ④ 31 ④ 32 ①

33 연료의 연소 시 과잉 공기 계수(공기비)를 구하는 올바른 식은?

① $\dfrac{\text{연소 가스량}}{\text{이론 공기량}}$
② $\dfrac{\text{실제 공기량}}{\text{이론 공기량}}$
③ $\dfrac{\text{배기가스량}}{\text{사용 공기량}}$
④ $\dfrac{\text{사용 공기량}}{\text{배기가스량}}$

해설 과잉 공기 계수(공기비, m) : 실제 공기량(A)과 이론 공기량(A_0)과의 비이다.

공기비(m) = $\dfrac{\text{실제 공기량}(A)}{\text{이론 공기량}(A_0)}$

34 고체 연료에서 탄화가 많이 될수록 나타나는 현상으로 옳은 것은?

① 고정 탄소가 감소하고, 휘발분은 증가되어 연료비는 감소한다.
② 고정 탄소가 증가하고, 휘발분은 감소되어 연료비는 감소한다.
③ 고정 탄소가 감소하고, 휘발분은 증가되어 연료비는 증가한다.
④ 고정 탄소가 증가하고, 휘발분은 감소되어 연료비는 증가한다.

해설 고체 연료에서 탄화가 많이 될수록 나타나는 현상 고정 탄소가 증가하고, 휘발분은 감소되어 연료비는 증가한다.

35 스케일의 종류 중 보일러 급수 중의 칼슘 성분과 결합하여 규산칼슘을 생성하기도 하며, 이 성분이 많은 스케일은 대단히 경질이기 때문에 기계적, 화학적으로 제거하기 힘든 스케일 성분은?

① 실리카
② 황산마그네슘
③ 염화마그네슘
④ 유지

해설 실리카의 설명이다.

36 그림과 같이 개방된 표면에서 구멍 형태로 깊게 침식하는 부식을 무엇이라고 하는가?

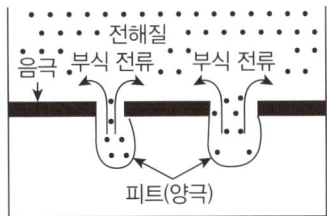

① 국부 부식
② 그루빙(grooving)
③ 저온 부식
④ 점식(pitting)

해설 ① 국부 부식(local corrosion) : 부식이 금속 표면의 일부에 집중적으로 발생되는 부식
② 그루빙(grooving) : 단면이 V형 또는 U형으로 어느 범위 길이의 도랑 모양으로 발생하는 부식
③ 저온 부식 : 연료 중의 유황(S)이 연소해서 아황산가스(SO_2)가 되고, 그 일부는 산화해서 무수황산(SO_3)이 되며, 이것이 가스 중의 수분(H_2O)과 화합하여 황산(H_2SO_4)이 되고 보일러의 저온 전열면에 융착하여 그 부분을 부식시키는 것
④ 점식(pitting) : 개방된 표면에서 구멍 형태로 깊게 침식하는 부식

37 압축기 진동과 서징, 관의 수격 작용, 지진 등에서 발생하는 진동을 억제하는 데 사용되는 지지 장치는?

① 벤드벤
② 플랩 밸브
③ 그랜드 패킹
④ 브레이스

해설 ④ 브레이스의 설명이다.

38 다음 관 이음 중 진동이 있는 곳에 가장 적합한 이음은?

① MR 조인트 이음
② 용접 이음
③ 나사 이음

정답 33 ② 34 ④ 35 ① 36 ④ 37 ④ 38 ④

④ 플렉시블 이음

해설 ④ 플렉시블 이음의 설명이다.

39 보일러 사고의 원인 중 보일러 취급상의 사고 원인이 아닌 것은?

① 재료 및 설계 불량
② 사용 압력 초과 운전
③ 저수위 운전
④ 급수 처리 불량

해설 보일러 취급상의 사고 원인
㉠ 사용 압력 초과 운전
㉡ 저수위 운전
㉢ 급수 처리 불량

40 원통형 보일러의 일반적인 특징에 관한 설명으로 틀린 것은?

① 구조가 간단하고, 취급이 용이하다.
② 수부가 크므로 열 비축량이 크다.
③ 폭발 시에도 비산 면적이 작아 재해가 크게 발생하지 않는다.
④ 사용 증기량의 변동에 따른 발생 증기의 압력 변동이 작다.

해설 ③ 폭발 시에도 비산 면적이 커서 재해가 크게 발생한다.

41 고압관과 저압관 사이에 설치하여 고압 측의 압력 변화 및 증기 사용량 변화에 관계없이 저압 측의 압력을 일정하게 유지시켜 주는 밸브는?

① 감압 밸브
② 온도 조절 밸브
③ 안전 밸브
④ 플로트 밸브

해설 ② 온도 조절 밸브(temperature control valve) : 제어 대상의 온도를 검출하여 그 온도를 제어하여 증기나 온수 등의 열매 유량을 조절하기 위해 사용되는 자동 제어용 밸브
③ 안전 밸브(safety valve) : 기기나 배관의 압력이 일정한 압력을 넘었을 경우에 자동적으로 작동하는 밸브
④ 플로트 밸브(float valve) : 밸브의 가동 부분이 부자의 역할을 하고, 그 상부의 돌출부와 밸브실의 틈새가 부자의 상하 움직임에 따라 자동적으로 가감되는 구조의 밸브

42 전열 면적이 $30m^2$인 수직 연관 보일러를 2시간 연소시킨 결과 3,000kg의 증기가 발생하였다. 이 보일러의 증발률은 약 몇 $kg/m^2 \cdot h$인가?

① 20
② 30
③ 40
④ 50

해설 보일러의 증발률
$$= \frac{\text{매시 실제 증발량(kg/h)}}{\text{전열 면적}(m^2)}$$
$$= \frac{1,500 kg/h}{300 m^2}$$
$$= 50 kg/m^2 \cdot h$$
수직 연관 보일러를 2시간 연소시킨 결과 3,000kg의 증기가 발생하였으므로 매시 실제 증발량을 1,500kg/h로 본다.

43 보일러의 급수 장치에 해당되지 않는 것은?

① 비수 방지관
② 급수 내관
③ 원심 펌프
④ 인젝터

해설 ① 비수 방지관 : 송기 장치

정답 39 ① 40 ③ 41 ① 42 ④ 43 ①

44 연소가 이루어지기 위한 필수 요건에 속하지 않는 것은?

① 가연물　　　② 수소 공급원
③ 점화원　　　④ 산소 공급원

해설 연소의 3요소
㉠ 가연물, ㉡ 산소 공급원, ㉢ 점화원

45 보기와 같이 부하에 대해서 보일러의 "정격 출력"을 올바르게 표시한 것은?

H_1 : 난방 부하　　H_2 : 급탕 부하
H_3 : 배관 부하　　H_4 : 예열 부하

① $H_1+H_2+H_3$　　② $H_2+H_3+H_4$
③ $H_1+H_2+H_4$　　④ $H_1+H_2+H_3+H_4$

해설 보일러의 정격 출력＝$H_1+H_2+H_3+H_4$
여기서, H_1 : 난방 부하　　H_2 : 급탕 부하
　　　　H_3 : 배관 부하　　H_4 : 예열 부하

46 점화 조작 시 주의 사항에 관한 설명으로 틀린 것은?

① 연료 가스의 유출 속도가 너무 빠르면 실화 등이 일어날 수 있고, 너무 늦으면 역화가 발생할 수 있다.
② 연소실의 온도가 낮으면 연료의 확산이 불량해지며 착화가 잘 안 된다.
③ 연료의 예열 온도가 너무 높으면 기름이 분해되고, 분사 각도가 흐트러져 분무 상태가 불량해지며, 탄화물이 생성될 수 있다.
④ 유압이 너무 낮으면 그을음이 축적될 수 있고, 너무 높으면 점화 및 분사가 불량해질 수 있다.

해설 ④ 유압이 너무 낮으면 그을음이 축적될 수 있고, 적정하면 점화 및 분사가 양호하다.

47 원통 보일러에서 급수의 pH 범위(25℃ 기준)로 가장 적합한 것은?

① pH 3~pH 5　　② pH 7~pH 9
③ pH 11~pH 12　④ pH 14~pH 15

해설 원통형 보일러 25℃ 기준 급수 pH : pH 7~pH 9

48 보일러를 계획적으로 관리하기 위해서는 연간 계획 및 일상 보전 계획을 세워 이에 따라 관리를 하는데 연간 계획에 포함할 사항과 가장 거리가 먼 것은?

① 급수 계획　　② 점검 계획
③ 정비 계획　　④ 운전 계획

해설 연간 계획에 포함할 사항
㉠ 점검 계획, ㉡ 정비 계획, ㉢ 운전 계획

49 다음 중 보온재의 종류가 아닌 것은?

① 코르크　　　② 규조토
③ 기포성 수지　④ 제게르콘

해설 ④ 제게르콘 : 내화물

50 보일러 운전 중 연도 내에서 폭발이 발생하면 제일 먼저 해야 할 일은?

① 급수를 중단한다.
② 증기 밸브를 잠근다.
③ 송풍기 가동을 중지한다.
④ 연료 공급을 차단하고 가동을 중지한다.

해설 보일러 운전 중 연도 내에서 폭발 발생 시 긴급 조치 순서
연료 공급을 차단하고 가동을 중지한다. → 급수를 중단한다. → 증기 밸브를 잠근다. → 송풍기 가동을 중지시킨다.

정답　44 ②　45 ④　46 ④　47 ②　48 ①　49 ④　50 ④

51 신축 곡관이라고 하며 강관 또는 동관 등을 구부려서 구부림에 따른 신축을 흡수하는 이음쇠는?

① 루프형 신축 이음쇠
② 슬리브형 신축 이음쇠
③ 스위블형 신축 이음쇠
④ 벨로스형 신축 이음쇠

해설 ② 슬리브형 신축 이음쇠 : 조인트 본체와 파이프로 되어 있고, 관의 신축이 본체 속에 미끄러지는 슬리브 파이프에 흡수되는 단식과 복식의 2형식이 있다.
③ 스위블형 신축 이음쇠 : 2개 이상의 엘보를 사용하여 나사의 회전을 이용한 것이며, 방열기 입구 측 배관에 설치 사용한다.
④ 벨로스형 신축 이음쇠 : 벨로스가 신축을 흡수하여 열응력을 받지 않으나 벨로스 내에 물이 고이면 부식을 많이 일으킨다.

52 온수 온돌의 방수 처리에 대한 설명으로 적절하지 않은 것은?

① 다층 건물에 있어서도 전층의 온수 온돌에 방수 처리를 하는 것이 좋다.
② 방수 처리는 내식성이 있는 루핑, 비닐, 방수 모르타르로 하며, 습기가 스며들지 않도록 완전히 밀봉한다.
③ 벽면으로 습기가 올라오는 것을 대비하여 온돌 바닥보다 약 10cm 이상 위까지 방수 처리를 하는 것이 좋다.
④ 방수 처리를 함으로써 열손실을 감소시킬 수 있다.

해설 ① 온수 온돌이란 보일러 또는 그 밖의 열원으로부터 생성된 온수를 바닥에 설치된 배관을 통하여 흐르게 하여 난방을 하는 방식이며, 다층 건물에 있어서는 전층의 온수 온돌에 방수 처리를 하지 않는다.

53 보일러 휴지 기간이 1개월 이하인 단기 보존에 적합한 방법은?

① 석회 밀폐 건조법
② 소다 만수 보존법
③ 가열 건조법
④ 질소 가스 봉입법

해설 ③ 가열 건조법의 설명이다.

54 난방 설비와 관련된 설명 중 잘못된 것은?

① 증기 난방의 표준 방열량은 650kcal/m^2·h 이다.
② 방열기는 증기 또는 온수 등의 열매를 유입하여 열을 방산하는 기구로 난방의 목적을 달성하는 장치이다.
③ 하트포드 접속법(hartford connection)은 고압 증기 난방에 필요한 접속법이다.
④ 온수 난방에서 온수 순환 방식에 따라 크게 중력 순환식과 강제 순환식으로 구분한다.

해설 ③ 하트포드 접속법은 저압 증기 난방의 습식 환수 방식에 사용된다.

55 에너지 이용 합리화법에 따라 주철제 보일러에서 설치 검사를 면제받을 수 있는 기준으로 옳은 것은?

① 전열 면적 30제곱미터 이하의 유류용 주철제 증기 보일러
② 전열 면적 40제곱미터 이하의 유류용 주철제 온수 보일러
③ 전열 면적 50제곱미터 이하의 유류용 주철제 증기 보일러
④ 전열 면적 60제곱미터 이하의 유류용 주철제 온수 보일러

해설 주철제 보일러에서 설치 검사를 면제받을 수 있는 기준 : 전열 면적 30m^2 이하의 유류용 주철제 증기 보일러

정답 51 ① 52 ① 53 ③ 54 ③ 55 ①

56 신·재생에너지 설비의 인증을 위한 심사 기준 항목으로 거리가 먼 것은?

① 국제 또는 국내의 성능 및 규격에의 적합성
② 설비의 효율성
③ 설비의 우수성
④ 설비의 내구성

해설 신·재생에너지 설비의 인증을 위한 심사 기준 항목
㉠ 국제 또는 국내의 성능 및 규격에의 적합성
㉡ 설비의 효율성
㉢ 설비의 내구성

57 에너지 이용 합리화법의 목적이 아닌 것은?

① 에너지의 수급 안정을 기함.
② 에너지의 합리적이고 비효율적인 이용을 증진함.
③ 에너지 소비로 인한 환경 피해를 줄임.
④ 지구 온난화의 최소화에 이바지함.

해설 에너지 이용 합리화법의 목적 : 에너지의 수급을 안정시키고 에너지의 합리적이고 효율적인 이용을 증진하며, 에너지 소비로 인한 환경 피해를 줄임으로써 국민 경제의 건전한 발전 및 국민 복지의 증진과 지구 온난화의 최소화에 이바지함을 목적으로 한다.

58 에너지 이용 합리화법에 따라 에너지 이용 합리화 기본 계획에 포함될 사항으로 거리가 먼 것은?

① 에너지 절약형 경제 구조로의 전환
② 에너지 이용 효율의 증대
③ 에너지 이용 합리화를 위한 홍보 및 교육
④ 열사용 기자재의 품질 관리

해설 에너지 이용 합리화법에 따라 에너지 이용 합리화 기본 계획에 포함될 사항
㉠ 에너지 절약형 경제 구조로의 전환
㉡ 에너지 이용 효율의 증대
㉢ 에너지 이용 합리화를 위한 홍보 및 교육

59 에너지 이용 합리화법 시행령상 에너지 저장 의무 부과 대상자에 해당되는 자는?

① 연간 2만 석유 환산톤 이상의 에너지를 사용하는 자
② 연간 1만 5천 석유 환산톤 이상의 에너지를 사용하는 자
③ 연간 1만 석유 환산톤 이상의 에너지를 사용하는 자
④ 연간 5천 석유 환산톤 이상의 에너지를 사용하는 자

해설 에너지 저장 의무 부과 대상자 : 연간 2만 석유 환산톤 이상의 에너지를 사용하는 자

60 저탄소 녹색 성장 기본법에 따라 대통령령으로 정하는 기준량 이상의 에너지 소비 업체를 지정하는 기준으로 옳은 것은? (단, 기준일은 2013년 7월 21일을 기준으로 함)

① 해당 연도 1월 1일을 기준으로 최근 3년간 업체의 모든 사업체에서 소비한 에너지의 연평균 총량이 650terajoules 이상
② 해당 연도 1월 1일을 기준으로 최근 3년간 업체의 모든 사업체에서 소비한 에너지의 연평균 총량이 550terajoules 이상
③ 해당 연도 1월 1일을 기준으로 최근 3년간 업체의 모든 사업체에서 소비한 에너지의 연평균 총량이 450terajoules 이상
④ 해당 연도 1월 1일을 기준으로 최근 3년간 업체의 모든 사업체에서 소비한 에너지의 연평균 총량이 350terajoules 이상

해설 저탄소 녹색 성장 기본법에 따라 대통령령으로 정하는 기준량 이상의 에너지 소비 업체를 지정하는 기준 : 해당 연도 1월 1일을 기준으로 최근 3년간 업체의 모든 사업체에서 소비한 에너지의 연평균 총량이 350terajoules 이상

정답 56 ③ 57 ② 58 ④ 59 ① 60 ④

에너지관리기능사 (2017. 6. 10 시행)

01 보일러의 부속 장치 중 축열기에 대한 설명으로 가장 옳은 것은?

① 통풍이 잘 이루어지게 하는 장치이다.
② 폭발 방지를 위한 안전 장치이다.
③ 보일러의 부하 변동에 대비하기 위한 장치이다.
④ 증기를 한 번 더 가열시키는 장치이다.

해설 축열기 : 보일러의 부하 변동에 대비하기 위한 장치

02 증기 공급 시 과열 증기를 사용함에 따른 장점이 아닌 것은?

① 부식 발생 저감
② 열효율 증대
③ 가열 장치의 열응력 저하
④ 증기 소비량 감소

해설 과열 증기를 사용함에 따른 장점
㉠ 부식 발생 저감
㉡ 열효율 증대
㉢ 증기 소비량 감소

03 연소 안전 장치 중 플레임 아이(flame eye)로 사용되지 않는 것은?

① 광전관
② CdS cell
③ PbS cell
④ CdP cell

해설 연소 안전 장치 중 플레임 아이(flame eye)로 사용되는 것 : 자외선 광전관, 적외선 광전관, 황화카드뮴 셀(CdS cell), 황화납 셀(PbS cell)

04 1보일러 마력은 몇 kg/h의 상당 증발량의 값을 가지는가?

① 15.65   ② 79.8
③ 539   ④ 860

해설 보일러 마력 : 상당(환산) 증발량 값이 15.65kg/h인 보일러

05 보일러 수위 제어 방식인 2요소식에서 검출하는 요소로 옳게 짝지어진 것은?

① 수위와 온도
② 수위와 급수 유량
③ 수위와 압력
④ 수위와 증기 유량

해설 보일러 수위 제어 방식인 2요소식에서 검출하는 요소 : 수위와 증기 유량

06 고체 연료의 고위 발열량으로부터 저위 발열량을 산출할 때 연료 속의 수분과 다른 한 성분의 함유율을 가지고 계산하여 산출할 수 있는데, 이 성분은 무엇인가?

① 산소
② 수소
③ 유황
④ 탄소

해설 고체 연료의 고위 발열량으로부터 저위 발열량을 산출할 때 : 연료 속의 수분과 수소 성분의 함유율을 가지고 계산한다.
저위 발열량(H_l) = 고위 발열량(H_h) − 증발 잠열
          = 고위 발열량(H_h) − 600(9H + W)
여기서, H : 수소, W : 증발 잠열(연료 속의 수분)

정답 01 ③ 02 ③ 03 ④ 04 ① 05 ④ 06 ②

07 회전 이음이라고도 하며, 2개 이상의 엘보를 사용하여 이음부의 나사 회전을 이용해서 배관의 신축을 흡수하는 신축 이음쇠는?

① 루프형 신축 이음쇠
② 스위블형 신축 이음쇠
③ 벨로스형 신축 이음쇠
④ 슬리브형 신축 이음쇠

해설 ① 루프형 신축 이음쇠 : 강관을 구부려 그 신축성을 이용한 것으로서 고압 증기의 옥외 배관에 사용한다.
③ 벨로스형 신축 이음쇠 : 설치에 넓은 장소를 필요로 하지 않고 신축에 의한 응력을 일으키지 않는다.
④ 슬리브형 신축 이음쇠 : 이음 본체 속에 미끄러질 수 있는 슬리브 파이프를 넣고 석면을 흑연으로 처리한 패킹제를 끼워 실한 신축 이음쇠이다.

08 증기 난방에서 환수관의 수평 배관에서 관경이 가늘어지는 경우 편심 리듀서를 사용하는 이유로 적합한 것은?

① 응축수의 순환을 억제하기 위해
② 관의 열팽창을 방지하기 위해
③ 동심 리듀서보다 시공을 단축하기 위해
④ 응축수의 체류를 방지하기 위해

해설 편심 리듀서를 사용하는 이유 : 응축수의 체류를 방지하기 위해

09 보일러의 손상에서 팽출(澎出)을 옳게 설명한 것은?

① 보일러의 본체가 화염에 과열되어 외부로 볼록하게 튀어나오는 현상
② 노통이나 화실이 외측의 압력에 의해 눌려 쭈그러져 찢어지는 현상
③ 강판에 가스가 포함된 것이 화염의 접촉으로 양쪽으로 오목하게 되는 현상
④ 고압 보일러 드럼 이음에 주로 생기는 응력 부식 균열의 일종

해설 팽출 : 보일러의 본체가 화염에 과열되어 외부로 볼록하게 튀어나오는 현상

10 보일러 운전 중 정전이 발생한 경우의 조치 사항으로 적합하지 않은 것은?

① 전원을 차단한다.
② 연료 공급을 멈춘다.
③ 안전 밸브를 열어 증기를 분출시킨다.
④ 주증기 밸브를 닫는다.

해설 ③ 안전 밸브는 작동시키지 않는다.

11 캐리 오버(carry over)에 대한 방지 대책이 아닌 것은?

① 압력을 규정 압력으로 유지해야 한다.
② 수면이 비정상적으로 높게 유지되지 않도록 한다.
③ 부하를 급격히 증가시켜 증기실의 부하율을 높인다.
④ 보일러수에 포함되어 있는 유지류나 용해 고형물 등의 불순물을 제거한다.

해설 캐리 오버(carry over) : 보일러수 속의 용해 고형물이나 현탁 고형물이 증기에 섞여 보일러 밖으로 튀어 나가는 현상
(가) 발생 원인
  ㉠ 부하를 급격히 증가시켜 증기실의 부하율을 높인다.
  ㉡ 주증기 밸브를 급히 개방한다.
  ㉢ 고수위로 운전한다.
  ㉣ 보일러수가 농축되었다.
(나) 방지 대책
  ㉠ 압력을 규정 압력으로 유지해야 한다.
  ㉡ 주증기 밸브를 천천히 개방한다.
  ㉢ 수면이 비정상적으로 높게 유지되지 않도록 한다.
  ㉣ 보일러수에 포함되어 있는 유지류나 용해 고형물 등의 불순물을 제거한다.

정답 07 ② 08 ④ 09 ① 10 ③ 11 ③

12 보일러 수압 시험 시의 시험 수압은 규정된 압력의 몇 % 이상을 초과하지 않도록 해야 하는가?

① 3% ② 4%
③ 5% ④ 6%

해설 보일러 수압 시험 : 시험 수압은 규정된 압력의 6% 이상을 초과하지 않도록 한다.

13 보일러 제어 장치 중 연소용 공기를 제어하는 설비는 자동 제어에서 어디에 속하는가?

① F.W.C ② A.B.C
③ A.C.C ④ A.F.C

해설 ① F.W.C(Feed Water Control) : 급수 제어
② A.B.C(Automatic Boiler Control) : 보일러 자동 제어
③ A.C.C(Automatic Combustion Control) : 자동 연소 제어
④ A.F.C(Automatic Frequency Control) : 자동 주파수 조정

14 액체 연료의 유압 분무식 버너의 종류에 해당되지 않는 것은?

① 플런저형   ② 외측 반환유형
③ 직접 분사형 ④ 간접 분사형

해설 액체 연료의 유압 분무식 버너의 종류
㉠ 플런저형
㉡ 외측 반환유형
㉢ 직접 분사형

15 다음 중 LPG의 주성분이 아닌 것은?

① 부탄   ② 프로판
③ 프로필렌 ④ 메탄

해설 LPG의 주성분
㉠ 프로판(C_3H_8)
㉡ 프로필렌(C_3H_6)
㉢ 부탄(C_4H_{10})
㉣ 부타디엔(C_4H_8)

16 보일러 효율 시험 방법에 관한 설명으로 틀린 것은?

① 급수 온도는 절탄기가 있는 것은 절탄기 입구에서 측정한다.
② 배기가스의 온도는 전열면의 최종 출구에서 측정한다.
③ 포화 증기의 압력은 보일러 출구의 압력으로 부르동관식 압력계로 측정한다.
④ 증기 온도의 경우 과열기가 있을 때는 과열기 입구에서 측정한다.

해설 ④ 증기 온도의 경우 과열기가 있을 때는 과열기 출구에서 측정한다.

17 과열기를 연소 가스 흐름 상태에 의해 분류할 때 해당되지 않는 것은?

① 복사형 ② 병류형
③ 향류형 ④ 혼류형

해설 연소 가스 흐름 형태에 의한 과열기의 분류
㉠ 병류형
㉡ 향류형
㉢ 혼류형

18 열전달의 기본 형식에 해당되지 않는 것은?

① 대류 ② 복사
③ 발산 ④ 전도

해설 열전달의 기본 형식
㉠ 전도
㉡ 대류
㉢ 복사

정답 12 ④ 13 ③ 14 ④ 15 ④ 16 ④ 17 ① 18 ③

19 보일러 동 내부 안전 저수위보다 약간 높게 설치하여 유지분, 부유물 등을 제거하는 장치로서 연속 분출 장치에 해당되는 것은?

① 수면 분출 장치   ② 수저 분출 장치
③ 수중 분출 장치   ④ 압력 분출 장치

해설 수면 분출 장치의 설명이다.

20 강관재 루프형 신축 이음은 고압에 견디고, 고장이 적어 고온·고압용 배관에 이용되는데, 이 신축 이음의 곡률 반경은 관지름의 몇 배 이상으로 하는 것이 좋은가?

① 2배   ② 3배
③ 4배   ④ 6배

해설 강관재 루프형 신축 이음
고압에 견디고 고장이 적어 고온·고압용 배관에 이용되는데, 이 신축 이음의 곡률 반경은 관지름의 6배 이상으로 한다.

21 가동 보일러에 스케일과 부식물 제거를 위한 산 세척 처리 순서로 올바른 것은?

① 전처리 → 수세 → 산액 처리 → 수세 → 중화·방청 처리
② 수세 → 산액 처리 → 전처리 → 수세 → 중화·방청 처리
③ 전처리 → 중화 → 방청 처리 → 수세 → 산액 처리 → 수세
④ 전처리 → 수세 → 중화·방청 처리 → 수세 → 산액 처리

해설 산 세척 처리 순서
전처리 → 수세 → 산액 처리 → 수세 → 중화·방청 처리

22 콘크리트 벽이나 바닥 등에 배관이 관통하는 곳에 관의 보호를 위하여 사용하는 것은?

① 슬리브   ② 보온 재료
③ 행거   ④ 신축 곡관

해설 슬리브의 설명이다.

23 배관 용접 작업 시 안전 사항 중 산소 용기는 일반적으로 몇 ℃ 이하의 온도로 보관하여야 하는가?

① 100℃ 이하   ② 80℃ 이하
③ 60℃ 이하   ④ 40℃ 이하

해설 산소 용기는 40℃ 이하로 보관한다.

24 정격 압력이 12kgf/cm²일 때 보일러의 용량이 가장 큰 것은? (단, 급수 온도는 10℃, 증기 엔탈피는 663.8kcal/kg이다.)

① 실제 증발량 1,200kg/h
② 상당 증발량 1,500kg/h
③ 정격 출력 800,000kcal/h
④ 보일러 100마력(B-HP)

해설 ① 상당 증발량 = $\dfrac{실제 증발량 \times 증기 엔탈피}{539}$
= $\dfrac{1,200 \times 663.8}{539}$ = 1447.85

보일러 마력 = $\dfrac{1447.85}{15.65}$ = 92.51마력

② 보일러 마력 = $\dfrac{1,500}{15.65}$ = 95.85마력

③ 상당 증발량 = $\dfrac{정격 출력}{539}$ = $\dfrac{800,000}{539}$ = 1484.23

보일러 마력 = $\dfrac{1484.23}{15.65}$ = 94.84마력

④ 보일러 마력 = 100마력

정답 19 ① 20 ④ 21 ① 22 ① 23 ④ 24 ④

25 다음과 같은 특징을 갖고 있는 통풍 방식은?

> • 연도의 끝이나 연돌 하부에 송풍기를 설치한다.
> • 연도 내의 압력은 대기압보다 낮게 유지된다.
> • 매연이나 부식성이 강한 배기가스가 통과하므로 송풍기의 고장이 자주 발생한다.

① 자연 통풍   ② 압입 통풍
③ 흡입 통풍   ④ 평형 통풍

해설 ① 자연 통풍 : 배기가스의 부력을 이용하여 연돌로부터 흡입 통풍을 하는 것
② 압입 통풍 : 송풍기를 이용하여 연소용 공기를 연소실 앞에서 노내로 불어넣어 공급하는 방식
④ 평형 통풍 : 압입 통풍과 흡입 통풍을 조합한 것으로, 통풍력이 강하여 대형 보일러에 사용하는 것

26 무게 80kgf인 물체를 수직으로 5m까지 끌어올리기 위한 일을 열량으로 환산하면 약 몇 kcal인가?

① 0.94kcal   ② 0.094kcal
③ 40kcal   ④ 400kcal

해설 열의 일당량 : $\frac{1}{427}$ kcal/kg·m

열량 $= \frac{1}{427}$ kcal/kg·m $\times (80 \times 5)$ kg·m $= 0.94$ kcal

27 수관식 보일러의 특징에 관한 설명으로 틀린 것은 어느 것인가?

① 구조상 고압 대용량에 적합하다.
② 전열 면적을 크게 할 수 있으므로 일반적으로 효율이 높다.
③ 급수 및 보일러수 처리에 주의가 필요하다.
④ 전열 면적당 보유 수량이 많아, 기동에서 소요 증기가 발생할 때까지의 시간이 길다.

해설 ④ 전열 면적당 보유 수량이 적고, 기동에서 소요 증기가 발생할 때까지의 시간이 짧다.

28 보일러 화염 검출 장치의 보수나 점검에 대한 설명 중 틀린 것은?

① 플레임 아이 장치의 주위 온도는 50℃ 이상이 되지 않게 한다.
② 광전관식은 유리나 렌즈를 매주 1회 이상 청소하고, 감도 유지에 유의한다.
③ 플레임 로드는 검출부가 불꽃에 직접 접하므로 소손에 유의하고, 자주 청소해 준다.
④ 플레임 아이는 불꽃의 직사광이 들어가면 오동작하므로 불꽃의 중심을 향하지 않도록 설치한다.

해설 ④ 플레임 아이는 불꽃의 직사광선이 들어가면 오동작하므로 불꽃의 중심을 향하게 설치한다.

29 다음 중 잠열에 해당되는 것은?

① 기화열
② 생성열
③ 중화열
④ 반응열

해설 잠열 : 어떤 물질을 온도는 변화 없이 상태만 변화시키는 데 소요되는 열량
예 기화열

30 보일러 동체가 국부적으로 과열되는 경우는?

① 고수위로 운전하는 경우
② 보일러 동 내면에 스케일이 형성된 경우
③ 안전 밸브의 기능이 불량한 경우
④ 주증기 밸브의 개폐 동작이 불량한 경우

해설 보일러 동체가 국부적으로 과열되는 경우 : 보일러 동 내면에 스케일이 형성된 경우

정답 25 ③ 26 ① 27 ④ 28 ④ 29 ① 30 ②

31 보일러의 수압 시험을 하는 주된 목적은?

① 제한 압력을 결정하기 위하여
② 열효율을 측정하기 위하여
③ 균열의 여부를 알기 위하여
④ 설계의 양부를 알기 위하여

해설   보일러 수압 시험의 목적 : 균열 여부를 알기 위하여

32 흑체로부터의 복사 전열량은 절대 온도의 몇 승에 비례하는가?

① 2승   ② 3승
③ 4승   ④ 5승

해설   스테판-볼츠만(Stefan-Boltzmann)의 법칙 흑체로부터의 복사 전열량은 절대 온도의 4승에 비례한다.

33 세관 작업 시 규산염은 염산에 잘 녹지 않으므로 용해 촉진제를 사용하는데, 다음 중 어느 것을 사용하는가?

① H_2SO_4
② HF
③ NH_3
④ Na_2SO_4

해설   세관 작업 시 용해 촉진제 : HF

34 강관 용접 접합의 특징에 대한 설명으로 틀린 것은?

① 관 내 유체의 저항 손실이 크다.
② 접합부의 강도가 강하다.
③ 보온 피복 시공이 어렵다.
④ 누수의 염려가 작다.

해설   ③ 보온 피복 시공이 용이하다.

35 보일러 효율이 85%, 실제 증발량이 5t/h이고 발생 증기의 엔탈피는 656kcal/kg, 급수 온도의 엔탈피는 56kcal/kg, 연료의 저위 발열량은 9,750kcal/kg일 때, 연료 소비량은 약 kg/h인가?

① 316
② 362
③ 389
④ 405

해설 $\eta = \dfrac{G_a(h_2-h_1)}{G_f \times H_L} \times 100$

$85\% = \dfrac{5,000\text{kg/h} \times (656\text{kcal/kg} - 56\text{kcal/kg})}{G_f \times 9,750\text{kcal/kg}} \times 100$

$G_f = 362(\text{kg/h})$

여기서, η : 보일러 효율(%)
G_a : 실제 증발량(=증기 발생량)(kg/h)
h_2 : 증기 엔탈피(kcal/kg)
h_1 : 급수 엔탈피(kcal/kg)
G_f : 연료 사용량(=연료 소비량)(kg/h)
H_L : 저위 발열량(kcal/kg)

36 긴 관의 한 끝에서 펌프로 압송된 급수가 관을 지나는 동안 차례로 가열, 증발, 과열된 다음 과열 증기가 되어 나가는 형식의 보일러는?

① 노통 보일러
② 관류 보일러
③ 연관 보일러
④ 입형 보일러

해설   ① 노통 보일러 : 원통형의 드럼을 본체로 하고 그 내부에 노통을 설치한 대표적인 내분식 보일러
② 관류 보일러 : 긴 관의 한 끝에서 펌프로 압송된 급수가 관을 지나는 동안 차례로 가열, 증발, 과열된 다음 과열 증기가 되어 나가는 형식의 보일러
③ 연관 보일러 : 횡연관 보일러는 동 내에 노통 대신에 연관을 설치하여 전열 면적을 증가시킨 보일러로서 원통형 보일러 중에서 외분식 보일러
④ 입형 보일러 : 보일러 동을 수직으로 세워 하부에 설치된 연소실에서 화염이 승염 상태이며 내분식 보일러

정답   31 ③   32 ③   33 ②   34 ③   35 ②   36 ②

37 일반적으로 효율이 가장 좋은 보일러는?

① 코르니시 보일러 ② 입형 보일러
③ 연관 보일러 ④ 수관 보일러

해설 일반적으로 효율이 가장 좋은 보일러는 수관 보일러이다.

38 보일러 연소실 내의 미연소 가스 폭발에 대비하여 설치하는 안전 장치는?

① 가용전 ② 방출 밸브
③ 안전 밸브 ④ 방폭문

해설 ① 가용전 : 주석과 납의 합금 금속으로 용융점이 낮은 점을 이용해 이상 감수로 노통이 과열되어 파열되기 이전에 먼저 녹아내려 위험을 알려주는 장치
② 방출 밸브 : 스프링식 안전 밸브와 구조가 비슷하며, 온수 보일러에서 안전 밸브 대용으로 사용
③ 안전 밸브 : 증기 또는 온수 보일러에서 내부 압력이 최고 사용 압력 초과 시 작동하여 내부 유체를 자동으로 취출시켜 압력 초과로 인한 파열 사고를 사전에 방지해 주는 장치
④ 방폭문 : 보일러 연소실 내의 미연소 가스 폭발에 대비하여 설치하는 안전 장치

39 보일러에 과열기를 설치하여 과열 증기를 사용하는 경우의 설명으로 잘못된 것은?

① 과열 증기란 포화 증기의 온도와 압력을 높인 것이다.
② 과열 증기는 포화 증기보다 보유 열량이 많다.
③ 과열 증기를 사용하면 배관부의 마찰 저항 및 부식을 감소시킬 수 있다.
④ 과열 증기를 사용하면 보일러의 열효율을 증대시킬 수 있다.

해설 ① 과열 증기란 건포화 증기의 압력을 일정하게 유지시키고 가열하여 온도를 높인 증기를 말한다.

40 가압수식 집진 장치의 종류에 속하는 것은?

① 백필터 ② 세정탑
③ 코트렐 ④ 배풀식

해설 가압수식 집진 장치의 종류 : 세정탑

41 방열기 설치 시 벽면과의 간격으로 가장 적합한 것은?

① 50mm
② 80mm
③ 100mm
④ 150mm

해설 방열기 설치 시 벽면과의 간격은 50mm이다.

42 실내의 온도 분포가 가장 균등한 난방 방식은 무엇인가?

① 온풍 난방
② 방열기 난방
③ 복사 난방
④ 온돌 난방

해설 복사 난방의 설명이다.

43 가스 절단 조건에 대한 설명 중 틀린 것은?

① 금속 산화물의 용융 온도가 모재의 용융 온도보다 낮을 것
② 모재의 연소 온도가 그 용융점보다 낮을 것
③ 모재의 성분 중 산화를 방해하는 원소가 많을 것
④ 금속 산화물의 유동성이 좋으며, 모재로부터 이탈될 수 있을 것

해설 ③ 모재의 성분 중 산화를 방해하는 원소가 적을 것

정답 37 ④ 38 ④ 39 ① 40 ② 41 ① 42 ③ 43 ③

44 가정용 온수 보일러 등에 설치하는 팽창 탱크의 주된 설치 목적은 무엇인가?

① 허용 압력 초과에 따른 안전 장치 역할
② 배관 중의 맥동 방지
③ 배관 중의 이물질 제거
④ 온수 순환의 원활

해설 가정용 온수 보일러 등에 설치하는 팽창 탱크의 주된 설치 목적 : 허용 압력 초과에 따른 안전 장치 역할

45 액체 연료 연소에서 무화의 목적이 아닌 것은?

① 단위 중량당 표면적을 크게 한다.
② 연소 효율을 향상시킨다.
③ 주위 공기와 혼합을 좋게 한다.
④ 연소실의 열부하를 낮게 한다.

해설 액체 연료 연소에서 무화의 목적
㉠ 단위 중량당 표면적을 크게 한다.
㉡ 연소 효율을 향상시킨다.
㉢ 주위 공기와 혼합을 좋게 한다.
㉣ 연소실의 열부하를 높게 한다.
㉤ 완전 연소가 가능하게 한다.

46 노통 보일러에서 아담슨 조인트를 하는 목적은?

① 노통 제작을 쉽게 하기 위해서
② 재료를 절감하기 위해서
③ 열에 의한 신축을 조절하기 위해서
④ 물 순환을 촉진하기 위해서

해설 노통 보일러에서 아담슨 조인트를 하는 목적 : 열에 의한 신축을 조절하기 위해서

47 보일러에서 발생하는 증기를 이용하여 급수하는 장치는?

① 슬러지(sludge) ② 인젝터(injector)
③ 콕(cock) ④ 트랩(trap)

해설 인젝터(injector)의 설명이다.

48 열전도에 적용되는 푸리에의 법칙에 대한 설명 중 틀린 것은?

① 두 면 사이에 흐르는 열량은 물체의 단면적에 비례한다.
② 두 면 사이에 흐르는 열량은 두 면 사이의 온도차에 비례한다.
③ 두 면 사이에 흐르는 열량은 시간에 비례한다.
④ 두 면 사이에 흐르는 열량은 두 면 사이의 거리에 비례한다.

해설 푸리에의 법칙 : 열전도량 $=\lambda \cdot F \cdot \dfrac{\Delta t}{l} \cdot Z$

여기서, λ : 열전도율
F : 물체의 단면적
Δt : 두 면 사이의 온도차
d : 고체의 두께
Z : 시간

즉, 두 면 사이에 흐르는 열량은 고체의 두께에 반비례한다.

49 배관의 높이를 관의 중심을 기준으로 표시한 기호는?

① TOP ② GL
③ BOP ④ EL

해설 ① TOP(Top Of Pipe) : 관의 외경을 윗면을 기준으로 표시한 기호
② GL(Ground Line) : 포장된 지표면을 기준으로 하여 배관 장치의 높이를 표시할 때 적용한 기호
③ BOP(Bottom Of Pipe) : 지름이 서로 다른 관의 높이 표시 방법으로 관 외경의 아랫면까지의 높이를 기준으로 표시한 기호
④ EL(Elevation) : 배관의 높이를 관의 중심으로 표시한 기호

정답 44 ① 45 ④ 46 ③ 47 ② 48 ④ 49 ④

50 어떤 거실의 난방 부하가 5,000kcal/h이고, 주철제 온수 방열기로 난방할 때 필요한 방열기 쪽수는? (단, 방열기 1쪽당 방열 면적은 0.26m²이고, 방열량은 표준 방열량으로 한다.)

① 11쪽　② 21쪽
③ 30쪽　④ 43쪽

해설 방열기 쪽수 $= \dfrac{5,000}{450 \times 0.26} = 43$쪽

51 유리솜 또는 암면의 용도와 관계 없는 것은?

① 보온재　② 보냉재
③ 단열재　④ 방습재

해설 유리솜 또는 암면의 용도
㉠ 보온재　㉡ 보냉재　㉢ 단열재

52 보일러에서 역화의 발생 원인이 아닌 것은?

① 점화 시 착화가 지연되었을 경우
② 연료보다 공기를 먼저 공급한 경우
③ 연료 밸브를 과대하게 급히 열었을 경우
④ 프리퍼지가 부족할 경우

해설 역화의 발생 원인
㉠ 점화 시 착화가 지연되었을 경우
㉡ 공기보다 연료를 먼저 공급한 경우
㉢ 연료 밸브를 과대하게 급히 열었을 경우
㉣ 프리퍼지가 부족할 경우
㉤ 압입 통풍이 너무 강할 경우와 흡입 통풍이 부족할 경우
㉥ 실화 시 노내의 여열로 재점화할 경우

53 보일러수(水) 중의 경도 성분을 슬러지로 만들기 위하여 사용하는 청관제는?

① 가성 취화 억제제
② 연화제
③ 슬러지 조정제
④ 탈산소제

해설 연화제의 설명이다.

54 지역 난방의 특징을 설명한 것 중 틀린 것은?

① 설비가 길어지므로 배관 손실이 있다.
② 초기 시설 투자비가 높다.
③ 개개 건물의 공간을 많이 차지한다.
④ 대기 오염의 방지를 효과적으로 할 수 있다.

해설 지역 난방의 특징
(가) 장점
　㉠ 열효율이 높고, 연료비가 절감된다.
　㉡ 토지의 이용 효용도가 높다.
　㉢ 대기 오염의 방지를 효과적으로 할 수 있다.
　㉣ 난방 운전의 합리화로 열의 손실이 작다.
　㉤ 설비비 및 인건비가 절약된다.
(나) 단점
　㉠ 설비가 길어지므로 배관 손실이 있다.
　㉡ 초기 시설 투자비가 높다.
　㉢ 열의 사용이 적으면 기본 요금이 높아진다.

55 에너지 이용 합리화법상의 목표 에너지원 단위를 가장 옳게 설명한 것은?

① 에너지를 사용하여 만드는 제품의 단위당 폐연료 사용량
② 에너지를 사용하여 만드는 제품의 연간 폐열 사용량
③ 에너지를 사용하여 만드는 제품의 단위당 에너지 사용 목표량
④ 에너지를 사용하여 만드는 제품의 연간 폐열 에너지 사용 목표량

해설 목표 에너지원 단위 : 에너지를 사용하여 만드는 제품의 단위당 에너지 사용 목표량

정답　50 ④　51 ④　52 ②　53 ②　54 ③　55 ③

56 다음은 저탄소 녹색 성장 기본법에 명시된 용어의 뜻이다. ( ) 안에 알맞은 것은?

> 온실가스란 (㉮), 메탄, 아산화질소, 수소불화탄소, 과불화탄소, 육불화황 및 그 밖에 대통령령으로 정하는 것으로 (㉯) 복사열을 흡수하거나 재방출하여 온실 효과를 유발하는 대기 중의 가스 상태의 물질을 말한다.

① ㉮ : 일산화탄소, ㉯ : 자외선
② ㉮ : 일산화탄소, ㉯ : 적외선
③ ㉮ : 이산화탄소, ㉯ : 자외선
④ ㉮ : 이산화탄소, ㉯ : 적외선

해설 온실가스란 이산화탄소, 메탄, 아산화질소, 수소불화탄소, 과불화탄소, 육불화황 및 그 밖에 대통령령으로 정하는 것으로 적외선 복사열을 흡수하거나 재방출하여 온실 효과를 유발하는 대기 중의 가스 상태의 물질을 말한다.

57 에너지 이용 합리화법상 에너지의 최저 소비 효율 기준에 미달하는 효율 관리 기자재의 생산 또는 판매 금지 명령을 위반한 자에 대한 벌칙 기준은?

① 1년 이하의 징역 또는 1천만 원 이하의 벌금
② 1천만 원 이하의 벌금
③ 2년 이하의 징역 또는 2천만 원 이하의 벌금
④ 2천만 원 이하의 벌금

해설 에너지의 최저 소비 효율 기준에 미달하는 효율 관리 기자재의 생산 또는 판매 금지 명령을 위반한 자에 대한 벌칙 : 2천만 원 이하의 벌금

58 특정열 사용 기자재 중 산업통상자원부령으로 정하는 검사 대상 기기의 계속 사용 검사 신청서는 검사 유효 기간 만료 며칠 전까지 제출해야 하는가?

① 10일 전까지
② 15일 전까지
③ 20일 전까지
④ 30일 전까지

해설 특정열 사용 기자재 중 산업통상자원부령으로 정하는 검사 대상 기기의 계속 사용 검사 신청서는 검사 유효 기간 만료 15일 전까지 제출해야 한다.

59 화석 연료에 대한 의존도를 낮추고 청정에너지의 사용 및 보급을 확대하여 녹색 기술 연구 개발, 탄소 흡수원 확충 등을 통하여 온실가스를 적정 수준 이하로 줄이는 것에 대한 정의로 옳은 것은?

① 녹색 성장
② 저탄소
③ 기후 변화
④ 자원 순환

해설 ② 저탄소의 설명이다.

60 특정열 사용 기자재 중 산업통상자원부령으로 정하는 검사 대상 기기를 폐기한 경우에는 폐기한 날부터 며칠 이내에 폐기 신고서를 제출해야 하는가?

① 7일 이내에
② 10일 이내에
③ 15일 이내에
④ 30일 이내에

해설 특정열 사용 기자재 중 산업통상자원부령으로 정하는 검사 대상 기기를 폐기한 경우에는 폐기한 날부터 15일 이내에 폐기 신고서를 제출해야 한다.

정답 56 ④ 57 ④ 58 ② 59 ② 60 ③

에너지관리기능사 (2017. 8. 26 시행)

01 다음 중 액체 연료 연소 장치에서 보염 장치(공기 조절 장치)의 구성 요소가 아닌 것은 어느 것인가?

① 바람 상자
② 보염기
③ 버너 팁
④ 버너 타일

해설 보염 장치(공기 조절 장치)의 구성
㉠ 바람 상자(윈드 박스, wind box)
㉡ 보염기(stabilizer)
㉢ 컴버스터(combuster)
㉣ 버너 타일(burner tile)

02 드럼 없이 초임계 압력 하에서 증기를 발생시키는 강제 순환 보일러는?

① 특수 열매체 보일러
② 2중 증발 보일러
③ 연관 보일러
④ 관류 보일러

해설 ① 특수 열매체 보일러 : 수은, 다우섬액, 가네크, 모빌섬액 등은 비점이 낮아 저압에서도 고온의 증기 및 유체를 얻을 수 있는 보일러
② 2중 증발 보일러 : 급수 중의 불순물 때문에 물이 증발되는 동안에 불순물은 스케일로 되어 수관 내면에 부착하여 보일러의 유지 및 운전에 해를 미치는 보일러
③ 연관 보일러 : 동체 안에 노통 대신 연관을 설치하여 전열 면적을 증가시킨 보일러

03 증기의 압력을 높일 때 변하는 현상으로 틀린 것은?

① 현열이 증대한다.
② 증발 잠열이 증대한다.
③ 증기의 비체적이 증대한다.
④ 포화수 온도가 높아진다.

해설 ② 증발 잠열이 낮아진다.

04 분출 밸브의 최고 사용 압력은 보일러 최고 사용 압력의 몇 배 이상이어야 하는가?

① 0.5배
② 1.0배
③ 1.25배
④ 2.0배

해설 분출 밸브의 최고 사용 압력은 보일러 최고 사용 압력의 1.25배 이상이어야 한다.

05 연소용 공기를 노의 앞에서 불어 넣으므로 공기가 차고 깨끗하며 송풍기의 고장이 적고 점검 수리가 용이한 보일러의 강제 통풍 방식은?

① 압입 통풍
② 흡입 통풍
③ 자연 통풍
④ 수직 통풍

해설 강제 통풍 방식
㉠ 흡입 통풍 : 크게 연소 가스를 직접 연소기에 빨아들이는 직접 흡입식과 통풍기로 대기를 받아들이게 하고, 이를 이젝터로 보내어 그 작용에 의해 연소 가스를 빨아들이는 간접 흡입식이 있다.
㉡ 자연 통풍 : 일반적으로 별도의 동력을 사용하지 않고 연돌로 인한 통풍 방식이며, 소형 보일러에 적합하다.
㉢ 평형 통풍 : 압입 통풍과 흡입 통풍을 조합한 것으로 소요 동력이 비교적 많으나 통풍력 조절이 용이하고 통풍력이 강력하며, 노내압을 정압 및 부압으로 임의로 조절이 가능한 방식으로 대형 보일러에 사용된다.

정답 01 ③ 02 ④ 03 ② 04 ③ 05 ①

06 보일러 자동 제어의 급수 제어(FWC)에서 조작량은?

① 공기량
② 연료량
③ 전열량
④ 급수량

해설 보일러의 자동 제어(ABC ; Automatic Boiler Control)

종류와 약칭	제어량	조작량	비 고
증기 온도 제어 (STC)	증기 온도	전열량	STC(Steam Temperature Control) 감온기를 사용하여 직접 주수 또는 간접 냉각에 의하여 과열기 출구의 증기 온도를 제어한다.
급수 제어 (FWC)	보일러 수위	급수량	FWC(Feed Water Control) 제어 방식에는 1요소식, 2요소식, 3요소식 제어가 있다.
연소 제어 (ACC)	증기 압력	공기량, 연료량	ACC(Automatic Combustion Control) ① 제어 방식에는 위치식과 측정식이 있다. ② 증기 압력을 제어하는 주조절계는 연료, 연소용 공기량을 조작한다.
	노내 압력	연소 가스량	

07 분진 가스를 방해판 등에 충돌시키거나 급격한 방향 전환 등에 의해 매연을 분리 포집하는 집진 방법은?

① 중력식
② 여과식
③ 관성력식
④ 유수식

해설 ① 중력식 : 자체 중력에 의해 자연 침강시킨 후 분리한다.
② 여과식 : 함진 가스를 여과재에 통과시켜 매진을 분리한다.
④ 유수식 : 습식 집진 장치이다.

08 보일러 본체에서 수부가 클 경우의 설명으로 틀린 것은?

① 부하 변동에 대한 압력 변화가 크다.
② 증기 발생 시간이 길어진다.
③ 열효율이 낮아진다.
④ 보유 수량이 많으므로 파열 시 피해가 크다.

해설 ① 부하 변동에 대한 압력 변화가 작다.

09 가스용 보일러의 연소 방식 중에서 연료와 공기를 각각 연소실에 공급하여 연소실에서 연료와 공기가 혼합되면서 연소하는 방식은?

① 확산 연소식
② 예혼합 연소식
③ 복열혼합 연소식
④ 부분 예혼합 연소식

해설 연소 방식
㉠ 확산 연소식 : 연료와 공기를 각각 연소실에 공급하여 연소실에서 연료와 공기가 혼합되면서 연소하는 방식
㉡ 예혼합 연소식 : 연소 전에 공기와 연소 가스를 일정한 혼합비로 조성하여 공급하는 형식

10 보일러 급수 예열기를 사용할 때의 장점을 설명한 것으로 틀린 것은?

① 보일러의 증발 능력이 향상된다.
② 급수 중 불순물의 일부가 제거된다.
③ 증기의 건도가 향상된다.
④ 급수와 보일러수와의 온도 차이가 작아 열응력 발생을 방지한다.

해설 급수 예열기(절탄기)의 장점
㉠ 보일러의 증발 능력이 향상된다.
㉡ 급수 중 불순물의 일부가 제거된다.
㉢ 급수와 보일러수와의 온도 차이가 작아 열응력 발생을 방지한다.

정답 06 ④ 07 ③ 08 ① 09 ① 10 ③

11 물의 임계 압력은 약 몇 kgf/cm²인가?

① 175.23　　　② 225.65
③ 374.15　　　④ 539.75

해설 물의 임계 압력 : 225.65kgf/cm²

12 상용 보일러의 점화 전 준비 사항과 관련이 없는 것은?

① 압력계 지침의 위치를 점검한다.
② 분출 밸브 및 분출 콕을 조작해서 그 기능이 정상인지 확인한다.
③ 연소 장치에서 연료 배관, 연료 펌프 등의 개폐 상태를 확인한다.
④ 연료의 발열량을 확인하고, 성분을 점검한다.

해설 상용 보일러의 점화 전 준비 사항
㉠ 압력계 지침의 위치를 점검한다.
㉡ 분출 밸브 및 분출 콕을 조작해서 그 기능이 정상인지 확인한다.
㉢ 연소 장치에서 연료 배관, 연료 펌프 등의 개폐 상태를 확인한다.

13 보일러 운전 정지의 순서를 바르게 나열한 것은?

> 가. 댐퍼를 닫는다.
> 나. 공기의 공급을 정지한다.
> 다. 급수 후 급수 펌프를 정지한다.
> 라. 연료의 공급을 정지한다.

① 가 → 나 → 다 → 라
② 가 → 라 → 나 → 다
③ 라 → 가 → 나 → 다
④ 라 → 나 → 다 → 가

해설 보일러 운전 정지 순서
연료의 공급을 정지한다. → 공기의 공급을 정지한다. → 급수 후 급수 펌프를 정지한다. → 댐퍼를 닫는다.

14 주철제 방열기를 설치할 때 벽과의 간격은 약 몇 mm 정도로 하는 것이 좋은가?

① 10~30　　　② 50~60
③ 70~80　　　④ 90~100

해설 주철제 방열기를 설치할 때 벽과의 간격 : 50~60mm

15 동관 끝을 원형으로 정형하기 위해 사용하는 공구는?

① 사이징 툴　　② 익스팬더
③ 리머　　　　④ 튜브 벤더

해설 ② 익스팬더 : 동관의 관 끝 확관용 공구이다.
③ 리머 : 동관 절단 후 관의 내·외면에 생긴 거스러미를 제거한다.
④ 튜브 벤더 : 동관 벤딩용 공구이다.

16 보일러에서 라미네이션(lamination)이란?

① 보일러 본체나 수관 등이 사용 중에 내부에서 2장의 층을 형성한 것
② 보일러 강판이 화염에 닿아 불룩 튀어나온 것
③ 보일러 동에 작용하는 응력의 불균일로 동의 일부가 함몰된 것
④ 보일러 강판이 화염에 접촉하여 점식된 것

해설 라미네이션(lamination) : 보일러 본체나 수관 등이 사용 중에 내부에서 2장의 층을 형성한 것

17 증기 난방 방식을 응축수 환수법에 의해 분류하였을 때 해당되지 않는 것은?

① 중력 환수식
② 고압 환수식
③ 기계 환수식
④ 진공 환수식

정답 11 ②　12 ④　13 ④　14 ②　15 ①　16 ①　17 ②

해설 증기 난방 방식을 응축수 환수법에 의해 분류
㉠ 중력 환수식
㉡ 기계 환수식식
㉢ 진공 환수식

18 스프링식 안전 밸브에서 전양정식의 설명으로 옳은 것은?

① 밸브의 양정이 밸브 시트 구경의 $\frac{1}{40} \sim \frac{1}{15}$ 미만인 것

② 밸브의 양정이 밸브 시트 구경의 $\frac{1}{15} \sim \frac{1}{7}$ 미만인 것

③ 밸브의 양정이 밸브 시트 구경의 $\frac{1}{7}$ 이상인 것

④ 밸브 시트 증기 통로 면적은 목부분 면적의 1.05배 이상인 것

해설 스프링식 안전 밸브

종류	크기
저양정식	밸브의 양정이 밸브 시트 구경의 $\frac{1}{40}$ 이상 $\frac{1}{15}$ 미만
고양정식	밸브의 양정이 밸브 시트 구경의 $\frac{1}{15}$ 이상 $\frac{1}{7}$ 미만
전양정식	밸브의 양정이 밸브 시트 구경의 $\frac{1}{7}$ 이상
전량식	밸브 시트 지름이 목부분 지름의 1.15배

19 탄소(C) 1kmol이 완전 연소하여 탄산가스(CO_2)가 될 때 발생하는 열량은 몇 kcal인가?

① 29,200   ② 57,600
③ 68,600   ④ 97,200

해설 $C + O_2 \rightarrow CO_2 + 97,200\,kcal$

20 다음 중 압력의 단위가 아닌 것은?
① mmHg   ② bar
③ N/m^2 ④ $kg \cdot m/s$

해설 압력의 단위
㉠ mmHg
㉡ bar
㉢ N/m^2

21 연통에서 배기되는 가스량이 2,500kg/h이고, 배기가스 온도가 230℃, 가스의 평균 비열이 0.31kcal/kg·℃, 외기 온도가 18℃이면 배기가스에 의한 손실 열량은?

① 164,300kcal/h
② 174,300kcal/h
③ 184,300kcal/h
④ 194,300kcal/h

해설 배기가스에 의한 손실 열량(Q)
= 2,500kg/h × 0.31kcal/kg·℃ × (230−18)℃
= 164,300kcal/h

22 소형 연소기를 실내에 설치하는 경우, 급배기통을 전용 체임버 내에 접속하여 자연 통기력에 의해 급배기하는 방식은?

① 강제 배기식
② 강제 급배기식
③ 자연 급배기식
④ 옥외 급배기식

해설 ③ 자연 급배기식의 설명이다.

정답 18 ③　19 ④　20 ④　21 ①　22 ③

23 다음 그림은 인젝터의 단면을 나타낸 것이다. C부의 명칭은?

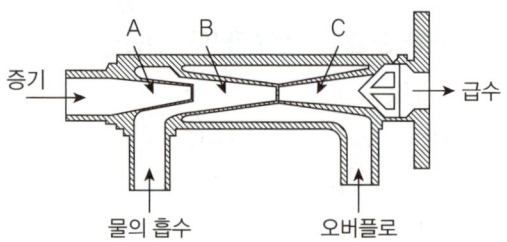

① 증기 노즐
② 혼합 노즐
③ 분출 노즐
④ 고압 노즐

해설 ㉠ A : 증기 노즐
　　　B : 혼합 노즐
　　　C : 분출(배출) 노즐
㉡ 인젝터는 1개월에 1회 시운전을 한다.

24 호칭 지름 15A의 강관을 각도 90도로 구부릴 때 곡선부의 길이는 약 몇 mm인가? (단, 곡선부의 반지름은 90mm로 한다.)

① 141.4　　② 145.5
③ 150.2　　④ 155.3

해설 $l = \pi D \times \dfrac{\theta}{360} = 3.14 \times 180 \times \dfrac{90}{360}$
$= 141.4mm$

25 주철제 벽걸이 방열기의 호칭 방법은?

① W-형×쪽수
② 종별-치수×쪽수
③ 종별-쪽수×형
④ 치수-종별×쪽수

해설 주철제 벽걸이 방열기의 호칭 방법 : W-형×쪽수

26 보일러의 정상 운전 시 수면계에 나타나는 수위의 위치로 가장 적당한 것은?

① 수면계의 최상위
② 수면계의 최하위
③ 수면계의 중간
④ 수면계 하부의 1/3 위치

해설 보일러의 정상 운전 시 수면계에 나타나는 수위의 위치 : 수면계의 중간

27 보일러의 외부 검사에 해당되는 것은?

① 스케일, 슬러지 상태 검사
② 노벽 상태 검사
③ 배관의 누설 상태 검사
④ 연소실의 열 집중 현상 검사

해설 보일러의 외부 검사 : 배관의 누설 상태 검사

28 증기 난방 배관 시공 시 환수관이 문 또는 보와 교차할 때 이용되는 배관 형식으로 위로는 공기, 아래로는 응축수를 유통시킬 수 있도록 시공하는 배관은?

① 루프형 배관　　② 리프트 피팅 배관
③ 하트포드 배관　④ 냉각 배관

해설 ① 루프형 배관 : 환수관이 문 또는 보와 교차할 때 이용되는 배관 형식으로 위로는 공기, 아래로는 응축수를 유통시킬 수 있도록 시공하는 배관
② 리프트 피팅 배관 : 환수 주관보다 높은 곳에 진공 펌프가 있을 때와 방열기보다 높은 곳에 환수 주관을 배관하는 경우 적용된다.
③ 하트포드 배관 : 보일러의 물이 환수관에 역류하여 보일러 속의 수면이 저수위 이하로 내려가는 경우가 있다. 이것을 방지하기 위하여 증기관과 환수관 사이에 균형관을 설치하여 증기 압력과 환수관의 균형을 유지시킴으로써 보일러의 물이 환수관으로 들어가지 않도록 방지하는 역할을 하는 배관

정답 23 ③　24 ①　25 ①　26 ③　27 ③　28 ①

④ 냉각 배관 : 증기나 응축수를 냉각시켜 완전한 응축수를 트랩에 보내는 역할을 하며, 보온 피복을 할 필요가 없다.

29 증기 난방에서 방열기와 벽면과의 적합한 간격(mm)은?

① 30~40 ② 50~60
③ 80~100 ④ 100~120

해설 증기 난방에서 방열기와 벽면과의 간격 : 50~60mm

30 다음 중 연료의 연소 온도에 가장 큰 영향을 미치는 것은?

① 발화점 ② 공기비
③ 인화점 ④ 회분

해설 연료의 연소 온도에 가장 큰 영향을 미치는 것 : 공기비

31 수소 15%, 수분 0.5%인 중유의 고위 발열량이 10,000kcal/kg이다. 이 중유의 저위 발열량은 몇 kcal/kg인가?

① 8,795 ② 8,984
③ 9,085 ④ 9,187

해설 저위 발열량
= 고위 발열량 $- 600(9H+W)$[kcal/kg]
= $10,000 - 600(9 \times 0.15 + 0.005)$
= $9,187$kcal/kg

32 보일러 화염 유무를 검출하는 스택 스위치에 대한 설명으로 틀린 것은?

① 화염의 발열 현상을 이용한 것이다.
② 구조가 간단하다.
③ 버너 용량이 큰 곳에 사용된다.
④ 바이메탈의 신축 작용으로 화염 유무를 검출한다.

해설 ③ 버너 용량이 작은 소용량 온수 보일러에서 사용한다.

33 목표값이 시간에 따라 임의로 변화되는 것은?

① 비율 제어 ② 추종 제어
③ 프로그램 제어 ④ 캐스케이드 제어

해설 ① 비율 제어 : 목표값이 다른 양과 일정한 비율 관계에서 변화되는 추치 제어
③ 프로그램 제어 : 목표값이 이미 정해진 계획에 따라 시간적으로 변화하는 제어
④ 캐스케이드 제어 : 측정 제어라고도 하며, 2개의 제어계를 조합하여 제어량을 1차 조절계로 측정하고, 그 조작 출력으로 2차 조절계의 목표값을 설정한다.

34 연료의 연소에서 환원염이란?

① 산소 부족으로 인한 화염이다.
② 공기비가 너무 클 때의 화염이다.
③ 산소가 많이 포함된 화염이다.
④ 연료를 완전 연소시킬 때의 화염이다.

해설 연료의 연소
㉠ 산화염 : 공기비가 너무 클 때의 화염이다.
㉡ 환원염 : 산소 부족으로 인한 화염이다.

35 보일러 점화 시 역화의 원인과 관계가 없는 것은?

① 착화가 지연될 경우
② 점화원을 사용한 경우
③ 프리퍼지가 불충분한 경우
④ 연료 공급 밸브를 급개하여 다량으로 분무한 경우

정답 29 ② 30 ② 31 ④ 32 ③ 33 ② 34 ① 35 ②

해설 보일러 점화 시 역화의 원인
㉠ 착화가 지연될 경우
㉡ 1차 공기의 압력이 부족할 경우
㉢ 프리퍼지가 불충분한 경우
㉣ 연료 공급 밸브를 급개하여 다량으로 분무한 경우

36 무기질 보온재에 해당되는 것은?

① 암면 ② 펠트
③ 코르크 ④ 기포성 수지

해설 ㉠ 무기질 보온재 : 암면
㉡ 유기질 보온재 : 펠트, 코르크, 기포성 수지

37 압력계로 연결하는 증기관을 황동관이나 동관을 사용할 경우, 증기 온도는 약 몇 ℃ 이하인가?

① 210℃ ② 260℃
③ 310℃ ④ 360℃

해설 압력계로 연결하는 증기관을 황동관이나 동관을 사용 시 증기 온도 : 210℃ 이하

38 보일러 가동 시 매연 발생의 원인과 가장 거리가 먼 것은?

① 연소실 과열
② 연소실 용적의 과소
③ 연료 중의 불순물 혼입
④ 연소용 공기의 공급 부족

해설 ① 연소실의 온도가 낮은 경우

39 천연가스의 비중이 약 0.64라고 표시되었을 때, 비중의 기준은?

① 물 ② 공기
③ 배기가스 ④ 수증기

해설 비중의 기준
㉠ 기체 : 공기
㉡ 액체, 고체 : 물

40 입형 보일러에 대한 설명으로 거리가 먼 것은?

① 보일러 동을 수직으로 세워 설치한 것이다.
② 구조가 간단하고, 설비비가 적게 든다.
③ 내부 청소 및 수리나 검사가 불편하다.
④ 열효율이 높고, 부하 능력이 크다.

해설 ④ 열효율이 낮고, 부하 능력이 작다.

41 중유 보일러의 연소 보조 장치에 속하지 않는 것은?

① 여과기 ② 인젝터
③ 화염 검출기 ④ 오일 프리히터

해설 ② 인젝터 : 급수 장치

42 보일러 청관제 중 보일러수의 연화제로 사용되지 않는 것은?

① 수산화나트륨 ② 탄산나트륨
③ 인산나트륨 ④ 황산나트륨

해설 연화제 : 용수 중의 경도 성분을 슬러지화하여 경질 스케일의 부착을 방지하기 위해 사용되는 약품
㉠ 수산화나트륨
㉡ 탄산나트륨
㉢ 인산나트륨

43 보일러 기수 공발(carry over)의 원인이 아닌 것은?

① 보일러의 증발 능력에 비하여 보일러수의 표면적이 너무 넓다.

정답 36 ① 37 ① 38 ① 39 ② 40 ④ 41 ② 42 ④ 43 ①

② 보일러의 수위가 높아지거나, 송기 시 증기 밸브를 급개하였다.
③ 보일러수 중의 가성소다, 인산소다, 유지분 등의 함유 비율이 많았다.
④ 부유 고형물이나 용해 고형물이 많이 존재하였다.

해설 기수 공발(carry over)의 원인
㉠ 보일러의 수위가 높아지거나 송기 시 증기 밸브를 급개하였다.
㉡ 보일러수 중의 가성소다, 인산소다, 유지분 등의 함유 비율이 많았다.
㉢ 부유 고형물이나 용해 고형물이 많이 존재하였다.

44 고온 배관용 탄소강 강관의 KS 기호는?
① SPHT   ② SPLT
③ SPPS   ④ SPA

해설 ② SPLT : 저온 배관용 강관
③ SPPS : 압력 배관용 탄소강 강관
④ SPA : 배관용 합금강 강관

45 다음 중 보일러의 안전 장치에 해당되지 않는 것은?
① 방출 밸브   ② 방폭문
③ 화염 검출기   ④ 감압 밸브

해설 ④ 감압 밸브 : 보일러의 송기 장치

46 중유의 첨가제 중 슬러지의 생성 방지제 역할을 하는 것은?
① 회분 개질제   ② 탈수제
③ 연소 촉진제   ④ 안정제

해설 안정제의 설명이다.

47 왕복동식 펌프가 아닌 것은?
① 플런저 펌프
② 피스톤 펌프
③ 터빈 펌프
④ 다이어프램 펌프

해설 펌프의 종류
㈎ 왕복동식 펌프
 ㉠ 플런저 펌프
 ㉡ 피스톤 펌프
 ㉢ 다이어프램 펌프
㈏ 회전식 펌프
 ㉠ 터빈 펌프
 ㉡ 볼류트 펌프
 ㉢ 휴젯 펌프

48 보일러 사용 시 이상 저수위의 원인이 아닌 것은 어느 것인가?
① 증기 취출량이 과대한 경우
② 보일러 연결부에서 누출이 되는 경우
③ 급수 장치가 증발 능력에 비해 과소한 경우
④ 급수 탱크 내 급수량이 많은 경우

해설 보일러 사용 시 이상 저수위의 원인
㉠ 증기 취출량이 과대한 경우
㉡ 보일러 연결부에서 누출이 되는 경우
㉢ 급수 장치가 증발 능력에 비해 과소한 경우

49 다음 열효율 증대 장치 중에서 고온 부식이 잘 일어나는 장치는?
① 공기 예열기
② 과열기
③ 증발 전열면
④ 절탄기

해설 과열기는 고온 부식이 잘 일어나는 장치이다.

정답 44 ① 45 ④ 46 ④ 47 ③ 48 ④ 49 ②

50 보일러 급수 처리 방법 중 5,000ppm 이하의 고형물 농도에서는 비경제적이므로 사용하지 않고, 선박용 보일러에 사용하는 급수를 얻을 때 주로 사용하는 방법은?

① 증류법　　　② 가열법
③ 여과법　　　④ 이온 교환법

해설 증류법의 설명이다.

51 다음 중 가스관의 누설 검사 시 사용하는 물질로 가장 적합한 것은?

① 소금물　　　② 증류수
③ 비눗물　　　④ 기름

해설 가스관의 누설 검사 시 사용하는 물질 : 비눗물

52 보일러수 내처리 방법으로 용도에 따른 청관제로 틀린 것은?

① 탈산소제 - 염산, 알코올
② 연화제 - 탄산소다, 인산소다
③ 슬러지 조정제 - 탄닌, 리그닌
④ pH 조정제 - 인산소다, 암모니아

해설 탈산소제 : 보일러수 중의 용존 산소를 처리할 목적으로 사용하는 것
㉠ 탄닌
㉡ 아황산소다
㉢ 히드라진

53 하트포드 접속법(hart-ford connection)을 사용하는 난방 방식은?

① 저압 증기 난방　　② 고압 증기 난방
③ 저온 온수 난방　　④ 고온 온수 난방

해설 하트포드 접속법은 저압 증기 난방의 습식 환수 방식에 사용된다.

54 에너지법에서 정한 지역 에너지 계획을 수립·시행하여야 하는 자는?

① 행정자치부 장관
② 산업통상자원부 장관
③ 한국에너지공단 이사장
④ 특별시장, 광역시장, 도지사 또는 특별자치도지사

해설 지역 에너지 계획을 수립·시행하여야 하는 자 : 특별시장, 광역시장, 도지사 또는 특별자치도지사

55 증기 보일러에는 2개 이상의 안전 밸브를 설치하여야 하는 반면에 1개 이상으로 설치 가능한 보일러의 최대 전열 면적은?

① $50m^2$
② $60m^2$
③ $70m^2$
④ $80m^2$

해설 증기 보일러의 안전 밸브
㉠ 2개 이상으로 설치한다.
㉡ 1개 이상으로 설치 가능한 보일러의 최대 전열 면적은 $50m^2$이다.

56 에너지 이용 합리화법상 에너지 진단 기관의 지정 기준은 누구의 영으로 정하는가?

① 대통령
② 시·도지사
③ 시공업자단체장
④ 산업통상자원부 장관

해설 에너지 진단 기관의 지정 기준 : 대통령령

정답　50 ①　51 ③　52 ①　53 ①　54 ④　55 ①　56 ①

57 열사용 기자재 중 온수를 발생하는 소형 온수 보일러의 적용 범위로 옳은 것은?

① 전열 면적 12m² 이하, 최고 사용 압력 0.25MPa 이하의 온수를 발생하는 것
② 전열 면적 14m² 이하, 최고 사용 압력 0.25MPa 이하의 온수를 발생하는 것
③ 전열 면적 12m² 이하, 최고 사용 압력 0.35MPa 이하의 온수를 발생하는 것
④ 전열 면적 14m² 이하, 최고 사용 압력 0.35MPa 이하의 온수를 발생하는 것

해설 소형 온수 보일러의 적용 범위 : 전열 면적 14m² 이하, 최고 사용 압력 0.35MPa 이하의 온수를 발생하는 것

58 효율 관리 기자재가 최저 소비 효율 기준에 미달하거나 최대 사용량 기준을 초과하는 경우 제조·수입·판매업자에게 어떠한 조치를 명할 수 있는가?

① 생산 또는 판매 금지
② 제조 또는 설치 금지
③ 생산 또는 세관 금지
④ 제조 또는 시공 금지

해설 효율 관리 기자재가 최저 소비 효율 기준에 미달 또는 최대 사용량 기준을 초과하는 경우 제조·수입·판매업자에게 하는 조치 : 생산 또는 판매 금지

59 에너지 이용 합리화법에 따라 산업통상자원부령으로 정하는 광고 매체를 이용하여 효율 관리 기자재의 광고를 하는 경우에는 그 광고 내용에 에너지 소비 효율, 에너지 소비 효율 등급을 포함시켜야 할 의무가 있는 자가 아닌 것은?

① 효율 관리 기자재의 제조업자
② 효율 관리 기자재의 광고업자
③ 효율 관리 기자재의 수입업자
④ 효율 관리 기자재의 판매업자

해설 효율 관리 기자재의 광고를 하는 경우에는 그 광고 내용에 에너지 소비 효율, 에너지 소비 효율 등급을 포함시켜야 할 의무가 있는 자
㉠ 효율 관리 기자재의 제조업자
㉡ 효율 관리 기자재의 수입업자
㉢ 효율 관리 기자재의 판매업자

60 검사 대상 기기 조종 범위 용량이 10t/h 이하인 보일러의 조종자 자격이 아닌 것은?

① 에너지관리기사
② 에너지관리기능장
③ 에너지관리기능사
④ 인정검사 대상 기기 조종자 교육이수자

해설 검사 대상 기기 조종자의 자격 및 조종 범위

조종자의 자격	조종 범위
에너지관리기능장 또는 에너지관리기사	용량이 30t/h를 초과하는 보일러
에너지관리기능장, 에너지관리기사 또는 에너지관리산업기사	용량이 10t/h를 초과하고 30t/h 이하인 보일러
에너지관리기능장, 에너지관리기사, 에너지관리산업기사 또는 에너지관리기능사	용량이 10t/h 이하인 보일러
에너지관리기능장, 에너지관리기사, 에너지관리산업기사, 에너지관리기능사 또는 인정 검사 대상 기기 관리자의 교육을 이수한 자	1. 증기 보일러로서 최고 사용 압력이 1MPa 이하이고, 전열 면적이 10m² 이하인 것 2. 온수 발생 및 열매체를 가열하는 보일러로서 용량이 581.5kW 이하인 것 3. 압력 용기

에너지관리기능사 (2018. 1. 20 시행)

01 다음 중 파형 노통의 종류가 아닌 것은?

① 모리슨형 ② 아담슨형
③ 파브스형 ④ 브라운형

> **해설** 파형 노통의 종류
> ㉠ 모리슨형 ㉡ 파브스형 ㉢ 브라운형

02 증기의 압력에너지를 이용하여 피스톤을 작동시켜 급수를 행하는 비동력 펌프는?

① 워싱턴 펌프 ② 기어 펌프
③ 벌류트 펌프 ④ 디퓨져 펌프

> **해설** ① 워싱턴 펌프의 설명이다.

03 수관식 보일러의 종류에 속하지 않는 것은?

① 자연 순환식
② 강제 순환식
③ 관류식
④ 노통 연관식

> **해설** 수관식 보일러의 종류
> ㉠ 자연 순환식
> ㉡ 강제 순환식
> ㉢ 관류식

04 분사관을 이용해 선단에 노즐을 설치하여 청소하는 것으로 주로 고온의 전열면에 사용하는 슈트 블로어(soot blower)의 형식은?

① 롱 리트랙터블(long retractable)형
② 로터리(rotary)형
③ 건(gun)형
④ 에어 히터 클리너(air heater cleaner)형

> **해설** ① 롱 리트랙터블형의 설명이다.

05 보일러의 연소 가스 폭발 시에 대비한 안전 장치는?

① 방폭문
② 안전 밸브
③ 파괴판
④ 맨홀

> **해설** ① 방폭문의 설명이다.

06 절탄기에 대한 설명 중 옳은 것은?

① 절탄기의 설치 방식은 혼합식과 분배식이 있다.
② 절탄기의 급수 예열 온도는 포화 온도 이상으로 한다.
③ 연료의 절약과 증발량의 감소 및 열효율을 감소시킨다.
④ 급수와 보일러수의 온도차 감소로 열응력을 줄여준다.

> **해설** 절탄기는 급수와 보일러수의 온도차 감소로 열응력을 줄여준다.

07 보일러의 마력을 옳게 나타낸 것은?

① 보일러 마력＝15.65×매시 상당 증발량
② 보일러 마력＝15.65×매시 실제 증발량
③ 보일러 마력＝15.65÷매시 실제 증발량
④ 보일러 마력＝매시 상당 증발량÷15.65

> **해설** ④ 보일러 마력＝매시 상당 증발량÷15.65

정답 01 ② 02 ① 03 ④ 04 ① 05 ① 06 ④ 07 ④

08 다음 중 보일러에서 연소 가스의 배기가 잘 되는 경우는?

① 연도의 단면적이 작을 때
② 배기가스 온도가 높을 때
③ 연도에 급한 굴곡이 있을 때
④ 연도에 공기가 많이 침입될 때

해설 ② 연소 가스의 배기는 배기가스 온도가 높을 때 잘 된다.

09 수관식 보일러에서 건조 증기를 얻기 위하여 설치하는 것은?

① 급수 내관   ② 기수 분리기
③ 수위 경보기   ④ 과열 저감기

해설 ② 기수 분리기의 설명이다.

10 액체 연료의 연소용 공기 공급 방식에서 1차 공기를 설명한 것으로 가장 적합한 것은?

① 연료의 무화와 산화 반응에 필요한 공기
② 연료의 후열에 필요한 공기
③ 연료의 예열에 필요한 공기
④ 연료의 완전 연소에 필요한 부족한 공기를 추가로 공급하는 공기

해설 ① 액체 연료의 연소용 공기 공급 방식에서 1차 공기란 연료의 무화와 산화 반응에 필요한 공기이다.

11 건도를 x라고 할 때 습증기는 어느 것인가?

① $x=0$
② $0<x<1$
③ $x=1$
④ $x>1$

해설 건도(건조도) : 습증기의 전 질량 중 증기가 차지하는 질량비(x)를 말하고, 건조도가 0이면 포화수를 나타내며 건조도가 1이면 건포화 증기를 나타낸다.
0(포화수)<건조도(x)<1(건포화 증기)

12 보일러 부속 장치 설명 중 잘못된 것은?

① 기수 분리기 : 증기 중에 혼입된 수분을 분리하는 장치
② 슈트 블로어 : 보일러 동 저면의 스케일, 침전물 등을 밖으로 배출하는 장치
③ 오일 스트레이너 : 연료 속의 불순물 방지 및 유량계 펌프 등의 고장을 방지하는 장치
④ 스팀 트랩 : 응축수를 자동으로 배출하는 장치

해설 • 분출 장치 : 보일러 동 저면의 스케일, 침전물 등을 밖으로 배출하는 장치
• 슈트 블로어 : 증기나 공기를 이용해서 그을음을 불어 내어 전열 효율을 높이는 장치

13 집진 효율이 대단히 좋고 0.5㎛ 이하 정도의 미세한 입자도 처리할 수 있는 집진 장치는?

① 관성력 집진기
② 전기식 집진기
③ 원심력 집진기
④ 멀티사이클론식 집진기

해설 ② 전기식 집진기의 설명이다.

14 보일러의 자동 제어 장치로 쓰이지 않는 것은?

① 화염 검출기   ② 안전 밸브
③ 수위 검출기   ④ 압력 조절기

해설 보일러의 자동 제어 장치
㉠ 화염 검출기 ㉡ 수위 검출기 ㉢ 압력 조절기

정답 08 ② 09 ② 10 ① 11 ② 12 ② 13 ② 14 ②

15 보일러의 사고 발생 원인 중 제작상의 원인에 해당되지 않는 것은?

① 용접 불량   ② 가스 폭발
③ 강도 부족   ④ 부속 장치 미비

해설 보일러 사고 발생 원인 중 제작상의 원인
㉠ 용접 불량 ㉡ 강도 부족 ㉢ 부속 장치 미비

16 보일러의 검사 기준에 관한 설명으로 틀린 것은?

① 수압 시험은 보일러의 최고 사용 압력이 15kgf/cm²를 초과할 때에는 그 최고 사용 압력의 1.5배의 압력으로 한다.
② 보일러 운전 중에 비눗물 시험 또는 가스 누설 검사기로 배관 접속 부위 및 밸브류 등의 누설 유무를 확인한다.
③ 시험 수압은 규정된 압력의 8% 이상을 초과하지 않도록 모든 경우에 대한 적절한 제어를 마련하여야 한다.
④ 화재, 천재지변 등 부득이한 사정으로 검사를 실시할 수 없는 경우에는 재신청 없이 다시 검사를 하여야 한다.

해설 ③ 시험 수압은 규정된 압력의 6% 이상을 초과하지 않도록 모든 경우에 대한 적절한 제어를 마련하여야 한다.

17 배관의 신축 이음 종류가 아닌 것은?

① 슬리브형
② 벨로스형
③ 루프형
④ 파일럿형

해설 배관의 신축 이음 종류
㉠ 슬리브형 ㉡ 벨로스형 ㉢ 루프형

18 난방 부하 계산 과정에서 고려하지 않아도 되는 것은?

① 난방 형식
② 주위 환경 조건
③ 유리창의 크기 및 문의 크기
④ 실내와 외기의 온도

해설 난방 부하 계산 과정 시 고려할 사항
㉠ 주위 환경 조건
㉡ 유리창의 크기 및 문의 크기
㉢ 실내와 외기의 온도

19 다음 중 보일러 손상의 하나인 압궤가 일어나기 쉬운 부분은?

① 수관   ② 노통
③ 동체   ④ 갤로웨이관

해설 압궤는 노통 상부의 과열로 인해서 노통이 찌그러지는 현상이다.

20 열전도율이 다른 여러 층의 매체를 대상으로 정상 상태에서 고온측으로부터 저온측으로 열이 이동할 때의 평균 열통과율을 의미하는 것은?

① 엔탈피   ② 열복사율
③ 열관류율   ④ 열용량

해설 ③ 열관류율의 설명이다.

21 사용 중인 보일러의 점화 전 주의사항으로 잘못된 것은?

① 연료 계통을 점검한다.
② 각 밸브의 개폐 상태를 확인한다.
③ 댐퍼를 닫고 프리퍼지를 한다.
④ 수면계의 수위를 확인한다.

해설 ③ 프리퍼지를 하고 댐퍼를 닫는다.

정답 15② 16③ 17④ 18① 19② 20③ 21③

22 난방 부하가 2,250kcal/h인 경우 온수 방열기의 방열 면적은 몇 m²인가? (단, 방열기의 방열량은 표준 방열량으로 함.)

① 3.5　　② 4.5
③ 5.0　　④ 8.3

해설 온수 방열기의 방열 면적(m²)

$$= \frac{2,250\text{kcal/h}}{450\text{kcal/h}} = 5\text{m}^2$$

여기서, 온수 방열기의 방열량 :
　　450kcal/h = 7.2(80 − 18)
　　방열기 내·외부 온도차 : 62℃
단, 80 : 방열기를 흐르는 열매의 평균 온도

$$= \frac{\text{방열기 입구 온도} - \text{방열기 출구 온도}}{2}$$

18 : 실내 온도

23 철금속 가열로란 단조가 가능하도록 가열하는 것을 주목적으로 하는 노로서 정격 용량이 몇 kcal/h를 초과하는 것을 말하는가?

① 200,000　　② 500,000
③ 100,000　　④ 300,000

해설 철금속 가열로의 설명이다.

24 급수 탱크의 설치에 대한 설명 중 틀린 것은?

① 급수 탱크를 지하에 설치하는 경우에는 지하수, 하수, 침출수 등이 유입되지 않도록 하여야 한다.
② 급수 탱크의 크기는 용도에 따라 1~2시간 정도 급수를 공급할 수 있는 크기로 한다.
③ 급수 탱크는 얼지 않도록 보온 등 방호 조치를 하여야 한다.
④ 탈기기가 없는 시스템의 경우 급수에 공기 용입 우려로 인해 가열 장치를 설치해서는 안 된다.

해설 ④ 탈기기가 없는 시스템의 경우 급수에 공기 용입 우려로 인해 가열 장치를 설치해야 한다.

25 본래 배관의 회전을 제한하기 위하여 사용되어 왔으나 근래에는 배관계의 축방향의 안내 역할을 하며 축과 직각 방향의 이동을 구속하는 데 사용되는 리스트레인트의 종류는?

① 앵커(anchor)
② 가이드(guide)
③ 스토퍼(stopper)
④ 이어(ear)

해설 ② 가이드(guide)의 설명이다.

26 동관 작업용 공구의 사용 목적이 바르게 설명된 것은?

① 플레어링 툴 세트 : 관 끝을 소켓으로 만듦
② 익스팬더 : 직관에서 분기관 성형 시 사용
③ 사이징 툴 : 관 끝을 원형으로 정형
④ 튜브 벤더 : 동관을 절단함

해설 ① 플레어링 툴 세트 : 관 끝을 플랜지로 한다.
② 익스팬더 : 확관기이다.
④ 튜브 벤더 : 동관을 굽히는 것이다.

27 환수관의 배관 방식에 의한 분류 중 환수 주관을 보일러의 표준 수위보다 낮게 배관하여 환수하는 방식은 어떤 배관 방식인가?

① 건식 환수
② 중력 환수

③ 기계 환수
④ 습식환수

해설 ④ 습식 환수 배관 방식의 설명이다.

28 온실가스 배출량 및 에너지 사용량 등의 보고와 관련하여 관리 업체는 해당 연도 온실가스 배출량 및 에너지 소비량에 관한 명세서를 작성하고 이에 대한 검증 기관의 검증 결과를 언제까지 부문별 관장 기관에 제출하여야 하는가?

① 해당 연도 12월 31일까지
② 다음 연도 1월 31일까지
③ 다음 연도 3월 31일까지
④ 다음 연도 6월 30일까지

해설 ③ 검증 기관의 검증 결과를 다음 연도 3월 31일까지 관장 기관에 제출한다.

29 정부는 국가 전략을 효율적·체계적으로 이행하기 위하여 몇 년마다 저탄소 녹색 성장 국가 전략 5개년 계획을 수립하는가?

① 2년　　② 3년
③ 4년　　④ 5년

해설 정부는 5년마다 저탄소 녹색 성장 국가 전략 5개년 계획을 수립한다.

30 신축·증축 또는 개축하는 건축물에 대하여 그 설계 시 산출된 예상 에너지 사용량의 일정 비율 이상을 신·재생에너지를 이용하여 공급되는 에너지를 사용하도록 신·재생에너지 설비를 의무적으로 설치하게 할 수 있는 기관이 아닌 것은?

① 공기업
② 종교 단체
③ 국가 및 지방자치단체
④ 특별법에 따라 설립된 법인

해설 신·재생에너지 설비를 의무적으로 설치하게 할 수 있는 기관
㉠ 공기업
㉡ 국가 및 지방자치단체
㉢ 특별법에 따라 설립된 법인

31 보일러의 열정산 목적이 아닌 것은?

① 보일러의 성능 개선 자료를 얻을 수 있다.
② 열의 행방을 파악할 수 있다.
③ 연소실의 구조를 알 수 있다.
④ 보일러 효율을 알 수 있다.

해설 열정산 목적
㉠ ①, ②, ④
㉡ 열의 손실을 파악할 수 있다.
㉢ 열설비의 성능을 파악할 수 있다.

32 급수 탱크의 수위 조절기에서 전극형만의 특징에 해당하는 것은?

① 기계적으로 작동이 확실하다.
② 내식성이 강하다.
③ 수면의 유동에서도 영향을 받는다.
④ ON-OFF의 스팬이 긴 경우는 적합하지 않다.

해설 전극형만의 특징 : ON-OFF의 스팬이 긴 경우는 적합하지 않다.

33 증기 난방 시공에서 관말 증기 트랩 장치에서 냉각 레그(cooling leg)의 길이는 일반적으로 몇 m 이상으로 해주어야 하는가?

① 0.7　　② 1.2
③ 1.5　　④ 2.0

해설 관말 증기 트랩 장치에서 냉각 레그(cooling leg)의 길이는 1.5m 이상으로 한다.

정답 28 ③　29 ④　30 ②　31 ③　32 ④　33 ③

34 액체 연료 중 경질유에 주로 사용하는 기화 연소 방식의 종류에 해당하지 않는 것은?

① 포트식 ② 심지식
③ 증발식 ④ 무화식

해설 경질유에 사용하는 기화 연소 방식의 종류
㉠ 포트식
㉡ 심지식
㉢ 증발식

35 슈미트 보일러는 보일러 분류에서 어디에 속하는가?

① 관류식
② 자연 순환식
③ 강제 순환식
④ 간접 가열식

해설 보일러의 종류

종류		실용 예
원통 보일러	노통 보일러	코니시 보일러, 랭커셔 보일러
	입형 보일러	입형 횡관 보일러, 입형 연관식 보일러, 코크란 보일러
	연관 보일러	횡형 연관 보일러, 입형 연관 보일러, 케와니 보일러(기관차형 보일러)
	노통 연관 보일러	스코치 보일러, 노통 연관 패키지 보일러
수관 보일러	자연 순환식 보일러	바브콕 보일러, 윌콕스 보일러, 타쿠마 보일러, 야로우 보일러
	강제 순환식 보일러	섹션 보일러, 라몬트 보일러, 베록스 보일러
	관류 보일러	벤슨 보일러, 슐처 보일러
	복사 보일러	방사 보일러
특수 보일러	폐열 보일러	
	특수 연료 보일러	
	특수 액체 보일러	다우섬 보일러
	간접 가열 보일러	슈미트 보일러
난방용 보일러	주철제 증기 보일러	
	주철제 온수 보일러	

36 버너에서 연료 분사 후 소정의 시간이 경과하여도 착화를 볼 수 없을 때 전자 밸브를 닫아서 연소를 저지하는 제어는?

① 저수위 인터록
② 저연소 인터록
③ 불착화 인터록
④ 프리퍼지 인터록

해설 ③ 불착화 인터록의 설명이다.

37 보일러의 실제 증발량이 7,000kg/h이고, 최대 연속 증발량이 8t/h일 때, 이 보일러의 부하율은 몇 %인가?

① 80.5
② 85
③ 87.5
④ 90

해설 보일러 부하율 = $\dfrac{\text{보일러 실제 증발량}}{\text{최대 연속 증발량}} \times 100$

$= 87.5\%$

여기서, 8ton/h = 8,000kg/h이다.

38 10℃의 물 400kg과 90℃의 더운물 100kg을 혼합하면 혼합 후의 물의 온도는?

① 26℃
② 36℃
③ 54℃
④ 78℃

해설 $\dfrac{(G_1C_1T_1+G_2C_2T_2)}{(G_1C_1+G_2C_2)}$

$= \dfrac{(10\times400+90\times100)}{500}$

$= 26℃$

정답 34 ④ 35 ④ 36 ③ 37 ③ 38 ①

39 보기에서 설명한 송풍기의 종류는?

> - 경량 날개형이며 6~12매의 철판제 직선 날개를 보스에서 방사한 스포크에 리벳 쥠을 한 것이며, 측판이 있는 임펠러와 측판이 없는 것이 있다.
> - 구조가 견고하며 내마모성이 크고 날개를 바꾸기도 쉬우며 회진이 많은 가스의 흡출 통풍기, 미분탄 장치의 배탄기 등에 사용된다.

① 터보 송풍기   ② 다익 송풍기
③ 축류송풍기   ④ 플레이트송풍기

해설 ④ 플레이트 송풍기의 설명이다.

40 플레임 아이에 대하여 옳게 설명한 것은?

① 연도의 가스 온도로 화염의 유무를 검출한다.
② 화염의 도전성을 이용하여 화염의 유무를 검출한다.
③ 화염의 방사선을 감지하여 화염의 유무를 검출한다.
④ 화염의 이온화 현상을 이용해서 화염의 유무를 검출한다.

해설 플레임 아이 : 화염의 방사선을 감지하여 화염의 유무를 검출한다.

41 액화 석유 가스(LPG)의 일반적인 성질에 대한 설명으로 틀린 것은?

① 기화 시 체적이 증가된다.
② 액화 시 작은 용기에 충진이 가능하다.
③ 기체 상태에서 비중이 도시 가스보다 가볍다.
④ 압력이나 온도의 변화에 따라 쉽게 액화, 기화시킬 수 있다.

해설 ③ 기체 상태에서 비중이 도시 가스보다 무겁다.

42 다음 중 임계점에 대한 설명으로 틀린 것은?

① 물의 임계 온도는 374.15℃이다.
② 물의 임계 압력은 225.65kgf/cm²이다.
③ 물의 임계점에서의 증발 잠열은 539kcal/kg이다.
④ 포화수에서 증발의 현상이 없고 액체와 기체의 구별이 없어지는 지점을 말한다.

해설 임계점 : 물을 가열하여 압력을 높이면 어느 지점에서 액체, 기체 상태의 구분이 없어지고 증발 잠열이 0kcal/kg인 상태가 된다.

43 급유 장치에서 보일러 가동 중 연소의 소화, 압력 초과 등 이상 현상 발생 시 긴급히 연료를 차단하는 것은?

① 압력 조절 스위치   ② 압력 제한 스위치
③ 감압 밸브   ④ 전자 밸브

해설 ④ 전자 밸브의 설명이다.

44 급수 예열기(절탄기, economizer)의 형식 및 구조에 대한 설명으로 틀린 것은?

① 설치 방식에 따라 부속식과 집중식으로 분류한다.
② 급수의 가열도에 따라 증발식과 비증발식으로 구분하며, 일반적으로 증발식을 많이 사용한다.
③ 평관 급수 예열기는 부착하기 쉬운 먼지를 함유하는 배기가스에서도 사용할 수 있지만 설치 공간이 넓어야 한다.
④ 핀튜브 급수 예열기를 사용할 경우 배기가스의 먼지 성상에 주의할 필요가 있다.

해설 급수 예열기 : 연도 내의 배기가스를 이용하여 급수를 예열하는 장치이다.

정답 39 ④ 40 ③ 41 ③ 42 ③ 43 ④ 44 ②

45 가스 버너에서 종류를 유도 혼합식과 강제 혼합식으로 구분할 때 유도 혼합식에 속하는 것은?

① 슬릿 버너
② 리본 버너
③ 라디언트 튜브 버너
④ 혼소 버너

[해설] 유도 혼합식 가스 버너 : 슬릿 버너

46 보일러의 보존법 중 장기 보존법에 해당하지 않는 것은?

① 가열 건조법
② 석회 밀폐 건조법
③ 질소 가스 봉입법
④ 소다 만수 보존법

[해설] 보일러의 장기 보존법
㉠ 석회 밀폐 건조법
㉡ 질소 가스 봉입법
㉢ 소다 만수 보존법

47 열팽창에 의한 배관의 이동을 구속 또는 제한하는 배관 지지구인 리스트레인트(restraint)의 종류가 아닌 것은?

① 가이드   ② 앵커
③ 스토퍼   ④ 행거

[해설] 리스트레인트의 종류
㉠ 가이드   ㉡ 앵커   ㉢ 스토퍼

48 보일러를 비상 정지시키는 경우의 일반적인 조치 사항으로 잘못된 것은?

① 압력은 자연히 떨어지게 기다린다.
② 연소 공기의 공급을 멈춘다.
③ 주증기 스톱 밸브를 열어 놓는다.
④ 연료 공급을 중단한다.

[해설] ③ 주증기 스톱 밸브를 닫는다.

49 다음 중 구상 부식(grooving)의 발생 장소로 거리가 먼 것은?

① 경판의 급수 구멍
② 노통의 플랜지 원형부
③ 접시형 경판의 구석 원통부
④ 보일러수의 유속이 늦은 부분

[해설] 구상 부식(grooving)
㈎ 구상 부식이란 보일러의 모재가 연결(용접)되는 부분에서 U자나 V자 모양으로 부식이 발생하는 것
㈏ 구상 부식의 발생 장소
 ㉠ 경판의 급수 구멍
 ㉡ 노통의 플랜지 원형부
 ㉢ 접시형 경판의 구석 원통부

50 난방 부하 $5,600\text{kcal/h}$, 방열기 계수 $7\text{kcal/m}^2\cdot\text{h}\cdot°\text{C}$, 송수 온도 $80°\text{C}$, 환수 온도 $60°\text{C}$, 실내 온도 $20°\text{C}$일 때 방열기의 소요 방열 면적은 몇 m^2인가?

① 8   ② 16
③ 24   ④ 32

[해설] $Q_0 = k(t_2 - t_1) = 7\left(\dfrac{80+60}{2} - 20\right) = 350$

$\therefore S = \dfrac{H_r}{Q_0} = \dfrac{5,600}{350} = 16\text{m}^2$

51 링겔만 농도표는 무엇을 계측하는 데 사용되는가?

① 배출 가스의 매연 농도
② 중유 중의 유황 농도
③ 미분탄의 입도
④ 보일러수의 고형물 농도

[해설] ① 링겔만 농도표는 배출 가스의 매연 농도를 계측한다.

52 배관 이음 중 슬리브형 신축 이음에 관한 설명으로 틀린 것은?

① 슬리브 파이프를 이음쇠 본체 측과 슬라이드 시킴으로써 신축을 흡수하는 이음 방식이다.
② 신축 흡수율이 크고 신축으로 인한 응력 발생이 작다.
③ 배관의 곡선 부분이 있어도 그 비틀림을 슬리브에서 흡수하므로 파손의 우려가 작다.
④ 장기간 사용 시에는 패킹의 마모로 인한 누설이 우려된다.

해설 ③ 배관의 곡선 부분이 있어도 그 비틀림을 슬리브에서 흡수하므로 파손의 우려가 크다.

53 보일러의 옥내 설치 시 보일러 동체 최상부로부터 천장, 배관 등 보일러 상부에 있는 구조물까지의 거리는 몇 m 이상이어야 하는가?

① 0.5
② 0.8
③ 1.0
④ 1.2

해설 보일러 옥내 설치 시 보일러 동체 최상부로부터 천장, 배관 등 보일러 상부에 있는 구조물까지의 거리 : 1.2m 이상

54 서비스 탱크는 자연압에 의하여 유류 연료가 잘 공급될 수 있도록 버너보다 몇 m 이상 높은 장소에 설치하여야 하는가?

① 0.5
② 1.0
③ 1.2
④ 1.5

해설 서비스 탱크는 버너보다 1.5m 이상 높은 장소에 설치한다.

55 사용 중인 보일러의 점화 전에 점검해야 될 사항으로 가장 거리가 먼 것은?

① 급수 장치, 급수 계통 점검
② 보일러 동 내 물때 점검
③ 연소 장치, 통풍 장치의 점검
④ 수면계의 수위 확인 및 조정

해설 사용 중인 보일러 점화 전에 점검해야 될 사항
㉠ 급수 장치, 급수 계통 점검
㉡ 연소 장치, 통풍 장치의 점검
㉢ 수면계의 수위 확인 및 조정

56 보온재를 유기질 보온재와 무기질 보온재로 구분할 때 무기질 보온재에 해당하는 것은?

① 펠트
② 코르크
③ 글라스 폼
④ 기포성 수지

해설 무기질 보온재 : 글라스 폼

57 합성수지 또는 고무질 재료를 사용하여 다공질 제품으로 만든 것이며, 열전도율이 극히 낮고 가벼우며 흡수성은 좋지 않으나 굽힘성이 풍부한 보온재는?

① 펠트
② 기포성 수지
③ 하이 울
④ 프리패브

해설 ② 기포성 수지 보온재의 설명이다.

정답 52 ③ 53 ④ 54 ④ 55 ② 56 ③ 57 ②

58 에너지법에서 사용하는 "에너지"의 정의를 가장 올바르게 나타낸 것은?

① "에너지"라 함은 석유·가스 등 열을 발생하는 열원을 말한다.
② "에너지"라 함은 제품의 원료로 사용되는 것을 말한다.
③ "에너지"라 함은 태양, 조파, 수력과 같이 일을 만들어낼 수 있는 힘이나 능력을 말한다.
④ "에너지"라 함은 연료·열 및 전기를 말한다.

[해설] ④ 에너지란 연료·열 및 전기이다.

59 에너지 사용 계획의 검토 기준, 검토 방법, 그 밖에 필요한 사항을 정하는 영은?

① 산업통상자원부령
② 국토교통부령
③ 대통령령
④ 고용노동부령

[해설] 에너지 사용 계획의 검토 기준, 검토 방법, 그 밖의 필요한 사항 : 산업통상자원부령

60 열사용 기자재 관리 규칙에서 용접 검사가 면제될 수 있는 보일러의 대상 범위로 틀린 것은?

① 강철제 보일러 중 전열 면적이 5m² 이하이고, 최고 사용 압력이 0.35MPa 이하인 것
② 주철제 보일러
③ 제2종 관류 보일러
④ 온수 보일러 중 전열 면적이 18m² 이하이고, 최고 사용 압력이 0.35MPa 이하인 것

[해설] ③ 제1종 관류 보일러

정답 58 ④ 59 ① 60 ③

에너지관리기능사 (2018. 3. 31 시행)

01 보일러 자동 제어에서 신호 전달 방식이 아닌 것은?

① 공기압식   ② 자석식
③ 유압식   ④ 전기식

해설 자동 제어 신호 전달 방식
㉠ 공기압식
㉡ 유압식
㉢ 전기식

02 보일러 자동 제어를 의미하는 용어 중 급수 제어를 뜻하는 것은?

① ABC   ② FWC
③ STC   ④ ACC

해설 보일러 자동 제어(Automatic Boiler Control; ABC)
㉠ 급수 제어(Feed Water Control; FWC)
㉡ 증기 온도 제어(Steam Temperature Control; STC)
㉢ 자동 연소 제어(Automatic Combustion Control; ACC)

03 물질의 온도는 변하지 않고 상(phase) 변화만 일으키는 데 사용되는 열량은?

① 잠열   ② 비열
③ 현열   ④ 반응열

해설
• 잠열 : 물질의 온도는 변하지 않고 상 변화만 일으키는 데 사용되는 열량
• 현열(감열) : 물질의 상태는 변화 없이 온도만 변화시키는 데 소요되는 열량

04 절탄기(economizer) 및 공기 예열기에서 유황(S) 성분에 의해 주로 발생되는 부식은?

① 고온 부식   ② 저온 부식
③ 산화 부식   ④ 점식

해설 ① 고온 부식 : 연료 내에 함유된 바나듐(V)이 산화되어 오산화바나듐(V_2O_5)으로 되어 고온 전열면에 융착되는 부식
③ 산화 부식 : 금속 원소들이 산화되어서 금속 산화물을 만드는 부식
④ 점식(pitting) : 보일러 내면에 작은 점 모양으로 부식이 발생하는 것으로 용존 산소가 급수 중에 유입되어 산화 반응이 일어나면서 발생하는 부식

05 충전탑은 어떤 집진법에 해당되는가?

① 여과식 집진법   ② 관성력식 집진법
③ 세정식 집진법   ④ 중력식 집진법

해설 ③ 세정식 집진법 : 함진 배기가스를 액방울이나 액막에 충돌시켜 매진을 포집 분리하는 집진법
예 충전탑

06 보일러에서 사용하는 급유 펌프에 대한 일반적인 설명으로 틀린 것은?

① 급유 펌프는 점성을 가진 기름을 이송하므로 기어 펌프나 스크류 펌프 등을 주로 사용한다.
② 급유 탱크에서 버너까지 연료를 공급하는 펌프를 수송 펌프(supply pump)라 한다.
③ 급유 펌프의 용량은 서비스 탱크를 1시간 내에 급유할 수 있는 것으로 한다.
④ 펌프 구동용 전동기는 작동유의 정도를 고려하여 30% 정도 여유를 주어 선정한다.

정답 01 ② 02 ② 03 ① 04 ② 05 ③ 06 ②

해설 ② 급유 탱크에서 버너까지 연료를 공급하는 펌프를 가압 펌프라 한다.

07 다음 중 물의 임계 압력은 어느 정도인가?
① 100.43kgf/cm²　② 225.65kgf/cm²
③ 374.15kgf/cm²　④ 539.15kgf/cm²

해설 • 임계 압력 : 포화수가 증발 현상 없이 증기로 변화할 때의 상태점을 임계점이라 하며, 이때의 압력을 임계 압력, 이때의 온도를 임계 온도라 한다.
• ㉠ 물의 임계 압력 : 225.65kgf/cm²
　㉡ 물의 임계 온도 : 374.15℃

08 연소에 있어서 환원염이란?
① 과잉 산소가 많이 포함되어 있는 화염
② 공기비가 커서 완전 연소된 상태의 화염
③ 과잉 공기가 많아 연소 가스가 많은 상태의 화염
④ 산소 부족으로 불완전 연소하여 미연분이 포함된 화염

해설 환원염 : 산소 부족으로 불완전 연소하여 미연분이 포함된 화염

09 연소 방식을 기화 연소 방식과 무화 연소 방식으로 구분할 때 일반적으로 무화 연소 방식을 적용해야 하는 연료는?
① 톨루엔　　　② 중유
③ 등유　　　　④ 경유

해설 연소 방식
㉠ 무화 연소 방식 : 작은 분구에서 액체 연료 입경을 작게 하여 비표면적을 크게 하기 위해서 안개와 같이 분사시키는 것
　예 중유

㉡ 기화 연소 방식 : 연료를 고온의 물체에 접촉 또는 충돌을 주어 액체를 기체의 가연 증기로 바꾸어 연소시키는 것
　예 톨루엔, 등유, 경유

10 증기 보일러에서 압력계 부착 방법에 대한 설명으로 틀린 것은?
① 압력계의 콕은 그 핸들을 수직인 증기관과 동일 방향에 놓은 경우에 열려 있어야 한다.
② 압력계에는 안지름 12.7mm 이상의 사이펀관 또는 동등한 작용을 하는 장치를 설치한다.
③ 압력계는 원칙적으로 보일러의 증기실에 눈금판의 눈금이 잘 보이는 위치에 부착한다.
④ 증기 온도가 483K(210℃)를 넘을 때에는 황동관 또는 동관을 사용하여서는 안 된다.

해설 ② 압력계에는 안지름 6.5mm 이상의 사이펀관 또는 동등한 작용을 하는 장치를 설치한다.

11 인젝터의 작동 불량 원인과 관계가 먼 것은?
① 부품이 마모되어 있는 경우
② 내부 노즐에 이물질이 부착되어 있는 경우
③ 체크 밸브가 고장난 경우
④ 증기 압력이 높은 경우

해설 ④ 증기 압력이 낮은 경우

12 연소 시 공기비가 많은 경우 단점에 해당하는 것은?
① 배기가스량이 많아져서 배기가스에 의한 열손실이 증가한다.
② 불완전연소가 되기 쉽다.
③ 미연소에 의한 열손실이 증가한다.
④ 미연소 가스에 의한 역화의 위험성이 있다.

정답　07 ②　08 ④　09 ②　10 ②　11 ④　12 ①

해설 연소 시 공기비가 많은 경우의 단점 : 배기가스량이 많아져서 배기가스에 의한 열손실이 증가한다.

13 보일러에서 노통의 약한 단점을 보완하기 위해 설치하는 약 1m 정도의 노통 이음을 무엇이라고 하는가?

① 아담슨 조인트
② 보일러 조인트
③ 브리징 조인트
④ 라몬트 조인트

해설 ① 아담슨 조인트의 설명이다.

14 보일러용 가스 버너에서 외부 혼합형 가스 버너의 대표적 형태가 아닌 것은?

① 분젠형
② 스크롤형
③ 센터 파이어형
④ 다분기관형

해설 연료용 공기의 공급 방식에 의한 버너 분류 중 소형 보일러형 버너 : 분젠식, 직화식

15 철금속 가열로 설치 검사 기준에서 다음 괄호 안에 들어갈 항목으로 옳은 것은?

송풍기의 용량은 정격 부하에서 필요한 이론 공기량의 (   )를 공급할 수 있는 용량 이하이어야 한다.

① 80%
② 100%
③ 120%
④ 140%

해설 송풍기의 용량은 정격 부하에서 필요한 이론 공기량의 140%를 공급할 수 있는 용량 이하이어야 한다.

16 온수 난방은 고온수 난방과 저온수 난방으로 분류한다. 저온수 난방의 일반적인 온수 온도는 몇 ℃ 정도를 많이 사용하는가?

① 45~50
② 60~90
③ 100~120
④ 130~150

해설 온수 난방
㉠ 저온수 난방의 온수 온도 : 60~90℃
㉡ 고온수 난방의 온수 온도 : 100℃ 이상

17 신설 보일러의 설치·제작 시 부착된 페인트 유지, 녹 등을 제거하기 위해 소다 보일링(soda boiling)할 때 주입하는 약액 조성에 포함되지 않는 것은?

① 탄산나트륨
② 수산화나트륨
③ 불화수소산
④ 제3인산나트륨

해설 신설 보일러의 설치·제작 시 소다 보일링(soda boiling)할 때 주입하는 약액 조성
㉠ 탄산나트륨
㉡ 수산화나트륨
㉢ 제3인산나트륨

18 배관의 높이를 표시할 때 포장된 지표면을 기준으로 하여 배관 장치의 높이를 표시하는 경우 기입하는 기호는?

① BOP
② TOP
③ GL
④ FL

해설 ① BOP(Bottom Of Pipe) : 지름이 서로 다른 관의 높이 표시 방법이며, 관 외경의 아랫면까지의 높이를 기준으로 표시하는 경우
② TOP(Top Of Pipe) : 관의 외경의 윗면을 기준으로 표시하는 경우
④ FL(Floor Line) : 각 층 바닥면을 기준으로 하여 높이를 표시하는 경우

정답 13 ① 14 ① 15 ④ 16 ② 17 ③ 18 ③

19 다음 중 무기질 보온재에 속하는 것은 어느 것인가?

① 펠트(felt)
② 규조토
③ 코르크(cork)
④ 기포성 수지

해설 보온재
㉠ 무기질 보온재 : 규조토
㉡ 유기질 보온재 : 펠트(felt), 코르크(cork), 기포성 수지

20 빔에 턴버클을 연결하여 파이프로 아랫부분을 받쳐 달아 올린 것이며, 수직 방향에 변위가 없는 곳에 사용하는 것은?

① 리지드 서포트
② 리지드 행거
③ 스토퍼
④ 스프링 서포트

해설 ① 리지드 서포트 : 강도가 높은 재료로 만든 빔으로 여러 개의 관을 동시에 지지할 수 있는 것
③ 스토퍼 : 텐트, 타프 등을 설치하기 위해서 반드시 필요한 것으로 텐트나 타프 본체에 묶은 다음, 고리 형태는 펙에 걸어서 스토퍼로 펙을 통과한 스트링의 길이를 조절하게 하는 것
④ 스프링 서포트 : 스프링의 탄성에 의해 관의 하중에 따라서 상하 이동을 허용한 것

21 증기 난방을 고압 증기 난방과 저압 증기 난방으로 구분할 때 저압 증기 난방의 특징에 해당하지 않는 것은?

① 증기의 압력은 약 $0.15 \sim 0.35 kgf/cm^2$이다.
② 증기 누설의 염려가 작다.
③ 장거리 증기 수송이 가능하다.
④ 방열기의 온도는 낮은 편이다.

해설 ③ 단거리 증기 수송이 가능하다.

22 관 속에 흐르는 유체의 화학적 성질에 따라 배관 재료 선택 시 고려해야 할 사항으로 가장 관계가 먼 것은?

① 수송 유체에 따른 관의 내식성
② 수송 유체와 관의 화학 반응으로 유체의 변질 여부
③ 지중 매설 배관할 때 토질과의 화학 변화
④ 지리적 조건에 따른 수송 문제

해설 관 속에 흐르는 유체의 화학적 성질에 따른 배관 재료의 선택 시 고려 사항
㉠ 수송 유체에 따른 관의 내식성
㉡ 수송 유체와 관의 화학 반응으로 유체의 변질 여부
㉢ 지중 매설 배관할 때 토질과의 화학 변화

23 다음 중 복사 난방의 일반적인 특징이 아닌 것은?

① 외기 온도의 급변화에 따른 온도 조절이 곤란하다.
② 배관 길이가 짧아도 되므로 설비비가 적게 든다.
③ 방열기가 없으므로 바닥면의 이용도가 높다.
④ 공기의 대류가 적으므로 바닥면의 먼지가 상승하지 않는다.

해설 ② 배관의 길이가 길어도 되므로 설비비가 많이 든다.

24 보일러 송기 시 주증기 밸브 작동 요령 설명으로 잘못된 것은?

① 만개 후 조금 되돌려 놓는다.
② 빨리 열고 만개 후 3분 이상 유지한다.
③ 주증기관 내에 소량의 증기를 공급하여 예열한다.
④ 송기하기 전 주증기 밸브 등의 드레인을 제거한다.

정답 19 ② 20 ② 21 ③ 22 ④ 23 ② 24 ②

해설 주증기 밸브는 서서히 연다.

25 보일러의 정격 출력이 7,500kcal/h, 보일러 효율이 85%, 연료의 저위 발열량이 9,500kcal/kg인 경우, 시간당 연료 소모량은 약 얼마인가?

① 1.49kg/h
② 0.93kg/h
③ 1.38kg/h
④ 0.67kg/h

해설 연료 소모량$(G_f) = \dfrac{정격 출력}{\eta \cdot H_l}$

$= \dfrac{7,500}{0.85 \times 9,500}$

$= \dfrac{7,500}{8,075}$

$= 0.93 kg/h$

26 동관의 이음 방법 중 압축 이음에 대한 설명으로 틀린 것은?

① 한쪽 동관의 끝을 나팔 모양으로 넓히고 압축 이음쇠를 이용하여 체결하는 이음 방법이다.
② 진동 등으로 인한 풀림을 방지하기 위하여 더블 너트(double nut)로 체결한다.
③ 점검, 보수 등이 필요한 장소에 쉽게 분해, 조립하기 위하여 사용한다.
④ 압축 이음을 플랜지 이음이라고도 한다.

해설 ④ 압축 이음을 납땜 또는 나사 이음이라고 한다.

27 글라스 울 보온통의 안전 사용(최고) 온도는?

① 100℃
② 200℃
③ 300℃
④ 400℃

해설 글라스 울 안전 사용(최고) 온도 : 300℃

28 에너지법에서 정의한 에너지가 아닌 것은 어느 것인가?

① 연료
② 열
③ 풍력
④ 전기

해설 에너지란 연료 · 열 및 전기를 말한다.

29 신에너지 및 재생에너지 개발 · 이용 · 보급 촉진법에서 규정하는 신 · 재생에너지 설비 중 "지열에너지 설비"의 설명으로 옳은 것은?

① 바람의 에너지를 변환시켜 전기를 생산하는 설비
② 물의 유동 에너지를 변환시켜 전기를 생산하는 설비
③ 폐기물을 변환시켜 연료 및 에너지를 생산하는 설비
④ 물, 지하수 및 지하의 열 등의 온도 차를 변환시켜 에너지를 생산하는 설비

해설 지열 에너지 설비 : 물, 지하수 및 지하의 열 등의 온도 차를 변화시켜 에너지를 생산하는 설비

30 에너지 이용 합리화법에 따라 에너지 다소비업자가 산업통상자원부령으로 정하는 바에 따라 매년 1월 31일까지 시 도지사에게 신고해야 하는 사항과 관련이 없는 것은?

① 전년도의 에너지 사용량 · 제품 생산량
② 전년도의 에너지 이용 합리화 실적 및 해당 연도의 계획
③ 에너지 사용 기자재의 현황
④ 향후 5년간의 에너지 사용 예정량 · 제품 생산 예정량

정답 25 ② 26 ④ 27 ③ 28 ③ 29 ④ 30 ④

해설 에너지 다소비 업자가 산업통상자원부령으로 정하는 바에 따라 1월 31일까지 시·도지사에게 신고해야 하는 사항
㉠ 전년도의 에너지 사용량, 제품 생산량
㉡ 전년도의 에너지 이용 합리화 실적 및 해당 연도의 계획
㉢ 에너지 사용 기자재의 현황

31 다음 부품 중 전후에 바이패스를 설치해서는 안 되는 부품은?

① 급수관
② 연료 차단 밸브
③ 감압 밸브
④ 유류 배관의 유량계

해설 ② 연료 차단 밸브는 전후에 바이패스를 설치해서는 안 된다.

32 피드백 제어를 가장 옳게 설명한 것은?

① 일정하게 정해진 순서에 의해 행하는 제어
② 모든 조건이 충족되지 않으면 정지되어 버리는 제어
③ 출력 측의 신호를 입력 측으로 되돌려 정정 동작을 행하는 제어
④ 사람의 손에 의해 조작되는 제어

해설 피드백 제어(폐회로) : 출력 측의 신호를 입력 측으로 되돌려 정정 동작을 행하는 제어

33 섭씨온도(℃), 화씨온도(℉), 켈빈 온도(K), 랭킨 온도(°R)와의 관계식으로 옳은 것은?

① $℃ = 1.8 \times (℉ - 32)$
② $℉ = \dfrac{(℃ + 32)}{1.8}$
③ $K = \dfrac{5}{9} \times °R$
④ $°R = K \times \dfrac{5}{9}$

해설 ① $℃ = \dfrac{5}{9}(℉ - 32)$
② $℉ = \dfrac{9}{5}℃ + 32$
④ $°R = ℉ + 460 = K \times 1.8$

34 다음 중 과열기에 관한 설명으로 틀린 것은 어느 것인가?

① 연소 방식에 따라 직접 연소식과 간접 연소식으로 구분된다.
② 전열 방식에 따라 복사형, 대류형, 양자 병용형으로 구분된다.
③ 복사형 과열기는 관열관을 연소실 내 또는 노벽에 설치하여 복사열을 이용하는 방식이다.
④ 과열기는 일반적으로 직접 연소식이 널리 사용된다.

해설 ④ 과열기는 일반적으로 간접 연소식이 널리 사용된다.

35 보일러 통풍에 대한 설명으로 틀린 것은 어느 것인가?

① 자연 통풍은 일반적으로 별도의 동력을 사용하지 않은 연돌로 인한 통풍을 말한다.
② 압입 통풍은 연소용 공기를 송풍기로 노 입구에서 대기압보다 높은 압력으로 밀어 넣고 굴뚝의 통풍 작용과 같이 통풍을 유지하는 방식이다.
③ 평형 통풍은 통풍 조절은 용이하나 통풍력이 약하여 주로 소용량 보일러에서 사용한다.

정답 31 ② 32 ③ 33 ③ 34 ④ 35 ③

④ 흡입 통풍은 크게 연소 가스를 직접 통풍기에 빨아들이는 직접 흡입식과 통풍기로 대기를 빨아들이게 하고 이를 이젝터로 보내어 그 작용에 의해 연소 가스를 빨아들이는 간접 흡입식이 있다.

해설 ③ 평형 통풍은 통풍 조절은 용이하나 통풍력이 강하여 주로 대형 보일러에 사용한다.

36 전기식 온수 온도 제한기의 구성 요소에 속하지 않는 것은?

① 온도 설정 다이얼
② 마이크로 스위치
③ 온도차 설정 다이얼
④ 확대용 링 게이지

해설 전기식 온수 온도 제한기의 구성 요소
㉠ 온도 설정 다이얼
㉡ 마이크로 스위치
㉢ 온도차 설정 다이얼

37 고압과 저압 배관 사이에 부착하여 고압 측의 압력 변화 및 증기 소비량 변화에 관계없이 저압 측의 압력을 일정하게 유지해 주는 밸브는 어느 것인가?

① 감압 밸브
② 온도 조절 밸브
③ 안전 밸브
④ 플랩 밸브

해설 ② 온도 조절 밸브 : 증기의 온도를 자동으로 조절하는 밸브
③ 안전 밸브 : 증기 보일러에서 증기 압력이 규정 압력을 초과할 경우 자동적으로 작동하여 고압의 증기를 외부로 분출시켜서 파열 사고를 방지하는 밸브
④ 플랩 밸브 : 유량을 일정하게 하는 밸브

38 보일러 급수 처리의 목적으로 거리가 먼 것은?

① 스케일의 생성 방지
② 점식 등의 내면 부식 방지
③ 캐리 오버의 발생 방지
④ 황분 등에 의한 저온 부식 방지

해설 보일러 급수 처리의 목적
㉠ 스케일의 생성 방지
㉡ 점식 등의 내면 부식 방지
㉢ 캐리 오버의 발생 방지

39 세정식 집진 장치 중 하나인 회전식 집진 장치의 특징에 관한 설명으로 틀린 것은?

① 가동 부분이 적고, 구조가 간단하다.
② 세정 용수가 적게 들며, 급수 배관을 따로 설치할 필요가 없으므로 설치 공간이 작게 든다.
③ 집진물을 회수할 때 탈수, 여과, 건조 등을 수행할 수 있는 별도의 장치가 필요하다.
④ 비교적 큰 압력 손실을 견딜 수 있다.

해설 ② 세정 용수가 적게 들며, 급수 배관을 설치할 필요가 있다.

40 표준 대기압 상태에서 0℃ 물 1kg을 100℃ 증기로 만드는 데 필요한 열량은 몇 kcal인가? (단, 물의 비열은 1kcal/kg·℃이고, 증발 잠열은 539kcal/kg임.)

① 100
② 500
③ 539
④ 639

해설 $Q = Q_1 + Q_2$
$Q_1(현열) = Qc\Delta t = 1 \times 1 \times (100-0) = 100 \text{kcal}$
$Q_2(잠열) = Q\gamma = 1 \times 539 = 539 \text{kcal}$
∴ $Q = 100 + 539 = 639 \text{kcal}$

41 기체 연료의 연소 방식 중 버너의 연료 노즐에서는 연료만을 분출하고 그 주위에서 공기를 별도로 연소실로 분출하여 연료 가스와 공기가 혼합하면서 연소하는 방식으로 산업용 보일러의 대부분이 사용하는 방식은?

① 예증발 연소 방식
② 심지 연소 방식
③ 예혼합 연소 방식
④ 확산 연소 방식

해설 기체 연료의 연소 방식
㉠ 확산 연소(diffusive burning) 방식 : 버너의 연료 노즐에서는 연료만을 분출하고 그 주위에서 공기를 별도로 연소실로 분출하여 연료 가스와 공기가 혼합하면서 연소하는 방식으로 산업용 보일러의 대부분이 사용하는 방식이다.
㉡ 예혼합 연소(premixing burning) 방식 : 연료와 공기를 미리 가연 농도의 균일한 조성으로 혼합하여 버너로 분출시켜 연소하는 방식으로 연소실 부하율을 높게 얻을 수 있기 때문에 연소실의 체적이나 길이가 작아도 되는 이점이 있는 반면, 버너에서 상류의 혼합기로 역화를 일으킬 위험성이 크고, 화염면(flame front)이 자력으로 전파되어 가는 방식이다.

42 저수위 등에 따른 이상 온도의 상승으로 보일러가 과열되었을 때 작동하는 안전 장치는?

① 가용 마개   ② 인젝터
③ 수위계   ④ 증기 헤더

해설 ① 가용 마개(가용전)의 설명이다.

43 다음 중 매시간 1,000kg의 LPG를 연소시켜 15,000kg/h의 증기를 발생하는 보일러의 효율(%)은 약 얼마인가? (단, LPG의 총 발열량은 12,980kcal/kg, 발생 증기 엔탈피는 750kcal/kg, 급수 엔탈피는 18kcal/kg임.)

① 79.8   ② 84.6
③ 88.4   ④ 94.2

해설 $\eta = \dfrac{\text{유효 출열}(Q_s)}{\text{입열 합계}(Q_f)} \times 100$

$= \dfrac{15,000 \times (750 - 18)}{1,000 \times 12,980}$

$= 0.846$

$= 84.6\%$

44 보일러용 연료 중에서 고체 연료의 일반적인 주성분은? (단, 중량%를 기준으로 한 주성분을 구한다.)

① 탄소
② 산소
③ 수소
④ 질소

해설 고체 연료의 일반적인 주성분 : 탄소(C)

45 연소의 3대 조건이 아닌 것은?

① 이산화탄소 공급원
② 가연성 물질
③ 산소 공급원
④ 점화원

해설 연소의 3대 조건
㉠ 가연성 물질
㉡ 산소 공급원
㉢ 점화원

46 보일러에서 팽창 탱크의 설치 목적에 대한 설명으로 틀린 것은?

① 체적 팽창, 이상 팽창에 의한 압력을 흡수한다.
② 장치 내의 온도와 압력을 일정하게 유지한다.
③ 보충수를 공급하여 준다.
④ 관수를 배출하여 열손실을 방지한다.

정답 41 ④ 42 ① 43 ② 44 ① 45 ① 46 ④

해설 ④ 관수를 배출하지 않는다.

47 보일러 설치 기술 규격(KBI)에 따라 열매체유 팽창 탱크의 공간부에는 열매체의 노화를 방지하기 위해 N_2 가스를 봉입하는데, 이 가스의 압력이 너무 높게 되지 않도록 설정하는 팽창 탱크의 최소 체적(V_T)을 구하는 식으로 옳은 것은? [단, V_E는 승온 시 시스템 내의 열매체유 팽창량(L)이고, V_M은 상온 시 탱크 내 열매체유 보유량(L)임.]

① $V_T = V_E + 2V_M$
② $V_T = 2V_E + V_M$
③ $V_T = 2V_E + 2V_M$
④ $V_T = 3V_E + V_M$

해설 팽창 탱크의 최소 체적(V_T) = $2V_E + V_M$
여기서,
V_E : 승온 시 시스템 내의 열매체유 팽창량(L)
V_M : 상온 시 탱크 내 열매체유 보유량(L)

48 배관의 나사 이음과 비교하여 용접 이음의 장점이 아닌 것은?

① 누수의 염려가 작다.
② 관 두께에 불균일한 부분이 생기지 않는다.
③ 이음부의 강도가 크다.
④ 열에 의한 잔류 응력 발생이 거의 일어나지 않는다.

해설 ④ 열에 의한 잔류 응력 발생이 일어난다.

49 어떤 건물의 소요 난방 부하가 54,600kcal/h이다. 주철제 방열기로 증기 난방을 한다면 약 몇 쪽(section)의 방열기를 설치해야 하는가? (단, 표준 방열량으로 계산하며, 주철제 방열기의 쪽당 방열 면적은 0.24m²임.)

① 330쪽
② 350쪽
③ 380쪽
④ 400쪽

해설 방열기의 섹션 수(증기 난방 시)
$= \dfrac{\text{전손실 열량(kcal/h)}}{650 \times \text{쪽당 방열 면적(m}^2\text{)}}$
$= \dfrac{54,600}{650 \times 0.24}$
$= 350$쪽

50 다음 보온재 중 유기질 보온재에 속하는 것은?

① 규조토
② 탄산마그네슘
③ 유리 섬유
④ 코르크

해설 보온재
㉠ 유기질 보온재 : 코르크(cork), 펠트(felt), 텍스(tex), 기포성 수지 등
㉡ 무기질 보온재 : 규조토, 탄산마그네슘, 유리 섬유(글라스 울), 석면(아스베스토스), 암면 등

51 보일러 작업 종료 시의 주요 점검 사항으로 틀린 것은?

① 전기의 스위치가 내려져 있는지 점검한다.
② 난방용 보일러에 대해서는 드레인의 횟수를 확인하고, 진공 펌프를 가동시켜 놓는다.
③ 작업 종료 시 증기 압력이 어느 정도인지 점검한다.
④ 증기 밸브로부터 누설이 없는지 점검한다.

해설 ② 난방용 보일러에 대해서는 드레인의 횟수를 확인하고, 진공 펌프를 정지시켜 놓는다.

정답 47 ② 48 ④ 49 ② 50 ④ 51 ②

52 지역 난방의 일반적인 장점으로 거리가 먼 것은?

① 각 건물마다 보일러 시설이 필요 없고, 연료비와 인건비를 줄일 수 있다.
② 시설이 대규모이므로 관리가 용이하고 열효율 면에서 유리하다.
③ 지역 난방 설비에서 배관의 길이가 짧아 배관에 의한 열손실이 적다.
④ 고압 증기나 고온수를 사용하여 관의 지름을 작게 할 수 있다.

해설 ③ 지역 난방 설비에서 배관의 길이가 길고 배관에 의한 열손실이 많다.

53 상용 보일러의 점화 전 연소 계통의 점검에 관한 설명으로 틀린 것은?

① 중유 예열기를 가동하되 예열기가 증기 가열식인 경우에는 드레인을 배출시키지 않은 상태에서 가열한다.
② 연료 배관, 스트레이너, 연료 펌프 및 수동 차단 밸브의 개폐 상태를 확인한다.
③ 연소 가스 통로가 긴 경우와 구부러진 부분이 많을 경우에는 완전한 환기가 필요하다.
④ 연소실 및 연도 내의 잔류 가스를 배출하기 위하여 연도의 각 댐퍼를 전부 열어놓고 통풍기로 환기시킨다.

해설 ① 중유 예열기를 가동하되 예열기가 증기 가열식인 경우에는 드레인을 배출시키는 상태에서 가열한다.

54 다음 중 동관 이음의 종류에 해당하지 않는 것은?

① 납땜 이음
② 기볼트 이음
③ 플레어 이음
④ 플랜지 이음

해설 동관 이음의 종류
㉠ 납땜 이음
㉡ 플레어(압축) 이음
㉢ 플랜지 이음
㉣ 용접 이음

55 관의 결합 방식 표시 방법 중 유니언식의 그림 기호로 맞는 것은?

① ──┼──
② ──●──
③ ──╫──
④ ──╫╫──

해설 ① 나사 이음
② 용접 이음
③ 플랜지 이음
④ 유니언 이음

56 다음 보온재 중 안전 사용(최고) 온도가 가장 낮은 것은?

① 탄산마그네슘 물 반죽 보온재
② 규산칼슘 보온판
③ 경질 폼 러버 보온통
④ 글라스 울 블랭킷

해설 ① 250℃
② 650℃
③ 180℃
④ 300℃

정답 52 ③ 53 ① 54 ② 55 ④ 56 ③

57 파이프 축에 대하여 직각 방향으로 개폐되는 밸브로 유체의 흐름에 따른 마찰 저항 손실이 작으며, 난방 배관 등에 주로 이용되나 절반만 개폐하면 디스크 뒷면에 와류가 발생되어 유량 조절용으로는 부적합한 밸브는?

① 버터플라이 밸브
② 슬루스 밸브
③ 글로브 밸브
④ 콕

해설 ② 슬루스 밸브의 설명이다.

58 신에너지 및 재생에너지 개발·이용·보급 촉진 법에 따라 신·재생에너지의 기술 개발 및 이용 보급을 촉진하기 위한 기본 계획은 누가 수립하는가?

① 교육부 장관
② 환경부 장관
③ 국토교통부 장관
④ 산업통상자원부 장관

해설 신·재생에너지의 기술 개발 및 기본 계획 수립은 산업통상자원부 장관이 한다.

59 에너지 이용 합리화법에 따라 효율 관리 기자재 중 하나인 가정용 가스 보일러의 제조업자 또는 수입업자는 소비 효율 또는 소비 효율 등급을 라벨에 표시하여 나타내야 하는데, 이때 표시해야 하는 항목에 해당하지 않는 것은?

① 난방 출력
② 표시 난방 열효율
③ 1시간 사용 시 CO_2 배출량
④ 소비 효율 등급

해설 가스 보일러의 제조업자 또는 수입업자의 소비 효율 등급 라벨 표시 항목
㉠ 난방 출력
㉡ 표시 난방 열효율
㉢ 소비 효율 등급

60 에너지 이용 합리화법에 따라 보일러 개조 검사의 경우 검사 유효 기간으로 옳은 것은 어느 것인가?

① 6개월   ② 1년
③ 2년   ④ 5년

해설 보일러 개조 검사 시 검사 유효 기간 : 1년

정답 57 ② 58 ④ 59 ③ 60 ②

에너지관리기능사 (2018. 7. 7 시행)

01 오일 버너 종류 중 회전 컵의 회전 운동에 의한 원심력과 미립화용 1차 공기의 운동에너지를 이용하여 연료를 분무시키는 버너는?

① 건타입 버너
② 로터리 버너
③ 유압식 버너
④ 기류 분무식 버너

해설 ① 건타입 버너(gun-type burner) : 소형 보일러에 사용되며, 오일에 높은 압력을 주고 작은 구멍에서 분출시켜 미세한 액체의 작은 방울을 만든 다음 이를 연소시키는 방식이다.
③ 유압식 버너(압력 분무 버너) : 액체를 노즐로부터 분출할 때의 액체의 압력, 분사 압력을 높일수록 분출된 액의 운동에너지가 증가한다. 따라서 분사 압력이 높을수록 분무 연소가 양호해진다.
④ 기류 분무식 버너 : 중유를 2~10kg/cm² 정도의 고압 공기로 무화하는 고압 기류식 버너와 0.02~0.2kg/cm² 정도의 저압 공기로 무화하는 저압 공기식 버너가 있다. 또 공기와 중유의 혼합 형식에는 분사 구멍의 외부에서 혼합하는 외부 혼합식과 내부에서 혼합하는 내부 혼합식이 있다.

02 오일 여과기의 기능으로 거리가 먼 것은?

① 펌프를 보호한다.
② 유량계를 보호한다.
③ 연료 노즐 및 연료 조절 밸브를 보호한다.
④ 분무 효과를 높여 연소를 양호하게 하고 연소 생성물을 활성화시킨다.

해설 오일 여과기(oil strainer)
㈎ 연료유 속에 함유된 토사, 쇠의 녹, 먼지 등의 고형물을 여과하여 오일 버너의 노즐이나 오일 펌프, 오일 유량계로 들어가는 고형의 물의 끼임에 의한 트러블을 방지하기 위하여 오일 배관 계통에 사용하는 여과기이다. 구조적으로는 철망식과 층판식으로 대별한다.
㈏ 오일 여과기 기능
 ㉠ 펌프를 보호한다.
 ㉡ 유량계를 보호한다.
 ㉢ 연료 노즐 및 연료 조절 밸브를 보호한다.

03 노통 보일러에서 갤로웨이관(galloway tube)을 설치하는 목적으로 가장 옳은 것은?

① 스케일 부착을 방지하기 위하여
② 노통의 보강과 양호한 물 순환을 위하여
③ 노통의 진동을 방지하기 위하여
④ 연료의 완전 연소를 위하여

해설 노통 보일러에서 갤로웨이관(galloway tube)을 설치하는 목적 : 노통의 보강과 양호한 물 순환을 위하여

04 건배기가스 중의 이산화탄소분 최댓값이 15.7%이다. 공기비를 1.2로 할 경우 건배기가스 중의 이산화탄소분은 몇 %인가?

① 11.21
② 12.07
③ 13.08
④ 17.58

해설 공기비$(m) = \dfrac{15.7\%}{CO_2\%}$

$CO_2\% = \dfrac{15.7}{1.2} = 13.08$

05 다음 자동 제어에 대한 설명에서 온-오프(ON-OFF) 제어에 해당되는 것은?

① 제어량이 목표값을 기준으로 열거나 닫는 2개의 조작량을 가진다.

② 비교부의 출력이 조작량에 비례하여 변화한다.
③ 출력 편차량의 시간 적분에 비례한 속도로 조작량을 변화시킨다.
④ 어떤 출력 편차의 시간 변화에 비례하여 조작량을 변화시킨다.

해설 온-오프(ON-OFF) 제어 : 제어량이 목표값을 기준으로 열거나 닫는 2개의 조작량을 갖는다.

06 통풍 방식에 있어서 소요 동력이 비교적 많으나 통풍력 조절이 용이하고, 노내압을 정압 및 부압으로 임의로 조절이 가능한 방식은?

① 흡인 통풍   ② 압입 통풍
③ 평형 통풍   ④ 자연 통풍

해설 ① 흡인(유인) 통풍 : 송풍기를 연도에 설치하여 배기가스를 연도로 강제로 배출하는 방식
② 압입 통풍 : 송풍기를 이용하여 연소용 공기를 연소실 앞에서 노내로 불어넣어 공급하는 방식
④ 자연 통풍 : 배기가스의 부력을 이용하여 연돌로부터 흡입 통풍을 하는 것

07 다음 도시 가스의 종류를 크게 천연 가스와 석유계 가스, 석탄계 가스로 구분할 때 석유계 가스에 속하지 않는 것은?

① 코르크 가스   ② LPG 변성 가스
③ 나프타 분해 가스   ④ 정제소 가스

해설 석유계 가스의 종류
㉠ LPG 변성 가스
㉡ 나프타 분해 가스
㉢ 정제소 가스

08 다음 중 연소 시에 매연 등의 공해 물질이 가장 적게 발생되는 연료는?

① 액화 천연가스   ② 석탄
③ 중유   ④ 경유

해설 기체 연료는 액체 연료에 비해 연소 효율이 높아 매연 등의 공해 물질이 가장 적게 발생된다.

09 1보일러 마력을 열량으로 환산하면 몇 kcal/h인가?

① 8,435   ② 9,435
③ 7,435   ④ 10,173

해설 • 보일러 마력 : 상당(환산) 증발량 값이 15.65kg/h인 보일러
• 증기 보일러 열출력＝상당 증발량×539kcal/kg
• 1보일러 마력의 열출력＝15.65×539＝8,435kcal/h

10 석탄의 함유 성분에 대해서 그 성분이 많을수록 연소에 미치는 영향에 대한 설명으로 틀린 것은?

① 수분 : 착화성이 저하된다.
② 회분 : 연소 효율이 증가한다.
③ 휘발분 : 검은 매연이 발생하기 쉽다.
④ 고정 탄소 : 발열량이 증가한다.

해설 ② 회분 : 연소 효율이 감소한다.

11 보일러 부속 장치에 관한 설명으로 틀린 것은?

① 배기가스의 여열을 이용하여 급수를 예열하는 장치를 절탄기라 한다.
② 배기가스의 열로 연소용 공기를 예열하는 것을 공기 예열기라 한다.
③ 고압 증기 터빈에서 팽창되어 압력이 저하된 증기를 재가열하는 것을 과열기라 한다.
④ 오일 프리 히터는 기름을 예열하여 점도를 낮추고 연소를 원활히 하는 데 목적이 있다.

정답 06 ③ 07 ① 08 ① 09 ① 10 ② 11 ③

해설 ③ 재열기에 대한 설명이다.

12 전기식 증기 압력 조절기에서 증기가 벨로스 내에 직접 침입하지 않도록 설치하는 것으로 가장 적합한 것은?

① 신축 이음쇠
② 균압관
③ 사이펀관
④ 안전 밸브

해설 사이펀관의 설명이다.

13 외분식 보일러의 특징 설명으로 거리가 먼 것은?

① 연소실 개조가 용이하다.
② 노내 온도가 높다.
③ 연료의 선택 범위가 넓다.
④ 복사열의 흡수가 많다.

해설 ④ 복사열의 흡수가 적다.

14 다음 중 보일러에서 사용하는 안전 밸브 구조의 일반 사항에 대한 설명으로 틀린 것은 어느 것인가?

① 설정 압력이 3MPa을 초과하는 증기 또는 온도가 508K을 초과하는 유체에 사용하는 안전 밸브에는 스프링이 분출하는 유체에 직접 노출되지 않도록 하여야 한다.
② 안전 밸브는 그 일부가 파손되어도 충분한 분출량을 얻을 수 있는 것이어야 한다.
③ 안전 밸브는 쉽게 조정이 가능하도록 잘 보이는 곳에 설치하고 봉인하지 않도록 한다.
④ 안전 밸브의 부착부는 배기에 의한 반동력에 대하여 충분한 강도가 있어야 한다.

해설 ③ 안전 밸브는 쉽게 조정이 가능하도록 잘 보이는 곳에 설치하고 봉인한다.

15 보일러 가동 중 실화(失火)가 되거나, 압력이 규정치를 초과하는 경우에 연료 공급을 자동적으로 차단하는 장치는?

① 광전관
② 화염 검출기
③ 전자 밸브
④ 체크 밸브

해설 ① 광전관(photoelectric tube) : 광전 효과를 이용하여 전기식 신호를 만드는 진공관으로 음극에서 빛에너지를 흡수하여 광전자를 방출하고 양극에서 광전자를 모아 전류를 만든다.
② 화염 검출기(flame project) : 연소실 내의 화염 상태가 불안정하거나 실화 시에 이를 검출하여 전자 밸브로 연료 공급을 차단하여 역화나 미연소 가스 축적으로 인한 폭발 사고를 사전에 방지해 주는 안전 장치이다.
④ 체크 밸브(check valve) : 액체의 역류를 방지하기 위해 한쪽 방향으로만 흐르게 하는 밸브이다.

16 보일러의 휴지(休止) 보존 시에 질소 가스 봉입 보존법을 사용할 경우 질소 가스의 압력을 몇 MPa 정도로 보존하는가?

① 0.2
② 0.6
③ 0.02
④ 0.06

해설 보일러의 휴지 보존 : 질소 가스 봉입 보존법을 사용할 경우 질소 가스의 압력을 0.06MPa 정도로 보존한다.

정답 12 ③ 13 ④ 14 ③ 15 ③ 16 ④

17 증기, 물, 기름 배관 등에 사용되며 관 내의 이물질, 찌꺼기 등을 제거할 목적으로 사용되는 것은?

① 플로트 밸브 ② 스트레이너
③ 세정 밸브 ④ 분수 밸브

해설 ① 플로트 밸브(float valve) : 밸브의 가동 부분이 부자의 역할을 하고, 그 상부의 돌출부와 밸브실의 틈새가 부자의 상하 움직임에 따라 자동적으로 가감되는 구조의 밸브이다.
③ 세정 밸브(flush valve) : 세척 밸브라고도 하며, 대변기 또는 소변기 등을 세척할 때 직접 급수관의 물을 이용하는 경우에 사용하는 밸브로 연속 사용이 가능하고, 소형으로 장소를 작게 차지한다. 또한 다량의 물을 일시에 흘려 보내게 되면 수격 작용이 발생하기 쉬우며, 세척할 때의 소음이 크다. 일반적으로 대변기에는 핸들식을 사용하며, 소변기에는 푸시 버튼식을 사용한다.
④ 분수 밸브 : 물이 분수처럼 솟아오르게 Y형 분리기와 물을 차단하는 밸브이다.

18 보일러에서 사용하는 수면계 설치 기준에 관한 설명 중 잘못된 것은?

① 유리 수면계는 보일러의 최고 사용 압력과 그에 상당하는 증기 온도에서 원활히 작용하는 기능을 가져야 한다.
② 소용량 및 소형 관류 보일러에는 2개 이상의 유리 수면계를 부착해야 한다.
③ 최고 사용 압력 1MPa 이하로서 동체 안지름이 750mm 미만인 경우에 있어서는 수면계 중 1개는 다른 종류의 수면 측정 장치로 할 수 있다.
④ 2개 이상의 원격 지시 수면계를 시설하는 경우에 한하여 유리 수면계를 1개 이상으로 할 수 있다.

해설 ② 소용량 및 소형 관류 보일러에는 1개 이상의 유리 수면계를 부착해야 한다.

19 온수 난방을 하는 방열기의 표준 방열량은 몇 kcal/m²·h인가?

① 440 ② 450
③ 460 ④ 470

해설 온수 난방을 하는 방열기의 표준 방열량 : 450kcal/m²·h

20 배관 내에 흐르는 유체의 종류를 표시하는 기호 중 증기를 나타내는 것은?

① A ② G
③ S ④ O

해설 ① A : 공기 ② G : 가스
③ S : 수증기 ④ O : 유류

21 부식 억제제의 구비 조건에 해당하지 않는 것은?

① 스케일의 생성을 촉진할 것
② 정지나 유동 시에도 부식 억제 효과가 클 것
③ 방식 피막이 두꺼우며 열전도에 지장이 없을 것
④ 이중 금속과의 접촉 부식 및 이중 금속에 대한 부식 촉진 작용이 없을 것

해설 ① 스케일의 생성을 방지한다.

22 열사용 기자재 검사 기준에 따라 수압 시험을 할 때 강철제 보일러의 최고 사용 압력이 0.43MPa 초과, 1.5MPa 이하인 보일러의 수압 시험 압력은?

① 최고 사용 압력의 2배+0.1MPa
② 최고 사용 압력의 1.5배+0.2MPa
③ 최고 사용 압력의 1.3배+0.3MPa
④ 최고 사용 압력의 2.5배+0.5MPa

정답 17 ② 18 ② 19 ② 20 ③ 21 ① 22 ③

해설 강철제 보일러의 수압 시험 압력

최고 사용 압력	수압 시험 압력
0.43MPa 이하	최고 사용 압력의 2배 (단, 그 시험 압력이 0.2MPa 미만인 경우에는 0.2MPa로 한다)
0.43MPa 초과 1.5MPa 이하	최고 사용 압력의 1.3배+0.3MPa
1.5MPa 초과	최고 사용 압력의 1.5배

23 신축 곡관이라고도 하며 고온, 고압용 증기관 등의 옥외 배관에 많이 쓰이는 신축 이음은?

① 벨로스형
② 슬리브형
③ 스위블형
④ 루프형

해설 ① 벨로스형 : 배관의 축방향 변위를 흡수할 수 있는 신축 이음(expansion joint)으로, 물결 형상으로 가압한 관(벨로스)이 신축한다.
② 슬리브형 : 이음 본체 속에 미끄러질 수 있는 슬리브 파이프를 넣고 석면을 흑연으로 처리한 패킹제를 끼워 설치한 신축 이음이다.
③ 스위블형 : 배관을 상온과 유체가 흐르는 온도 간에 온도차가 있는 경우 팽창 또는 수축되므로 이를 해결하기 위하여 플렉시블 튜브와 같은 신축 이음을 한다.

24 보일러 배관 중에 신축 이음을 하는 목적으로 가장 적합한 것은?

① 증기 속의 이물질을 제거하기 위하여
② 열팽창에 의한 관의 파열을 막기 위하여
③ 보일러수의 누수를 막기 위하여
④ 증기 속의 수분을 분리하기 위하여

해설 보일러 배관 중에 신축 이음을 하는 목적 : 열팽창에 의한 관의 파열을 막기 위하여

25 증기 보일러에는 원칙적으로 2개 이상의 안전 밸브를 부착해야 하는데, 전열 면적이 몇 m² 이하이면 안전 밸브를 1개 이상 부착해도 되는가?

① 50
② 30
③ 80
④ 100

해설 증기 보일러 : 원칙적으로 2개 이상의 안전 밸브를 부착한다. 단, 전열 면적이 50m² 이하이면 안전 밸브를 1개 이상 부착해도 된다.

26 온수 순환 방법에서 순환이 빠르고 균일하게 급탕할 수 있는 방법은?

① 단관 중력 순환식 배관법
② 복관 중력 순환식 배관법
③ 건식 순환식 배관법
④ 강제 순환식 배관법

해설 온수 순환 방법
㉠ 단관 중력 순환식 배관법 : 온수 주관을 하향 기울기로 하여 공기가 모두 팽창 탱크로 빠지도록 한 것
㉡ 복관 중력 순환식 배관법 : 상향 공급식이란, 온수 공급관은 상향 기울기, 복귀관은 하향 기울기로 한 것. 하향 공급식은 공급관, 복귀관 모두 하향 기울기로 한 것
㉢ 강제 순환식 배관법 : 온수 순환 방법에서 순환이 빠르고 균일하게 급탕할 수 있는 방법

27 보일러 점화 조작 시 주의 사항에 대한 설명으로 틀린 것은?

① 연소실의 온도가 높으면 연료의 확산이 불량해져서 착화가 잘 안 된다.
② 연료 가스의 유출 속도가 너무 빠르면 실화 등이 일어나고, 너무 늦으면 역화가 발생한다.
③ 연료의 유압이 낮으면 점화 및 분사가 불량하고 높으면 그을음이 축적된다.
④ 프리퍼지 시간이 너무 길면 연소실의 냉각을 초래하고 너무 늦으면 역화를 일으킬 수 있다.

정답 23 ④ 24 ② 25 ① 26 ④ 27 ①

해설 ① 연소실의 온도가 높으면 연료의 확산이 양호해져서 착화가 잘 된다.

28 에너지 이용 합리화법에서 정한 국가에너지절약추진위원회의 위원장은 누구인가?

① 산업통상자원부 장관
② 지방자치단체의 장
③ 국무총리
④ 대통령

해설 국가에너지절약추진위원회의 위원장 : 산업통상자원부 장관

29 에너지 이용 합리화법에 따라 에너지 사용 계획을 수립하여 산업통상자원부 장관에게 제출하여야 하는 민간 사업 주관자의 시설 규모로 맞는 것은?

① 연간 2,500티오이 이상의 연료 및 열을 사용하는 시설
② 연간 5,000티오이 이상의 연료 및 열을 사용하는 시설
③ 연간 1천만 킬로와트 이상의 전력을 사용하는 시설
④ 연간 500만 킬로와트 이상의 전력을 사용하는 시설

해설 에너지 사용 계획을 수립하여 산업통상자원부 장관에게 제출하여야 하는 민간 사업 주관자의 시설 규모 : 연간 5,000티오이 이상의 연료 및 열을 사용하는 시설

30 에너지 이용 합리화법상 효율 관리 기자재에 해당하지 않는 것은?

① 전기 냉장고
② 전기 냉방기
③ 자동차
④ 범용 선반

해설 효율 관리 기자재
㉠ 전기 냉장고 ㉡ 전기 냉방기
㉢ 전기 세탁기 ㉣ 조명 기기
㉤ 삼상 유도 전동기 ㉥ 자동차
㉦ 그 밖에 산업통상자원부 장관이 그 효율의 향상이 특히 필요하다고 인정하여 고시하는 기자재 및 설비

31 엔탈피가 25kcal/kg인 급수를 받아 1시간당 20,000kg의 증기를 발생하는 경우 이 보일러의 매시 환산 증발량은 몇 kg/h인가? (단, 발생 증기 엔탈피는 725kcal/kg임.)

① 3,246
② 6,493
③ 12,987
④ 25,974

해설 환산 증발량 $G_e(\text{kg/h}) = \dfrac{G_a(h_2 - h_1)}{539}$

$= \dfrac{20,000(725 - 25)}{539}$

$= 25,974 \text{kg/h}$

32 다음 중 보일러 스테이(stay)의 종류에 해당되지 않는 것은?

① 거싯(gusset) 스테이
② 바(bar) 스테이
③ 튜브(tube) 스테이
④ 너트(nut) 스테이

해설 스테이(stay)
㈎ 버팀 또는 지지라 하며, 강도가 부족한 부분에 부착하여 강도를 보강하고 변형이나 파손을 방지한다.
㈏ 스테이의 종류
　㉠ 거싯(gusset) 스테이
　㉡ 바(bar) 스테이
　㉢ 튜브(tube) 스테이
　㉣ 도그(dog) 스테이
　㉤ 볼트(bolt) 스테이
　㉥ 경사(oblique) 스테이
　㉦ 거더(girder) 스테이

정답 28 ① 29 ② 30 ④ 31 ④ 32 ④

33 증기 중에 수분이 많을 경우의 설명으로 잘못된 것은?

① 건조도가 저하한다.
② 증기의 손실이 많아진다.
③ 증기 엔탈피가 증가한다.
④ 수격 작용이 발생할 수 있다.

해설 ③ 증기 엔탈피가 감소한다.

34 보일러 열정산 시 증기의 건도는 몇 % 이상에서 시험함을 원칙으로 하는가?

① 96　　② 97
③ 98　　④ 99

해설 보일러 열정산 시 증기의 건도는 98% 이상에서 시험함을 원칙으로 한다.

35 액체 연료의 일반적인 특징에 관한 설명으로 틀린 것은?

① 유황분이 없어서 기기 부식의 염려가 거의 없다.
② 고체 연료에 비해서 단위중량당 발열량이 높다.
③ 연소 효율이 높고, 연소 조절이 용이하다.
④ 수송과 저장 및 취급이 용이하다.

해설 ① 유황분이 있어서 기기 부식의 염려가 있다.

36 난방 및 온수 사용 열량이 400,000kcal/h인 건물에, 효율 80%인 보일러로 저위 발열량 10,000kcal/Nm³인 기체 연료를 연소시키는 경우, 시간당 소요 연료량은 약 몇 Nm³/h인가?

① 45　　② 60
③ 56　　④ 50

해설 시간당 소요 연료량(Nm³/h)

$$= \frac{\text{난방 및 온수 사용 열량}}{\text{저위 발열량} \times \text{효율}} = \frac{400,000\text{kcal/h}}{10,000\text{kcal/Nm}^3 \times 0.8}$$
$$= 50\text{Nm}^3/\text{h}$$

37 보일러 자동 제어에서 급수 제어의 약호는?

① ABC　　② FWC
③ STC　　④ ACC

해설 보일러 자동 제어(ABC;Automatic Boiler Control)
㉠ 증기 온도 제어(STC;Steam Tenperature Control)
㉡ 급수 제어(FWC;Feed Water Control)
㉢ 연소 제어(ACC;Automatic Combustion Control)

38 슈트 블로어에 관한 설명으로 잘못된 것은?

① 전열면 외측의 그을음 등을 제거하는 장치이다.
② 분출기 내의 응축수를 배출시킨 후 사용한다.
③ 블로 시에는 댐퍼를 열고 흡입 통풍을 증가시킨다.
④ 부하가 50% 이하인 경우에만 블로한다.

해설 슈트 블로어(soot blower) 장치 : 그을음 제거기라 하며, 보일러 전열면 외부나 수관 주위에 부착해 있는 그을음이나 재를 불어 제거시키는 것으로 부하가 50% 이하인 경우에는 블로를 하지 않는다.

39 원통형 보일러와 비교할 때 수관식 보일러의 특징 설명으로 틀린 것은?

① 수관의 관경이 작아 고압에 잘 견딘다.
② 보유수가 적어서 부하 변동 시 압력 변화가 작다.
③ 보일러수의 순환이 빠르고 효율이 높다.
④ 구조가 복잡하여 청소가 곤란하다.

해설 ② 보유수가 적어서 부하 변동 시 압력 변화가 크다.

정답　33 ③　34 ③　35 ①　36 ④　37 ②　38 ④　39 ②

40 보일러의 안전 장치와 거리가 가장 먼 것은?

① 과열기
② 안전 밸브
③ 저수위 경보기
④ 방폭문

해설 (개) 보일러의 안전 장치
㉠ 안전 밸브
㉡ 고·저수위 경보기
㉢ 방폭문
㉣ 전자 밸브
㉤ 압력 제한기
㉥ 화염 검출기
㉦ 가용 마개
(내) 열교환(폐열 회수) 장치
㉠ 과열기
㉡ 재열기
㉢ 절탄기
㉣ 공기 예열기
㉤ 열교환기

41 다음 각각의 자동 제어에 관한 설명 중 맞는 것은?

① 목표값이 일정한 자동 제어를 추치 제어라고 한다.
② 어느 한쪽의 조건이 구비되지 않으면 다른 제어를 정지시키는 것은 피드백 제어이다.
③ 결과가 원인으로 되어 제어 단계를 진행하는 것을 인터록 제어라고 한다.
④ 미리 정해진 순서에 따라 제어의 각 단계를 차례로 진행하는 제어는 시퀀스 제어이다.

해설 ① 추치 제어 : 목표값이 변화되는 자동 제어
② 피드백 제어 : 폐회로를 형성하여 제어량의 크기와 목표값의 비교를 피드백 신호에 의해 행하는 자동 제어
③ 인터록(interlock) 제어 : 제어 결과에 따라 현재 진행 중인 제어 동작을 다음 단계로 옮겨가지 못하도록 차단하는 제어

42 연료의 연소 시 과잉 공기 계수(공기비)를 구하는 올바른 식은?

① $\dfrac{연소\ 가스량}{이론\ 공기량}$
② $\dfrac{실제\ 공기량}{이론\ 공기량}$
③ $\dfrac{배기가스량}{사용\ 공기량}$
④ $\dfrac{사용\ 공기량}{배기가스량}$

해설 과잉 공기 계수(공기비, m) : 실제 공기량(A)과 이론 공기량(A_0)과의 비이다.

공기비(m) = $\dfrac{실제\ 공기량(A)}{이론\ 공기량(A_0)}$

43 보일러에서 카본이 생성되는 원인으로 거리가 먼 것은?

① 유류의 분무 상태 또는 공기와의 혼합이 불량할 때
② 버너 타일공의 각도가 버너의 화염 각도보다 작은 경우
③ 노통 보일러와 같이 가느다란 노통을 연소실로 하는 것에서 화염 각도가 현저하게 작은 버너를 설치하고 있는 경우
④ 직립 보일러와 같이 연소실의 길이가 짧은 노에 화염의 길이가 매우 긴 버너를 설치하고 있는 경우

해설 ③ 노통 보일러와 같이 가느다란 노통을 연소실로 하는 것에서 화염 각도가 현저하게 큰 버너를 설치하고 있는 경우

44 다음 중 여과식 집진 장치의 분류가 아닌 것은?

① 유수식
② 원통식
③ 평판식
④ 역기류 분사식

해설 여과식 집진 장치의 분류
㉠ 원통식
㉡ 평판식
㉢ 역기류 분사식

정답 40 ① 41 ④ 42 ② 43 ③ 44 ①

45 파이프 또는 이음쇠의 나사 이음 분해 조립 시 파이프 등을 회전시키는 데 사용되는 공구는?

① 파이프 리머 ② 파이프 익스팬더
③ 파이프 렌치 ④ 파이프 커터

해설 ① 파이프 리머(pipe reamer) : 파이프 커터로 관을 절단할 때 안으로 거스러미(burr)를 능률적으로 제거하는 데 사용하는 공구이다.
② 파이프 익스팬더(pipe expander) : 동관의 관 끝 확산용 공구이다.
④ 파이프 커터(pipe cutter) : 관을 절단하는 공구로 1개의 날에 2개의 롤러로 된 것과 날만 3개인 것이 있다.

46 스케일의 종류 중 보일러 급수 중의 칼슘 성분과 결합하여 규산칼슘을 생성하기도 하며, 이 성분이 많은 스케일은 대단히 경질이기 때문에 기계적, 화학적으로 제거하기 힘든 스케일 성분은?

① 실리카 ② 황산마그네슘
③ 염화마그네슘 ④ 유지

해설 실리카의 설명이다.

47 증기 트랩의 설치 시 주의 사항에 관한 설명으로 틀린 것은?

① 응축수 배출점이 여러 개가 있을 경우 응축수 배출점을 묶어서 그룹 트래핑을 하는 것이 좋다.
② 증기가 트랩에 유입되면 즉시 배출시켜 운전에 영향을 미치지 않도록 하는 것이 필요하다.
③ 트랩에서의 배출관은 응축수 회수 주관의 상부에 연결하는 것이 필수적으로 요구되며, 특히 회수 주관이 고가 배관으로 되어 있을 때에는 더욱 주의하여 연결하여야 한다.
④ 증기 트랩에서 배출되는 응축수를 회수하여 재활용하는 경우에 응축수 회수관 내에는 원하지 않는 배압이 형성되어 증기 트랩의 용량에 영향을 미칠 수 있다.

해설 ① 응축수 배출점이 여러 개 있을 경우 응축수 배출점 중 제일 낮은 점을 기준으로 일시에 배출한다.

48 그림과 같이 개방된 표면에서 구멍 형태로 깊게 침식하는 부식을 무엇이라고 하는가?

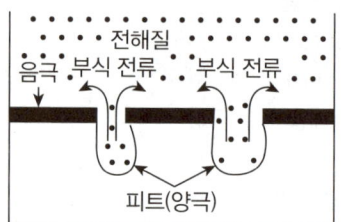

① 국부 부식 ② 그루빙(grooving)
③ 저온 부식 ④ 점식(pitting)

해설 ① 국부 부식(local corrosion) : 부식이 금속 표면의 일부에 집중적으로 발생되는 부식
② 그루빙(grooving) : 단면이 V형 또는 U형으로 어느 범위 길이의 도랑 모양으로 발생하는 부식
③ 저온 부식 : 연료 중의 유황(S)이 연소해서 아황산 가스(SO_2)가 되고, 그 일부는 산화해서 무수황산(SO_3)이 되며, 이것이 가스 중의 수분(H_2O)과 화합하여 황산(H_2SO_4)이 되고 보일러의 저온 전열면에 융착하여서 그 부분을 부식시키는 것

49 파이프 커터로 관을 절단하면 안으로 거스러미(burr)가 생기는데 이것을 능률적으로 제거하기 위해 사용되는 공구는?

① 다이 스토크 ② 사각줄
③ 파이프 리머 ④ 체인 파이프 렌치

해설 ③ 파이프 리머의 설명이다.

정답 45 ③ 46 ① 47 ① 48 ④ 49 ③

50 액상 열매체 보일러 시스템에서 열매체유의 액팽창을 흡수하기 위한 팽창 탱크의 최소 체적(V_T)을 구하는 식으로 옳은 것은? (단, V_E는 승온 시 시스템 내의 열매체유 팽창량, V_M은 상온 시 탱크 내의 열매체유 보유량임.)

① $V_T = V_E + V_M$ ② $V_T = V_E + 2V_M$
③ $V_T = 2V_E + V_M$ ④ $V_T = 2V_E + 2V_M$

해설 액상 열매체 보일러 시스템에서 팽창 탱크의 최소 체적
$V_T = 2V_E + V_M$
여기서, V_T : 팽창 탱크의 최소 체적
V_E : 승온 시 시스템 내의 열매체유 팽창량
V_M : 상온 시 탱크 내의 열매체유 보유량

51 점화 장치로 이용되는 파일럿 버너는 화염을 안정시키기 위해 보염식 버너가 이용되고 있는데, 이 보염식 버너의 구조에 관한 설명으로 가장 옳은 것은?

① 동일한 화염 구멍이 8~9개 내외로 나뉘어져 있다.
② 화염 구멍이 가느다란 타원형으로 되어 있다.
③ 중앙의 화염 구멍 주변으로 여러 개의 작은 화염 구멍이 설치되어 있다.
④ 화염 구멍부 구조가 원뿔 형태와 같이 되어 있다.

해설 ③ 보염식 버너 구조 : 중앙의 화염 구멍 주변으로 여러 개의 작은 화염 구멍이 설치되어 있다.

52 다음 중 천연 고무와 비슷한 성질을 가진 합성 고무로서 내유성, 내후성, 내산화성, 내열성 등이 우수하며, 석유 용매에 대한 저항성이 크고 내열도 −46~121℃의 범위에서 안정한 패킹 재료는?

① 과열 석면   ② 네오프렌
③ 테프론   ④ 하스텔로이

해설 ② 네오프렌의 설명이다.

53 관의 결합 방식 표시 방법 중 플랜지식의 그림 기호로 맞는 것은?

① ———┼———   ② ———•———
③ ———┤├———   ④ ———╫———

해설 ① 나사형   ② 납땜형
③ 플랜지형   ④ 유니언형

54 다음 보기 중에서 보일러의 운전 정지 순서를 올바르게 나열한 것은?

㉮ 증기 밸브를 닫고, 드레인 밸브를 연다.
㉯ 공기의 공급을 정지시킨다.
㉰ 댐퍼를 닫는다.
㉱ 연료의 공급을 정지시킨다.

① ㉯ - ㉱ - ㉮ - ㉰
② ㉱ - ㉯ - ㉮ - ㉰
③ ㉰ - ㉱ - ㉮ - ㉯
④ ㉮ - ㉱ - ㉯ - ㉰

해설 보일러의 운전 정지 순서 : 연료의 공급을 정지시킨다. → 공기의 공급을 정지시킨다. → 증기 밸브를 닫고, 드레인 밸브를 연다. → 댐퍼를 닫는다.

55 보온재 선정 시 고려해야 할 조건이 아닌 것은?

① 부피, 비중이 작을 것
② 보온 능력이 클 것
③ 열전도율이 클 것
④ 기계적 강도가 클 것

해설 ③ 열전도율이 작을 것

정답 50 ③ 51 ③ 52 ② 53 ③ 54 ② 55 ③

56 주증기관에서 증기의 건도를 향상시키는 방법으로 적당하지 않은 것은?

① 가압하여 증기의 압력을 높인다.
② 드레인 포켓을 설치한다.
③ 증기 공간 내에 공기를 제거한다.
④ 기수 분리기를 사용한다.

해설 ① 감압하여 증기의 압력을 낮춘다.

57 평소 사용하고 있는 보일러의 가동 전 준비 사항으로 틀린 것은?

① 각종 기기의 기능을 검사하고 급수 계통의 이상 유무를 확인한다.
② 댐퍼를 닫고 프리퍼지를 행한다.
③ 각 밸브의 개폐 상태를 확인한다.
④ 보일러수의 높이는 상용 수위로 하여 수면계로 확인한다.

해설 ② 댐퍼를 개방하고 프리퍼지를 행한다.

58 다음 ( ) 안의 A, B에 각각 들어갈 용어로 옳은 것은?

> 에너지 이용 합리화법은 에너지의 수급을 안정시키고 에너지의 합리적이고 효율적인 이용을 증진하며, 에너지 소비로 인한 (A)을(를) 줄임으로써 국민 경제의 건전한 발전 및 국민 복지의 증진과 (B)의 최소화에 이바지함을 목적으로 한다.

① A : 환경 파괴, B : 온실가스
② A : 자연 파괴, B : 환경 피해
③ A : 환경 피해, B : 지구 온난화
④ A : 온실가스 배출, B : 환경 파괴

해설 에너지 이용 합리화법의 목적 : 에너지의 수급을 안정시키고 에너지의 합리적이고 효율적인 이용을 증진하며, 에너지 소비로 인한 환경 피해를 줄임으로써 국민 경제의 건전한 발전 및 국민 복지의 증진과 지구 온난화의 최소화에 이바지함을 목적으로 한다.

59 제3자로부터 위탁을 받아 에너지 사용 시설의 에너지 절약을 위한 관리·용역 사업을 하는 자로서 산업통상자원부 장관에게 등록을 한 자를 지칭하는 기업은?

① 에너지 진단 기업
② 수요 관리 투자 기업
③ 에너지 절약 전문 기업
④ 에너지 기술 개발 전담 기업

해설 ③ 에너지 절약 전문 기업의 설명이다.

60 에너지법상 지역 에너지 계획에 포함되어야 할 사항이 아닌 것은?

① 에너지 수급의 추이와 전망에 관한 사항
② 에너지 이용 합리화와 이를 통한 온실가스 배출 감소를 위한 대책에 관한 사항
③ 미활용 에너지원의 개발·사용을 위한 대책에 관한 사항
④ 에너지 소비 촉진 대책에 관한 사항

해설 에너지법상 지역 에너지 계획에 포함되어야 할 사항
㉠ 에너지 수급의 추이와 전망에 관한 사항
㉡ 에너지의 안정적 공급을 위한 대책에 관한 사항
㉢ 신·재생에너지 등 환경 친화적 에너지 사용을 위한 대책에 관한 사항
㉣ 에너지 사용의 합리화와 이를 통한 온실가스의 배출 감소를 위한 대책에 관한 사항
㉤ 집단 에너지 사업법에 따라 집단 에너지 공급 대상 지역으로 지정된 지역의 경우 그 지역의 집단 에너지 공급을 위한 대책에 관한 사항
㉥ 미활용 에너지원의 개발·사용을 위한 대책에 관한 사항
㉦ 그 밖에 에너지 시책 및 관련 사업을 위하여 시·도지사가 필요하다고 인정하는 사항

정답 56 ① 57 ② 58 ③ 59 ③ 60 ④

에너지관리기능사 (2018. 9. 8 시행)

01 과열기의 형식 중 증기와 열가스 흐름의 방향이 서로 반대인 과열기의 형식은?

① 병류식
② 대향류식
③ 증류식
④ 역류식

해설 열가스 흐름의 방향에 따른 과열기의 종류
㉠ 병류식 : 증기와 열가스 흐름 방향이 같을 때
㉡ 대향류식 : 증기와 열가스 흐름 방향이 반대일 때
㉢ 혼류식 : 병류식과 대향류식을 조합한 것이며, 열의 이용도가 양호하다.

02 다음 중 보일러의 안전 장치로 볼 수 없는 것은?

① 고저수위 경보 장치
② 화염 검출기
③ 급수 펌프
④ 압력 조절기

해설 ③ 급수 펌프 : 급수 장치

03 원통형 보일러의 일반적인 특징에 관한 설명으로 틀린 것은?

① 구조가 간단하고, 취급이 용이하다.
② 수부가 크므로 열 비축량이 크다.
③ 폭발 시에도 비산 면적이 작아 재해가 크게 발생하지 않는다.
④ 사용 증기량의 변동에 따른 발생 증기의 압력 변동이 작다.

해설 ③ 폭발 시에도 비산 면적이 커서 재해가 크게 발생한다.

04 보일러 효율이 85%, 실제 증발량이 5t/h이고 발생 증기의 엔탈피는 656kcal/kg, 급수 온도의 엔탈피는 56kcal/kg, 연료의 저위 발열량은 9,750kcal/kg일 때 연료 소비량은 약 몇 kg/h인가?

① 316
② 362
③ 389
④ 405

해설
$\eta = \dfrac{G_a(h_2 - h_1)}{G_f \times H_l} \times 100\%$

$G_f = \dfrac{G_a(h_2 - h_1) \times 100}{\eta \times H_l}$

$= \dfrac{5 \times 1,000 \times (656 - 56) \times 100}{85 \times 9,750}$

$= 362 \text{kg/h}$

05 온수 보일러에서 배플 플레이트(baffle plate)의 설치 목적으로 맞는 것은?

① 급수를 예열하기 위하여
② 연소 효율을 감소시키기 위하여
③ 강도를 보강하기 위하여
④ 그을음 부착량을 감소시키기 위하여

해설 배플 플레이트의 설치 목적 : 그을음 부착량을 감소시키기 위하여

06 고압관과 저압관 사이에 설치하여 고압 측의 압력 변화 및 증기 사용량 변화에 관계없이 저압 측의 압력을 일정하게 유지시켜 주는 밸브는?

① 감압 밸브
② 온도 조절 밸브
③ 안전 밸브
④ 플로트 밸브

정답 01 ② 02 ③ 03 ③ 04 ② 05 ④ 06 ①

해설 ② 온도 조절 밸브(temperature control valve) : 제어 대상의 온도를 검출하여 그 온도를 제어하여 증기나 온수 등의 열매 유량을 조절하기 위해 사용되는 자동 제어용 밸브
③ 안전 밸브(safety valve) : 기기나 배관의 압력이 일정 압력을 넘었을 경우에 자동적으로 작동하는 밸브
④ 플로트 밸브(float valve) : 밸브의 가동 부분이 부자의 역할을 하고, 그 상부의 돌출부와 밸브실의 틈새가 부자의 상하의 움직임에 따라 자동적으로 가감되는 구조의 밸브

07 자동 제어의 신호 전달 방법에서 공기압식의 특징으로 맞는 것은?

① 신호 전달 거리가 유압식에 비하여 길다.
② 온도 제어 등에 적합하고, 화재의 위험이 많다.
③ 전송 시 시간 지연이 생긴다.
④ 배관이 용이하지 않고, 보존이 어렵다.

해설 ① 신호 전달 거리가 유압식에 비하여 짧다.
② 온도 제어 등에 적합하고, 화재의 위험이 적다.
④ 배관이 까다롭고, 보존이 쉽다.

08 연소 시 공기비가 적을 때 나타나는 현상으로 거리가 먼 것은?

① 배기가스 중 NO 및 NO_2 발생량이 많아진다.
② 불완전 연소가 되기 쉽다.
③ 미연소 가스에 의한 폭발이 일어나기 쉽다.
④ 미연소 가스에 의한 열손실이 증가될 수 있다.

해설 ① 배기가스 중 NO 및 NO_2의 발생량이 적어진다.

09 보일러 수면계의 설명으로 틀린 것은?

① 증기 보일러에는 2개(소용량 및 소형 관류 보일러는 1개) 이상의 유리 수면계를 부착하여야 한다. 다만, 단관식 관류 보일러는 제외한다.
② 유리 수면계는 보일러 동체에만 부착하여야 하며 수주관에 부착하는 것은 금지하고 있다.
③ 2개 이상의 원격 지시 수면계를 시설하는 경우에 한하여 유리 수면계를 1개 이상으로 할 수 있다.
④ 유리 수면계는 상·하에 밸브 또는 콕을 갖추어야 하며 한눈에 그것의 개·폐 여부를 알 수 있는 구조이어야 한다. 다만, 소형 관류 보일러에서는 밸브 또는 콕을 갖추지 아니할 수 있다.

해설 ② 유리 수면계는 보일러 사용 중 안전한 수위를 나타내도록 보일러 또는 수주관에 부착한다.

10 보일러의 부속 설비 중 연료 공급 계통에 해당하는 것은?

① 컴버스터
② 버너 타일
③ 슈트 블로어
④ 오일 프리 히터

해설 ① 컴버스터 : 배기 설비
② 버너 타일 : 연소 설비
③ 슈트 블로어 : 배기 설비
④ 오일 프리 히터 : 연료 공급 계통 설비

11 노통이 하나인 코니시 보일러에서 노통을 편심으로 설치하는 가장 큰 이유는?

① 연소 장치의 설치를 쉽게 하기 위함이다.
② 보일러수의 순환을 좋게 하기 위함이다.
③ 보일러의 강도를 크게 하기 위함이다.
④ 온도 변화에 따른 신축량을 흡수하기 위함이다.

해설 코니시 보일러에서 노통을 편심으로 설치하는 가장 큰 이유는 보일러수의 순환을 좋게 하기 위함이다.

정답 07 ③ 08 ① 09 ② 10 ④ 11 ②

12 어떤 보일러의 3시간 동안 증발량이 4,500kg이고, 그때의 급수 엔탈피가 25kcal/kg, 증기 엔탈피가 680kcal/kg이라면 상당 증발량은 약 몇 kg/h인가?

① 551
② 1,684
③ 1,823
④ 3,051

해설 상당 증발량 : 표준 기압하에서 100℃ 포화수를 같은 온도의 포화 증기로 1시간 동안 변화시키는 증발량(kg)을 말한다.

$$G_e = \frac{G_a(h_2 - h_1)}{539} (kg/h)$$

여기서, G_e : 상당 증발량(kg/h)
G_a : 매시 실제 증발량(kg/h)
h_1 : 급수의 엔탈피(kcal/kg)
h_2 : 발생 증기의 엔탈피(kcal/kg)

$$G_e = \frac{1,500(680 - 25)}{539} = 1,823 kg/h$$

※ 보일러의 3시간 동안 증발량이 4,500kg이므로 1시간 동안의 증발량은 1,500kg이다.

13 운전 중 화염이 블로 오프(blow-off)된 경우 특정한 경우에 한하여 재점화 및 재시동을 할 수 있다. 이때 재점화와 재시동의 기준에 관한 설명으로 틀린 것은?

① 재점화에서의 점화 장치는 화염의 소화 직후, 1초 이내에 자동으로 작동할 것
② 강제 혼합식 버너의 경우 재점화 동작 시 화염 감시 장치가 부착된 버너에는 가스가 공급되지 아니할 것
③ 재점화에 실패한 경우에는 지정된 안전 차단 시간 내에 버너가 작동 폐쇄될 것
④ 재시동은 가스의 공급이 차단된 후 즉시 표준 연속 프로그램에 의하여 자동으로 이루어질 것

해설 ① 재점화에서의 점화 장치는 화염의 소화 직후, 5초 이내에 자동으로 작동할 것

14 전자 밸브가 작동하여 연료 공급을 차단하는 경우로 거리가 먼 것은?

① 보일러수의 이상 감수 시
② 증기 압력 초과 시
③ 배기가스 온도의 이상 저하 시
④ 점화 중 불착화 시

해설 전자 밸브가 작동하여 연료 공급을 차단하는 경우
㉠ 보일러수의 이상 감수 시
㉡ 증기 압력 초과 시
㉢ 점화 중 불착화 시

15 연소가 이루어지기 위한 필수 요건에 속하지 않는 것은?

① 가연물
② 수소 공급원
③ 점화원
④ 산소 공급원

해설 연소의 3요소
㉠ 가연물
㉡ 산소 공급원
㉢ 점화원

16 보기와 같이 부하에 대해서 보일러의 "정격 출력"을 올바르게 표시한 것은?

H_1 : 난방 부하 H_2 : 급탕 부하
H_3 : 배관 부하 H_4 : 예열 부하

① $H_1 + H_2 + H_3$
② $H_2 + H_3 + H_4$
③ $H_1 + H_2 + H_4$
④ $H_1 + H_2 + H_3 + H_4$

해설 보일러의 정격 출력 = $H_1 + H_2 + H_3 + H_4$
여기서, H_1 : 난방 부하
H_2 : 급탕 부하
H_3 : 배관 부하
H_4 : 예열 부하

정답 12 ③ 13 ① 14 ③ 15 ② 16 ④

17 보일러가 최고 사용 압력 이하에서 파손되는 이유로 가장 옳은 것은?

① 안전 장치가 작동하지 않기 때문에
② 안전 밸브가 작동하지 않기 때문에
③ 안전 장치가 불완전하기 때문에
④ 구조상 결함이 있기 때문에

해설 보일러가 최고 사용 압력 이하에서 파손되는 이유 : 구조상 결함이 있기 때문에

18 보일러를 옥내에 설치할 때의 설치 시공 기준 설명으로 틀린 것은?

① 보일러에 설치된 계기들을 육안으로 관찰하는 데 지장이 없도록 충분한 조명 시설이 있어야 한다.
② 보일러 동체에서 벽, 배관, 기타 보일러 측부에 있는 구조물(검사 및 청소에 지장이 없는 것은 제외)까지 거리는 0.6m 이상이어야 한다. 다만, 소형 보일러는 0.45m 이상으로 할 수 있다.
③ 보일러실은 연소 및 환경을 유지하기에 충분한 급기구 및 환기구가 있어야 하며, 급기구는 보일러 배기가스 덕트의 유효 단면적 이상이어야 하고, 도시 가스를 사용하는 경우에는 환기구를 가능한 한 높이 설치하여 가스가 누설되었을 때 체류하지 않는 구조이어야 한다.
④ 연료를 저장할 때에는 보일러 외측으로부터 2m 이상 거리를 두거나 방화 격벽을 설치하여야 한다. 다만, 소형 보일러의 경우에는 1m 이상 거리를 두거나 반격벽으로 할 수 있다.

해설 ② 보일러 동체에서 벽, 배관, 기타 보일러 측부에 있는 구조물(검사 및 청소에 지장이 없는 것은 제외)까지의 거리는 0.45m 이상이어야 한다. 다만, 소형 보일러는 0.3m 이상으로 할 수 있다.

19 보일러에서 연소 조작 중의 역화의 원인으로 거리가 먼 것은?

① 불완전 연소의 상태가 두드러진 경우
② 흡입 통풍이 부족한 경우
③ 연도 댐퍼의 개도를 너무 넓힌 경우
④ 압입 통풍이 너무 강한 경우

해설 ③ 연도 댐퍼의 개도를 너무 넓힌 경우 열손실이 발생한다.

20 관의 접속 상태·결합 방식의 표시 방법에서 용접 이음을 나타내는 그림 기호로 맞는 것은?

① ———┼———
② ———╫———
③ ———●———
④ ———╂———

해설 ① 나사 이음 ② 유니언 이음
③ 용접 이음 ④ 플랜지 이음

21 원통 보일러에서 급수의 pH 범위(25°C 기준)로 가장 적합한 것은?

① pH 3~pH 5   ② pH 7~pH 9
③ pH 11~pH 12 ④ pH 14~pH 15

해설 원통형 보일러 25°C 기준 급수 pH : pH 7~pH 9

22 보일러를 계획적으로 관리하기 위해서는 연간 계획 및 일상 보전 계획을 세워 이에 따라 관리를 하는데 연간 계획에 포함할 사항과 가장 거리가 먼 것은?

① 급수 계획   ② 점검 계획
③ 정비 계획   ④ 운전 계획

해설 연간 계획에 포함할 사항
㉠ 점검 계획
㉡ 정비 계획
㉢ 운전 계획

정답 17 ④ 18 ② 19 ③ 20 ③ 21 ② 22 ①

23 다음 중 보온재의 종류가 아닌 것은?

① 코르크 ② 규조토
③ 기포성 수지 ④ 제게르콘

해설 ④ 제게르콘 : 내화물

24 강철제 보일러의 최고 사용 압력이 0.43MPa 초과 1.5MPa 이하일 때 수압 시험 압력 기준으로 옳은 것은?

① 0.2MPa로 한다.
② 최고 사용 압력의 1.3배에 0.3MPa을 더한 압력으로 한다.
③ 최고 사용 압력의 1.5배로 한다.
④ 최고 사용 압력의 2배에 0.5MPa을 더한 압력으로 한다.

해설 강철제 보일러 수압 시험 압력
㉠ 보일러의 최고 사용 압력이 0.43MPa 이하일 때에는 그 최고 사용 압력의 2배의 압력으로 한다. 다만, 그 시험 압력이 0.2MPa 미만인 경우에는 0.2MPa로 한다.
㉡ 보일러의 최고 사용 압력이 0.43MPa 초과 1.5MPa 이하일 때에는 그 최고 사용 압력의 1.3배에 0.3MPa를 더한 압력으로 한다.
㉢ 보일러의 최고 사용 압력이 1.5MPa을 초과할 때에는 그 최고 사용 압력의 1.5배의 압력으로 한다.

25 증기 난방 방식에서 응축수 환수 방법에 의한 분류가 아닌 것은?

① 진공 환수식 ② 세정 환수식
③ 기계 환수식 ④ 중력 환수식

해설 증기 난방 방식에서 응축수 환수 방법에 의한 분류
㉠ 진공 환수식
㉡ 기계 환수식
㉢ 중력 환수식

26 배관의 하중을 위에서 끌어당겨 지지할 목적으로 사용되는 지지구가 아닌 것은?

① 리지드 행거(rigid hanger)
② 앵커(anchor)
③ 콘스턴트 행거(constant hanger)
④ 스프링 행거(spring hanger)

해설 ② 앵커(anchor) : 신축으로 인한 배관의 상하 좌우 이동을 구속하고 제한하는 목적에 사용하는 것

27 온수 난방에서 팽창 탱크의 용량 및 구조에 대한 설명으로 틀린 것은?

① 개방식 팽창 탱크는 저온수 난방 배관에 주로 사용된다.
② 밀폐식 팽창 탱크는 고온수 난방 배관에 주로 사용된다.
③ 밀폐식 팽창 탱크에는 수면계를 설치한다.
④ 개방식 팽창 탱크에는 압력계를 설치한다.

해설 ④ 개방식 팽창 탱크에 있어서는 장치 내의 공기를 배출하는 공기 배출구로 이용되고, 온수 보일러의 도피관으로도 이용된다.

28 에너지 이용 합리화법에 따라 주철제 보일러에서 설치 검사를 면제받을 수 있는 기준으로 옳은 것은?

① 전열 면적 30제곱미터 이하의 유류용 주철제 증기 보일러
② 전열 면적 40제곱미터 이하의 유류용 주철제 온수 보일러
③ 전열 면적 50제곱미터 이하의 유류용 주철제 증기 보일러
④ 전열 면적 60제곱미터 이하의 유류용 주철제 온수 보일러

정답 23 ④ 24 ② 25 ② 26 ② 27 ④ 28 ①

29 에너지 이용 합리화법의 목적이 아닌 것은?

① 에너지의 수급 안정을 기함.
② 에너지의 합리적이고 비효율적인 이용을 증진함.
③ 에너지 소비로 인한 환경 피해를 줄임.
④ 지구 온난화의 최소화에 이바지함.

해설 에너지 이용 합리화법의 목적 : 에너지의 수급을 안정시키고 에너지의 합리적이고 효율적인 이용을 증진하며, 에너지 소비로 인한 환경 피해를 줄임으로써 국민경제의 건전한 발전 및 국민 복지의 증진과 지구 온난화의 최소화에 이바지함을 목적으로 한다.

30 에너지 이용 합리화법 시행령상 에너지 저장 의무 부과 대상자에 해당되는 자는?

① 연간 2만 석유 환산톤 이상의 에너지를 사용하는 자
② 연간 1만 5천 석유 환산톤 이상의 에너지를 사용하는 자
③ 연간 1만 석유 환산톤 이상의 에너지를 사용하는 자
④ 연간 5천 석유 환산톤 이상의 에너지를 사용하는 자

해설 에너지 저장 의무 부과 대상자 : 연간 2만 석유 환산톤 이상의 에너지를 사용하는 자

31 보일러의 부속 장치 중 축열기에 대한 설명으로 가장 옳은 것은?

① 통풍이 잘 이루어지게 하는 장치이다.
② 폭발 방지를 위한 안전 장치이다.
③ 보일러의 부하 변동에 대비하기 위한 장치이다.
④ 증기를 한 번 더 가열시키는 장치이다.

해설 축열기 : 보일러의 부하 변동에 대비하기 위한 장치

32 보일러의 연소 장치에서 통풍력을 크게 하는 조건으로 틀린 것은?

① 연돌의 높이를 높인다.
② 배기가스 온도를 높인다.
③ 연돌의 굴곡부를 줄인다.
④ 연돌의 단면적을 줄인다.

해설 ④ 연돌의 단면적을 넓힌다.

33 벽체 면적이 $24m^2$, 열관류율이 $0.5kcal/m^2 \cdot h \cdot ℃$, 벽체 내부의 온도가 $40℃$, 벽체 외부의 온도가 $8℃$일 경우 시간당 손실 열량은 약 몇 kcal/h인가?

① 294 ② 380
③ 384 ④ 394

해설 시간당 손실 열량
$= 0.5kcal/m^2 \cdot h \cdot ℃ \times 24m^2 \times (40-8)℃$
$= 384kcal/h$

34 화염 검출기의 종류 중 화염의 발열을 이용한 것으로 바이메탈에 의하여 작동되며, 주로 소용량 온수 보일러의 연도에 설치되는 것은?

① 플레임 아이 ② 스택 스위치
③ 플레임 로드 ④ 적외선 광전관

해설 화염(불꽃) 검출기 : 연소실 내의 화염 상태가 불안정 하거나 실화 시에 전자 밸브로 하여금 자동으로 연료 공급을 차단시켜 역화 또는 가스 폭발 사고를 사전에 방지해 주는 안전 장치
㉠ 플레임 아이(flame eye) : 화염의 방사선을 이용하여 화염을 검출한다.
㉡ 플레임 로드(flame road) : 화염의 이온화를 이용하여 화염을 검출한다.
㉢ 스택 스위치(stack switch) : 화염의 발열을 이용한 것으로 바이메탈에 의하여 작동되며, 주로 소용량 온수 보일러의 연도에 설치한다.

정답 29 ② 30 ① 31 ③ 32 ④ 33 ③ 34 ②

35 보일러의 3대 구성 요소 중 부속 장치에 속하지 않는 것은?

① 통풍 장치 ② 급수 장치
③ 여열 장치 ④ 연소 장치

해설 보일러의 3대 구성 요소 중 부속 장치의 종류
㉠ 통풍 장치 ㉡ 급수 장치 ㉢ 여열 장치

36 연료 발열량은 9,750kcal/kg, 연료의 시간당 사용량은 3kg/h인 보일러의 상당 증발량이 5,000kg/h일 때 보일러 효율은 약 몇 %인가?

① 83 ② 85
③ 87 ④ 92

해설 보일러 효율

$= \dfrac{\text{상당 증발량(kg/h)} \times 539}{\text{매시 연료 사용량(kg/h)} \times \text{연료의 저위 발열량(kcal/kg)}} \times 100\%$

$= \dfrac{5,000\text{kg/h} \times 539}{3\text{kg/h} \times 9,750\text{kcal/kg}} \times 100\% = 92\%$

37 다음 중 액화 천연 가스(LNG)의 주성분은 어느 것인가?

① CH_4 ② C_2H_6
③ C_3H_6 ④ C_4H_{10}

해설 액화 천연 가스(LNG)의 주성분 : CH_4

38 중유 연소에서 버너에 공급되는 중유의 예열 온도가 너무 높을 때 발생되는 이상 현상으로 거리가 먼 것은?

① 카본(탄화물) 생성이 잘 일어날 수 있다.
② 분무 상태가 고르지 못할 수 있다.
③ 역화를 일으키기 쉽다.
④ 무화 불량이 발생하기 쉽다.

해설 중유 연소의 특징

예열 온도가 너무 높을 때 (점도가 낮은 경우)	예열 온도가 너무 낮을 때 (점도가 높을 경우)
㉠ 카본(탄화물) 생성이 잘 일어날 수 있다.	㉠ 카본(탄화물) 생성의 원인이다.
㉡ 분무 상태가 고르지 못 할 수 있다.	㉡ 분무 및 무화 불량이 발생하기 쉽다.
㉢ 역화를 일으키기 쉽다.	㉢ 송유가 곤란하다.
㉣ 연료 소비량이 과다하다.	㉣ 점화 불량의 원인이다.
㉤ 불완전 연소의 원인이다.	㉤ 연소 시 화염의 스파크가 발생한다.

39 보일러 증발률이 $80\text{kg/m}^2 \cdot \text{h}$이고, 실제 증발량이 40t/h일 때 전열 면적은 약 몇 m^2인가?

① 200 ② 320
③ 450 ④ 500

해설 전열 면적 $= \dfrac{40\text{t/h}}{80\text{kg/m}^2 \cdot \text{h}} = \dfrac{40 \times 10^3 \text{kg/h}}{80\text{kg/m}^2 \cdot \text{h}}$
$= 500\text{m}^2$

40 수관 보일러 중 자연 순환식 보일러와 강제 순환식 보일러에 관한 설명으로 틀린 것은?

① 강제 순환식은 압력이 작아질수록 물과 증기와의 비중 차가 작아서 물의 순환이 원활하지 않은 경우 순환력이 약해지는 결점을 보완하기 위해 강제로 순환시키는 방식이다.
② 자연 순환식 수관 보일러는 드럼과 다수의 수관으로 보일러 물의 순환 회로를 만들 수 있도록 구성된 보일러이다.
③ 자연 순환식 수관 보일러는 곡관을 사용하는 형식이 널리 사용되고 있다.
④ 강제 순환식 수관 보일러의 순환 펌프는 보일러수의 순환 회로 중에 설치한다.

해설 강제 순환식은 압력이 상승하면 물과 증기와의 비중 차가 작아서 물의 순환이 원활하지 않은 경우 순환력이 약해지는 결점을 보완하기 위해 강제로 순환시키는 방식이다.

정답 35 ④ 36 ④ 37 ① 38 ④ 39 ④ 40 ①

41 다음 중 프로판 가스가 완전 연소될 때 생성되는 것은?

① CO와 C_3H_8
② C_4H_{10}와 CO_2
③ CO_2와 H_2O
④ CO와 CO_2

해설 $C_3H_8 + 5O_2 \rightarrow 3CO_2 + 4H_2O$

42 일반적으로 보일러의 효율을 높이기 위한 방법으로 틀린 것은?

① 보일러 연소실 내의 온도를 낮춘다.
② 보일러 장치의 설계를 최대한 효율이 높도록 한다.
③ 연소 장치에 적합한 연료를 사용한다.
④ 공기 예열기 등을 사용한다.

해설 ① 보일러 연소실 내의 온도를 높인다.

43 주철제 보일러의 특징 설명으로 옳은 것은?

① 내열성 및 내식성이 나쁘다.
② 고압 및 대용량으로 적합하다.
③ 섹션의 증감으로 용량을 조절할 수 있다.
④ 인장 및 충격에 강하다.

해설 ① 내열성이 나쁘고, 내식성이 우수하다.
② 고압 및 대용량으로 부적합하다.
④ 인장 및 충격에 약하다.

44 노통 보일러에서 노통에 직각으로 설치하여 노통의 전열 면적을 증가시키고, 이로 인한 강도 보강, 관수 순환을 양호하게 하는 역할을 위해 설치하는 것은?

① 갤로웨이관
② 아담슨 조인트(Adamson joint)
③ 브리징 스페이스(breathing space)
④ 반구형 경판

해설 갤로웨이관의 설명이다.

45 연료유 저장 탱크의 일반 사항에 대한 설명으로 틀린 것은?

① 연료유를 저장하는 저장 탱크 및 서비스 탱크는 보일러의 운전에 지장을 주지 않는 용량의 것으로 하여야 한다.
② 연료유 탱크에는 보기 쉬운 위치에 유면계를 설치하여야 한다.
③ 연료유 탱크에는 탱크 내의 유량이 정상적인 양보다 초과 또는 부족한 경우에 경보를 발하는 경보 장치를 설치하는 것이 바람직하다.
④ 연료유 탱크에 드레인을 설치할 경우, 누유에 따른 화재 발생 소지가 있으므로 이물질을 배출할 수 있는 드레인은 탱크 상단에 설치하여야 한다.

해설 ④ 연료유 탱크에 드레인을 설치할 경우, 누유에 따른 화재 발생 소지가 있으므로 이물질을 배출할 수 있는 드레인은 탱크 하단에 설치하여야 한다.

46 회전 이음이라고도 하며, 2개 이상의 엘보를 사용하여 이음부의 나사 회전을 이용해서 배관의 신축을 흡수하는 신축 이음쇠는?

① 루프형 신축 이음쇠
② 스위블형 신축 이음쇠
③ 벨로스형 신축 이음쇠
④ 슬리브형 신축 이음쇠

정답 41 ③ 42 ① 43 ③ 44 ① 45 ④ 46 ②

해설 ① 루프형 신축 이음쇠 : 강관을 구부려 그 신축성을 이용한 것으로서 고압 증기의 옥외 배관에 사용한다.
③ 벨로스형 신축 이음쇠 : 설치에 넓은 장소를 필요로 하지 않고 신축에 의한 응력을 일으키지 않는다.
④ 슬리브형 신축 이음쇠 : 이음 본체 속에 미끄러질 수 있는 슬리브 파이프를 넣고 석면을 흑연으로 처리한 패킹제를 끼워 실한 신축 이음쇠이다.

47 보일러 사고 원인 중 취급 부주의가 아닌 것은?
① 과열
② 부식
③ 압력 초과
④ 재료 불량

해설 보일러 사고 원인
㉠ 취급 부주의 : 과열, 부식, 압력 초과 등
㉡ 제작상의 결함 : 재료 불량, 설계 불량, 구조 불량, 용접 불량 등

48 배관계에 설치한 밸브의 오작동 방지 및 배관계 취급의 적정화를 도모하기 위해 배관에 식별(識別) 표시를 하는데 관계가 없는 것은?
① 지지 하중
② 식별색
③ 상태 표시
④ 물질 표시

해설 배관계에 설치한 밸브의 오작동 방지 등을 위한 배관에의 식별 표시
㉠ 식별색
㉡ 상태 표시
㉢ 물질 표시

49 스테인리스 강관의 특징 설명으로 옳은 것은?
① 강관에 비해 두께가 얇고 가벼워 운반 및 시공이 쉽다.
② 강관에 비해 내열성은 우수하나, 내식성은 떨어진다.
③ 강관에 비해 기계적 성질이 떨어진다.
④ 한랭지 배관이 불가능하며, 동결에 대한 저항이 작다.

해설 스테인리스 강관 : 강관에 비해 두께가 얇고 가벼워 운반 및 시공이 쉽다.

50 기름 보일러에서 연소 중 화염이 점멸하는 등 연소 불안정이 발생하는 경우가 있다. 그 원인으로 적당하지 않은 것은?
① 기름의 점도가 높을 때
② 기름 속에 수분이 혼입되었을 때
③ 연료의 공급 상태가 불안정한 때
④ 노내가 부압(負壓)인 상태에서 연소했을 때

해설 기름 보일러에서 연소 불안정이 발생하는 경우
㉠ 기름의 점도가 높을 때
㉡ 기름 속에 수분이 혼입되었을 때
㉢ 연료의 공급 상태가 불안정할 때

51 증기 난방에서 환수관의 수평 배관에서 관경이 가늘어지는 경우 편심 리듀서를 사용하는 이유로 적합한 것은?
① 응축수의 순환을 억제하기 위해
② 관의 열팽창을 방지하기 위해
③ 동심 리듀서보다 시공을 단축하기 위해
④ 응축수의 체류를 방지하기 위해

해설 편심 리듀서를 사용하는 이유 : 응축수의 체류를 방지하기 위해

정답 47 ④ 48 ① 49 ① 50 ④ 51 ④

52 개방식 팽창 탱크에서 필요가 없는 것은?

① 배기관 ② 압력계
③ 급수관 ④ 팽창관

해설 개방식 팽창 탱크의 구성
㉠ 배기관 ㉡ 급수관 ㉢ 팽창관

53 보일러의 손상에서 팽출(澎出)을 옳게 설명한 것은?

① 보일러의 본체가 화염에 과열되어 외부로 볼록하게 튀어나오는 현상
② 노통이나 화실이 외축의 압력에 의해 눌려 쭈그러져 찢어지는 현상
③ 강판에 가스가 포함된 것이 화염의 접촉으로 양쪽으로 오목하게 되는 현상
④ 고압 보일러 드럼 이음에 주로 생기는 응력 부식 균열의 일종

해설 팽출 : 보일러의 본체가 화염에 과열되어 외부로 볼록하게 튀어나오는 현상

54 보일러 건식 보존법에서 가스 봉입 방식(기체 보존법)에 사용되는 가스는?

① O_2 ② N_2
③ CO ④ CO_2

해설 보일러 건식 보존법 중 가스 봉입 방식(기체 보존법)에 사용되는 가스 : N_2(질소)

55 온수 난방에 대한 특징을 설명한 것으로 틀린 것은?

① 증기 난방에 비해 소요 방열 면적과 배관경이 작게 되므로 시설비가 적어진다.
② 난방 부하의 변동에 따라 온도 조절이 쉽다.
③ 실내 온도의 쾌감도가 비교적 높다.
④ 밀폐식일 경우 배관의 부식이 적어 수명이 길다.

해설 ① 증기 난방에 비해 소요 방열 면적과 배관경이 크게 되므로 시설비가 많이 든다.

56 보일러 취급자가 주의하여 염두에 두어야 할 사항으로 틀린 것은?

① 보일러 사용처의 작업 환경에 따라 운전 기준을 설정하여 둔다.
② 사용처에 필요한 증기를 항상 발생, 공급할 수 있도록 한다.
③ 증기 수요에 따라 보일러 정격 한도를 10% 정도 초과하여 운전한다.
④ 보일러 제작사 취급 설명서의 의도를 파악 숙지하여 그 지시에 따른다.

해설 ③ 증기 수요에 따라 보일러 정격 한도를 초과하여 운전하지 않아야 한다.

57 보일러 수압 시험 시의 시험 수압은 규정된 압력의 몇 % 이상을 초과하지 않도록 해야 하는가?

① 3% ② 4%
③ 5% ④ 6%

해설 보일러 수압 시험 : 시험 수압은 규정된 압력의 6% 이상을 초과하지 않도록 한다.

58 에너지법에서 정한 에너지 기술 개발 사업비로 사용될 수 없는 사항은?

① 에너지에 관한 연구 인력 양성
② 온실가스 배출을 늘이기 위한 기술 개발
③ 에너지 사용에 따른 대기오염 저감을 위한 기술 개발
④ 에너지 기술 개발 성과의 보급 및 홍보

정답 52 ② 53 ① 54 ② 55 ① 56 ③ 57 ④ 58 ②

해설 에너지 기술 개발 사업비로 사용될 수 있는 것
㉠ 에너지 기술의 연구·개발에 관한 사항
㉡ 에너지 기술의 수요 조사에 관한 사항
㉢ 에너지 사용 기자재와 에너지 공급 설비 및 그 부품에 관한 기술 개발에 관한 사항
㉣ 에너지 기술 개발 성과의 보급 및 홍보에 관한 사항
㉤ 에너지 기술에 관한 국제 협력에 관한 사항
㉥ 에너지에 관한 연구 인력 양성에 관한 사항
㉦ 에너지 사용에 따른 대기오염을 줄이기 위한 기술 개발에 관한 사항
㉧ 온실가스 배출을 줄이기 위한 기술 개발에 관한 사항
㉨ 에너지 기술에 관한 정보의 수집·분석 및 제공과 이와 관련된 학술 활동에 관한 사항
㉩ 평가원의 에너지 기술 개발 사업 관리에 관한 사항

59 신에너지 및 재생 에너지 개발·이용·보급 촉진법에서 규정하는 신에너지 또는 재생에너지에 해당하지 않는 것은?

① 태양에너지
② 풍력
③ 수소에너지
④ 원자력에너지

해설 신에너지 및 재생 에너지 : 기존의 화석 연료를 변환시켜 이용하거나 햇빛·물·지열(地熱)·강수(降水)·생물 유기체 등을 포함하는 재생 가능한 에너지를 변환시켜 이용하는 에너지로서 다음에 해당하는 것을 말한다.
㉠ 태양에너지
㉡ 생물 자원을 변환시켜 이용하는 바이오에너지로서 대통령령으로 정하는 기준 및 범위에 해당하는 에너지
㉢ 풍력
㉣ 수력
㉤ 연료 전지
㉥ 석탄을 액화·가스화한 에너지 및 중질 잔사유(重質殘渣油)를 가스화한 에너지로서 대통령령으로 정하는 기준 및 범위에 해당하는 에너지
㉦ 해양에너지
㉧ 대통령령으로 정하는 기준 및 범위에 해당하는 폐기물에너지
㉨ 지열에너지
㉩ 수소에너지

㉪ 그 밖에 석유·석탄·원자력 또는 천연가스가 아닌 에너지로서 대통령령으로 정하는 에너지

60 에너지 이용 합리화법의 목적과 거리가 먼 것은?

① 에너지 소비로 인한 환경 피해 감소
② 에너지의 수급 안정
③ 에너지의 소비 촉진
④ 에너지의 효율적인 이용 증진

해설 에너지 이용 합리화법의 목적 : 에너지의 수급을 안정시키고 에너지의 합리적이고 효율적인 이용을 증진하며 에너지 소비로 인한 환경 피해를 줄임으로써 국민 경제의 건전한 발전 및 국민 복지의 증진과 지구 온난화의 최소화에 이바지함을 목적으로 한다.

정답 59 ④ 60 ③

에너지관리기능사 (2019. 1. 19 시행)

01 절대 온도 360K을 섭씨온도로 환산하면 약 몇 ℃인가?

① 97℃ ② 87℃
③ 67℃ ④ 57℃

해설 섭씨온도(℃)=절대 온도(K)−273
=360−273=87℃

02 수관식 보일러에 대한 설명으로 틀린 것은?

① 고온, 고압에 적당하다.
② 용량에 비해 소요 면적이 작으며, 효율이 좋다.
③ 보유 수량이 많아 파열 시 피해가 크고, 부하 변동에 응하기 쉽다.
④ 급수의 순도가 나쁘면 스케일이 발생하기 쉽다.

해설 ③ 보유 수량이 적어 파열 시 피해가 작고, 부하 변동에 응하기 어렵다.

03 제어계를 구성하는 요소 중 전송기의 종류에 해당되지 않는 것은?

① 전기식 전송기 ② 증기식 전송기
③ 유압식 전송기 ④ 공기압식 전송기

해설 전송기의 종류
㉠ 공기압식 전송기 ㉡ 유압식 전송기
㉢ 전기식 전송기

04 입형(직립) 보일러에 대한 설명으로 틀린 것은?

① 동체를 바로 세워 연소실을 그 하부에 둔 보일러이다.
② 전열 면적을 넓게 할 수 있어 대용량에 적당하다.
③ 다관식은 전열 면적을 보강하기 위하여 다수의 연관을 설치한 것이다.
④ 횡관식은 횡관의 설치로 전열면을 증가시킨다.

해설 ② 전열 면적을 넓게 할 수 있어 소용량에 적당하다.

05 보일러 1마력을 상당 증발량으로 환산하면 약 얼마인가?

① 13.65kg/h ② 15.65kg/h
③ 18.65kg/h ④ 21.65kg/h

해설 보일러 1마력 : 표준 상태에서 15.65kg/h의 상당 증발량을 나타낼 수 있는 능력

06 수면계의 기능 시험 시기에 대한 설명으로 틀린 것은?

① 가마울림 현상이 나타날 때
② 2개의 수면계의 수위에 차이가 있을 때
③ 보일러를 가동하여 압력이 상승하기 시작했을 때
④ 프라이밍, 포밍 등이 생길 때

해설 수면계 기능 시험의 시기
㉠ 2개의 수면계의 수위에 차이가 있을 때
㉡ 보일러를 가동하여 압력이 상승하기 시작했을 때
㉢ 프라이밍, 포밍 등이 생길 때
㉣ 수면계 수위가 의심이 갈 때
㉤ 수면계 유리관을 교체하였을 때
㉥ 보일러의 점화 전(가동하기 전)

정답 01 ② 02 ③ 03 ② 04 ② 05 ② 06 ①

07 오일 프리 히터의 사용 목적이 아닌 것은?

① 연료의 점도를 높여준다.
② 연료의 유동성을 증가시켜 준다.
③ 완전 연소에 도움을 준다.
④ 분무 상태를 양호하게 한다.

해설 ① 연료의 점도를 낮춰준다.

08 가스 버너에서 리프팅(lifting) 현상이 발생하는 경우는?

① 가스압이 너무 높은 경우
② 버너 부식으로 염공이 커진 경우
③ 버너가 과열된 경우
④ 1차 공기의 흡인이 많은 경우

해설 리프팅 현상은 역화와 반대로 불꽃이 버너에서 비상하여 형성되는 경우이며, 가스압이 너무 높은 경우 발생한다.

09 보일러의 효율에 대한 시험 방법에 관한 설명으로 틀린 것은?

① 급수 온도는 절탄기가 있는 것은 절탄기 입구에서 측정한다.
② 배기가스의 온도는 전열면의 최종 출구에서 측정한다.
③ 포화 증기의 압력은 보일러 출구의 압력으로 부르동관식 압력계로 측정한다.
④ 증기 온도의 경우 과열기가 있을 때는 과열기 입구에서 측정한다.

해설 ④ 증기 온도의 경우 과열기가 있을 때는 과열기 출구에서 측정한다.

10 자연 통풍에 대한 설명으로 가장 옳은 것은?

① 연소에 필요한 공기를 압입 송풍기에 의해 통풍하는 방식이다.
② 연돌로 인한 통풍 방식이며, 소형 보일러에 적합하다.
③ 축류형 송풍기를 이용하여 연도에서 열가스를 배출하는 방식이다.
④ 송·배풍기를 보일러 전·후면에 부착하여 통풍하는 방식이다.

해설 자연 통풍 : 연돌로 인한 통풍이며, 소형 보일러에 적합하다.

11 과열기를 연소 가스 흐름 상태에 의해 분류할 때 해당되지 않는 것은?

① 복사형   ② 병류형
③ 향류형   ④ 혼류형

해설 연소 가스 흐름 형태에 의한 과열기의 분류
㉠ 병류형
㉡ 향류형
㉢ 혼류형

12 보일러 연소 장치의 선정 기준에 대한 설명으로 틀린 것은?

① 사용 연료의 종류와 형태를 고려한다.
② 연소 효율이 높은 장치를 선택한다.
③ 과잉 공기를 많이 사용할 수 있는 장치를 선택한다.
④ 내구성 및 가격 등을 고려한다.

해설 ③ 과잉 공기를 적게 사용할 수 있는 장치를 선택한다.

13 보일러의 출열 항목에 속하지 않는 것은?

① 불완전 연소에 의한 열손실
② 연소 잔재물 중의 미연소분에 의한 열손실

정답 07 ① 08 ① 09 ④ 10 ② 11 ① 12 ③ 13 ③

③ 공기의 현열 손실
④ 방산에 의한 손실열

해설 보일러의 출열 항목
㉠ 발생 증기의 흡수열(유효 출열)
㉡ 연소 가스에 의해서 생기는 배기가스 손실열(수증기 포함)
㉢ 노내 분입 증기에 의한 열손실
㉣ 불완전 연소에 의한 열손실
㉤ 연소 잔재물 중의 미연소분에 의한 열손실
㉥ 방산에 의한 손실열

14 어떤 보일러의 5시간 동안 증발량이 5,000kg이고, 그때의 급수 엔탈피가 25kcal/kg, 증기 엔탈피가 675kcal/kg이라면 상당 증발량은 약 몇 kg/h인가?

① 1,106
② 1,206
③ 1,304
④ 1,451

해설 상당 증발량
= 매시 실제 증발량[kg/h] × $\dfrac{(\text{증기 엔탈피}[kcal/kg] - \text{급수 엔탈피}[kcal/kg])}{539 kcal/kg}$

= $\dfrac{5,000/5 \times (675-25)}{539} = 1,206 kg/h$

15 1기압하에서 20℃의 물 10kg을 100℃의 증기로 변화시킬 때 필요한 열량은 얼마인가? (단, 물의 비열은 1kcal/kg·℃이다.)

① 6,190kcal
② 6,390kcal
③ 7,380kcal
④ 7,480kcal

해설 ㉠ 20℃의 물 10kg을 100℃의 물로 변화시키기 위해 필요한 열량
$Q_1 = G \cdot C \cdot (t_2 - t_1)$

여기서, Q_1 : 열량(kcal)
C : 비열(kcal/kg·℃)
G : 질량(kg)
t_2 : 최후 온도(℃)
t_1 : 최초 온도(℃)
∴ $Q = 10kg \times 1kcal/kg \cdot ℃ \times (100℃ - 20℃)$
= 800kcal

㉡ 100℃의 물 10kg을 100℃의 수증기로 변화시키기 위해 필요한 열량
$Q_2 = G\gamma$
여기서, Q_2 : 열량(kcal)
G : 질량(kg)
γ : 증발 잠열(539kcal/kg)
∴ $Q_2 = 10kg \times 539kcal/kg = 5,390kcal$

㉢ 20℃의 물 10kg을 100℃의 증기로 변화시킬 때 필요한 열량
$Q = Q_1 + Q_2 = 800kcal + 5,390kcal = 6,190kcal$

16 강관재 루프형 신축 이음은 고압에 견디고 고장이 적어 고온·고압용 배관에 이용되는데, 이 신축 이음의 곡률 반경은 관 지름의 몇 배 이상으로 하는 것이 좋은가?

① 2배
② 3배
③ 4배
④ 6배

해설 강관재 루프형 신축 이음 : 고압에 견디고 고장이 적어 고온·고압용 배관에 이용되는데, 이 신축 이음의 곡률 반경은 관 지름의 6배 이상으로 한다.

17 보일러에서 발생하는 고온 부식의 원인 물질로 거리가 먼 것은?

① 나트륨
② 유황
③ 철
④ 바나듐

해설 고온 부식의 원인 물질
나트륨(Na), 유황(S), 바나듐(V)

정답 14 ② 15 ① 16 ④ 17 ③

18 배관 지지 장치의 명칭과 용도가 잘못 연결된 것은?

① 파이프 슈 – 관의 수평부, 곡관부 지지
② 리지드 서포트 – 빔 등으로 만든 지지대
③ 롤러 서포트 – 방진을 위해 변위가 작은 곳에 사용
④ 행거 – 배관계의 중량을 위에서 달아매는 장치

해설 ③ 롤러 서포트 : 관을 지지하면서 신축을 자유롭게 하는 것으로, 롤러가 관을 받친다.

19 포화 온도 105℃인 증기 난방 방열기의 상당 방열 면적이 20m²일 경우 시간당 발생하는 응축수량은 약 몇 kg/h인가? (단, 105℃ 증기의 증발 잠열은 535.6kcal/kg이다.)

① 10.37
② 20.57
③ 12.17
④ 24.27

해설 증기 방열기의 표준 방열량은 650kcal/h·m²이므로 시간당 발생하는 응축수량(kg/h)은

$$= \frac{\text{방열량(kcal/h·m}^2) \times \text{상당 방열 면적(m}^2)}{\text{증발 잠열(kcal/kg)}}$$

$$= \frac{650\text{kcal/h·m}^2 \times 20\text{m}^2}{535.6\text{kcal/kg}}$$

$$= 24.27\text{kg/h}$$

20 다음 중 난방 부하의 단위로 옳은 것은 어느 것인가?

① kcal/kg
② kcal/h
③ kg/h
④ kcal/m²·h

해설 난방 부하 : 난방을 목적으로 실내 온도를 보호하기 위해 공급되는 열량(kcal/h)이다.

21 보일러 운전이 끝난 후의 조치 사항으로 잘못된 것은?

① 유류 사용 보일러의 경우 연료 계통의 스톱 밸브를 닫고 버너를 청소한다.
② 연소실 내의 잔류 여열로 보일러 내부의 압력이 상승하는지 확인한다.
③ 압력계 지시 압력과 수면계의 표준 수위를 확인해둔다.
④ 예열용 연료를 노내에 약간 넣어둔다.

해설 ④ 예열용 연료를 노내에 약간 넣어두면 보일러 가동 시 점화할 경우에 역화의 문제가 발생한다.

22 다음 보일러의 휴지 보존법 중 단기 보존법에 속하는 것은?

① 석회 밀폐 건조법
② 질소 가스 봉입법
③ 소다 만수 보존법
④ 가열 건조법

해설 ㉠ 단기 보존법 : 보통 만수 보존법, 가열 건조법
㉡ 장기 보존법 : 소다 만수 보존법, 석회 밀폐 건조법, 질소 가스 봉입법

23 보온재 선정 시 고려하여야 할 사항으로 틀린 것은?

① 안전 사용 온도 범위에 적합해야 한다.
② 흡수성이 크고, 가공이 용이해야 한다.
③ 물리적, 화학적 강도가 커야 한다.
④ 열전도율이 가능한 작아야 한다.

해설 ② 흡수성이 없고, 가공이 용이해야 한다.

정답 18 ③ 19 ④ 20 ② 21 ④ 22 ④ 23 ②

24 방열기의 구조에 관한 설명으로 옳지 않은 것은?

① 주요 구조 부분은 금속 재료나 그 밖의 강도와 내구성을 가지는 적절한 재질의 것을 사용해야 한다.
② 엘리먼트 부분은 사용하는 온수 또는 증기의 온도 및 압력을 충분히 견디어 낼 수 있는 것으로 한다.
③ 온수를 사용하는 것에는 보온을 위해 엘리먼트 내에 공기를 빼는 구조가 없도록 한다.
④ 배관 접속부는 시공이 쉽고, 점검이 용이해야 한다.

해설 ③ 온수를 사용하는 것에는 보온을 위해 엘리먼트 내에 공기를 빼는 구조가 있도록 한다.

25 보일러에서 수면계 기능 시험을 해야 할 시기로 가장 거리가 먼 것은?

① 수위의 변화에 수면계가 빠르게 반응할 때
② 보일러를 가동하기 전
③ 2개의 수면계 수위가 서로 다를 때
④ 프라이밍, 포밍 등이 발생할 때

해설 수면계 기능 시험의 시기
㉠ 2개의 수면계 수위에 차이가 있을 때
㉡ 보일러를 가동하여 압력이 상승하기 시작했을 때
㉢ 프라이밍, 포밍 등이 생길 때
㉣ 수면계 수위가 의심이 갈 때
㉤ 수면계 유리관을 교체하였을 때
㉥ 보일러의 점화 전(가동하기 전)

26 일반 보일러(소용량 보일러 및 가스용 온수 보일러 제외)에서 온도계를 설치할 필요가 없는 곳은?

① 절탄기가 있는 경우 절탄기 입구 및 출구
② 보일러 본체의 급수 입구
③ 버너 급유 입구(예열을 필요로 할 때)
④ 과열기가 있는 경우 과열기 입구

해설 ④ 과열기가 있는 경우 과열기 출구

27 수격 작용을 방지하기 위한 조치로 거리가 먼 것은?

① 송기에 앞서서 관을 충분히 데운다.
② 송기할 때 주증기 밸브는 급히 열지 않고 천천히 연다.
③ 증기관은 증기가 흐르는 방향으로 경사가 지도록 한다.
④ 증기관에 드레인이 고이도록 중간을 낮게 배관한다.

해설 ④ 증기관에 드레인이 고이기 쉬운 곳에는 드레인 빼기를 설치한다.

28 에너지 수급 안정을 위하여 산업통상자원부 장관이 필요한 조치를 취할 수 있는 사항이 아닌 것은?

① 에너지의 배급
② 산업별·주요 공급자별 에너지 할당
③ 에너지 비축과 저장
④ 에너지의 양도·양수의 제한 또는 금지

해설 에너지 수급 안정을 위하여 산업통상자원부 장관이 필요한 조치를 취할 수 있는 사항
㉠ 지역별·주요 수급자별 에너지 할당
㉡ 에너지 공급 설비의 가동 및 조업
㉢ 에너지의 비축과 저장
㉣ 에너지의 도입·수출입 및 위탁 가공
㉤ 에너지 공급자 상호간의 에너지 교환 또는 분배 사용
㉥ 에너지의 유통 시설과 그 사용 및 유통 경로
㉦ 에너지의 배급
㉧ 에너지의 양도·양수의 제한 또는 금지
㉨ 에너지 사용의 시기·방법 및 에너지 사용 기자재의 사용 제한 또는 금지 등 대통령령으로 정하는 사항
㉩ 그 밖에 에너지 수급을 안정시키기 위하여 대통령령으로 정하는 사항

정답 24 ③ 25 ① 26 ④ 27 ④ 28 ②

29 저탄소녹색성장기본법에 의거 온실가스 감축 목표 등의 설정·관리 및 필요한 조치에 관한 사항을 관장하는 기관으로 옳은 것은?

① 농림축산식품부 : 건물·교통 분야
② 환경부 : 농업·축산 분야
③ 국토교통부 : 폐기물 분야
④ 산업통상자원부 : 산업·발전 분야

해설 ① 농림축산식품부 : 농업·축산 분야
② 환경부 : 폐기물 분야
③ 국토교통부 : 건물·교통 분야

30 다음 중 신·재생에너지정책심의회의 구성으로 맞는 것은?

① 위원장 1명을 포함한 10명 이내의 위원
② 위원장 1명을 포함한 20명 이내의 위원
③ 위원장 2명을 포함한 10명 이내의 위원
④ 위원장 2명을 포함한 20명 이내의 위원

해설 신·재생에너지정책심의회 구성 : 위원장 1명을 포함한 20명 이내의 위원

31 어떤 보일러의 시간당 발생 증기량을 G_a, 발생 증기의 엔탈피를 i_2, 급수 엔탈피를 i_1라 할 때 다음 식으로 표시되는 값(G_e)은?

$$G_e = \frac{G_a(i_2 - i_1)}{539} (\text{kg/h})$$

① 증발률   ② 보일러 마력
③ 연소 효율 ④ 상당 증발량

해설 $G_e = \frac{G_a(i_2 - i_1)}{539}$ (kg/h)
여기서, G_e : 시간당 발생 증기량
i_2 : 발생 증기의 엔탈피
i_1 : 급수 엔탈피

32 정격 압력이 12kgf/cm^2일 때 보일러의 용량이 가장 큰 것은? (단, 급수 온도는 10℃, 증기 엔탈피는 663.8kcal/kg이다.)

① 실제 증발량 1,200kg/h
② 상당 증발량 1,500kg/h
③ 정격 출력 800,000kcal/h
④ 보일러 100마력(B-HP)

해설 ① 상당 증발량 = $\frac{\text{실제 증발량} \times \text{증기 엔탈피}}{539}$
$= \frac{1,200 \times 663.8}{539}$
$= 1,447.85$
보일러 마력 = $\frac{1,447.85}{15.65}$ = 92.51마력
② 보일러 마력 = $\frac{1,500}{15.65}$ = 95.85마력
③ 상당 증발량 = $\frac{\text{정격 출력}}{539}$
$= \frac{800,000}{539}$ = 1,484.23
보일러 마력 = $\frac{1,484.23}{15.65}$ = 94.84마력
④ 보일러 마력 = 100마력

33 보일러의 부하율에 대한 설명으로 적합한 것은?

① 보일러의 최대 증발량에 대한 실제 증발량의 비율
② 증기 발생량을 연료 소비량으로 나눈 값
③ 보일러에서 증기가 흡수한 총 열량을 급수량으로 나눈 값
④ 보일러 전열 면적 1m^2에서 시간당 발생되는 증기 열량

해설 보일러의 부하율 : 보일러의 최대 증발량에 대한 실제 증발량의 비율

정답 29 ④ 30 ② 31 ④ 32 ④ 33 ①

34 물의 임계 압력에서의 잠열은 몇 kcal/kg인가?

① 539 ② 100
③ 0   ④ 639

해설 임계점 : 물을 가열하여 압력을 높이면 어느 지점에서 액체, 기체 상태의 구분이 없어지고, 증발 잠열이 0kcal/kg인 상태가 되는 점을 말한다. 이때의 온도를 임계 온도, 압력을 임계 압력이라 한다.

35 다음과 같은 특징을 갖고 있는 통풍 방식은?

- 연도의 끝이나 연돌 하부에 송풍기를 설치한다.
- 연도 내의 압력은 대기압보다 낮게 유지된다.
- 매연이나 부식성이 강한 배기가스가 통과하므로 송풍기의 고장이 자주 발생한다.

① 자연 통풍   ② 압입 통풍
③ 흡입 통풍   ④ 평형 통풍

해설 ① 자연 통풍 : 배기가스의 부력을 이용하여 연돌로부터 흡입 통풍을 하는 것
② 압입 통풍 : 송풍기를 이용하여 연소용 공기를 연소실 앞에서 노내로 불어 넣어 공급하는 방식
④ 평형 통풍 : 압입 통풍과 흡입 통풍을 조합한 것으로, 통풍력이 강하여 대형 보일러에 사용하는 것

36 상당 증발량이 6,000kcal/h, 연료 소비량이 400kg/h인 보일러의 효율은 약 몇 %인가? (단, 연료의 저위 발열량은 9,700kcal/kg이다.)

① 81.3%   ② 83.4%
③ 85.8%   ④ 79.2%

해설 보일러 효율(%)
$$= \frac{\text{상당 증발량} \times 539}{\text{시간당 연료 소비량} \times \text{연료의 저위 발열량}} \times 100$$
$$= \frac{6,000 \times 539}{400 \times 9,700} = 83.4\%$$

37 무게 80kgf인 물체를 수직으로 5m까지 끌어올리기 위한 일을 열량으로 환산하면 약 몇 kcal인가?

① 0.94kcal   ② 0.094kcal
③ 40kcal   ④ 400kcal

해설 열의 일당량 : $\frac{1}{427}$ kcal/kg·m

열량 = $\frac{1}{427}$ kcal/kg·m × (80×5)kg·m = 0.94kcal

38 보일러의 폐열 회수 장치에 대한 설명으로 가장 거리가 먼 것은?

① 공기 예열기는 배기가스와 연소용 공기를 열교환하여 연소용 공기를 가열하기 위한 것이다.
② 절탄기는 배기가스의 여열을 이용하여 급수를 예열하는 급수 예열기를 말한다.
③ 공기 예열기의 형식은 전열 방법에 따라 전도식과 재생식, 히트 파이프식으로 분류된다.
④ 급수 예열기는 설치하지 않아도 되지만, 공기 예열기는 반드시 설치하여야 한다.

해설 폐열 회수 장치란 보일러의 열효율을 올리기 위한 장치이며, 과열기, 재열기, 절탄기, 공기 예열기가 있다.

39 화염 검출기의 기능 불량과 대책을 연결한 것으로 잘못된 것은?

① 집광렌즈 오염 - 분리 후 청소
② 증폭기 노후 - 교체
③ 동력선의 영향 - 검출 회로와 동력선 분리
④ 점화 전극의 고전압이 플레임 로드에 흐를 때 - 전극과 불꽃 사이를 넓게 분리

해설 ④ 점화 전극의 고전압이 플레임 로드에 흐를 때 - 전극과 불꽃 사이를 좁게 분리

정답 34 ③ 35 ③ 36 ② 37 ① 38 ④ 39 ④

40 노통 연관식 보일러의 특징으로 가장 거리가 먼 것은?

① 내분식이므로 열손실이 적다.
② 수관식 보일러에 비해 보유수량이 적어 파열 시 피해가 작다.
③ 원통형 보일러 중에서 효율이 가장 높다.
④ 원통형 보일러 중에서 구조가 복잡한 편이다.

해설 ② 수관식 보일러에 비해 보유수량이 많아 파열 시 피해가 크다.

41 매연 분출 장치에서 보일러의 고온부인 과열기나 수관부용으로 고온의 열가스 통로에 사용할 때만 사용되는 매연 분출 장치는?

① 정치 회전용
② 롱레트랙터블형
③ 쇼트레트랙터블형
④ 이동 회진형

해설 ① 정치 회전용 : 절탄기나 공기 예열기, 보일러 전열면 등에 많이 사용되는 정치 회전식이며, 분산관을 정위치에 고정시키고, 많은 노즐을 내부에 설치하여 관을 회전시켜 처리하는 장치
③ 쇼트레트랙터블형 : 분사관이 짧으며, 1개의 노즐을 설치하여 연소실 노벽에 부착되어 있는 이물질을 제거하는 것

42 다음 보일러 중 수관식 보일러에 해당되는 것은?

① 타쿠마 보일러
② 카네크롤 보일러
③ 스코치 보일러
④ 하우덴 존슨 보일러

해설 보일러의 분류

종류		실용 예
원통형 보일러	노통 보일러	코니시 보일러, 랭커셔 보일러
	입형 보일러	입형 횡관 보일러, 입형 연관식 보일러, 코크란 보일러
	연관 보일러	횡형 연관 보일러, 입형 연관 보일러, 케와니 보일러(기관차형 보일러)
	노통 연관 보일러	스코치 보일러, 노통 연관 패키지 보일러, 하우덴 존슨 보일러
수관 보일러	자연 순환식 보일러	바브콕 보일러, 윌콕스 보일러, 타쿠마 보일러, 야로우 보일러
	강제 순환식 보일러	섹션 보일러, 라몬트 보일러, 베록스 보일러
	관류 보일러	벤슨 보일러, 슐처 보일러
	복사 보일러	방사 보일러
특수 보일러	주철제 섹셔널 보일러	주철제 증기 보일러, 주철제 온수 보일러
	특수 열매체(액체) 보일러	수은 보일러, 다우섬 보일러, 세큐리티 보일러(열매체의 종류 : 수은, 다우섬, 카네크롤, 모빌섬)
	폐열 보일러	하이네 보일러, 리 보일러
	간접 가열식 (2중 증발) 보일러	슈미트 보일러, 뢰플러 보일러
	특수 연료 보일러	특수 연료의 종류 : 버케이스, 바크, 흑액, 소다회수
난방용 보일러	전기 보일러	-
	주철제 증기 보일러	-
	주철제 온수 보일러	-

43 열용량에 대한 설명으로 옳은 것은?

① 열용량의 단위는 kcal/g·℃이다.
② 어떤 물질 1g의 온도를 1℃ 올리는 데 소요되는 열량이다.
③ 어떤 물질의 비열에 그 물질의 질량을 곱한 값이다.

정답 40 ② 41 ② 42 ① 43 ③

④ 열용량은 물질의 질량에 관계없이 항상 일정하다.

해설 열용량 : 어떤 물질의 비열에 그 물질의 질량을 곱한 값이다.
열용량=비열×질량

44 주철제 보일러의 특징 설명으로 틀린 것은?
① 내열·내식성이 우수하다.
② 쪽수의 증감에 따라 용량 조절이 용이하다.
③ 재질이 주철이므로 충격에 강하다.
④ 고압 및 대용량에 부적당하다.

해설 ③ 재질이 주철이므로 충격에 약하다.

45 집진 장치 중 집진 효율은 높으나, 압력 손실이 낮은 형식은?
① 전기식 집진 장치
② 중력식 집진 장치
③ 원심력식 집진 장치
④ 세정식 집진 장치

해설 ② 중력식 집진 장치 : 자체 중력에 의해 자연 침강시킨 후 분리하여 구조가 간단하다.
③ 원심력식 집진 장치 : 함진 가스를 선회 운동시켜 원심력을 이용하여 분리한다.
④ 세정식 집진 장치 : 한랭 시 세정수의 동결 방지 대책이 필요하며, 세정 용수가 많이 필요하므로 급수 배관을 설치하고, 오수 처리 설비도 갖추어야 한다.

46 증기 보일러의 캐리 오버(carry over)의 발생 원인과 가장 거리가 먼 것은?
① 보일러 부하가 급격하게 증대할 경우
② 증발부 면적이 불충분할 경우
③ 증기 정지 밸브를 급격히 열었을 경우
④ 부유 고형물 및 용해 고형물이 존재하지 않을 경우

해설 ④ 부유 고형물 및 용해 고형물이 존재하고 있는 경우

47 보일러 건조 보존 시에 사용되는 건조제가 아닌 것은?
① 암모니아
② 생석회
③ 실리카겔
④ 염화칼슘

해설 보일러 건조 보존 시 건조제 : 생석회, 실리카겔, 염화칼슘, 오산화인(P_2O_5), 활성알루미나, 기화성 방청제

48 보일러 동체가 국부적으로 과열되는 경우는?
① 고수위로 운전하는 경우
② 보일러 동 내면에 스케일이 형성된 경우
③ 안전 밸브의 기능이 불량한 경우
④ 주증기 밸브의 개폐 동작이 불량한 경우

해설 보일러 동체가 국부적으로 과열되는 경우 : 보일러 동내면에 스케일이 형성된 경우

49 다음 중 보일러 용수 관리에서 경도(hardness)와 관련되는 항목으로 가장 적합한 것은?
① Hg, SVI
② BOD, COD
③ DO, Na
④ Ca, Mg

해설 경도(hardness) : 수중에 함유하고 있는 칼슘(Ca), 마그네슘(Mg)의 농도를 나타내는 척도

50 보일러의 증기관 중 반드시 보온을 해야 하는 곳은?
① 난방하고 있는 실내에 노출된 배관
② 방열기 주위 배관
③ 주증기 공급관
④ 관말 증기 트랩 장치의 냉각 레그

해설 보일러 증기관 중 주증기 공급관은 반드시 보온 해야 한다.

정답 44 ③ 45 ① 46 ④ 47 ① 48 ② 49 ④ 50 ③

51 난방 부하의 발생 요인 중 맞지 않는 것은?

① 벽체(외벽, 바닥, 지붕 등)를 통한 손실 열량
② 극간풍에 의한 손실 열량
③ 외기(환기 공기)의 도입에 의한 손실 열량
④ 실내 조명, 전열 기구 등에서 발산되는 열부하

해설 난방 부하의 발생 요인
㉠ 벽체(외벽, 바닥, 지붕 등)를 통한 손실 열량
㉡ 극간풍에 의한 손실 열량
㉢ 외기(환기 공기)의 도입에 의한 손실 열량

52 규산칼슘 보온재의 안전 사용 최고 온도(℃)는?

① 300 ② 450
③ 650 ④ 850

해설 규산칼슘 보온재의 안전 사용 최고 온도 : 650℃

53 보일러 운전 중 1일 1회 이상 실행하거나 상태를 점검해야 하는 것으로 가장 거리가 먼 사항은?

① 안전 밸브 작동 상태
② 보일러수 분출 작업
③ 여과기 상태
④ 저수위 안전 장치 작동 상태

해설 보일러 운전 중 1일 1회 이상 실행하거나 상태를 점검해야 하는 것
㉠ 안전 밸브 작동 상태
㉡ 보일러수 분출 작업
㉢ 저수위 안전 장치 작동 상태

54 수면계의 점검 순서 중 가장 먼저 해야 하는 사항으로 적당한 것은?

① 드레인 콕을 닫고, 물 콕을 연다.
② 물 콕을 열어 통수관을 확인한다.
③ 물 콕 및 증기콕을 닫고, 드레인 콕을 연다.
④ 물 콕을 닫고, 증기 콕을 열어 통기관을 확인한다.

해설 수면계의 점검 순서 중 가장 먼저 하는 사항 : 물 콕 및 증기 콕을 닫고, 드레인 콕을 연다.

55 배관 중간이나 밸브, 펌프, 열교환기 등의 접속을 위해 사용되는 이음쇠로서 분해, 조립이 필요한 경우에 사용되는 것은?

① 벤드
② 리듀서
③ 플랜지
④ 슬리브

해설 ① 벤드 : 배관의 방향을 바꿀 경우
② 리듀서 : 이경관을 연결한 경우
④ 슬리브 : 회전축 등을 둘러싸도록 축 외주에 끼워서 사용되는 비교적 긴 통형의 부품

56 환수관의 배관 방식에 의한 분류 중 환수주관을 보일러의 표준 수위보다 낮게 배관하여 환수하는 방식은 어떤 배관 방식인가?

① 건식 환수
② 중력 환수
③ 기계 환수
④ 습식 환수

해설 ① 건식 환수 : 환수주관이 보일러 수면보다 높은 위치에 배관되어 있는 경우
② 중력 환수 : 응축수를 중력 작용에 의해서 보일러에 유입시키는 것으로서 작은 보일러에 사용
③ 기계 환수 : 환수 주관을 수주 탱크에 접촉하여 응축수를 이 탱크에 모으고, 펌프로 이 물에 수압을 주어 보일러로 송수하면 보일러의 높이에 관계없이 환수할 수 있는 것

57 주철제 보일러의 최고 사용 압력이 0.30MPa인 경우 수압 시험 압력은?

① 0.15MPa
② 0.30MPa
③ 0.43MPa
④ 0.60MPa

해설 수압 시험 압력=0.30MPa×2=0.60MPa
주철제 보일러의 수압 시험 압력
㉠ 보일러 최고 사용 압력이 0.43MPa 이하일 때 : 최고 사용 압력×2(단, 시험 압력이 0.2MPa 미만인 경우에는 0.2MPa)
㉡ 보일러 최고 사용 압력이 0.43MPa을 초과할 때 : 최고 사용 압력×1.3+0.3MPa

58 다음 중 에너지 이용 합리화법상 열사용 기자재가 아닌 것은?

① 강철제 보일러
② 구멍탄용 온수 보일러
③ 전기 순간 온수기
④ 2종 압력 용기

해설 열사용 기자재
㉠ 보일러 : 강철제 보일러, 주철제 보일러, 소형 온수 보일러, 구멍탄용 온수 보일러, 축열식 전기 보일러, 캐스케이드보일러, 가정용 화목 보일러
㉡ 태양열 집열기
㉢ 압력 용기 : 1종 압력 용기, 2종 압력 용기
㉣ 요로 : 요업 요로, 금속 요로

59 온실가스 감축 목표의 설정·관리 및 필요한 조치에 관하여 총괄·조정 기능을 수행하는 자는?

① 환경부 장관
② 산업통상자원부 장관
③ 국토교통부 장관
④ 농림축산식품부 장관

해설 환경부 장관은 온실가스 감축 목표의 설정·관리 및 필요한 조치에 관하여 총괄·조정 기능을 수행한다.

60 온실가스 감축, 에너지 절약 및 에너지 이용 효율 목표를 통보받은 관리 업체가 규정의 사항을 포함한 다음 연도 이행 계획을 전자적 방식으로 언제까지 부문별 관장 기관에게 제출하여야 하는가?

① 매년 3월 31일까지
② 매년 6월 30일까지
③ 매년 9월 30일까지
④ 매년 12월 31일까지

해설 온실가스 감축, 에너지 절약 및 에너지 이용 효율 목표를 통보받은 관리 업체는 규정의 사항을 포함한 다음 연도 이행 계획을 전자적 방식으로 매년 12월 31일까지 부문별 관장 기관에게 제출하여야 하며, 부문별 관장 기관은 이를 확인하여 다음 연도 1월 31일까지 센터에 제출하여야 한다.

정답 57 ④ 58 ③ 59 ① 60 ④

에너지관리기능사 (2019. 4. 6 시행)

01 보일러 제어 장치 중 연소용 공기를 제어하는 설비는 자동 제어에서 어디에 속하는가?
① F.W.C   ② A.B.C
③ A.C.C   ④ A.F.C

해설 ① F.W.C(Feed Water Control) : 급수 제어
② A.B.C(Automatic Boiler Control) : 보일러 자동 제어
③ A.C.C(Automatic Combustion Control) : 연소 제어
④ A.F.C(Automatic Frequency Control) : 자동 주파수 조정

02 기체 연료의 발열량 단위로 옳은 것은?
① $kcal/m^2$ ② $kcal/cm^2$
③ $kcal/mm^2$ ④ $kcal/Nm^3$

해설 기체 연료의 발열량 단위 : $kcal/Nm^3$

03 액체 연료의 유압 분무식 버너의 종류에 해당되지 않는 것은?
① 플런저형   ② 외측 반환유형
③ 직접 분사형   ④ 간접 분사형

해설 액체 연료의 유압 분무식 버너의 종류
㉠ 플런저형   ㉡ 외측 반환유형   ㉢ 직접 분사형

04 공기 예열기에 대한 설명으로 틀린 것은?
① 보일러의 열효율을 향상시킨다.
② 불완전 연소를 감소시킨다.
③ 배기가스의 열손실을 감소시킨다.
④ 통풍 저항이 작아진다.

해설 ④ 통풍 저항이 증가한다.

05 다음 중 LPG의 주성분이 아닌 것은?
① 부탄   ② 프로판
③ 프로필렌   ④ 메탄

해설 LPG의 주성분
㉠ 프로판(C_3H_8)   ㉡ 프로필렌(C_3H_6)
㉢ 부탄(C_4H_{10})   ㉣ 부타디엔(C_4H_8)

06 특수 보일러 중 간접 가열 보일러에 해당되는 것은?
① 슈미트 보일러   ② 베록스 보일러
③ 벤슨 보일러   ④ 코니시 보일러

해설 ① 슈미트 보일러 : 간접 가열 보일러
② 베록스 보일러 : 강제 순환식 수관 보일러
③ 벤슨 보일러 : 관류 보일러
④ 코니시 보일러 : 횡형 보일러 중 노통 보일러

07 보일러의 안전 저수면에 대한 설명으로 적당한 것은?
① 보일러의 보안상, 운전 중에 보일러 전열면이 화염에 노출되는 최저 수면의 위치
② 보일러의 보안상, 운전 중에 급수하였을 때의 최초 수면의 위치
③ 보일러의 보안상, 운전 중에 유지해야 하는 일상적인 가동 시의 표준 수면의 위치
④ 보일러의 보안상, 운전 중에 유지해야 하는 보일러 드럼 내 최저 수면의 위치

해설 보일러의 안전 저수면 : 보일러의 보안상, 운전 중에 유지해야 하는 보일러 드럼 내 최저 수면의 위치

정답 01 ③ 02 ④ 03 ④ 04 ④ 05 ④ 06 ① 07 ④

08 보일러 급수 처리의 목적으로 볼 수 없는 것은 어느 것인가?

① 부식의 방지
② 보일러수의 농축 방지
③ 스케일 생성 방지
④ 역화(back fire) 방지

해설 보일러 급수 처리의 목적
㉠ 부식의 방지
㉡ 보일러수의 농축 방지
㉢ 스케일 생성 방지

09 증기 보일러에서 감압 밸브 사용의 필요성에 대한 설명으로 가장 적합한 것은?

① 고압 증기를 감압시키면 잠열이 감소하여 이용열이 감소된다.
② 고압 증기는 저압 증기에 비해 관경을 크게 해야 하므로 배관 설비비가 증가한다.
③ 감압을 하면 열교환 속도가 불규칙하나 열전달이 균일하여 생산성이 향상된다.
④ 감압을 하면 증기의 건도가 향상되어 생산성 향상과 에너지 절감이 이루어진다.

해설 증기 보일러에서 감압 밸브 사용의 필요성 : 감압을 하면 증기의 건도가 향상되어 생산성 향상과 에너지 절감이 이루어진다.

10 육상용 보일러의 열정산은 원칙적으로 정격 부하 이상에서 정상 상태로 적어도 몇 시간 이상의 운전 결과에 따라 하는가? (단, 액체 또는 기체 연료를 사용하는 소형 보일러에서 인수·인도 당사자 간의 협정이 있는 경우는 제외)

① 0.5시간
② 1시간
③ 1.5시간
④ 2시간

해설 육상용 보일러의 열정산 : 원칙적으로 정격 부하 이상에서 정상 상태로 적어도 2시간 이상의 운전 결과에 따라 한다(단, 액체 또는 기체 연료를 사용하는 소형 보일러에서 인수·인도 당사자 간의 협정이 있는 경우는 제외).

11 공기량이 지나치게 많을 때 나타나는 현상 중 틀린 것은?

① 연소실 온도가 떨어진다.
② 열효율이 저하한다.
③ 연료 소비량이 증가한다.
④ 배기가스 온도가 높아진다.

해설 ④ 배기가스 온도가 낮아진다.

12 열전달의 기본 형식에 해당되지 않는 것은?

① 대류
② 복사
③ 발산
④ 전도

해설 열전달의 기본 형식
㉠ 전도
㉡ 대류
㉢ 복사

13 보일러의 압력이 8kgf/cm^2이고, 안전 밸브 입구 구멍의 단면적이 20cm^2라면 안전 밸브에 작용하는 힘은 얼마인가?

① 140kgf
② 160kgf
③ 170kgf
④ 180kgf

해설 안전 밸브에 작용하는 힘
$= 8\text{kgf/cm}^2 \times 20\text{cm}^2$
$= 160\text{kgf}$

정답 08 ④ 09 ④ 10 ④ 11 ④ 12 ③ 13 ②

14 보일러 동 내부 안전 저수위보다 약간 높게 설치하여 유지분, 부유물 등을 제거하는 장치로서 연속 분출 장치에 해당되는 것은?

① 수면 분출 장치
② 수저 분출 장치
③ 수중 분출 장치
④ 압력 분출 장치

해설 수면 분출 장치의 설명이다.

15 최고 사용 압력이 16kgf/cm^2인 강철제 보일러의 수압 시험 압력으로 맞는 것은?

① 8kgf/cm^2
② 16kgf/cm^2
③ 24kgf/cm^2
④ 32kgf/cm^2

해설 강철제 보일러의 수압 시험 압력
㉠ 최고 사용 압력 0.43MPa 이하
  = 최고 사용 압력의 2배(단, 시험 압력이 0.2MPa 미만인 경우에는 0.2MPa)
㉡ 최고 사용 압력 0.43MPa 초과 1.5MPa 이하
㉢ 최고 사용 압력 1.5MPa 초과
  = 최고 사용 압력의 1.5배
16kgf/cm^2 = 1.6MPa이므로
수압 시험 압력 = $16\text{kgf/cm}^2 \times 1.5 = 24\text{kgf/cm}^2$

16 단관 중력 순환식 온수 난방의 배관은 주관을 앞내림 기울기로 하여 공기가 모두 어느 곳으로 빠지게 하는가?

① 드레인 밸브
② 팽창 탱크
③ 에어벤트 밸브
④ 체크 밸브

해설 단관 중력 순환식 온수 난방의 배관은 주관을 앞내림 기울기로 하여 공기가 모두 팽창 탱크로 빠지게 한다.

17 두께가 13cm, 면적이 10m^2인 벽이 있다. 벽 내부 온도는 200℃이고, 외부 온도는 20℃일 때 벽을 통해 전도되는 열량은 약 몇 kcal/h인가? (단, 열전도율은 $0.02\text{kcal/m} \cdot \text{h} \cdot \text{℃}$이다.)

① 234.2
② 259.6
③ 276.9
④ 312.3

해설 벽을 통해 전도되는 열량
= 열전도율 × $\dfrac{(\text{내부 온도} - \text{외부 온도})}{\text{두께}}$ × 면적
= $0.02\text{kcal/m} \cdot \text{h} \cdot \text{℃} \times \dfrac{(200\text{℃} - 20\text{℃})}{0.13\text{m}} \times 10\text{m}^2$
= 276.9kcal/h

18 다음 중 보일러에서 실화가 발생하는 원인으로 거리가 먼 것은?

① 버너의 팁이나 노즐이 카본이나 소손 등으로 막혀 있다.
② 분사용 증기 또는 공기의 공급량이 연료량에 비해 과다 또는 과소하다.
③ 중유를 과열하여 중유가 유관 내나 가열기 내에서 가스화하여 중유의 흐름이 중단되었다.
④ 연료 속의 수분이나 공기가 거의 없다.

해설 보일러에 실화가 발생하는 원인
㉠ 버너의 팁이나 노즐이 카본이나 소손 등으로 막혀 있다.
㉡ 분사용 증기 또는 공기의 공급량이 연료량에 비해 과다 또는 과소하다.
㉢ 중유를 과열하여 중유가 유관 내나 가열기 내에서 가스화하여 중유의 흐름이 중단되었다.

정답 14 ① 15 ③ 16 ② 17 ③ 18 ④

19 가동 보일러에 스케일과 부식물 제거를 위한 산 세척 처리 순서로 올바른 것은?

① 전처리 → 수세 → 산액 처리 → 수세 → 중화·방청 처리
② 수세 → 산액 처리 → 전처리 → 수세 → 중화·방청 처리
③ 전처리 → 중화·방청 처리 → 수세 → 산액 처리 → 수세
④ 전처리 → 수세 → 중화·방청 처리 → 수세 → 산액 처리

해설 산 세척 처리 순서 : 전처리 → 수세 → 산액 처리 → 수세 → 중화·방청 처리

20 보일러수 처리에서 순환 계통의 처리 방법 중 용해 고형물 제거 방법이 아닌 것은?

① 약제 첨가법
② 이온 교환법
③ 증류법
④ 여과법

해설 용해 고형물 제거 방법
㉠ 약제 첨가법
㉡ 이온 교환법
㉢ 증류법

21 강관에 대한 용접 이음의 장점으로 거리가 먼 것은?

① 열에 의한 잔류 응력이 거의 발생하지 않는다.
② 접합부의 강도가 강하다.
③ 접합부 누수의 염려가 없다.
④ 유체의 압력 손실이 작다.

해설 ① 열에 의한 잔류 응력이 생긴다.

22 보일러 본체나 수관, 연관 등에 발생하는 블리스터(blister)를 옳게 설명한 것은?

① 강판이나 관의 제조 시 두 장의 층을 형성하는 것
② 라미네이션된 강판이 열에 의해 혹처럼 부풀어 나오는 현상
③ 노통이 외부 압력에 의해 내부로 짓눌리는 현상
④ 리벳 조인트나 리벳 구멍 등의 응력이 집중하는 곳에 물리적 작용과 더불어 화학적 작용에 의해 발생하는 균열

해설 블리스터(blister) : 라미네이션된 강판이 열에 의해 혹처럼 부풀어 나오는 현상

23 무기질 보온재 중 하나로 안산암, 현무암에 석회석을 섞어 용융하여 섬유 모양으로 만든 것은?

① 코르크
② 암면
③ 규조토
④ 유리 섬유

해설 암면의 설명이다.

24 콘크리트 벽이나 바닥 등 배관이 관통하는 곳에 관의 보호를 위하여 사용하는 것은?

① 슬리브
② 보온 재료
③ 행거
④ 신축 곡관

해설 슬리브의 설명이다.

정답 19 ① 20 ④ 21 ① 22 ② 23 ② 24 ①

25 다음 중 액상 열매체 보일러 시스템에서 사용하는 팽창 탱크에 관한 설명으로 틀린 것은 어느 것인가?

① 액상 열매체 보일러 시스템에는 열매체유의 액팽창을 흡수하기 위한 팽창 탱크가 필요하다.
② 열매체유 팽창 탱크에는 액면계와 압력계가 부착되어야 한다.
③ 열매체유 팽창 탱크의 설치 장소는 통상 열매체유 보일러 시스템에서 가장 낮은 위치에 설치한다.
④ 열매체유의 노화 방지를 위해 팽창 탱크의 공간부에는 N_2가스를 봉입한다.

해설 ③ 열매체유 팽창 탱크의 설치 장소는 통상 열매체유 보일러 시스템에서 가장 높은 위치에 설치한다.

26 배관 용접 작업 시 안전 사항 중 산소 용기는 일반적으로 몇 ℃ 이하의 온도로 보관하여야 하는가?

① 100℃ 이하
② 80℃ 이하
③ 60℃ 이하
④ 40℃ 이하

해설 산소 용기는 40℃ 이하로 보관한다.

27 열사용 기자재의 검사 및 검사 면제에 관한 기준에 따라 급수 장치를 필요로 하는 보일러에는 기준을 만족시키는 주펌프 세트와 보조 펌프 세트를 갖춘 급수 장치가 있어야 하는데, 특정 조건에 따라 보조 펌프 세트를 생략할 수 있다. 다음 중 보조 펌프 세트를 생략할 수 없는 경우는?

① 전열 면적이 $10m^2$인 보일러
② 전열 면적이 $8m^2$인 가스용 온수 보일러
③ 전열 면적이 $16m^2$인 가스용 온수 보일러
④ 전열 면적이 $50m^2$인 관류 보일러

해설 보조 펌프 세트를 생략하는 경우
㉠ 전열 면적 $12m^2$ 이하의 보일러
㉡ 전열 면적 $14m^2$ 이하의 가스용 온수 보일러
㉢ 전열 면적 $100m^2$ 이하의 관류 보일러

28 에너지 이용 합리화법에서 정한 검사 대상 기기 조종자의 자격에서 에너지관리기능사가 조정할 수 있는 조종 범위로서 옳지 않은 것은?

① 용량이 15t/h 이하인 보일러
② 온수 발생 및 열매체를 가열하는 보일러로서 용량이 581.5kW 이하인 것
③ 최고 사용 압력이 1MPa 이하이고, 전열 면적이 $10m^2$ 이하인 증기 보일러
④ 압력 용기

해설 검사 대상 기기 조종자의 자격 및 조종 범위

조종자의 자격	조종 범위
에너지관리기능장 또는 에너지관리기사	용량이 30t/h를 초과하는 보일러
에너지관리기능장, 에너지관리기사 또는 에너지관리산업기사	용량이 10t/h를 초과하고 30t/h 이하인 보일러
에너지관리기능장, 에너지관리기사, 에너지관리산업기사 또는 에너지관리기능사	용량이 10t/h 이하인 보일러
에너지관리기능장, 에너지관리기사, 에너지관리산업기사, 에너지관리기능사 또는 인정 검사 대상 기기 관리자의 교육을 이수한 자	㉠ 증기 보일러로서 최고 사용 압력이 1MPa 이하이고, 전열 면적이 $10m^2$ 이하인 것 ㉡ 온수 발생 및 열매체를 가열하는 보일러로서 용량이 581.5kW 이하인 것 ㉢ 압력 용기

정답 25 ③ 26 ④ 27 ③ 28 ①

29 에너지법에 의거 지역 에너지 계획을 수립한 시·도지사는 이를 누구에게 제출하여야 하는가?

① 대통령
② 산업통상자원부 장관
③ 국토교통부 장관
④ 에너지관리공단 이사장

해설 지역 에너지 계획을 수립한 시·도지사는 이를 산업통상자원부 장관에게 제출하여야 한다.

30 에너지 이용 합리화법상 검사 대상 기기 조종자가 퇴직하는 경우 퇴직 이전에 다른 검사 대상 기기 조종자를 선임하지 아니한 자에 대한 벌칙으로 맞는 것은?

① 1천만 원 이하의 벌금
② 2천만 원 이하의 벌금
③ 5백만 원 이하의 벌금
④ 2년 이하의 징역

해설 검사 대상 기기 조종자가 퇴직하는 경우 퇴직 이전에 다른 검사 대상 기기 조종자를 선임하지 아니하는 자의 벌칙 : 1천만 원 이하의 벌금

31 보일러의 자동 제어를 제어 동작에 따라 구분할 때 연속 동작에 해당되는 것은?

① 2위치 동작
② 다위치 동작
③ 비례 동작(P 동작)
④ 부동 제어 동작

해설 자동 제어의 동작
㉠ 불연속 동작 : 2위치 동작, 다위치 동작, 불연속 속도(부동 제어) 동작
㉡ 연속 동작 : 비례 동작(P 동작), 적분 동작(I 동작), 미분 동작(D 동작), 비례 적분 제어(PI 동작), 비례 미분 제어(PD 동작), 비례 적분 미분 제어(PID 동작)

32 프라이밍의 발생 원인으로 거리가 먼 것은?

① 보일러 수위가 낮을 때
② 보일러수가 농축되어 있을 때
③ 송기 시 증기 밸브를 급개할 때
④ 증발 능력에 비하여 보일러수의 표면적이 작을 때

해설 ① 보일러 수위가 높을 때

33 보일러의 급수 장치에서 인젝터의 특징으로 틀린 것은?

① 구조가 간단하고 소형이다.
② 급수량의 조절이 가능하고, 급수 효율이 높다.
③ 증기와 물이 혼합하여 급수가 예열된다.
④ 인젝터가 과열되면 급수가 곤란하다.

해설 ② 급수량의 조절이 어렵고, 급수 효율이 매우 낮다.

34 유류 연소 시의 일반적인 공기비는?

① 0.95~1.1
② 1.6~1.8
③ 1.2~1.4
④ 1.8~2.0

해설 유류 연소 시 일반적 공기비 : 1.2~1.4

35 보일러의 열손실이 아닌 것은?

① 방열 손실
② 배기가스 열손실
③ 미연소 손실
④ 응축수 손실

해설 보일러의 열손실 : 방열 손실, 배기가스 열손실, 미연소 손실

정답 29 ② 30 ① 31 ③ 32 ① 33 ② 34 ③ 35 ④

36 다음 중 탄화수소비가 가장 큰 액체 연료는?

① 휘발유
② 등유
③ 경유
④ 중유

해설 ㈎ 탄화수소비 : 연료 중의 C와 H의 비를 말한다. 고위 발열량을 기준으로 C의 발열량은 8,100kcal/kg이고, H의 발열량은 34,000kcal/kg이다. 따라서 탄화수소의 비는 작을수록 발열량이 높으며, 좋은 연료이다.
㈏ 탄화수소비가 큰 순서
  ㉠ 고체 연료 > 액체 연료 > 기체 연료
  ㉡ 타르유 > 중유 > 경유 > 등유 > 휘발유

37 중유의 연소 상태를 개선하기 위한 첨가제의 종류가 아닌 것은?

① 연소 촉진제
② 회분 개질제
③ 탈수제
④ 슬러지 생성제

해설 중유 첨가제의 종류 : 연소 촉진제(조연제), 회분 개질제, 탈수제, 분산제, 매연 방지제

38 수관식 보일러의 특징에 관한 설명으로 틀린 것은?

① 구조상 고압 대용량에 적합하다.
② 전열 면적을 크게 할 수 있으므로 일반적으로 효율이 높다.
③ 급수 및 보일러수 처리에 주의가 필요하다.
④ 전열 면적당 보유 수량이 많아, 기동에서 소요 증기가 발생할 때까지의 시간이 길다.

해설 ④ 전열 면적당 보유 수량이 적고, 기동에서 소요 증기가 발생할 때까지의 시간이 짧다.

39 유압 분무식 오일 버너의 특징에 관한 설명으로 틀린 것은?

① 대용량 버너의 제작이 가능하다.
② 무화 매체가 필요 없다.
③ 유량 조절 범위가 넓다.
④ 기름의 점도가 크면 무화가 곤란하다.

해설 ③ 유량 조절 범위가 좁다.

40 액체 연료에서의 무화의 목적으로 틀린 것은?

① 연료와 연소용 공기와의 혼합을 고르게 하기 위해
② 연료 단위 중량당 표면적을 작게 하기 위해
③ 연소 효율을 높이기 위해
④ 연소실 열발생률을 높게 하기 위해

해설 ② 연료 단위 중량당 표면적을 크게 하기 위해

41 보일러의 자동 제어에서 연소 제어 시 조작량과 제어량의 관계가 옳은 것은?

① 공기량 – 수위
② 급수량 – 증기 온도
③ 연료량 – 증기압
④ 전열량 – 노 내압

해설 보일러의 자동 제어에서 연소 제어
㉠ 조작량 : 연료량
㉡ 제어량 : 증기압

42 보일러 화염 검출 장치의 보수나 점검에 대한 설명 중 틀린 것은?

① 플레임 아이 장치의 주위 온도는 50℃ 이상이 되지 않게 한다.
② 광전관식은 유리나 렌즈를 매주 1회 이상 청소하고, 감도 유지에 유의한다.

정답 36 ④ 37 ④ 38 ④ 39 ③ 40 ② 41 ③ 42 ④

③ 플레임 로드는 검출부가 불꽃에 직접 접하므로 소손에 유의하고, 자주 청소해 준다.
④ 플레임 아이는 불꽃에 직사광이 들어가면 오동작하므로 불꽃의 중심을 향하지 않도록 설치한다.

해설 ④ 플레임 아이는 불꽃에 직사광선이 들어가면 오동작하므로 불꽃의 중심을 향하게 설치한다.

43 일반적으로 보일러 동(드럼) 내부에는 물을 어느 정도로 채워야 하는가?

① $\frac{1}{4} \sim \frac{1}{3}$
② $\frac{1}{6} \sim \frac{1}{5}$
③ $\frac{1}{4} \sim \frac{2}{5}$
④ $\frac{2}{3} \sim \frac{4}{5}$

해설 일반적으로 보일러 동(드럼) 내부에는 물을 $\frac{2}{3} \sim \frac{4}{5}$ 정도 채운다.

44 다음 중 잠열에 해당되는 것은?

① 기화열
② 생성열
③ 중화열
④ 반응열

해설 잠열 : 어떤 물질을 온도는 변화 없이 상태만 변화시키는 데 소요되는 열량
예 기화열

45 보일러 연소실 내에서 가스 폭발을 일으킨 원인으로 가장 적절한 것은?

① 프리퍼지 부족으로 미연소 가스가 충만되어 있었다.
② 연도 쪽의 댐퍼가 열려 있었다.
③ 연소용 공기를 다량으로 주입하였다.
④ 연료의 공급이 부족하였다.

해설 보일러 연소실 내에서 가스 폭발을 일으키는 원인 : 프리퍼지 부족으로 미연소 가스가 충만되어 있었다.

46 보일러의 점화 조작 시 주의 사항에 대한 설명으로 잘못된 것은?

① 유압이 낮으면 점화 및 분사가 불량하고, 유압이 높으면 그을음이 축적되기 쉽다.
② 연료의 예열 온도가 낮으면 무화 불량, 화염의 편류, 그을음, 분진이 발생하기 쉽다.
③ 연료 가스의 유출 속도가 너무 빠르면 역화가 일어나고, 너무 늦으면 실화가 발생하기 쉽다.
④ 프리퍼지 시간이 너무 길면 연소실의 냉각을 초래하고, 너무 짧으면 역화를 일으키기 쉽다.

해설 ③ 연료 가스의 유출 속도가 너무 빠르면 실화가 일어나고, 너무 늦으면 역화가 발생하기 쉽다.

47 이동 및 회전을 방지하기 위해 지지점 위치에 완전히 고정하는 지지 금속으로, 열팽창 신축에 의한 영향이 다른 부분에 미치지 않도록 배관을 분리하여 설치·고정해야 하는 리스트레인트의 종류는?

① 앵커
② 리지드 행거
③ 파이프 슈
④ 브레이스

해설 ② 리지드 행거 : 수직 방향에 변위가 없는 곳, 지지점 주위 상황에 따라 이동이 다양한 곳에 사용한다.
③ 파이프 슈 : 배관을 밑에서 받쳐주는 장치
④ 브레이스 : 배관 라인에 설치된 각종 펌프류 압축기 등에서 발생되는 진동, 밸브류 등의 급속 개폐에 따른 수격 작용, 충격 및 지지 등에 의한 진동 현상을 제한하는 지지대

정답 43 ④ 44 ① 45 ① 46 ③ 47 ①

48 복사 난방의 특징에 관한 설명으로 옳지 않은 것은?

① 쾌감도가 좋다.
② 고장 발견이 용이하고, 시설비가 싸다.
③ 실내 공간의 이용률이 높다.
④ 동일 방열량에 대한 열손실이 적다.

해설 ② 고장 발견이 어렵고, 시설비가 비싸다.

49 보일러에서 열효율의 향상 대책으로 틀린 것은?

① 열손실을 최대한 억제한다.
② 운전 조건을 양호하게 한다.
③ 연소실 내의 온도를 낮춘다.
④ 연소 장치에 맞는 연료를 사용한다.

해설 ③ 연소실 내의 온도를 높인다.

50 강철제 증기 보일러의 최고 사용 압력이 2MPa일 때 수압 시험 압력은?

① 2MPa   ② 2.5MPa
③ 3MPa   ④ 4MPa

해설 수압 시험 압력=2MPa×1.5=3MPa
강철제 보일러의 수압 시험 압력
㉠ 보일러의 최고 사용 압력이 0.43MPa 이하일 때 : 최고 사용 압력×2(단, 시험 압력이 0.2MPa 미만인 경우에는 0.2MPa)
㉡ 보일러의 최고 사용 압력이 0.43MPa 초과 1.5MPa 이하일 때 : 최고 사용 압력×1.3+0.3MPa
㉢ 보일러의 최고 사용 압력이 1.5MPa을 초과할 때 : 최고 사용 압력×1.5

51 보일러의 수압 시험을 하는 주된 목적은?

① 제한 압력을 결정하기 위하여
② 열효율을 측정하기 위하여
③ 균열의 여부를 알기 위하여
④ 설계의 양부를 알기 위하여

해설 보일러 수압 시험의 목적 : 균열 여부를 알기 위하여

52 보일러 운전 중 저수위로 인하여 보일러가 과열된 경우의 조치법으로 거리가 먼 것은?

① 연료 공급을 중지한다.
② 연소용 공기 공급을 중단하고, 댐퍼를 전개한다.
③ 보일러가 자연 냉각하는 것을 기다려 원인을 파악한다.
④ 부동 팽창을 방지하기 위해 즉시 급수를 한다.

해설 ④ 부동 팽창을 방지하기 위해 서서히 급수를 한다.

53 강관 배관에서 유체의 흐름 방향을 바꾸는 데 사용되는 이음쇠는?

① 부싱   ② 리턴 벤드
③ 리듀서   ④ 소켓

해설 ㉠ 부싱, 리듀서 : 이경관을 연결할 때
㉡ 소켓 : 동경관을 직선 결합할 때

54 팽창 탱크 내의 물이 넘쳐흐를 때를 대비하여 팽창 탱크에 설치하는 관은?

① 배수관   ② 환수관
③ 오버플로관 ④ 팽창관

해설 ① 배수관 : 청소할 때 쓰는 관
② 환수관 : 응축수 또는 라디에이터로부터의 냉각된 물을 보일러로 되돌리는 배관
③ 오버플로관 : 팽창 탱크 내의 물이 넘쳐흐를 때를 대비하여 팽창 탱크에 설치하는 관
④ 팽창관 : 물의 온도가 높아짐에 따라서 체적 흡수를 하는 관

정답 48 ② 49 ③ 50 ③ 51 ③ 52 ④ 53 ② 54 ③

55 흑체로부터의 복사 전열량은 절대 온도의 몇 승에 비례하는가?

① 2승 ② 3승
③ 4승 ④ 5승

해설 스테판-볼츠만(Stefan-Boltzmann)의 법칙 : 흑체로부터의 복사 전열량은 절대 온도의 4승에 비례한다.

56 세관 작업 시 규산염은 염산에 잘 녹지 않으므로 용해 촉진제를 사용하는데, 다음 중 어느 것을 사용하는가?

① H_2SO_4 ② HF
③ NH_3 ④ Na_2SO_4

해설 세관 작업 시 용해 촉진제 : HF

57 강관 용접 접합의 특징에 대한 설명으로 틀린 것은?

① 관 내 유체의 저항 손실이 크다.
② 접합부의 강도가 강하다.
③ 보온 피복 시공이 어렵다.
④ 누수의 염려가 작다.

해설 ③ 보온 피복 시공이 용이하다.

58 저탄소 녹색 성장 기본법상 온실가스에 해당하지 않는 것은?

① 이산화탄소 ② 메탄
③ 수소 ④ 육불화황

해설 온실가스란 이산화탄소(CO_2), 메탄(CH_4), 아산화질소(N_2O), 수소불화탄소(HFCs), 과불화탄소(PFCs), 육불화황(SF_6) 등으로 적외선 복사열을 흡수하거나 재방출하여 온실 효과를 유발하는 대기 중 가스 상태의 물질을 말한다.

59 에너지법상 에너지 공급 설비에 포함되지 않는 것은?

① 에너지 수입 설비
② 에너지 전환 설비
③ 에너지 수송 설비
④ 에너지 생산 설비

해설 에너지 공급 설비란, 에너지를 생산·전환·수송 또는 저장하기 위하여 설치하는 설비를 말한다.

60 자원을 절약하고, 효율적으로 이용하며 폐기물의 발생을 줄이는 등 자원 순환 산업을 육성·지원하기 위한 다양한 시책에 포함되지 않는 것은?

① 자원의 수급 및 관리
② 유해하거나 재제조·재활용이 어려운 물질의 사용 억제
③ 에너지 자원으로 이용되는 목재, 식물, 농산물 등 바이오매스의 수집·활용
④ 친환경 생산 체제로의 전환을 위한 기술 지원

해설 자원 순환 산업의 육성·지원 시책
㉠ 자원 순환 촉진 및 자원 생산성 제고 목표 설정
㉡ 자원의 수급 및 관리
㉢ 유해하거나 재제조·재활용이 어려운 물질의 사용 억제
㉣ 폐기물 발생의 억제 및 재제조·재활용 등 재자원화
㉤ 에너지 자원으로 이용되는 목재, 식물, 농산물 등 바이오매스의 수집·활용
㉥ 자원 순환 관련 기술 개발 및 산업의 육성
㉦ 자원 생산성 향상을 위한 교육 훈련·인력 양성 등에 관한 사항

정답 55 ③ 56 ② 57 ③ 58 ③ 59 ① 60 ④

에너지관리기능사 (2019. 7. 13 시행)

01 보일러 증기 발생량 5t/h, 발생 증기 엔탈피 650kcal/kg, 연료 사용량 400kg/h, 연료의 저위 발열량 9,750kcal/kg일 때, 보일러 효율은 약 몇 %인가? (단, 급수 온도는 20℃이다.)

① 78.8% ② 80.8%
③ 82.4% ④ 84.2%

해설 $\eta = \dfrac{G_a(h_2 - h_1)}{G_f \times H_L} \times 100$

$85\% = \dfrac{5{,}000\text{kg/h} \times (650\text{kcal/kg} - 20\text{kcal/kg})}{400\text{kg/h} \times 9{,}750\text{kcal/kg}} \times 100$

$= 80.8\%$

여기서, η : 보일러 효율(%)
G_a : 실제 증발량(= 증기 발생량)(kg/h)
h_2 : 증기 엔탈피(kcal/kg)
h_1 : 급수 엔탈피(kcal/kg)
G_f : 연료 사용량(= 연료 소비량)(kg/h)
H_L : 저위 발열량(kcal/kg)

02 열의 일당량 값으로 옳은 것은?

① 427kg·m/kcal
② 327kg·m/kcal
③ 273kg·m/kcal
④ 472kg·m/kcal

해설 • 열의 일당량 : 427kg·m/kcal
• 일의 열당량 : $\dfrac{1}{427}$ kcal/kg·m

03 보일러 중에서 관류 보일러에 속하는 것은 어느 것인가?

① 코크란 보일러   ② 코르니시 보일러
③ 스코치 보일러   ④ 슐처 보일러

해설 보일러의 분류

종류		실용 예
원통 보일러	노통 보일러	코니시 보일러, 랭커셔 보일러
	입형 보일러	입형 횡관 보일러, 입형 연관식 보일러, 코크란 보일러
	연관 보일러	횡형 연관 보일러, 입형 연관 보일러, 케와니 보일러(기관차형 보일러)
	노통 연관 보일러	스코치 보일러, 노통 연관 패키지 보일러
수관 보일러	자연 순환식 보일러	바브콕 보일러, 윌콕스 보일러, 타쿠마 보일러, 야로우 보일러
	강제 순환식 보일러	섹션 보일러, 라몬트 보일러, 베록스 보일러
	관류 보일러	벤슨 보일러, 슐처 보일러
	복사 보일러	방사 보일러
특수 보일러	폐열 보일러	–
	특수 연료 보일러	–
	특수 액체 보일러	다우섬 보일러
	간접 가열 보일러	슈미트 보일러
난방용 보일러	주철제 증기 보일러	–
	주철제 온수 보일러	–

04 보일러 시스템에서 공기 예열기 설치 사용 시의 특징으로 틀린 것은?

① 연소 효율을 높일 수 있다.
② 저온 부식이 방지된다.
③ 예열 공기의 공급으로 불완전 연소가 감소된다.
④ 노내의 연소 속도를 빠르게 할 수 있다.

해설 공기 예열기 설치 사용 시의 특징
㈎ 장점
  ㉠ 연소 효율을 높일 수 있다.
  ㉡ 예열 공기의 공급으로 불완전 연소가 감소된다.
  ㉢ 노내의 연소 속도를 빠르게 할 수 있다.

정답 01 ② 02 ① 03 ④ 04 ②

(나) 단점
　　㉠ 저온 부식을 일으키기 쉽다.
　　㉡ 연소 가스 흐름에 의한 마찰 저항을 일으키므로 통풍력을 약화시킨다.
　　㉢ 청소, 검사, 보수가 불편하다.

05 긴 관의 한 끝에서 펌프로 압송된 급수가 관을 지나는 동안 차례로 가열, 증발, 과열된 다음 과열 증기가 되어 나가는 형식의 보일러는?

① 노통 보일러　　② 관류 보일러
③ 연관 보일러　　④ 입형 보일러

해설 ① 노통 보일러 : 원통형의 드럼을 본체로 하고 그 내부에 노통을 설치한 대표적인 내분식 보일러
② 관류 보일러 : 긴 관의 한 끝에서 펌프로 압송된 급수가 관을 지나는 동안 차례로 가열, 증발, 과열된 다음 과열 증기가 되어 나가는 형식의 보일러
③ 연관 보일러 : 횡연관 보일러는 동 내에 노통 대신에 연관을 설치하여 전열 면적을 증가시킨 보일러로서 원통형 보일러 중에서 외분식 보일러
④ 입형 보일러 : 보일러 동을 수직으로 세워 하부에 설치된 연소실에서 화염이 승염 상태이며 내분식 보일러

06 보일러의 자동 제어 신호 전달 방식 중 전달 거리가 가장 긴 것은?

① 전기식　　② 유압식
③ 공기식　　④ 수압식

해설 자동 제어 신호 전달 방식
㉠ 전기식 : 전송 거리는 10km로 전달 거리가 가장 길다.
㉡ 유압식 : 전송 거리는 300m이다.
㉢ 공기식 : 전송 거리는 100~150m이다.

07 일반적으로 효율이 가장 좋은 보일러는?

① 코르니시 보일러　　② 입형 보일러
③ 연관 보일러　　　　④ 수관 보일러

해설 일반적으로 효율이 가장 좋은 보일러는 수관 보일러이다.

08 수면계의 기능 시험 시기로 틀린 것은?

① 보일러를 가동하기 전
② 수위의 움직임이 활발할 때
③ 보일러를 가동하여 압력이 상승하기 시작했을 때
④ 2개의 수면계 수위의 차이를 발견했을 때

해설 수면계의 기능 시험 시기
㉠ 보일러를 가동하기 전
㉡ 보일러를 가동하여 압력이 상승하기 시작했을 때
㉢ 2개의 수면계 수위의 차이를 발견했을 때
㉣ 보일러 가동 중 포밍, 프라이밍 현상이 일어나 수위 교란이 일어날 때
㉤ 수면의 수위에 의심이 갈 때
㉥ 수면계를 수리 또는 교체를 한 후
㉦ 수면계 수위가 둔할 때

09 원통형 및 수관식 보일러의 구조에 대한 설명 중 틀린 것은?

① 노통 접합부는 아담슨 조인트(Adamson joint)로 연결하여 열에 의한 신축을 흡수한다.
② 코르니시 보일러는 노통을 편심으로 설치하여 보일러수의 순환이 잘 되도록 한다.
③ 겔로웨이관은 전열면을 증대하고 강도를 보강한다.
④ 강수관의 내부는 열가스가 통과하여 보일러수 순환을 증진한다.

해설 ④ 강수관의 내부는 물이 흐르고, 외부는 열가스가 닿게 만든 보일러로서 보유수가 적어서 부하 변동에 대한 압력 변화가 크다.

정답　05 ②　06 ①　07 ④　08 ②　09 ④

10 보일러 연소실 내의 미연소 가스 폭발에 대비하여 설치하는 안전 장치는?

① 가용전
② 방출 밸브
③ 안전 밸브
④ 방폭문

해설 ① 가용전 : 주석과 납의 합금 금속으로 용융점이 낮은 점을 이용해 이상 감수로 노통이 과열되어 파열되기 이전에 먼저 녹아내려 위험을 알려주는 장치
② 방출 밸브 : 스프링식 안전 밸브와 구조가 비슷하며, 온수 보일러에서 안전 밸브 대용으로 사용
③ 안전 밸브 : 증기 또는 온수 보일러에서 내부 압력이 최고 사용 압력 초과 시 작동하여 내부 유체를 자동으로 취출시켜 압력 초과로 인한 파열 사고를 사전에 방지해 주는 장치

11 보일러에 과열기를 설치하여 과열 증기를 사용하는 경우의 설명으로 잘못된 것은?

① 과열 증기란 포화 증기의 온도와 압력을 높인 것이다.
② 과열 증기는 포화 증기보다 보유 열량이 많다.
③ 과열 증기를 사용하면 배관부의 마찰 저항 및 부식을 감소시킬 수 있다.
④ 과열 증기를 사용하면 보일러의 열효율을 증대시킬 수 있다.

해설 ① 과열 증기란 건포화 증기의 압력을 일정하게 유지시키고 가열하여 온도를 높인 증기를 말한다.

12 가압수식 집진 장치의 종류에 속하는 것은?

① 백필터   ② 세정탑
③ 코트렐   ④ 배풀식

해설 가압수식 집진 장치의 종류 : 세정탑

13 분사관을 이용해 선단에 노즐을 설치하여 청소하는 것으로, 주로 고온의 전열면에 사용하는 슈트 블로어(soot blower)의 형식은?

① 롱리트랙터블(long retractable)형
② 로터리(rotary)형
③ 건(gun)형
④ 에어 히터 클리너(air heater cleaner)형

해설 ① 롱리트랙터블(long retractable)형의 설명이다.

14 연소의 속도에 영향을 미치는 인자가 아닌 것은?

① 반응 물질의 온도
② 산소의 온도
③ 촉매 물질
④ 연료의 발열량

해설 연소 속도에 영향을 미치는 인자
㉠ 반응물질의 온도   ㉡ 산소의 온도
㉢ 촉매 물질   ㉣ 활성화 에너지
㉤ 산소와의 혼합비   ㉥ 연소 압력
㉦ 연료의 입자

15 서로 다른 두 종류의 금속판을 하나로 합쳐 온도 차이에 따라 팽창 정도가 다른 점을 이용한 온도계는?

① 바이메탈 온도계   ② 압력식 온도계
③ 전기 저항 온도계   ④ 열전대 온도계

해설 ② 압력식 온도계 : 일정한 부피의 유체의 압력이 온도에 따라 변하는 성질
③ 전기 저항 온도계 : 순금속의 온도 변화에 따른 전기 저항의 변동에 의한 성질을 이용한 온도계
④ 열전대 온도계 : 서로 다른 2종의 금속선 양단을 접합시켜 양단 접촉점인 열접점과 냉접점의 사이에 온도차를 주면 열기전력이 생기는데 이 원리를 이용한 온도계

정답 10 ④ 11 ① 12 ② 13 ① 14 ④ 15 ①

16 방열기 설치 시 벽면과의 간격으로 가장 적합한 것은?

① 50mm ② 80mm
③ 100mm ④ 150mm

해설 방열기 설치 시 벽면과의 간격은 50mm이다.

17 관을 아래서 지지하면서 신축을 자유롭게 하는 지지물은 무엇인가?

① 스프링 행거 ② 롤러 서포트
③ 콘스탄트 행거 ④ 리스트레인트

해설 ① 스프링 행거 : 대부분의 스프링 행거는 부하 용량은 35~14,000kg이며, 이동 거리는 0~120mm의 범위이다. 또한 로스핀이 있고, 하중 조정은 턴버클로 행한다.
③ 콘스탄트 행거 : 지정 이동 거리 범위 내에서 배관의 상하 방향의 이동에 대해 항상 일정한 하중으로 배관을 지지할 수 있는 장치에 사용하며, 부하 용량은 15~40,000kg이고, 이동 거리는 50~400mm이다.
④ 리스트레인트 : 신축으로 인한 배관의 상하, 좌우 이동을 구속하고 제한하는 목적으로 사용하는 것이다.

18 20A 관을 90°로 구부릴 때 중심 곡선의 적당한 길이는 약 몇 mm인가? (단 곡률 반지름 $R=100$mm이다.)

① 147 ② 157
③ 167 ④ 177

해설 중심 곡선의 길이(l)
$l = 2\pi R \times \dfrac{\theta}{360} = 2 \times 3.14 \times 100\text{mm} \times \dfrac{90}{360} = 157\text{mm}$

19 증기 트랩의 종류가 아닌 것은?

① 그리스 트랩 ② 열동식 트랩
③ 버킷식 트랩 ④ 플로트 트랩

해설 증기 트랩의 종류
㉠ 버킷식 트랩 ㉡ 열동식 트랩 ㉢ 플로트 트랩

20 보일러의 운전 정지 시 가장 뒤에 조작하는 작업은?

① 연료의 공급을 정지시킨다.
② 연소용 공기의 공급을 정지시킨다.
③ 댐퍼를 닫는다.
④ 급수 펌프를 정지시킨다.

해설 보일러의 운전 정지 시 가장 뒤에 조작하는 작업 : 연료의 공급을 정지시킨다. → 연소용 공기의 공급을 정지시킨다. → 급수 펌프를 정지시킨다. → 댐퍼를 닫는다.

21 강판 제조 시 강괴 속에 함유되어 있는 가스체 등에 의해 강판이 두 장의 층을 형성하는 결함은?

① 라미네이션 ② 크랙
③ 블리스터 ④ 심 리프트

해설 ② 크랙 : 반복적인 열응력을 끊임없이 받아 무리를 받고 있는 부분에 발생하는 것
③ 블리스터 : 라미네이션의 재료가 외부로부터 강하게 열을 받아 소손되어 부풀어 오르는 현상
④ 심 리프트 : 리벳 이음에서 리벳의 둘레 부분은 강도가 약하므로 균열이 생기게 되어 리벳에서 리벳으로 금이 나가는 현상

정답 16 ① 17 ② 18 ② 19 ① 20 ③ 21 ①

22 증기 난방과 비교한 온수 난방의 특징에 대한 설명으로 틀린 것은?

① 예열 시간이 길다.
② 건물 높이에 제한을 받지 않는다.
③ 난방 부하 변동에 따른 온도 조절이 용이하다.
④ 실내 쾌감도가 높다.

해설 ② 건물 높이에 제한을 받는다.

23 보일러의 외처리 방법 중 탈기법에서 제거되는 것은?

① 황화수소   ② 수소
③ 망간   ④ 산소

해설 보일러의 외처리 방법 중 탈기법에서 제거되는 것 : 산소

24 증기 보일러의 관류 밸브에서 보일러와 압력 릴리프 밸브와의 사이에 체크 밸브를 설치할 경우 압력 릴리프 밸브는 몇 개 이상 설치하여야 하는가?

① 1개   ② 2개
③ 3개   ④ 4개

해설 증기 보일러의 관류 밸브에서 보일러와 압력 릴리프 밸브와의 사이에 체크 밸브를 설치할 경우 압력 릴리프 밸브는 2개 이상 설치한다.

25 고체 내부에서의 열의 이동 현상으로 물질은 움직이지 않고 열만 이동하는 현상은 무엇인가?

① 전도   ② 전달
③ 대류   ④ 복사

해설 열의 이동 종류
㉠ 전도 : 고체 내부에서의 열의 이동 현상으로 물질은 움직이지 않고 열만 이동하는 현상

㉡ 대류 : 액체나 기체는 열팽창에 의해 밀도가 변하고 그 각 부분은 순환 운동을 하며 데워지는데 이러한 물질의 순환 운동
㉢ 복사 : 열이 통과하는 중간 물질을 가열하지 않고 열선에 의해 높은 온도의 물체에서 낮은 온도의 물체로 열이 이동하는 현상

26 강관의 스케줄 번호가 나타내는 것은?

① 관의 중심
② 관의 두께
③ 관의 외경
④ 관의 내경

해설 강관의 스케줄 번호 : 관의 두께

27 가연 가스와 미연 가스가 노내에 발생하는 경우가 아닌 것은?

① 심한 불완전 연소가 되는 경우
② 점화 조작에 실패한 경우
③ 소정의 안전 저연소율보다 부하를 높여서 연소시킨 경우
④ 연소 정지 중에 연료가 노내에 스며든 경우

해설 ③ 소정의 안전 저연소율보다 부하를 낮추어서 연소시킨 경우

28 저탄소녹색성장기본법상 녹색성장위원회는 위원장 2명을 포함한 몇 명 이내의 위원으로 구성하는가?

① 25   ② 30
③ 45   ④ 50

해설 녹색성장위원회의 구성 : 위원회는 위원장 2명을 포함한 50명 이내의 위원으로 구성한다.

정답 22 ② 23 ④ 24 ② 25 ① 26 ② 27 ③ 28 ④

29 에너지 절약 전문 기업의 등록은 누구에게 하도록 위탁되어 있는가?

① 산업통상자원부 장관
② 에너지관리공단 이사장
③ 시공업자 단체의 장
④ 시·도지사

해설 에너지 절약 전문 기업의 등록 위탁 : 에너지관리공단 이사장

30 에너지법에서 사용하는 "에너지"의 정의를 가장 올바르게 나타낸 것은?

① "에너지"라 함은 석유·가스 등 열을 발생하는 열원을 말한다.
② "에너지"라 함은 제품의 원료로 사용되는 것을 말한다.
③ "에너지"라 함은 태양, 조파, 수력과 같이 일을 만들어낼 수 있는 힘이나 능력을 말한다.
④ "에너지"라 함은 연료·열 및 전기를 말한다.

해설 에너지라 함은 연료·열 및 전기를 말한다.

31 보일러 제어에서 자동 연소 제어에 해당하는 약호는?

① A.C.C　　② A.B.C
③ S.T.C　　④ F.W.C

해설 ① A.C.C : 자동 연소 제어
② A.B.C : 보일러 자동 제어
③ S.T.C : 증기 온도 제어
④ F.W.C : 급수 제어

32 보일러에서 기체 연료의 연소 방식으로 가장 적당한 것은?

① 화격자 연소　　② 확산 연소
③ 증발 연소　　　④ 분해 연소

해설 기체 연료의 연소 방식
㉠ 확산 연소
㉡ 예혼합 연소

33 연관식 보일러의 특징으로 틀린 것은 어느 것인가?

① 동일 용량인 노통 보일러에 비해 설치 면적이 작다.
② 전열 면적이 커서 증기 발생이 빠르다.
③ 외분식은 연료 선택 범위가 좁다.
④ 양질의 급수가 필요하다.

해설 ③ 외분식은 연료 선택 범위가 넓다.

34 고체 연료와 비교하여 액체 연료 사용 시의 장점을 잘못 설명한 것은?

① 인화의 위험성이 없으며, 역화가 발생하지도 않는다.
② 그을음이 적게 발생하고, 연소 효율도 높다.
③ 품질이 비교적 균일하며, 발열량이 크다.
④ 저장 중 변질이 적다.

해설 고체 연료와 비교하여 액체 연료 사용 시의 장점
(가) 장점
　㉠ 품질이 비교적 균일하며, 발열량이 크다.
　㉡ 그을음이 적게 발생하고, 연소 효율도 높다.
　㉢ 저장 중 변질이 적다.
　㉣ 회분 및 분진이 적다.
　㉤ 점화 및 소화, 연소 조절이 용이하다.
　㉥ 완전 연소를 위한 공기비는 1.1~1.3이다.
(나) 단점
　㉠ 인화의 위험성이 없으며, 역화가 발생하지 않는다.
　㉡ 연소 온도가 높아 국부 과열 위험성이 높다.
　㉢ 연소 시 소음이 난다.
　㉣ 수입에 의존하여 가격이 비싸다.
　㉤ 황분이 있어 연소 시 분진 등 환경오염의 원인이 된다.

정답 29 ②　30 ④　31 ①　32 ②　33 ③　34 ①

35 액체 연료 연소에서 무화의 목적이 아닌 것은?

① 단위 중량당 표면적을 크게 한다.
② 연소 효율을 향상시킨다.
③ 주위 공기와의 혼합을 좋게 한다.
④ 연소실의 열부하를 낮게 한다.

해설 액체 연료 연소에서 무화의 목적
㉠ 단위 중량당 표면적을 크게 한다.
㉡ 연소 효율을 향상시킨다.
㉢ 주위 공기와의 혼합을 좋게 한다.
㉣ 연소실의 열부하를 높게 한다.
㉤ 완전 연소가 가능하게 한다.

36 슈트 블로어(soot blower) 사용 시 주의 사항으로 거리가 먼 것은?

① 한 곳으로 집중하여 사용하지 말 것
② 분출기 내의 응축수를 배출시킨 후 사용할 것
③ 보일러 가동을 정지 후 사용할 것
④ 연도 내 배풍기를 사용하여 유인 통풍을 증가시킬 것

해설 슈트 블로어(soot blower) 사용 시 주의 사항
㉠ 한 곳으로 집중하여 사용하지 말아야 한다.
㉡ 분출기 내의 응축수를 배출시킨 후 사용해야 한다.
㉢ 연도 내 배풍기를 사용하여 유인 통풍을 증가시켜야 한다.
㉣ 증기 분사식의 경우 부하가 50% 이하인 경우는 사용을 금한다.
㉤ 소화 후 즉시 슈트 블로어를 사용해서는 안 된다.
㉥ 슈트 블로어 사용 중에는 저연소 상태를 유지해야 한다.

37 다음 중 압력계의 종류가 아닌 것은?

① 부르동관식 압력계
② 벨로스식 압력계
③ 유니버설 압력계
④ 다이어프램 압력계

해설 압력계의 종류
㉠ 부르동관식 압력계
㉡ 벨로스식 압력계
㉢ 다이어프램 압력계

38 프로판(C_3H_8) 1kg이 완전 연소하는 경우 필요한 이론 산소량은 약 몇 Nm^3인가?

① 3.47 ② 2.55
③ 1.25 ④ 1.50

해설 $C_3H_8 + 5O_2 \rightarrow 3CO_2 + 4H_2O$
44kg ＼ $5 \times 22.4 Nm^3$
1kg ／ $x(Nm^3)$
$44 \times x = 1 \times 5 \times 22.4$
∴ $x = 1 \times 5 \times 22.4/44 = 2.55 Nm^3$

39 오일 버너의 화염이 불안정한 원인과 가장 무관한 것은?

① 분무 유압이 비교적 높을 경우
② 연료 중에 슬러지 등의 협잡물이 들어 있을 경우
③ 무화용 공기량이 적절치 않을 경우
④ 연소용 공기의 과다로 노내의 온도가 저하될 경우

해설 오일 버너의 화염이 불안정한 원인
㉠ 연료 중에 슬러지 등의 협잡물이 들어 있을 경우
㉡ 무화용 공기량이 적절치 않을 경우
㉢ 연소용 공기의 과다로 노내의 온도가 저하될 경우

40 연소 가스와 대기의 온도가 각각 250℃, 30℃이고 연돌의 높이가 50m일 때 이론 통풍력은 약 얼마인가? (단, 연소 가스와 대기의 비중량은 각각 $1.35 kg/Nm^3$, $1.25 kg/Nm^3$이다.)

① 21.08mmAq ② 23.12mmAq
③ 25.02mmAq ④ 27.36mmAq

정답 35 ④ 36 ③ 37 ③ 38 ② 39 ① 40 ①

해설 이론 통풍력
$= 273 \times$ 연돌 높이
$\times \left(\dfrac{\text{대기의 비중량}}{\text{대기의 절대 온도}} - \dfrac{\text{연소 가스의 비중량}}{\text{연소 가스의 절대 온도}} \right)$
$= 273 \times 50 \times \left(\dfrac{1.25}{273+30} - \dfrac{1.35}{273+250} \right)$
$= 21.08 \text{mmAq}$

41 보일러의 여열을 이용하여 증기 보일러의 효율을 높이기 위한 부속 장치로 맞는 것은?

① 버너, 댐퍼, 송풍기
② 절탄기, 공기 예열기, 과열기
③ 수면계, 압력계, 안전 밸브
④ 인젝터, 저수위 경보 장치, 집진 장치

해설 보일러의 여열을 이용하여 증기 보일러의 효율을 높이기 위한 부속 장치 : 절탄기, 공기 예열기, 과열기

42 다음 중 특수 보일러에 속하는 것은?

① 벤슨 보일러
② 슐처 보일러
③ 소형 관류 보일러
④ 슈미트 보일러

해설 보일러의 분류

종류		실용 예
원통 보일러	노통 보일러	코니시 보일러, 랭커셔 보일러
	입형 보일러	입형 횡관 보일러, 입형 연관식 보일러, 코크란 보일러
	연관 보일러	횡형 연관 보일러, 입형 연관 보일러, 케와니 보일러(기관차형 보일러)
	노통 연관 보일러	스코치 보일러, 노통 연관 패키지 보일러, 하우덴 존슨 보일러
수관 보일러	자연 순환식 보일러	바브콕 보일러, 윌콕스 보일러, 타쿠마 보일러, 야로우 보일러
	강제 순환식 보일러	섹션 보일러, 라몬트 보일러, 베록스 보일러
	관류 보일러	벤슨 보일러, 슐처 보일러
	복사 보일러	방사 보일러
특수 보일러	주철제 섹셔널 보일러	주철제 증기 보일러, 주철제 온수 보일러
	특수 열매체(액체) 보일러	수은 보일러, 다우섬 보일러, 세큐리티 보일러(열매체의 종류 : 수은, 다우섬, 카네크롤, 모빌섬)
	폐열 보일러	하이네 보일러, 리 보일러
	간접 가열식 (2중 증발) 보일러	슈미트 보일러, 뢰플러 보일러
	특수 연료 보일러	특수 연료의 종류 : 버케이스, 바크, 흑액, 소다회수
	전기 보일러	–
난방용 보일러	주철제 증기 보일러	–
	주철제 온수 보일러	–

43 건포화 증기의 엔탈피와 포화수의 엔탈피의 차는 어느 것인가?

① 비열
② 잠열
③ 현열
④ 액체열

해설 ② 잠열 : 건포화 증기의 엔탈피와 포화수의 엔탈피의 차

44 보일러에서 실제 증발량(kg/h)을 연료 소모량(kg/h)으로 나눈 값은?

① 증발 배수
② 전열면 증발량
③ 연소실 열부하
④ 상당 증발량

해설 ① 증발 배수 : 실제 증발량(kg/h)을 연료 소모량(kg/h)으로 나눈 값

정답 41 ② 42 ④ 43 ② 44 ①

45 고압, 중압 보일러 급수용 및 고양정 급수용으로 쓰이는 것으로 임펠러와 안내 날개가 있는 펌프는?

① 벌류트 펌프
② 터빈 펌프
③ 워싱턴 펌프
④ 위어 펌프

해설 ② 터빈 펌프의 설명이다.

46 보일러의 열효율 향상과 관계가 없는 것은?

① 공기 예열기를 설치하여 연소용 공기를 예열한다.
② 절탄기를 설치하여 급수를 예열한다.
③ 가능한 한 과잉 공기를 줄인다.
④ 급수 펌프로는 원심 펌프를 사용한다.

해설 보일러의 열효율 향상
㉠ 공기 예열기를 설치하여 연소용 공기를 예열한다.
㉡ 절탄기를 설치하여 급수를 예열한다.
㉢ 가능한 한 과잉 공기를 줄인다.

47 보일러 내부에 아연판을 매다는 가장 큰 이유는?

① 기수공발을 방지하기 위하여
② 보일러판의 부식을 방지하기 위하여
③ 스케일 생성을 방지하기 위하여
④ 프라이밍을 방지하기 위하여

해설 보일러 내부에 아연판을 매다는 가장 큰 이유 : 보일러판의 부식을 방지하기 위하여

48 증기 난방의 분류에서 응축수 환수 방식에 해당하는 것은?

① 고압식
② 상향 공급식
③ 기계 환수식
④ 단관식

해설 증기 난방의 분류
㉠ 중력 환수식
㉡ 기계 환수식 : 응축수 환수 방식
㉢ 진공 환수식

49 보일러 슈트 블로어를 사용하여 그을음 제거 작업을 하는 경우의 주의 사항에 대한 설명으로 가장 옳은 것은?

① 가급적 부하가 높을 때 실시한다.
② 보일러를 소화한 직후에 실시한다.
③ 흡출 통풍을 감소시킨 후 실시한다.
④ 작업 전에 분출기 내부의 드레인을 충분히 제거한다.

해설 보일러 슈트 블로어를 사용하여 그을음 제거 작업을 하는 경우의 주의 사항
㉠ 가급적 부하가 낮을 때 실시한다.
㉡ 보일러 소화 직전에 실시한다.
㉢ 흡출 통풍을 감소시키기 전에 실시한다.
㉣ 작업 전에 분출기 내부의 드레인을 충분히 제거한다.

50 가정용 온수 보일러 등에 설치하는 팽창 탱크의 주된 기능은?

① 배관 중의 이물질 제거
② 온수 순환의 맥동 방지
③ 열효율의 증대
④ 온수의 가열에 따른 체적 팽창 흡수

해설 가정용 온수 보일러 등에 설치하는 팽창 탱크의 주된 기능 : 온수의 가열에 따른 체적 팽창 흡수

51 보일러 급수 성분 중 포밍과 관련이 가장 큰 것은?

① pH
② 경도 성분

③ 용존 산소　　　　④ 유지 성분

해설 포밍 : 물거품 솟음이라 하며, 보일러수의 농축, 유지분 또는 가스분 등이 불순물에 의하여 동 수면이 거품으로 덮이는 현상

52 다음 중 유리솜 또는 암면의 용도와 관계없는 것은?

① 보온재
② 보냉재
③ 단열재
④ 방습재

해설 유리솜 또는 암면의 용도
㉠ 보온재　　㉡ 보냉재　　㉢ 단열재

53 단관 중력 환수식 온수 난방에서 방열기 입구 반대편 상부에 부착하는 밸브는?

① 방열기 밸브
② 온도 조절 밸브
③ 공기빼기 밸브
④ 배니 밸브

해설 공기빼기 밸브의 설명이다.

54 보일러 내면의 산 세정 시 염산을 사용하는 경우 세정액의 처리 온도와 처리 시간으로 가장 적합한 것은?

① 60±5℃, 1~2시간
② 60±5℃, 4~6시간
③ 90±5℃, 1~2시간
④ 90±5℃, 4~6시간

해설 염산으로 세정 시 세정액의 처리 온도와 처리 시간 : 60±5℃, 4~6시간

55 보일러수(水) 중의 경도 성분을 슬러지로 만들기 위하여 사용하는 청관제는?

① 가성 취화 억제제
② 연화제
③ 슬러지 조정제
④ 탈산소제

해설 연화제의 설명이다.

56 건물을 구성하는 구조체, 즉 바닥, 벽 등에 난방용 코일을 묻고 열매체를 통과시켜 난방을 하는 것은?

① 대류 난방　　　② 복사 난방
③ 간접 난방　　　④ 전도 난방

해설 ① 대류 난방 : 직접 난방 방식의 하나로 대류 작용에 의해 실내 공기를 순환하며 난방을 하는 방식
③ 간접 난방 : 실내를 난방할 때 공기와 열교환시켜 만든 온풍을 방에 보내 난방하는 방법
④ 전도 난방 : 방바닥에 깔린 넓적한 돌(구들장)에 화기를 도입시켜 온도가 높아진 돌이 방출하는 열로 난방하는 것

57 보일러 유리 수면계의 유리 파손 원인과 무관한 것은?

① 유리관 상하 콕의 중심이 일치하지 않을 때
② 유리가 알칼리 부식 등에 의해 노화되었을 때
③ 유리관 상하 콕의 너트를 너무 조였을 때
④ 증기의 압력을 갑자기 올렸을 때

해설 유리 수면계의 유리 파손 원인
㉠ 유리관 상하 콕의 중심이 일치하지 않을 때
㉡ 유리가 알칼리 부식 등에 의해 노화되었을 때
㉢ 유리관 상하 콕의 너트를 너무 조였을 때

정답 52 ④　53 ③　54 ②　55 ②　56 ②　57 ④

58 에너지 이용 합리화법상의 목표 에너지원 단위를 가장 옳게 설명한 것은?

① 에너지를 사용하여 만드는 제품의 단위당 폐연료 사용량
② 에너지를 사용하여 만드는 제품의 연간 폐열 사용량
③ 에너지를 사용하여 만드는 제품의 단위당 에너지 사용 목표량
④ 에너지를 사용하여 만드는 제품의 연간 폐열 에너지 사용 목표량

해설 목표 에너지원 단위 : 에너지를 사용하여 만드는 제품의 단위당 에너지 사용 목표량

59 다음 고효율 에너지 인증 대상 기자재의 종류가 아닌 것은?

① 펌프
② 산업 건물용 보일러
③ 무정전 전원 장치
④ 관류 보일러

해설 고효율 에너지 인증대상 기자재의 종류
㉠ 펌프
㉡ 산업건물용 보일러
㉢ 무정전 전원 장치
㉣ 폐열 회수용 환기장치
㉤ 발광다이오드(LED) 등 조명기기
㉥ 그 밖에 산업통상부장관이 특히 에너지 이용의 효율성이 높아 보급을 촉진할 필요가 있다고 인정하여 고시하는 기자재 및 설비

60 화석 연료에 대한 의존도를 낮추고 청정에너지의 사용 및 보급을 확대하여 녹색 기술 연구 개발, 탄소 흡수원 확충 등을 통하여 온실가스를 적정 수준 이하로 줄이는 것에 대한 정의로 옳은 것은?

① 녹색 성장
② 저탄소
③ 기후 변화
④ 자원 순환

해설 ② 저탄소의 설명이다.

정답 58 ③ 59 ④ 60 ②

에너지관리기능사 (2019. 9. 28 시행)

01 보일러 급수 배관에서 급수의 역류를 방지하기 위하여 설치하는 밸브는?

① 체크 밸브
② 슬루스 밸브
③ 글로브 밸브
④ 앵글 밸브

해설 ② 슬루스 밸브 : 파이프 축에 대해서 직각 방향으로 개폐되는 밸브로 유체의 흐름에 따른 마찰 저항 손실이 작으며, 난방 배관 등에 주로 사용
③ 글로브 밸브 : 유량 조절용 밸브로 적합
④ 앵글 밸브 : 보일러 주증기 밸브의 일반적인 형식으로 증기의 흐름 방향을 90° 바꾸어 주는 밸브

02 보일러 효율이 85%, 실제 증발량이 5t/h이고 발생 증기의 엔탈피는 656kcal/kg, 급수 온도의 엔탈피는 56kcal/kg, 연료의 저위 발열량은 9,750kcal/kg일 때, 연료 소비량은 약 kg/h인가?

① 316
② 362
③ 389
④ 405

해설 $\eta = \dfrac{G_a(h_2-h_1)}{G_f \times H_L} \times 100$

$85\% = \dfrac{5,000\text{kg/h} \times (656\text{kcal/kg} - 56\text{kcal/kg})}{G_f \times 9,750\text{kcal/kg}} \times 100$

$G_f = 362\text{kg/h}$
여기서, η : 보일러 효율(%)
G_a : 실제 증발량(=증기 발생량)(kg/h)
h_2 : 증기 엔탈피(kcal/kg)
h_1 : 급수 엔탈피(kcal/kg)
G_f : 연료 사용량(=연료 소비량)(kg/h)
H_L : 저위 발열량(kcal/kg)

03 급유량계 앞에 설치하는 여과기의 종류가 아닌 것은?

① U형
② V형
③ S형
④ Y형

해설 급유량계 앞에 설치하는 여과기
㉠ 종류 : Y형, U형, V형이 있으며, 그중 Y형 여과기를 가장 많이 사용한다.
㉡ 여과기 전후의 유체 압력의 차이가 0.02MPa 이상일 때에는 여과기를 청소한다.

04 보일러 연료로 사용되는 LNG의 성분 중 함유량이 가장 많은 것은?

① CH_4
② C_2H_6
③ C_3H_8
④ C_4H_{10}

해설 LNG의 성분 : CH_4(80~99%), C_2H_6, C_4H_{10}, C_3H_8 등

05 급유 장치에서 보일러 가동 중 연소의 소화, 압력 초과 등 이상 현상 발생 시 긴급히 연료를 차단하는 것은?

① 압력 조절 스위치
② 압력 제한 스위치
③ 감압 밸브
④ 전자 밸브

해설 ① 압력 조절 스위치 : 증기 압력을 검출하여 벨로스의 신축에 따라 전기 저항을 변화시켜 연료량과 함께 공기량을 조절하여 컨트롤 모터를 작동시키는 것
② 압력 제한 스위치 : 증기의 압력을 검출하여 설정 상·하(+, −)에서 연소를 on, off시키는 것
③ 감압 밸브 : 고압의 증기를 저압의 증기로 바꾸기 위하여 설치하는 밸브

정답 01 ① 02 ② 03 ③ 04 ① 05 ④

06 연료 중 표면 연소하는 것은?

① 목탄　　　　② 중유
③ 석탄　　　　④ LPG

해설　㉠ 표면(직접) 연소 : 목탄
㉡ 분해 연소 : 중유, 석탄
㉢ 확산 연소 : LPG

07 플로트 트랩은 어떤 종류의 트랩인가?

① 디스크 트랩
② 기계적 트랩
③ 온도 조절 트랩
④ 열역학적 트랩

해설　② 기계적 트랩 : 플로트식
③ 온도 조절식 트랩 : 바이메탈식, 벨로스식
④ 열역학적 트랩 : 오리피스식, 디스크식

08 연료를 연소시키는 데 필요한 실제 공기량과 이론 공기량의 비, 즉 공기비를 m이라 할 때 다음 식이 뜻하는 것은?

$$(m-1) \times 100\%$$

① 과잉 공기율　　　② 과소 공기율
③ 이론 공기율　　　④ 실제 공기율

해설　과잉 공기율 : 이론 공기량에 대한 과잉 공기량을 %로 표시한 것
과잉 공기율 $=(m-1) \times 100\%$
여기서, m : 공기비

09 공기 예열기 설치 시의 이점으로 옳지 않은 것은?

① 예열 공기의 공급으로 불완전 연소가 감소한다.
② 배기가스의 열손실이 증가한다.
③ 저질 연료도 연소가 가능하다.
④ 보일러 열효율이 증가한다.

해설　공기 예열기
㈎ 장점
　㉠ 예열 공기의 공급으로 불완전 연소가 감소한다.
　㉡ 보일러 효율이 증가한다.
　㉢ 연료 착화열이 감소한다.
　㉣ 저질 연료도 연소가 가능하다.
㈏ 단점
　㉠ 저온 부식이 발생한다.
　㉡ 연도 내의 처리 및 재처리가 불편하다.
　㉢ 통풍 저항을 일으킨다.

10 물질의 온도 변화에 소요되는 열, 즉 물질의 온도를 상승시키는 에너지로 사용되는 열은 무엇인가?

① 잠열　　　　② 증발열
③ 융해열　　　④ 현열

해설　① 잠열 : 물체의 온도 변화를 일으키지 않고 상태 변화만을 일으키는 데 필요한 열량
② 증발열 : 액체가 기화할 때 외부로부터 흡수하는 열량
③ 융해열 : 일정량의 고체를 같은 온도의 액체로 융해하는 데 소요되는 열량

11 자동 제어의 신호 전달 방법 중 신호 전송 시 시간 지연이 있으며, 전송 거리가 100~150m 정도인 것은?

① 전기식　　　② 유압식
③ 기계식　　　④ 공기식

해설　자동 제어의 신호 전달 방법
㉠ 전기식 : 전송에 시간 지연이 없고, 전송 거리는 10km까지 가능하며, 무선 통신을 할 수 있다.
㉡ 유압식 : 조작력이 크고, 전송에 지연이 적으며, 전송 거리는 최고 300m이다.

정답　06 ①　07 ②　08 ①　09 ②　10 ④　11 ④

ⓒ 공기식 : 신호 전송 시 시간 지연이 있으며, 전송 거리가 100~150m 정도이다.

12 보일러 중 노통 연관식 보일러는?

① 코니시 보일러 ② 랭커셔 보일러
③ 스코치 보일러 ④ 타쿠마 보일러

해설 보일러의 종류

종류		실용 예
원통 보일러	노통 보일러	코니시 보일러, 랭커셔 보일러
	입형 보일러	입형 횡관 보일러, 입형 연관식 보일러, 코크란 보일러
	연관 보일러	횡형 연관 보일러, 입형 연관 보일러, 케와니 보일러(기관차형 보일러)
	노통 연관 보일러	스코치 보일러, 노통 연관 패키지 보일러
수관 보일러	자연 순환식 보일러	바브콕 보일러, 윌콕스 보일러, 타쿠마 보일러, 야로우 보일러
	강제 순환식 보일러	섹션 보일러, 라몬트 보일러, 베록스 보일러
	관류 보일러	벤슨 보일러, 슐처 보일러
	복사 보일러	방사 보일러
특수 보일러	폐열 보일러	–
	특수 연료 보일러	–
	특수 액체 보일러	다우섬 보일러
	간접 가열 보일러	슈미트 보일러
난방용 보일러	주철제 증기 보일러	–
	주철제 온수 보일러	–

13 용적식 유량계가 아닌 것은?

① 로터리형 유량계
② 피토관식 유량계
③ 루트형 유량계
④ 오벌기어형 유량계

해설 (가) 용적식 유량계
ⓐ 유체의 흐름에 따라서 그 용적을 일정한 용기로 연속 측정하는 방법으로 유체의 밀도에는 무관하며, 체적 유량을 측정한다.
ⓑ 종류 : 로터리형, 루트형, 오벌기어형, 원판형, 가스미터
(나) 유속 측정에 의한 유량계
ⓐ 관로 내를 흐르는 유체의 유속을 측정하고, 그 값에 관로의 단면적을 곱하여 유량을 측정한다.
ⓑ 종류 : 피토관식, 아뉴바식, 열선식

14 액체 연료 중 경질유에 주로 사용하는 기화 연소 방식의 종류에 해당하지 않는 것은?

① 포트식 ② 심지식
③ 증발식 ④ 무화식

해설 기화 연소 방식의 종류
① 포트식   ② 심지식   ③ 증발식

15 냉동용 배관 결합 방식에 따른 도시 방법 중 용접식을 나타내는 것은?

① ─╫─ ② ─•─
③ ─┼─ ④ ─╢─

해설 ① 플랜지식 ② 용접식
③ 나사식   ④ 유니언식

16 보일러 설치·시공 기준상 가스용 보일러의 경우 연료 배관 외부에 표시하여야 하는 사항이 아닌 것은? (단, 배관은 지상에 노출된 경우이다.)

① 사용 가스명   ② 최고 사용 압력
③ 가스 흐름 방향 ④ 최저 사용 온도

해설 가스용 보일러의 경우 연료 배관 외부에 표시하는 사항
ⓐ 사용 가스명   ⓑ 최고 사용 압력
ⓒ 가스 흐름 방향

정답 12 ③ 13 ② 14 ④ 15 ② 16 ④

17 실내의 온도 분포가 가장 균등한 난방 방식은 무엇인가?

① 온풍 난방
② 방열기 난방
③ 복사 난방
④ 온돌 난방

해설) 복사 난방의 설명이다.

18 유류 연소 수동 보일러의 운전 정지 내용으로 잘못된 것은?

① 운전 정지 직전에 유류 예열기의 전원을 차단하고, 유류 예열기의 온도를 낮춘다.
② 연소실 내, 연도를 환기시키고 댐퍼를 닫는다.
③ 보일러 수위를 정상 수위보다 조금 낮추고, 버너의 운전을 정지한다.
④ 연소실에서 버너를 분리하여 청소를 하고, 기름이 누설되는지 점검한다.

해설) ③ 보일러 수위를 정상 수위로 하고, 버너의 운전을 정지한다.

19 배관의 단열 공사를 실시하는 목적으로 가장 거리가 먼 것은?

① 열에 대한 경제성을 높인다.
② 온도 조절과 열량을 낮춘다.
③ 온도 변화를 제한한다.
④ 화상 및 화재 방지를 한다.

해설) ② 온도 조절과 열량을 높인다.

20 보일러의 외부 부식 발생 원인과 관계가 가장 먼 것은?

① 빗물, 지하수 등에 의한 습기나 수분에 의한 작용
② 보일러수 등의 누출로 인한 습기나 수분에 의한 작용
③ 연소 가스 속의 부식성 가스(아황산가스 등)에 의한 작용
④ 급수 중에 유지류, 산류, 탄산가스, 산소, 염류 등의 불순물 함유에 의한 작용

해설) 보일러의 외부 부식 발생 원인 : 급수 중에 유지류, 산류, 탄산가스, 산소, 염류 등의 불순물 함유에 의한 작용

21 보일러 급수의 pH로 가장 적합한 것은?

① 4~6
② 7~9
③ 9~11
④ 11~13

해설) 보일러 급수의 pH : 7~9

22 가스 절단 조건에 대한 설명 중 틀린 것은 어느 것인가?

① 금속 산화물의 용융 온도가 모재의 용융 온도보다 낮을 것
② 모재의 연소 온도가 그 용융점보다 낮을 것
③ 모재의 성분 중 산화를 방해하는 원소가 많을 것
④ 금속 산화물의 유동성이 좋으며, 모재로부터 이탈될 수 있을 것

해설) ③ 모재의 성분 중 산화를 방해하는 원소가 적을 것

23 난방 부하 계산 시 사용되는 용어에 대한 설명 중 틀린 것은?

① 열전도 : 인접한 물체 사이의 열의 이동 현상
② 열관류 : 열이 한 유체에서 벽을 통하여 다른 유체로 전달되는 현상
③ 난방 부하 : 방열기가 표준 상태에서 $1m^2$당 단위 시간에 방출하는 열량
④ 정격 용량 : 보일러 최대 부하 상태에서 단위 시간당 총 발생되는 열량

해설 ③ 난방 부하 : 실내를 적정 온도로 유지하기 위해 공급되는 열량

24 증기 보일러에서 송기를 개시할 때 증기 밸브를 급히 열면 발생할 수 있는 현상으로 가장 적당한 것은?

① 캐비테이션 현상
② 수격 작용
③ 역화
④ 수면계의 파손

해설 ② 수격 작용의 설명이다.

25 난방 부하가 15,000kcal/h이고, 주철제 증기 방열기로 난방한다면 방열기의 소요 방열 면적은 약 몇 m^2인가? (단, 방열기의 방열량은 표준 방열량으로 한다.)

① 16
② 18
③ 20
④ 23

해설 방열기 소요 면적(S)

증기 난방 : $S = \dfrac{난방\ 부하(kcal/h)}{650 kcal/m^2 \cdot h}$

온수 난방 : $S = \dfrac{난방\ 부하(kcal/h)}{450 kcal/m^2 \cdot h}$

주철제 증기 방열기로 난방할 경우 증기 난방에 해당하므로

$S = \dfrac{15,000}{650} = 23 m^2$

26 신축 이음쇠의 종류 중 고온, 고압에 적당하며, 신축에 따른 자체 응력이 생기는 결점이 있는 신축 이음쇠는?

① 루프형(loop type)
② 스위블형(swivel type)
③ 벨로스형(bellows type)
④ 슬리브형(sleeve type)

해설 신축 이음의 종류
② 스위블형 : 2개 이상의 엘보를 사용하여 나사의 회전에 의해 신축을 흡수하는 형식으로 온수 또는 저압 증기 난방 시 주관으로부터의 분기관이나 방열기용으로 사용하는 신축 이음쇠
③ 벨로스형 : 온도 변화에 따라 일어나는 관의 신축을 벨로스의 변형에 의해서 흡수시키는 것으로 주로 저압 증기 배관에 사용되는 신축 이음쇠
④ 슬리브형 : 조인트 본체가 파이프로 되어 있으며, 관의 신축이 본체 속을 미끄러지는 슬리브 파이프에 흡수되는 신축 이음쇠

27 가정용 온수 보일러 등에 설치하는 팽창 탱크의 주된 설치 목적은 무엇인가?

① 허용 압력 초과에 따른 안전 장치 역할
② 배관 중의 맥동 방지
③ 배관 중의 이물질 제거
④ 온수 순환의 원활

해설 가정용 온수 보일러 등에 설치하는 팽창 탱크의 주된 설치 목적 : 허용 압력 초과에 따른 안전 장치 역할

정답 23 ③ 24 ② 25 ④ 26 ① 27 ①

28 열사용 기자재 관리 규칙에서 용접 검사가 면제될 수 있는 보일러의 대상 범위로 틀린 것은 어느 것인가?

① 강철제 보일러 중 전열 면적이 5m² 이하이고, 최고 사용 압력이 0.35MPa 이하인 것
② 주철제 보일러
③ 제2종 관류 보일러
④ 온수 보일러 중 전열 면적이 18m² 이하이고, 최고 사용 압력이 0.35MPa 이하인 것

해설 검사의 면제 대상 범위

검사 대상 기기명	대상 범위	면제되는 검사
강철제 보일러, 주철제 보일러	1. 강철제 보일러 중 전열 면적이 5m² 이하이고, 최고 사용 압력이 0.35MPa 이하인 것 2. 주철제 보일러 3. 1종 관류 보일러 4. 온수 보일러 중 전열 면적이 18m² 이하이고, 최고 사용 압력이 0.35MPa 이하인 것	용접 검사
	주철제 보일러	구조 검사
	1. 가스 외의 연료를 사용하는 1종 관류 보일러 2. 전열 면적 30m² 이하의 유류용 주철제 증기 보일러	설치 검사
	1. 전열 면적 5m² 이하의 증기 보일러로서 다음 각 목의 어느 하나에 해당하는 것 가. 대기에 개방된 안지름이 25mm 이상인 증기관이 부착된 것 나. 수두압(水頭壓)이 5m 이하이며 안지름이 25mm 이상인 대기에 개방된 U자형 입관이 보일러의 증기부에 부착된 것 2. 온수 보일러로서 다음 각 목의 어느 하나에 해당하는 것 가. 유류·가스 외의 연료를 사용하는 것으로서 전열 면적이 30m² 이하인 것 나. 가스 외의 연료를 사용하는 주철제 보일러	계속 사용 검사
소형 온수 보일러	가스 사용량이 17kg/h(도시 가스는 232.6kW)를 초과하는 가스용 소형 온수 보일러	제조 검사
1종 압력 용기, 2종 압력 용기	1. 용접 이음(동체와 플랜지와의 용접 이음은 제외)이 없는 강관을 동체로 한 헤더 2. 압력 용기 중 동체의 두께가 6mm 미만인 것으로서 최고 사용 압력(MPa)과 내부 부피(m³)를 곱한 수치가 0.02 이하(난방용의 경우에는 0.05 이하)인 것 3. 전열 교환식인 것으로서 최고 사용 압력이 0.35MPa 이하이고, 동체의 안지름이 600mm 이하인 것	용접 검사
	1. 2종 압력 용기 및 온수 탱크 2. 압력 용기 중 동체의 두께가 6mm 미만인 것으로서 최고 사용 압력(MPa)과 내부 부피(m³)를 곱한 수치가 0.02 이하(난방용의 경우에는 0.05 이하)인 것 2. 압력 용기 중 동체의 최고 사용 압력이 0.5MPa 이하인 난방용 압력 용기 3. 압력 용기 중 동체의 최고 사용 압력이 0.1MPa 이하인 취사용 압력 용기	설치 검사 및 계속 사용 검사
철금속 가열로	철금속 가열로	제조 검사, 재사용 검사 및 계속 사용 검사 중 안전검사

29 신·재생에너지 설비의 설치를 전문으로 하려는 자는 자본금, 기술 인력 등의 신고 기준 및 절차에 따라 누구에게 신고를 하여야 하는가?

① 국토교통부 장관
② 환경부 장관
③ 고용노동부 장관
④ 산업통상자원부 장관

정답 28 ③ 29 ④

해설 신·재생에너지 설비의 설치를 전문으로 하려는 자는 자본금, 기술 인력 등의 신고 기준 및 절차에 따라 산업통상자원부 장관에게 신고한다.

30 에너지법상 지역 에너지 계획은 몇 년마다 몇 년 이상을 계획 기간으로 수립·시행하는가?

① 2년마다 2년 이상
② 5년마다 5년 이상
③ 7년마다 7년 이상
④ 10년마다 10년 이상

해설 지역 에너지 계획 : 5년마다 5년 이상을 계획 기간으로 수립·시행한다.

31 보일러의 수위 제어에 영향을 미치는 요인 중에서 보일러 수위 제어 시스템으로 제어할 수 없는 것은?

① 급수 온도
② 급수량
③ 수위 검출
④ 증기량 검출

해설 보일러 수위 제어 시스템으로 제어할 수 없는 것 : 급수 온도

32 수관식 보일러의 특징에 대한 설명으로 틀린 것은?

① 전열 면적이 커서 증기의 발생이 빠르다.
② 구조가 간단하여 청소, 검사, 수리 등이 용이하다.
③ 철저한 급수 처리가 요구된다.
④ 보일러수의 순환이 빠르고 효율이 좋다.

해설 수관식 보일러의 특징
(개) 장점
 ㉠ 구조상 고온·고압 대용량으로 제작할 수 있다.
 ㉡ 보일러수의 순환이 좋고, 관류 보일러 다음으로 효율이 좋다.
 ㉢ 보유 수량이 적어서 파열 사고 시 피해가 작다.
 ㉣ 전열 면적이 커서 증발이 빠르며, 급수요에 응할 수 있다.
 ㉤ 수관의 관경이 작아 고압에 잘 견디며, 전열 면적이 커서 증기 발생이 빠르다.
 ㉥ 용량에 비해 소요 면적이 작으며, 효율이 좋고, 운반·설치가 쉽다.
(내) 단점
 ㉠ 보유 수량에 비해 전열 면적이 크므로 압력 변화가 크며, 부하 변동에 응하기 어렵다.
 ㉡ 구조가 복잡하여 청소, 검사, 수리가 불편하다.
 ㉢ 급수의 순도가 나쁘면 스케일이 잘 발생한다.
 ㉣ 보유 수량에 대한 증발 속도가 빠르므로 급수 조절에 유의해야 한다(습증기 발생 우려).
 ㉤ 수관의 관경이 작아 고압에 잘 견디며, 전열 면적이 커서 증기 발생이 빠르다.
 ㉥ 용량에 비해 소요 면적이 작으며, 효율이 좋고, 운반 및 설치가 쉽다.
 ㉦ 과열기, 공기 예열기의 설치가 용이하다.

33 랭커셔 보일러는 어디에 속하는가?

① 관류 보일러
② 연관 보일러
③ 수관 보일러
④ 노통 보일러

해설 보일러의 분류

	종류	실용 예
원통 보일러	노통 보일러	코니시 보일러, 랭커셔 보일러
	입형 보일러	입형 횡관 보일러, 입형 연관식 보일러, 코크란 보일러
	연관 보일러	횡형 연관 보일러, 입형 연관 보일러, 케와니 보일러(기관차형 보일러)
	노통 연관 보일러	스코치 보일러, 노통 연관 패키지 보일러, 하우덴 존슨 보일러

정답 30 ② 31 ① 32 ② 33 ④

종류		실용 예
수관 보일러	자연 순환식 보일러	바브콕 보일러, 윌콕스 보일러, 타쿠마 보일러, 야로우 보일러
	강제 순환식 보일러	섹션 보일러, 라몬트 보일러, 베록스 보일러
	관류 보일러	벤슨 보일러, 슐처 보일러
	복사 보일러	방사 보일러
특수 보일러	주철제 섹셔널 보일러	주철제 증기 보일러, 주철제 온수 보일러
	특수 열매체(액체) 보일러	수은 보일러, 다우섬 보일러, 세큐리티 보일러(열매체의 종류 : 수은, 다우섬, 카네크롤, 모빌섬)
	폐열 보일러	하이네 보일러, 리 보일러
	간접 가열식 (2중 증발) 보일러	슈미트 보일러, 뢰플러 보일러
	특수 연료 보일러	특수 연료의 종류 : 버케이스, 바크, 흑액, 소다회수
	전기 보일러	–
난방용 보일러	주철제 증기 보일러	–
	주철제 온수 보일러	–

34 보일러 기관 작동을 저지시키는 인터록 제어에 속하지 않는 것은?

① 저수위 인터록　② 저압력 인터록
③ 저연소 인터록　④ 프리퍼지 인터록

해설 인터록 제어
㉠ 저수위 인터록　㉡ 압력 초과 인터록
㉢ 불착화 인터록　㉣ 저연소 인터록
㉤ 프리퍼지 인터록

35 최근 난방 또는 급탕용으로 사용되는 진공 온수 보일러에 대한 설명 중 틀린 것은?

① 열매수의 온도는 운전 시 100℃ 이하이다.
② 운전 시 열매수의 급수는 불필요하다.
③ 본체의 안전 장치로서 용해전, 온도 퓨즈, 안전 밸브 등을 구비한다.
④ 추기 장치는 내부에서 발생하는 비응축 가스 등을 외부로 배출시킨다.

해설 ③ 본체의 안전 장치로서 관체 온도(과열) 센서, 가용 안전변, 진공 압력 차단 스위치를 구비한다.

36 노통 보일러에서 아담슨 조인트를 하는 목적은?

① 노통 제작을 쉽게 하기 위해서
② 재료를 절감하기 위해서
③ 열에 의한 신축을 조절하기 위해서
④ 물 순환을 촉진하기 위해서

해설 노통 보일러에서 아담슨 조인트를 하는 목적 : 열에 의한 신축을 조절하기 위해서

37 증기 압력이 높아질 때 감소되는 것은?

① 포화 온도　　② 증발 잠열
③ 포화수 엔탈피　④ 포화 증기 엔탈피

해설 증기 압력이 높아질 때 증발 잠열이 감소된다.

38 스팀 헤더(steam header)에 관한 설명으로 틀린 것은?

① 보일러 주증기관과 부하측 증기관 사이에 설치한다.
② 송기 및 정지가 편리하다.
③ 불필요한 장소에 송기하기 때문에 열손실은 증가한다.
④ 증기의 과부족을 일부 해소할 수 있다.

해설 ③ 불필요한 장소에 송기하지 않으므로 열손실이 방지된다.

정답 34 ② 35 ③ 36 ③ 37 ② 38 ③

39 500W의 전열기로서 2kg의 물을 18℃로부터 100℃까지 가열하는 데 소요되는 시간은 얼마인가? (단, 전열기 효율은 100%로 가정한다.)

① 약 10분 ② 약 16분
③ 약 20분 ④ 약 23분

해설 $860Pt\eta = m \cdot C \cdot \Delta t$에서

$t = \dfrac{m \cdot C \cdot \Delta t}{860 \cdot t \cdot \eta} = \dfrac{2 \times 1 \times (100-18)}{860 \times 0.5 \times 1} = 0.38$시간

여기서, P : 전열기 용량(kW)
  t : 소요 시간(h)
  η : 효율
  m : 질량(kg)
  C : 비열(kcal/kg·℃)
  Δt : 온도차

∴ 소요 시간(분) = $0.38 \times 60 = 23$분

40 사이클론 집진기의 집진율을 증가시키기 위한 방법으로 틀린 것은?

① 사이클론의 내면을 거칠게 처리한다.
② 블로 다운 방식을 사용한다.
③ 사이클론 입구의 속도를 크게 한다.
④ 분진 박스와 모양은 적당한 크기와 형상으로 한다.

해설 사이클론 집진기의 집진율을 증가시키기 위한 방법
㉠ 블로 다운 방식을 사용한다.
㉡ 사이클론 입구의 속도를 크게 한다.
㉢ 분진 박스와 모양은 적당한 크기와 형상으로 한다.

41 보일러에서 발생하는 증기를 이용하여 급수하는 장치는?

① 슬러지(sludge)
② 인젝터(injector)
③ 콕(cock)
④ 트랩(trap)

해설 인젝터(injector)의 설명이다.

42 보일러 연소실이나 연도에서 화염의 유무를 검출하는 장치가 아닌 것은?

① 스테빌라이저
② 플레임 로드
③ 플레임 아이
④ 스택 스위치

해설 보일러 연소실이나 연도에서 화염의 유무를 검출하는 장치
㉠ 플레임 로드
㉡ 플레임 아이
㉢ 스택 스위치

43 열전도에 적용되는 푸리에의 법칙에 대한 설명 중 틀린 것은?

① 두 면 사이에 흐르는 열량은 물체의 단면적에 비례한다.
② 두 면 사이에 흐르는 열량은 두 면 사이의 온도차에 비례한다.
③ 두 면 사이에 흐르는 열량은 시간에 비례한다.
④ 두 면 사이에 흐르는 열량은 두 면 사이의 거리에 비례한다.

해설 푸리에 법칙

열전도량 = $\lambda \cdot F \cdot \dfrac{\Delta t}{d} \cdot Z$

여기서, λ : 열전도율
  F : 물체의 단면적
  Δt : 두 면 사이의 온도차
  d : 고체의 두께
  Z : 시간

즉, 두 면 사이에 흐르는 열량은 고체의 두께에 반비례한다.

정답 39 ④ 40 ① 41 ② 42 ① 43 ④

44 보일러의 과열 원인으로 적당하지 않은 것은 어느 것인가?

① 보일러수의 순환이 좋은 경우
② 보일러 내에 스케일이 부착된 경우
③ 보일러 내에 유지분이 부착된 경우
④ 국부적으로 심하게 복사열을 받는 경우

해설 보일러의 과열 원인
㉠ 보일러수의 순환이 불량한 경우
㉡ 보일러 내에 스케일이 부착된 경우
㉢ 보일러 내에 유지분이 부착된 경우
㉣ 국부적으로 심하게 복사열을 받는 경우
㉤ 보일러수가 농축된 경우
㉥ 보일러 수위가 이상 저수위가 된 경우
㉦ 증기포 이탈이 나쁜 곳이 있을 경우

45 증기 보일러에 설치하는 유리 수면계는 2개 이상이어야 하는데 1개만 설치해도 되는 경우는?

① 소형 관류 보일러
② 최고 사용 압력 2MPa 미만의 보일러
③ 동체 안지름 800mm 미만의 보일러
④ 1개 이상의 원격 지시 수면계를 설치한 보일러

해설 ① 소형 관류 보일러 : 유리 수면계를 1개만 설치해도 된다.

46 온수 난방 배관 시공법의 설명으로 잘못된 것은?

① 온수 난방은 보통 1/250 이상의 끝올림 구배를 주는 것이 이상적이다.
② 수평 배관에서 관경을 바꿀 때는 편심 리듀서를 사용하는 것이 좋다.
③ 지관이 주관 아래로 분기될 때는 45° 이상 끝내림 구배로 배관한다.
④ 팽창 탱크에 이르는 팽창관에는 조정용 밸브를 단다.

해설 ④ 팽창 탱크에 이르는 팽창관에는 배수관이 설치된다.

47 배관의 높이를 관의 중심을 기준으로 표시한 기호는?

① TOP   ② GL
③ BOP   ④ EL

해설 ① TOP(Top Of Pipe) : 관의 외경을 윗면을 기준으로 표시한 기호
② GL(Ground Line) : 포장된 지표면을 기준으로 하여 배관 장치의 높이를 표시할 때 적용한 기호
③ BOP(Bottom Of Pipe) : 지름이 서로 다른 관의 높이 표시 방법으로 관 외경의 아랫면까지의 높이를 기준으로 표시한 기호

48 보일러에서 분출 사고 시 긴급 조치 사항으로 틀린 것은?

① 연도 댐퍼를 전개한다.
② 연소를 정지시킨다.
③ 압입 통풍기를 가동시킨다.
④ 급수를 계속하여 수위의 저하를 막고 보일러의 수위 유지에 노력한다.

해설 ③ 압입 통풍기를 정지시킨다.

49 어떤 거실의 난방 부하가 5,000kcal/h이고, 주철제 온수 방열기로 난방할 때 필요한 방열기 쪽수는? (단, 방열기 1쪽당 방열 면적은 $0.26m^2$이고, 방열량은 표준 방열량으로 한다.)

① 11쪽   ② 21쪽
③ 30쪽   ④ 43쪽

해설 방열기 쪽수=5,000/450×0.26=43쪽

정답 44 ① 45 ① 46 ④ 47 ④ 48 ③ 49 ④

50 호칭 지름 20A인 강관을 그림과 같이 배관할 때 엘보 사이 파이프의 절단 길이는? (단, 20A 엘보의 끝단에서 중심까지의 거리는 32mm이고, 파이프의 물림 길이는 13mm이다.)

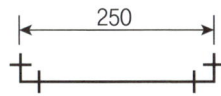

① 210mm ② 212mm
③ 214mm ④ 216mm

> **해설** 절단 길이 = 250 − (32 + 32) + (13 + 13)
> = 212mm

51 보온재 중 흔히 스티로폼이라고도 하며, 체적의 97~98%가 기공으로 되어 있어 열 차단 능력이 우수하고 내수성도 뛰어난 보온재는?

① 폴리스티렌 폼
② 경질 우레탄 폼
③ 코르크
④ 글라스 울

> **해설** ② 경질 우레탄 폼 : 강성이 있고, 단열성과 저온 특성이 좋다.
> ③ 코르크 : 주로 보냉용으로 사용한다.
> ④ 글라스 울 : 용융 유리를 압축 공기나 원심력을 이용하여 섬유 형태로 제조한 것으로 안전 사용 온도가 300℃ 정도인 보온재이다.

52 진공 환수식 증기 난방에서 리프트 피팅이란?

① 저압 환수관이 진공 펌프의 흡입구보다 낮은 위치에 있을 때 적용되는 이음 방법이다.
② 방열기보다 낮은 곳에 환수 주관이 설치된 경우 적용되는 이음 방법이다.
③ 진공 펌프가 환수 주관과 같은 위치에 있을 때 적용되는 이음 방법이다.
④ 방열기와 환수 주관의 위치가 같을 때 적용되는 이음 방법이다.

> **해설** 진공 환수식 증기 난방에서 리프트 피팅 : 저압 환수관이 진공 펌프의 흡입구보다 낮은 위치에 있을 때 적용되는 이음 방법

53 보일러에서 역화의 발생 원인이 아닌 것은?

① 점화 시 착화가 지연되었을 경우
② 연료보다 공기를 먼저 공급한 경우
③ 연료 밸브를 과대하게 급히 열었을 경우
④ 프리퍼지가 부족할 경우

> **해설** 역화의 발생 원인
> ㉠ 점화 시 착화가 지연되었을 경우
> ㉡ 공기보다 연료를 먼저 공급한 경우
> ㉢ 연료 밸브를 과대하게 급히 열었을 경우
> ㉣ 프리퍼지가 부족할 경우
> ㉤ 압입 통풍이 너무 강할 경우와 흡입 통풍이 부족할 경우
> ㉥ 실화 시 노내의 여열로 재점화할 경우

54 다른 보온재에 비하여 단열 효과가 낮으며, 500℃ 이하의 파이프, 탱크, 노벽 등에 사용하는 것은?

① 규조토
② 암면
③ 글라스 울
④ 펠트

> **해설** ② 암면 : 무기질 보온재 중 하나로 안산암, 현무암에 석회석을 섞어 용융하여 섬유 모양으로 만든 것
> ③ 글라스 울 : 용융 유리를 압축 공기나 원심력을 이용하여 섬유 형태로 제조한 것으로 안전 사용 온도가 300℃ 정도인 보온재
> ④ 펠트 : 양털이나 소털 등의 동물성 섬유를 원료로 만든 것으로 안전 사용 온도가 100℃ 이하인 것

정답 50 ② 51 ① 52 ① 53 ② 54 ①

55 방열기의 표준 방열량에 대한 설명으로 틀린 것은?

① 증기의 경우 게이지 압력 1kg/cm², 온도 80℃로 공급하는 것이다.
② 증기 공급 시의 표준 방열량은 650kcal/m²·h이다.
③ 실내 온도는 증기일 경우 21℃, 온수일 경우 18℃ 정도이다.
④ 온수 공급 시의 표준 방열량은 450kcal/m²·h이다.

해설 ① 증기의 경우 절대 압력 1kg/cm², 온도 100℃로 공급하는 것이다.

56 점화 전 댐퍼를 열고 노내와 연도에 체류하고 있는 가연성 가스를 송풍기로 취출시키는 작업은 어느 것인가?

① 분출
② 송풍
③ 프리퍼지
④ 포스트 퍼지

해설 ③ 프리퍼지의 설명이다.

57 지역 난방의 특징을 설명한 것 중 틀린 것은?

① 설비가 길어지므로 배관 손실이 있다.
② 초기 시설 투자비가 높다.
③ 개개 건물의 공간을 많이 차지한다.
④ 대기 오염의 방지를 효과적으로 할 수 있다.

해설 지역 난방의 특징
(가) 장점
  ㉠ 열효율이 높고, 연료비가 절감된다.
  ㉡ 토지의 이용 효용도가 높다.
  ㉢ 대기 오염의 방지를 효과적으로 할 수 있다.
  ㉣ 난방 운전의 합리화로 열의 손실이 작다.
  ㉤ 설비비 및 인건비가 절약된다.
(나) 단점
  ㉠ 설비가 길어지므로 배관 손실이 있다.
  ㉡ 초기 시설 투자비가 높다.
  ㉢ 열의 사용이 적으면 기본 요금이 높아진다.

58 다음은 저탄소 녹색 성장 기본법에 명시된 용어의 뜻이다. ( ) 안에 알맞은 것은?

> 온실가스란 (㉮), 메탄, 아산화질소, 수소불화탄소, 과불화탄소, 육불화황 및 그 밖에 대통령령으로 정하는 것으로 (㉯) 복사열을 흡수하거나 재방출하여 온실 효과를 유발하는 대기 중의 가스 상태의 물질을 말한다.

① ㉮ : 일산화탄소, ㉯ : 자외선
② ㉮ : 일산화탄소, ㉯ : 적외선
③ ㉮ : 이산화탄소, ㉯ : 자외선
④ ㉮ : 이산화탄소, ㉯ : 적외선

해설 온실가스란 이산화탄소, 메탄, 아산화질소, 수소불화탄소, 과불화탄소, 육불화황 및 그 밖에 대통령령으로 정하는 것으로 적외선 복사열을 흡수하거나 재방출하여 온실 효과를 유발하는 대기 중의 가스 상태의 물질을 말한다.

59 특정열 사용 기자재 중 산업통상자원부령으로 정하는 검사 대상 기기의 계속 사용 검사 신청서는 검사 유효 기간 만료 며칠 전까지 제출해야 하는가?

① 10일 전까지
② 15일 전까지
③ 20일 전까지
④ 30일 전까지

해설 특정열 사용 기자재 중 산업통상자원부령으로 정하는 검사 대상 기기의 계속 사용 검사 신청서는 검사 유효 기간 만료 15일 전까지 제출해야 한다.

정답 55 ① 56 ③ 57 ③ 58 ④ 59 ②

60 특정열 사용 기자재 중 산업통상자원부령으로 정하는 검사 대상 기기를 폐기한 경우에는 폐기한 날부터 며칠 이내에 폐기 신고서를 제출해야 하는가?

① 7일 이내에
② 10일 이내에
③ 15일 이내에
④ 30일 이내에

해설 특정열 사용 기자재 중 산업통상자원부령으로 정하는 검사 대상 기기를 폐기한 경우에는 폐기한 날부터 15일 이내에 폐기 신고서를 제출해야 한다.

에너지관리기능사 (2020. 2. 9 시행)

01 다음 중 자동 연료 차단 장치가 작동하는 경우로 거리가 먼 것은?

① 버너가 연소 상태가 아닌 경우(인터록이 작동한 상태)
② 증기 압력이 설정 압력보다 높은 경우
③ 송풍기 팬이 가동할 때
④ 관류 보일러에 급수가 부족한 경우

해설 자동 연료 차단 장치가 작동하는 경우
㉠ 버너가 연소 상태가 아닌 경우(인터록이 작동한 상태)
㉡ 증기 압력이 설정 압력보다 높은 경우
㉢ 관류 보일러에 급수가 부족한 경우

02 보일러의 분류 중 원통형 보일러에 속하지 않는 것은?

① 타쿠마 보일러　② 랭커셔 보일러
③ 케와니 보일러　④ 코니시 보일러

해설 보일러의 종류

	종류	실용 예
원통 보일러	노통 보일러	코니시 보일러, 랭커셔 보일러
	입형 보일러	입형 횡관 보일러, 입형 연관식 보일러, 코크란 보일러
	연관 보일러	횡형 연관 보일러, 입형 연관 보일러, 케와니 보일러(기관차형 보일러)
	노통 연관 보일러	스코치 보일러, 노통 연관 패키지 보일러
수관 보일러	자연 순환식 보일러	바브콕 보일러, 윌콕스 보일러, 타쿠마 보일러, 야로우 보일러
	강제 순환식 보일러	섹션 보일러, 라몬트 보일러, 베록스 보일러
	관류 보일러	벤슨 보일러, 슐처 보일러
	복사 보일러	방사 보일러

특수 보일러	폐열 보일러	–
	특수 연료 보일러	–
	특수 액체 보일러	다우섬 보일러
	간접 가열 보일러	슈미트 보일러
난방용 보일러	주철제 증기 보일러	–
	주철제 온수 보일러	–

03 메탄(CH_4) $1Nm^3$ 연소에 소요되는 이론 공기량이 $9.52Nm^3$이고, 실제 공기량이 $11.43Nm^3$일 때 공기비(m)는 얼마인가?

① 1.5　② 1.4
③ 1.3　④ 1.2

해설 공기비(m = $\dfrac{실제\ 공기량(Nm^3)}{이론\ 공기량(Nm^3)}$

$= \dfrac{11.43}{9.52}$

$= 1.2$

04 주철제 보일러인 섹셔널 보일러의 일반적인 조합 방법이 아닌 것은?

① 전후 조합
② 좌우 조합
③ 맞세움 조합
④ 상하 조합

해설 주철제 보일러
㈎ 섹셔널 보일러의 일반적인 조합 방법
　㉠ 전후 조합
　㉡ 좌우 조합
　㉢ 맞세움 조합
㈏ 여러 개의 섹션을 조절해서 용량을 가감할 수 있다.

정답　01 ③　02 ①　03 ④　04 ④

05 어떤 액체 1,200kg을 30℃에서 100℃까지 온도를 상승시키는 데 필요한 열량은 몇 kcal인가? (단, 이 액체의 비열은 3kcal/kg·℃임.)

① 35,000
② 84,000
③ 126,000
④ 252,000

해설 $Q = Gc\Delta t$
$= 1,200 \times 3 \times (100-30)$
$= 252,000 \text{kcal}$

06 KS에서 규정하는 육상용 보일러의 열정산 조건과 관련된 설명으로 틀린 것은?

① 보일러의 정상 조업 상태에서 적어도 2시간 이상의 운전 결과에 따른다.
② 발열량은 원칙적으로 사용 시 연료의 저발열량(진발열량)으로 하며, 고발열량(총발열량)으로 사용하는 경우에는 기준 발열량을 분명하게 명기해야 한다.
③ 최대 출열량을 시험할 경우에는 반드시 정격 부하에서 시험을 한다.
④ 열정산과 관련한 시험 시 시험 보일러는 다른 보일러와 무관한 상태로 하여 실시한다.

해설 ② 발열량은 원칙적으로 사용시의 고발열량으로 하고 저발열량으로 사용하는 경우에는 기존발열량을 분명하게 명기해야 한다.

07 보일러에서 C중유를 사용할 경우 중유 예열장치로 예열할 때 적정 예열 범위는?

① 40~45℃
② 80~105℃
③ 130~160℃
④ 200~250℃

해설 보일러에서 C중유 사용 시 중유 예열 장치로 예열할 때 적정 예열 범위 : 80~105℃

08 다음 중 KS에서 규정하는 온수 보일러의 용량 단위는?

① Nm³/h
② kcal/m²
③ kg/h
④ kJ/h

해설 KS에서 규정하는 온수 보일러 용량 단위는 kJ/h이다.

09 유류 보일러 시스템에서 중유를 사용할 때 흡입 측의 여과망 눈 크기로 적합한 것은?

① 1~10mesh
② 20~60mesh
③ 100~150mesh
④ 300~500mesh

해설 유류 보일러 시스템에서 중유 사용 시 흡입 측의 여과망 눈 크기 : 20~60mesh

10 수관식 보일러의 일반적인 특징이 아닌 것은?

① 구조상 저압으로 운용되어야 하며, 소용량으로 제작해야 한다.
② 전열 면적을 크게 할 수 있으므로 열효율이 높은 편이다.
③ 급수 처리에 주의가 필요하다.
④ 연소실을 마음대로 크게 만들 수 있으므로 연소 상태가 좋으며 또한 여러 종류의 연료 및 연소 방식이 적용된다.

해설 ① 구조상 고압으로 운용되어야 하며, 대용량으로 제작해야 한다.

11 원통형 보일러의 일반적인 특징 설명으로 틀린 것은?

① 보일러 내 보유 수량이 많아 부하 변동에 의한 압력 변화가 작다.
② 고압 보일러나 대용량 보일러에는 부적당하다.
③ 구조가 간단하고 정비, 취급이 용이하다.

정답 05 ④ 06 ② 07 ② 08 ④ 09 ② 10 ① 11 ④

④ 전열 면적이 커서 증기 발생 시간이 짧다.

해설 ④ 전열 면적이 작고 증기 발생 소요 시간이 길다.

12 다음 보일러 자동 제어에서 3요소식 수위 제어의 3가지 검출 요소와 무관한 것은?

① 노내 압력 ② 수위
③ 증기 유량 ④ 급수 유량

해설 보일러 자동 제어에서 3요소식 수위 제어의 3가지 검출 요소
㉠ 수위, ㉡ 증기 유량, ㉢ 급수 유량

13 환산 증발 배수에 관한 설명으로 가장 적합한 것은?

① 연료 1kg이 발생시킨 증발 능력을 말한다.
② 보일러에서 발생한 순수 열량을 표준 상태의 증발 잠열로 나눈 값이다.
③ 보일러의 전열 면적 $1m^2$당 1시간 동안의 실제 증발량이다.
④ 보일러 전열 면적 $1m^2$당 1시간 동안의 보일러 열출력이다.

해설 환산 증발 배수 : 연료 1kg이 발생시킨 증발 능력을 말한다.

14 보일러 부속 장치에 대한 설명 중 잘못된 것은?

① 인젝터 : 증기를 이용한 급수 장치
② 기수 분리기 : 증기 중에 혼입된 수분을 분리하는 장치
③ 스팀 트랩 : 응축수를 자동으로 배출하는 장치
④ 슈트 블로어 : 보일러 동 저면의 스케일, 침전물을 밖으로 배출하는 장치

해설 ④ 슈트 블로어 : 일명 매연 취출 장치라 하며 보일러 전열면 외면에 부착된 그을음이나 재를 불어내어 전열 효과를 증대시키기 위해 사용하는 장치이다.

15 보일러 수리 시의 안전 사항으로 틀린 것은?

① 부식 부위의 해머 작업 시에는 보호 안경을 착용한다.
② 파이프 나사 절삭 시 나사부는 맨손으로 만지지 않는다.
③ 토치 램프 작업 시 소화기를 비치해 둔다.
④ 파이프 렌치는 무거우므로 망치 대용으로 사용해도 된다.

해설 ④ 파이프 렌치는 무거우므로 망치 대용으로 사용하면 안 된다.

16 관 이음쇠로 사용되는 홈 조인트(groove joint)의 장점에 관한 설명으로 틀린 것은?

① 일반 용접식, 플랜지식, 나사식 관이음 방식에 비해 빨리 조립이 가능하다.
② 배관 끝단 부분의 간격을 유지하여 온도 변화 및 진동에 의한 신축, 유동성이 뛰어나다.
③ 홈 조인트의 사용 시 용접 효율성이 뛰어나서 배관 수명이 길어진다.
④ 플랜지식 관이음에 비해 볼트를 사용하는 수량이 적다.

해설 ③ 홈 조인트는 용접이 없고 홈을 맞대서 조이는 방식이다.

17 열사용 기자재 검사 기준에 따라 전열 면적 $12m^2$인 보일러의 급수 밸브의 크기는 호칭 몇 A 이상이어야 하는가?

① 15 ② 20
③ 25 ④ 32

해설 급수 밸브 및 체크 밸브의 크기

| 전열 면적 $10m^2$ 이하 | 호칭 20A 이상 |
| 전열 면적 $10m^2$ 초과 | 호칭 25A 이상 |

정답 12 ① 13 ① 14 ④ 15 ④ 16 ③ 17 ③

18 다음과 같은 부하에 대해서 보일러의 "정격 출력"을 올바르게 표시한 것은?

> H_1 : 난방 부하 H_2 : 급탕 부하
> H_3 : 배관 부하 H_4 : 예열 부하

① H_1+H_2
② $H_1+H_2+H_3$
③ $H_1+H_2+H_4$
④ $H_1+H_2+H_3+H_4$

해설 보일러의 정격 출력 = H_1(난방 부하) + H_2(급탕 부하) + H_3(배관 부하) + H_4(예열 부하)

19 열사용 기자재 검사 기준에 따라 온수 발생 보일러에 안전 밸브를 설치해야 되는 경우는 온수 온도 몇 ℃ 이상인 경우인가?

① 60   ② 80
③ 100   ④ 120

해설 열사용 기자재 검사 기준 : 온수 발생 보일러에 안전 밸브를 설치해야 되는 경우는 온수 온도가 120℃ 이상인 경우이다.

20 보일러에서 발생하는 부식을 크게 습식과 건식으로 구분할 때 다음 중 건식에 속하는 것은?

① 점식   ② 황화 부식
③ 알칼리 부식   ④ 수소 취화

해설 보일러 부식
㉠ 건식 : 황화 부식
㉡ 습식 : 점식, 알칼리 부식, 수소 취화

21 보일러의 점화 조작 시 주의 사항에 대한 설명으로 잘못된 것은?

① 연료 가스의 유출 속도가 너무 빠르면 역화가 일어나고, 너무 늦으면 실화가 발생하기 쉽다.
② 연료의 예열 온도가 낮으면 무화 불량, 화염의 편류, 그을음, 분진이 발생하기 쉽다.
③ 유압이 낮으면 점화 및 분사가 불량하고 유압이 높으면 그을음이 축적되기 쉽다.
④ 프리퍼지 시간이 너무 길면 연소실의 냉각을 초래하고, 너무 짧으면 역화를 일으키기 쉽다.

해설 ① 연료 가스의 유출 속도가 너무 느리면 역화가 일어나고, 너무 빠르면 실화가 발생하기 쉽다.

22 보일러 급수 중의 현탁질 고형물을 제거하기 위한 외처리 방법이 아닌 것은?

① 여과법   ② 탈기법
③ 침강법   ④ 응집법

해설 보일러 급수 중 외처리 방법
㉠ 여과법, ㉡ 침강법, ㉢ 응집법

23 가동 중인 보일러를 정지시킬 때 일반적으로 가장 먼저 조치해야 할 사항은?

① 증기 밸브를 닫고, 드레인 밸브를 연다.
② 연료의 공급을 정지한다.
③ 공기의 공급을 정지한다.
④ 댐퍼를 닫는다.

해설 가동 중인 보일러를 정지시킬 때의 조치 순서
㉠ 연료의 공급을 정지한다.
㉡ 공기의 공급을 정지한다.
㉢ 증기 밸브를 닫고, 드레인 밸브를 연다.
㉣ 댐퍼를 닫는다.

24 보온재의 일반적인 구비 요건으로 틀린 것은?

① 비중이 크고, 기계적 강도가 클 것
② 장시간 사용에도 사용 온도에 변질되지 않을 것
③ 시공이 용이하고 확실하게 할 수 있을 것

정답 18 ④ 19 ④ 20 ② 21 ① 22 ② 23 ② 24 ①

④ 열전도율이 작을 것

해설 ① 비중이 작고, 기계적 강도가 클 것

25 수면 측정 장치 취급상의 주의 사항에 대한 설명으로 틀린 것은?

① 수주 연결관은 수측 연결관의 도중에 오물이 끼기 쉬우므로 하향 경사하도록 배관한다.
② 조명은 충분하게 하고, 유리는 항상 청결하게 유지한다.
③ 수면계의 콕은 누설되기 쉬우므로 6개월 주기로 분해 정비하여 조작하기 쉬운 상태로 유지한다.
④ 수주관 하부의 분출관은 매일 1회 분출하여 수측 연결관의 찌꺼기를 배출한다.

해설 ① 수주 연결관은 수측 연결관의 도중에 오물이 끼기 쉬우므로 수평 또는 상향 경사하도록 배관한다.

26 증기 보일러에서 수면계의 점검 시기로 적절하지 않은 것은?

① 2개의 수면계 수위가 다를 때 행한다.
② 프라이밍, 포밍 등이 발생할 때 행한다.
③ 수면계 유리관을 교체하였을 때 행한다.
④ 보일러의 점화 후에 행한다.

해설 ④ 보일러의 점화 전에 행한다.

27 보일러 내처리로 사용되는 약제 중 가성 취화 방지, 탈산소, 슬러지 조정 등의 작용을 하는 것은?

① 수산화나트륨
② 암모니아
③ 타닌
④ 고급 지방산 폴리알코올

해설 ③ 타닌 : 가성 취화 방지, 탈산소, 슬러지 조정 등의 작용

28 에너지 이용 합리화법에 따라 국내·외 에너지 사정의 변동으로 에너지 수급에 중대한 차질이 발생하거나 발생할 우려가 있다고 인정되면 에너지 수급의 안정을 기하기 위하여 필요한 범위 내에 조치를 취할 수 있는데, 다음 중 그러한 조치에 해당하지 않는 것은?

① 에너지의 비축과 저장
② 에너지 공급 설비의 가동 및 조업
③ 에너지의 배급
④ 에너지 판매 시설의 확충

해설 국내·외 에너지 사정의 변동으로 에너지 수급의 안정을 기하기 위한 조치 사항
㉠ 에너지의 비축과 저장
㉡ 에너지 공급 설비의 가동 및 조업
㉢ 에너지의 배급

29 에너지 이용 합리화법에 따라 연료·열 및 전력의 연간 사용량의 합계가 몇 티오이 이상인 자를 "에너지 다소비 사업자"라 하는가?

① 5백
② 1천
③ 1천 5백
④ 2천

해설 에너지 다소비 사업자 : 연료·열 및 전력의 연간 사용량의 합계가 2천 티오이 이상인 자

30 에너지법에서 정의하는 "에너지 사용자"의 의미로 가장 옳은 것은?

① 에너지 보급 계획을 세우는 자
② 에너지를 생산, 수입하는 사업자
③ 에너지 사용 시설의 소유자 또는 관리자
④ 에너지를 저장, 판매하는 자

해설 에너지 사용자 : 에너지 사용 시설의 소유자 또는 관리자

정답 25 ① 26 ④ 27 ③ 28 ④ 29 ④ 30 ③

31 프라이밍의 발생 원인으로 거리가 먼 것은?
① 보일러 수위가 높을 때
② 보일러수가 농축되어 있을 때
③ 송기 시 증기 밸브를 급개할 때
④ 증발 능력에 비하여 보일러수의 표면적이 클 때

해설 ㈎ 프라이밍(priming) : 비수라 하며 압력의 급강하, 거품이 부풀어 올라 터지면서 수면 위로 물방울이 튀어 오르는 현상을 말한다.
㈏ 프라이밍 발생 원인
  ㉠ 보일러 수위가 높을 때
  ㉡ 보일러수가 농축되어 있을 때
  ㉢ 송기 시 증기 밸브를 급개할 때
  ㉣ 증발 수면이 좁거나, 증기부가 작을 때
  ㉤ 증기 부하가 과대할 때
  ㉥ 관수에 유지분, 부유물, 불순물이 많을 때
  ㉦ 청관제 사용이 부적당할 때
  ㉧ 증기 발생이 과다하거나 급격히 증기를 발생시킬 때
  ㉨ 보일러수 중에 불순물이 다량 함유된 때

32 다음 중 목표값이 변화되어 목표값을 측정하면서 제어 목표량을 목표량에 맞도록 하는 제어에 속하지 않는 것은?
① 추종 제어   ② 비율 제어
③ 정치 제어   ④ 캐스케이드 제어

해설 목표값이 변화되어 목표값을 측정하면서 제어 목표량을 목표량에 맞도록 하는 제어
㉠ 추종 제어   ㉡ 비율 제어
㉢ 캐스케이드 제어

33 다음 중 슈트 블로어의 종류가 아닌 것은?
① 장발형   ② 건타입형
③ 정치 회전형   ④ 컴버스터형

해설 슈트 블로어의 종류
㉠ 장발형, ㉡ 건타입형, ㉢ 정치 회전형

34 보일러 급수 펌프 중 비용적식 펌프로서 원심 펌프인 것은?
① 워싱턴 펌프
② 웨어 펌프
③ 플런저 펌프
④ 벌류트 펌프

해설

35 다음 중 비열에 대한 설명으로 옳은 것은?
① 비열은 물질 종류에 관계없이 1.4로 동일하다.
② 질량이 동일할 때 열용량이 크면 비열이 크다.
③ 공기의 비열이 물보다 크다.
④ 기체의 비열비는 항상 1보다 작다.

해설 ① 비열은 물질마다 다르다.
② 공기(0.31)의 비열이 물(1)보다 작다.
③ 기체의 비열비는 항상 1보다 크다.

36 보일러 자동 연소 제어(ACC)의 조작량에 해당하지 않는 것은?
① 연소 가스량   ② 공기량
③ 연료량   ④ 급수량

해설 보일러 자동 연소 제어(ACC)의 조작량
㉠ 연소 가스량, ㉡ 공기량, ㉢ 연료량

37 증기의 건도를 향상시키는 방법으로 틀린 것은?

① 증기의 압력을 더욱 높여서 초고압 상태로 만든다.
② 기수 분리기를 사용한다.
③ 증기 주관에서 효율적인 드레인 처리를 한다.
④ 증기 공간 내의 공기를 제거한다.

해설 증기의 건도를 향상시키는 방법
㉠ 기수 분리기를 사용한다.
㉡ 증기 주관에서 효율적인 드레인 처리를 한다.
㉢ 증기 공간 내의 공기를 제거한다.

38 다음 중 수관식 보일러에 해당되는 것은?

① 스코치 보일러 ② 바브콕 보일러
③ 코크란 보일러 ④ 케와니 보일러

해설 보일러의 종류

종류		실용 예
원통 보일러	노통 보일러	코니시 보일러, 랭커셔 보일러
	입형 보일러	입형 횡관 보일러, 입형 연관식 보일러, 코크란 보일러
	연관 보일러	횡형 연관 보일러, 입형 연관 보일러, 케와니 보일러(기관차형 보일러)
	노통 연관 보일러	스코치 보일러, 노통 연관 패키지 보일러
수관 보일러	자연 순환식 보일러	바브콕 보일러, 윌콕스 보일러, 타쿠마 보일러, 야로우 보일러
	강제 순환식 보일러	섹션 보일러, 라몬트 보일러, 베록스 보일러
	관류 보일러	벤슨 보일러, 슐처 보일러
	복사 보일러	방사 보일러
특수 보일러	폐열 보일러	–
	특수 연료 보일러	–
	특수 액체 보일러	다우섬 보일러
	간접 가열 보일러	슈미트 보일러
난방용 보일러	주철제 증기 보일러	–
	주철제 온수 보일러	–

39 보일러 열효율 향상을 위한 방안으로 잘못 설명한 것은?

① 절탄기 또는 공기 예열기를 설치하여 배기가스 열을 회수한다.
② 버너 연소 부하 조건을 낮게 하거나 연속 운전을 간헐 운전으로 개선한다.
③ 급수 온도가 높으면 연료가 절감되므로 고온의 응축수는 회수한다.
④ 온도가 높은 블로 다운수를 회수하여 급수 및 온수 제조 열원으로 활용한다.

해설 보일러 열효율 향상을 위한 방안
㉠ 절탄기 또는 공기 예열기를 설치하여 배기가스 열을 회수한다.
㉡ 급수 온도가 높으면 연료가 절감되므로 고온의 응축수는 회수한다.
㉢ 온도가 높은 블로 다운수를 회수하여 급수 및 온수 제조 열원으로 활용한다.
㉣ 연료를 완전 연소시킨다.
㉤ 장치의 설계 조건과 운전 조건을 일치시킨다.
㉥ 화염의 길이 등을 점검하여 그을음 등에 의한 전열에 방해가 되지 않도록 한다.
㉦ 동 저부 등에 침전물 등이 체류되지 않도록 적절한 조치를 한다.
㉧ 급수의 수처리를 통하여 관수가 농축되지 않도록 한다.
㉨ 수관의 경우에는 연소 가스의 접촉을 유도하기 위해 핀 등을 부착한다.
㉩ 연관의 경우에는 연소 가스의 유속을 감소시키고 전열의 효과를 증대시키기 위해 방해판을 삽입한다.
㉪ 관체 외부로의 방산 및 열전도를 감소시키기 위해 보온을 철저히 한다.

정답 37 ① 38 ② 39 ②

40 시간당 100kg의 중유를 사용하는 보일러에서 총 손실 열량이 200,000kcal/h일 때 보일러의 효율은 약 얼마인가? (단, 중유의 발열량은 10,000kcal/kg임.)

① 75% ② 80%
③ 85% ④ 90%

해설 입·출열법에 따른 보일러 효율(η)

$= \dfrac{\text{유효 출열}}{\text{입열}} \times 100$

$= \dfrac{(100 \times 10,000) - 200,000}{100 \times 10,000} \times 100$

$= 80\%$

41 KS에서 규정하는 보일러의 열정산은 원칙적으로 정격 부하 이상에서 정상 상태(steady state)로 적어도 몇 시간 이상의 운전 결과에 따라야 하는가?

① 1시간 ② 2시간
③ 3시간 ④ 5시간

해설 KS에서 규정하는 보일러의 열정산 : 정격 부하 이상에서 정상 상태로 적어도 2시간 이상의 운전 결과에 따른다.

42 열사용 기자재의 검사 및 검사의 면제에 관한 기준에 따라 온수 발생 보일러(액상식 열매체 보일러 포함)에서 사용하는 방출 밸브와 방출관의 설치 기준에 관한 설명으로 옳은 것은?

① 인화성 액체를 방출하는 열매체 보일러의 경우 방출 밸브 또는 방출관은 밀폐식 구조로 하든가 보일러 밖의 안전한 장소에 방출시킬 수 있는 구조이어야 한다.
② 온수 발생 보일러에는 압력이 보일러의 최고 사용 압력에 달하면 즉시 작동하는 방출 밸브 또는 안전 밸브를 2개 이상 갖추어야 한다.
③ 393K의 온도를 초과하는 온수 발생 보일러에는 안전 밸브를 설치하여야 하며, 그 크기는 호칭 지름 10mm 이상이어야 한다.
④ 액상식 열매체 보일러 및 온도 393K 이하의 온수 발생 보일러에는 방출 밸브를 설치하여야 하며, 그 지름은 10mm 이상으로 하고, 보일러의 압력이 보일러의 최고 사용 압력에 그 5%(그 값이 0.035MPa 미만인 경우에는 0.035MPa로 한다)를 더한 값을 초과하지 않도록 지름과 개수를 정하여야 한다.

해설 ② 온수 발생 보일러에는 압력이 보일러의 최고 사용 압력에 달하면 즉시 작동하는 방출 밸브 또는 안전 밸브를 1개 이상 갖추어야 한다.
③ 373K의 온도를 초과하는 온수 발생 보일러에는 안전 밸브를 설치하여야 하며, 그 크기는 호칭 지름 20mm 이상이어야 한다.
④ 액상식 열매체 보일러 및 온도 373K 이하의 온수 발생 보일러에는 방출 밸브를 설치하여야 하며, 그 지름은 20mm 이상으로 하고, 보일러의 압력이 보일러의 최고 사용 압력에 그 10%(그 값이 0.035MPa 미만인 경우에는 0.035MPa로 한다)를 더한 값을 초과하지 않도록 지름과 개수를 정하여야 한다.

43 보일러와 관련한 기초 열역학에서 사용하는 용어에 대한 설명으로 틀린 것은?

① 절대 압력 : 완전 진공 상태를 0으로 기준하여 측정한 압력
② 비체적 : 단위 체적당 질량으로 단위는 kg/m³임
③ 현열 : 물질 상태의 변화 없이 온도가 변화하는 데 필요한 열량
④ 잠열 : 온도의 변화 없이 물질 상태가 변화하는 데 필요한 열량

해설 ② 비체적 : 밀도의 역수로 단위는 m³/kg이다.

정답 40 ② 41 ② 42 ① 43 ②

44 함진 배기가스를 액방울이나 액막에 충돌시켜 분진 입자를 포집·분리하는 집진 장치는?

① 중력식 집진 장치
② 관성력식 집진 장치
③ 원심력식 집진 장치
④ 세정식 집진 장치

해설 ① 중력식 집진 장치 : 배출 가스를 용적이 큰 침강실에 끌어들여 그 내부의 가스 유속을 0.5~1m/sec 정도로 해주면 분진이 중력 작용에 의해 침강한다는 원리를 이용하여 분진을 가스와 분리시키는 장치
② 관성력식 집진 장치 : 분진을 함유한 배출 가스를 5~10m/sec의 속도로 흐르게 하면서 장애물들을 이용하여 흐름 방향을 급격히 바꾸어 주면 분진이 갖고 있는 관성력으로 인해 분진이 직진하여 장애물에 부딪힌다. 이 원리를 이용하여 분진을 가스와 분리시키는 장치
③ 원심력식 집진 장치 : 원심력을 이용하여 분진을 함유한 가스에 중력보다 훨씬 큰 가속도를 주게 되면, 분진과 가스와의 분리 속도가 무게에 의한 침강과 비교해서 커지게 되는 원리를 이용하는 집진 장치

45 보일러 내처리로 사용되는 약제의 종류에서 pH, 알칼리 조정 작용을 하는 내처리제에 해당하지 않는 것은?

① 수산화나트륨
② 히드라진
③ 인산
④ 암모니아

해설 ㉠ 보일러수의 내처리 : 2차 처리라 하며 보일러 본체에 청관제 약품을 사용하는 방법이다.
㉡ pH, 알칼리 조정 작용 : pH 값이 낮아져 산성에 가까우면 부식을 일으킬 염려가 많으므로 조정제를 첨가하여 pH 값을 높여줌으로써 스케일 고착과 부식을 막을 수 있다. 내처리제에는 수산화나트륨, 인산, 암모니아, 탄산나트륨 등이 있다.

46 증기 난방에서 응축수의 환수 방법에 따른 분류 중 증기의 순환과 응축수의 배출이 빠르며, 방열량도 광범위하게 조절할 수 있어서 대규모 난방에서 많이 채택하는 방식은?

① 진공 환수식 증기 난방
② 복관 중력 환수식 증기 난방
③ 기계 환수식 증기 난방
④ 단관 중력 환수식 증기 난방

해설 ② 복관 중력 환수식 증기 난방 : 증기와 응축수가 각기 다른 배관에서 흐르는 것
③ 기계 환수식 증기 난방 : 중력 환수식 배관을 그대로 두고서 그 환수 주관과 수수 탱크와의 사이는 중력식으로 조작하며 수수 탱크에 모인 응축수를 보일러에 급수하는 것
④ 단관 중력 환수식 증기 난방 : 응축수와 증기가 동일 배관 내에서 역방향으로 흐르는 것

47 보일러 저수위 사고의 원인으로 가장 거리가 먼 것은?

① 보일러 이음부에서의 누설
② 수면계 수위의 오판
③ 급수 장치가 증발 능력에 비해 과소
④ 연료 공급 노즐의 막힘

해설 보일러 저수위 사고의 원인
㉠ 보일러 이음부에서의 누설
㉡ 수면계 수위의 오판
㉢ 수면계 주시 태만
㉣ 수면계 연락관의 막힘
㉤ 급수 펌프의 고장
㉥ 급수 장치가 증발 능력에 비해 과소
㉦ 분출 장치 계통에서 누수 발생

정답 44 ④ 45 ② 46 ① 47 ④

48 보일러에서 발생하는 부식 형태가 아닌 것은?

① 점식
② 수소 취화
③ 알칼리 부식
④ 라미네이션

해설 ① 점식(pitting) : 내부 부식에 속하며 보일러수 중의 산소, 탄산가스가 용해하면서 콩알만한 작은 구멍 형태의 부식이 군데군데 떼를 지어 발생한다.
② 수소 취화 : 고용된 수소에 의해서 재료가 취화되어 부스러지는 현상이다. 이 경우 인장 응력을 받고 있으면 응력 부식 균열로 발전한다.
③ 알칼리 부식 : 보일러수 속에 수산화나트륨 등의 유리 알칼리 농도가 너무 높아지고 pH가 너무 상승하면 증발관 등에서 수산화나트륨이 농축하여 고농도 알칼리와 고온 작용으로 강재를 부식시키는 것이다.
④ 라미네이션(lamination) : 일종의 재료의 결함으로 강괴 속에 잔류된 가스체가 강철판을 압연할 때에 압축되어 2장의 층을 형성하고 있는 흠을 말한다.

49 증기 난방과 비교하여 온수 난방의 특징을 설명한 것으로 틀린 것은?

① 난방 부하의 변동에 따라서 열량 조절이 용이하다.
② 예열 시간이 짧고, 가열 후에 냉각 시간도 짧다.
③ 방열기의 화상이나, 공기 중의 먼지 등이 늘어붙어 생기는 나쁜 냄새가 적어 실내의 쾌적도가 높다.
④ 동일 발열량에 대하여 방열 면적이 커야 하고 관경도 굵어야 하기 때문에 설비비가 많이 드는 편이다.

해설 ② 예열 시간이 길며, 가열 후에 냉각 시간도 길다.

50 보온 시공 시 주의 사항에 대한 설명으로 틀린 것은?

① 보온재와 보온재의 틈새는 되도록 적게 한다.
② 겹침부의 이음새는 동일 선상을 피해서 부착한다.
③ 테이프 감기는 물, 먼지 등의 침입을 막기 위해 위에서 아래쪽으로 향하여 감아내리는 것이 좋다.
④ 보온의 끝 단면은 사용하는 보온재 및 보온 목적에 따라서 필요한 보호를 한다.

해설 보온 시공 시 주의 사항
㉠ 보온재와 보온재의 틈새는 되도록 적게 한다.
㉡ 겹침부의 이음새는 동일 선상을 피해서 부착한다.
㉢ 보온의 끝 단면은 사용하는 보온재 및 보온 목적에 따라서 필요한 보호를 한다.

51 로터리 밸브의 일종으로 원통 또는 원뿔에 구멍을 뚫고 축을 회전함에 따라 개폐하는 것으로 플러그 밸브라고도 하며, 0~90° 사이의 임의의 각도로 회전함으로써 유량을 조절하는 밸브는?

① 글로브 밸브
② 체크 밸브
③ 슬루스 밸브
④ 콕(cock)

해설 ① 글로브 밸브(globe valve) : 스톱 밸브라고도 하며 나사에 의해 밸브를 밸브 시트에 꽉 눌러 유체의 개폐를 실행하는 밸브
② 체크 밸브(check valve) : 액체의 역류를 방지하기 위해 한쪽 방향으로만 흐르게 하는 밸브
③ 슬루스 밸브(sluice valve) : 제수 밸브의 일종으로 밸브 몸체가 흐름에 대해 직각이며 밸브 시트에 대해 상하로 미끄러지는 운동을 하여 개폐하는 밸브

정답 48 ④ 49 ② 50 ③ 51 ④

52 방열기의 종류 중 관과 핀으로 이루어지는 엘리먼트와 이것을 보호하기 위한 덮개로 이루어지며 실내 벽면 아랫부분의 나비 나무 부분을 따라서 부착하여 방열하는 형식의 것은?

① 컨벡터
② 패널 라디에이터
③ 섹셔널 라디에이터
④ 베이스 보드 히터

해설 ① 컨벡터(convector) : 대류의 작용을 응용한 난방으로, 표면은 공기 또는 액체의 운동을 통해 열을 밖으로 발산하도록 설계한 것이다.
② 패널 라디에이터(panel radiator) : 방열면의 위치에 따라서 바닥 난방, 벽 난방, 천장 난방 등으로 분류된다. 보통의 증기 난방 또는 온수 난방이 실내의 공기를 방열기에 의한 대류로 난방을 한다.
③ 섹셔널 라디에이터 : 증기용, 온수용이 있다.

53 표준 방열량을 가진 증기 방열기가 설치된 실내의 난방 부하가 20,000kcal/h일 때 방열 면적은 몇 m^2인가?

① 30.8 ② 36.4
③ 44.4 ④ 57.1

해설 상당 방열 면적(EDR)

$$S = \frac{H_r}{Q_0}$$

여기서, S : 소요 상당 방열 면적(m^2)
H_r : 그 실에 필요한 전 발열량, 즉 실의 난방 부하(kcal/h)
Q_0 : 방열기의 방열량(kcal/$m^2 \cdot$h) (단, 온수 방열기의 표준 방열량=450kcal/h·m^2, 증기 방열기의 표준 방열량=650kcal/h·m^2)

$$\therefore \frac{20,000 \text{kcal/h}}{650 \text{kcal/h} \cdot m^2} ≒ 30.8 m^2$$

54 가동 중인 보일러의 취급 시 주의 사항으로 틀린 것은?

① 보일러수가 항시 일정 수위(상용 수위)가 되도록 한다.
② 보일러 부하에 응해서 연소율을 가감한다.
③ 연소량을 증가시킬 경우에는 먼저 연료량을 증가시키고 난 후 통풍량을 증가시켜야 한다.
④ 보일러수의 농축을 방지하기 위해 주기적으로 블로 다운을 실시한다.

해설 ③ 연소량을 증가시킬 경우에는 먼저 통풍량을 증가시키고 난 후 연료량을 증가시켜야 한다.

55 배관의 나사 이음과 비교한 용접 이음의 특징으로 잘못 설명된 것은?

① 나사 이음부와 같이 관의 두께에 불균일한 부분이 없다.
② 돌기부가 없어 배관상의 공간 효율이 좋다.
③ 이음부의 강도가 작고, 누수의 우려가 크다.
④ 변형과 수축, 잔류 응력이 발생할 수 있다.

해설 ③ 이음부의 강도가 크고, 누수의 우려가 없다.

56 연료(중유) 배관에서 연료 저장 탱크와 버너 사이에 설치되지 않는 것은?

① 오일 펌프
② 여과기
③ 중유 가열기
④ 축열기

해설 연료(중유) 배관의 설치 순서
연료 저장 탱크 → 여과기 → 연료 펌프(오일 펌프) → 서비스 탱크 → 오일 프리 히터(중유 가열기) → 버너

정답 52 ④ 53 ① 54 ③ 55 ③ 56 ④

57 보일러 가동 시 맥동 연소가 발생하지 않도록 하는 방법으로 틀린 것은?

① 연료 속에 함유된 수분이나 공기를 제거한다.
② 2차 연소를 촉진시킨다.
③ 무리한 연소를 하지 않는다.
④ 연소량의 급격한 변동을 피한다.

해설 맥동(진동) 연소의 발생 방지법
㉠ 연료 속에 함유된 수분이나 공기를 제거한다.
㉡ 연소실이나 연도에 가스 포켓부가 만들어지지 않게 한다.
㉢ 무리한 연소를 하지 않는다.
㉣ 연소량의 급격한 변동을 피한다.

58 신·재생 에너지 설비 중 태양의 열에너지를 변환시켜 전기를 생산하거나 에너지원으로 이용하는 설비로 맞는 것은?

① 태양열 설비
② 태양광 설비
③ 바이오에너지 설비
④ 풍력 설비

해설 ② 태양광 설비 : 태양의 빛에너지를 변환시켜 전기를 생산하거나 채광에 이용하는 설비
③ 바이오에너지 설비 : 신에너지 및 재생 에너지 개발·이용·보급 촉진법 시행령 별표 I의 바이오 에너지를 생산하거나 이를 에너지원으로 이용하는 설비
④ 풍력 설비 : 바람의 에너지를 변환시켜 전기를 생산하는 설비

59 에너지 이용 합리화법에 따라 산업통상자원부령으로 정하는 광고 매체를 이용하여 효율 관리 기자재의 광고를 하는 경우에는 그 광고 내용에 에너지 소비 효율, 에너지 소비 효율 등급을 포함시켜야 할 의무가 있는 자가 아닌 것은?

① 효율 관리 기자재 제조업자
② 효율 관리 기자재 광고업자
③ 효율 관리 기자재 수입업자
④ 효율 관리 기자재 판매업자

해설 에너지 소비 효율, 에너지 소비 효율 등급을 포함시켜야 할 의무가 있는 자
㉠ 효율 관리 기자재 제조업자
㉡ 효율 관리 기자재 수입업자
㉢ 효율 관리 기자재 판매업자

60 효율 관리 기자재 운용 규정에 따라 가정용 가스 보일러에서 시험 성적서 기재 항목에 포함되지 않는 것은?

① 난방 열효율
② 가스 소비량
③ 부하 손실
④ 대기 전력

해설 가정용 가스 보일러 시험 성적서 기재 항목
㉠ 난방 열효율
㉡ 가스 소비량
㉢ 대기 전력

정답 57 ② 58 ① 59 ② 60 ③

에너지관리기능사 (2020. 4. 19 시행)

01 피드백 제어를 가장 옳게 설명한 것은?

① 일정하게 정해진 순서에 의해 행하는 제어
② 모든 조건이 충족되지 않으면 정지되어 버리는 제어
③ 출력 측의 신호를 입력 측으로 되돌려 정정 동작을 행하는 제어
④ 사람의 손에 의해 조작되는 제어

해설 피드백 제어(폐회로) : 출력 측의 신호를 입력 측으로 되돌려 정정 동작을 행하는 제어

02 다음 부품 중 전후에 바이패스를 설치해서는 안 되는 부품은?

① 급수관　　　② 연료 차단 밸브
③ 감압 밸브　　④ 유류 배관의 유량계

해설 ② 연료 차단 밸브는 전후에 바이패스를 설치해서는 안 된다.

03 섭씨온도(℃), 화씨온도(℉), 켈빈 온도(K), 랭킨 온도(°R)와의 관계식으로 옳은 것은?

① $℃ = 1.8 \times (℉ - 32)$
② $℉ = \dfrac{(℃ + 32)}{1.8}$
③ $K = \dfrac{5}{9} \times °R$
④ $°R = K \times \dfrac{5}{9}$

해설 ① $℃ = \dfrac{5}{9}(℉ - 32)$
② $℉ = \dfrac{9}{5}℃ + 32$
④ $°R = ℉ + 460 = K \times 1.8$

04 다음 중 보일러 통풍에 대한 설명으로 틀린 것은 어느 것인가?

① 자연 통풍은 일반적으로 별도의 동력을 사용하지 않은 연돌로 인한 통풍을 말한다.
② 압입 통풍은 연소용 공기를 송풍기로 노 입구에서 대기압보다 높은 압력으로 밀어 넣고 굴뚝의 통풍 작용과 같이 통풍을 유지하는 방식이다.
③ 평형 통풍은 통풍 조절은 용이하나 통풍력이 약하여 주로 소용량 보일러에서 사용한다.
④ 흡입 통풍은 크게 연소 가스를 직접 통풍기에 빨아들이는 직접 흡입식과 통풍기로 대기를 빨아들이게 하고 이를 이젝터로 보내어 그 작용에 의해 연소 가스를 빨아들이는 간접 흡입식이 있다.

해설 ③ 평형 통풍은 통풍 조절은 용이하나 통풍력이 강하여 주로 대형 보일러에 사용한다.

05 다음 중 과열기에 관한 설명으로 틀린 것은?

① 연소 방식에 따라 직접 연소식과 간접 연소식으로 구분된다.
② 전열 방식에 따라 복사형, 대류형, 양자 병용형으로 구분된다.
③ 복사형 과열기는 관열관을 연소실 내 또는 노 벽에 설치하여 복사열을 이용하는 방식이다.
④ 과열기는 일반적으로 직접 연소식이 널리 사용된다.

해설 ④ 과열기는 일반적으로 간접 연소식이 널리 사용된다.

정답 01 ③　02 ②　03 ③　04 ③　05 ④

06 전기식 온수 온도 제한기의 구성 요소에 속하지 않는 것은?

① 온도 설정 다이얼
② 마이크로 스위치
③ 온도차 설정 다이얼
④ 확대용 링 게이지

해설 전기식 온수 온도 제한기의 구성 요소
㉠ 온도 설정 다이얼
㉡ 마이크로 스위치
㉢ 온도차 설정 다이얼

07 고압과 저압 배관 사이에 부착하여 고압 측의 압력 변화 및 증기 소비량 변화에 관계없이 저압 측의 압력을 일정하게 유지해주는 밸브는?

① 감압 밸브
② 온도 조절 밸브
③ 안전 밸브
④ 플랩 밸브

해설 ② 온도 조절 밸브 : 증기의 온도를 자동으로 조절하는 밸브
③ 안전 밸브 : 증기 보일러에서 증기 압력이 규정 압력을 초과할 경우 자동적으로 작동하여 고압의 증기를 외부로 분출시켜서 파열 사고를 방지하는 밸브
④ 플랩 밸브 : 유량을 일정하게 하는 밸브

08 보일러 급수 처리의 목적으로 거리가 먼 것은?

① 스케일의 생성 방지
② 점식 등의 내면 부식 방지
③ 캐리 오버의 발생 방지
④ 황분 등에 의한 저온 부식 방지

해설 보일러 급수 처리의 목적
㉠ 스케일의 생성 방지
㉡ 점식 등의 내면 부식 방지
㉢ 캐리 오버의 발생 방지

09 세정식 집진 장치 중 하나인 회전식 집진 장치의 특징에 관한 설명으로 틀린 것은?

① 가동 부분이 적고 구조가 간단하다.
② 세정 용수가 적게 들며, 급수 배관을 따로 설치할 필요가 없으므로 설치 공간이 작게 든다.
③ 집진물을 회수할 때 탈수, 여과, 건조 등을 수행할 수 있는 별도의 장치가 필요하다.
④ 비교적 큰 압력 손실을 견딜 수 있다.

해설 ② 세정 용수가 적게 들며, 급수 배관을 설치할 필요가 있다.

10 표준 대기압 상태에서 0℃ 물 1kg을 100℃ 증기로 만드는 데 필요한 열량은 몇 kcal인가? (단, 물의 비열은 1kcal/kg·℃이고, 증발 잠열은 539kcal/kg임)

① 100
② 500
③ 539
④ 639

해설 $Q = Q_1 + Q_2$
$Q_1(현열) = Gc\Delta t = 1 \times 1 \times (100-0) = 100 kcal$
$Q_2(잠열) = G\gamma = 1 \times 539 = 539 kcal$
∴ $Q = 100 + 539 = 639 kcal$

11 기체 연료의 연소 방식 중 버너의 연료 노즐에서는 연료만을 분출하고 그 주위에서 공기를 별도로 연소실로 분출하여 연료 가스와 공기가 혼합하면서 연소하는 방식으로 산업용 보일러의 대부분이 사용하는 방식은?

① 예증발 연소 방식
② 심지 연소 방식
③ 예혼합 연소 방식
④ 확산 연소 방식

해설 **기체 연료의 연소 방식**
㉠ 확산 연소(diffusive burning) 방식 : 버너의 연료 노즐에서는 연료만을 분출하고 그 주위에서 공기를 별도로 연소실로 분출하여 연료 가스와 공기가 혼합하면서 연소하는 방식으로 산업용 보일러의 대부분이 사용하는 방식이다.
㉡ 예혼합 연소(premixing burning) 방식 : 연료와 공기를 미리 가연 농도의 균일한 조성으로 혼합하여 버너로 분출시켜 연소하는 방식으로 연소실 부하율을 높게 얻을 수 있기 때문에 연소실의 체적이나 길이가 작아도 되는 이점이 있는 반면, 버너에서 상류의 혼합기로 역화를 일으킬 위험성이 크고, 화염면(flame front)이 자력으로 전파되어 가는 방식이다.

12 저수위 등에 따른 이상 온도의 상승으로 보일러가 과열되었을 때 작동하는 안전 장치는?

① 가용 마개 ② 인젝터
③ 수위계   ④ 증기 헤더

해설 ① 개용 마개(가용전)의 설명이다.

13 다음 중 매시간 1,000kg의 LPG를 연소시켜 15,000kg/h의 증기를 발생하는 보일러의 효율(%)은 약 얼마인가? (단, LPG의 총 발열량은 12,980kcal/kg, 발생 증기 엔탈피는 750kcal/kg, 급수 엔탈피는 18kcal/kg임.)

① 79.8   ② 84.6
③ 88.4   ④ 94.2

해설 $\eta = \dfrac{\text{유효 출열}(Q_s)}{\text{입열 합계}(Q_f)} \times 100 = \dfrac{15,000 \times (750-18)}{1,000 \times 12,980}$
$= 0.846 = 84.6\%$

14 보일러용 연료 중에서 고체 연료의 일반적인 주성분은? (단, 중량%를 기준으로 한 주성분을 구한다.)

① 탄소   ② 산소
③ 수소   ④ 질소

해설 고체 연료의 일반적인 주성분 : 탄소(C)

15 연소의 3대 조건이 아닌 것은?

① 이산화탄소 공급원
② 가연성 물질
③ 산소 공급원
④ 점화원

해설 **연소의 3대 조건**
㉠ 가연성 물질   ㉡ 산소 공급원   ㉢ 점화원

16 보일러에서 팽창 탱크의 설치 목적에 대한 설명으로 틀린 것은?

① 체적 팽창, 이상 팽창에 의한 압력을 흡수한다.
② 장치 내의 온도와 압력을 일정하게 유지한다.
③ 보충수를 공급하여 준다.
④ 관수를 배출하여 열손실을 방지한다.

해설 ④ 관수를 배출하지 않는다.

17 보일러 설치 기술 규격(KBI)에 따라 열매체유 팽창 탱크의 공간부에는 열매체의 노화를 방지하기 위해 N_2 가스를 봉입하는데, 이 가스의 압력이 너무 높게 되지 않도록 설정하는 팽창 탱크의 최소 체적(V_T)을 구하는 식으로 옳은 것은? [단, V_E는 승온 시 시스템 내의 열매체유 팽창량(L)이고, V_M은 상온 시 탱크 내 열매체유 보유량(L)임.]

① $V_T = V_E + 2V_M$
② $V_T = 2V_E + V_M$
③ $V_T = 2V_E + 2V_M$
④ $V_T = 3V_E + V_M$

정답 12 ① 13 ② 14 ① 15 ① 16 ④ 17 ②

[해설] 팽창 탱크의 최소 체적(V_T) = $2V_E + V_M$
여기서,
V_E : 승온 시 시스템 내의 열매체유 팽창량(L)
V_M : 상온 시 탱크 내 열매체유 보유량(L)

18 배관의 나사 이음과 비교하여 용접 이음의 장점이 아닌 것은?

① 누수의 염려가 작다.
② 관 두께에 불균일한 부분이 생기지 않는다.
③ 이음부의 강도가 크다.
④ 열에 의한 잔류 응력 발생이 거의 일어나지 않는다.

[해설] ④ 열에 의한 잔류 응력 발생이 일어난다.

19 어떤 건물의 소요 난방 부하가 54,600kcal/h이다. 주철제 방열기로 증기 난방을 한다면 약 몇 쪽(section)의 방열기를 설치해야 하는가? (단, 표준 방열량으로 계산하며, 주철제 방열기의 쪽당 방열 면적은 0.24m²임)

① 330쪽 ② 350쪽
③ 380쪽 ④ 400쪽

[해설] 방열기의 섹션 수(증기 난방 시)
$= \dfrac{\text{전손실 열량(kcal/h)}}{650 \times \text{쪽당 방열 면적(m}^2\text{)}} = \dfrac{54,600}{650 \times 0.24} = 350$쪽

20 다음 보온재 중 유기질 보온재에 속하는 것은?

① 규조토
② 탄산마그네슘
③ 유리 섬유
④ 코르크

[해설] ㉠ 유기질 보온재 : 코르크(cork), 펠트(felt), 텍스(tex), 기포성 수지 등
㉡ 무기질 보온재 : 규조토, 탄산마그네슘, 유리 섬유(글라스 울), 석면(아스베스토스), 암면 등

21 보일러 작업 종료 시의 주요 점검 사항으로 틀린 것은?

① 전기의 스위치가 내려져 있는지 점검한다.
② 난방용 보일러에 대해서는 드레인의 회수를 확인하고 진공 펌프를 가동시켜 놓는다.
③ 작업 종료 시 증기 압력이 어느 정도인지 점검한다.
④ 증기 밸브로부터 누설이 없는지 점검한다.

[해설] ② 난방용 보일러에 대해서는 드레인의 회수를 확인하고 진공 펌프를 정지시켜 놓는다.

22 지역 난방의 일반적인 장점으로 거리가 먼 것은?

① 각 건물마다 보일러 시설이 필요 없고, 연료비와 인건비를 줄일 수 있다.
② 시설이 대규모이므로 관리가 용이하고 열효율 면에서 유리하다.
③ 지역 난방 설비에서 배관의 길이가 짧아 배관에 의한 열손실이 적다.
④ 고압 증기나 고온수를 사용하여 관의 지름을 작게 할 수 있다.

[해설] ③ 지역 난방 설비에서 배관의 길이가 길고 배관에 의한 열손실이 많다.

23 상용 보일러의 점화 전 연소 계통의 점검에 관한 설명으로 틀린 것은?

① 중유 예열기를 가동하되 예열기가 증기 가열식인 경우에는 드레인을 배출시키지 않은 상태에서 가열한다.
② 연료 배관, 스트레이너, 연료 펌프 및 수동 차단 밸브의 개폐 상태를 확인한다.
③ 연소 가스 통로가 긴 경우와 구부러진 부분이 많을 경우에는 완전한 환기가 필요하다.

정답 18 ④ 19 ② 20 ④ 21 ② 22 ③ 23 ①

④ 연소실 및 연도 내의 잔류 가스를 배출하기 위하여 연도의 각 댐퍼를 전부 열어놓고 통풍기로 환기시킨다.

해설 ① 중유 예열기를 가동하되 예열기가 증기 가열식인 경우에는 드레인을 배출시키는 상태에서 가열한다.

24 다음 중 동관 이음의 종류에 해당하지 않는 것은?

① 납땜 이음
② 기볼트 이음
③ 플레어 이음
④ 플랜지 이음

해설 동관 이음의 종류
㉠ 납땜 이음   ㉡ 플레어(압축) 이음
㉢ 플랜지이음 ㉣ 용접 이음

25 관의 결합 방식 표시 방법 중 유니언식의 그림 기호로 맞는 것은?

① ─┼─   ② ─●─
③ ─╫─   ④ ─┼┼─

해설 ① 나사 이음   ② 용접 이음
③ 플랜지 이음 ④ 유니언 이음

26 다음 보온재 중 안전 사용(최고) 온도가 가장 낮은 것은?

① 탄산마그네슘 물 반죽 보온재
② 규산칼슘 보온판
③ 경질 폼 러버 보온통
④ 글라스 울 블랭킷

해설 ① 250℃   ② 650℃
③ 180℃   ④ 300℃

27 파이프 축에 대하여 직각 방향으로 개폐되는 밸브로 유체의 흐름에 따른 마찰 저항 손실이 작으며 난방 배관 등에 주로 이용되나 절반만 개폐하면 디스크 뒷면에 와류가 발생되어 유량 조절용으로는 부적합한 밸브는?

① 버터플라이 밸브   ② 슬루스 밸브
③ 글로브 밸브   ④ 콕

해설 ② 슬루스 밸브의 설명이다.

28 신에너지 및 재생에너지 개발·이용·보급 촉진법에 따라 신·재생 에너지의 기술 개발 및 이용 보급을 촉진하기 위한 기본 계획은 누가 수립하는가?

① 교육부 장관
② 환경부 장관
③ 국토교통부 장관
④ 산업통상자원부 장관

해설 신·재생 에너지의 기술 개발 및 기본 계획 수립은 산업통상자원부 장관이 한다.

29 에너지 이용 합리화법에 따라 효율 관리 기자재 중 하나인 가정용 가스 보일러의 제조업자 또는 수입업자는 소비 효율 또는 소비 효율 등급을 라벨에 표시하여 나타내야 하는데, 이때 표시해야 하는 항목에 해당하지 않는 것은?

① 난방 출력
② 표시 난방 열효율
③ 1시간 사용 시 CO_2 배출량
④ 소비 효율 등급

해설 가스 보일러의 제조업자 또는 수입업자의 소비 효율 등급 라벨 표시 항목
㉠ 난방 출력
㉡ 표시 난방 열효율
㉢ 소비 효율 등급

정답 24 ② 25 ④ 26 ③ 27 ② 28 ④ 29 ③

30 에너지 이용 합리화법에 따라 보일러 개조 검사의 경우 검사 유효 기간으로 옳은 것은?

① 6개월
② 1년
③ 2년
④ 5년

해설 보일러 개조 검사 시 검사 유효 기간 : 1년

31 오일 버너 종류 중 회전 컵의 회전 운동에 의한 원심력과 미립화용 1차 공기의 운동에너지를 이용하여 연료를 분무시키는 버너는?

① 건타입 버너
② 로터리 버너
③ 유압식 버너
④ 기류 분무식 버너

해설 ① 건타입 버너(gun-type burner) : 소형 보일러에 사용되며, 오일에 높은 압력을 주고 작은 구멍에서 분출시켜 미세한 액체의 작은 방울을 만든 다음 이를 연소시키는 방식이다.
③ 유압식 버너(압력 분무 버너) : 액체를 노즐로부터 분출할 때의 액체의 압력, 분사 압력을 높일수록 분출된 액의 운동에너지가 증가한다. 따라서 분사 압력이 높을수록 분무 연소가 양호해진다.
④ 기류 분무식 버너 : 중유를 2~10kg/cm² 정도의 고압 공기로 무화하는 고압 기류식 버너와 0.02~0.2kg/cm² 정도의 저압 공기로 무화하는 저압 공기식 버너가 있다. 또 공기와 중유의 혼합 형식에는 분사 구멍의 외부에서 혼합하는 외부 혼합식과 내부에서 혼합하는 내부 혼합식이 있다.

32 오일 여과기의 기능으로 거리가 먼 것은?

① 펌프를 보호한다.
② 유량계를 보호한다.
③ 연료 노즐 및 연료 조절 밸브를 보호한다.
④ 분무 효과를 높여 연소를 양호하게 하고 연소 생성물을 활성화시킨다.

해설 (가) 오일 여과기(oil strainer) : 연료유 속에 함유된 토사, 쇠의 녹, 먼지 등의 고형물을 여과하여 오일 버너의 노즐이나 오일 펌프, 오일 유량계로 들어가는 고형의 물의 끼임에 의한 트러블을 방지하기 위하여 오일 배관 계통에 사용하는 여과기이다. 구조적으로는 철망식과 층판식으로 대별한다.
(나) 오일 여과기 기능
  ㉠ 펌프를 보호한다.
  ㉡ 유량계를 보호한다.
  ㉢ 연료 노즐 및 연료 조절 밸브를 보호한다.

33 노통 보일러에서 갤로웨이관(galloway tube)을 설치하는 목적으로 가장 옳은 것은?

① 스케일 부착을 방지하기 위하여
② 노통의 보강과 양호한 물 순환을 위하여
③ 노통의 진동을 방지하기 위하여
④ 연료의 완전 연소를 위하여

해설 노통 보일러에서 갤로웨이관(galloway tube)을 설치하는 목적 : 노통의 보강과 양호한 물 순환을 위하여

34 건배기가스 중의 이산화탄소분 최댓값이 15.7%이다. 공기비를 1.2로 할 경우 건배기가스 중의 이산화탄소분은 몇 %인가?

① 11.21
② 12.07
③ 13.08
④ 17.58

해설 공기비$(m) = \dfrac{15.7\%}{CO_2\%}$, $CO_2\% = \dfrac{15.7}{1.2} = 13.08$

35 다음 자동 제어에 대한 설명에서 온-오프(ON-OFF) 제어에 해당되는 것은?

① 제어량이 목표값을 기준으로 열거나 닫는 2개의 조작량을 가진다.
② 비교부의 출력이 조작량에 비례하여 변화한다.

정답 30 ② 31 ② 32 ④ 33 ② 34 ③ 35 ①

③ 출력 편차량의 시간 적분에 비례한 속도로 조작량을 변화시킨다.
④ 어떤 출력 편차의 시간 변화에 비례하여 조작량을 변화시킨다.

해설 온-오프(ON-OFF) 제어 : 제어량이 목표값을 기준으로 열거나 닫는 2개의 조작량을 갖는다.

36 통풍 방식에 있어서 소요 동력이 비교적 많으나 통풍력 조절이 용이하고, 노내압을 정압 및 부압으로 임의로 조절이 가능한 방식은?

① 흡인 통풍
② 압입 통풍
③ 평형 통풍
④ 자연 통풍

해설 ① 흡인(유인) 통풍 : 송풍기를 연도에 설치하여 배기가스를 연도로 강제로 배출하는 방식
② 압입 통풍 : 송풍기를 이용하여 연소용 공기를 연소실 앞에서 노내로 불어넣어 공급하는 방식
④ 자연 통풍 : 배기가스의 부력을 이용하여 연돌로부터 흡입 통풍을 하는 것

37 다음 도시 가스의 종류를 크게 천연가스와 석유계 가스, 석탄계 가스로 구분할 때 석유계 가스에 속하지 않는 것은?

① 코르크 가스
② LPG 변성 가스
③ 나프타 분해 가스
④ 정제소 가스

해설 석유계 가스의 종류
㉠ LPG 변성 가스
㉡ 나프타 분해 가스
㉢ 정제소 가스

38 다음 중 연소 시에 매연 등의 공해 물질이 가장 적게 발생되는 연료는?

① 액화 천연가스
② 석탄
③ 중유
④ 경유

해설 기체 연료는 액체 연료에 비해 연소 효율이 높아 매연 등의 공해 물질이 가장 적게 발생된다.

39 1보일러 마력을 열량으로 환산하면 몇 kcal/h인가?

① 8,435
② 9,435
③ 7,435
④ 10,173

해설 ㉠ 보일러 마력 : 상당(환산) 증발량 값이 15.65kg/h인 보일러
㉡ 증기 보일러 열출력=상당 증발량×539kcal/kg
㉢ 1보일러 마력의 열출력=15.65×539=8,435kcal/h

40 석탄의 함유 성분에 대해서 그 성분이 많을수록 연소에 미치는 영향에 대한 설명으로 틀린 것은?

① 수분 : 착화성이 저하된다.
② 회분 : 연소 효율이 증가한다.
③ 휘발분 : 검은 매연이 발생하기 쉽다.
④ 고정 탄소 : 발열량이 증가한다.

해설 ② 회분 : 연소 효율이 감소한다.

41 보일러 부속 장치에 관한 설명으로 틀린 것은?

① 배기가스의 여열을 이용하여 급수를 예열하는 장치를 절탄기라 한다.
② 배기가스의 열로 연소용 공기를 예열하는 것을 공기 예열기라 한다.
③ 고압 증기 터빈에서 팽창되어 압력이 저하된 증기를 재과열하는 것을 과열기라 한다.
④ 오일 프리 히터는 기름을 예열하여 점도를 낮추고, 연소를 원활히 하는 데 목적이 있다.

해설 ③ 재열기에 대한 설명이다.

정답 36 ③ 37 ① 38 ① 39 ① 40 ② 41 ③

42 전기식 증기 압력 조절기에서 증기가 벨로스 내에 직접 침입하지 않도록 설치하는 것으로 가장 적합한 것은?

① 신축 이음쇠
② 균압관
③ 사이펀관
④ 안전 밸브

해설 사이펀관의 설명이다.

43 외분식 보일러의 특징 설명으로 거리가 먼 것은?

① 연소실 개조가 용이하다.
② 노내 온도가 높다.
③ 연료의 선택 범위가 넓다.
④ 복사열의 흡수가 많다.

해설 ④ 복사열의 흡수가 적다.

44 보일러에서 사용하는 안전 밸브 구조의 일반 사항에 대한 설명으로 틀린 것은?

① 설정 압력이 3MPa을 초과하는 증기 또는 온도가 508K을 초과하는 유체에 사용하는 안전 밸브에는 스프링이 분출하는 유체에 직접 노출되지 않도록 하여야 한다.
② 안전 밸브는 그 일부가 파손하여도 충분한 분출량을 얻을 수 있는 것이어야 한다.
③ 안전 밸브는 쉽게 조정이 가능하도록 잘 보이는 곳에 설치하고 봉인하지 않도록 한다.
④ 안전 밸브의 부착부는 배기에 의한 반동력에 대하여 충분한 강도가 있어야 한다.

해설 ③ 안전 밸브는 쉽게 조정이 가능하도록 잘 보이는 곳에 설치하고 봉인한다.

45 보일러 가동 중 실화(失火)가 되거나, 압력이 규정치를 초과하는 경우에 연료 공급을 자동적으로 차단하는 장치는?

① 광전관
② 화염 검출기
③ 전자 밸브
④ 체크 밸브

해설 ① 광전관(photoelectric tube) : 광전 효과를 이용하여 전기식 신호를 만드는 진공관으로 음극에서 빛에너지를 흡수하여 광전자를 방출하고 양극에서 광전자를 모아 전류를 만든다.
② 화염 검출기(flame project) : 연소실 내의 화염 상태가 불안정하거나 실화 시에 이를 검출하여 전자 밸브로 연료 공급을 차단하여 역화나 미연소 가스 축적으로 인한 폭발 사고를 사전에 방지해주는 안전 장치이다.
④ 체크 밸브(check valve) : 액체의 역류를 방지하기 위해 한쪽 방향으로만 흐르게 하는 밸브이다.

46 보일러의 휴지(休止) 보존 시에 질소 가스 봉입 보존법을 사용할 경우 질소 가스의 압력을 몇 MPa 정도로 보존하는가?

① 0.2
② 0.6
③ 0.02
④ 0.06

해설 보일러의 휴지 보존 : 질소 가스 봉입 보존법을 사용할 경우 질소 가스의 압력을 0.06MPa 정도로 보존한다.

47 증기, 물, 기름 배관 등에 사용되며 관 내의 이물질, 찌꺼기 등을 제거할 목적으로 사용되는 것은?

① 플로트 밸브
② 스트레이너
③ 세정 밸브
④ 분수 밸브

해설 ① 플로트 밸브(float valve) : 밸브의 가동 부분이 부자의 역할을 하고, 그 상부의 돌출부와 밸브실의 틈새가 부자의 상하 움직임에 따라 자동적으로 가감되는 구조의 밸브이다.

정답 42 ③ 43 ④ 44 ③ 45 ③ 46 ④ 47 ②

③ 세정 밸브(flush valve) : 세척 밸브라고도 하며 대변기 또는 소변기 등을 세척할 때 직접 급수관의 물을 이용하는 경우에 사용하는 밸브이며, 연속 사용이 가능하고, 소형으로 장소를 작게 차지한다. 다량의 물을 일시에 흘려보내게 되면 수격 작용이 발생하기 쉬우며, 세척할 때의 소음이 크다. 일반적으로 대변기에는 핸들식을 사용하며, 소변기에는 푸시 버튼식을 사용한다.
④ 분수 밸브 : 물이 분수처럼 솟아오르게 Y형 분리기와 물을 차단하는 밸브이다.

48 보일러에서 사용하는 수면계 설치 기준에 관한 설명 중 잘못된 것은?

① 유리 수면계는 보일러의 최고 사용 압력과 그에 상당하는 증기 온도에서 원활히 작용하는 기능을 가져야 한다.
② 소용량 및 소형 관류 보일러에는 2개 이상의 유리 수면계를 부착해야 한다.
③ 최고 사용 압력 1MPa 이하로서 동체 안지름이 750mm 미만인 경우에 있어서는 수면계 중 1개는 다른 종류의 수면 측정 장치로 할 수 있다.
④ 2개 이상의 원격 지시 수면계를 시설하는 경우에 한하여 유리 수면계를 1개 이상으로 할 수 있다.

[해설] ② 소용량 및 소형 관류 보일러에는 1개 이상의 유리 수면계를 부착해야 한다.

49 온수 난방을 하는 방열기의 표준 방열량은 몇 kcal/m²·h인가?

① 440
② 450
③ 460
④ 470

[해설] 온수 난방을 하는 방열기의 표준 방열량 : 450kcal/m²·h

50 배관 내에 흐르는 유체의 종류를 표시하는 기호 중 증기를 나타내는 것은?

① A
② G
③ S
④ O

[해설] ① A : 공기　② G : 가스
③ S : 수증기　④ O : 유류

51 부식 억제제의 구비 조건에 해당하지 않는 것은?

① 스케일의 생성을 촉진할 것
② 정지나 유동 시에도 부식 억제 효과가 클 것
③ 방식 피막이 두꺼우며 열전도에 지장이 없을 것
④ 이중 금속과의 접촉 부식 및 이중 금속에 대한 부식 촉진 작용이 없을 것

[해설] ① 스케일의 생성을 방지할 것

52 열사용 기자재 검사 기준에 따라 수압 시험을 할 때 강철제 보일러의 최고 사용 압력이 0.43MPa 초과, 1.5MPa 이하인 보일러의 수압 시험 압력은?

① 최고 사용 압력의 2배+0.1MPa
② 최고 사용 압력의 1.5배+0.2MPa
③ 최고 사용 압력의 1.3배+0.3MPa
④ 최고 사용 압력의 2.5배+0.5MPa

[해설] 강철제 보일러의 수압 시험 압력

최고 사용 압력	수압 시험 압력
0.43MPa 이하	최고 사용 압력의 2배 (단, 그 시험 압력이 0.2MPa 미만인 경우에는 0.2MPa로 한다)
0.43MPa 초과 1.5MPa 이하	최고 사용 압력의 1.3배+0.3MPa
1.5MPa 초과	최고 사용 압력의 1.5배

정답　48 ②　49 ②　50 ③　51 ①　52 ③

53 신축 곡관이라고도 하며 고온, 고압용 증기관 등의 옥외 배관에 많이 쓰이는 신축 이음은?

① 벨로스형
② 슬리브형
③ 스위블형
④ 루프형

해설 ① 벨로스형 : 배관의 축방향 변위를 흡수할 수 있는 신축 이음(expansion joint)으로, 물결 형상으로 가압한 관(벨로스)이 신축한다.
② 슬리브형 : 이음 본체 속에 미끄러질 수 있는 슬리브 파이프를 넣고 석면을 흑연으로 처리한 패킹제를 끼워 설치한 신축 이음이다.
③ 스위블형 : 배관을 상온과 유체가 흐르는 온도 간에 온도차가 있는 경우 팽창 또는 수축되므로 이를 해결하기 위하여 플렉시블 튜브와 같은 신축 이음을 한다.

54 보일러 배관 중에 신축 이음을 하는 목적으로 가장 적합한 것은?

① 증기 속의 이물질을 제거하기 위하여
② 열팽창에 의한 관의 파열을 막기 위하여
③ 보일러수의 누수를 막기 위하여
④ 증기 속의 수분을 분리하기 위하여

해설 보일러 배관 중에 신축 이음을 하는 목적 : 열팽창에 의한 관의 파열을 막기 위하여

55 증기 보일러에는 원칙적으로 2개 이상의 안전 밸브를 부착해야 하는데, 전열 면적이 몇 m^2 이하이면 안전 밸브를 1개 이상 부착해도 되는가?

① 50 ② 30
③ 80 ④ 100

해설 증기 보일러 : 원칙적으로 2개 이상의 안전 밸브를 부착한다. 단, 전열 면적이 $50m^2$ 이하이면 안전 밸브를 1개 이상 부착해도 된다.

56 온수 순환 방법에서 순환이 빠르고 균일하게 급탕할 수 있는 방법은?

① 단관 중력 순환식 배관법
② 복관 중력 순환식 배관법
③ 건식 순환식 배관법
④ 강제 순환식 배관법

해설 온수 순환 방법
㉠ 단관 중력 순환식 배관법 : 온수 주관을 하향 기울기로 하여 공기가 모두 팽창 탱크로 빠지도록 한 것
㉡ 복관 중력 순환식 배관법 : 상향 공급식이란, 온수 공급관은 상향 기울기, 복귀관은 하향 기울기로 한 것. 하향 공급식은 공급관, 복귀관 모두 하향 기울기로 한 것
㉢ 강제 순환식 배관법 : 온수 순환 방법에서 순환이 빠르고 균일하게 급탕할 수 있는 방법

57 보일러 점화 조작 시 주의 사항에 대한 설명으로 틀린 것은?

① 연소실의 온도가 높으면 연료의 확산이 불량해져서 착화가 잘 안 된다.
② 연료 가스의 유출 속도가 너무 빠르면 실화 등이 일어나고, 너무 늦으면 역화가 발생한다.
③ 연료의 유압이 낮으면 점화 및 분사가 불량하고 높으면 그을음이 축적된다.
④ 프리퍼지 시간이 너무 길면 연소실의 냉각을 초래하고 너무 늦으면 역화를 일으킬 수 있다.

해설 ① 연소실의 온도가 높으면 연료의 확산이 양호해져서 착화가 잘 된다.

정답 53 ④ 54 ② 55 ① 56 ④ 57 ①

58 에너지 이용 합리화법에서 정한 국가 에너지 절약 추진 위원회의 위원장은 누구인가?

① 산업통상자원부
② 지방자치단체의 장
③ 국무총리
④ 대통령

해설 국가 에너지 절약 추진 위원회의 위원장 : 산업통상자원부 장관

59 에너지 이용 합리화법에 따라 에너지 사용 계획을 수립하여 산업통상자원부 장관에게 제출하여야 하는 민간 사업 주관자의 시설 규모로 맞는 것은?

① 연간 2,500티오이 이상의 연료 및 열을 사용하는 시설
② 연간 5,000티오이 이상의 연료 및 열을 사용하는 시설
③ 연간 1천만 킬로와트 이상의 전력을 사용하는 시설
④ 연간 500만 킬로와트 이상의 전력을 사용하는 시설

해설 에너지 사용 계획을 수립하여 산업통상자원부 장관에게 제출하여야 하는 민간 사업 주관자의 시설 규모 : 연간 5,000티오이 이상의 연료 및 열을 사용하는 시설

60 에너지 이용 합리화법상 효율 관리 기자재에 해당하지 않는 것은?

① 전기 냉장고
② 전기 냉방기
③ 자동차
④ 범용 선반

해설 효율 관리 기자재
㉠ 전기 냉장고
㉡ 전기 냉방기
㉢ 전기 세탁기
㉣ 조명 기기
㉤ 삼상 유도 전동기
㉥ 자동차
㉦ 그 밖에 산업통상자원부 장관이 그 효율의 향상이 특히 필요하다고 인정하여 고시하는 기자재 및 설비

정답 58 ① 59 ② 60 ④

에너지관리기능사 (2020. 6. 28 시행)

01 어떤 물질의 단위 질량(1kg)에서 온도를 1℃ 높이는 데 소요되는 열량을 무엇이라고 하는가?
① 열용량   ② 비열
③ 잠열   ④ 엔탈피

해설 ① 열용량(heat capacity) : 어떤 물체의 온도를 1℃ 높이는 데 필요한 열량
③ 잠열(latent heat) : 기화열이라 하며 물체의 온도 변화는 일으키지 않고 상변화만을 일으키는 데 필요한 열량
④ 엔탈피(entalphy) : 전열량이라 하며 물체가 갖는 단위 중량당 열량이며, 내부 에너지와 외부 에너지의 합

02 보일러의 기수 분리기를 가장 옳게 설명한 것은?
① 보일러에서 발생한 증기 중에 포함되어 있는 수분을 제거하는 장치
② 증기 사용처에서 증기 사용 후 물과 증기를 분리하는 장치
③ 보일러에 투입되는 연소용 공기 중의 수분을 제거하는 장치
④ 보일러 급수 중에 포함되어 있는 공기를 제거하는 장치

해설 기수 분리기(steam seperater) : 보일러에서 발생한 증기 중에 포함되어 있는 수분을 제거하는 장치

03 보일러에 부착하는 압력계의 취급상 주의 사항으로 틀린 것은?
① 온도가 353K 이상 올라가지 않도록 한다.
② 압력계는 고장이 날 때까지 계속 사용하는 것이 아니라 일정 사용 시간을 정하고 정기적으로 교체하여야 한다.
③ 압력계 사이펀관의 수직부에 콕을 설치하고 콕의 핸들이 축 방향과 일치할 때에 열린 것이어야 한다.
④ 부르동관 내에 직접 증기가 들어가면 고장이 나기 쉬우므로 사이펀관에 물이 가득 차지 않도록 한다.

해설 ④ 부르동관 내에 직접 증기가 들어가면 고장나기 쉬우므로 사이펀관에 물이 가득 차게 한다.

04 다음 중 고체 연료의 연소 방식에 속하지 않는 것은?
① 화격자 연소 방식
② 확산 연소 방식
③ 미분탄 연소 방식
④ 유동층 연소 방식

해설 연료의 연소 방식
㈎ 고체 연료의 연소 방식
  ㉠ 화격자 연소 방식
  ㉡ 미분탄 연소 방식
  ㉢ 유동층 연소 방식
㈏ 미분탄 연료의 연소 방식
  ㉠ U형 연소
  ㉡ L형 연소
  ㉢ 코너탭 연소
  ㉣ 슬래그탭 연소
㈐ 액체 연료의 연소 방식
  ㉠ 무화 연소 방식
  ㉡ 기화 연소 방식

정답 01 ② 02 ① 03 ④ 04 ②

05 유류 보일러의 자동 장치 점화 방법의 순서로 맞는 것은?

① 송풍기 기동 → 연료 펌프 기동 → 프리퍼지 → 점화용 버너 착화 → 주버너 착화
② 송풍기 기동 → 프리퍼지 → 점화용 버너 착화 → 연료 펌프 기동 → 주버너 착화
③ 연료 펌프 기동 → 점화용 버너 착화 → 프리퍼지 → 주버너 착화 → 송풍기 기동
④ 연료 펌프 기동 → 주버너 착화 → 점화용 버너 착화 → 프리퍼지 → 송풍기 기동

해설 유류 보일러의 자동 장치 점화 방법 순서 : 송풍기 기동 → 연료 펌프 기동 → 프리퍼지 → 점화용 버너 착화 → 주버너 착화

06 다음 중 수면계의 기능 시험을 실시해야 할 시기로 옳지 않은 것은?

① 보일러를 가동하기 전
② 2개의 수면계의 수위가 동일할 때
③ 수면계 유리의 교체 또는 보수를 행하였을 때
④ 프라이밍, 포밍 등이 생길 때

해설 수면계의 기능 시험을 실시하는 시기
㉠ 보일러를 가동하기 전
㉡ 2개의 수면계 수위가 서로 다르게 나타날 때
㉢ 수면계 유리의 교체 또는 보수를 행하였을 때
㉣ 프라이밍, 포밍 등이 생길 때
㉤ 수면계 수위에 의심이 갈 때
㉥ 수면계 수위가 둔할 때
㉦ 보일러 가동 후 압력이 오르기 시작할 때

07 공기 예열기에서 전열 방법에 따른 분류에 속하지 않는 것은?

① 전도식   ② 재생식
③ 히트 파이프식   ④ 열팽창식

해설 전열 방법에 따른 공기 예열기의 분류
㉠ 전도식, ㉡ 재생식, ㉢ 히트 파이프식

08 외분식 보일러의 특징 설명으로 잘못된 것은?

① 연소실의 크기나 형상을 자유롭게 할 수 있다.
② 연소율이 좋다.
③ 사용 연료의 선택이 자유롭다.
④ 방사 손실이 거의 없다.

해설 ④ 방사 손실이 있다.

09 보일러 마력(boiler horsepower)에 대한 정의로 가장 옳은 것은?

① 0℃ 물 15.65kg을 1시간에 증기로 만들 수 있는 능력
② 100℃ 물 15.65kg을 1시간에 증기로 만들 수 있는 능력
③ 0℃ 물 15.65kg을 10분에 증기로 만들 수 있는 능력
④ 100℃ 물 15.65kg을 10분에 증기로 만들 수 있는 능력

해설 보일러 마력(boiler horsepower)의 정의
㉠ 100℃ 물 15.65kg을 1시간에 증기로 만들 수 있는 능력
㉡ 4.9kgf/cm² · atg(게이지 압력)하에서 급수 온도 37.8℃에서 시간당 증발량이 13.6kg의 능력을 갖는 보일러
㉢ 상당(환산) 증발량 값이 15.65kg/h인 보일러

10 다음 보기에서 그 연결이 잘못된 것은?

㉮ 관성력 집진 장치 – 충돌식, 반전식
㉯ 전기식 집진 장치 – 코트렐 집진 장치
㉰ 저유수식 집진 장치 – 로터리 스크러버식
㉱ 가압수식 집진 장치 – 임펄스 스크러버식

① ㉮   ② ㉯
③ ㉰   ④ ㉱

해설 ④ 가압수식 집진 장치 – 벤투리 스크러버식

정답 05 ① 06 ② 07 ④ 08 ④ 09 ② 10 ④

11 다음 보일러 중 특수 열매체 보일러에 해당되는 것은?

① 타쿠마 보일러
② 카네크롤 보일러
③ 슐처 보일러
④ 하우덴 존슨 보일러

해설 보일러의 종류

종류		실용 예
원통 보일러	노통 보일러	코니시 보일러, 랭커셔 보일러
	입형 보일러	입형 횡관 보일러, 입형 연관식 보일러, 코크란 보일러
	연관 보일러	횡형 연관 보일러, 입형 연관 보일러, 케와니 보일러(기관차형 보일러)
	노통 연관 보일러	스코치 보일러, 노통 연관 패키지 보일러, 하우덴 존슨 보일러
수관 보일러	자연 순환식 보일러	바브콕 보일러, 윌콕스 보일러, 타쿠마 보일러, 야로우 보일러
	강제 순환식 보일러	섹션 보일러, 라몬트 보일러, 베록스 보일러
	관류 보일러	벤슨 보일러, 슐처 보일러
	복사 보일러	방사 보일러
특수 보일러	주철제 섹셔널 보일러	주철제 증기 보일러, 주철제 온수 보일러
	특수 열매체(액체) 보일러	수은 보일러, 다우섬 보일러, 세큐리티 보일러(열매체의 종류 : 수은, 다우섬, 카네크롤, 모빌섬)
	폐열 보일러	하이네 보일러, 리 보일러
	간접 가열식 (2중 증발) 보일러	슈미트 보일러, 뢰플러 보일러
	특수 연료 보일러	특수 연료의 종류 : 버케이스, 바크, 흑액, 소다회수
	전기 보일러	–
난방용 보일러	주철제 증기 보일러	–
	주철제 온수 보일러	–

12 보일러 자동 제어에서 신호 전달 방식 종류에 해당되지 않는 것은?

① 팽창식 ② 유압식
③ 전기식 ④ 공기압식

해설 보일러 자동 제어의 신호 전달 방식 종류
㉠ 공기압식 : 출력 신호에 공기압을 이용해서 신호를 보내는 것
㉡ 유압식 : 출력 신호에 유압을 이용해서 신호를 보내는 것
㉢ 전기식 : 출력 신호에 전기적인 힘을 이용해서 신호를 보내는 것

13 보일러 저수위 경보 장치 종류에 속하지 않는 것은?

① 플로트식
② 전극식
③ 열팽창관식
④ 압력 제어식

해설 보일러 저수위 경보 장치 종류
㉠ 플로트식
㉡ 전극식
㉢ 열팽창관식

14 고체 연료에서 탄화가 많이 될수록 나타나는 현상으로 옳은 것은?

① 고정 탄소가 감소하고, 휘발분은 증가되어 연료비는 감소한다.
② 고정 탄소가 증가하고, 휘발분은 감소되어 연료비는 감소한다.
③ 고정 탄소가 감소하고, 휘발분은 증가되어 연료비는 증가한다.
④ 고정 탄소가 증가하고, 휘발분은 감소되어 연료비는 증가한다.

정답 11 ② 12 ① 13 ④ 14 ④

해설 고체 연료에서 탄화가 많이 될수록 나타나는 현상 : 고정 탄소가 증가하고, 휘발분은 감소되어 연료비는 증가한다.

15 절대 온도 380K을 섭씨온도로 환산하면 약 몇 ℃인가?

① 107　　　　② 380
③ 653　　　　④ 926

해설 ℃=380K-273=107℃

16 보일러의 자동 연료 차단 장치가 작동하는 경우가 아닌 것은?

① 최고 사용 압력이 0.1MPa 미만인 주철제 온수 보일러의 경우 온수 온도가 105℃인 경우
② 최고 사용 압력이 0.1MPa을 초과하는 증기 보일러에서 보일러의 저수위 안전 장치가 동작할 때
③ 관류 보일러에 공급하는 급수량이 부족한 경우
④ 증기 압력이 설정 압력보다 높은 경우

해설 ① 최고 사용 압력이 0.1MPa(수압의 경우 10m)을 초과하는 주철제 온수 보일러에는 온수 온도가 388K을 초과할 경우

17 다음 열역학과 관계된 용어 중 그 단위가 다른 것은?

① 열전달 계수　　② 열전도율
③ 열관류율　　　④ 열통과율

해설 ㉠ 열전달 계수, 열관류율, 열통과율 : kcal/h·m²·℃
㉡ 열전도율 : kcal/h·m·℃

18 회전 이음, 지블 이음 등으로 불리며, 증기 및 온수 난방 배관용으로 사용하고 현장에서 2개 이상의 엘보를 조립해서 설치하는 신축 이음은?

① 벨로스형 신축 이음
② 루프형 신축 이음
③ 스위블형 신축 이음
④ 슬리브형 신축 이음

해설 ① 벨로스형 신축 이음(bellows expansion joint) : 기기의 일부에 유연성, 밀봉성 등을 필요로 할 때 사용하는 신축 이음
② 루프형 신축 이음 : 온도 변화에 따른 팽창이나 수축을 할 수 있는 관 이음
④ 슬리브형 신축 이음(sleeve expansion joint) : 이음 본체 속에 미끄러질 수 있는 슬리브 파이프를 넣고 석면을 흑연으로 처리한 패킹재를 끼워 설치한 신축 이음

19 증기 난방과 비교하여 온수 난방의 특징에 대한 설명으로 틀린 것은?

① 물의 현열을 이용하여 난방하는 방식이다.
② 예열에 시간이 걸리지만 쉽게 냉각되지 않는다.
③ 동일 방열량에 대하여 방열 면적이 크고 관 경도 굵어야 한다.
④ 실내 쾌감도가 증기 난방에 비해 낮다.

해설 ④ 실내 쾌감도가 증기 난방에 비해 높다.

20 진공 환수식 증기 난방 배관 시공에 관한 설명 중 맞지 않는 것은?

① 증기 주관은 흐름 방향에 1/200~1/300의 앞내림 기울기로 하고 도중에 수직 상향부가 필요할 때 트랩 장치를 한다.
② 방열기 분기관 등에서 앞단에 트랩 장치가 없을 때는 1/50~1/100의 앞올림 기울기로 하여 응축수를 주관에 역류시킨다.

③ 환수관에 수직 상향부가 필요한 때는 리프트 피팅을 써서 응축수가 위쪽으로 배출하게 한다.
④ 리프트 피팅은 될 수 있으면 사용 개소를 많게 하고 1단을 2.5m 이내로 한다.

해설 ④ 리프트 피팅 이음 방법은 환수 주관보다 높은 곳에 진공 펌프가 있을 때와 방열기보다 높은 곳에 환수 주관을 배관하는 경우 적용되는 이음 방법이며, 1단 흡상 높이는 1.5m 이내이다.

21 압축기 진동과 서징, 관의 수격 작용, 지진 등에서 발생하는 진동을 억제하는 데 사용되는 지지 장치는?

① 벤드벤
② 플랩 밸브
③ 그랜드 패킹
④ 브레이스

해설 ④ 브레이스의 설명이다.

22 증기 난방의 분류 중 응축수 환수 방식에 의한 분류에 해당되지 않는 것은?

① 중력 환수 방식
② 기계 환수 방식
③ 진공 환수 방식
④ 상향 환수 방식

해설 응축수 환수 방식에 의한 분류
㉠ 중력 환수 방식
㉡ 기계 환수 방식
㉢ 진공 환수 방식

23 연료의 완전 연소를 위한 구비 조건으로 틀린 것은?

① 연소실 내의 온도는 낮게 유지할 것
② 연료와 공기의 혼합이 잘 이루어지도록 할 것
③ 연료와 연소 장치가 맞을 것
④ 공급 공기를 충분히 예열시킬 것

해설 ① 연소실 내의 온도는 높게 유지한다.

24 어떤 거실의 난방 부하가 5,000kcal/h이고, 주철제 온수 방열기로 난방할 때 필요한 방열기의 쪽수(절수)는? (단, 방열기 1쪽당 방열 면적은 0.26m²이고, 방열량은 표준 방열량으로 함.)

① 11
② 21
③ 30
④ 43

해설 온수 난방 방열기 쪽수

$$N_w = \frac{H_r}{450 \times a} = \frac{5,000}{450 \times 0.26} = 43$$

여기서, N_w : 온수 난방 방열기 쪽수
H_r : 실의 난방 부하(kcal/h)
a : 방열기 형식에 따른 섹션 1개당 면적(m²)

25 관 이음 중 진동이 있는 곳에 가장 적합한 이음은?

① MR 조인트 이음
② 용접 이음
③ 나사 이음
④ 플렉시블 이음

해설 ④ 플렉시블 이음의 설명이다.

26 가스 폭발에 대한 방지 대책으로 거리가 먼 것은?

① 점화 조작 시에는 연료를 먼저 분무시킨 후 무화용 증기나 공기를 공급한다.
② 점화할 때에는 미리 충분한 프리퍼지를 한다.
③ 연료 속의 수분이나 슬러지 등은 충분히 배출한다.
④ 점화 전에는 중유를 가열하여 필요한 점도로 해둔다.

정답 21 ④ 22 ④ 23 ① 24 ④ 25 ④ 26 ①

해설 ① 점화 조작 시에는 무화용 증기나 공기를 먼저 공급하고 연료를 분무시킨다.

27 보일러 사고의 원인 중 보일러 취급상의 사고 원인이 아닌 것은?

① 재료 및 설계 불량
② 사용 압력 초과 운전
③ 저수위 운전
④ 급수 처리 불량

해설 보일러 취급상의 사고 원인
㉠ 사용 압력 초과 운전
㉡ 저수위 운전
㉢ 급수 처리 불량

28 에너지 이용 합리화법에 따라 에너지 다소비 사업자에게 개선 명령을 하는 경우는 에너지 관리 지도 결과 몇 % 이상의 에너지 효율 개선이 기대되고 효율 개선을 위한 투자의 경제성이 인정되는 경우인가?

① 5
② 10
③ 15
④ 20

해설 에너지 다소비 사업자에게 개선 명령을 하는 경우는 에너지 관리 지도 결과 10% 이상의 에너지 효율 개선이 기대되고 효율 개선을 위한 투자의 경제성이 인정되는 경우이다.

29 에너지 이용 합리화법에 따라 검사 대상 기기의 용량이 15t/h인 보일러일 경우 조종자의 자격 기준으로 가장 옳은 것은?

① 에너지관리기능장 자격 소지자만이 가능하다.
② 에너지관리기능장, 에너지관리기사 자격 소지자만이 가능하다.
③ 에너지관리기능장, 에너지관리기사, 에너지관리산업기사 자격 소지자만이 가능하다.
④ 에너지관리기능장, 에너지관리기사, 에너지관리산업기사, 에너지관리기능사 자격 소지자만이 가능하다.

해설 검사 대상 기기 조종자의 자격 및 조종 범위

조종자의 자격	조종 범위
에너지관리기능장 또는 에너지관리기사	용량이 30t/h를 초과하는 보일러
에너지관리기능장, 에너지관리기사 또는 에너지관리산업기사	용량이 10t/h를 초과하고 30t/h 이하인 보일러
에너지관리기능장, 에너지관리기사, 에너지관리산업기사 또는 에너지관리기능사	용량이 10t/h 이하인 보일러
에너지관리기능장, 에너지관리기사, 에너지관리산업기사, 에너지관리기능사 또는 인정 검사 대상 기기 관리자의 교육을 이수한 자	1. 증기 보일러로서 최고 사용 압력이 1MPa 이하이고, 전열 면적이 $10m^2$ 이하인 것 2. 온수 발생 및 열매체를 가열하는 보일러로서 용량이 581.5kW 이하인 것 3. 압력 용기

30 신·재생에너지 설비 인증 심사 기준을 일반 심사 기준과 설비 심사 기준으로 나눌 때 다음 중 일반 심사 기준에 해당되지 않는 것은?

① 신·재생에너지 설비의 제조 및 생산 능력의 적정성
② 신·재생에너지 설비의 품질 유지·관리 능력의 적정성
③ 신·재생에너지 설비의 에너지 효율의 적정성
④ 신·재생에너지 설비의 사후 관리의 적정성

해설 설비 인증 심사 기준
㈎ 일반 심사 기준
㉠ 신·재생에너지 설비의 제조 및 생산 능력의 적정성
㉡ 신·재생에너지 설비의 품질 유지·관리 능력의 적정성
㉢ 신·재생에너지 설비의 사후 관리의 적정성

정답 27 ① 28 ② 29 ③ 30 ③

(나) 설비 심사 기준
  ㉠ 국제 또는 국내의 성능 및 규격에의 적합성
  ㉡ 설비의 효율성
  ㉢ 설비의 내구성

31 과열기의 형식 중 증기와 열가스 흐름의 방향이 서로 반대인 과열기의 형식은?

① 병류식
② 대향류식
③ 증류식
④ 역류식

해설 열가스 흐름의 방향에 따른 과열기의 종류
㉠ 병류식 : 증기와 열가스 흐름 방향이 같을 때
㉡ 대향류식 : 증기와 열가스 흐름 방향이 반대일 때
㉢ 혼류식 : 병류식과 대향류식을 조합한 것이며, 열의 이용도가 양호하다.

32 다음 중 보일러의 안전 장치로 볼 수 없는 것은 어느 것인가?

① 고저수위 경보 장치
② 화염 검출기
③ 급수 펌프
④ 압력 조절기

해설 ③ 급수 펌프 : 급수 장치

33 원통형 보일러의 일반적인 특징에 관한 설명으로 틀린 것은?

① 구조가 간단하고, 취급이 용이하다.
② 수부가 크므로 열 비축량이 크다.
③ 폭발 시에도 비산 면적이 작아 재해가 크게 발생하지 않는다.
④ 사용 증기량의 변동에 따른 발생 증기의 압력 변동이 작다.

해설 ③ 폭발 시에도 비산 면적이 커서 재해가 크게 발생한다.

34 보일러 효율이 85%, 실제 증발량이 5t/h이고 발생 증기의 엔탈피는 656kcal/kg, 급수 온도의 엔탈피는 56kcal/kg, 연료의 저위 발열량 9,750kcal/kg일 때 연료 소비량은 약 몇 kg/h인가?

① 316
② 362
③ 389
④ 405

해설 $\eta = \dfrac{G_a(h_2-h_1)}{G_f \times H_l} \times 100\%$ 이므로

$\therefore G_f = \dfrac{G_a(h_2-h_1) \times 100}{\eta \times H_l}$

$= \dfrac{5 \times 1,000 \times (656-56) \times 100}{85 \times 9,750}$

$= 362 \text{kg/h}$

35 온수 보일러에서 배플 플레이트(baffle plate)의 설치 목적으로 맞는 것은?

① 급수를 예열하기 위하여
② 연소 효율을 감소시키기 위하여
③ 강도를 보강하기 위하여
④ 그을음 부착량을 감소시키기 위하여

해설 배플 플레이트의 설치 목적 : 그을음 부착량을 감소시키기 위하여

36 고압관과 저압관 사이에 설치하여 고압 측의 압력 변화 및 증기 사용량 변화에 관계없이 저압 측의 압력을 일정하게 유지시켜 주는 밸브는?

① 감압 밸브
② 온도 조절 밸브
③ 안전 밸브
④ 플로트 밸브

해설 ② 온도 조절 밸브(temperature control valve) : 제어 대상의 온도를 검출하여 그 온도를 제어하여 증기나 온수 등의 열매 유량을 조절하기 위해 사용되는 자동 제어용 밸브

정답 31 ② 32 ③ 33 ③ 34 ② 35 ④ 35 ④ 36 ①

③ 안전 밸브(safety valve) : 기기나 배관의 압력이 일정 압력을 넘었을 경우에 자동적으로 작동하는 밸브
④ 플로트 밸브(float valve) : 밸브의 가동 부분이 부자의 역할을 하고, 그 상부의 돌출부와 밸브실의 틈새가 부자의 상하의 움직임에 따라 자동적으로 가감되는 구조의 밸브

37 자동 제어의 신호 전달 방법에서 공기압식의 특징으로 맞는 것은?

① 신호 전달 거리가 유압식에 비하여 길다.
② 온도 제어 등에 적합하고 화재의 위험이 많다.
③ 전송 시 시간 지연이 생긴다.
④ 배관이 용이하지 않고 보존이 어렵다.

해설 ① 신호 전달 거리가 유압식에 비하여 짧다.
② 온도 제어 등에 적합하고 화재의 위험이 적다.
④ 배관이 까다롭고 보존이 쉽다.

38 연소 시 공기비가 적을 때 나타나는 현상으로 거리가 먼 것은?

① 배기가스 중 NO 및 NO_2 발생량이 많아진다.
② 불완전 연소가 되기 쉽다.
③ 미연소 가스에 의한 폭발이 일어나기 쉽다.
④ 미연소 가스에 의한 열손실이 증가될 수 있다.

해설 ① 배기가스 중 NO 및 NO_2의 발생량이 작아진다.

39 보일러 수면계의 설명으로 틀린 것은?

① 증기 보일러에는 2개(소용량 및 소형 관류 보일러는 1개) 이상의 유리 수면계를 부착하여야 한다. 다만, 단관식 관류 보일러는 제외한다.
② 유리 수면계는 보일러 동체에만 부착하여야 하며 수주관에 부착하는 것은 금지하고 있다.
③ 2개 이상의 원격 지시 수면계를 시설하는 경우에 한하여 유리 수면계를 1개 이상으로 할 수 있다.
④ 유리 수면계는 상·하에 밸브 또는 콕을 갖추어야 하며, 한눈에 그것의 개·폐 여부를 알 수 있는 구조이어야 한다. 다만, 소형 관류 보일러에서는 밸브 또는 콕을 갖추지 아니할 수 있다.

해설 ② 유리 수면계는 보일러 사용 중 안전한 수위를 나타내도록 보일러 또는 수주관에 부착한다.

40 보일러의 부속 설비 중 연료 공급 계통에 해당하는 것은?

① 컴버스터
② 버너 타일
③ 슈트 블로어
④ 오일 프리 히터

해설 ① 컴버스터 : 배기 설비
② 버너 타일 : 연소 설비
③ 슈트 블로어 : 배기 설비
④ 오일 프리 히터 : 연료 공급 계통 설비

41 노통이 하나인 코니시 보일러에서 노통을 편심으로 설치하는 가장 큰 이유는?

① 연소 장치의 설치를 쉽게 하기 위함이다.
② 보일러수의 순환을 좋게 하기 위함이다.
③ 보일러의 강도를 크게 하기 위함이다.
④ 온도 변화에 따른 신축량을 흡수하기 위함이다.

해설 코니시 보일러에서 노통을 편심으로 설치하는 가장 큰 이유는 보일러수의 순환을 좋게 하기 위함이다.

정답 37 ③ 38 ① 39 ② 40 ④ 41 ②

42 어떤 보일러의 3시간 동안 증발량이 4,500kg이고, 그때의 급수 엔탈피가 25kcal/kg, 증기 엔탈피가 680kcal/kg이라면 상당 증발량은 약 몇 kg/h인가?

① 551
② 1,684
③ 1,823
④ 3,051

해설 상당 증발량 : 표준 기압하에서 100℃ 포화수를 같은 온도의 포화 증기로 1시간 동안 변화시키는 증발량(kg)을 말한다.

$$G_e = \frac{G_a(h_2 - h_1)}{539} (kg/h)$$

여기서, G_e : 상당 증발량(kg/h)
G_a : 매시 실제 증발량(kg/h)
h_1 : 급수의 엔탈피(kcal/kg)
h_2 : 발생 증기의 엔탈피(kcal/kg)

$$G_e = \frac{1,500(680-25)}{539} = 1,823 kg/h$$

※ 보일러의 3시간 동안 증발량이 4,500kg이므로 1시간 동안의 증발량은 1,500kg이다.

43 운전 중 화염이 블로 오프(blow-off)된 경우 특정한 경우에 한하여 재점화 및 재시동을 할 수 있다. 이때 재점화와 재시동의 기준에 관한 설명으로 틀린 것은?

① 재점화에서의 점화 장치는 화염의 소화 직후, 1초 이내에 자동으로 작동할 것
② 강제 혼합식 버너의 경우 재점화 동작 시 화염 감시 장치가 부착된 버너에는 가스가 공급되지 아니할 것
③ 재점화에 실패한 경우에는 지정된 안전 차단 시간 내에 버너가 작동 폐쇄될 것
④ 재시동은 가스의 공급이 차단된 후 즉시 표준 연속 프로그램에 의하여 자동으로 이루어질 것

해설 ① 재점화에서의 점화 장치는 화염의 소화 직후, 5초 이내에 자동으로 작동할 것

44 전자 밸브가 작동하여 연료 공급을 차단하는 경우로 거리가 먼 것은?

① 보일러수의 이상 감수 시
② 증기 압력 초과 시
③ 배기가스 온도의 이상 저하 시
④ 점화 중 불착화 시

해설 전자 밸브가 작동하여 연료 공급을 차단하는 경우
㉠ 보일러수의 이상 감수 시
㉡ 증기 압력 초과 시
㉢ 점화 중 불착화 시

45 연소가 이루어지기 위한 필수 요건에 속하지 않는 것은?

① 가연물
② 수소 공급원
③ 점화원
④ 산소 공급원

해설 연소의 3요소
㉠ 가연물, ㉡ 산소 공급원, ㉢ 점화원

46 보기와 같이 부하에 대해서 보일러의 "정격 출력"을 올바르게 표시한 것은?

H_1 : 난방 부하 H_2 : 급탕 부하
H_3 : 배관 부하 H_4 : 예열 부하

① $H_1 + H_2 + H_3$
② $H_2 + H_3 + H_4$
③ $H_1 + H_2 + H_4$
④ $H_1 + H_2 + H_3 + H_4$

해설 보일러의 정격 출력 = $H_1 + H_2 + H_3 + H_4$
여기서, H_1 : 난방 부하, H_2 : 급탕 부하
H_3 : 배관 부하, H_4 : 예열 부하

정답 42 ③ 43 ① 44 ③ 45 ② 46 ④

47 보일러를 옥내에 설치할 때의 설치 시공 기준 설명으로 틀린 것은?

① 보일러에 설치된 계기들을 육안으로 관찰하는 데 지장이 없도록 충분한 조명 시설이 있어야 한다.
② 보일러 동체에서 벽, 배관, 기타 보일러 측부에 있는 구조물(검사 및 청소에 지장이 없는 것은 제외)까지 거리는 0.6m 이상이어야 한다. 다만, 소형 보일러는 0.45m 이상으로 할 수 있다.
③ 보일러실은 연소 및 환경을 유지하기에 충분한 급기구 및 환기구가 있어야 하며, 급기구는 보일러 배기가스 덕트의 유효 단면적 이상이어야 하고, 도시가스를 사용하는 경우에는 환기구를 가능한 한 높이 설치하여 가스가 누설되었을 때 체류하지 않는 구조이어야 한다.
④ 연료를 저장할 때에는 보일러 외측으로부터 2m 이상 거리를 두거나 방화 격벽을 설치하여야 한다. 다만, 소형 보일러의 경우에는 1m 이상 거리를 두거나 반격벽으로 할 수 있다.

[해설] ② 보일러 동체에서 벽, 배관, 기타 보일러 측부에 있는 구조물(검사 및 청소에 지장이 없는 것은 제외)까지의 거리는 0.45m 이상이어야 한다. 다만, 소형 보일러는 0.3m 이상으로 할 수 있다.

48 보일러가 최고 사용 압력 이하에서 파손되는 이유로 가장 옳은 것은?

① 안전 장치가 작동하지 않기 때문에
② 안전 밸브가 작동하지 않기 때문에
③ 안전 장치가 불완전하기 때문에
④ 구조상 결함이 있기 때문에

[해설] 보일러가 최고 사용 압력 이하에서 파손되는 이유 : 구조상 결함이 있기 때문에

49 보일러에서 연소 조작 중의 역화의 원인으로 거리가 먼 것은?

① 불완전 연소의 상태가 두드러진 경우
② 흡입 통풍이 부족한 경우
③ 연도 댐퍼의 개도를 너무 넓힌 경우
④ 압입 통풍이 너무 강한 경우

[해설] ③ 연도 댐퍼의 개도를 너무 넓힌 경우 열손실이 발생한다.

50 관의 접속 상태·결합 방식의 표시 방법에서 용접 이음을 나타내는 그림 기호로 맞는 것은?

① ——|—— ② ——‖——
③ ——•—— ④ ——⊦⊦——

[해설] ① 나사 이음   ② 유니언 이음
③ 용접 이음   ④ 플랜지 이음

51 원통 보일러에서 급수의 pH 범위(25°C 기준)로 가장 적합한 것은?

① pH 3~5   ② pH 7~9
③ pH 11~12 ④ pH 14~15

[해설] 원통형 보일러 25°C 기준 급수 pH : pH 7~9

52 보일러를 계획적으로 관리하기 위해서는 연간 계획 및 일상 보전 계획을 세워 이에 따라 관리를 하는데 연간 계획에 포함할 사항과 가장 거리가 먼 것은?

① 급수 계획
② 점검 계획
③ 정비 계획
④ 운전 계획

[해설] 연간 계획에 포함할 사항
㉠ 점검 계획   ㉡ 정비 계획   ㉢ 운전 계획

정답 47 ② 48 ④ 49 ③ 50 ③ 51 ② 52 ①

53 다음 중 보온재의 종류가 아닌 것은 어느 것인가?

① 코르크 ② 규조토
③ 기포성 수지 ④ 제게르콘

해설 ④ 제게르콘 : 내화물

54 강철제 보일러의 최고 사용 압력이 0.43MPa 초과 1.5MPa 이하일 때 수압 시험 압력 기준으로 옳은 것은?

① 0.2MPa로 한다.
② 최고 사용 압력의 1.3배에 0.3MPa를 더한 압력으로 한다.
③ 최고 사용 압력의 1.5배로 한다.
④ 최고 사용 압력의 2배에 0.5MPa를 더한 압력으로 한다.

해설 강철제 보일러 수압 시험 압력
㉠ 보일러의 최고 사용 압력이 0.43MPa 이하일 때에는 그 최고 사용 압력의 2배의 압력으로 한다. 다만, 그 시험 압력이 0.2MPa 미만인 경우에는 0.2MPa로 한다.
㉡ 보일러의 최고 사용 압력이 0.43MPa 초과 1.5MPa 이하일 때에는 그 최고 사용 압력의 1.3배에 0.3MPa를 더한 압력으로 한다.
㉢ 보일러의 최고 사용 압력이 1.5MPa를 초과할 때에는 그 최고 사용 압력의 1.5배의 압력으로 한다.

55 증기 난방 방식에서 응축수 환수 방법에 의한 분류가 아닌 것은?

① 진공 환수식 ② 세정 환수식
③ 기계 환수식 ④ 중력 환수식

해설 증기 난방 방식에서 응축수 환수 방법에 의한 분류
㉠ 진공 환수식
㉡ 기계 환수식
㉢ 중력 환수식

56 배관의 하중을 위에서 끌어당겨 지지할 목적으로 사용되는 지지구가 아닌 것은?

① 리지드 행거(rigid hanger)
② 앵커(anchor)
③ 콘스탄트 행거(constant hanger)
④ 스프링 행거(spring hanger)

해설 ② 앵커(anchor) : 신축으로 인한 배관의 상하 좌우 이동을 구속하고 제한하는 목적에 사용하는 것

57 온수 난방에서 팽창 탱크의 용량 및 구조에 대한 설명으로 틀린 것은?

① 개방식 팽창 탱크는 저온수 난방 배관에 주로 사용된다.
② 밀폐식 팽창 탱크는 고온수 난방 배관에 주로 사용된다.
③ 밀폐식 팽창 탱크에는 수면계를 설치한다.
④ 개방식 팽창 탱크에는 압력계를 설치한다.

해설 ④ 개방식 팽창 탱크에 있어서는 장치 내의 공기를 배출하는 공기 배출구로 이용되고, 온수 보일러의 도피관으로도 이용된다.

58 에너지 이용 합리화법에 따라 주철제 보일러에서 설치 검사를 면제받을 수 있는 기준으로 옳은 것은?

① 전열 면적 30제곱미터 이하의 유류용 주철제 증기 보일러
② 전열 면적 40제곱미터 이하의 유류용 주철제 온수 보일러
③ 전열 면적 50제곱미터 이하의 유류용 주철제 증기 보일러
④ 전열 면적 60제곱미터 이하의 유류용 주철제 온수 보일러

정답 53 ④ 54 ② 55 ② 56 ② 57 ④ 58 ①

해설 주철제 보일러에서 설치 검사를 면제받을 수 있는 기준 : 전열 면적 30m² 이하의 유류용 주철제 증기 보일러

59 에너지 이용 합리화법의 목적이 아닌 것은?

① 에너지의 수급 안정을 기함.
② 에너지의 합리적이고 비효율적인 이용을 증진함.
③ 에너지 소비로 인한 환경 피해를 줄임.
④ 지구 온난화의 최소화에 이바지함.

해설 에너지 이용 합리화법의 목적 : 에너지의 수급을 안정시키고 에너지의 합리적이고 효율적인 이용을 증진하며, 에너지 소비로 인한 환경 피해를 줄임으로써 국민경제의 건전한 발전 및 국민 복지의 증진과 지구 온난화의 최소화에 이바지함을 목적으로 한다.

60 에너지 이용 합리화법 시행령상 에너지 저장 의무 부과 대상자에 해당되는 자는?

① 연간 2만 석유 환산톤 이상의 에너지를 사용하는 자
② 연간 1만 5천 석유 환산톤 이상의 에너지를 사용하는 자
③ 연간 1만 석유 환산톤 이상의 에너지를 사용하는 자
④ 연간 5천 석유 환산톤 이상의 에너지를 사용하는 자

해설 에너지 저장 의무 부과 대상자 : 연간 2만 석유 환산톤 이상의 에너지를 사용하는 자

정답 59 ② 60 ①

에너지관리기능사 (2020. 10. 11 시행)

01 엔탈피가 25kcal/kg인 급수를 받아 1시간당 20,000kg의 증기를 발생하는 경우 이 보일러의 매시 환산 증발량은 몇 kg/h인가? (단, 발생 증기 엔탈피는 725kcal/kg임.)

① 3,246
② 6,493
③ 12,987
④ 25,974

해설 환산 증발량 $G_e(kg/h) = \dfrac{G_a(h_2 - h_1)}{539}$

$= \dfrac{20,000(725-25)}{539}$

$= 25,974 kg/h$

02 다음 중 보일러 스테이(stay)의 종류에 해당되지 않는 것은?

① 거싯(gusset) 스테이
② 바(bar) 스테이
③ 튜브(tube) 스테이
④ 너트(nut) 스테이

해설 (가) 스테이(stay) : 버팀 또는 지지라 하며 강도가 부족한 부분에 부착하여 강도를 보강하고 변형이나 파손을 방지한다.
(나) 스테이의 종류
  ㉠ 거싯(gusset) 스테이
  ㉡ 바(bar) 스테이
  ㉢ 튜브(tube) 스테이
  ㉣ 도그(dog) 스테이
  ㉤ 볼트(bolt) 스테이
  ㉥ 경사(oblique) 스테이
  ㉦ 거더(girder) 스테이

03 증기 중에 수분이 많을 경우의 설명으로 잘못된 것은?

① 건조도가 저하한다.
② 증기의 손실이 많아진다.
③ 증기 엔탈피가 증가한다.
④ 수격 작용이 발생할 수 있다.

해설 ③ 증기 엔탈피가 감소한다.

04 보일러 열정산 시 증기의 건도는 몇 % 이상에서 시험함을 원칙으로 하는가?

① 96
② 97
③ 98
④ 99

해설 보일러 열정산 시 증기의 건도는 98% 이상에서 시험함을 원칙으로 한다.

05 액체 연료의 일반적인 특징에 관한 설명으로 틀린 것은?

① 유황분이 없어서 기기 부식의 염려가 거의 없다.
② 고체 연료에 비해서 단위 중량당 발열량이 높다.
③ 연소 효율이 높고 연소 조절이 용이하다.
④ 수송과 저장 및 취급이 용이하다.

해설 ① 유황분이 있어서 기기 부식의 염려가 있다.

정답 01 ④ 02 ④ 03 ③ 04 ③ 05 ①

06 난방 및 온수 사용 열량이 400,000kcal/h인 건물에, 효율 80%인 보일러로 저위 발열량 10,000kcal/Nm³인 기체 연료를 연소시키는 경우, 시간당 소요 연료량은 약 몇 Nm³/h인가?

① 45 ② 60
③ 56 ④ 50

해설 시간당 소요 연료량(Nm³/h)

$= \dfrac{\text{난방 및 온수 사용 열량}}{\text{저위 발열량} \times \text{효율}}$

$= \dfrac{400,000 \text{kcal/h}}{10,000 \text{kcal/Nm}^3 \times 0.8}$

$= 50 \text{Nm}^3/\text{h}$

07 보일러 자동 제어에서 급수 제어의 약호는?

① ABC ② FWC
③ STC ④ ACC

해설 보일러 자동 제어(ABC ; Automatic Boiler Control)
㉠ 증기 온도 제어(STC ; Steam Temperature Control)
㉡ 급수 제어(FWC ; Feed Water Control)
㉢ 연소 제어(ACC ; Automatic Combustion Control)

08 슈트 블로어에 관한 설명으로 잘못된 것은?

① 전열면 외측의 그을음 등을 제거하는 장치이다.
② 분출기 내의 응축수를 배출시킨 후 사용한다.
③ 블로 시에는 댐퍼를 열고 흡입 통풍을 증가시킨다.
④ 부하가 50% 이하인 경우에만 블로한다.

해설 슈트 블로어(soot blower) 장치 : 그을음 제거기라 하며 보일러 전열면 외부나 수관 주위에 부착해 있는 그을음이나 재를 불어 제거시키는 것으로 부하가 50% 이하인 경우에는 블로를 하지 않는다.

09 원통형 보일러와 비교할 때 수관식 보일러의 특징 설명으로 틀린 것은?

① 수관의 관경이 작아 고압에 잘 견딘다.
② 보유수가 적어서 부하 변동 시 압력 변화가 작다.
③ 보일러수의 순환이 빠르고 효율이 높다.
④ 구조가 복잡하여 청소가 곤란하다.

해설 ② 보유수가 적어서 부하 변동 시 압력 변화가 크다.

10 보일러의 안전 장치와 거리가 가장 먼 것은?

① 과열기 ② 안전 밸브
③ 저수위 경보기 ④ 방폭문

해설 ㈎ 보일러의 안전 장치
㉠ 안전 밸브 ㉡ 고·저수위 경보기
㉢ 방폭문 ㉣ 전자 밸브
㉤ 압력 제한기 ㉥ 화염 검출기
㉦ 가용 마개
㈏ 열고환(폐열 회수) 장치
㉠ 과열기 ㉡ 재열기
㉢ 절탄기 ㉣ 공기 예열기
㉤ 열교환기

11 다음 각각의 자동 제어에 관한 설명 중 맞는 것은 어느 것인가?

① 목표값이 일정한 자동 제어를 추치 제어라고 한다.
② 어느 한쪽의 조건이 구비되지 않으면 다른 제어를 정지시키는 것은 피드백 제어이다.
③ 결과가 원인으로 되어 제어 단계를 진행하는 것을 인터록 제어라고 한다.
④ 미리 정해진 순서에 따라 제어의 각 단계를 차례로 진행하는 제어는 시퀀스 제어이다.

해설 ① 추치 제어 : 목표값이 변화되는 자동 제어

정답 06 ④ 07 ② 08 ④ 09 ② 10 ① 11 ④

② 피드백 제어 : 폐회로를 형성하여 제어량의 크기와 목표값의 비교를 피드백 신호에 의해 행하는 자동 제어
③ 인터록(interlock) 제어 : 제어 결과에 따라 현재 진행 중인 제어 동작을 다음 단계로 옮겨가지 못하도록 차단하는 제어

12 연료의 연소 시 과잉 공기 계수(공기비)를 구하는 올바른 식은?

① $\dfrac{연소\ 가스량}{이론\ 공기량}$

② $\dfrac{실제\ 공기량}{이론\ 공기량}$

③ $\dfrac{배기가스량}{사용\ 공기량}$

④ $\dfrac{사용\ 공기량}{배기가스량}$

해설 과잉 공기 계수(공기비, m) : 실제 공기량(A)과 이론 공기량(A_0)과의 비이다.

공기비(m) = $\dfrac{실제\ 공기량(A)}{이론\ 공기량(A_0)}$

13 보일러에서 카본이 생성되는 원인으로 거리가 먼 것은?

① 유류의 분무 상태 또는 공기와의 혼합이 불량할 때
② 버너 타일공의 각도가 버너의 화염 각도보다 작은 경우
③ 노통 보일러와 같이 가느다란 노통을 연소실로 하는 것에서 화염 각도가 현저하게 작은 버너를 설치하고 있는 경우
④ 직립 보일러와 같이 연소실의 길이가 짧은 노에다가 화염의 길이가 매우 긴 버너를 설치하고 있는 경우

해설 ③ 노통 보일러와 같이 가느다란 노통을 연소실로 하는 것에서 화염 각도가 현저하게 큰 버너를 설치하고 있는 경우

14 다음 중 여과식 집진 장치의 분류가 아닌 것은?

① 유수식
② 원통식
③ 평판식
④ 역기류 분사식

해설 여과식 집진 장치의 분류
㉠ 원통식, ㉡ 평판식, ㉢ 역기류 분사식

15 파이프 또는 이음쇠의 나사 이음 분해 조립 시 파이프 등을 회전시키는 데 사용되는 공구는?

① 파이프 리머
② 파이프 익스팬더
③ 파이프 렌치
④ 파이프 커터

해설 ① 파이프 리머(pipe reamer) : 파이프 커터로 관을 절단할 때 안으로 거스러미(burr)를 능률적으로 제거하는 데 사용하는 공구이다.
② 파이프 익스팬더(pipe expander) : 동관의 관 끝 확산용 공구이다.
④ 파이프 커터(pipe cutter) : 관을 절단하는 공구로 1개의 날에 2개의 롤러로 된 것과 날만 3개인 것이 있다.

16 스케일의 종류 중 보일러 급수 중의 칼슘 성분과 결합하여 규산칼슘을 생성하기도 하며, 이 성분이 많은 스케일은 대단히 경질이기 때문에 기계적, 화학적으로 제거하기 힘든 스케일 성분은?

① 실리카
② 황산마그네슘
③ 염화마그네슘
④ 유지

해설 실리카의 설명이다.

정답 12 ② 13 ③ 14 ① 15 ③ 16 ①

17 증기 트랩의 설치 시 주의 사항에 관한 설명으로 틀린 것은?

① 응축수 배출점이 여러 개가 있을 경우 응축수 배출점을 묶어서 그룹 트랩핑을 하는 것이 좋다.
② 증기가 트랩에 유입되면 즉시 배출시켜 운전에 영향을 미치지 않도록 하는 것이 필요하다.
③ 트랩에서의 배출관은 응축수 회수 주관의 상부에 연결하는 것이 필수적으로 요구되며, 특히 회수 주관이 고가 배관으로 되어 있을 때에는 더욱 주의하여 연결하여야 한다.
④ 증기 트랩에서 배출되는 응축수를 회수하여 재활용하는 경우에 응축수 회수관 내에는 원하지 않는 배압이 형성되어 증기 트랩의 용량에 영향을 미칠 수 있다.

해설 ① 응축수 배출점이 여러 개 있을 경우 응축수 배출점 중 제일 낮은 점을 기준으로 일시에 배출한다.

18 그림과 같이 개방된 표면에서 구멍 형태로 깊게 침식하는 부식을 무엇이라고 하는가?

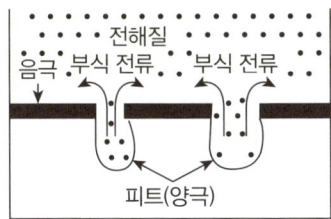

① 국부 부식
② 그루빙(grooving)
③ 저온 부식
④ 점식(pitting)

해설 ① 국부 부식(local corrosion) : 부식이 금속 표면의 일부에 집중적으로 발생되는 부식
② 그루빙(grooving) : 단면이 V형 또는 U형으로 어느 범위 길이의 도랑 모양으로 발생하는 부식
③ 저온 부식 : 연료 중의 유황(S)이 연소해서 아황산가스(SO_2)가 되고, 그 일부는 산화해서 무수황산(SO_3)이 되며, 이것이 가스 중의 수분(H_2O)과 화합하여 황산(H_2SO_4)이 되고 보일러의 저온 전열면에 융착하여서 그 부분을 부식시키는 것
④ 점식(pitting) : 개방된 표면에서 구멍 형태로 깊게 침식하는 부식

19 파이프 커터로 관을 절단하면 안으로 거스러미(burr)가 생기는데 이것을 능률적으로 제거하기 위해 사용되는 공구는?

① 다이 스토크
② 사각줄
③ 파이프 리머
④ 체인 파이프 렌치

해설 ③ 파이프 리머(pipe reamer)의 설명이다.

20 액상 열매체 보일러 시스템에서 열매체유의 액 팽창을 흡수하기 위한 팽창 탱크의 최소 체적(V_T)을 구하는 식으로 옳은 것은? (단, V_E는 승온 시 시스템 내의 열매체유 팽창량, V_M은 상온 시 탱크 내의 열매체유 보유량임.)

① $V_T = V_E + V_M$
② $V_T = V_E + 2V_M$
③ $V_T = 2V_E + V_M$
④ $V_T = 2V_E + 2V_M$

해설 액상 열매체 보일러 시스템에서 팽창 탱크의 최소 체적
$V_T = 2V_E + V_M$
여기서, V_T : 팽창 탱크의 최소 체적
V_E : 승온 시 시스템 내의 열매체유 팽창량
V_M : 상온 시 탱크 내의 열매체유 보유량

정답 17 ① 18 ④ 19 ③ 20 ③

21 점화 장치로 이용되는 파일럿 버너는 화염을 안정시키기 위해 보염식 버너가 이용되고 있는데, 이 보염식 버너의 구조에 관한 설명으로 가장 옳은 것은?

① 동일한 화염 구멍이 8~9개 내외로 나뉘어져 있다.
② 화염 구멍이 가느다란 타원형으로 되어 있다.
③ 중앙의 화염 구멍 주변으로 여러 개의 작은 화염 구멍이 설치되어 있다.
④ 화염 구멍부 구조가 원뿔 형태와 같이 되어 있다.

해설 ③ 보염식 버너 구조 : 중앙의 화염 구멍 주변으로 여러 개의 작은 화염 구멍이 설치되어 있다.

22 다음 천연 고무와 비슷한 성질을 가진 합성 고무로서 내유성, 내후성, 내산화성, 내열성 등이 우수하며, 석유 용매에 대한 저항성이 크고 내열도 −46~121°C의 범위에서 안정한 패킹 재료는?

① 과열 석면
② 네오프렌
③ 테프론
④ 하스텔로이

해설 ② 네오프렌의 설명이다.

23 관의 결합 방식 표시 방법 중 플랜지식의 그림 기호로 맞는 것은?

① ──┼──
② ──●──
③ ──╫──
④ ──╫──

해설 ① 나사형   ② 납땜형
③ 플랜지형   ④ 유니언형

24 다음 보기 중에서 보일러의 운전 정지 순서를 올바르게 나열한 것은?

> ㉠ 증기 밸브를 닫고, 드레인 밸브를 연다.
> ㉡ 공기의 공급을 정지시킨다.
> ㉢ 댐퍼를 닫는다.
> ㉣ 연료의 공급을 정지시킨다.

① ㉡ − ㉣ − ㉠ − ㉢
② ㉣ − ㉡ − ㉠ − ㉢
③ ㉢ − ㉣ − ㉠ − ㉡
④ ㉠ − ㉣ − ㉡ − ㉢

해설 보일러의 운전 정지 순서 : 연료의 공급을 정지시킨다. → 공기의 공급을 정지시킨다. → 증기 밸브를 닫고, 드레인 밸브를 연다. → 댐퍼를 닫는다.

25 보온재 선정 시 고려해야 할 조건이 아닌 것은?

① 부피, 비중이 작을 것
② 보온 능력이 클 것
③ 열전도율이 클 것
④ 기계적 강도가 클 것

해설 ③ 열전도율이 작을 것

26 주증기관에서 증기의 건도를 향상시키는 방법으로 적당하지 않은 것은?

① 가압하여 증기의 압력을 높인다.
② 드레인 포켓을 설치한다.
③ 증기 공간 내에 공기를 제거한다.
④ 기수 분리기를 사용한다.

해설 ① 감압하여 증기의 압력을 낮춘다.

정답 21 ③ 22 ② 23 ③ 24 ② 25 ③ 26 ①

27 평소 사용하고 있는 보일러의 가동 전 준비 사항으로 틀린 것은?

① 각종 기기의 기능을 검사하고 급수 계통의 이상 유무를 확인한다.
② 댐퍼를 닫고 프리퍼지를 행한다.
③ 각 밸브의 개폐 상태를 확인한다.
④ 보일러수 물의 높이는 상용 수위로 하여 수면계로 확인한다.

해설 ② 댐퍼를 개방하고 프리퍼지를 행한다.

28 다음 ( ) 안의 A, B에 각각 들어갈 용어로 옳은 것은?

> 에너지 이용 합리화법은 에너지의 수급을 안정시키고 에너지의 합리적이고 효율적인 이용을 증진하며, 에너지 소비로 인한 (A)을 (를) 줄임으로써 국민 경제의 건전한 발전 및 국민 복지의 증진과 (B)의 최소화에 이바지함을 목적으로 한다.

① A : 환경 파괴
  B : 온실가스
② A : 자연 파괴
  B : 환경 피해
③ A : 환경 피해
  B : 지구 온난화
④ A : 온실가스 배출
  B : 환경 파괴

해설 에너지 이용 합리화법의 목적 : 에너지의 수급을 안정시키고 에너지의 합리적이고 효율적인 이용을 증진하며, 에너지 소비로 인한 환경 피해를 줄임으로써 국민 경제의 건전한 발전 및 국민 복지의 증진과 지구 온난화의 최소화에 이바지함을 목적으로 한다.

29 제3자로부터 위탁을 받아 에너지 사용 시설의 에너지 절약을 위한 관리·용역 사업을 하는 자로서 산업통상자원부 장관에게 등록을 한 자를 지칭하는 기업은?

① 에너지 진단 기업
② 수요 관리 투자 기업
③ 에너지 절약 전문 기업
④ 에너지 기술 개발 전담 기업

해설 ③ 에너지 절약 전문 기업의 설명이다.

30 에너지법상 지역 에너지 계획에 포함되어야 할 사항이 아닌 것은?

① 에너지 수급의 추이와 전망에 관한 사항
② 에너지 이용 합리화와 이를 통한 온실가스 배출 감소를 위한 대책에 관한 사항
③ 미활용 에너지원의 개발·사용을 위한 대책에 관한 사항
④ 에너지 소비 촉진 대책에 관한 사항

해설 에너지법상 지역 에너지 계획에 포함되어야 할 사항
㉠ 에너지 수급의 추이와 전망에 관한 사항
㉡ 에너지의 안정적 공급을 위한 대책에 관한 사항
㉢ 신·재생에너지 등 환경 친화적 에너지 사용을 위한 대책에 관한 사항
㉣ 에너지 사용의 합리화와 이를 통한 온실가스의 배출 감소를 위한 대책에 관한 사항
㉤ 집단 에너지 사업법에 따라 집단 에너지 공급 대상 지역으로 지정된 지역의 경우 그 지역의 집단 에너지 공급을 위한 대책에 관한 사항
㉥ 미활용 에너지원의 개발·사용을 위한 대책에 관한 사항
㉦ 그 밖에 에너지 시책 및 관련 사업을 위하여 시·도지사가 필요하다고 인정하는 사항

31 보일러에 사용하는 화염 검출기에 관한 설명 중 틀린 것은?

① 화염 검출기는 검출이 확실하고 검출에 요구되는 응답 시간이 길어야 한다.
② 사용하는 연료의 화염을 검출하는 것에 적합한 종류를 적용해야 한다.
③ 보일러용 화염 검출기에는 주로 광학식 검출기와 화염 검출봉식(flame rod) 검출기가 사용된다.
④ 광학식 화염 검출기는 자외선식을 사용하는 것이 효율적이지만 유류 보일러에는 일반적으로 가시광선식 또는 적외선식 화염 검출기를 사용한다.

해설 ① 화염 검출기는 검출이 확실하고 검출에 요구되는 응답 시간이 짧아야 한다.

32 측정 장소의 대기 압력을 구하는 식으로 옳은 것은?

① 절대 압력＋게이지 압력
② 게이지 압력－절대 압력
③ 절대 압력－게이지 압력
④ 진공도×대기 압력

해설 대기 압력＝절대 압력－게이지 압력

33 포화 증기와 비교하여 과열 증기가 가지는 특징 설명으로 틀린 것은?

① 증기의 마찰 손실이 작다.
② 같은 압력의 포화 증기에 비해 보유 열량이 많다.
③ 증기 소비량이 적어도 된다.
④ 가열 표면의 온도가 균일하다.

해설 ④ 가열 표면의 온도가 균일하지 않다.

34 대기압에서 동일한 무게의 물 또는 얼음을 다음과 같이 변화시키는 경우 가장 큰 열량이 필요한 것은? (단, 물과 얼음의 비열은 각각 1kcal/kg·℃, 0.48kcal/kg·℃이고, 물의 증발 잠열은 539kcal/kg, 융해 잠열은 80kcal/kg임.)

① －20℃의 얼음을 0℃의 얼음으로 변화
② 0℃의 얼음을 0℃의 물로 변화
③ 0℃의 물을 100℃의 물로 변화
④ 100℃의 물을 100℃의 증기로 변화

해설 ① 20×0.48＝9.6kcal/kg
② 80kcal/kg
③ 100kcal/kg
④ 539kcal/kg

35 보일러 통풍에 대한 설명으로 잘못된 것은?

① 자연 통풍은 일반적으로 별도의 동력을 사용하지 않고 연돌로 인한 통풍을 말한다.
② 평형 통풍은 통풍 조절은 용이하나 통풍력이 약하여 주로 소용량 보일러에서 사용한다.
③ 압입 통풍은 연소용 공기를 송풍기로 노 입구에서 대기압보다 높은 압력으로 밀어 넣고 굴뚝의 통풍 작용과 같이 통풍을 유지하는 방식이다.
④ 흡입 통풍은 크게 연소 가스를 직접 통풍기에 빨아들이는 직접 흡입식과 통풍기로 대기를 빨아들이게 하고 이를 이젝터로 보내어 그 작용에 의해 연소 가스를 빨아들이는 간접 흡입식이 있다.

해설 ② 평형 통풍은 통풍 조절이 용이하나 통풍력이 강하여 주로 대용량 보일러에서 사용한다.

36 2보일러 마력을 열량으로 환산하면 약 몇 kcal/h인가?

① 10,780 ② 13,000

정답 31 ① 32 ③ 33 ④ 34 ④ 35 ② 36 ④

③ 15,650　　　　④ 16,870

해설 증기 보일러의 열출력
= 상당 증발량 × 539kcal/kg
1보일러 마력의 열출력 = 15.65 × 539
= 8,435kcal/h
2보일러 마력의 열출력 = 8,435kcal/h × 2
= 16,870kcal/h

37 보일러 설치 기술 규격에서 보일러의 분류에 대한 설명 중 틀린 것은?

① 주철제 보일러의 최고 사용 압력은 증기 보일러일 경우 0.5MPa까지, 온수 온도는 373K(100℃)까지로 국한된다.
② 일반적으로 보일러는 사용 매체에 따라 증기 보일러, 온수 보일러 및 열매체 보일러로 분류한다.
③ 보일러의 재질에 따라 강철제 보일러와 주철제 보일러로 분류한다.
④ 연료에 따라 유류 보일러, 가스 보일러, 석탄 보일러, 목재 보일러, 폐열 보일러, 특수 연료 보일러 등이 있다.

해설 ① 주철제 보일러의 최고 사용 압력은 증기 보일러일 경우 0.1MPa까지, 온수 온도는 373K(120℃)까지로 국한한다.

38 전열 면적이 $30m^2$인 수직 연관 보일러를 2시간 연소시킨 결과 3,000kg의 증기가 발생하였다. 이 보일러의 증발률은 약 몇 $kg/m^2 \cdot h$인가?

① 20　　　　② 30
③ 40　　　　④ 50

해설 보일러의 증발률
$$= \frac{매시\ 실제\ 증발량(kg/h)}{전열\ 면적(m^2)}$$
$$= \frac{1,500kg/h}{30m^2}$$
$$= 50kg/m^2 \cdot h$$

수직 연관 보일러를 2시간 연소시킨 결과 3,000kg의 증기가 발생하였으므로 매시 실제 증발량을 1,500kg/h로 본다.

39 기체 연료의 일반적인 특징을 설명한 것으로 잘못된 것은?

① 적은 공기비로 완전 연소가 가능하다.
② 수송 및 저장이 편리하다.
③ 연소 효율이 높고 자동 제어가 용이하다.
④ 누설 시 화재 및 폭발의 위험이 크다.

해설 ② 수송 및 저장이 어렵다.

40 노내에 분사된 연료에 연소용 공기를 유효하게 공급 확산시켜 연소를 유효하게 하고 확실한 착화와 화염의 안정을 도모하기 위하여 설치하는 것은?

① 화염 검출기
② 연료 차단 밸브
③ 버너 정지 인터록
④ 보염 장치

해설 ① 화염 검출기(flame project) : 연소실 내의 화염 상태가 불안정하거나 실화 시에 전자 밸브로 하여금 자동으로 연료 공급을 차단시켜 연화나 가스 폭발 사고를 사전에 방지해 주는 안전 장치
② 연료 차단 밸브(fuel shut-off valve) : 연소(버너) 정지 시, 자동 보일러 운전 시의 저수위·실화 등 각 부에 소정의 이상 상태가 생긴 경우, 그 신호에 의해 순간적으로 밸브를 열어 버너로 가는 연료의 공급을 차단하여 연소를 정지시켜, 보일러의 안전을 꾀하기 위한 밸브
③ 버너 정지 인터록 : 버너의 가동을 정지시키거나 가동이 되지 않도록 하여 사고를 미연에 방지하는 장치

정답 37 ① 38 ④ 39 ② 40 ④

41 보일러 부속 장치에 대한 설명 중 잘못된 것은?

① 인젝터 : 증기를 이용한 급수 장치
② 기수 분리기 : 증기 중에 혼입된 수분을 분리하는 장치
③ 스팀 트랩 : 응축수를 자동으로 배출하는 장치
④ 절탄기 : 보일러 동 저면의 스케일, 침전물을 밖으로 배출하는 장치

해설 ④ 수저 분출 장치 : 보일러 동 저면의 스케일, 침전물을 밖으로 배출하는 장치

42 보일러 연료의 구비 조건으로 틀린 것은?

① 공기 중에 쉽게 연소할 것
② 단위 중량당 발열량이 클 것
③ 연소 시 회분 배출량이 많을 것
④ 저장이나 운반, 취급이 용이할 것

해설 ③ 연소 시 회분 배출량이 작을 것

43 보일러의 급수 장치에 해당되지 않는 것은?

① 비수 방지관   ② 급수 내관
③ 원심 펌프   ④ 인젝터

해설 ① 비수 방지관 : 송기 장치

44 집진 장치 중 가압수를 이용한 집진 장치는?

① 포켓식
② 임펠러식
③ 벤투리 스크러버식
④ 타이젠 와셔식

해설 가압수를 이용한 집진 장치
㉠ 벤투리 스크러버식   ㉡ 제트 스크러버
㉢ 사이클론 스크러버   ㉣ 충전탑

45 동관 이음에서 한쪽 동관의 끝을 나팔형으로 넓히고, 압축 이음쇠를 이용하여 체결하는 이음 방법은?

① 플레어 이음   ② 플랜지 이음
③ 플라스턴 이음 ④ 몰코 이음

해설 ② 플랜지 이음(flange coupling) : 관 자체를 회전시키지 않고 플랜지 사이에 기밀을 유지하기 위해 개스킷을 삽입시킨 다음 볼트와 너트를 이용하여 접합시키는 방법
③ 플라스턴 이음(plastan joint) : 동관이나 납관의 접합 방법의 하나로 납과 주석을 합금하고 이것에 중성 용제를 혼합한 플라스턴을 이음 부분에 삽입한 다음 가열하여 접합하는 이음
④ 몰코 이음 : 전용 압착 공구를 사용하여 접합하는 이음

46 보일러에서 이상 고수위를 초래한 경우 나타나는 현상과 그 조치에 관한 설명으로 틀린 것은?

① 이상 고수위를 확인한 경우에는 즉시 언소를 정지시킴과 동시에 급수 펌프를 멈추고 급수를 정지시킨다.
② 이상 고수위를 넘어 만수 상태가 되면 보일러 파손이 일어날 수 있으므로 동체 하부에 분출 밸브(콕)를 전개하여 보일러수를 전부 재빨리 방출하는 것이 좋다.
③ 이상 고수위나 증기의 취출량이 많은 경우에는 캐리 오버나 프라이밍 등을 일으켜 증기 속에 물방울이나 수분이 포함되며, 심할 경우 수격 작용을 일으킬 수 있다.
④ 수위가 유리 수면계의 상단에 달했거나 조금 초과한 경우에는 급수를 정지시켜야 하지만, 연소는 정지시키지 말고 저연소율로 계속 유지하여 송기를 계속한 후 보일러 수위가 정상으로 회복하면 원래 운전 상태로 돌아오는 것이 좋다.

정답 41 ④ 42 ③ 43 ① 44 ③ 45 ① 46 ②

해설 ② 이상 고수위를 넘어 만수 상태가 되면 보일러 파손이 일어날 수 있으므로 동체 하부에 분출 밸브(콕)를 전개하여 보일러수를 서서히 방출하여 정상 수위로 만든다.

47 손실 열량 3,000kcal/h의 사무실에 온수 방열기를 설치할 때 방열기의 소요 섹션 수는 몇 쪽인가? (단, 방열기 방열량은 표준 방열량으로 하며, 1섹션의 방열 면적은 $0.26m^2$임)

① 12쪽　　② 15쪽
③ 26쪽　　④ 32쪽

해설 온수 방열기의 소요 섹션수 $N_w = \dfrac{H_r}{450 \times a}$

여기서, a : 방열기 형식에 따른 섹션 1개당 면적(m^2)
　　　　H_r : 실의 난방 부하(kcal/h)

∴ $N_w = \dfrac{3,000}{450 \times 0.26} = 26$쪽

48 점화 조작 시 주의 사항에 관한 설명으로 틀린 것은?

① 연료 가스의 유출 속도가 너무 빠르면 실화 등이 일어날 수 있고, 너무 늦으면 역화가 발생할 수 있다.
② 연소실의 온도가 낮으면 연료의 확산이 불량해지며 착화가 잘 안 된다.
③ 연료의 예열 온도가 너무 높으면 기름이 분해되고, 분사 각도가 흐트러져 분무 상태가 불량해지며, 탄화물이 생성될 수 있다.
④ 유압이 너무 낮으면 그을음이 축적될 수 있고, 너무 높으면 점화 및 분사가 불량해질 수 있다.

해설 ④ 유압이 너무 낮으면 그을음이 축적될 수 있고, 적정하면 점화 및 분사가 양호하다.

49 보온재가 갖추어야 할 조건 설명으로 틀린 것은?

① 열전도율이 작아야 한다.
② 부피, 비중이 커야 한다.
③ 적합한 기계적 강도를 가져야 한다.
④ 흡수성이 낮아야 한다.

해설 ② 부피, 비중이 작아야 한다.

50 어떤 주철제 방열기 내 증기의 평균 온도가 110℃이고, 실내 온도가 18℃일 때, 방열기의 방열량($kcal/m^2 \cdot h$)은? (단, 방열기의 방열 계수는 $7.2kcal/m^2 \cdot h \cdot ℃$임.)

① 236.4　　② 478.8
③ 521.6　　④ 662.4

해설 $Q = Q_c \times L$
여기서, Q : 방열기의 방열량($kcal/m^2 \cdot h$)
　　　　Q_c : 증기 응축량($kg/m^2 \cdot h$)
　　　　L : 그 증기 압력에서의 증발 잠열(kcal/kg)
∴ $Q = 7.2 \times (110-18) = 662.4 kcal/m^2 \cdot h$

51 가스 보일러에서 가스 폭발의 예방을 위한 유의 사항 중 틀린 것은?

① 가스 압력이 적당하고 안정되어 있는지 점검한다.
② 화로 및 굴뚝의 통풍, 환기를 완벽하게 하는 것이 필요하다.
③ 점화용 가스의 종류는 가급적 화력이 낮은 것을 사용한다.
④ 착화 후 연소가 불안정할 때는 즉시 가스 공급을 중단한다.

해설 ③ 점화용 가스의 종류는 가급적 화력이 높은 것을 사용한다.

정답　47 ③　48 ④　49 ②　50 ④　51 ③

52 구상 흑연 주철관이라고도 하며, 땅속 또는 지상에 배관하여 압력 상태 또는 무압력 상태에서 물의 수송 등에 주로 사용되는 주철관은?

① 덕타일 주철관
② 수도용 이형 주철관
③ 원심력 모르타르 라이닝 주철관
④ 수도용 원심력 금형 주철관

해설 ① 덕타일(구상 흑연) 주철관 : 양질의 선철을 강에 배합하며, 주철 중에 흑연을 구상화시켜서 질이 균일하고 치밀하며 강도가 크다.

53 보일러 운전 중 연도 내에서 폭발이 발생하면 제일 먼저 해야 할 일은?

① 급수를 중단한다.
② 증기 밸브를 잠근다.
③ 송풍기 가동을 중지한다.
④ 연료 공급을 차단하고 가동을 중지한다.

해설 보일러 운전 중 연도 내에서 폭발 발생 시 긴급 조치 순서
연료 공급을 차단하고 가동을 중지한다. → 급수를 중단한다. → 증기 밸브를 잠근다. → 송풍기 가동을 중지시킨다.

54 신축 곡관이라고 하며 강관 또는 동관 등을 구부려서 구부림에 따른 신축을 흡수하는 이음쇠는?

① 루프형 신축 이음쇠
② 슬리브형 신축 이음쇠
③ 스위블형 신축 이음쇠
④ 벨로스형 신축 이음쇠

해설 ② 슬리브형 신축 이음쇠 : 조인트 본체와 파이프로 되어 있고, 관의 신축이 본체 속에 미끄러지는 슬리브 파이프에 흡수되는 단식과 복식의 2형식이 있다.

③ 스위블형 신축 이음쇠 : 2개 이상의 엘보를 사용하여 나사의 회전을 이용한 것이며, 방열기 입구 측 배관에 설치 사용한다.
④ 벨로스형 신축 이음쇠 : 벨로스가 신축을 흡수하여 열응력을 받지 않으나 벨로스 내에 물이 고이면 부식을 많이 일으킨다.

55 온수 온돌의 방수 처리에 대한 설명으로 적절하지 않은 것은?

① 다층 건물에 있어서도 전층의 온수 온돌에 방수 처리를 하는 것이 좋다.
② 방수 처리는 내식성이 있는 루핑, 비닐, 방수 모르타르로 하며, 습기가 스며들지 않도록 완전히 밀봉한다.
③ 벽면으로 습기가 올라오는 것을 대비하여 온돌 바닥보다 약 10cm 이상 위까지 방수 처리를 하는 것이 좋다.
④ 방수 처리를 함으로써 열손실을 감소시킬 수 있다.

해설 ① 온수 온돌이란 보일러 또는 그 밖의 열원으로부터 생성된 온수를 바닥에 설치된 배관을 통하여 흐르게 하여 난방을 하는 방식이며, 다층 건물에 있어서는 전층의 온수 온돌에 방수 처리를 하지 않는다.

56 보일러 휴지 기간이 1개월 이하인 단기 보존에 적합한 방법은?

① 석회 밀폐 건조법
② 소다 만수 보존법
③ 가열 건조법
④ 질소 가스 봉입법

해설 ③ 가열 건조법의 설명이다.

정답 52 ① 53 ④ 54 ① 55 ① 56 ③

57 난방 설비와 관련된 설명 중 잘못된 것은?

① 증기 난방의 표준 방열량은 650kcal/m²·h 이다.
② 방열기는 증기 또는 온수 등의 열매를 유입하여 열을 방산하는 기구로 난방의 목적을 달성하는 장치이다.
③ 하트포드 접속법(hartford connection)은 고압 증기 난방에 필요한 접속법이다.
④ 온수 난방에서 온수 순환 방식에 따라 크게 중력 순환식과 강제 순환식으로 구분한다.

해설 ③ 하트포드 접속법은 저압 증기 난방의 습식 환수 방식에 사용된다.

58 신·재생에너지 설비의 인증을 위한 심사 기준 항목으로 거리가 먼 것은?

① 국제 또는 국내의 성능 및 규격에의 적합성
② 설비의 효율성
③ 설비의 우수성
④ 설비의 내구성

해설 신·재생에너지 설비의 인증을 위한 심사 기준 항목
㉠ 국제 또는 국내의 성능 및 규격에의 적합성
㉡ 설비의 효율성
㉢ 설비의 내구성

59 에너지 이용 합리화법에 따라 에너지 이용 합리화 기본 계획에 포함될 사항으로 거리가 먼 것은?

① 에너지 절약형 경제 구조로의 전환
② 에너지 이용 효율의 증대
③ 에너지 이용 합리화를 위한 홍보 및 교육
④ 열사용 기자재의 품질 관리

해설 에너지 이용 합리화법에 따라 에너지 이용 합리화 기본 계획에 포함될 사항
㉠ 에너지 절약형 경제 구조로의 전환
㉡ 에너지 이용 효율의 증대
㉢ 에너지 이용 합리화를 위한 홍보 및 교육

60 저탄소 녹색 성장 기본법에 따라 대통령령으로 정하는 기준량 이상의 에너지 소비 업체를 지정하는 기준으로 옳은 것은?

① 해당 연도 1월 1일을 기준으로 최근 3년간 업체의 모든 사업체에서 소비한 에너지의 연평균 총량이 650terajoules 이상
② 해당 연도 1월 1일을 기준으로 최근 3년간 업체의 모든 사업체에서 소비한 에너지의 연평균 총량이 550terajoules 이상
③ 해당 연도 1월 1일을 기준으로 최근 3년간 업체의 모든 사업체에서 소비한 에너지의 연평균 총량이 450terajoules 이상
④ 해당 연도 1월 1일을 기준으로 최근 3년간 업체의 모든 사업체에서 소비한 에너지의 연평균 총량이 350terajoules 이상

해설 저탄소 녹색 성장 기본법에 따라 대통령령으로 정하는 기준량 이상의 에너지 소비 업체를 지정하는 기준 : 해당 연도 1월 1일을 기준으로 최근 3년간 업체의 모든 사업체에서 소비한 에너지의 연평균 총량이 350terajoules 이상

정답 57 ③ 58 ③ 59 ④ 60 ④

에너지관리기능사 (2021. 1. 31 시행)

01 섭씨온도(℃), 화씨온도(℉), 켈빈 온도(K), 랭킨 온도(°R)와의 관계식으로 옳은 것은?

① ℃ = 1.8 × (℉ − 32)

② ℉ = $\dfrac{(℃ + 32)}{1.8}$

③ K = $\dfrac{5}{9}$ × °R

④ °R = K × $\dfrac{5}{9}$

해설 ① ℃ = $\dfrac{5}{9}$(℉ − 32)

② ℉ = $\dfrac{9}{5}$℃ + 32

④ °R = ℉ + 460 = K × 1.8

02 다음 물질 중 비열이 가장 큰 것은?

① 물　　② 증기
③ 공기　④ 배기가스

해설 비열 : 어떤 물질 1kg의 온도를 14.5℃에서 15.5℃로 1℃ 올리는 데 필요한 열량
① 물 : 1kcal/kg·℃
② 증기 : 0.46kcal/kg·℃
③ 공기 : 0.24kcal/kg·℃
④ 배기가스 : 0.45kcal/kg·℃

03 기수 드럼이 없으며, 보일러수가 관 내에서 증발하여 과열 증기로 되는 보일러는?

① 열매체 보일러
② 수관식 보일러
③ 관류 보일러
④ 연관 보일러

해설 관류 보일러 : 가열 → 증발 → 과열 증기의 형태로 된 구조이다. 슐처, 벤슨, 앳모스 등이 있으며, 증기 발생 시간이 빠르고 고압 대용량으로 제작이 가능하나, 급수 처리 및 연소 제어 장치가 양호해야 된다.

04 다음 보일러 중 노통 연관식 보일러는?

① 코니시 보일러　② 랭커셔 보일러
③ 스코치 보일러　④ 타쿠마 보일러

해설 ①, ② : 노통 보일러
④ : 경사관식 수관 보일러

05 일반적으로 열효율이 가장 높은 보일러는?

① 수관식 보일러
② 노통 연관 보일러
③ 연관 보일러
④ 노통 보일러

해설 보일러 열효율이 높은 순서
㉠ 수관식 보일러(90% 이상)
㉡ 노통 연관 보일러(85%)
㉢ 연관 보일러(70~80%)
㉣ 노통 보일러(60~70%)

06 과열 증기에서 과열도는 무엇인가?

① 과열 증기 온도와 포화 증기 온도의 차이다.
② 과열 증기 온도에 증발열을 합한 것이다.
③ 과열 증기의 압력과 포화 증기의 압력 차이다.
④ 과열 증기 온도에 증발열을 뺀 것이다.

해설 과열도 = 과열 증기 온도 − 포화 증기 온도

정답 01 ③　02 ①　03 ③　04 ③　05 ①　06 ①

07 다음 중 보일러의 안전 장치에 해당되지 않는 것은?

① 방출 밸브 ② 방폭문
③ 화염 검출기 ④ 감압 밸브

해설 보일러 안전 장치의 종류
㉠ 방출 밸브 ㉡ 방폭문 ㉢ 화염 검출기

08 스프링식 안전 밸브에서 저양정식인 경우는?

① 밸브의 양정이 밸브 시트 구경의 1/7 이상 1/5 미만인 것
② 밸브의 양정이 밸브 시트 구경의 1/15 이상 1/7 미만인 것
③ 밸브의 양정이 밸브 시트 구경의 1/40 이상 1/15 미만인 것
④ 밸브의 양정이 밸브 시트 구경의 1/45 이상 1/40 미만인 것

해설 스프링식 안전 밸브

종류	크기
저양정식	밸브의 양정이 밸브 시트 구경의 $\frac{1}{40}$ 이상 $\frac{1}{15}$ 미만
고양정식	밸브의 양정이 밸브 시트 구경의 $\frac{1}{15}$ 이상 $\frac{1}{7}$ 미만
전양정식	밸브의 양정이 밸브 시트 구경의 $\frac{1}{7}$ 이상
전량식	밸브 시트 지름이 목부분 지름의 1.15배

09 보일러 자동 제어에서 3요소식 수위 제어의 3가지 검출 요소와 무관한 것은?

① 노내 압력 ② 수위
③ 증기 유량 ④ 급수 유량

해설 보일러 자동 제어에서 3요소식 수위 제어의 3가지 검출 요소
㉠ 수위 ㉡ 증기 유량 ㉢ 급수 유량

10 화염 검출기의 종류 중 화염의 발열을 이용한 것으로 바이메탈에 의하여 작동되며, 주로 소용량 온수 보일러의 연도에 설치되는 것은?

① 플레임 아이 ② 스택 스위치
③ 플레임 로드 ④ 적외선 광전관

해설 화염(불꽃) 검출기 : 연소실 내의 화염 상태가 불안정하거나 실화 시에 전자 밸브로 하여금 자동으로 연료 공급을 차단시켜 역화 또는 가스 폭발 사고를 사전에 방지해 주는 안전 장치
㉠ 플레임 아이(flame eye) : 화염의 방사선을 이용하여 화염을 검출한다.
㉡ 플레임 로드(flame road) : 화염의 이온화를 이용하여 화염을 검출한다.
㉢ 스택 스위치(stack switch) : 화염의 발열을 이용한 것으로 바이메탈에 의하여 작동되며, 주로 소용량 온수 보일러의 연도에 설치한다.

11 증기 보일러에 설치하는 압력계의 최고 눈금은 보일러 최고 사용 압력의 몇 배가 되어야 하는가?

① 0.5~0.8배 ② 1.0~1.4배
③ 1.5~3.0배 ④ 5.0~10.0배

해설 증기 보일러 압력계의 최고 눈금 : 최고 사용 압력의 1.5~3.0배

12 보일러 동 내부 안전 저수위보다 약간 높게 설치하여 유지분, 부유물 등을 제거하는 장치로서 연속 분출 장치에 해당되는 것은?

① 수면 분출 장치
② 수저 분출 장치
③ 수중 분출 장치
④ 압력 분출 장치

해설 수면 분출 장치의 설명이다.

정답 07 ④ 08 ③ 09 ① 10 ② 11 ③ 12 ①

13 보일러의 용량을 나타내는 것으로 부적합한 것은?

① 상당 증발량 ② 보일러의 마력
③ 전열 면적   ④ 연료 사용량

해설 보일러의 용량을 나타내는 것
㉠ 상당 증발량
㉡ 보일러의 마력
㉢ 전열 면적

14 연료의 가연 성분 원소가 아닌 것은?

① C ② H
③ S ④ O

해설 연소의 3대 요건
㉠ 가연성 물질 : 탄소(C), 수소(H), 황(S)
㉡ 산소 공급원 : 공기
㉢ 점화원 : 불꽃(인화), 열(발화)

15 보일러 효율을 올바르게 설명한 것은?

① 증기 발생에 이용된 열량과 보일러에 공급한 연료가 완전 연소할 때의 열량과의 비
② 배기가스 열량과 연소실에서 발생한 열량과의 비
③ 연도에서 열량과 보일러에 공급한 연료가 완전 연소할 때의 열량과의 비
④ 총 손실 열량과 연료의 연소 열량과의 비

해설 보일러 효율은 연소실로 공급된 연료가 연소 시 발생된 열량과 동 내부에 있는 물이 그 열을 흡수하여 증기나 온수를 발생하는 데 이용된 열량과의 비율이다.

16 열정산의 방법에서 입열 항목에 속하지 않는 것은?

① 발생 증기의 흡수열
② 연료의 연소열
③ 연료의 현열
④ 공기의 현열

해설 열정산 방법의 입열 항목
㉠ 연료의 연소열
㉡ 연료의 현열
㉢ 공기의 현열

17 다음 중 보일러 액체 연료의 특징 설명으로 틀린 것은?

① 품질이 균일하여 발열량이 높다.
② 운반 및 저장, 취급이 용이하다.
③ 회분이 많고, 연소 조절이 쉽다.
④ 연소 온도가 높아 국부 과열 위험성이 높다.

해설 ③ 회분이 적고, 연소 조절이 쉽다.

18 액체 연료를 구성하는 요소는?

① C, CO, CO_2, H, O
② O, N, O_2, SO_4, P
③ C, H, O, S, N
④ NO, O, CH_4, SO

해설 연료의 조성
㉠ 주성분 : 탄소(C), 수소(H)
㉡ 기타 : 황(S), 산소(O), 질소(N), 수분(W)

19 지구 온난화 현상과 관련하여 온실 효과를 가져오는 대표적인 기체는?

① CO_2 ② O_2
③ SO_3 ④ N_2

해설 온실가스 : 적외선 복사열을 흡수하거나 재방출하여 온실 효과를 대기 중의 가스 상태의 물질로 이산화탄소(CO_2), 메탄(CH_4), 이산화질소(N_2O), 수소불화탄소(HFC), 과불화탄소(PFCs) 또는 육불화황(SF_6)을 말한다.

정답 13 ④ 14 ④ 15 ① 16 ① 17 ③ 18 ③ 19 ①

20 가스 버너에서 리프팅(lifting) 현상이 발생하는 경우는?

① 가스압이 너무 높은 경우
② 버너 부식으로 염공이 커진 경우
③ 버너가 과열된 경우
④ 1차 공기의 흡인이 많은 경우

해설 리프팅 현상은 역화와 반대로 불꽃이 버너에서 비상하여 형성되는 경우이며, 가스압이 너무 높은 경우 발생한다.

21 노내에 분사된 연료에 연소용 공기를 유효하게 공급·확산시켜 연소를 유효하게 하고, 확실한 착화와 화염의 안정을 도모하기 위하여 설치하는 것은?

① 화염 검출기   ② 연료 차단 밸브
③ 버너 정지 인터록   ④ 보염 장치

해설 ① 화염 검출기(flame project) : 연소실 내의 화염 상태가 불안정하거나 실화 시에 전자 밸브로 하여금 자동으로 연료 공급을 차단시켜 연화나 가스 폭발 사고를 사전에 방지해 주는 안전 장치
② 연료 차단 밸브(fuel shut-off valve) : 연소(버너) 정지 시, 자동 보일러 운전 시의 저수위·실화 등 각부에 소정의 이상 상태가 생긴 경우, 그 신호에 의해 순간적으로 밸브를 열어 버너로 가는 연료의 공급을 차단하여 연소를 정지시켜 보일러의 안전을 꾀하기 위한 밸브
③ 버너 정지 인터록 : 버너의 가동을 정지시키거나 가동이 되지 않도록 하여 사고를 미연에 방지하는 장치

22 다음 중 유효 수소를 옳게 표시한 것은?

① $H + \dfrac{O}{8}$ ② $H + \dfrac{O}{16}$
③ $H - \dfrac{O}{8}$ ④ $H - \dfrac{O}{16}$

해설 ㉠ H는 연료 속에 함유되어 있는 수소의 총량을 말하며, $\dfrac{O}{8}$란 연료 속에 수소가 같은 연료 중에 산소와 화합되어 화합 수분을 만들어 줄 수 있는 수소의 양을 말한다.
㉡ 총 수소량은 연료 속의 화합 수분을 만드는 수소의 양 =실제로 탈 수 있는(공기 중의 산소와 화합할 수 있는) 수소의 양, 즉 유효 수소의 값이 산출된다.
$$H - \dfrac{O}{8}$$

23 통풍력을 약화시키는 원인들은 다음과 같다. 잘못된 것은?

① 연도가 너무 짧다.
② 연도 통로에 배플 수관 연관이 있는 것
③ 연도의 굴곡이 급한 것
④ 연도의 단면적이 작은 것

해설 ① 연도가 짧을수록 통풍력이 커진다.

24 집진 장치의 종류 중에 연도 내에 대치시킨 2개의 전극 사이에 직류 고압을 가하여 강한 전장을 만들어 이곳을 통과하는 재와 먼지의 미립자를 모이게 하는 전기식 집진 장치의 명칭은?

① 슬러지   ② 호루겔
③ 스크러버   ④ 코트렐

해설 ④ 코트렐 : 전기 집진 장치로 함진 가스의 입자에 전하를 부여하고, 대전 입자를 정전기력에 의해 분리하는 장치로 전기 영동 현상을 이용(코로나 방전 이용)

25 블록 선도는 무엇을 표시하는가?

① 제어 대상과 변수 편차를 표시한다.
② 제어 편차의 증감 크기를 표시한다.
③ 제어 회로의 구성 요소를 표시한다.
④ 제어 신호의 전달 경로를 표시한다.

정답 20 ① 21 ④ 22 ③ 23 ① 24 ④ 25 ④

해설 블록 선도의 자동 제어계에 쓰이는 장치와 제어 신호의 전달 경로를 블록(block)과 화살표가 붙은 선으로 표시한다.

26 프로세스 제어의 제어량이 아닌 것은?

① 온도
② 유량
③ 속도
④ 액면

해설 프로세스 제어의 제어량 : 온도, 압력, 유량, 농도, 습도

27 다음 제어 동작 중 연속 제어 특성과 관계가 없는 것은?

① P 동작(비례 동작)
② I 동작(적분 동작)
③ D 동작(미분 동작)
④ ON-OFF 동작(2위치 동작)

해설 ON-OFF 동작은 불연속 동작 또는 2위치 동작이라고도 하며, 제어량이 설정값에 어긋나면 조작부를 전폐하여 운전을 정지하거나 반대로 전개하여 작동하는 동작을 말한다.

28 보일러 자동 제어의 급수 제어에서 조작량은?

① 공기량
② 연료량
③ 전열량
④ 급수량

해설 보일러의 자동 제어(ABC ; Automatic Boiler Control)
㉠ 급수 제어(FWC)의 제어량은 보일러의 수위이고, 조작량은 급수량이다.
㉡ 연소 제어(ACC)의 제어량은 증기 압력과 노내압이고, 조작량은 공기량, 연료량, 연소 가스량이다.
㉢ 증기 온도 제어(STC)의 제어량은 증기 온도이고, 조작량은 전열량이다.

29 피드백 자동 제어에서 동작 신호를 받아서 제어계가 정해진 동작을 하는 데 필요한 신호를 만들어 조작부에 보내는 부분은?

① 검출부
② 조절부
③ 비교부
④ 제어부

해설 ㉠ 조작부란 조절부로부터 신호를 받아서 조작량으로 바꾸어 주는 부분이다.
㉡ 조절부란 조작 신호를 조작부에 내보내는 부분이다.

30 보일러 자동 연소 제어(ACC)의 조작량에 해당하지 않는 것은?

① 연소 가스량
② 공기량
③ 연료량
④ 급수량

해설 보일러 자동 연소 제어(ACC)의 조작량
㉠ 연소 가스량
㉡ 공기량
㉢ 연료량

31 증기 난방에서 환수관의 수평 배관에서 관경이 가늘어지는 경우 편심 리듀서를 사용하는 이유로 적합한 것은?

① 응축수의 순환을 억제하기 위해
② 관의 열팽창을 방지하기 위해
③ 동심 리듀서보다 시공을 단축하기 위해
④ 응축수의 체류를 방지하기 위해

해설 편심 리듀서를 사용하는 이유 : 응축수의 체류를 방지하기 위해

정답 26 ③ 27 ④ 28 ④ 29 ② 30 ④ 31 ④

32 증기 난방에서 응축수의 환수 방법에 따른 분류 중 증기의 순환과 응축수의 배출이 빠르며, 방열량도 광범위하게 조절할 수 있어서 대규모 난방에서 많이 채택하는 방식은?

① 진공 환수식 증기 난방
② 복관 중력 환수식 증기 난방
③ 기계 환수식 증기 난방
④ 단관 중력 환수식 증기 난방

해설 ② 복관 중력 환수식 증기 난방 : 증기와 응축수가 각기 다른 배관에서 흐르는 것
③ 기계 환수식 증기 난방 : 중력 환수식 배관을 그대로 두고서 그 환수 주관과 수수 탱크와의 사이는 중력식으로 조작하며, 수수 탱크에 모인 응축수를 보일러에 급수하는 것
④ 단관 중력 환수식 증기 난방 : 응축수와 증기가 동일 배관 내에서 역방향으로 흐르는 것

33 하트포드 접속법은 저압 증기 보일러의 배관 방식이다. 어느 부분에 적용하는 배관법인가?

① 보일러의 증기관과 환수관 사이
② 고압 배관과 저압 배관 사이
③ 관말 트랩 장치 배관
④ 방열기 주위 배관

해설 하트포드 배관법 : 보일러의 물이 환수관으로 역류하는 것을 방지하기 위하여 설치하는 배관법

34 증기 난방과 비교하여 온수 난방의 특징에 대한 설명으로 틀린 것은?

① 물의 현열을 이용하여 난방하는 방식이다.
② 예열에 시간이 걸리지만 쉽게 냉각되지 않는다.
③ 동일 방열량에 대하여 방열 면적이 크고 관경도 굵어야 한다.
④ 실내 쾌감도가 증기 난방에 비해 낮다.

해설 ④ 실내 쾌감도가 증기 난방에 비해 높다.

35 난방 부하 5,600kcal/h, 방열기 계수 7kcal/m²·h·℃, 송수 온도 80℃, 환수 온도 60℃, 실내 온도 20℃일 때 방열기의 소요 방열 면적은 몇 m²인가?

① 8   ② 16
③ 24 ④ 32

해설 $Q_0 = k(t_2 - t_1) = 7\left(\dfrac{80+60}{2} - 20\right) = 350$

$\therefore S = \dfrac{H_r}{Q_0} = \dfrac{5,600}{350} = 16\text{m}^2$

36 다음 부품 중 전후에 바이패스를 설치해서는 안 되는 부품은?

① 급수관
② 연료 차단 밸브
③ 감압 밸브
④ 유류 배관의 유량계

해설 ② 연료 차단 밸브는 전후에 바이패스를 설치해서는 안 된다.

37 열 사용 기자재 검사 기준에 따라 수압 시험을 할 때 강철제 보일러의 최고 사용 압력이 0.43MPa 초과, 1.5MPa 이하인 보일러의 수압 시험 압력은?

① 최고 사용 압력의 2배＋0.1MPA
② 최고 사용 압력의 1.5배＋0.2MPA
③ 최고 사용 압력의 1.3배＋0.3MPA
④ 최고 사용 압력의 2.5배＋0.5MPA

정답 32 ① 33 ① 34 ④ 35 ② 36 ② 37 ③

해설 강철제 보일러의 수압 시험 압력

최고 사용 압력	수압 시험 압력
0.43MPa 이하	최고 사용 압력의 2배 (단, 그 시험 압력이 0.2MPa 미만인 경우에는 0.2MPa로 한다)
0.43MPa 초과 1.5MPa 이하	최고 사용 압력의 1.3배＋0.3MPa
1.5MPa 초과	최고 사용 압력의 1.5배

38 보일러의 처음 시동 시에 취급자의 태도로 옳은 것은?

① 보일러 정면에서 점화
② 보일러 위에서 점화
③ 보일러 측면에서 점화
④ 보일러 후면에서 점화

해설 ③ 보일러의 처음 시동 시에는 보일러의 측면에서 점화한다.

39 다음 중 연관 최고부보다 노통 윗면이 높은 노통 연관 보일러의 최저 수위(안전 저수면)의 위치는?

① 노통 최고부 위 100mm
② 노통 최고부 위 75mm
③ 연관 최고부 위 100mm
④ 연관 최고부 위 75mm

해설 노통 연관 보일러의 최저 수위(안전 저수면)의 위치 : 노통 최고부 위 100mm

40 보일러 운전 중 연도 내에서 폭발이 발생하면 제일 먼저 해야 할 일은?

① 급수를 중단한다.
② 증기 밸브를 잠근다.
③ 송풍기 가동을 중지한다.
④ 연료 공급을 차단하고 가동을 중지한다.

해설 보일러 운전 중 연도 내에서 폭발 발생 시 긴급 조치 순서 : 연료 공급을 차단하고 가동을 중지한다. → 급수를 중단한다. → 증기 밸브를 잠근다. → 송풍기 가동을 중지시킨다.

41 보일러 용수 처리의 목적이 아닌 것은?

① 스케일 생성 및 고착을 방지한다.
② 저온 부식 및 고온 부식을 방지한다.
③ 가성 취화의 발생을 감소시킨다.
④ 포밍과 프라이밍의 발생을 방지한다.

해설 ② 연료 성분에 의해서 발생하는 외부 부식이다.

42 보일러 사고에서 제작상의 원인이 아닌 것은?

① 구조 불량　② 재료 불량
③ 캐리 오버　④ 용접 불량

해설 보일러 사고의 원인
㉠ 취급 부주의 : 캐리 오버, 이상 감수, 최고 사용 압력 초과, 미연소 가스 폭발 사고 등
㉡ 제작상의 원인 : 구조 불량, 재료 불량, 용접 불량, 설계 불량 등

43 다음 사고 중 제작상의 원인이 아닌 것은?

① 구조 불량　② 계기류의 상태 불량
③ 용접 불량　④ 재료 불량

해설 ② 취급상의 사고 원인

44 점식(pitting)의 원인은?

① 용존 가스체에 의한 것
② pH가 높아서 가성 취화 때문에
③ 산 세관 시 부식 억제제가 부족할 때
④ 휴관 시 보존 방법에 의하여 생긴 부식

해설 점식(pitting)은 O_2, CO_2에 의해 발생되며, 보일러 부식의 80% 이상을 차지한다.

정답 38 ③　39 ①　40 ④　41 ②　42 ③　43 ②　44 ①

45 프라이밍의 발생 원인으로 거리가 먼 것은?

① 보일러 수위가 높을 때
② 보일러수가 농축되어 있을 때
③ 송기 시 증기 밸브를 급개할 때
④ 증발 능력에 비하여 보일러수의 표면적이 클 때

해설 (개) 프라이밍(priming) : 비수라 하며, 압력의 급강하, 거품이 부풀어 올라 터지면서 수면 위로 물방울이 튀어 오르는 현상을 말한다.
(나) 프라이밍 발생 원인
㉠ 보일러 수위가 높을 때
㉡ 보일러수가 농축되어 있을 때
㉢ 송기 시 증기 밸브를 급개할 때
㉣ 증발 수면이 좁거나 증기부가 작을 때
㉤ 증기 부하가 과대할 때
㉥ 관수에 유지분, 부유물, 불순물이 많을 때
㉦ 청관제 사용이 부적당할 때
㉧ 증기 발생이 과다하거나 급격히 증기를 발생시킬 때
㉨ 보일러수 중에 불순물이 다량 함유된 때

46 관 재료 선택 시 고려 사항으로 가장 관계가 없는 것은?

① 관의 진동, 충격, 내압, 외압
② 관 내 유체의 질량, 비중
③ 관 내 유체의 온도
④ 관의 접합, 굽힘, 용접 등의 가공성

해설 관 재료 선택 시 고려 사항
㉠ 관의 진동, 충격, 내압, 외압
㉡ 관 내 유체의 온도
㉢ 관의 접합, 굽힘, 용접 등의 가공성

47 최고 사용 압력이 $40 kgf/cm^2$, 관의 인장 강도가 $20 kgf/mm^2$인 압력 배관용 강관의 스케줄 번호는? (단, 안전율은 4로 함.)

① 50 ② 60
③ 70 ④ 80

해설 스케줄 번호(Sch. No) $= 10 \times \dfrac{40}{\dfrac{20}{4}}$
$= 80$

48 엘보나 티와 같이 내경이 나사로 된 부품을 폐쇄할 필요가 있을 때 사용되는 것은 다음 중 어느 것인가?

① 캡
② 니플
③ 소켓
④ 플러그

해설 ④ 플러그의 설명이다.

49 관의 결합 방식 표시 방법 중 플랜지식의 그림 기호로 맞는 것은?

① ─┼─   ② ─•─
③ ─╫─   ④ ─╢─

해설 ① 나사형   ② 납땜형
③ 플랜지형 ④ 유니언형

50 단열재의 구비 조건으로 맞는 것은?

① 비중이 커야 한다.
② 흡수성이 커야 한다.
③ 가연성이어야 한다.
④ 열전도율이 작아야 한다.

해설 단열재의 구비 조건
㉠ 비중이 작아야 한다.
㉡ 흡수성이 작아야 한다.
㉢ 불연성이어야 한다.

정답 45 ④ 46 ② 47 ④ 48 ④ 49 ③ 50 ④

51 보온재 중 고온에서 사용할 수 없는 것은?

① 석면
② 암면
③ 규조토
④ 스티로폼

해설 ① 석면 : 400℃ 이하
② 암면 : 500℃ 이하
③ 규조토 : 500℃ 이하
④ 스티로폼 : 70℃ 이하

52 글라스 울 보온통의 안전 사용(최고) 온도는?

① 100℃
② 200℃
③ 300℃
④ 400℃

해설 글라스 울 안전 사용(최고) 온도 : 300℃

53 에너지법상 에너지 공급 설비에 포함되지 않는 것은?

① 에너지 수입 설비
② 에너지 전환 설비
③ 에너지 수송 설비
④ 에너지 생산 설비

해설 에너지 공급 설비란, 에너지를 생산·전환·수송 또는 저장하기 위하여 설치하는 설비를 말한다.

54 검사 대상 기기 조종 범위 용량이 10t/h 이하인 보일러의 조종자 자격이 아닌 것은?

① 에너지관리기사
② 에너지관리기능장
③ 에너지관리기능사
④ 인정검사 대상 기기 조종자 교육이수자

해설 검사 대상 기기 조종자의 자격 및 조종 범위

조종자의 자격	조종 범위
에너지관리기능장 또는 에너지관리기사	용량이 30t/h를 초과하는 보일러
에너지관리기능장, 에너지관리기사 또는 에너지관리산업기사	용량이 10t/h를 초과하고 30t/h 이하인 보일러
에너지관리기능장, 에너지관리기사, 에너지관리산업기사 또는 에너지관리기능사	용량이 10t/h 이하인 보일러
에너지관리기능장, 에너지관리기사, 에너지관리산업기사, 에너지관리기능사 또는 인정 검사 대상 기기 관리자의 교육을 이수한 자	1. 증기 보일러로서 최고 사용 압력이 1MPa 이하이고, 전열 면적이 $10m^2$ 이하인 것 2. 온수 발생 및 열매체를 가열하는 보일러로서 용량이 581.5kW 이하인 것 3. 압력 용기

55 효율 관리 기자재 운용 규정에 따라 가정용 가스 보일러에서 시험 성적서 기재 항목에 포함되지 않는 것은?

① 난방 열효율
② 가스 소비량
③ 부하 손실
④ 대기 전력

해설 가정용 가스 보일러 시험 성적서 기재 항목
㉠ 난방 열효율 ㉡ 가스 소비량 ㉢ 대기 전력

56 에너지 이용 합리화법상 효율 관리 기자재에 해당하지 않는 것은?

① 전기 냉장고
② 전기 냉방기
③ 자동차
④ 범용 선반

해설 효율 관리 기자재
㉠ 전기 냉장고   ㉡ 전기 냉방기
㉢ 전기 세탁기   ㉣ 조명 기기
㉤ 삼상 유도 전동기   ㉥ 자동차
㉦ 그 밖에 산업통상자원부 장관이 그 효율의 향상이 특히 필요하다고 인정하여 고시하는 기자재 및 설비

정답 51 ④ 52 ③ 53 ① 54 ④ 55 ③ 56 ④

57 에너지 이용 합리화법에 따라 주철제 보일러에서 설치 검사를 면제받을 수 있는 기준으로 옳은 것은?

① 전열 면적 30m² 이하의 유류용 주철제 증기 보일러
② 전열 면적 40m² 이하의 유류용 주철제 온수 보일러
③ 전열 면적 50m² 이하의 유류용 주철제 증기 보일러
④ 전열 면적 60m² 이하의 유류용 주철제 온수 보일러

해설 주철제 보일러에서 설치 검사를 면제받을 수 있는 기준 : 전열 면적 30m² 이하의 유류용 주철제 증기 보일러

58 신에너지 및 재생에너지 개발·이용·보급 촉진법에 따라 신·재생 에너지의 기술 개발 및 이용 보급을 촉진하기 위한 기본 계획은 누가 수립하는가?

① 교육부 장관
② 환경부 장관
③ 국토교통부 장관
④ 산업통상자원부 장관

해설 신·재생 에너지의 기술 개발 및 기본 계획 수립은 산업통상자원부 장관이 한다.

59 저탄소 녹색 성장 기본법에서 사람의 활동에 수반하여 발생하는 온실가스가 대기 중에 축적되어 온실가스 농도를 증가시킴으로써 지구 전체적으로 지표 및 대기의 온도가 추가적으로 상승하는 현상을 나타내는 용어는?

① 지구 온난화   ② 기후 변화
③ 자원 순환   ④ 녹색 경영

해설 ② 기후 변화 : 사람의 활동으로 인하여 온실가스의 농도가 변함으로써 상당 기간 관찰되어 온 자연적인 기후 변동에 추가적으로 일어나는 기후 체계의 변화
③ 자원 순환 : 자원의 절약과 재활용 촉진에 관한 법률에 따른 자원 순환
④ 녹색 경영 : 기업이 경영 활동에서 자원과 에너지를 절약하고 효율적으로 이용하며 온실가스 배출 및 환경오염의 발생을 최소화하면서 사회적, 윤리적 책임을 다하는 경영

60 신·재생 에너지 설비의 설치를 전문으로 하려는 자는 자본금, 기술 인력 등의 신고 기준 및 절차에 따라 누구에게 신고를 하여야 하는가?

① 국토교통부 장관
② 환경부 장관
③ 고용노동부 장관
④ 산업통상자원부 장관

해설 신·재생 에너지 설비의 설치를 전문으로 하려는 자는 자본금, 기술 인력 등의 신고 기준 및 절차에 따라 산업통상자원부 장관에게 신고한다.

정답 57 ① 58 ④ 59 ① 60 ④

에너지관리기능사 (2021. 4. 18 시행)

01 다음은 화씨(°F)로 표시된 온도를 섭씨(℃)로 전환하는 식이다. 맞는 것은?

① $\frac{9}{5}(°F+32)=t℃$

② $\frac{9}{5}(°F-32)=t℃$

③ $\frac{5}{9}(°F+32)=t℃$

④ $\frac{5}{9}(°F-32)=t℃$

해설 온도와 관련된 중요 공식
$℃=\frac{5}{9}(°F-32)$, $°F=\frac{9}{5}℃+32$
$K=273.15+℃$, $°R=459.67+°F$

02 물 1L를 14.5℃에서 15.5℃로 올리는 데 필요한 열량은?

① 1cal   ② 1kcal
③ 100kcal   ④ 1,000kcal

해설 1kcal : 물 1kg(L)을 14.5℃에서 15.5℃로 1℃ 올리는 데 필요한 열량

03 열의 이동에서 대류에 의한 법칙은 무슨 법칙에 따르는가?

① 돌턴의 법칙
② 푸리에의 법칙
③ 뉴턴의 냉각 법칙
④ 물분율

해설 ① 돌턴의 법칙 : 부분 압력의 법칙
② 푸리에의 법칙 : 고체 간의 열전달(예 전도)
③ 뉴턴의 냉각 법칙 : 대류에 의한 법칙

04 절대 압력 $10kgf/cm^2$의 포화 온도는 179℃이다. 이때 과열 증기의 온도가 220℃라면 그 과열도는?

① 30℃   ② 31℃
③ 41℃   ④ 51℃

해설 과열도=과열 증기 온도-포화 증기 온도
∴ 220-179=41℃

05 임계 압력하에서 증발 현상 없이 액체로부터 증기로 이변하는 온도를 무엇이라 하는가?

① 임계 온도
② 전환 온도
③ 천이점
④ 변이점

해설 ㉠ 임계 온도 : 임계점 상태에서 증발 현상 없이 액체로부터 증기로 변화하는 온도는 374.15℃이다.
㉡ 기체를 액화시키기 쉬운 것은 임계 온도가 높고, 임계 압력이 낮은 것이 용이하다.

06 보일러 본체의 설명 중 가장 바르게 설명한 것은?

① 연소열을 받아 증기를 발생시키는 동 및 관군
② 연료를 효율적으로 연소시키는 장치
③ 관수를 일부 배출시킬 수 있는 밸브 및 관
④ 보일러를 안전하고 효율적으로 사용하기 위한 장치

해설 ① 보일러 본체
② 연소 장치
③ 분출 장치
④ 부속 장치

정답 01 ④ 02 ② 03 ③ 04 ③ 05 ① 06 ①

07 보일러 본체의 구조가 아닌 것은?
① 노통
② 수관
③ 노벽
④ 절탄기

해설 ㉠ 보일러의 본체 구조 : 동체 및 관군, 노통, 수관, 연관, 노벽 등
㉡ 절탄기 : 부속 설비로 폐열 회수 장치이다.

08 다음은 노통 보일러의 특징을 설명한 것이다. 그중 잘못된 것은?
① 효율은 수관식보다 못하다.
② 제작이 용이하고, 제작비가 저렴하다.
③ 수명이 길다.
④ 급수요에 응하기 쉽다.

해설 ④ 부하 변동에 대한 압력 변화가 작기 때문에 급수요에 응하기 어렵다. 보유 수량이 많아 증발이 느리기 때문이다.

09 노통 연관식 보일러에서 노통을 한쪽으로 편심시켜 부착하는 이유로 가장 타당한 것은?
① 전열 면적을 크게 하기 위해서
② 통풍력의 증대를 위해서
③ 노통의 열 신축과 강도를 보강하기 위해서
④ 보일러수를 원활하게 순환하기 위해서

해설 노통 연관식 보일러에서 노통을 한쪽으로 편심시켜 부착하는 이유 : 보일러수를 원활하게 순환하기 위해서

10 전자동식으로 보일러 효율 80~90%인 난방용, 병원용 등으로 사용되는 보일러는?
① 강제 순환 보일러
② 특수 유체 보일러
③ 소형 관류 보일러
④ 자연 순환 보일러

해설 관류 보일러
㉠ 대형 관류 보일러 : 발전용, 동력용
㉡ 소형 관류 보일러 : 난방용, 병원용(증기 발생기)

11 다음 중 보일러의 안전 장치로 볼 수 없는 것은?
① 고·저수위 경보 장치
② 화염 검출기
③ 급수 펌프
④ 압력 조절기

해설 ③ 급수 펌프 : 급수 장치

12 스프링 안전 밸브에 해당되지 않는 것은?
① 고양정식
② 저양정식
③ 전양정식
④ 중양정식

해설 스프링식 안전 밸브의 종류
㉠ 저양정식
㉡ 고양정식
㉢ 전양정식
㉣ 전량식

13 운전 중에 갑자기 소화했을 때 작동하는 안전 장치는?
① 고저 수위 경보기
② 화염 검출기
③ 전자 밸브
④ 압력 제한기

해설 운전 중에 갑자기 소화했을 때는 화염 검출기가 작동된다.

정답 07 ④ 08 ④ 09 ④ 10 ③ 11 ③ 12 ④ 13 ②

14 증기 보일러에 설치하는 압력계의 최고 눈금은 보일러 최고 사용 압력의 몇 배가 되어야 하는가?

① 0.5~0.8배
② 1.0~1.4배
③ 1.5~3.0배
④ 5.0~10.0배

해설 증기 보일러 압력계의 최고 눈금 : 최고 사용 압력의 1.5~3.0배

15 유체를 일정 방향으로만 흐르게 하고 역류하는 것을 방지하는 데 사용하는 밸브는?

① 체크 밸브
② 슬루스 밸브
③ 글로브 밸브
④ 콕

해설 ② 유로 개폐용
③ 유량 조절용
④ 유로의 급속 개폐용

16 보일러의 용량은 정격 부하의 상태에서 무엇으로 표시하는가?

① 보일러 마력
② 전열 면적
③ 온수 온도
④ 매시간 증발량

해설 보일러의 용량 표시(명판의 표시 사항)는 최대 연속 증발량, 보일러 마력 등으로 표시한다.

17 보일러에서 상당 증발량의 단위는?

① kgf
② kgf/kcal
③ kg/h
④ kcal/h

해설 상당 증발량(kg/h) : 기준 증발량, 환산 증발량이라고도 하며, 1기압에서 100℃ 물 15.65kg/h를 100℃ 증기로 변화시켰을 때를 말한다.

18 보일러 증발률이 $80kg/m^2 \cdot h$이고, 전열면 증발량이 40t/h일 때 전열 면적은 약 몇 m^2인가?

① 200
② 320
③ 450
④ 500

해설 전열 면적 $= \dfrac{40t/h}{80kg/m^2 \cdot h}$

$= \dfrac{40 \times 10^3 kg/h}{80kg/m^2 \cdot h}$

$= 500m^2$

19 매시간 1,500kg의 연료를 연소시켜서 시간당 11,000kg의 증기를 발생시키는 보일러의 효율은 약 몇 %인가? (단, 급수 온도는 20℃, 증기 엔탈피는 742kcal/kg, 연료 발열량은 6,000kcal/kg임)

① 88
② 80
③ 78
④ 66

해설 보일러 효율

$= \dfrac{\text{실제 증발량} \times (\text{발생 증기 엔탈피} - \text{급수 엔탈피})}{\text{연료 사용량} \times \text{연료의 발열량}}$

$= \dfrac{11,000kg/h \times (742-20)kcal/kg}{1,500kg/h \times 6,000kcal/kg} \times 100\%$

$= 88.2\%$

20 일반적으로 보일러의 열손실 중에서 가장 큰 것은?

① 불완전 연소에 의한 손실
② 배기가스에 의한 손실
③ 보일러 본체 벽에서의 복사, 전도에 의한 손실
④ 그을음에 의한 손실

해설 보일러의 열손실 중에서 가장 큰 것 : 배기가스에 의한 손실

정답 14 ③ 15 ① 16 ① 17 ③ 18 ④ 19 ① 20 ②

21 연료의 가연 성분 원소가 아닌 것은?

① C ② H
③ S ④ O

해설 연소의 3대 요건
㉠ 가연성 물질 : 탄소(C), 수소(H), 황(S)
㉡ 산소 공급원 : 공기
㉢ 점화원 : 불꽃(인화), 열(발화)

22 연료의 연소 시 과잉 공기 계수(공기비)를 구하는 올바른 식은?

① $\dfrac{\text{연소 가스량}}{\text{이론 공기량}}$ ② $\dfrac{\text{실제 공기량}}{\text{이론 공기량}}$
③ $\dfrac{\text{배기가스량}}{\text{사용 공기량}}$ ④ $\dfrac{\text{사용 공기량}}{\text{배기가스량}}$

해설 과잉 공기 계수(공기비, m) : 실제 공기량(A)과 이론 공기량(A_0)과의 비이다.

공기량(m) = $\dfrac{\text{실제 공기량}(A)}{\text{이론 공기량}(A_0)}$

23 유류 연소 버너에서 기름의 예열 온도가 너무 높은 경우에 나타나는 현상으로 옳은 것은?

① 버너 화구의 탄화물 축적
② 진동, 소음의 발생
③ 점화 불량
④ 버너용 모터의 마모

해설 기름의 예열 온도가 너무 높은 경우
㉠ 버너 화구에 카본(탄화물 축적)이 쌓인다.
㉡ 기름이 분해된다. → 연료 소모량 증대
㉢ 분사 각도가 흐트러진다. → 분사 불량

24 탄소 1kg이 연소할 때 발생하는 탄산 가스의 양은?

① 1.887Nm^3 ② 1.668Nm^3
③ 1.120Nm^3 ④ 1.867Nm^3

해설 $C + O_2 \rightarrow CO_2$
12kg   22.4Nm³

$\dfrac{22.4}{12} = 1.867 \text{Nm}^3$

25 통풍 불량의 원인으로서 틀린 것은?

① 공기가 많이 누입될 때
② 연도에 급한 굴곡이 있을 때
③ 연도의 단면적이 좁을 때
④ 굴뚝의 높이가 너무 높을 때

해설 ④ 굴뚝의 높이가 높으면 통풍력이 증가하여 통풍은 양호해진다.

26 자동 제어계의 동작 순서로 맞는 것은?

① 비교 – 판단 – 조작 – 검출
② 판단 – 비교 – 검출 – 조작
③ 검출 – 비교 – 판단 – 조작
④ 조작 – 비교 – 검출 – 판단

해설 자동 제어계의 일반적인 동작 순서
검출 → 비교 → 판단 → 조작
㉠ 검출 : 제어 대상을 계측기를 사용하여 검출한다.
㉡ 비교 : 목표치로 이미 정한 물리량과 비교한다.
㉢ 판단 : 비교하여 결과에 따른 편차가 있으면 판단하여 조절한다.
㉣ 조작 : 판단된 조작량을 조작기에서 증감한다.

27 블록 선도는 무엇을 표시하는가?

① 제어 대상과 변수 편차를 표시한다.
② 제어 편차의 증감 크기를 표시한다.
③ 제어 회로의 구성 요소를 표시한다.
④ 제어 신호의 전달 경로를 표시한다.

해설 블록 선도의 자동 제어계에 쓰이는 장치와 제어 신호의 전달 경로를 블록(block)과 화살표가 붙은 선으로 표시한다.

정답 21 ④ 22 ② 23 ① 24 ④ 25 ④ 26 ③ 27 ④

28 제어 동작 중 비례 동작에서 잔류 편차가 남지 않는 동작은?

① ON-OFF 동작
② 적분 동작
③ 미분 동작
④ 적분 동작 + 미분 동작

해설 잔류 편차(offset) : 정상 상태로 되고 난 다음에 남는 제어 편차
㉠ ON-OFF 동작(2위치 동작) : 편차의 정(+), 부(-)에 의해 조작 신호가 최대, 최소가 되는 신호이다. → 잔류 편차가 남는다.
㉡ 적분 동작(I 동작) : 제어량에 편차가 생겼을 경우 편차의 적분차를 가감하여 조작량의 이동 속도가 비례하는 동작으로 잔류 편차(offset)가 남지 않는다.

29 보일러 자동 제어에서 급수 제어의 약호는?

① ABC
② FWC
③ STC
④ ACC

해설 보일러 자동 제어(ABC ; Automatic Boiler Control)
㉠ 증기 온도 제어(STC ; Steam Temperature Control)
㉡ 급수 제어(FWC ; Feed Water Control)
㉢ 연소 제어(ACC ; Automatic Combustion Control)

30 보일러의 자동 제어 장치로 쓰이지 않는 것은?

① 화염 검출기
② 안전 밸브
③ 수위 검출기
④ 압력 조절기

해설 보일러의 자동 제어 장치
㉠ 화염 검출기
㉡ 수위 검출기
㉢ 압력 조절기

31 증기 난방 시공에서 관말 증기 트랩 장치에서 냉각 레그(cooling leg)의 길이는 일반적으로 몇 m 이상으로 해주어야 하는가?

① 0.7
② 1.2
③ 1.5
④ 2.0

해설 관말 증기 트랩 장치에서 냉각 레그(cooling leg)의 길이는 1.5m 이상으로 한다.

32 증기 난방의 특징을 틀리게 설명한 것은?

① 열 운반 능력이 크다.
② 예열 시간이 짧다.
③ 온수 난방에 비하여 쾌적하다.
④ 방열 면적이 온수 난방보다 작아도 된다.

해설 온수 난방은 온도 조절이 가능하므로 쾌적감이 있고, 증기 난방은 잠열을 이용하므로 쾌적감이 없다.

33 복사 난방의 일반적인 특징이 아닌 것은?

① 외기 온도의 급변화에 따른 온도 조절이 곤란하다.
② 배관 길이가 짧아도 되므로 설비비가 적게 든다.
③ 방열기가 없으므로 바닥면의 이용도가 높다.
④ 공기의 대류가 적으므로 바닥면의 먼지가 상승하지 않는다.

해설 ② 배관의 길이가 길어도 되므로 설비비가 많이 든다.

34 온수 방열기의 상당 방열 면적(EDR)당 발생되는 표준 방열량은?

① $250 \text{kcal/m}^2 \cdot \text{h}$
② $350 \text{kcal/m}^2 \cdot \text{h}$
③ $450 \text{kcal/m}^2 \cdot \text{h}$
④ $650 \text{kcal/m}^2 \cdot \text{h}$

정답 28 ② 29 ② 30 ② 31 ③ 32 ③ 33 ② 34 ③

[해설] 상당 방열 면적 : 방열기가 표준 상태에서 1m²당 단위 시간에 방출하는 열량
㉠ 온수의 경우 : 450kcal/m²·h = 7.31×(80−18.5)
㉡ 증기의 경우 : 650kcal/m²·h = 7.78×(102−18.5)

35 증기 난방에서 방열기와 벽면과의 적합한 간격(mm)은?

① 30∼40
② 50∼60
③ 80∼100
④ 100∼120

[해설] 증기 난방에서 방열기와 벽면과의 간격 : 50∼60mm

36 열 사용 기자재 검사 기준에 따라 전열 면적 12m²인 보일러의 급수 밸브의 크기는 호칭 몇 A 이상이어야 하는가?

① 15
② 20
③ 25
④ 32

[해설] 급수 밸브 및 체크 밸브의 크기

전열 면적 10m² 이하	호칭 20A 이상
전열 면적 10m² 초과	호칭 25A 이상

37 보일러 유리 수면계의 유리관의 최하부는 어느 위치에 맞추는가?

① 안전 저수면의 위치
② 상용 수면의 위치
③ 급수 내관의 상부 위치
④ 급수 밸브의 위치

[해설] 유리 수면계의 유리관의 최하부는 안전 저수위가 일치 하도록 부착한다.

38 안전 밸브의 수동 시험은 최고 사용 압력의 몇 % 이상의 압력으로 행하는가?

① 50
② 55
③ 65
④ 75

[해설] 안전 밸브의 수동 시험 : 최고 사용 압력의 75% 이상의 압력으로 한다.

39 온수 보일러의 수위계 설치 시 수위계의 최고 눈금은 보일러의 최고 사용 압력의 몇 배로 하여야 하는가?

① 1배 이상 3배 이하
② 3배 이상 4배 이하
③ 4배 이상 6배 이하
④ 7배 이상 8배 이하

[해설] 온수 보일러 : 수위계의 최고 눈금을 보일러 최고 사용 압력의 1배 이상 3배 이하로 한다.

40 온도계 설치 위치로 부적당한 것은?

① 과열기 출구의 과열 증기 온도계
② 보일러 본체 배기가스의 온도계
③ 급수 입구의 급수 온도계
④ 오일 프리 히터의 급유 온도계

[해설] 온도계 설치 위치로 부적당한 곳
㉠ 버너 입구의 급유 온도계
㉡ 절탄기 및 공기 예열기가 설치된 경우에는 각 유체의 전후 온도를 측정할 수 있는 온도계

41 보일러의 처음 시동 시에 취급자의 태도는?

① 보일러 정면에서 점화
② 보일러 위에서 점화
③ 보일러 측면에서 점화
④ 보일러 후면에서 점화

정답 35 ② 36 ③ 37 ① 38 ④ 39 ① 40 ④ 41 ③

해설 ③ 보일러의 처음 시동 시에는 보일러의 측면에서 점화한다.

42 다음 중 연관 최고부보다 노통 윗면이 높은 노통 연관 보일러의 최저수위(안전 저수면)의 위치는?

① 노통 최고부 위 100mm
② 노통 최고부 위 75mm
③ 연관 최고부 위 100mm
④ 연관 최고부 위 75mm

해설 노통 연관 보일러의 최저수위(안전 저수면)의 위치 : 노통 최고부 위 100mm

43 일반적으로 보일러 패널 내부 온도는 몇 ℃를 넘지 않도록 하는 것이 좋은가?

① 70　　② 60
③ 80　　④ 90

해설 보일러 패널 내부 온도는 60℃를 넘지 않도록 한다.

44 보일러의 보존법 중 장기 보존법에 해당하지 않는 것은?

① 가열 건조법　　② 석회 밀폐 건조법
③ 질소 가스 봉입법　　④ 소다 만수 보존법

해설 보일러의 장기 보존법
㉠ 석회 밀폐 건조법
㉡ 질소 가스 봉입법
㉢ 소다 만수 보존법

45 보일러수(水) 내처리 방법으로 용도에 따른 청관제가 틀린 것은?

① pH 조정제 - 인산소다, 암모니아
② 연화제 - 탄산소다, 인산소다
③ 탈산소제 - 염산, 알코올
④ 슬러지 조정제 - 탄닌, 리그닌

해설 탈산소제는 용수 중의 산소 가스를 제거하는 데 사용되는 것으로 아황산소다, 탄닌, 히드라진을 사용한다.

46 보일러 사고에서 제작상의 원인이 아닌 것은?

① 구조 불량
② 재료 불량
③ 캐리 오버
④ 용접 불량

해설 보일러 사고의 원인
㉠ 취급 부주의 : 캐리 오버, 이상 감수, 최고 사용 압력 초과, 미연소 가스 폭발 사고 등
㉡ 제작상의 원인 : 구조 불량, 재료 불량, 용접 불량, 설계 불량 등

47 보일러의 정상 운전 시 수면계에 나타나는 수위의 위치로 가장 적당한 것은?

① 수면계의 최상위
② 수면계의 최하위
③ 수면계의 중간
④ 수면계 하부의 1/3 위치

해설 보일러의 정상 운전 시 수면계에 나타나는 수위의 위치 : 수면계의 중간

48 점식(Pitting)의 원인은?

① 용존 가스체에 의한 것
② pH가 높아서 가성 취화 때문에
③ 산 세관 시 부식 억제제가 부족할 때
④ 휴관 시 보존 방법에 의하여 생긴 부식

해설 점식(pitting)은 O_2, CO_2에 의해 발생되며, 보일러 부식의 80% 이상을 차지한다.

정답　42 ①　43 ②　44 ①　45 ③　46 ③　47 ③　48 ①

49 보일러에서 포밍이 발생하는 경우로 거리가 먼 것은?

① 증기의 부하가 너무 작을 때
② 보일러수가 너무 농축되었을 때
③ 수위가 너무 높을 때
④ 보일러수 중에 유지분이 다량 함유되었을 때

해설 ① 증기의 부하가 클 때

50 수격 작용을 방지하기 위한 조치로 거리가 먼 것은?

① 송기에 앞서서 관을 충분히 데운다.
② 송기를 할 때 주증기 밸브는 급히 열지 않고 천천히 연다.
③ 증기관은 증기가 흐르는 방향으로 경사가 지도록 한다.
④ 증기관에 드레인이 고이도록 중간을 낮게 배관한다.

해설 ④ 증기관에 드레인이 고이기 쉬운 곳에는 드레인빼기를 설치한다.

51 관 재료 선택 시 고려 사항으로 가장 관계가 없는 것?

① 관의 진동, 충격, 내압, 외압
② 관 내 유체의 질량, 비중
③ 관 내 유체의 온도
④ 관의 접합, 굽힘, 용접 등의 가공성

해설 관 재료 선택 시 고려 사항
㉠ 관의 진동, 충격, 내압, 외압
㉡ 관 내 유체의 온도
㉢ 관의 접합, 굽힘, 용접 등의 가공성

52 강관의 스케줄 번호가 나타내는 것은?

① 관의 중심   ② 관의 두께
③ 관의 외경   ④ 관의 내경

해설 강관의 스케줄 번호 : 관의 두께

53 20A 관을 90°로 구부릴 때 중심 곡선의 적당한 길이는 약 몇 mm인가? (단, 곡률 반지름 $R=100mm$이다.)

① 147   ② 157
③ 167   ④ 177

해설 중심 곡선의 길이(l)

$l = 2\pi R \times \dfrac{\theta}{360} = 2 \times 3.14 \times 100mm \times \dfrac{90}{360}$

$= 157mm$

54 글랜드 패킹(gland packing)재에 속하지 않는 것은?

① 석면 각형 패킹
② 아마존 패킹
③ 몰드 패킹
④ 액상 합성 수지 패킹

해설 글랜드 패킹재
㉠ 석면 각형 패킹
㉡ 아마존 패킹
㉢ 몰드 패킹
㉣ 석면 얀

55 신축 이음쇠의 종류 중 고온, 고압에 적당하며, 신축에 따른 자체 응력이 생기는 결점이 있는 신축 이음쇠는?

① 루프형(loop type)
② 스위블형(swivel type)
③ 벨로스형(bellows type)
④ 슬리브형(sleeve type)

정답 49 ① 50 ④ 51 ② 52 ② 53 ② 54 ④ 55 ①

해설) 신축 이음의 종류
② 스위블형 : 2개 이상의 엘보를 사용하여 나사의 회전에 의해 신축을 흡수하는 형식으로, 온수 또는 저압 증기 난방 시 주관으로부터의 분기관이나 방열기용으로 사용하는 신축 이음쇠
③ 벨로스형 : 온도 변화에 따라 일어나는 관의 신축을 벨로스의 변형에 의해서 흡수시키는 것으로, 주로 저압 증기 배관에 사용되는 신축 이음쇠
④ 슬리브형 : 조인트 본체가 파이프로 되어 있으며, 관의 신축이 본체 속을 미끄러지는 슬리브 파이프에 흡수되는 신축 이음쇠

56 에너지법상 에너지 공급 설비에 포함되지 않는 것은?

① 에너지 수입 설비
② 에너지 전환 설비
③ 에너지 수송 설비
④ 에너지 생산 설비

해설) 에너지 공급 설비란, 에너지를 생산·전환·수송 또는 저장하기 위하여 설치하는 설비를 말한다.

57 에너지 이용 합리화법의 목적이 아닌 것은?

① 에너지의 수급 안정
② 에너지의 합리적이고 효율적인 이용 증진
③ 에너지 소비로 인한 환경 피해를 줄임
④ 에너지 소비 촉진 및 자원 개발

해설) 에너지 이용 합리화법의 목적
에너지의 수급을 안정시키고, 에너지의 합리적이고 효율적인 이용을 증진하며, 에너지 소비로 인한 환경 피해를 줄임으로써 국민 경제의 건전한 발전 및 국민 복지의 증진과 지구 온난화의 최소화에 이바지하는 것

58 열사용 기자재 관리 규칙상 검사 대상 기기의 검사 종류 중 유효 기간이 없는 것은?

① 구조 검사
② 계속 사용 검사
③ 설치 검사
④ 설치 장소 변경 검사

해설) 구조 검사 : 유효 기간이 없다.

59 저탄소 녹색 성장 기본법상 녹색성장위원회의 위원으로 틀린 것은?

① 국토교통부 장관
② 미래창조과학부 장관
③ 기획재정부 장관
④ 고용노동부 장관

해설) 녹색성장위원회의 위원 : 기획재정부 장관, 미래창조과학부 장관, 산업통상자원부 장관, 환경부 장관, 국토교통부 장관 등 대통령령으로 정하는 공무원

60 신·재생 에너지 설비의 인증을 위한 심사 기준 항목으로 거리가 먼 것은?

① 국제 또는 국내의 성능 및 규격에의 적합성
② 설비의 효율성
③ 설비의 우수성
④ 설비의 내구성

해설) 신·재생 에너지 설비의 인증을 위한 심사 기준 항목
㉠ 국제 또는 국내의 성능 및 규격에의 적합성
㉡ 설비의 효율성
㉢ 설비의 내구성

정답 56 ① 57 ④ 58 ① 59 ④ 60 ③

에너지관리기능사 (2021. 6. 27 시행)

01 측정 장소의 대기 압력을 구하는 식으로 옳은 것은?

① 절대 압력＋게이지 압력
② 게이지 압력－절대 압력
③ 절대 압력－게이지 압력
④ 진공도×대기 압력

해설 대기 압력＝절대 압력－게이지 압력

02 다음 물질 중 비열이 가장 큰 것은?

① 물
② 증기
③ 공기
④ 배기가스

해설 비열 : 어떤 물질 1kg의 온도를 14.5℃에서 15.5℃로 1℃ 올리는 데 필요한 열량
① 물 : 1kcal/kg·℃
② 증기 : 0.46kcal/kg·℃
③ 공기 : 0.24kcal/kg·℃
④ 배기가스 : 0.45kcal/kg·℃

03 일의 열당량은 얼마인가?

① $\dfrac{1}{327}$ kcal/kgf·m
② $\dfrac{1}{427}$ kcal/kgf·m
③ 327kcal/kgf·m
④ 427kgf·m/kcal

해설 ㉠ 일의 열당량＝$\dfrac{1kcal}{427kgf·m}$
㉡ 열의 일당량＝427kgf·m/kcal

04 과열 증기에서 과열도는 무엇인가?

① 과열 증기 온도와 포화 증기 온도의 차이다.
② 과열 증기 온도에 증발열을 합한 것이다.
③ 과열 증기의 압력과 포화 증기의 압력 차이다.
④ 과열 증기 온도에 증발열을 뺀 것이다.

해설 과열도＝과열 증기 온도－포화 증기 온도

05 증기를 교축시킬 때 변화가 없는 것은?

① 압력
② 비체적
③ 엔트로피
④ 엔탈피

해설 증기를 교축시키면 압력, 비체적, 밀도, 엔트로피 등에 변화가 있다.

06 보일러의 3대 구성 요소 중 부속 장치에 속하지 않는 것은?

① 통풍 장치
② 급수 장치
③ 여열 장치
④ 연소 장치

해설 보일러의 3대 구성 요소 중 부속 장치의 종류
㉠ 통풍 장치, ㉡ 급수 장치, ㉢ 여열 장치

07 보일러의 분류 방법 중 연소실 위치에 따른 것은?

① 횡형
② 내분식
③ 원통형
④ 박용

해설 연소실 위치에 따라 : 내분식, 외분식

정답 01 ③ 02 ① 03 ② 04 ① 05 ④ 06 ④ 07 ②

08 노통은 주로 ( ) 응력을 받으므로 둥글게 만들 필요가 있다.

① 인장   ② 압축
③ 휨   ④ 전단

해설 노통은 주로 압축 응력을 받으므로 둥글게 제작한다.
① 인장 : 잡아당기는 힘
② 압축 : 수직 방향으로 누르는 힘
③ 휨 : 구부러짐
④ 전단 : 잘라서 끊음

09 강제 순환식 수관 보일러의 순환비를 구하는 식으로 옳은 것은?

① 발생 증기량/공급 급수량
② 순환 수량/발생 증기량
③ 발생 증기량/연료 사용량
④ 연료 사용량/증기 발생량

해설 ㉠ 순환비란 발생 증기량에 대한 순환 수량의 비를 말 한다.
㉡ 순환비=순환 수량/발생 증기량
㉢ 순환비가 1인 보일러는 관류 보일러이다.

10 주철제 보일러의 용도로서 적당한 것은?

① 소형 난방용   ② 일반 동력용
③ 제조 가공용   ④ 선박용

해설 주철제 보일러는 난방용으로서 증기 보일러와 온수 보일러가 있으며, 용량은 3ton/h 이하이다.

11 다음 중 보일러의 안전 장치에 해당되지 않는 것은?

① 방출 밸드   ② 방폭문
③ 화염 검출기 ④ 감압 밸브

해설 보일러 안전 장치 종류
㉠ 방출 밸브
㉡ 방폭문
㉢ 화염 검출기

12 보일러의 연소 가스 폭발 시에 대비한 안전 장치는?

① 방폭문   ② 안전 밸브
③ 파괴판   ④ 맨홀

해설 ① 방폭문 : 보일러의 연소 가스 폭발 시에 대비한 안전 장치

13 화염 검출기의 종류에 해당되지 않는 것은?

① 플레임 아이   ② 플레임 로드
③ 코프식   ④ 스택 스위치

해설 ③ 금속 팽창식 수위 조절기

14 보일러의 압력계는?

① 파이로 미터   ② 수고계
③ 부르동관   ④ 마노오토식

해설 압력계
㉠ 부르동관식 압력계 사용
㉡ 재질 : 황동(80°C 이하 유지)

15 수관 보일러에 설치하는 기수 분리기의 종류가 아닌 것은?

① 스크레버형   ② 사이클론형
③ 배플형   ④ 벨로스형

해설 수관 보일러에 설치하는 기수 분리기의 종류
㉠ 스크레버형   ㉡ 사이클론형
㉢ 배플형   ㉣ 건조 스크린형

정답 08 ② 09 ② 10 ① 11 ④ 12 ① 13 ③ 14 ③ 15 ④

16 다음 중 KS에서 규정하는 온수 보일러의 용량 단위는?

① Nm³/h
② kcal/m²
③ kg/h
④ kJ/h

해설 KS에서 규정하는 온수 보일러 용량 단위는 kJ/h이다.

17 1보일러 마력은 몇 kg/h의 상당 증발량 값을 가지는가?

① 15.65
② 79.8
③ 539
④ 860

해설 보일러 마력 : 상당(환산) 증발량 값이 15.65kg/h인 보일러

18 상당 증발량=G_e(kg/h), 보일러 효율=η, 연료 소비량=B(kg/h), 저위 발열량=H_l(kcal/kg), 증발 잠열=539(kcal/kg)일 때 상당 증발량(G_e)을 옳게 나타낸 것은?

① $G_e = \dfrac{539\eta H_l}{B}$
② $G_e = \dfrac{BH_l}{539}$
③ $G_e = \dfrac{\eta BH_l}{539}$
④ $G_e = \dfrac{539\eta B}{H_l}$

해설 상당 증발량이란 증기 1kg당 증발 잠열 539kcal를 가지고 있는 증기이다.

∴ 상당 증발량(G_e) = $\dfrac{\eta BH_l}{539}$

19 열정산의 방법에서 입열 항목에 속하지 않는 것은?

① 발생 증기의 흡수열
② 연료의 연소열
③ 연료의 현열
④ 공기의 현열

해설 열정산 방법의 입열 항목
㉠ 연료의 연소열
㉡ 연료의 현열
㉢ 공기의 현열

20 일반적으로 보일러의 효율을 높이기 위한 방법으로 틀린 것은?

① 보일러 연소실 내의 온도를 낮춘다.
② 보일러 장치의 설계를 최대한 효율이 높도록 한다.
③ 연소 장치에 적합한 연료를 사용한다.
④ 공기 예열기 등을 사용한다.

해설 ① 보일러 연소실 내의 온도를 높인다.

21 보일러용 연료 중에서 고체 연료의 일반적인 주성분은? (단, 중량%를 기준으로 한 주성분을 구한다.)

① 탄소
② 산소
③ 수소
④ 질소

해설 고체 연료의 일반적인 주성분 : 탄소(C)

22 다음 중 LPG의 주성분이 아닌 것은?

① 부탄
② 프로판
③ 프로필렌
④ 메탄

해설 LPG의 주성분
㉠ 프로판(C_3H_8)
㉡ 프로필렌(C_3H_6)
㉢ 부탄(C_4H_{10})
㉣ 부타디엔(C_4H_8)

정답 16 ④ 17 ① 18 ③ 19 ① 20 ① 21 ① 22 ④

23 유압식 버너의 유량 조절 방법으로 적당한 것은?

① 버너 수를 증감
② 공기 압력 증가
③ 2차 공기량 조절
④ 연료 예열 온도 높임.

해설 유량 조절 방법
㉠ 버너 팁을 교환
㉡ 리턴식 압력 분무식 버너를 사용
㉢ 플런저식 압력 분무식 버너를 사용

24 급유 장치에서 보일러 가동 중 연소의 소화, 압력 초과 등 이상 현상 발생 시 긴급히 연료를 차단하는 것은?

① 압력 조절 스위치
② 압력 제한 스위치
③ 감압 밸브
④ 전자 밸브

해설 ④ 전자 밸브의 설명이다.

25 연도 가스의 성분과 공기비(m)와의 관계 중 맞는 것은?

① m이 커지면 CO%가 높아진다.
② m이 커지면 O_2%가 높아진다.
③ m이 커지면 SO_2%가 높아진다.
④ m이 커지면 CO_2%가 높아진다.

해설 ① 공기비(m)가 커지면 CO%는 낮아진다.
③ 공기비(m)가 커지면 SO_2%는 낮아진다.
④ 공기비(m)가 커지면 CO_2%는 낮아진다.
이외에 공기비(m)가 커지면 NO_2 발생이 증가하여 대기 오염을 일으킨다.

26 다음은 자동 제어의 기본 선도(block diagram)이다. 이중 검출부는 어느 것인가?

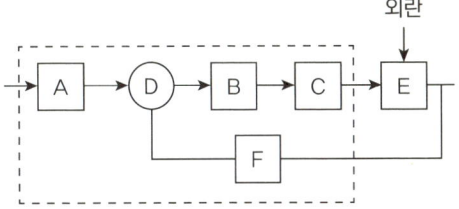

① F부   ② D부
③ A부   ④ C부

해설 A : 설정부, B : 조절부, C : 조작부
D : 비교부, E : 제어 대상, F : 검출부

27 보일러의 자동 제어 중 제어 동작이 연속 동작에 해당하지 않는 것은?

① 비례 동작
② 적분 동작
③ 미분 동작
④ 다위치 동작

해설 다위치 동작의 설명이다.

28 자동 제어에서 목표치와 결과치의 차이값을 처음으로 되돌려 계속적으로 수정하는 형태의 제어는?

① 순차 제어
② 인터록 제어
③ 캐스케이드 제어
④ 피드백 제어

해설 ④ 피드백 제어 : 폐회로로서 결과에 맞도록 수정을 반복하는 제어이다.

정답 23 ① 24 ④ 25 ② 26 ① 27 ④ 28 ④

29 점화를 행하려고 한다. 자동 제어 방법에 적용되는 것은?

① 시퀀스 제어
② 피드백 제어
③ 캐스케이드 제어
④ 인터록

해설 점화 및 소화의 시퀀스 제어 : 전 단계에서의 제어 작동 후 일정한 시간이 경과한 뒤에 다음 동작으로 이행하는 방법

30 버너에서 연료 분사 후 소정의 시간이 경과하여도 착화를 볼 수 없을 때, 전자 밸브를 닫아서 연소를 저지하는 제어는?

① 저수위 인터록
② 저연소 인터록
③ 불착화 인터록
④ 프리퍼지 인터록

해설 ③ 불착화 인터록의 설명이다.

31 증기 난방의 중력 환수식에서 복관식인 경우 배관 기울기로 적당한 것은?

① 1/50 정도의 순 기울기
② 1/100 정도의 순 기울기
③ 1/150 정도의 순 기울기
④ 1/200 정도의 순 기울기

해설 증기 난방의 중력 환수식 중 복관식의 배관 기울기 : 1/200 정도의 순 기울기

32 증기 난방과 비교하여 온수 난방의 특징에 대한 설명으로 틀린 것은?

① 물의 현열을 이용하여 난방하는 방식이다.
② 예열에 시간이 걸리지만 쉽게 냉각되지 않는다.
③ 동일 방열량에 대하여 방열 면적이 크고 관경도 굵어야 한다.
④ 실내 쾌감도가 증기 난방에 비해 낮다.

해설 ④ 실내 쾌감도가 증기 난방에 비해 높다.

33 주철제 방열기의 도시 기호 중 벽걸이형 수직형으로서 절(섹션) 수는 3개, 유입 측 25, 유출 측 20을 나타낸 것은 어느 것인가?

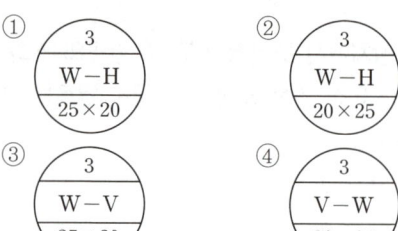

해설 주철제 방열기 중 벽걸이형 수직형
㉠ 절(섹션) : 3
㉡ 유입 측, 유출 측 : 25, 20

34 어떤 주철제 방열기 내 증기의 평균 온도가 110℃이고, 실내 온도가 18℃일 때, 방열기의 방열량(kcal/m²·h)은? (단, 방열기의 방열 계수는 7.2kcal/m²·h·℃임.)

① 236.4
② 478.8
③ 521.6
④ 662.4

해설 $Q = Q_c \times L$
여기서, Q : 방열기의 방열량(kcal/m²·h)
Q_c : 증기 응축량(kg/m²·h)
L : 그 증기 압력에서의 증발 잠열(kcal/kg)
∴ $Q = 7.2 \times (110 - 18)$
$= 662.4 \, \text{kcal/m}^2 \cdot \text{h}$

35 어떤 건물의 소요 난방 부하가 54,600kcal/h이다. 주철제 방열기로 증기 난방을 한다면 약 몇 쪽(section)의 방열기를 설치해야 하는가? (단, 표준 방열량으로 계산하며, 주철제 방열기의 쪽당 방열 면적은 0.24m²임)

① 330쪽　　② 350쪽
③ 380쪽　　④ 400쪽

해설 방열기의 섹션 수(증기 난방 시)
$= \dfrac{\text{전손실 열량(kcal/h)}}{650 \times \text{쪽당 방열 면적(m}^2)} = \dfrac{54,600}{650 \times 0.24}$
$= 350$쪽

36 다음 부품 중 전후에 바이패스를 설치해서는 안 되는 부품은?

① 급수관
② 연료 차단 밸브
③ 감압 밸브
④ 유류 배관의 유량계

해설 ② 연료 차단 밸브는 전후에 바이패스를 설치해서는 안 된다.

37 강철제 증기 보일러의 최고 사용 압력이 0.4MPa인 경우 수압 시험 압력은?

① 0.16MPa　　② 0.2MPa
③ 0.8MPa　　④ 1.2MPa

해설 강철제 증기 보일러의 수압 시험 압력
= 최고 사용 압력 × 2배
= 0.4MPa × 2
= 0.8MPa

38 보일러 설치 기술 규격에서 보일러의 분류에 대한 설명 중 틀린 것은?

① 주철제 보일러의 최고 사용 압력은 증기 보일러일 경우 0.5MPa까지, 온수 온도는 373K(100℃)까지로 국한된다.
② 일반적으로 보일러는 사용 매체에 따라 증기 보일러, 온수 보일러 및 열매체 보일러로 분류한다.
③ 보일러의 재질에 따라 강철제 보일러와 주철제 보일러로 분류한다.
④ 연료에 따라 유류 보일러, 가스 보일러, 석탄 보일러, 목재 보일러, 폐열 보일러, 특수 연료 보일러 등이 있다.

해설 ① 주철제 보일러의 최고 사용 압력은 증기 보일러일 경우 0.5MPa까지, 온수 온도는 393K(120℃)까지로 국한한다.

39 증기 보일러에는 원칙적으로 2개 이상의 안전 밸브를 부착해야 하는데, 전열 면적이 몇 m² 이하이면 안전 밸브를 1개 이상 부착해도 되는가?

① 50　　② 30
③ 80　　④ 100

해설 증기 보일러의 설명이다.

40 증기 보일러에 설치하는 스톱 밸브 설명으로 잘못된 것은?

① 밸브 몸체의 개폐를 한눈에 알 수 있어야 한다.
② 증기의 각 분출구에 설치한다.
③ 호칭 압력은 보일러 최고 사용 압력 이하이어야 한다.
④ 물이 고이는 위치에 밸브가 설치될 때는 물 빼기를 설치해야 한다.

해설 ③ 호칭 압력은 보일러 최고 사용 압력 이상이어야 한다.

정답　35 ②　36 ②　37 ③　38 ①　39 ①　40 ③

41 상용 보일러의 점화 전 준비 사항(점검 사항)과 관계 없는 것은?

① 수면계의 수위 확인
② 노내 환기, 통풍의 확인
③ 부속품 및 부속 장치의 확인
④ 소다 끓이기 및 내부 부식 확인

해설 ④ 보일러의 사용 전 준비 사항이다.

42 다음 중 보일러의 증기 압력 상승 시의 운전 관리에 관한 일반적 주의 사항으로 거리가 먼 것은?

① 보일러에 불을 붙일 때에는 어떠한 이유가 있어도 급격한 연소를 시켜서는 안 된다.
② 급격한 연소는 보일러 본체의 부동 팽창을 일으켜 보일러와 벽돌 쌓은 접촉부에 틈을 증가시키고 벽돌 사이에 벌어짐이 생길 수 있다.
③ 특히 주철제 보일러는 급랭·급열 시에 쉽게 갈라질 수 있다.
④ 찬물을 가열할 경우에는 일반적으로 최저 20~30분 정도로 천천히 가열한다.

해설 ④ 온수를 가열하는 방법이다.

43 보일러 급수 처리 방법 중 화학적인 처리 방법은?

① 침강법   ② 이온 교환법
③ 응집법   ④ 여과법

해설 ①, ③, ④는 물리적인 처리 방법

44 보일러 내처리제에서 가성 취화 방지에 사용되는 약제가 아닌 것은?

① 인산나트륨   ② 질산나트륨
③ 탄닌   ④ 암모니아

해설 보일러 내처리제에서 가성 취화 방지에 사용되는 약제
㉠ 인산나트륨
㉡ 질산나트륨
㉢ 탄닌

45 보일러 내부에 스케일이 형성된 경우 나타나는 현상이 아닌 것은?

① 전열량 감소
② 연료 소비량 증대
③ 관수 순환 촉진
④ 국부 과열

해설 스케일이 퇴적되면 열전달을 방해하여 순환이 불량해 지고 과열 현상이 발생할 수 있다.

46 보일러 사고의 원인 중 보일러 취급상의 사고 원인이 아닌 것은?

① 재료 및 설계 불량
② 사용 압력 초과 운전
③ 저수위 운전
④ 급수 처리 불량

해설 보일러 취급상의 사고 원인
㉠ 사용 압력 초과 운전
㉡ 저수위 운전
㉢ 급수 처리 불량

47 보일러에서 발생하는 부식을 크게 습식과 건식으로 구분할 때, 다음 중 건식에 속하는 것은?

① 점식   ② 황화 부식
③ 알칼리 부식   ④ 수소 취화

해설 보일러 부식
㉠ 건식 : 황화 부식
㉡ 습식 : 점식, 알칼리 부식, 수소 취화

정답 41 ④ 42 ④ 43 ② 44 ④ 45 ③ 46 ① 47 ②

48 다음 중 보일러 손상의 하나인 압궤가 일어나기 쉬운 부분은?

① 수관   ② 노통
③ 동체   ④ 갤로웨이관

해설 압궤는 노통 상부의 과열로 인해서 노통이 찌그러지는 현상이다.

49 보일러에서 팽출과 압궤가 발생하기 쉬운 장소가 아닌 것은?

① 화염에 접촉하는 동(胴)의 밑바닥
② 절탄기 및 공기 예열기의 표면
③ 횡형 노통의 상반면
④ 수관의 노에 접한 면

해설 ② 저온 부식이 발생하기 쉽다.

50 보일러의 과열 원인과 무관한 것은?

① 보일러수의 순환이 불량할 경우
② 스케일 누적이 많은 경우
③ 저수위로 운전할 경우
④ 1차 공기량의 공급이 부족한 경우

해설 보일러의 과열 원인
㉠ 보일러수의 순환이 불량할 경우
㉡ 스케일 누적이 많은 경우
㉢ 저수위로 운전할 경우
㉣ 보일러수가 농축되어 있을 때
㉤ 전열면에 국부적인 열을 받았을 때

51 동관의 용도로 부적합한 것은?

① 냉매 배관   ② 배수 배관
③ 연료 배관   ④ 온수 방열관

해설 배수 배관은 주철관을 사용한다.

52 호칭 지름 15A의 강관을 굽힘 반지름 80mm, 각도 90°로 굽힐 때 굽힘부의 필요한 중심 곡선부 길이는 약 몇 mm인가?

① 126   ② 135
③ 182   ④ 251

해설 중심 곡선부 길이 $= 2 \times 3.14 \times 80mm \times \dfrac{90}{360}$
$= 126mm$

53 다음 기호와 같은 밸브의 종류 명칭은?

① 게이트 밸브   ② 체크 밸브
③ 볼 밸브   ④ 안전 밸브

해설 ① 게이트 밸브 : ON, OFF 기능
② 체크 밸브(역류 방지 밸브) : 유체의 역류를 방지하는 것
③ 볼 밸브 : 유량 조절 기능
④ 안전 밸브 : 초과 압력을 방출하는 안전 장치

54 다음 중 무기질 보온재에 속하는 것은?

① 펠트(felt)
② 규조토
③ 코르크(cork)
④ 기포성 수지

해설 ㉠ 무기질 보온재 : 규조토
㉡ 유기질 보온재 : 펠트(felt), 코르크(cork), 기포성 수지

55 규산칼슘 보온재의 안전 사용 최고 온도(°C)는?

① 300   ② 450
③ 650   ④ 850

해설 규산칼슘 보온재의 안전 사용 최고 온도 : 650°C

56 에너지법에서 정의하는 "에너지 사용자"의 의미로 가장 옳은 것은?

① 에너지 보급 계획을 세우는 자
② 에너지를 생산, 수입하는 사업자
③ 에너지 사용 시설의 소유자 또는 관리자
④ 에너지를 저장, 판매하는 자

해설 에너지 사용자 : 에너지 사용 시설의 소유자 또는 관리자

57 에너지 이용 합리화법에서 정한 국가 에너지 절약 추진 위원회의 위원장은 누구인가?

① 산업통상자원부 장관
② 지방자치단체의 장
③ 국무총리
④ 대통령

해설 국가 에너지 절약 추진 위원회의 위원장 : 산업통상자원부 장관

58 열사용 기자재 중 온수를 발생하는 소형 온수 보일러의 적용 범위로 옳은 것은?

① 전열 면적 $12m^2$ 이하, 최고 사용 압력 0.25MPa 이하의 온수를 발생하는 것
② 전열 면적 $14m^2$ 이하, 최고 사용 압력 0.25MPa 이하의 온수를 발생하는 것
③ 전열 면적 $12m^2$ 이하, 최고 사용 압력 0.35MPa 이하의 온수를 발생하는 것
④ 전열 면적 $14m^2$ 이하, 최고 사용 압력 0.35MPa 이하의 온수를 발생하는 것

해설 소형 온수 보일러의 적용 범위 : 전열 면적 $14m^2$ 이하, 최고 사용 압력 0.35MPa 이하의 온수를 발생하는 것

59 저탄소 녹색 성장 기본법에서 사람의 활동에 수반하여 발생하는 온실가스가 대기 중에 축적되어 온실가스 농도를 증가시킴으로써 지구 전체적으로 지표 및 대기의 온도가 추가적으로 상승하는 현상을 나타내는 용어는?

① 지구 온난화
② 기후 변화
③ 자원 순환
④ 녹색 경영

해설
② 기후 변화 : 사람의 활동으로 인하여 온실가스의 농도가 변함으로써 상당 기간 관찰되어 온 자연적인 기후 변동에 추가적으로 일어나는 기후 체계의 변화
③ 자원 순환 : 자원의 절약과 재활용 촉진에 관한 법률에 따른 자원 순환
④ 녹색 경영 : 기업이 경영 활동에서 자원과 에너지를 절약하고 효율적으로 이용하며 온실가스 배출 및 환경 오염의 발생을 최소화하면서 사회적, 윤리적 책임을 다하는 경영

60 신·재생 에너지 설비 중 태양의 열에너지를 변환시켜 전기를 생산하거나 에너지원으로 이용하는 설비로 맞는 것은?

① 태양열 설비
② 태양광 설비
③ 바이오 에너지 설비
④ 풍력 설비

해설
② 태양광 설비 : 태양의 빛 에너지를 변환시켜 전기를 생산하거나 채광에 이용하는 설비
③ 바이오 에너지 설비 : 신에너지 및 재생 에너지 개발·이용·보급 촉진법 시행령 별표 I의 바이오 에너지를 생산하거나 이를 에너지원으로 이용하는 설비
④ 풍력 설비 : 바람의 에너지를 변환시켜 전기를 생산하는 설비

정답 56 ③ 57 ① 58 ④ 59 ① 60 ①

에너지관리기능사 (2021. 10. 3 시행)

01 완전한 진공을 기준으로 했을 때의 압력을 무엇이라고 하는가?

① 표준 압력
② 대기 압력
③ 절대 압력
④ 계기 압력

해설 ㉠ 표준 대기압 : 0°C에서 수은주 760mmHg로 표시될 때의 압력(토리첼리 진공 시험에서 얻어진 물리 기압)
㉡ 대기 압력 : 지구 주위의 공기 무게에 상당하는 압력 (고도에 따라 다르다)
㉢ 절대 압력 : 완전 진공 '0'으로(기준으로) 했을 때의 압력
  ㉠ 절대 압력=대기압+게이지압
  ㉡ 절대 압력=대기압−진공압

02 비열비는 다음과 같이 표시된다. 맞는 것은?

① $\dfrac{\text{정압 비열}}{\text{비열}}$ ② $\dfrac{\text{정압 비열}}{\text{비중}}$

③ $\dfrac{\text{정압 비열}}{\text{정적 비열}}$ ④ $\dfrac{\text{정적 비열}}{\text{정압 비열}}$

해설 비열비 : 정적 비열에 대한 정압 비열의 비를 말한다.

비열비$(K) = \dfrac{\text{정압 비열}(C_p)}{\text{정적 비열}(C_v)} > 1$

∴ $C_p > C_v$

03 10°C의 물 400kg과 90°C의 더운물 100kg을 혼합하면 혼합 후의 물의 온도는?

① 26°C   ② 36°C
③ 54°C   ④ 78°C

해설 t_m(평균 온도)$= \dfrac{(G_1C_1t_1 + G_2C_2t_2)}{(G_1C_1 + G_2C_2)}$

$= \dfrac{(10 \times 400 + 90 \times 100)}{500}$

$= 26°C$

여기서, G_1, G_2 : 물질의 무게(kg)
  C_1, C_2 : 물질의 비열(kcal/kg·°C)
  t_1, t_2 : 물질의 온도(°C)

04 증기 공급 시 과열 증기를 사용함에 따른 장점이 아닌 것은?

① 부식 발생 저감
② 열효율 증대
③ 가열 장치의 열응력 저하
④ 증기 소비량 감소

해설 과열 증기를 사용함에 따른 장점
㉠ 부식 발생 저감
㉡ 열효율 증대
㉢ 증기 소비량 감소

05 액체가 어느 일정한 압력에 도달하면 증발 잠열이 0이 되고, 액체, 기체의 구분이 없어지는데 이때의 압력은?

① 절대 압력
② 임계 압력
③ 기화 압력
④ 포화 압력

해설 임계점 : 액체, 기체의 상태 구별이 없는 점
㉠ 임계 압력 : 225.65kg/cm²·abs
㉡ 임계 온도 : 374.15°C
㉢ 증발 잠열 : 0kcal/kg

정답 01 ③ 02 ③ 03 ① 04 ③ 05 ②

06 다음 보일러 중 노통 연관식 보일러는?

① 코니시 보일러 ② 랭커셔 보일러
③ 스코치 보일러 ④ 타쿠마 보일러

해설 ①, ② : 노통 보일러
④ : 경사관식 수관 보일러

07 보일러를 본체 구조에 따라 분류하면 원통형 보일러와 수관식 보일러로 크게 나눌 수 있다. 수관식 보일러에 속하지 않는 것은?

① 노통 보일러 ② 타쿠마 보일러
③ 라몬트 보일러 ④ 슐처 보일러

해설 원통 보일러 : 노통 보일러

08 관류 보일러에 관한 사항 중 틀린 것은?

① 물을 관 입구에서 출구까지 가열, 증발, 과열시켜 증기를 발생시키는 형식이다.
② 드럼이 없으므로 급수 처리를 하지 않아도 된다.
③ 물의 순환이 안 되고 단번에 증발한다.
④ 대표적인 것으로 벤슨 보일러, 슐처 보일러가 있다.

해설 ② 증발이 빠르므로 관 내에 스케일 부착의 우려가 있어 완벽한 급수 처리를 요한다.

09 특수 보일러 중 간접 가열 보일러에 해당되는 것은?

① 슈미트 보일러 ② 베록스 보일러
③ 벤슨 보일러   ④ 코니시 보일러

해설 ① 간접 가열 보일러
② 강제 순환식 수관 보일러
③ 관류 보일러
④ 횡형 보일러 중 노통 보일러

10 다음 중 보일러 스테이(stay)의 종류에 해당되지 않는 것은?

① 거싯(gusset) 스테이
② 바(bar) 스테이
③ 튜브(tube) 스테이
④ 너트(nut) 스테이

해설 (가) 스테이(stay) : 버팀 또는 지지라 하며, 강도가 부족한 부분에 부착하여 강도를 보강하고 변형이나 파손을 방지한다.
(나) 스테이의 종류
  ㉠ 거싯(gusset) 스테이
  ㉡ 바(bar) 스테이
  ㉢ 튜브(tube) 스테이
  ㉣ 도그(dog) 스테이
  ㉤ 볼트(bolt) 스테이
  ㉥ 경사(oblique) 스테이
  ㉦ 거더(girder) 스테이

11 다음 스프링 안전 밸브 중 분출 용량이 가장 큰 형식은?

① 전량식   ② 전양정식
③ 저양정식 ④ 고양정식

해설 스프링 안전 밸브 중 분출 용량이 큰 순서
전량식 > 전양정식 > 고양정식 > 저양정식

12 보일러 자동 제어에서 3요소식 수위 제어의 3가지 검출 요소와 무관한 것은?

① 노내 압력 ② 수위
③ 증기 유량 ④ 급수 유량

해설 보일러 자동 제어에서 3요소식 수위 제어의 3가지 검출 요소
㉠ 수위
㉡ 증기 유량
㉢ 급수 유량

정답 06 ③ 07 ① 08 ② 09 ① 10 ④ 11 ① 12 ①

13 보일러에 부착하는 압력계의 취급상 주의 사항으로 틀린 것은?

① 온도가 353K 이상 올라가지 않도록 한다.
② 압력계는 고장이 날 때까지 계속 사용하는 것이 아니라 일정 사용 시간을 정하고 정기적으로 교체하여야 한다.
③ 압력계 사이펀관의 수직부에 콕을 설치하고 콕의 핸들이 축 방향과 일치할 때에 열린 것이어야 한다.
④ 부르동관 내에 직접 증기가 들어가면 고장이 나기 쉬우므로 사이펀관에 물이 가득 차지 않도록 한다.

해설 ④ 부르동관 내에 직접 증기가 들어가면 고장나기 쉬우므로 사이펀관에 물이 가득 차게 한다.

14 다음 중 비접촉식 온도계의 종류가 아닌 것은?

① 광전관식 온도계
② 방사 온도계
③ 광고 온도계
④ 열전대 온도계

해설 접촉식 온도계 : 열전대 온도계

15 감압 밸브의 종류에 해당되지 않는 것은 어느 것인가?

① 스프링식   ② 추식
③ 지렛대식   ④ 다이어프램식

해설 감압 밸브의 종류
㈎ 구조에 따라
 ㉠ 스프링식   ㉡ 추식
㈏ 작동 방법에 따라
 ㉠ 피스톤식   ㉡ 다이어프램식
 ㉢ 벨로스식

16 보일러의 상당 증발량을 옳게 설명한 것은?

① 일정 온도의 보일러수가 최종 증발 상태에서 증기가 되었을 때의 중량
② 시간당 증발된 보일러수의 중량
③ 보일러에서 단위 시간에 발생하는 증기 또는 온수의 보유 열량
④ 시간당 실제 증발량이 흡수한 전열량을 온도 100℃의 포화수를 100℃의 증기로 바꿀 때의 열량으로 나눈 값

해설 상당 증발량이란 증기 1kg당 증발 잠열 539kcal를 가지고 있는 증기이다.

17 어떤 보일러의 용량이 50HP(마력)으로 표기되었다. 이것을 열량으로 환산하면 몇 kcal/h인가?

① 8,435
② 8,440
③ 421,767
④ 48,178

해설 $15.65 \times 539 \times 50 = 421,767.5 \text{kcal/h}$

18 연료 발열량은 9,750kcal/kg, 연료의 시간당 사용량은 3kg/h인 보일러의 상당 증발량이 5,000kg/h일 때 보일러 효율은 약 몇 %인가?

① 83
② 85
③ 87
④ 92

해설 보일러 효율
$$= \frac{\text{상당 증발량(kg/h)} \times 539}{\text{매시 연료 사용량(kg/h)} \times \text{연료의 저위 발열량(kcal/kg)}} \times 100\%$$
$$= \frac{5,000 \text{kg/h} \times 539}{3 \text{kg/h} \times 9,750 \text{kcal/kg}} \times 100\%$$
$$= 92\%$$

정답 13 ④ 14 ④ 15 ③ 16 ④ 17 ③ 18 ④

19 보일러의 출열 항목에 속하지 않는 것은?

① 불완전 연소에 의한 열손실
② 연소 잔재물 중의 미연소분에 의한 열손실
③ 공기의 현열 손실
④ 방산에 의한 손실열

해설 보일러의 출열 항목
㉠ 발생 증기의 흡수열(유효 출열)
㉡ 연소 가스에 의해서 생기는 배기가스 손실열(수증기 포함)
㉢ 노내의 분입 증기에 의한 손실열
㉣ 불완전 연소에 의한 열손실
㉤ 연소 잔재물 중의 미연소분에 의한 열손실
㉥ 방산에 의한 손실열

20 열정산 시 발생 증기량 측정은 어떻게 하는가?

① 급수량에서 산정한다.
② 증기 온도에서 산정한다.
③ 급수 온도에서 산정한다.
④ 연료 소비량에서 산정한다.

해설 발생 증기량의 측정 : 급수량에서 산정한다.

21 다음 중 보일러 액체 연료의 특징 설명으로 틀린 것은?

① 품질이 균일하여 발열량이 높다.
② 운반 및 저장, 취급이 용이하다.
③ 회분이 많고, 연소 조절이 쉽다.
④ 연소 온도가 높아 국부 과열 위험성이 높다.

해설 ③ 회분이 적고, 연소 조절이 쉽다.

22 다음 중 액화 천연가스(LNG)의 주성분은 어느 것인가?

① CH_4 ② C_2H_6
③ C_3H_6 ④ C_4H_{10}

해설 액화 천연가스(LNG)의 주성분 : CH_4

23 다음 도시가스의 종류를 크게 천연가스와 석유계 가스, 석탄계 가스로 구분할 때 석유계 가스에 속하지 않는 것은?

① 코르크 가스   ② LPG 변성 가스
③ 나프타 분해 가스   ④ 정제소 가스

해설 석유계 가스의 종류
㉠ LPG 변성 가스
㉡ 나프타 분해 가스
㉢ 정제소 가스

24 연료의 연소에 관한 설명으로 맞지 않는 것은?

① 기체 연료의 연소는 신속하고 정확하게 조절할 수 있어 자동 제어가 용이하다.
② 액체 연료의 연소는 다른 연료에 비하여 과잉 공기를 가장 적게 할 수 있으며, 노내 분위기 조성이 용이하다.
③ 미분탄 연소 시에는 다량의 분진이 발생한다.
④ 중유를 보일러에 연소시키면 황산화물이 공기 예열기의 저온 부분을 부식시키는 경향이 있다.

해설 ② 과잉 공기를 가장 적게 하여 연소할 수 있는 연료는 기체 연료이다.

25 공기비란?

① 공급 공기와 배출 공기의 비
② 연료의 연소에 대한 공기의 양
③ 연소 가스량과 연소용 공기량의 비
④ 실제 공기량과 이론 공기량의 비

해설 공기비 : 이론 공기량(A_0)에 대한 실제 공기량의 비
즉 $m = \dfrac{A}{A_0} > 1$
여기서, m : 공기비
  A_0 : 이론 공기량
  A : 실제 공기량

26 '편차'란?
① 목표치와 입력량의 차
② 목표치와 측정량의 차
③ 목표치와 제어량의 차
④ 기준 압력과 사용 압력의 차

해설 제어 편차＝목푯값－제어량

27 솔레노이드 밸브는 다음 어느 동작에 적용하는가?
① 2위치 동작 ② 미분 동작
③ 적분 동작 ④ 비례 동작

해설 solenoid valve(유전자 밸브) : 전자석의 작용에 의하여 밸브를 개폐시켜 버너의 유류를 공급, 정지를 행하는 것으로 on－off의 2위치 동작이다.

28 다음 3요소식 보일러 급수 제어 방식에서 검출하는 3요소로 구성된 것은?
① 수위, 증기 유량, 급수 유량
② 수위, 공기압, 수압
③ 수위, 연료량, 공기압
④ 수위, 연료량, 수압

해설 급수 제어 방식
㉠ 1요소 : 수위만 검출
㉡ 2요소 : 수위, 증기 검출
㉢ 3요소 : 수위, 증기, 급수량 검출

29 미리 정해진 순서에 따라 순차적으로 제어의 각 단계가 진행되는 제어 방식으로, 작동 명령이 타이머나 릴레이에 의해서 수행되는 제어는?
① 시퀀스 제어
② 피드백 제어
③ 프로그램 제어
④ 캐스케이드 제어

해설 ① 시퀀스 제어의 설명이다.

30 제어 장치에서 인터록(interlock)이란?
① 정해진 순서에 따라 차례로 동작이 진행되는 것
② 구비 조건에 맞지 않을 때 작동을 정지시키는 것
③ 증기 압력의 연료량, 공기량을 조절하는 것
④ 제어량과 목표치를 비교하여 동작시키는 것

해설 ㉠ 인터록 : 위험성을 배제하기 위해 전 동작이 충족되지 않으면 다음 단계로 진행되지 못하는 장치이다.
㉡ 종류 : 저수위, 압력 초과, 불착화, 저연소, 프리퍼지 등이 있다.

31 단관 중력 환수식 온수 난방에서 방열기 입구 반대편 상부에 부착하는 밸브는?
① 온도 조절 밸브
② 방열기 밸브
③ 공기빼기 밸브
④ 배니 밸브

해설 방열기 밸브(RV)는 유수 저항이 작은 콕식을 쓰며, 상부 태핑에 단다.

정답 26 ③ 27 ① 28 ① 29 ① 30 ② 31 ②

32 다음 그림은 진공 환수식 증기 난방법에서 응축수를 환수시키는 장치이다. 이 명칭은 무엇인가?

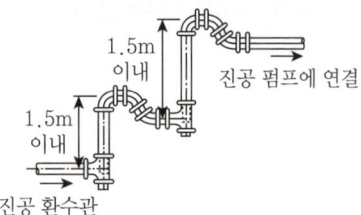

① 건식 환수관
② 리프트 피팅
③ 루프형 배관
④ 습식 환수관

해설 리프트 피팅 : 증기 난방에서 방열기의 위치가 보일러보다 낮게 설치되어 있는 경우의 응축수 환수 방법이다(진공 펌프를 이용).

33 온수 보일러의 팽창 탱크와 팽창관의 설치에 관한 설명으로 잘못된 것은?

① 팽창 탱크 내의 수위는 전체 높이의 1/3 정도로 한다.
② 팽창 탱크에 연결된 팽창관은 탱크 바닥면보다 25mm 정도 높게 한다.
③ 팽창 탱크에 연결된 팽창관에는 밸브류를 설치하지 않는다.
④ 팽창 탱크에 연결된 수평관은 탱크를 향하여 하향 배관한다.

해설 ④ 팽창 탱크에 연결된 수평관은 탱크를 향하여 상향 배관한다.

34 주철제 벽걸이 방열기의 호칭 방법은?

① W-형×쪽수
② 종별-치수×쪽수
③ 종별-쪽수×형
④ 치수-종별×쪽수

해설 주철제 벽걸이 방열기의 호칭 방법 : W-형×쪽수

35 포화 온도 105℃인 증기 난방 방열기의 상당 방열 면적이 20m²일 경우, 시간당 발생하는 응축수량은 약 몇 kg/h인가?

① 10.37
② 20.57
③ 12.17
④ 24.27

해설 증기 방열기의 표준 방열량은 650kcal/h·m²이므로 시간당 발생하는 응축수량(kg/h)

$$= \frac{방열량(kcal/h·m^2) \times 상당\ 방열\ 면적(m^2)}{증발\ 잠열(kcal/kg)}$$

$$= \frac{650kcal/h·m^2 \times 20m^2}{535.6kcal/kg}$$

$$= 24.27 kg/h$$

36 보일러의 옥외 설치 시공 기준을 잘못 설명한 것은?

① 빗물이 스며들지 않도록 케이싱 등의 적절한 방지 설비를 해야 한다.
② 노출된 절연재에는 방수 처리를 해야 한다.
③ 보일러 외부에 있는 증기관은 나관으로 두어야 한다.
④ 강제 통풍 팬의 입구에는 빗물 방지 보호관을 설치해야 한다.

해설 ③ 보일러 외부에 있는 증기관이 얼지 않도록 적절한 보호 조치를 한다.

37 보일러에서 팽창 탱크의 설치 목적에 대한 설명으로 틀린 것은?

① 체적 팽창, 이상 팽창에 의한 압력을 흡수한다.
② 장치 내의 온도와 압력을 일정하게 유지한다.
③ 보충수를 공급하여 준다.
④ 관수를 배출하여 열손실을 방지한다.

해설 ④ 관수를 배출하지 않는다.

정답 32 ② 33 ④ 34 ① 35 ④ 36 ③ 37 ④

38 열 사용 기자재 검사 기준에 따라 수압 시험을 할 때 강철제 보일러의 최고 사용 압력이 0.43MPa 초과 1.5MPa 이하인 보일러의 수압 시험 압력은?

① 최고 사용 압력의 2배+0.1MPa
② 최고 사용 압력의 1.5배+0.2MPa
③ 최고 사용 압력의 1.3배+0.3MPa
④ 최고 사용 압력의 2.5배+0.5MPa

해설 강철제 보일러의 수압 시험 압력

최고 사용 압력	수압 시험 압력
0.43MPa 이하	최고 사용 압력의 2배 (단, 그 시험 압력이 0.2MPa 미만인 경우에는 0.2MPa로 한다)
0.43MPa 초과 1.5MPa 이하	최고 사용 압력의 1.3배+0.3MPa
1.5MPa 초과	최고 사용 압력의 1.5배

39 연료유 저장 탱크의 일반 사항에 대한 설명으로 틀린 것은?

① 연료유를 저장하는 저장 탱크 및 서비스 탱크는 보일러의 운전에 지장을 주지 않는 용량의 것으로 하여야 한다.
② 연료유 탱크에는 보기 쉬운 위치에 유면계를 설치하여야 한다.
③ 연료유 탱크에는 탱크 내의 유량이 정상적인 양보다 초과 또는 부족한 경우에 경보를 발하는 경보 장치를 설치하는 것이 바람직하다.
④ 연료유 탱크에 드레인을 설치할 경우, 누유에 따른 화재 발생 소지가 있으므로 이 물질을 배출할 수 있는 드레인은 탱크 상단에 설치하여야 한다.

해설 ④ 연료유 탱크에 드레인을 설치할 경우, 누유에 따른 화재 발생 소지가 있으므로 이물질을 배출할 수 있는 드레인은 탱크 하단에 설치하여야 한다.

40 소용량 보일러에 부착하는 압력계의 최고 눈금은 보일러 최고 사용 압력의 몇 배로 하는가?

① 1~1.5배
② 1.5~3배
③ 4~5배
④ 5~6배

해설 압력계는 증기 보일러에 부착하는 압력계의 눈금판의 바깥지름은 100mm 이상으로 하고, 소용량 보일러는 60mm 이상으로 할 수 있고 압력계의 최고 눈금은 최고 사용 압력의 3배 이하로 하되 1.5배보다 작아서는 안 된다.

41 보일러 취급 책임자로서 보일러를 관리하는 경우 가장 필요한 자세는?

① 보일러를 안전하게 경제적으로 관리한다.
② 안전 밸브의 조정을 직접한다.
③ 분출 작업을 직접한다.
④ 급수 조작을 직접한다.

해설 취급 책임자는 안전 운전을 우선해야 한다.

42 평소 사용하고 있는 보일러의 가동 전 준비 사항으로 틀린 것은?

① 각종 기기의 기능을 검사하고 급수 계통의 이상 유무를 확인한다.
② 댐퍼를 닫고, 프리퍼지를 행한다.
③ 각 밸브의 개폐 상태를 확인한다.
④ 보일러수 물의 높이는 상용 수위로 하여 수면계로 확인한다.

해설 ② 댐퍼를 개방하고, 프리퍼지를 행한다.

43 다음 중 보일러의 화학 세관과 관계가 없는 것은?

① 촉진제
② 억제제
③ 염산
④ 슈트 블로어

정답 38 ③ 39 ④ 40 ② 41 ① 42 ② 43 ④

해설 ④ 기계적 세관법으로 연관 속에 있는 그을음을 제거 한다.

44 1ppm과 맞는 것은?
① 물에 포함된 불순물의 양으로서 1/10,000을 뜻한다.
② 물에 포함된 불순물의 양으로서 1/1,000을 뜻한다.
③ 물에 포함된 불순물의 양으로서 1/100,000을 뜻한다.
④ 물에 포함된 불순물의 양으로서 1/1,000,000을 뜻한다.

해설 ppm은 parts per million의 약자로, 용액 1kg 속의 용질 1mg으로 중량 100만분율이다.

45 보일러수 중에 농축된 강알칼리의 영향으로 철강 조직이 취약하게 되고 입계 균열을 일으키는 현상은?
① 가성 취화
② 전면 부식
③ 그루빙
④ 점식

해설 ① 가성 취화 : 농축 알칼리 pH 13 이상에서 강판에 미세한 균열이 발생하는 현상

46 다음 사고 중 제작상의 원인이 아닌 것은?
① 구조 불량
② 계기류의 상태 불량
③ 용접 불량
④ 재료 불량

해설 ② 취급상의 사고 원인

47 다음 중 보일러에서 발생하는 부식 형태가 아닌 것은?
① 점식
② 수소 취화
③ 알칼리 부식
④ 라미네이션

해설 ① 점식(pitting) : 내부 부식에 속하며 보일러수 중의 산소, 탄산가스가 용해하면서 콩알만한 작은 구멍 형태의 부식이 군데군데 떼를 지어 발생한다.
② 수소 취화 : 고용된 수소에 의해서 재료가 취화되어 부스러지는 현상이다. 이 경우 인장 응력을 받고 있으면 응력 부식 균열로 발전한다.
③ 알칼리 부식 : 보일러수 속에 수산화나트륨 등의 유리 알칼리 농도가 너무 높아지고, pH가 너무 상승하면 증발관 등에서 수산화나트륨이 농축하여 고농도 알칼리와 고온 작용으로 강재를 부식시키는 것이다.
④ 라미네이션(lamination) : 일종의 재료의 결함으로 강괴 속에 잔류된 가스체가 강철판을 압연할 때에 압축되어 2장의 층을 형성하고 있는 흠을 말한다.

48 프라이밍의 발생 원인으로 거리가 먼 것은?
① 보일러 수위가 높을 때
② 보일러수가 농축되어 있을 때
③ 송기 시 증기 밸브를 급개할 때
④ 증발 능력에 비하여 보일러수의 표면적이 클 때

해설 (가) 프라이밍(priming) : 비수라 하며 압력의 급강하, 거품이 부풀어 올라 터지면서 수면 위로 물방울이 튀어 오르는 현상을 말한다.
(나) 프라이밍 발생 원인
 ㉠ 보일러 수위가 높을 때
 ㉡ 보일러수가 농축되어 있을 때
 ㉢ 송기 시 증기 밸브를 급개할 때
 ㉣ 증발 수면이 좁거나 증기부가 작을 때
 ㉤ 증기 부하가 과대할 때
 ㉥ 관수에 유지분, 부유물, 불순물이 많을 때
 ㉦ 청관제 사용이 부적당할 때
 ㉧ 증기 발생이 과다하거나 급격히 증기를 발생시킬 때
 ㉨ 보일러수 중에 불순물이 다량 함유된 때

정답 44 ④ 45 ① 46 ② 47 ④ 48 ④

49 보일러수 속에 유지류, 부유물 등의 농도가 높아지면 드럼 수면에 거품이 발생하고, 또한 거품이 증가하여 드럼의 증기실에 확대되는 현상을 무엇이라 하는가?

① 포밍 ② 프라이밍
③ 워터 해머링 ④ 프리퍼지

해설 ② 프라이밍(priming) : 비수 현상이라 하며, 고수위, 저압력을 원인으로 하여 급격한 증기가 발생하면서 수면으로부터 끊임없이 증기와 물방울이 비산하면서 수위를 불안정하게 만드는 현상
③ 워터 해머링(water-hammering) : 펌프에서 물을 압송하고 있을 때 정전 등으로 급히 펌프가 멈춘 경우와 수량 조절 밸브를 급히 개폐한 경우 등 관 내의 유속이 급변하면 물에 심한 압력 변화가 생기는 현상
④ 프리퍼지(pre-purge) : 점화 전에 노내 환기

50 캐리 오버(carry over)에 대한 방지 대책이 아닌 것은?

① 압력을 규정 압력으로 유지해야 한다.
② 수면이 비정상적으로 높게 유지되지 않도록 한다.
③ 부하를 급격히 증가시켜 증기실의 부하율을 높인다.
④ 보일러수에 포함되어 있는 유지류나 용해 고형물 등의 불순물을 제거한다.

해설 캐리 오버(carry over) : 보일러수 속의 용해 고형물이나 현탁 고형물이 증기에 섞여 보일러 밖으로 튀어 나가는 현상
(가) 발생 원인
 ㉠ 부하를 급격히 증가시켜 증기실의 부하율을 높인다.
 ㉡ 주증기 밸브를 급히 개방한다.
 ㉢ 고수위로 운전한다.
 ㉣ 보일러수가 농축되었다.
(나) 방지 대책
 ㉠ 압력을 규정 압력으로 유지해야 한다.
 ㉡ 주증기 밸브를 천천히 개방한다.
 ㉢ 수면이 비정상적으로 높게 유지되지 않도록 한다.
 ㉣ 보일러수에 포함되어 있는 유지류나 용해 고형물 등의 불순물을 제거한다.

51 다음 중 압력 배관용 탄소강 강관의 기호로 맞는 것은?

① SPP ② SPPH
③ SPPS ④ SPHT

해설 ① SPP : 배관용 탄소강 강관
② SPPH : 고압 배관용 탄소강 강관
④ SPHT : 고온 배관용 탄소강 강관

52 호칭 지름 20A인 강관을 그림과 같이 배관할 때 엘보 사이 파이프의 절단 길이는? (단, 20A 엘보의 끝단에서 중심까지의 거리는 32mm이고, 파이프의 물림 길이는 13mm이다.)

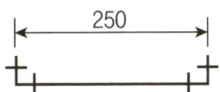

① 210mm ② 212mm
③ 214mm ④ 216mm

해설 절단 길이=250-(32+32)+(13+13)
        =212mm

여기서,

이음쇠 종류	관지름 (mm)	엘보 중심 치수	유효 나사부
45° 엘보	15	21	11
	20	25	13
	25	29	15
	32	34	17
90° 엘보	15	27	11
	20	32	13
	25	38	15
	32	46	17

53 보온재가 갖추어야 할 조건 설명으로 틀린 것은?

① 열전도율이 작아야 한다.
② 부피, 비중이 커야 한다.
③ 적합한 기계적 강도를 가져야 한다.
④ 흡수성이 낮아야 한다.

해설 ② 부피, 비중이 작아야 한다.

54 보온재 중 고온에서 사용할 수 없는 것은?

① 석면　　② 암면
③ 규조토　④ 스티로폼

해설 ① 석면 : 400℃ 이하
② 암면 : 500℃ 이하
③ 규조토 : 500℃ 이하
④ 스티로폼 : 70℃ 이하

55 다음 중 보온재의 종류가 아닌 것은?

① 코르크　　② 규조토
③ 기포성 수지　④ 제게르콘

해설 ④ 제게르콘 : 내화물

56 에너지법에서 정의한 에너지가 아닌 것은?

① 연료　② 열
③ 풍력　④ 전기

해설 에너지란 연료·열 및 전기를 말한다.

57 에너지 이용 합리화법상 에너지 사용자와 에너지 공급자의 책무는?

① 에너지 수급 안정을 위한 노력
② 온실가스 배출을 줄이기 위한 노력
③ 기자재의 에너지 효율을 높이기 위한 기술 개발
④ 지역 경제 발전을 위한 시책 강구

해설 에너지 사용자와 에너지 공급자는 지방자치단체의 에너지 시책에 적극 참여하고 협력하여야 하며 에너지의 생산, 전환, 수송, 저장, 이용 등에 있어서 그 효율을 극대화하고 온실가스의 배출을 줄이도록 노력하여야 한다.

58 에너지 이용 합리화법에 따라 주철제 보일러에서 설치 검사를 면제받을 수 있는 기준으로 옳은 것은?

① 전열 면적 $30m^2$ 이하의 유류용 주철제 증기 보일러
② 전열 면적 $40m^2$ 이하의 유류용 주철제 온수 보일러
③ 전열 면적 $50m^2$ 이하의 유류용 주철제 증기 보일러
④ 전열 면적 $60m^2$ 이하의 유류용 주철제 온수 보일러

해설 주철제 보일러에서 설치 검사를 면제받을 수 있는 기준 : 전열 면적 $30m^2$ 이하의 유류용 주철제 증기 보일러

59 저탄소 녹색 성장 기본법에서 규정하는 온실가스가 아닌 것은?

① 육불화황(SF_6)
② 과불화탄소(PFCs)
③ 수소불화탄소(HFCs)
④ 산소(O_2)

해설 온실가스 : 적외선 복사열을 흡수하거나 재방출하여 온실 효과를 일으키는 대기 중의 가스 상태의 물질로 이산화탄소(CO_2), 메탄(CH_4), 아산화질소(N_2O), 수소불화탄소(HFCs), 과불화탄소(PFCs) 또는 육불화황(SF_6)을 말한다.

정답 53 ②　54 ④　55 ④　56 ③　57 ②　58 ①　59 ④

60 신에너지 및 재생 에너지 개발·이용·보급 촉진법에서 규정하는 신에너지 또는 재생 에너지에 해당하지 않는 것은?

① 태양 에너지
② 풍력
③ 수소 에너지
④ 원자력 에너지

해설 신에너지 및 재생 에너지 : 기존의 화석 연료를 변환시켜 이용하거나 햇빛·물·지열(地熱)·강수(降水)·생물 유기체 등을 포함하는 재생 가능한 에너지를 변환시켜 이용하는 에너지로서 다음에 해당하는 것을 말 한다.
㉠ 태양 에너지
㉡ 생물 자원을 변환시켜 이용하는 바이오 에너지로서 대통령령으로 정하는 기준 및 범위에 해당하는 에너지
㉢ 풍력
㉣ 수력
㉤ 연료 전지
㉥ 석탄을 액화·가스화한 에너지 및 중질 잔사유(重質殘渣油)를 가스화한 에너지로서 대통령령으로 정하는 기준 및 범위에 해당하는 에너지
㉦ 해양 에너지
㉧ 대통령령으로 정하는 기준 및 범위에 해당하는 폐기물 에너지
㉨ 지열 에너지
㉩ 수소 에너지
㉪ 그 밖에 석유·석탄·원자력 또는 천연가스가 아닌 에너지로서 대통령령으로 정하는 에너지

정답 60 ④

에너지관리기능사 (2022. 1. 23 시행)

01 연료의 인화점에 대한 설명으로 가장 옳은 것은?

① 가연물을 공기 중에서 가열했을 때 외부로부터 점화원 없이 발화하여 연소를 일으키는 최저 온도
② 가연성 물질이 공기 중의 산소와 혼합하여 연소할 경우에 필요한 혼합 가스의 농도 범위
③ 가연성 액체의 증기 등이 불씨에 의해 불이 붙는 최저 온도
④ 연료의 연소를 계속시키기 위한 온도

해설 인화점(flash point) : 가연성 액체의 증기 등이 불씨에 의해 불이 붙는 최저 온도

02 다음 중 파형 노통의 종류가 아닌 것은?

① 모리슨형
② 가담슨형
③ 파브스형
④ 브라운형

해설 파형 노통 종류 : ㉠ 모리슨형, ㉡ 파브스형, ㉢ 브라운형

03 주철제 보일러의 일반적인 특징 설명으로 틀린 것은?

① 내열성과 내식성이 우수하다.
② 대용량의 고압 보일러에 적합하다.
③ 열에 의한 부동 팽창으로 균열이 발생하기 쉽다.
④ 쪽수의 증감에 따라 용량 조절이 편리하다.

해설 ② 대용량의 저압 보일러에 적합하다.

04 증기의 압력 에너지를 이용하여 피스톤을 작동시켜 급수를 행하는 비동력 펌프는?

① 워싱턴 펌프
② 기어 펌프
③ 벌류트 펌프
④ 디퓨저 펌프

해설 ① 워싱턴 펌프의 설명이다.

05 보일러 효율을 올바르게 설명한 것은?

① 증기 발생에 이용된 열량과 보일러에 공급한 연료가 완전 연소할 때의 열량과의 비
② 배기가스 열량과 연소실에서 발생한 열량과의 비
③ 연도에서 열량과 보일러에 공급한 연료가 완전 연소할 때의 열량과의 비
④ 총손실 열량과 연료의 연소 열량과의 비

해설 보일러 효율은 연소실로 공급된 연료가 연소 시 발생된 열량과 동 내부에 있는 물이 그 열을 흡수하여 증기나 온수를 발생하는 데 이용된 열량과의 비율이다.

06 수관식 보일러의 종류에 속하지 않는 것은?

① 자연 순환식
② 강제 순환식
③ 관류식
④ 노통 연관식

해설 수관식 보일러의 종류
㉠ 자연 순환식, ㉡ 강제 순환식, ㉢ 관류식

07 건포화 증기 100°C의 엔탈피는 얼마인가?

① 639kcal/kg
② 539kcal/kg
③ 100kcal/kg
④ 439kcal/kg

해설 엔탈피 = 현열 + 잠열
639kcal/kg = 100kcal/kg + 539kcal/kg

정답 01 ③ 02 ② 03 ② 04 ① 05 ① 06 ④ 07 ①

08 분사관을 이용해 선단에 노즐을 설치하여 청소하는 것으로 주로 고온의 전열면에 사용하는 슈트 블로어(soot blower)의 형식은?

① 롱 리트랙터블(long retractable)형
② 로터리(rotary)형
③ 건(gun) 형
④ 에어 히터 클리너(air heater cleaner)형

해설 ① 롱 리트랙터블형의 설명이다.

09 공기 과잉 계수(excess air coefficient)를 증가시킬 때 연소 가스 중의 성분 함량이 공기 과잉 계수에 맞춰서 증가하는 것은?

① CO_2 ② SO_2
③ O_2 ④ CO

해설 공기 과잉 계수를 증가시키면 연소 가스 중의 O_2 함량이 공기 과잉 계수에 맞춰서 증가한다.

10 보일러의 연소 가스 폭발 시에 대비한 안전 장치는?

① 방폭문   ② 안전 밸브
③ 파괴판   ④ 맨홀

해설 ① 방폭문의 설명이다.

11 다음 중 매연 발생의 원인이 아닌 것은?

① 공기량이 부족할 때
② 연료와 연소 장치가 맞지 않을 때
③ 연소실의 온도가 낮을 때
④ 연소실의 용적이 클 때

해설 매연 발생의 원인
㉠ 공기량이 부족할 때
㉡ 연료와 연소 장치가 맞지 않을 때
㉢ 연소실의 온도가 낮을 때

12 절탄기에 대한 설명 중 옳은 것은?

① 절탄기의 설치 방식은 혼합식과 분배식이 있다.
② 절탄기의 급수 예열 온도는 포화 온도 이상으로 한다.
③ 연료의 절약과 증발량의 감소 및 열효율을 감소시킨다.
④ 급수와 보일러수의 온도 차 감소로 열응력을 줄여준다.

해설 절탄기는 급수와 보일러수의 온도 차 감소로 열응력을 줄여준다.

13 어떤 고체 연료의 저위 발열량이 6,940kcal/kg이고 연소 효율이 92%라 할 때 연료의 단위량의 실제 발열량을 계산하면 약 얼마인가?

① 6,385kcal/kg   ② 6,943kcal/kg
③ 7,543kcal/kg   ④ 8,900kcal/kg

해설 실제 발열량
=저위 발열량×연소 효율
=6,940kcal/kg×0.92
=6,385kcal/kg

14 보일러의 마력을 옳게 나타낸 것은?

① 보일러 마력=15.65×매시 상당 증발량
② 보일러 마력=15.65×매시 실제 증발량
③ 보일러 마력=15.65÷매시 실제 증발량
④ 보일러 마력=매시 상당 증발량÷15.65

해설 ④ 보일러 마력=매시 상당 증발량÷15.65

15 다음 중 비접촉식 온도계의 종류가 아닌 것은?

① 광전관식 온도계
② 방사 온도계
③ 광고 온도계
④ 열전대 온도계

정답 08 ① 09 ③ 10 ① 11 ④ 12 ④ 13 ① 14 ④ 15 ④

해설 접촉식 온도계 : 열전대 온도계

16 다음 중 보일러에서 연소 가스의 배기가 잘 되는 경우는?

① 연도의 단면적이 작을 때
② 배기가스 온도가 높을 때
③ 연도에 급한 굴곡이 있을 때
④ 연도에 공기가 많이 침입될 때

해설 ② 연소 가스의 배기는 배기가스 온도가 높을 때 잘된다.

17 일반적으로 보일러 패널 내부 온도는 몇 ℃를 넘지 않도록 하는 것이 좋은가?

① 70   ② 60
③ 80   ④ 90

해설 보일러 패널 온도는 60℃를 넘지 않도록 한다.

18 수관식 보일러에서 건조 증기를 얻기 위하여 설치하는 것은?

① 급수 내관   ② 기수 분리기
③ 수위 경보기   ④ 과열 저감기

해설 ② 기수 분리기는 수관식 보일러에서 건조 증기를 얻기 위하여 설치하는 것이다.

19 온수 보일러의 수위계 설치 시 수위계의 최고 눈금은 보일러의 최고 사용 압력의 몇 배로 하여야 하는가?

① 1배 이상 3배 이하
② 3배 이상 4배 이하
③ 4배 이상 6배 이하
④ 7배 이상 8배 이하

해설 ② 온수 보일러 : 수위계의 최고 눈금을 보일러 최고 사용 압력의 1배 이상 3배 이하로 한다.

20 액체 연료의 연소용 공기 공급 방식에서 1차 공기를 설명한 것으로 가장 적합한 것은?

① 연료의 무화와 산화 반응에 필요한 공기
② 연료의 후열에 필요한 공기
③ 연료의 예열에 필요한 공기
④ 연료의 완전 연소에 필요한 부족한 공기를 추가로 공급하는 공기

해설 ① 액체 연료의 연소용 공기 공급 방식에서 1차 공기란 연료의 무화와 산화 반응에 필요한 공기이다.

21 기체 연료의 연소 방식과 관계가 없는 것은?

① 확산 연소 방식
② 예혼합 연소 방식
③ 포트형과 버너형
④ 회전 분무식

해설 기체 연료의 연소 방식
㉠ 확산 연소 방식
㉡ 예혼합 연소 방식
㉢ 포트형과 버너형

22 건도를 x라고 할 때 습증기는 어느 것인가?

① $x=0$
② $0<x<1$
③ $x=1$
④ $x>1$

해설 건도(건조도) : 습증기의 전질량 중 증기가 차지하는 질량비(x)를 말하고, 건조도가 0이면 포화수를 나타내고 건조도가 1이면 건포화 증기를 나타낸다.
0(포화수) < 건조도(x) < 1(건포화 증기)

정답 16 ② 17 ② 18 ② 19 ① 20 ① 21 ④ 22 ②

23 보일러 급수 펌프인 터빈 펌프의 일반적인 특징이 아닌 것은?

① 효율이 높고 안정된 성능을 얻을 수 있다.
② 구조가 간단하고 취급이 용이하므로 보수 관리가 편리하다.
③ 토출 시 흐름이 고르고 운전 상태가 조용하다.
④ 저속 회전에 적합하며 소형이면서 경량이다.

해설 고속 회전에 적합하며 소형이면서 경량이다.

24 보일러 부속 장치 설명 중 잘못된 것은?

① 기수 분리기 : 증기 중에 혼입된 수분을 분리하는 장치
② 슈트 블로어 : 보일러 동 저면의 스케일, 침전물 등을 밖으로 배출하는 장치
③ 오일 스트레이너 : 연료 속의 불순물 방지 및 유량계 펌프 등의 고장을 방지하는 장치
④ 스팀 트랩 : 응축수를 자동으로 배출하는 장치

해설 ㉠ 분출 장치 : 보일러 동 저면의 스케일, 침전물 등을 밖으로 배출하는 장치
㉡ 슈트 블로어 : 증기나 공기를 이용해서 그을음을 불어내어 전열 효율을 높이는 장치

25 고체 연료와 비교하여 액체 연료 사용 시의 장점을 잘못 설명한 것은?

① 인화의 위험성이 없으며 역화가 발생하지 않는다.
② 그을음이 적게 발생하고 연소 효율도 높다.
③ 품질이 비교적 균일하며 발열량이 크다.
④ 저장 및 운반 취급이 용이하다.

해설 ① 인화의 위험성이 있고 역화가 발생한다.

26 집진 효율이 대단히 좋고 0.5㎛ 이하 정도의 미세한 입자도 처리할 수 있는 집진 장치는?

① 관성력 집진기
② 전기식 집진기
③ 원심력 집진기
④ 멀티사이클론식 집진기

해설 ② 전기식 집진기의 설명이다.

27 열정산의 방법에서 입열 항목에 속하지 않는 것은?

① 발생 증기의 흡수열
② 연료의 연소열
③ 연료의 현열
④ 공기의 현열

해설 열정산 방법의 입열 항목
㉠ 연료의 연소열   ㉡ 연료의 현열
㉢ 공기의 현열

28 보일러의 자동 제어 장치로 쓰이지 않는 것은?

① 화염 검출기   ② 안전 밸브
③ 수위 검출기   ④ 압력 조절기

해설 보일러의 자동 제어 장치
㉠ 화염 검출기   ㉡ 수위 검출기   ㉢ 압력 조절기

29 급수 온도 30℃에서 압력 1MPa, 온도 180℃의 증기를 1시간당 10,000kg 발생시키는 보일러에서 효율은 약 몇 %인가? (단, 증기 엔탈피는 664kcal/kg, 표준 상태에서 가스 사용량은 500m³/h, 이 연료의 저위 발열량은 15,000kcal/m³)

① 80.5   ② 84.5
③ 87.65   ④ 91.65

정답 23 ④   24 ②   25 ①   26 ②   27 ①   28 ②   29 ②

해설 보일러 효율 = $\dfrac{\text{유효 출열량}}{\text{유효 입열량}} \times 100$

$= \dfrac{10{,}000\text{kg} \times (664 - 30)}{500\text{m}^3/\text{h} \times 15{,}000\text{kcal/m}^3} \times 100$

$= 84.5\%$

30 보일러의 사고 발생 원인 중 제작상의 원인에 해당되지 않는 것은?

① 용접 불량 ② 가스 폭발
③ 강도 부족 ④ 부속 장치 미비

해설 보일러 사고 발생 원인 중 제작상의 원인
㉠ 용접 불량
㉡ 강도 부족
㉢ 부속 장치 미비

31 다음 기호와 같은 밸브의 종류 명칭은?

① 게이트 밸브 ② 체크 밸브
③ 볼 밸브   ④ 안전 밸브

해설 ① 게이트 밸브 : ON, OFF 기능
② 체크 밸브(역류 방지 밸브) : 유체의 역류를 방지하는 것
③ 볼 밸브 : 유량 조절 기능
④ 안전 밸브 : 초과 압력을 방출하는 안전 장치

32 보일러의 검사 기준에 관한 설명으로 틀린 것은?

① 수압 시험은 보일러의 최고 사용 압력이 15kgf/cm²를 초과할 때에는 그 최고 사용 압력의 1.5배의 압력으로 한다.
② 보일러 운전 중에 비눗물 시험 또는 가스 누설 검사기로 배관 접속 부위 및 밸브류 등의 누설 유무를 확인한다.
③ 시험 수압은 규정된 압력의 8% 이상을 초과하지 않도록 모든 경우에 대한 적절한 제어를 마련하여야 한다.
④ 화재, 천변지변 등 부득이한 사정으로 검사를 실시할 수 없는 경우에는 재신청 없이 다시 검사를 하여야 한다.

해설 ③ 시험 수압은 규정된 압력의 6% 이상을 초과하지 않도록 모든 경우에 대한 적절한 제어를 마련하여야 한다.

33 보일러 보존 시 건조제로 주로 쓰이는 것이 아닌 것은?

① 실리카겔   ② 활성 알루미나
③ 염화마그네슘   ④ 염화칼슘

해설 보일러 보존 시 건조제 종류
㉠ 실리카겔
㉡ 활성 알루미나
㉢ 염화칼슘

34 배관의 신축 이음 종류가 아닌 것은?

① 슬리브형 ② 벨로스형
③ 루프형   ④ 파일럿형

해설 배관의 신축 이음 종류
㉠ 슬리브형   ㉡ 벨로스형   ㉢ 루프형

35 진공 환수식 증기 배관에서 리프트 피팅(lift fitting)으로 흡상할 수 있는 1단의 최고 흡상 높이는 몇 m 이하로 하는 것이 좋은가?

① 1   ② 1.5
③ 2   ④ 2.5

해설 진공 환수식 증기 배관 : 리프트 피팅으로 흡상할 수 있는 1단의 최고 흡상 높이는 1.5m 이하이다.

정답 30 ② 31 ② 32 ③ 33 ③ 34 ④ 35 ②

36 난방 부하 계산 과정에서 고려하지 않아도 되는 것은?

① 난방 형식
② 주위 환경 조건
③ 유리창의 크기 및 문의 크기
④ 실내와 외기의 온도

해설 난방 부하 계산 과정 시 고려할 사항
㉠ 주위 환경 조건
㉡ 유리창의 크기 및 문의 크기
㉢ 실내와 외기의 온도

37 다음 보온재의 종류 중 안전 사용(최고) 온도(℃)가 가장 낮은 것은?

① 펄라이트 보온판·통
② 탄화 코르판
③ 글라스 울 블랭킷
④ 내화 단열 벽돌

해설 ② 탄화 코르판이 안전 사용 온도가 가장 낮다.

38 다음 중 보일러 손상의 하나인 압궤가 일어나기 쉬운 부분은?

① 수관   ② 노통
③ 동체   ④ 갤로웨이관

해설 압궤는 노통 상부의 과열로 인해서 노통이 찌그러지는 현상이다.

39 다음 중 보일러의 안전 장치에 해당되지 않는 것은?

① 방출 밸브   ② 방폭문
③ 화염 검출기   ④ 감압 밸브

해설 보일러 안전 장치 종류
㉠ 방출 밸브   ㉡ 방폭문   ㉢ 화염 검출기

40 열전도율이 다른 여러 층의 매체를 대상으로 정상 상태에서 고온 측으로부터 저온 측으로 열이 이동할 때의 평균 열통과율을 의미하는 것은?

① 엔탈피
② 열복사율
③ 열관류율
④ 열용량

해설 ③ 열관류율의 설명이다.

41 엘보나 티와 같이 내경이 나사로 된 부품을 폐쇄할 필요가 있을 때 사용되는 것은?

① 캡   ② 니플
③ 소켓   ④ 플러그

해설 ④ 플러그의 설명이다.

42 사용 중인 보일러의 점화 전 주의 사항으로 잘못된 것은?

① 연료 계통을 점검한다.
② 각 밸브의 개폐 상태를 확인한다.
③ 댐퍼를 닫고 프리퍼지를 한다.
④ 수면계의 수위를 확인한다.

해설 ③ 프리퍼지를 하고 댐퍼를 닫는다.

43 호칭 지름 15A의 강관을 굽힘 반지름 80mm, 각도 90°로 굽힐 때 굽힘부의 필요한 중심 곡선부 길이는 약 몇 mm인가?

① 126   ② 135
③ 182   ④ 251

해설 중심 곡선부 길이
$= 2 \times 3.14 \times 80\text{mm} \times \dfrac{90}{360} = 126\text{mm}$

44 난방 부하가 2,250kcal/h인 경우 온수 방열기의 방열 면적은 몇 m^2인가? (단, 방열기의 방열량은 표준 방열량으로 함)

① 3.5　　　　　② 4.5
③ 5.0　　　　　④ 8.3

해설　온수 방열기의 방열 면적(m^2)

$= \dfrac{2{,}250 \text{kcal/h}}{450 \text{kcal/h}} = 5 m^2$

여기서,
온수 방열기의 방열량 : 450kcal/h = 7.2(80−18)
방열기 내·외부 온도 차 : 62℃
단, 80 : 방열기 내를 흐르는 열매의 평균 온도
$= \dfrac{\text{방열기 입구 온도} - \text{방열기 출구 온도}}{2}$
18 : 실내 온도

45 증기 트랩을 기계식 트랩(mechanical trap), 온도 조절식 트랩(thermostatic trap), 열역학적 트랩(thermodynamic trap)으로 구분할 때 온도 조절식 트랩에 해당하는 것은?

① 버킷 트랩　　　② 플로트 트랩
③ 열동식 트랩　　④ 디스크형 트랩

해설　③ 열동식 트랩의 설명이다.

46 철금속 가열로란 단조가 가능하도록 가열하는 것을 주목적으로 하는 노로서 정격 용량이 몇 kcal/h를 초과하는 것을 말하는가?

① 200,000　　　② 500,000
③ 100,000　　　④ 300,000

해설　철금속 가열로 : 단조가 가능하도록 가열하는 것을 주목적으로 하는 노로서 정격 용량이 500,000kcal/h를 초과하는 것이다.

47 연소 시작 시 부속 설비 관리에서 급수 예열기에 대한 설명으로 틀린 것은?

① 바이패스 연도가 있는 경우에는 연소 가스를 바이패스시켜 물이 급수 예열기 내를 유동하게 한 후 연소 가스를 급수 예열기 연도에 보낸다.
② 댐퍼 조작은 급수 예열기 연도의 입구 댐퍼를 먼저 연 다음에 출구 댐퍼를 열고 최후에 바이패스 연도 댐퍼를 닫는다.
③ 바이패스 연도가 없는 경우 순환관을 이용하여 급수 예열기 내의 물을 유동시켜 급수 예열기 내부에 증기가 발생하지 않도록 주의한다.
④ 순환관이 없는 경우는 보일러에 급수하면서 적량의 보일러수 분출을 실시하여 급수 예열기 내의 물을 정체시키지 않도록 하여야 한다.

해설　② 댐퍼 조작은 급수 예열기 연도의 출구 댐퍼를 먼저 연 다음에 입구 댐퍼를 열고 최후에 바이패스 연도 댐퍼를 닫는다.

48 급수 탱크의 설치에 대한 설명 중 틀린 것은?

① 급수 탱크를 지하에 설치하는 경우에는 지하수, 하수, 침출수 등이 유입되지 않도록 하여야 한다.
② 급수 탱크의 크기는 용도에 따라 1~2시간 정도 급수를 공급할 수 있는 크기로 한다.
③ 급수 탱크는 얼지 않도록 보온 등 방호 조치를 하여야 한다.
④ 탈기기가 없는 시스템의 경우 급수에 공기 용입 우려로 인해 가열 장치를 설치해서는 안 된다.

해설　④ 탈기기가 없는 시스템의 경우 급수에 공기 용입 우려로 인해 가열 장치를 설치해야 한다.

정답　44 ③　45 ③　46 ②　47 ②　48 ④

49 온수 난방에서 역귀환 방식을 채택하는 주된 원인은?

① 각 방열기에 연결된 배관의 신축을 조정하기 위해서
② 각 방열기에 연결된 배관 길이를 짧게 하기 위해서
③ 각 방열기에 공급되는 온수를 식지 않게 하기 위해서
④ 각 방열기에 공급되는 유량 분배를 균등하게 하기 위해서

해설 ④ 온수 난방에서 역귀환 방식을 채택하는 것은 각 방열기에 공급되는 유량 분배를 균등하게 하기 위해서이다.

50 본래 배관의 회전을 제한하기 위하여 사용되어 왔으나 근래에는 배관계의 축 방향의 안내 역할을 하며 축과 직각 방향의 이동을 구속하는 데 사용되는 리스트레인트의 종류는?

① 앵커(anchor)
② 가이드(guide)
③ 스토퍼(stopper)
④ 이어(ear)

해설 ② 가이드(guide)의 설명이다.

51 다음 중 유기질 보온재에 속하지 않는 것은?

① 펠트
② 세라크 울
③ 코르크
④ 기포성 수지

해설 ② 세라크 울 : 무기질 보온재

52 동관 작업용 공구의 사용 목적이 바르게 설명된 것은?

① 플레어링 툴 세트 : 관 끝을 소켓으로 만듦
② 익스팬더 : 직관에서 분기관 성형 시 사용
③ 사이징 툴 : 관 끝을 원형으로 정형
④ 튜브 벤더 : 동관을 절단함

해설 ① 플레어링 툴 세트 : 관 끝을 플랜지로 한다.
② 익스팬더 : 확관기이다.
④ 튜브 벤더 : 동관을 굽히는 것이다.

53 온수 난방의 배관 시공법에 관한 설명으로 틀린 것은?

① 배관 구배는 일반적으로 1/250 이상으로 한다.
② 운전 중에 온수에서 분리한 공기를 배제하기 위해 개방식 팽창 탱크로 향하여 선상향 구배로 한다.
③ 수평 배관에서 관 지름을 변경할 경우 동심 이음쇠를 사용한다.
④ 온수 보일러에서 팽창 탱크에 이르는 팽창관에는 되도록 밸브를 달지 않는다.

해설 수평 배관에서 관 지름을 변경할 경우 편심 이음쇠를 사용한다.

54 환수관의 배관 방식에 의한 분류 중 환수 주관을 보일러의 표준 수위보다 낮게 배관하여 환수하는 방식은 어떤 배관 방식인가?

① 건식 환수
② 중력 환수
③ 기계 환수
④ 습식 환수

해설 ④ 습식 환수 배관 방식이다.

정답 49 ④ 50 ② 51 ② 52 ③ 53 ③ 54 ④

55 다음 고효율 에너지 인증 대상 기자재의 종류가 아닌 것은?

① 펌프
② 산업 건물용 보일러
③ 무정전 전원 장치
④ 관류 보일러

해설 고효율 에너지 인증대상 기자재의 종류
㉠ 펌프
㉡ 산업건물용 보일러
㉢ 무정전 전원 장치
㉣ 폐열 회수용 환기장치
㉤ 발광다이오드(LED) 등 조명기기
㉥ 그 밖에 산업통상부장관이 특히 에너지 이용의 효율성이 높아 보급을 촉진할 필요가 있다고 인정하여 고시하는 기자재 및 설비

56 온실가스 배출량 및 에너지 사용량 등의 보고와 관련하여 관리 업체는 해당 연도 온실가스 배출량 및 에너지 소비량에 관한 명세서를 작성하고 이에 대한 검증 기관의 검증 결과를 언제까지 부문별 관장 기관에게 제출하여야 하는가?

① 해당 연도 12월 31일까지
② 다음 연도 1월 31일까지
③ 다음 연도 3월 31일까지
④ 다음 연도 6월 30일까지

해설 ③ 검증 기관의 검증 결과를 다음 연도 3월 31일까지 관장 기관에게 제출한다.

57 에너지 이용 합리화법의 목적이 아닌 것은?

① 에너지의 수급 안정
② 에너지의 합리적이고 효율적인 이용 증진
③ 에너지 소비로 인한 환경 피해를 줄임
④ 에너지 소비 촉진 및 자원 개발

해설 ④ 에너지 소비 촉진 및 자원 개발

58 정부는 국가 전략을 효율적·체계적으로 이행하기 위하여 몇 년마다 저탄소 녹색 성장 국가 전략 5개년 계획을 수립하는가?

① 2년
② 3년
③ 4년
④ 5년

해설 정부는 5년마다 저탄소 녹생성장 국가 전략 5개년 계획을 수립한다.

59 에너지 이용 합리화법상 효율 관리 기자재가 아닌 것은?

① 삼상 유도 전동기
② 선박
③ 조명 기기
④ 전기 냉장고

해설 효율 관리 기자재
㉠ 전기 냉장고
㉡ 전기 냉방기
㉢ 전기 세탁기
㉣ 조명 기기
㉤ 삼상 유도 전동기
㉥ 자동차
㉦ 그 밖에 산업통상자원부 장관이 그 효율의 향상이 특히 필요하다고 인정하여 고시하는 기자재 및 설비

60 신축·증축 또는 개축하는 건축물에 대하여 그 설계 시 산출된 예상 에너지 사용량의 일정 비율 이상을 신·재생 에너지를 이용하여 공급되는 에너지를 사용하도록 신·재생 에너지 설비를 의무적으로 설치하게 할 수 있는 기관이 아닌 것은?

① 공기업
② 종교단체
③ 국가 및 지방자치단체
④ 특별법에 따라 설립된 법인

해설 신·재생 에너지 설비를 의무적으로 설치하게 할 수 있는 기관
㉠ 공기업
㉡ 2가 및 지방자치단체
㉢ 특별법에 따라 설립된 법인

정답 55 ④ 56 ③ 57 ④ 58 ④ 59 ② 60 ②

에너지관리기능사 (2022. 3. 27 시행)

01 보일러의 열정산 목적이 아닌 것은?
① 보일러의 성능 개선 자료를 얻을 수 있다.
② 열의 행방을 파악할 수 있다.
③ 연소실의 구조를 알 수 있다.
④ 보일러 효율을 알 수 있다.

해설 열정산 목적
㉠ ①, ②, ④
㉡ 열의 손실을 파악할 수 있다.
㉢ 열설비의 성능을 파악할 수 있다.

02 미리 정해진 순서에 따라 순차적으로 제어의 각 단계가 진행되는 제어 방식으로 작동 명령이 타이머나 릴레이에 의해서 수행되는 제어는?
① 시퀀스 제어
② 피드백 제어
③ 프로그램 제어
④ 캐스케이드 제어

해설 ① 시퀀스 제어의 설명이다.

03 급수 탱크의 수위 조절기에서 전극형만의 특징에 해당하는 것은?
① 기계적으로 작동이 확실하다.
② 내식성이 강하다.
③ 수면의 유동에서도 영향을 받는다.
④ ON-OFF의 스팬이 긴 경우는 적합하지 않다.

해설 전극형만의 특징
ON-OFF의 스팬이 긴 경우는 적합하지 않다.

04 주철제 보일러의 특징에 관한 설명으로 틀린 것은?
① 내식성이 우수하다.
② 섹션의 증감으로 용량 조절이 용이하다.
③ 주로 고압용으로 사용된다.
④ 전열 효율 및 연소 효율은 낮은 편이다.

해설 ③ 주로 저압용으로 사용된다.

05 증기 난방 시공에서 관말 증기 트랩 장치에서 냉각 레그(cooling leg)의 길이는 일반적으로 몇 m 이상으로 해주어야 하는가?
① 0.7
② 1.2
③ 1.5
④ 2.0

해설 관말 증기 트랩 장치에서 냉각 레그(cooling leg)의 길이는 1.5m 이상으로 한다.

06 상당 증발량=G_e(kg/h), 보일러 효율=η, 연료 소비량=B(kg/h), 저위 발열량=H_l(kcal/kg), 증발 잠열=539(kcal/kg)일 때 상당 증발량(G_e)을 옳게 나타낸 것은?

① $G_e = \dfrac{539\eta H_l}{B}$
② $G_e = \dfrac{BH_l}{539}$
③ $G_e = \dfrac{\eta BH_l}{539}$
④ $G_e = \dfrac{539\eta B}{H_l}$

해설 상당 증발량이란 증기 1kg당 증발 잠열 539kcal를 가지고 있는 증기이다.
∴ 상당 증발량(G_e) = $\dfrac{\eta BH_l}{539}$

정답 01 ③ 02 ① 03 ④ 04 ③ 05 ③ 06 ③

07 액체 연료 중 경질유에 주로 사용하는 기화 연소 방식의 종류에 해당하지 않는 것은?

① 포트식
② 심지식
③ 증발식
④ 무화식

해설 경질유에 사용하는 기화 연소 방식 종류
㉠ 포트식, ㉡ 심지식, ㉢ 증발식

08 수소 15%, 수분 0.5%인 중유의 고위 발열량이 10,000kcal/kg이다. 이 중유의 저위 발열량은 몇 kcal/kg인가?

① 8,795
② 8,984
③ 9,085
④ 9,187

해설 저위 발열량 $= H_h - 600(9H + W)$
$= 10,000 - 600(9 \times 0.15 + 0.005)$
$= 9,187$ kcal/kg

09 슈미트 보일러는 보일러 분류에서 어디에 속하는가?

① 관류식
② 자연 순환식
③ 강제 순환식
④ 간접 가열식

해설 보일러의 종류

종류		실용 예
원통 보일러	노통 보일러	코니시 보일러, 랭커셔 보일러
	입형 보일러	입형 횡관 보일러, 입형 연관식 보일러, 코크란 보일러
	연관 보일러	횡형 연관 보일러, 입형 연관 보일러, 케와니 보일러(기관 차형 보일러)
	노통 연관 보일러	스코치 보일러, 노통 연관 패키지 보일러
수관 보일러	자연 순환식 보일러	바브콕 보일러, 윌콕스 보일러, 타쿠마 보일러, 야로우 보일러
	강제 순환식 보일러	섹션 보일러, 라몬트 보일러, 베록스 보일러
	관류 보일러	벤슨 보일러, 슐처 보일러
	복사 보일러	방사 보일러
특수 보일러	폐열 보일러	–
	특수 연료 보일러	–
	특수 액체 보일러	다우섬 보일러
	간접 가열 보일러	슈미트 보일러
난방용 보일러	주철제 증기 보일러	–
	주철제 온수 보일러	–

10 1보일러 마력에 대한 설명에서 괄호 안에 들어갈 숫자로 옳은 것은?

> 표준 상태에서 한 시간에 ( )kg의 상당 증발량을 나타낼 수 있는 능력이다.

① 16.56
② 14.65
③ 15.65
④ 13.56

해설 1보일러 마력 : 표준 상태에서 한 시간에 15.65kg의 상당 증발량을 나타낼 수 있는 능력

11 버너에서 연료 분사 후 소정의 시간이 경과하여도 착화를 볼 수 없을 때 전자 밸브를 닫아서 연소를 저지하는 제어는?

① 저수위 인터록
② 저연소 인터록
③ 불착화 인터록
④ 프리퍼지 인터록

해설 ③ 불착화 인터록의 설명이다.

정답 07 ④ 08 ④ 09 ④ 10 ③ 11 ③

12 안전 밸브의 수동 시험은 최고 사용 압력의 몇 % 이상의 압력으로 행하는가?

① 50 　　② 55
③ 65 　　④ 75

해설 안전 밸브의 수동 시험 : 최고 사용 압력의 75% 이상의 압력으로 한다.

13 보일러 실제 증발량이 7,000kg/h이고, 최대 연속 증발량이 8t/h일 때, 이 보일러 부하율은 몇 % 인가?

① 80.5 　　② 85
③ 87.5 　　④ 90

해설 보일러 부하율 = $\dfrac{\text{보일러 실제 증발량}}{\text{최대 연속 증발량}} \times 100$

$= \dfrac{7,000\text{kg/h}}{8,000\text{kg/h}} \times 100$

$= 87.5\%$

여기서, 8ton/h = 8,000kg/h이다.

14 과잉 공기량에 관한 설명으로 옳은 것은?

① (과잉 공기량) = (실제 공기량) × (이론 공기량)
② (과잉 공기량) = (실제 공기량) / (이론 공기량)
③ (과잉 공기량) = (실제 공기량) + (이론 공기량)
④ (과잉 공기량) = (실제 공기량) − (이론 공기량)

해설 과잉 공기량이란 공기비(m)이다.
(과잉 공기량) = (실제 공기량) − (이론 공기량)

15 10℃의 물 400kg과 90℃의 더운물 100kg을 혼합하면 혼합 후의 물의 온도는?

① 26℃ 　　② 36℃
③ 54℃ 　　④ 78℃

해설 $\dfrac{(G_1 C_1 T_1 + G_2 C_2 T_2)}{(G_1 C_1 + G_2 C_2)}$

$= \dfrac{(10 \times 400 + 90 \times 100)}{500} = 26℃$

16 원통형 보일러에 관한 설명으로 틀린 것은?

① 입형 보일러는 설치 면적이 작고 설치가 간단하다.
② 노통이 2개인 횡형 보일러는 코니시 보일러이다.
③ 패키지형 노통 연관 보일러는 내분식이므로 방산 손실 열량이 적다.
④ 기관 본체를 둥글게 제작하여 이를 입형이나 횡형으로 설치 사용하는 보일러를 말한다.

해설 ㉠ 노통이 1개인 횡형 보일러 : 코니시 보일러
㉡ 노통이 2개인 횡형 보일러 : 랭커셔 보일러

17 보기에서 설명한 송풍기의 종류는?

> • 경량 날개형이며 6~12매의 철판제 직선날개를 보스에서 방사한 스포크에 리벳죔을 한 것이며, 측판이 있는 임펠러와 측판이 없는 것이 있다.
> • 구조가 견고하며 내마모성이 크고 날개를 바꾸기도 쉬우며 회진이 많은 가스의 흡출 통풍기, 미분탄 장치의 배탄기 등에 사용된다.

① 터보 송풍기 　　② 다익 송풍기
③ 축류 송풍기 　　④ 플레이트 송풍기

해설 플레이트 송풍기의 설명이다.

18 연료유 탱크에 가열 장치를 설치한 경우에 대한 설명으로 틀린 것은?

① 열원에는 증기, 온수, 전기 등을 사용한다.
② 전열식 가열 장치에 있어서는 직접식 또는 저항 밀봉 피복식의 구조로 한다.

정답 12 ④　13 ③　14 ④　15 ①　16 ②　17 ④　18 ②

③ 온수, 증기 등의 열매체가 동절기에 동결할 우려가 있는 경우에는 동결을 방지하는 조치를 취해야 한다.
④ 연료유 탱크의 기름 취출구 등에 온도계를 설치하여야 한다.

해설 ② 전열식 가열 장치에 있어서는 간접식의 구조로 한다.

19 플레임 아이에 대하여 옳게 설명한 것은?

① 연도의 가스 온도로 화염의 유무를 검출한다.
② 화염의 도전성을 이용하여 화염의 유무를 검출한다.
③ 화염의 방사선을 감지하여 화염의 유무를 검출한다.
④ 화염의 이온화 현상을 이용해서 화염의 유무를 검출한다.

해설 플레임 아이 : 화염의 방사선을 감지하여 화염의 유무를 검출한다.

20 슈트 블로어 사용에 관한 주의 사항으로 틀린 것은?

① 분출기 내의 응축수를 배출시킨 후 사용할 것
② 부하가 작거나 소화 후 사용하지 말 것
③ 원활한 분출을 위해 분출하기 전 연도 내 배풍기를 사용하지 말 것
④ 한 곳에 집중적으로 사용하여 전열면에 무리를 가하지 말 것

해설 ③ 원활한 분출을 위해 분출하기 전 연도 내 배풍기를 사용한다.

21 액화 석유가스(LPG)의 일반적인 성질에 대한 설명으로 틀린 것은?

① 기화 시 체적이 증가된다.
② 액화 시 작은 용기에 충진이 가능하다.
③ 기체 상태에서 비중이 도시 가스보다 가볍다.
④ 압력이나 온도의 변화에 따라 쉽게 액화, 기화시킬 수 있다.

해설 ③ 기체 상태에서 비중이 도시 가스보다 무겁다.

22 보일러 본체에서 수부가 클 경우의 설명으로 틀린 것은?

① 부하 변동에 대한 압력 변화가 크다.
② 증기 발생 시간이 길어진다.
③ 열효율이 낮아진다.
④ 보유 수량이 많으므로 파열 시 피해가 크다.

해설 ① 부하 변동에 대한 압력의 변하가 작다.

23 다음 중 임계점에 대한 설명으로 틀린 것은?

① 물의 임계 온도는 374.15℃이다.
② 물의 임계 압력은 225.65kgf/cm²이다.
③ 물의 임계점에서의 증발 잠열은 539kcal/kg이다.
④ 포화수에서 증발의 현상이 없고 액체와 기체의 구별이 없어지는 지점을 말한다.

해설 임계점 : 물을 가열하여 압력을 높이면 어느 지점에서 액체, 기체 상태의 구분이 없어지고 증발 잠열이 0kcal/kg인 상태가 된다.

24 다음 중 확산 연소 방식에 의한 연소 장치에 해당하는 것은?

① 선회형 버너
② 저압 버너
③ 고압 버너
④ 송풍 버너

해설 확산 연소 방식에 의한 연소 장치 : 선회형 버너

정답 19 ③ 20 ③ 21 ③ 22 ① 23 ③ 24 ①

25 급유 장치에서 보일러 가동 중 연소의 소화, 압력 초과 등 이상 현상 발생 시 긴급히 연료를 차단하는 것은?

① 압력 조절 스위치 ② 압력 제한 스위치
③ 감압 밸브   ④ 전자 밸브

해설 ④ 전자 밸브의 설명이다.

26 제어 장치의 제어 동작 종류에 해당되지 않는 것은?

① 비례 동작   ② 온－오프 동작
③ 비례 적분 동작   ④ 반응 동작

해설 제어 동작 종류
(개) 불연속 동작
  ㉠ 2위치 동작(ON－OFF 동작)
  ㉡ 다위치 동작
  ㉢ 불연속 속도 동작(부동 제어)
(내) 연속 동작
  ㉠ 비례 동작(P 동작)
  ㉡ 적분 동작(I 동작)
  ㉢ 미분 동작(D 동작)
  ㉣ 비례 적분 제어(PI 동작)
  ㉤ 비례 미분 제어(PD 동작)
  ㉥ 비례 적분 미분 제어(PID 동작)

27 급수 예열기(절탄기, economizer)의 형식 및 구조에 대한 설명으로 틀린 것은?

① 설치 방식에 따라 부속식과 집중식으로 분류한다.
② 급수의 가열도에 따라 증발식과 비증발식으로 구분하며, 일반적으로 증발식을 많이 사용한다.
③ 평관 급수 예열기는 부착하기 쉬운 먼지를 함유하는 배기가스에서도 사용할 수 있지만 설치 공간이 넓어야 한다.
④ 핀튜브 급수 예열기를 사용할 경우 배기가스의 먼지 성상에 주의할 필요가 있다.

해설 급수 예열기 : 연로 내의 배기가스를 이용하여 급수를 예열하는 장치이다.

28 가장 미세한 입자의 먼지를 집진할 수 있고, 압력 손실이 작으며, 집진 효율이 높은 집진 장치 형식은?

① 전기식   ② 중력식
③ 세정식   ④ 사이클론식

해설 ① 전기식 집진 장치의 설명이다.

29 가스 버너에서 종류를 유도 혼합식과 강제 혼합식으로 구분할 때 유도 혼합식에 속하는 것은?

① 슬릿 버너   ② 리본 버너
③ 라디언트 튜브 버너 ④ 혼소 버너

해설 유도 혼합식 가스 버너 : 슬릿 버너

30 배관에서 바이패스관의 설치 목적으로 가장 적합한 것은?

① 트랩이나 스트레이너 등의 고장 시 수리, 교환을 위해 설치한다.
② 고압 증기를 저압 증기로 바꾸기 위해 사용한다.
③ 온수 공급관에서 온수의 신속한 공급을 위해 설치한다.
④ 고온의 유체를 중간 과정 없이 직접 저온의 배관부로 전달하기 위해 설치한다.

해설 바이패스관의 설치 목적 : 트랩이나 스트레이너 등의 고장 시 수리, 교환을 위해 설치한다.

정답 25 ④ 26 ④ 27 ② 28 ① 29 ① 30 ①

31 보일러의 보존법 중 장기 보존법에 해당하지 않는 것은?

① 가열 건조법 ② 석회 밀폐 건조법
③ 질소 가스 봉입법 ④ 소다 만수 보존법

해설 보일러의 장기 보존법
㉠ 석회 밀폐 건조법 ㉡ 질소 가스 봉입법
㉢ 소다 만수 보존법

32 난방 부하 설계 시 고려하여야 할 사항으로 거리가 먼 것은?

① 유리창 및 문 ② 천장 높이
③ 교통 여건 ④ 건물의 위치(방위)

해설 난방 부하 설계 시 고려 사항
㉠ 유리창 및 문
㉡ 천장 높이
㉢ 건물의 위치(방위)

33 열팽창에 의한 배관의 이동을 구속 또는 제한하는 배관 지지구인 리스트레인트(restraint)의 종류가 아닌 것은?

① 가이드 ② 앵커
③ 스토퍼 ④ 행거

해설 리스트레인트의 종류
㉠ 가이드 ㉡ 앵커 ㉢ 스토퍼

34 배관의 신축 이음 중 지웰 이음이라고도 불리며, 주로 증기 및 온수 난방용 배관에 사용되나, 신축량이 너무 큰 배관에서는 나사 이음부가 헐거워져 누설의 염려가 있는 신축 이음 방식은?

① 루프식 ② 벨로스식
③ 볼 조인트식 ④ 스위블식

해설 ④ 스위블식 신축 이음 방식의 설명이다.

35 보일러를 비상 정지시키는 경우의 일반적인 조치 사항으로 잘못된 것은?

① 압력은 자연히 떨어지게 기다린다.
② 연소 공기의 공급을 멈춘다.
③ 주증기 스톱 밸브를 열어 놓는다.
④ 연료 공급을 중단한다.

해설 ③ 주증기 스톱 밸브를 닫는다.

36 보일러 운전자가 송기 시 취할 사항으로 맞는 것은?

① 증기 헤더, 과열기 등의 응축수는 배출되지 않도록 한다.
② 송기 후에는 응축수 밸브를 완전히 열어 둔다.
③ 기수 공발이나 수격 작용이 일어나지 않도록 주의한다.
④ 주증기관은 스톱 밸브를 신속히 열어 열손실이 없도록 한다.

해설 보일러 운전자가 송기 시 취할 사항 : 기수 공발이나 수격 작용이 일어나지 않도록 주의한다.

37 다음 중 구상 부식(grooving)의 발생 장소로 거리가 먼 것은?

① 경판의 급수 구멍
② 노통의 플랜지 원형부
③ 접시형 경판의 구석 원통부
④ 보일러수의 유속이 늦은 부분

해설 ㈎ 구상 부식이란 보일러의 모재가 연결(용접)되는 부분에서 U자나 V자 모양으로 부식이 발생하는 것
㈏ 구상 부식(grooving)의 발생 장소
㉠ 경판의 급수 구멍
㉡ 노통의 플랜지 원형부
㉢ 접시형 경판의 구석 원통부

정답 31 ① 32 ③ 33 ④ 34 ④ 35 ③ 36 ③ 37 ④

38 다음 그림과 같은 동력 나사 절삭기의 종류의 형식으로 맞는 것은?

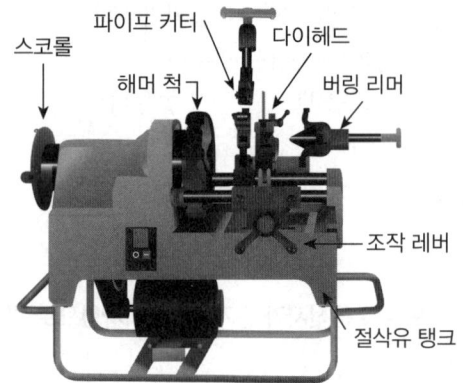

① 오스터형 ② 호브형
③ 다이헤드형 ④ 파이프형

해설 ③ 다이헤드형의 설명이다.

39 난방 부하가 5,600kcal/h, 방열기 계수 7kcal/m²·h·℃, 송수 온도 80℃, 환수 온도 60℃, 실내 온도 20℃일 때 방열기의 소요 방열 면적은 몇 m²인가?

① 8 ② 16
③ 24 ④ 32

해설 $Q_0 = k(t_2 - t_1) = 7\left(\dfrac{80+60}{2} - 20\right) = 350$

∴ $S = \dfrac{H_r}{Q_0} = \dfrac{5,600}{350} = 16 \text{m}^2$

40 보일러에서 포밍이 발생하는 경우로 거리가 먼 것은?

① 증기의 부하가 너무 작을 때
② 보일러수가 너무 농축되었을 때
③ 수위가 너무 높을 때
④ 보일러수 중에 유지분이 다량 함유되었을 때

해설 ① 증기의 부하가 클 때

41 링겔만 농도표는 무엇을 계측하는 데 사용되는가?

① 배출 가스의 매연 농도
② 중유 중의 유황 농도
③ 미분탄의 입도
④ 보일러수의 고형물 농도

해설 ① 링겔만 농도표는 배출 가스의 매연 농도를 계측한다.

42 온수 난방 배관 시공 시 배관 구배는 일반적으로 얼마 이상이어야 하는가?

① $\dfrac{1}{100}$

② $\dfrac{1}{150}$

③ $\dfrac{1}{200}$

④ $\dfrac{1}{250}$

해설 온수 난방 배관 시공 시 배관 구배 : $\dfrac{1}{250}$ 이상

43 배관 이음 중 슬리브형 신축 이음에 관한 설명으로 틀린 것은?

① 슬리브 파이프를 이음쇠 본체측과 슬라이드 시킴으로써 신축을 흡수하는 이음 방식이다.
② 신축 흡수율이 크고 신축으로 인한 응력 발생이 작다.
③ 배관의 곡선 부분이 있어도 그 비틀림을 슬리브에서 흡수하므로 파손의 우려가 작다.
④ 장기간 사용 시에는 패킹의 마모로 인한 누설이 우려된다.

해설 ③ 배관의 곡선 부분이 있어도 그 비틀림을 슬리브에서 흡수하므로 파손의 우려가 크다.

정답 38 ③ 39 ② 40 ① 41 ① 42 ④ 43 ③

44 보일러 사고를 제작상의 원인과 취급상의 원인으로 구별할 때 취급상의 원인에 해당하지 않는 것은?

① 구조 불량   ② 압력 초과
③ 저수위 사고   ④ 가스 폭발

해설 보일러 사고의 취급상 원인
㉠ 압력 초과
㉡ 저수위 사고
㉢ 가스 폭발

45 보일러의 옥내 설치 시 보일러 동체 최상부로부터 천장, 배관 등 보일러 상부에 있는 구조물까지의 거리는 몇 m 이상이어야 하는가?

① 0.5   ② 0.8
③ 1.0   ④ 1.2

해설 보일러 옥내 설치 시 보일러 동체 최상부로부터 천장, 배관 등 보일러 상부에 있는 구조물까지의 거리 : 1.2m 이상

46 글랜드 패킹의 종류에 해당하지 않는 것은?

① 편조 패킹   ② 액상 합성 수지패킹
③ 플라스틱 패킹   ④ 메탈 패킹

해설 글랜드 패킹 종류
㉠ 편조 패킹, ㉡ 플라스틱 패킹, ㉢ 메탈 패킹

47 서비스 탱크는 자연압에 의하여 유류 연료가 잘 공급될 수 있도록 버너보다 몇 m 이상 높은 장소에 잘 설치하여야 하는가?

① 0.5   ② 1.0
③ 1.2   ④ 1.5

해설 서비스 탱크는 버너보다 1.5m 이상 높은 장소에 설치한다.

48 보일러의 증기 압력 상승 시의 운전 관리에 관한 일반적 주의 사항으로 거리가 먼 것은?

① 보일러에 불을 붙일 때에는 어떠한 이유가 있어도 급격한 연소를 시켜서는 안 된다.
② 급격한 연소는 보일러 본체의 부동 팽창을 일으켜 보일러와 벽돌 쌓은 접촉부에 틈을 증가시키고 벽돌 사이에 벌어짐이 생길 수 있다.
③ 특히 주철제 보일러는 급랭 급열 시에 쉽게 갈라질 수 있다.
④ 찬물을 가열할 경우에는 일반적으로 최저 20분~30분 정도로 천천히 가열한다.

해설 ④ 온수를 가열하는 방법이다.

49 사용 중인 보일러의 점화 전에 점검해야 될 사항으로 가장 거리가 먼 것은?

① 급수 장치, 급수 계통 점검
② 보일러 동 내 물때 점검
③ 연소 장치, 통풍 장치의 점검
④ 수면계의 수위 확인 및 조정

해설 사용 중인 보일러 점화 전에 점검해야 될 사항
㉠ 급수 장치, 급수 계통 점검
㉡ 연소 장치, 통풍 장치의 점검
㉢ 수면계의 수위 확인 및 조정

50 저온 배관용 탄소 강관의 종류의 기호로 맞는 것은?

① SPPG   ② SPLT
③ SPPH   ④ SPPS

해설 ① SPPG : 연료 가스용 탄소 강관
② SPLT : 저온 배관용 탄소 강관
③ SPPH : 고압 배관용 탄소 강관
④ SPPS : 압력 배관용 탄소 강관

정답 44 ① 45 ④ 46 ② 47 ④ 48 ④ 49 ② 50 ②

51 보온재를 유기질 보온재와 무기질 보온재로 구분할 때 무기질 보온재에 해당하는 것은?

① 펠트
② 코르크
③ 글라스 폼
④ 기포성 수지

해설 무기질 보온재 : 글라스 폼

52 온수 난방 배관 방법에서 귀환관의 종류 중 직접 귀환 방식의 특징 설명으로 옳은 것은?

① 각 방열기에 이르는 배관 길이가 다르므로 마찰 저항에 의한 온수의 순환율이 다르다.
② 배관 길이가 길어지고 마찰 저항이 증가한다.
③ 건물 내 모든 실(室)의 온도를 동일하게 할 수 있다.
④ 동일층 및 각층 방열기의 순환율이 동일하다.

해설 직접 귀환 방식 : 각 방열기에 이르는 배관 길이가 다르므로 마찰 저항에 의한 온수의 순환율이 다르다.

53 보일러의 유류 배관의 일반 사항에 대한 설명으로 틀린 것은?

① 유류 배관은 최대 공급 압력 및 사용 온도에 견디어야 한다.
② 유류 배관은 나사 이음을 원칙으로 한다.
③ 유류 배관에 유류가 새는 것을 방지하기 위해 부식 방지 등의 조치를 한다.
④ 유류 배관은 모든 부분을 점검 및 보수할 수 있는 구조로 하는 것이 바람직하다.

해설 유류 배관은 누설되면 안 되므로 이음매 없는 용접 이음을 원칙으로 한다.

54 합성 수지 또는 고무질 재료를 사용하여 다공질 제품으로 만든 것이며 열전도율이 극히 낮고 가벼우며 흡수성은 좋지 않으나 굽힘성이 풍부한 보온재는?

① 펠트
② 기포성 수지
③ 하이 울
④ 프리패브

해설 ② 기포성 수지 보온재의 설명이다.

55 에너지법에서 사용하는 "에너지"의 정의를 가장 올바르게 나타낸 것은?

① "에너지"라 함은 석유·가스 등 열을 발생하는 열원을 말한다.
② "에너지"라 함은 제품의 원료로 사용되는 것을 말한다.
③ "에너지"라 함은 태양, 조파, 수력과 같이 일을 만들어낼 수 있는 힘이나 능력을 말한다.
④ "에너지"라 함은 연료·열 및 전기를 말한다.

해설 ④ 에너지란 연료·열 및 전기이다.

56 저탄소 녹색성장 기본법에서 국내 총소비 에너지량에 대하여 신·재생 에너지 등 국내 생산 에너지량 및 우리나라가 국외에서 개발(지분 취득 포함한다)한 에너지량을 합한 양이 차지하는 비율을 무엇이라고 하는가?

① 에너지원 단위
② 에너지 생산도
③ 에너지 비축도
④ 에너지 자립도

해설 ④ 에너지 자립도의 설명이다.

정답 51 ③ 52 ① 53 ② 54 ② 55 ④ 56 ④

57 에너지 사용 계획의 검토 기준, 검토 방법, 그 밖에 필요한 사항을 정하는 영은?

① 산업통상자원부령
② 국토교통부령
③ 대통령령
④ 고용노동부령

해설 에너지 사용 계획의 검토 기준, 검토 방법, 그 밖의 필요한 사항 : 산업통상자원부령

58 에너지 이용 합리화법상 검사 대상 기기 조종자를 반드시 선임해야 함에도 불구하고 선임하지 아니한 자에 대한 벌칙은?

① 2천만 원 이하의 벌금
② 2년 이하의 징역 또는 2천만 원 이하의 벌금
③ 1년 이하의 징역 또는 5백만 원 이하의 벌금
④ 1천만 원 이하의 벌금

해설 검사 대상 기기 조종자를 반드시 선임해야 함에도 불구하고 선임하지 아니한 자 벌칙 : 1천만 원 이하의 벌금

59 열사용 기자재 관리 규칙에서 용접 검사가 면제될 수 있는 보일러의 대상 범위로 틀린 것은?

① 강철제 보일러 중 전열 면적이 $5m^2$ 이하이고, 최고 사용 압력이 0.35MPa 이하인 것
② 주철제 보일러
③ 제2종 관류 보일러
④ 온수 보일러 중 전열 면적이 $18m^2$ 이하이고, 최고 사용 압력이 0.35MPa 이하인 것

해설 ③ 제1종 관류 보일러

60 관리 업체(대통령령으로 정하는 기준량 이상의 온실가스 배출 업체 및 에너지 소비 업체)가 사업장별 명세서를 거짓으로 작성하여 정부에 보고하였을 경우 부과하는 과태료로 맞는 것은?

① 300만 원의 과태료 부과
② 500만 원의 과태료 부과
③ 700만 원의 과태료 부과
④ 1천만 원의 과태료 부과

해설 관리 업체(대통령령으로 정하는 기준량 이상의 온실가스 배출 업체 및 에너지 소비 업체)가 사업장별 명세서를 거짓으로 작성하여 정부에 보고하였을 경우 과태료 : 1천만 원의 과태료 부과

정답 57 ① 58 ④ 59 ③ 60 ④

에너지관리기능사 (2022. 6. 12 시행)

01 보일러 연소실 열부하의 단위로 맞는 것은?
① kcal/m³·h ② kcal/m²
③ kcal/h ④ kcal/kg

해설 연소실 열부하의 단위 : kcal/m³·h

02 보일러 자동 제어에서 신호 전달 방식이 아닌 것은?
① 공기압식
② 자석식
③ 유압식
④ 전기식

해설 자동 제어 신호 전달 방식
㉠ 공기압식
㉡ 유압식
㉢ 전기식

03 보일러 분출 장치의 분출 시기로 적절하지 않은 것은?
① 보일러 가동 직전
② 프라이밍, 포밍 현상이 일어날 때
③ 연속 가동 시 열부하가 가장 높을 때
④ 관수가 농축되어 있을 때

해설 보일러 분출 장치의 분출 시기
㉠ 보일러 가동 직전
㉡ 프라이밍, 포밍 현상이 일어날 때
㉢ 연속 가동 시 열부하가 가벼울 때
㉣ 관수가 농축되어 있을 때
㉤ 정지해서 불순물이 가라앉은 시기
㉥ 야간에 쉬는 보일러는 점화 전 또는 증기가 발생하기 시작할 때
㉦ 고수위일 때

04 보일러 자동 제어를 의미하는 용어 중 급수 제어를 뜻하는 것은?
① ABC ② FWC
③ STC ④ ACC

해설 보일러 자동 제어
① 보일러 자동 제어(Automatic Boiler Control; ABC)
② 급수 제어(Feed Water Control; FWC)
③ 증기 온도 제어(Steam Temperature Control; STC)
④ 자동 연소 제어(Automatic Combustion Control; ACC)

05 수관 보일러에 설치하는 기수 분리기의 종류가 아닌 것은?
① 스크러버형 ② 사이클론형
③ 배플형 ④ 벨로스형

해설 수관 보일러에 설치하는 기수 분리기의 종류
㉠ 스크러버형
㉡ 사이클론형
㉢ 배플형
㉣ 건조 스크린형

06 물질의 온도는 변하지 않고 상(phase) 변화만 일으키는 데 사용되는 열량은?
① 잠열 ② 비열
③ 현열 ④ 반응열

해설 ㉠ 잠열 : 물질의 온도는 변하지 않고 상 변화만 일으키는 데 사용되는 열량
㉡ 현열(감열) : 물질의 상태는 변화 없이 온도만 변화 시키는 데 소요되는 열량

정답 01 ① 02 ② 03 ③ 04 ② 05 ④ 06 ①

07 보일러 급수 제어 방식의 3요소식에서 검출 대상이 아닌 것은?

① 수위 ② 증기 유량
③ 급수유량 ④ 공기압

해설 보일러 급수 제어 방식의 3요소식 검출 대상
㉠ 수위 ㉡ 증기 유량 ㉢ 급수 유량

08 절탄기(economizer) 및 공기 예열기에서 유황(S) 성분에 의해 주로 발생되는 부식은?

① 고온 부식 ② 저온 부식
③ 산화 부식 ④ 점식

해설 ① 고온 부식 : 연료 내에 함유된 바나듐(V)이 산화되어 오산화바나듐(V_2O_5)으로 되어 고온 전열면에 융착되는 부식
② 저온 부식 : 절탄기 및 공기 예열기에서 유황(s) 성분에 의해 주로 발생되는 부식
③ 산화 부식 : 금속 원소들이 산화되어서 금속 산화물을 만드는 부식
④ 점식(pitting) : 보일러 내면에 작은 점 모양으로 부식이 발생하는 것으로 용존 산소가 급수 중에 유입되어 산화 반응이 일어나면서 발생하는 부식

09 급수 온도 21℃에서 압력 14kgf/cm², 온도 250℃의 증기를 1시간당 14,000kg을 발생하는 경우의 상당 증발량은 약 몇 kg/h인가? (단, 발생 증기의 엔탈피는 635kcal/kg이다.)

① 15,948 ② 25,326
③ 3,235 ④ 48,159

해설 G_e(상당 증발량)$=\dfrac{G(h_2-h_1)}{539}$
여기서, G : 실제 증발량(kg/h)
h_2 : 발생 증기 엔탈피(kcal/kg)
h_1 : 급수 엔탈피(kcal/kg)=급수 온도
$G_e=\dfrac{14,000(635-21)}{539}=15,948$kg/h

10 충전탑은 어떤 집진법에 해당되는가?

① 여과식 집진법 ② 관성력식 집진법
③ 세정식 집진법 ④ 중력식 집진법

해설 ③ 세정식 집진법 : 함진 배기가스를 액방울이나 액막에 충돌시켜 매진을 포집 분리하는 집진법
예 충전탑

11 수관식 보일러 중에서 기수 드럼 2~3개와 수드럼 1~2개를 갖는 것으로 관의 양단을 구부려서 각 드럼에 수직으로 결합하는 구조로 되어있는 보일러는?

① 타쿠마 보일러 ② 야로우 보일러
③ 스터링 보일러 ④ 가르베 보일러

해설 ① 타쿠마 보일러 : 2중 강수관이며, 증기 드럼에 집수기가 설치되어 있고 수관의 신축성을 양호하게 하기 위해서 물 드럼에 미끄럼대가 설치되어 있는 보일러
② 야로우 보일러 : 직경이 큰 상부 증기 드럼 1개에 하부 물 드럼을 3개 두고서 그 사이 수관을 곡관으로 설치한 보일러
④ 가르베 보일러 : 2개의 증기 드럼과 하부에 2개의 물 드럼에 수관을 급경사 직관으로 연결시킨 보일러

12 보일러에서 사용하는 급유 펌프에 대한 일반적인 설명으로 틀린 것은?

① 급유 펌프는 점성을 가진 기름을 이송하므로 기어 펌프나 스크루 펌프 등을 주로 사용한다.
② 급유 탱크에서 버너까지 연료를 공급하는 펌프를 수송 펌프(supply pump)라 한다.
③ 급유 펌프의 용량은 서비스 탱크를 1시간 내에 급유할 수 있는 것으로 한다.

④ 펌프 구동용 전동기는 작동유의 정도를 고려하여 30% 정도 여유를 주어 선정한다.

해설 ② 급유 탱크에서 버너까지 연료를 공급하는 펌프를 가압 펌프라 한다.

13 수관식 보일러의 일반적인 장점에 해당하지 않는 것은?

① 수관의 관경이 작아 고압에 잘 견디며 전열 면적이 커서 증기 발생이 빠르다.
② 용량에 비해 소요 면적이 작으며 효율이 좋고 운반, 설치가 쉽다.
③ 급수의 순도가 나빠도 스케일이 잘 발생하지 않는다.
④ 과열기, 공기 예열기 설치가 용이하다.

해설 ③ 급수의 순도가 나쁘면 스케일이 잘 발생한다.

14 다음 중 물의 임계 압력은 어느 정도인가?

① 100.43kgf/cm² ② 225.65kgf/cm²
③ 374.15kgf/cm² ④ 539.15kgf/cm²

해설 (가) 임계 압력 : 포화수가 증발 현상 없이 증기로 변화할 때의 상태점을 임계점이라 하며 이때의 압력을 임계 압력, 이때의 온도를 임계 온도라 한다.
(나) ⊙ 물의 임계 압력 : 225.65kgf/cm²
ⓒ 물의 임계 온도 : 374.15℃

15 보일러를 본체 구조에 따라 분류하면 원통형 보일러와 수관식 보일러로 크게 나눌 수 있다. 수관식 보일러에 속하지 않는 것은?

① 노통 보일러   ② 타쿠마 보일러
③ 라몬트 보일러 ④ 슐처 보일러

해설 원통 보일러 : 노통 보일러

16 연소에 있어서 환원염이란?

① 과잉 산소가 많이 포함되어 있는 화염
② 공기비가 커서 완전 연소된 상태의 화염
③ 과잉 공기가 많아 연소 가스가 많은 상태의 화염
④ 산소 부족으로 불완전 연소하여 미연분이 포함된 화염

해설 환원염 : 산소 부족으로 불완전 연소하여 미연분이 포함된 화염

17 육상용 보일러의 열정산 방식에서 환산 증발 배수에 대한 설명으로 맞는 것은?

① 증기의 보유 열량을 실제 연소열로 나눈 값이다.
② 발생 증기 엔탈피와 급수 엔탈피의 차를 539로 나눈 값이다.
③ 매시 환산 증발량을 매시 연료 소비량으로 나눈 값이다.
④ 매시 환산 증발량을 전열 면적으로 나눈 값이다.

해설 환산 증발 배수 = $\dfrac{\text{시간당 환산 증발량}}{\text{시간당 연료 소비량}}$

18 연소 방식을 기화 연소 방식과 무화 연소 방식으로 구분할 때 일반적으로 무화 연소 방식을 적용해야 하는 연료는?

① 톨루엔   ② 중유
③ 등유   ④ 경유

해설 ⊙ 무화 연소 방식 : 작은 분구에서 액체 연료 입경을 작게 하여 비표면적을 크게 하기 위해서 안개와 같이 분사시키는 것 **예** 중유
ⓒ 기화 연소 방식 : 연료를 고온의 물체에 접촉 또는 충돌을 주어 액체를 기체의 가연 증기로 바꾸어 연소시키는 것 **예** 톨루엔, 등유, 경유

정답 13 ③ 14 ② 15 ① 16 ④ 17 ③ 18 ②

19 보일러의 인터록 제어 중 송풍기 작동 유무와 관련이 가장 큰 것은?

① 저수위 인터록
② 불착화 인터록
③ 저연소 인터록
④ 프리퍼지 인터록

> **해설** ① 저수위 인터록 : 수위가 소정의 수위 이하일 때 전자 밸브를 닫아서 연소를 저지하는 것
> ② 불착화 인터록 : 버너에서 연료를 분사 후 소정의 시간이 지나도 착화를 볼 수 없을 때나 또는 어떠한 원인으로 화염이 소멸한 상태로 된 때에 전자 밸브를 닫아서 연소를 저지하는 것
> ③ 저연소 인터록 : 유량 조절 밸브가 저연소 상태로 되지 않으면 전자 밸브를 열지 않아서 점화를 저지하는 것
> ④ 프리퍼지 인터록 : 대형 보일러에서 송풍기가 작동하지 않으면 전자 밸브가 열리지 않고 점화를 저지하는 것

20 증기 보일러에서 압력계 부착 방법에 대한 설명으로 틀린 것은?

① 압력계의 콕은 그 핸들을 수직인 증기관과 동일 방향에 놓은 경우에 열려 있어야 한다.
② 압력계에는 안지름 12.7mm 이상의 사이펀관 또는 동등한 작용을 하는 장치를 설치한다.
③ 압력계는 원칙적으로 보일러의 증기실에 눈금판의 눈금이 잘 보이는 위치에 부착한다.
④ 증기 온도가 483K(210℃)를 넘을 때에는 황동관 또는 동관을 사용하여서는 안 된다.

> **해설** ② 압력계에는 안지름 6.5mm 이상의 사이펀관 또는 동등한 작용을 하는 장치를 설치한다.

21 다음 연료 중 단위 중량당 발열량이 가장 큰 것은?

① 등유
② 경유
③ 중유
④ 석탄

> **해설** ① 등유 : 10,500~12,000kcal/kg
> ② 경유 : 11,000~11,500kcal/kg
> ③ 중유 : 10,000~11,000kcal/kg
> ④ 석탄 : 3,000~7,500kcal/kg

22 인젝터의 작동 불량 원인과 관계가 먼 것은?

① 부품이 마모되어 있는 경우
② 내부 노즐에 이물질이 부착되어 있는 경우
③ 체크 밸브가 고장난 경우
④ 증기 압력이 높은 경우

> **해설** ④ 증기 압력이 낮은 경우

23 과열 증기에서 과열도는 무엇인가?

① 과열 증기 온도와 포화 증기 온도의 차이다.
② 과열 증기 온도에 증발열을 합한 것이다.
③ 과열 증기의 압력과 포화 증기의 압력 차이다.
④ 과열 증기 온도에 증발열을 뺀 것이다.

> **해설** 과열도＝과열 증기 온도－포화 증기 온도

24 연소 시 공기비가 많은 경우 단점에 해당하는 것은?

① 배기가스량이 많아져서 배기가스에 의한 열손실이 증가한다.
② 불완전 연소가 되기 쉽다.
③ 미연소에 의한 열손실이 증가한다.
④ 미연소 가스에 의한 역화의 위험성이 있다.

> **해설** 연소 시 공기비가 많은 경우 단점 : 배기가스량이 많아져서 배기가스에 의한 열손실이 증가한다.

정답 19 ④　20 ②　21 ①　22 ④　23 ①　24 ①

25 스프링식 안전 밸브에서 저양정식인 경우는?

① 밸브의 양정이 밸브 시트 구경의 1/7 이상 1/5 미만인 것
② 밸브의 양정이 밸브 시트 구경의 1/15 이상 1/7 미만인 것
③ 밸브의 양정이 밸브 시트 구경의 1/40 이상 1/15 미만인 것
④ 밸브의 양정이 밸브 시트 구경의 1/45 이상 1/40 미만인 것

해설 스프링식 안전 밸브

종류	크기
저양정식	밸브의 양정이 밸브 시트 구경의 $\frac{1}{40}$ 이상 $\frac{1}{15}$ 미만
고양정식	밸브의 양정이 밸브 시트 구경의 $\frac{1}{15}$ 이상 $\frac{1}{7}$ 미만
저양정식	밸브의 양정이 밸브 시트 구경의 $\frac{1}{7}$ 이상
전량식	밸브 시트 지름이 목부분 지름의 1.15배

26 보일러에서 노통의 약한 단점을 보완하기 위해 설치하는 약 1m 정도의 노통 이음을 무엇이라고 하는가?

① 아담슨 조인트   ② 보일러 조인트
③ 브리징 조인트   ④ 라몬트 조인트

해설 ① 아담슨 조인트의 설명이다.

27 보일러의 오일 버너 선정 시 고려해야 할 사항으로 틀린 것은?

① 노의 구조에 적합할 것
② 부하 변동에 따른 유량 조절 범위를 고려할 것
③ 버너 용량이 보일러 용량보다 작을 것
④ 자동 제어 시 버너의 형식과 관계를 고려할 것

해설 ③ 버너 용량이 보일러 용량보다 클 것

28 보일러용 가스 버너에서 외부 혼합형 가스 버너의 대표적 형태가 아닌 것은?

① 분젠형   ② 스크롤형
③ 센터 파이어형   ④ 다분기관형

해설 연료용 공기의 공급 방식에 의한 버너 분류 중 소형 보일러형 버너 : 분젠식, 직화식

29 육상용 보일러 열정산 방식에서 증기의 건도는 몇 % 이상인 경우에 시험함을 원칙으로 하는가?

① 98   ② 93
③ 88   ④ 83

해설 육상용 보일러 열정산 방식에서 증기의 건도는 98% 이상인 경우에 시험함을 원칙으로 한다.

30 철금속 가열로 설치 검사 기준에서 다음 괄호 안에 들어갈 항목으로 옳은 것은?

> 송풍기의 용량은 정격 부하에서 필요한 이론 공기량의 (   )를 공급할 수 있는 용량 이하이어야 한다.

① 80%   ② 100%
③ 120%   ④ 140%

해설 송풍기의 용량은 정격 부하에서 필요한 이론 공기량의 140%를 공급할 수 있는 용량 이하이어야 한다.

31 신설 보일러의 사용 전 점검 사항으로 틀린 것은?

① 노벽은 가동 시 열을 받아 과열 건조되므로 습기가 약간 남아 있도록 한다.

정답 25 ③ 26 ① 27 ③ 28 ① 29 ① 30 ④ 31 ①

② 연도의 배플, 그을음 제거기 상태, 댐퍼의 개폐 상태를 점검한다.
③ 기수 분리기와 기타 부속품의 부착 상태와 공구나 볼트, 너트, 헝겊 조각 등이 남아있는가를 확인한다.
④ 압력계, 수위 제어기, 급수 장치 등 본체와의 접속부 풀림, 누설, 콕의 개폐 등을 확인한다.

해설 ① 노벽은 가동 시 열을 받아 과열 건조되므로 습기가 없어야 한다.

32 온수 난방은 고온수 난방과 저온수 난방으로 분류한다. 저온수 난방의 일반적인 온수 온도는 몇 ℃ 정도를 많이 사용하는가?

① 45~50
② 60~90
③ 100~120
④ 130~150

해설 온수 난방
㉠ 저온수 난방의 온수 온도 : 60~90℃
㉡ 고온수 난방의 온수 온도 : 100℃ 이상

33 보일러의 용량을 나타내는 것으로 부적합한 것은?

① 상당 증발량
② 보일러의 마력
③ 전열 면적
④ 연료 사용량

해설 보일러의 용량을 나타내는 것
㉠ 상당 증발량, ㉡ 보일러의 마력, ㉢ 전열 면적

34 신설 보일러의 설치·제작 시 부착된 페인트, 유지, 녹 등을 제거하기 위해 소다 보일링(soda boiling)할 때 주입하는 약액 조성에 포함되지 않는 것은?

① 탄산나트륨
② 수산화나트륨
③ 불화수소산
④ 제3인산나트륨

해설 신설 보일러의 설치 제작 시 소다 보일링(soda boiling)할 때 주입하는 약액 조성
㉠ 탄산나트륨
㉡ 수산화나트륨
㉢ 제3인산나트륨

35 기름 연소 보일러의 수동 점화 시 5초 이내에 점화되지 않으면 어떻게 해야 하는가?

① 연료 밸브를 더 많이 열어 연료 공급을 증가시킨다.
② 연료 분무용 증기 및 공기를 더 많이 분사시킨다.
③ 점화봉은 그대로 두고 프리퍼지를 행한다.
④ 불착화 원인을 완전히 제거한 후에 처음 단계부터 재점화 조작한다.

해설 기름 연소 보일러 : 수동 점화 시 5초 이내에 점화되지 않으면 불착화 원인을 완전히 제거한 후에 처음 단계부터 재점화 조작한다.

36 배관의 높이를 표시할 때 포장된 지표면을 기준으로 하여 배관 장치의 높이를 표시하는 경우 기입하는 기호는?

① BOP
② TOP
③ GL
④ FL

해설 ① BOP(Bottom Of Pipe) : 지름이 서로 다른 관의 높이 표시 방법이며, 관 외경의 아랫면까지의 높이를 기준으로 표시하는 경우
② TOP(Top Of Pipe) : 관 외경의 윗면을 기준으로 표시하는 경우
③ GL(Ground Line) : 포장된 지표면을 기준으로 하여 배관 장치의 높이를 표시하는 경우
④ FL(Floor Line) : 각 층 바닥면을 기준으로 하여 높이를 표시하는 경우

정답 32 ② 33 ④ 34 ③ 35 ④ 36 ③

37 중유 예열기(oil preheater)를 사용 시 가열 온도가 낮을 경우 발생하는 현상이 아닌 것은?

① 무화 상태 불량
② 그을음, 분진 발생
③ 기름의 분해
④ 불길의 치우침 발생

해설) 중유 예열기 사용 시 가열 온도가 낮을 경우 발생하는 현상
㉠ 무화 상태 불량
㉡ 그을음, 분진 발생
㉢ 불길의 치우침 발생

38 다음 중 무기질 보온재에 속하는 것은?

① 펠트(felt)
② 규조토
③ 코르크(cork)
④ 기포성 수지

해설) ㉠ 무기질 보온재 : 규조토
㉡ 유기질 보온재 : 펠트(felt), 코르크(cork), 기포성 수지

39 보일러 과열 요인 중 하나인 저수위의 발생 원인으로 거리가 먼 것은?

① 분출 밸브의 이상으로 보일러수가 누설
② 급수 장치가 증발 능력에 비해 과소한 경우
③ 증기 토출량이 과소한 경우
④ 수면계의 막힘이나 고장

해설) ③ 증기 토출량이 과대한 경우

40 빔에 턴버클을 연결하여 파이프를 아랫부분을 받쳐 달아 올린 것이며 수직 방향에 변위가 없는 곳에 사용하는 것은?

① 리지드 서포트
② 리지드 행거
③ 스토퍼
④ 스프링 서포트

해설) ① 리지드 서포트 : 강도가 높은 재료로 만든 빔으로 여러 개의 관을 동시에 지지할 수 있는 것
③ 스토퍼 : 텐트, 타프 등을 설치하기 위해서 반드시 필요한 것으로 텐트나 타프 본체에 묶은 다음, 고리 형태는 펙에 걸어서 스토퍼로 펙을 통과한 스트링의 길이를 조절하게 하는 것
④ 스프링 서포트 : 스프링의 탄성에 의해 관의 하중에 따라서 상하 이동을 허용한 것

41 회전 이음, 지블 이음이라고도 하며, 주로 증기 및 온수 난방용 배관에 설치하는 신축 이음 방식은?

① 벨로스형
② 스위블형
③ 슬리브형
④ 루프형

해설) ② 스위블형 신축 이음 방식의 설명이다.

42 증기 난방을 고압 증기 난방과 저압 증기 난방으로 구분할 때 저압 증기 난방의 특징에 해당 하지 않는 것은?

① 증기의 압력은 약 $0.15 \sim 0.35 \text{kgf}/\text{cm}^2$이다.
② 증기 누설의 염려가 적다.
③ 장거리 증기 수송이 가능하다.
④ 방열기의 온도는 낮은 편이다.

해설) ③ 단거리 증기 수송이 가능하다.

43 다른 보온재에 비하여 단열 효과가 낮으며 500℃ 이하의 파이프, 탱크, 노벽 등에 사용하는 것은?

① 규조토
② 암면
③ 글라스 울
④ 펠트

해설) ㉠ 암면 : 300~550℃에서 관, 탱크, 노벽 등에 사용한다.

정답 37 ③ 38 ② 39 ③ 40 ② 41 ② 42 ③ 43 ①

ⓒ 글라스 울 : 유리 원석을 최첨단 고속 회전 원심 공법으로 만들어 섬유 굵기가 가늘며 균일하다. 또한 비섬유질이 없고 많은 양의 섬유가 섬세하게 집면되어 있어 우수한 단열 효과를 발휘한다.
ⓒ 펠트 : 100℃ 이하에서 사용한다.

44 관 속에 흐르는 유체의 화학적 성질에 따라 배관 재료 선택 시 고려해야 할 사항으로 가장 관계가 먼 것은?

① 수송 유체에 따른 관의 내식성
② 수송 유체와 관의 화학 반응으로 유체의 변질 여부
③ 지중 매설 배관할 때 토질과의 화학 변화
④ 지리적 조건에 따른 수송 문제

해설 관 속에 흐르는 유체의 화학적 성질에 따른 배관 재료의 선택 시 고려 사항
㉠ 수송 유체에 따른 관의 내식성
ⓒ 수송 유체와 관의 화학 반응으로 유체의 변질 여부
ⓒ 지중 매설 배관할 때 토질과의 화학 변화

45 보일러 수 처리에서 순환 계통외 처리에 관한 설명으로 틀린 것은?

① 탁수를 침전지에 넣어서 침강 분리시키는 방법은 침전법이다.
② 증류법은 경제적이며 양호한 급수를 얻을 수 있어 많이 사용한다.
③ 여과법은 침전 속도가 느린 경우 주로 사용하며 여과기 내로 급수를 통과시켜 여과한다.
④ 침전이나 여과로 분리가 잘 되지 않는 미세한 입자들에 대해서는 응집법을 사용하는 것이 좋다.

해설 증류법 : 비경제적이며 양호한 급수를 얻을 수 있다.

46 다음 중 복사 난방의 일반적인 특징이 아닌 것은?

① 외기 온도의 급변화에 따른 온도 조절이 곤란하다.
② 배관 길이가 짧아도 되므로 설비비가 적게 든다.
③ 방열기가 없으므로 바닥면의 이용도가 높다.
④ 공기의 대류가 적으므로 바닥면의 먼지가 상승하지 않는다.

해설 ② 배관의 길이가 길어도 되므로 설비비가 많이 든다.

47 강철제 증기 보일러의 최고 사용 압력이 $4kgf/cm^2$이면 수압 시험 압력은 몇 kgf/cm^2로 하는가?

① 2.0
② 5.2
③ 6.0
④ 8.0

해설 최고 사용 압력×2배=수압 시험 압력
$4kgf/cm^2$×2배=$8kgf/cm^2$

48 보일러 송기 시 주증기 밸브 작동 요령 설명으로 잘못된 것은?

① 만개 후 조금 되돌려 놓는다.
② 빨리 열고 만개 후 3분 이상 유지한다.
③ 주증기관 내에 소량의 증기를 공급하여 예열한다.
④ 송기하기 전 주증기 밸브 등의 드레인을 제거한다.

해설 주증기 밸브를 서서히 연다.

49 증기 난방 배관 시공에 관한 설명으로 틀린 것은?

① 저압 증기 난방에서 환수관을 보일러에 직접 연결할 경우 보일러수의 역류 현상을 방지하기 위해서 하트포드(hartford) 접속법을 사용한다.
② 진공 환수 방식에서 방열기의 설치 위치가 보일러보다 위쪽에 설치된 경우 리프트 피팅 이음 방식을 적용하는 것이 좋다.
③ 증기가 식어서 발생하는 응축수를 증기와 분리하기 위하여 증기 트랩을 설치한다.
④ 방열기에는 주로 열동식 트랩이 사용되고, 응축수량이 많이 발생하는 증기관에는 버킷 트랩 등 다량 트랩을 장치한다.

해설 진공 환수 방식에서 리프트 이음을 하므로 방열기의 설치 위치에 제한을 받지 않는다.

50 열사용 기자재 검사 기준에 따라 안전 밸브 및 압력 방출 장치의 규격 기준에 관한 설명으로 옳지 않은 것은?

① 소용량 강철제 보일러에서 안전 밸브의 크기는 호칭 지름 20A로 할 수 있다.
② 전열 면적 50m² 이하의 증기 보일러에서 안전 밸브의 크기는 호칭 지름 20A로 할 수 있다.
③ 최대 증발량 5ton/h 이하의 관류 보일러에서 안전 밸브의 크기는 호칭 지름 20A로 할 수 있다.
④ 최고 사용 압력 0.1MPa 이하의 보일러에서 안전 밸브의 크기는 호칭 지름 20A로 할 수 있다.

해설 ② 전열 면적 50m² 이하의 증기 보일러에서 안전 밸브의 크기는 호칭 지름 25A로 할 수 있다.

51 동관의 이음 방법 중 압축 이음에 대한 설명으로 틀린 것은?

① 한쪽 동관의 끝을 나팔 모양으로 넓히고 압축 이음쇠를 이용하여 체결하는 이음 방법이다.
② 진동 등으로 인한 풀림을 방지하기 위하여 더블 너트(double nut)로 체결한다.
③ 점검, 보수 등이 필요한 장소에 쉽게 분해, 조립하기 위하여 사용한다.
④ 압축 이음을 플랜지 이음이라고도 한다.

해설 ④ 압축 이음을 납땜 또는 나사 이음이라고 한다.

52 보일러의 정격 출력이 7,500kcal/h, 보일러 효율이 85%, 연료의 저위 발열량이 9,500kcal/kg인 경우, 시간당 연료 소모량은 약 얼마인가?

① 1.49kg/h   ② 0.93kg/h
③ 1.38kg/h   ④ 0.67kg/h

해설 연료 소모량$(G_f) = \dfrac{정격\ 출력}{\eta \cdot H_l} = \dfrac{7,500}{0.85 \times 9,500}$
$= \dfrac{7,500}{8,075} = 0.93\text{kg/h}$

53 진공 환수식 증기 난방에 대한 설명으로 틀린 것은?

① 환수관의 직경을 작게 할 수 있다.
② 방열기의 설치 장소에 제한을 받지 않는다.
③ 중력식이나 기계식보다 증기의 순환이 느리다.
④ 방열기의 방열량 조절을 광범위하게 할 수 있다.

해설 ③ 중력식이나 기계식보다 증기의 순환이 빠르다.

54 글라스 울 보온통의 안전 사용(최고) 온도는?
① 100℃   ② 200℃
③ 300℃   ④ 400℃

정답 49 ② 50 ② 51 ④ 52 ② 53 ③ 54 ③

해설 글라스 울 안전 사용(최고) 온도 : 300℃

55 저탄소 녹색 성장 기본법에 따라 온실가스 감축 목표의 설정·관리 및 필요한 조치에 관하여 총괄·조정 기능은 누가 수행하는가?

① 국토교통부 장관
② 산업통상자원부 장관
③ 농림축산식품부 장관
④ 환경부 장관

해설 저탄소 녹색 성장 기본법에서 온실가스 감축 목표의 설정·관리 및 필요한 조치에 관한 총괄·조정 기능 : 환경부 장관

56 에너지법에서 정의한 에너지가 아닌 것은?

① 연료   ② 열
③ 풍력   ④ 전기

해설 에너지란 연료·열 및 전기를 말한다.

57 열사용 기자재 관리 규칙상 검사 대상 기기의 검사 종류 중 유효 기간이 없는 것은?

① 구조 검사   ② 계속 사용 검사
③ 설치 검사   ④ 설치 장소 변경 검사

해설 구조 검사 : 유효 기간이 없다.

58 신에너지 및 재생 에너지 개발·이용·보급 촉진 법에서 규정하는 신·재생 에너지 설비 중 "지열 에너지 설비"의 설명으로 옳은 것은?

① 바람의 에너지를 변환시켜 전기를 생산하는 설비
② 물의 유동 에너지를 변환시켜 전기를 생산하는 설비
③ 폐기물을 변환시켜 연료 및 에너지를 생산하는 설비
④ 물, 지하수 및 지하의 열 등의 온도 차를 변환시켜 에너지를 생산하는 설비

해설 지열 에너지 설비 : 물, 지하수 및 지하의 열 등의 온도 차를 변환시켜 에너지를 생산하는 설비

59 에너지 이용 합리화법에 따라 고효율 에너지 인증 대상 기자재에 포함하지 않는 것은?

① 펌프   ② 전력용 변압기
③ LED 조명 기기   ④ 산업건물용 보일러

해설 고효율 에너지 인증 대상 기자재
㉠ 펌프
㉡ LED 조명 기기
㉢ 산업건물용 보일러

60 에너지 이용 합리화법에 따라 에너지 다소비업자가 산업통상자원부령으로 정하는 바에 따라 매년 1월 31일까지 시·도지사에게 신고해야 하는 사항과 관련이 없는 것은?

① 전년도의 에너지 사용량·제품 생산량
② 전년도의 에너지 이용 합리화 실적 및 해당 연도의 계획
③ 에너지 사용 기자재의 현황
④ 향후 5년간의 에너지 사용 예정량·제품 생산 예정량

해설 에너지 다소비업자가 산업통상자원부령으로 정하는 바에 따라 1월 31일까지 시·도지사에게 신고해야 하는 사항
㉠ 전년도의 에너지 사용량, 제품 생산량
㉡ 전년도의 에너지 이용 합리화 실적 및 해당 연도의 계획
㉢ 에너지 사용 기자재의 현황

정답 55 ④ 56 ③ 57 ① 58 ④ 59 ② 60 ④

에너지관리기능사 (2022. 8. 28 시행)

01 메탄(CH_4) $1Nm^3$ 연소에 소요되는 이론 공기량이 $9.52Nm^3$이고, 실제 공기량이 $11.43Nm^3$일 때 공기비(m)는 얼마인가?

① 1.5 ② 1.4
③ 1.3 ④ 1.2

해설 공기비(m) = $\dfrac{실제\ 공기량(Nm^3)}{이론\ 공기량(Nm^3)} = \dfrac{11.43}{9.52} = 1.2$

02 다음 중 자동 연료 차단 장치가 작동하는 경우로 거리가 먼 것은?

① 버너가 연소 상태가 아닌 경우(인터록이 작동한 상태)
② 증기 압력이 설정 압력보다 높은 경우
③ 송풍기 팬이 가동할 때
④ 관류 보일러에 급수가 부족한 경우

해설 자동 연료 차단 장치가 작동하는 경우
㉠ 버너가 연소 상태가 아닌 경우(인터록이 작동한 상태)
㉡ 증기 압력이 설정 압력보다 높은 경우
㉢ 관류 보일러에 급수가 부족한 경우

03 피드백 제어를 가장 옳게 설명한 것은?

① 일정하게 정해진 순서에 의해 행하는 제어
② 모든 조건이 충족되지 않으면 정지되어 버리는 제어
③ 출력 측의 신호를 입력 측으로 되돌려 정정 동작을 행하는 제어
④ 사람의 손에 의해 조작되는 제어

해설 피드백 제어(폐회로) : 출력 측의 신호를 입력 측으로 되돌려 정정 동작을 행하는 제어

04 보일러의 분류 중 원통형 보일러에 속하지 않는 것은?

① 타쿠마 보일러   ② 랭커셔 보일러
③ 케와니 보일러   ④ 코니시 보일러

해설 보일러의 종류

종류		실용 예
원통 보일러	노통 보일러	코니시 보일러, 랭커셔 보일러
	입형 보일러	입형 횡관 보일러, 입형 연관식 보일러, 코크란 보일러
	연관 보일러	횡형 연관 보일러, 입형 연관 보일러, 케와니 보일러(기관차형 보일러)
	노통 연관 보일러	스코치 보일러, 노통 연관 패키지 보일러
수관 보일러	자연 순환식 보일러	바브콕 보일러, 윌콕스 보일러, 타쿠마 보일러, 야로우 보일러
	강제 순환식 보일러	섹션 보일러, 라몬트 보일러, 베록스 보일러
	관류 보일러	벤슨 보일러, 슐처 보일러
	복사 보일러	방사 보일러
특수 보일러	폐열 보일러	-
	특수 연료 보일러	-
	특수 액체 보일러	다우섬 보일러
	간접 가열 보일러	슈미트 보일러
난방용 보일러	주철제 증기 보일러	
	주철제 온수 보일러	-

05 섭씨온도(℃), 화씨온도(℉), 켈빈 온도(K), 랭킨 온도(°R)와의 관계식으로 옳은 것은?

① $℃ = 1.8 \times (℉ - 32)$
② $℉ = \dfrac{(℃ + 32)}{1.8}$

정답 01 ④ 02 ③ 03 ③ 04 ① 05 ③

③ $K = \frac{5}{9} \times °R$

④ $°R = K \times \frac{5}{9}$

해설 ① $°C = \frac{5}{9}(°F - 32)$

② $°F = \frac{9}{5}°C + 32$

④ $°R = °F + 460 = K \times 1.8$

06 다음 부품 중 전후에 바이패스를 설치해서는 안 되는 부품은?

① 급수관
② 연료 차단 밸브
③ 감압 밸브
④ 유류 배관의 유량계

해설 ② 연료 차단 밸브는 전후에 바이패스를 설치해서는 안 된다.

07 다음 중 과열기에 관한 설명으로 틀린 것은?

① 연소 방식에 따라 직접 연소식과 간접 연소식으로 구분된다.
② 전열 방식에 따라 복사형, 대류형, 양자 병용형으로 구분된다.
③ 복사형 과열기는 관열관을 연소실 내 또는 노 벽에 설치하여 복사열을 이용하는 방식이다.
④ 과열기는 일반적으로 직접 연소식이 널리 사용된다.

해설 ④ 과열기는 일반적으로 간접 연소식이 널리 사용된다.

08 주철제 보일러인 섹셔널 보일러의 일반적인 조합 방법이 아닌 것은?

① 전후 조합
② 좌우 조합
③ 맞세움 조합
④ 상하 조합

해설 주철제 보일러
(가) 섹셔널 보일러의 일반적인 조합 방법
  ㉠ 전후 조합
  ㉡ 좌우 조합
  ㉢ 맞세움 조합
(나) 여러 개의 섹션을 조절해서 용량을 가감할 수 있다.

09 어떤 액체 1,200kg을 30℃에서 100℃까지 온도를 상승시키는 데 필요한 열량은 몇 kcal인가? (단, 이 액체의 비열은 3kcal/kg·℃임)

① 35,000
② 84,000
③ 126,000
④ 252,000

해설 $Q = Gc\Delta t$
   $= 1,200 \times 3 \times (100 - 30)$
   $= 252,000 \text{kcal}$

10 보일러 통풍에 대한 설명으로 틀린 것은?

① 자연 통풍은 일반적으로 별도의 동력을 사용하지 않은 연돌로 인한 통풍을 말한다.
② 압입 통풍은 연소용 공기를 송풍기로 노 입구에서 대기압보다 높은 압력으로 밀어 넣고 굴뚝의 통풍 작용과 같이 통풍을 유지하는 방식이다.
③ 평형 통풍은 통풍 조절은 용이하나 통풍력이 약하여 주로 소용량 보일러에서 사용한다.
④ 흡입 통풍은 크게 연소 가스를 직접 통풍기에 빨아들이는 직접 흡입식과 통풍기로 대기를 빨아들이게 하고 이를 이젝터로 보내어 그 작용에 의해 연소 가스를 빨아들이는 간접 흡입식이 있다.

해설 ③ 평형 통풍은 통풍 조절은 용이하나 통풍력이 강하여 주로 대형 보일러에 사용한다.

정답 06 ② 07 ④ 08 ④ 09 ④ 10 ③

11 전기식 온수 온도 제한기의 구성 요소에 속하지 않는 것은?

① 온도 설정 다이얼
② 마이크로 스위치
③ 온도 차 설정 다이얼
④ 확대용 링 게이지

해설 전기식 온수 온도 제한기의 구성 요소
㉠ 온도 설정 다이얼
㉡ 마이크로 스위치
㉢ 온도 차 설정 다이얼

12 KS에서 규정하는 육상용 보일러의 열정산 조건과 관련된 설명으로 틀린 것은?

① 보일러의 정상 조업 상태에서 적어도 2시간 이상의 운전 결과에 따른다.
② 발열량은 원칙적으로 사용 시 연료의 저발열량(진발열량)으로 하며, 고발열량(총발열량)으로 사용하는 경우에는 기준 발열량을 분명하게 명기해야 한다.
③ 최대 출열량을 시험할 경우에는 반드시 정격 부하에서 시험을 한다.
④ 열정산과 관련한 시험 시 시험 보일러는 다른 보일러와 무관한 상태로 하여 실시한다.

해설 ① 보일러의 정상 조업 상태에서 적어도 1시간 이상의 운전 결과에 따른다.

13 고압과 저압 배관 사이에 부착하여 고압 측의 압력 변화 및 증기 소비량 변화에 관계없이 저압 측의 압력을 일정하게 유지해주는 밸브는?

① 감압 밸브
② 온도 조절 밸브
③ 안전 밸브
④ 플랩 밸브

해설 ② 온도 조절 밸브 : 증기의 온도를 자동으로 조절하는 밸브
③ 안전 밸브 : 증기 보일러에서 증기 압력이 규정 압력을 초과할 경우 자동적으로 작동하여 고압의 증기를 외부로 분출시켜서 파열 사고를 방지하는 밸브
④ 플랩 밸브 : 유량을 일정하게 하는 밸브

14 보일러에서 C 중유를 사용할 경우 중유 예열 장치로 예열할 때 적정 예열 범위는?

① 40~45℃
② 80~105℃
③ 130~160℃
④ 200~250℃

해설 보일러에서 C 중유 사용 시 중유 예열 장치로 예열할 때 적정 예열 범위 : 80~105℃

15 보일러 급수 처리의 목적으로 거리가 먼 것은?

① 스케일의 생성 방지
② 점식 등의 내면 부식 방지
③ 캐리 오버의 발생 방지
④ 황분 등에 의한 저온 부식 방지

해설 보일러 급수 처리의 목적
㉠ 스케일의 생성 방지
㉡ 점식 등의 내면 부식 방지
㉢ 캐리 오버의 발생 방지

16 다음 중 KS에서 규정하는 온수 보일러의 용량 단위는?

① Nm^3/h
② $kcal/m^2$
③ kg/h
④ kJ/h

해설 KS에서 규정하는 온수 보일러 용량 단위는 kJ/h이다.

17 세정식 집진 장치 중 하나인 회전식 집진 장치의 특징에 관한 설명으로 틀린 것은?

① 가동 부분이 작고 구조가 간단하다.
② 세정 용수가 적게 들며, 급수 배관을 따로 설치할 필요가 없으므로 설치 공간이 작게 든다.
③ 집진물을 회수할 때 탈수, 여과, 건조 등을 수행할 수 있는 별도의 장치가 필요하다.
④ 비교적 큰 압력 손실을 견딜 수 있다.

해설 ② 세정 용수가 적게 들며, 급수 배관을 설치할 필요가 있다.

18 유류 보일러 시스템에서 중유를 사용할 때 흡입 측의 여과망 눈 크기로 적합한 것은?

① 1~10mesh
② 20~60mesh
③ 100~150mesh
④ 300~500mesh

해설 유류 보일러 시스템에서 중유 사용 시 흡입 측의 여과망 눈 크기 : 20~60mesh

19 표준 대기압 상태에서 0℃ 물 1kg을 100℃ 증기로 만드는 데 필요한 열량은 몇 kcal인가? (단, 물의 비열은 1kcal/kg·℃이고, 증발 잠열은 539kcal/kg임)

① 100
② 500
③ 539
④ 639

해설 $Q = Q_1 + Q_2$
Q_1(현열) $= Gc\Delta t = 1 \times 1 \times (100 - 0) = 100$kcal
Q_2(잠열) $= G\gamma = 1 \times 539 = 539$kcal
∴ $Q = 100 + 539 = 639$kcal

20 수관식 보일러의 일반적인 특징이 아닌 것은?

① 구조상 저압으로 운용되어야 하며 소용량으로 제작해야 한다.
② 전열 면적을 크게 할 수 있으므로 열효율이 높은 편이다.
③ 급수 처리에 주의가 필요하다.
④ 연소실을 마음대로 크게 만들 수 있으므로 연소 상태가 좋으며 또한 여러 종류의 연료 및 연소 방식이 적용된다.

해설 ① 구조상 고압으로 운용되어야 하며 대용량으로 제작해야 한다.

21 기체 연료의 연소 방식 중 버너의 연료 노즐에서는 연료만을 분출하고 그 주위에서 공기를 별도로 연소실로 분출하여 연료 가스와 공기가 혼합하면서 연소하는 방식으로 산업용 보일러의 대부분이 사용하는 방식은?

① 예증발 연소 방식
② 심지 연소 방식
③ 예혼합 연소 방식
④ 확산 연소 방식

해설 기체 연료의 연소 방식
㉠ 확산 연소(diffusive burning) 방식 : 버너의 연료 노즐에서는 연료만을 분출하고 그 주위에서 공기를 별도로 연소실로 분출하여 연료 가스와 공기가 혼합하면서 연소하는 방식으로 산업용 보일러의 대부분이 사용하는 방식이다.
㉡ 예혼합 연소(premixing burning) 방식 : 연료와 공기를 미리 가연 농도의 균일한 조성으로 혼합하여 버너로 분출시켜 연소하는 방식으로 연소실 부하율을 높게 얻을 수 있기 때문에 연소실의 체적이나 길이가 작아도 되는 이점이 있는 반면, 버너에서 상류의 혼합기로 역화를 일으킬 위험성이 크고, 화염면(flame front)이 자력으로 전파되어 가는 방식이다.

정답 17 ② 18 ② 19 ④ 20 ① 21 ④

22 원통형 보일러의 일반적인 특징 설명으로 틀린 것은?

① 보일러 내 보유 수량이 많아 부하 변동에 의한 압력 변화가 작다.
② 고압 보일러나 대용량 보일러에는 부적당하다.
③ 구조가 간단하고 정비, 취급이 용이하다.
④ 전열 면적이 커서 증기 발생 시간이 짧다.

해설 ④ 전열 면적이 작고 증기 발생 소요 시간이 길다.

23 저수위 등에 따른 이상 온도의 상승으로 보일러가 과열되었을 때 작동하는 안전 장치는?

① 가용 마개 ② 인젝터
③ 수위계   ④ 증기 헤더

해설 ① 가용 마개(가용전)의 설명이다.

24 보일러 자동 제어에서 3요소식 수위 제어의 3가지 검출 요소와 무관한 것은?

① 노내 압력 ② 수위
③ 증기 유량 ④ 급수 유량

해설 보일러 자동 제어에서 3요소식 수위 제어의 3가지 검출 요소
㉠ 수위, ㉡ 증기 유량, ㉢ 급수 유량

25 다음 중 매시간 1,000kg의 LPG를 연소시켜 15,000kg/h의 증기를 발생하는 보일러의 효율(%)은 약 얼마인가? (단, LPG의 총발열량은 12,980kcal/kg, 발생 증기 엔탈피는 750kcal/kg, 급수 엔탈피는 18kcal/kg임)

① 79.8   ② 84.6
③ 88.4   ④ 94.2

해설 $\eta = \dfrac{\text{유효 출열}(Q_S)}{\text{입열 합계}(Q_f)} \times 100$

$= \dfrac{15,000 \times (750-18)}{1,000 \times 12,980} \times 100 = 84.6\%$

26 환산 증발 배수에 관한 설명으로 가장 적합한 것은?

① 연료 1kg이 발생시킨 증발 능력을 말한다.
② 보일러에서 발생한 순수 열량을 표준 상태의 증발 잠열로 나눈 값이다.
③ 보일러의 전열 면적 $1m^2$당 1시간 동안의 실제 증발량이다.
④ 보일러 전열 면적 $1m^2$당 1시간 동안의 보일러 열출력이다.

해설 환산 증발 배수 : 연료 1kg이 발생시킨 증발 능력을 말한다.

27 보일러용 연료 중에서 고체 연료의 일반적인 주성분은? (단, 중량%를 기준으로 한 주성분을 구한다.)

① 탄소   ② 산소
③ 수소   ④ 질소

해설 고체 연료의 일반적인 주성분 : 탄소(C)

28 보일러 부속 장치에 대한 설명 중 잘못된 것은?

① 인젝터 : 증기를 이용한 급수 장치
② 기수 분리기 : 증기 중에 혼입된 수분을 분리하는 장치
③ 스팀 트랩 : 응축수를 자동으로 배출하는 장치
④ 슈트 블로어 : 보일러 동 저면의 스케일, 침전물을 밖으로 배출하는 장치

정답 22 ④ 23 ① 24 ① 25 ② 26 ① 27 ① 28 ④

해설 ④ 슈트 블로어 : 일명 매연 취출 장치라 하며 보일러 전열면 외면에 부착된 그을음이나 재를 불어내어 전열 효과를 증대시키기 위해 사용하는 장치이다.

29 연소의 3대 조건이 아닌 것은?

① 이산화탄소 공급원
② 가연성 물질
③ 산소 공급원
④ 점화원

해설 연소의 3대 조건
㉠ 가연성 물질
㉡ 산소 공급원
㉢ 점화원

30 보일러 수리 시의 안전 사항으로 틀린 것은?

① 부식 부위의 해머 작업 시에는 보호 안경을 착용한다.
② 파이프 나사 절삭 시 나사부는 맨손으로 만지지 않는다.
③ 토치 램프 작업 시 소화기를 비치해 둔다.
④ 파이프 렌치는 무거우므로 망치 대용으로 사용해도 된다.

해설 ④ 파이프 렌치는 무거우므로 망치 대용으로 사용하면 안 된다.

31 보일러에서 팽창 탱크의 설치 목적에 대한 설명으로 틀린 것은?

① 체적 팽창, 이상 팽창에 의한 압력을 흡수한다.
② 장치 내의 온도와 압력을 일정하게 유지한다.
③ 보충수를 공급하여 준다.
④ 관수를 배출하여 열손실을 방지한다.

해설 ④ 관수를 배출하지 않는다.

32 관 이음쇠로 사용되는 홈 조인트(groove joint)의 장점에 관한 설명으로 틀린 것은?

① 일반 용접식, 플랜지식, 나사식 관이음 방식에 비해 빨리 조립이 가능하다.
② 배관 끝단 부분의 간격을 유지하여 온도 변화 및 진동에 의한 신축, 유동성이 뛰어나다.
③ 홈 조인트의 사용 시 용접 효율성이 뛰어나서 배관 수명이 길어진다.
④ 플랜지식 관이음에 비해 볼트를 사용하는 수량이 적다.

해설 ③ 홈 조인트는 용접이 없고 홈을 맞대서 조이는 방식이다.

33 보일러 설치 기술 규격(KBI)에 따라 열매체유 팽창 탱크의 공간부에는 열매체의 노화를 방지하기 위해 N_2 가스를 봉입하는데, 이 가스의 압력이 너무 높게 되지 않도록 설정하는 팽창 탱크의 최소 체적(V_T)을 구하는 식으로 옳은 것은? (단, V_E는 승온 시 시스템 내의 열매체유 팽창량(l)이고 V_M은 상온 시 탱크 내 열매체유 보유량(l)임)

① $V_T = V_E + 2V_M$
② $V_T = 2V_E + V_M$
③ $V_T = 2V_E + 2V_M$
④ $V_T = ZV_E + V_M$

해설 팽창 탱크의 최소 체적(V_T) = $2V_E + V_M$
여기서,
V_E : 승온 시 시스템 내의 열매체유 팽창량(l)
V_M : 상온 시 탱크 내 열매체유 보유량(l)

34 열사용 기자재 검사 기준에 따라 전열 면적 12m²인 보일러의 급수 밸브의 크기는 호칭 몇 A 이상이어야 하는가?

① 15   ② 20
③ 25   ④ 32

정답 29 ① 30 ④ 31 ④ 32 ③ 33 ② 34 ③

해설 급수 밸브 및 체크 밸브의 크기

전열 면적 10m² 이하	호칭 20A 이상
전열 면적 10m² 초과	호칭 25A 이상

35 배관의 나사 이음과 비교하여 용접 이음의 장점이 아닌 것은?

① 누수의 염려가 작다.
② 관 두께에 불균일한 부분이 생기지 않는다.
③ 이음부의 강도가 크다.
④ 열에 의한 잔류 응력 발생이 거의 일어나지 않는다.

해설 ④ 열에 의한 잔류 응력 발생이 일어난다.

36 다음과 같은 부하에 대해서 보일러의 "정격 출력"을 올바르게 표시한 것은?

H_1 : 난방 부하 H_2 : 급탕 부하
H_3 : 배관 부하 H_4 : 예열 부하

① H_1+H_2
② $H_1+H_2+H_3$
③ $H_1+H_2+H_4$
④ $H_1+H_2+H_3+H_4$

해설 보일러의 정격 출력
$= H_1$(난방 부하)$+H_2$(급탕 부하)$+H_3$(배관 부하)
$+H_4$(예열 부하)

37 어떤 건물의 소요 난방 부하가 54,600kcal/h이다. 주철제 방열기로 증기 난방을 한다면 약 몇 쪽(section)의 방열기를 설치해야 하는가? (단, 표준 방열량으로 계산하며, 주철제 방열기의 쪽당 방열 면적은 0.24m²임)

① 330쪽
② 350쪽
③ 380쪽
④ 400쪽

해설 방열기의 섹션 수(증기 난방 시)
$$= \frac{\text{전손실 열량(kcal/h)}}{650 \times \text{쪽당 방열 면적(m}^2)} = \frac{54,600}{650 \times 0.24} = 350 \text{쪽}$$

38 열사용 기자재 검사 기준에 따라 온수 발생 보일러에 안전 밸브를 설치해야 되는 경우는 온수 온도 몇 ℃ 이상인 경우인가?

① 60
② 80
③ 100
④ 120

해설 열사용 기자재 검사 기준 : 온수 발생 보일러에 안전 밸브를 설치해야 되는 경우는 온수 온도가 120℃ 이상인 경우이다.

39 다음 보온재 중 유기질 보온재에 속하는 것은?

① 규조토
② 탄산마그네슘
③ 유리 섬유
④ 코르크

해설 ① 유기질 보온재 : 코르크(cork), 펠트(felt), 텍스(tex), 기포성 수지 등
② 무기질 보온재 : 규조토, 탄산마그네슘, 유리 섬유(글라스 울), 석면(아스베스토스), 암면 등

40 보일러에서 발생하는 부식을 크게 습식과 건식으로 구분할 때 다음 중 건식에 속하는 것은?

① 점식
② 황화 부식
③ 알칼리 부식
④ 수소 취화

해설 보일러 부식
㉠ 건식 : 황화 부식
㉡ 습식 : 점식, 알칼리 부식, 수소 취화

정답 35 ④ 36 ④ 37 ② 38 ④ 39 ④ 40 ②

41 보일러 작업 종료 시의 주요 점검 사항으로 틀린 것은?

① 전기의 스위치가 내려져 있는지 점검한다.
② 난방용 보일러에 대해서는 드레인의 회수를 확인하고 진공 펌프를 가동시켜 놓는다.
③ 작업 종료 시 증기 압력이 어느 정도인지 점검한다.
④ 증기 밸브로부터 누설이 없는지 점검한다.

해설 ② 난방용 보일러에 대해서는 드레인의 회수를 확인하고 진공 펌프를 정지시켜 놓는다.

42 보일러의 점화 조작 시 주의 사항에 대한 설명으로 잘못된 것은?

① 연료 가스의 유출 속도가 너무 빠르면 역화가 일어나고, 너무 늦으면 실화가 발생하기 쉽다.
② 연료의 예열 온도가 낮으면 무화 불량, 화염의 편류, 그을음, 분진이 발생하기 쉽다.
③ 유압이 낮으면 점화 및 분사가 불량하고 유압이 높으면 그을음이 축적되기 쉽다.
④ 프리퍼지 시간이 너무 길면 연소실의 냉각을 초래하고, 너무 짧으면 역화를 일으키기 쉽다.

해설 ① 연료 가스의 유출 속도가 너무 느리면 역화가 일어나고 너무 빠르면 실화가 발생하기 쉽다.

43 지역 난방의 일반적인 장점으로 거리가 먼 것은?

① 각 건물마다 보일러 시설이 필요 없고, 연료비와 인건비를 줄일 수 있다.
② 시설이 대규모이므로 관리가 용이하고 열효율 면에서 유리하다.
③ 지역 난방 설비에서 배관의 길이가 짧아 배관에 의한 열손실이 적다.
④ 고압 증기나 고온수를 사용하여 관의 지름을 작게 할 수 있다.

해설 ③ 지역 난방 설비에서 배관의 길이가 길고 배관에 의한 열손실이 많다.

44 보일러 급수 중의 현탁질 고형물을 제거하기 위한 외처리 방법이 아닌 것은?

① 여과법
② 탈기법
③ 침강법
④ 응집법

해설 보일러 급수 중 외처리 방법
㉠ 여과법
㉡ 침강법
㉢ 응집법

45 상용 보일러의 점화 전 연소 계통의 점검에 관한 설명으로 틀린 것은?

① 중유 예열기를 가동하되 예열기가 증기 가열식인 경우에는 드레인을 배출시키지 않은 상태에서 가열한다.
② 연료 배관, 스트레이너, 연료 펌프 및 수동 차단 밸브의 개폐 상태를 확인한다.
③ 연소 가스 통로가 긴 경우와 구부러진 부분이 많을 경우에는 완전한 환기가 필요하다.
④ 연소실 및 연도 내의 잔류 가스를 배출하기 위하여 연도의 각 댐퍼를 전부 열어놓고 통풍기로 환기시킨다.

해설 ① 중유 예열기를 가동하되 예열기가 증기 가열식인 경우에는 드레인을 배출시키는 상태에서 가열한다.

정답 41 ② 42 ① 43 ③ 44 ② 45 ①

46 가동 중인 보일러를 정지시킬 때 일반적으로 가장 먼저 조치해야 할 사항은?

① 증기 밸브를 닫고, 드레인 밸브를 연다.
② 연료의 공급을 정지한다.
③ 공기의 공급을 정지한다.
④ 댐퍼를 닫는다.

해설 가동 중인 보일러를 정지시킬 때의 조치 순서
㉠ 연료의 공급을 정지한다.
㉡ 공기의 공급을 정지한다.
㉢ 증기 밸브를 닫고, 드레인 밸브를 연다.
㉣ 댐퍼를 닫는다.

47 다음 중 동관 이음의 종류에 해당하지 않는 것은?

① 납땜 이음
② 기볼트 이음
③ 플레어 이음
④ 플랜지 이음

해설 동관 이음의 종류
㉠ 납땜 이음
㉡ 플레어(압축) 이음
㉢ 플랜지 이음
㉣ 용접 이음

48 다음 중 보온재의 일반적인 구비 요건으로 틀린 것은?

① 비중이 크고 기계적 강도가 클 것
② 장시간 사용에도 사용 온도에 변질되지 않을 것
③ 시공이 용이하고 확실하게 할 수 있을 것
④ 열전도율이 작을 것

해설 ① 비중이 작고 기계적 강도가 클 것

49 관의 결합 방식 표시 방법 중 유니언식의 그림 기호로 맞는 것은?

① ——┼——   ② ——•——
③ ——╫——   ④ ——╣├——

해설 ① 나사 이음
② 용접 이음
③ 플랜지 이음
④ 유니언 이음

50 수면 측정 장치 취급상의 주의 사항에 대한 설명으로 틀린 것은?

① 수주 연결관은 수측 연결관의 도중에 오물이 끼기 쉬우므로 하향 경사하도록 배관한다.
② 조명은 충분하게 하고 유리는 항상 청결하게 유지한다.
③ 수면계의 콕은 누설되기 쉬우므로 6개월 주기로 분해 정비하여 조작하기 쉬운 상태로 유지한다.
④ 수주관 하부의 분출관은 매일 1회 분출하여 수측 연결관의 찌꺼기를 배출한다.

해설 ① 수주 연결관은 수측 연결관의 도중에 오물이 끼기 쉬우므로 수평 또는 상향 경사하도록 배관한다.

51 다음 보온재 중 안전 사용(최고) 온도가 가장 낮은 것은?

① 탄산마그네슘 물 반죽 보온재
② 규산칼슘 보온판
③ 경질 폼 러버 보온통
④ 글라스 울 블랭킷

해설 ① 250℃
② 650℃
③ 180℃
④ 300℃

정답 46 ② 47 ② 48 ① 49 ④ 50 ① 51 ③

52 증기 보일러에서 수면계의 점검 시기로 적절하지 않은 것은?

① 2개의 수면계 수위가 다를 때 행한다.
② 프라이밍, 포밍 등이 발생할 때 행한다.
③ 수면계 유리관을 교체하였을 때 행한다.
④ 보일러의 점화 후에 행한다.

해설 ④ 보일러의 점화 전에 행한다.

53 파이프축에 대하여 직각 방향으로 개폐되는 밸브로 유체의 흐름에 따른 마찰 저항 손실이 작으며 난방 배관 등에 주로 이용되나 절반만 개폐하면 디스크 뒷면에 와류가 발생되어 유량 조절용으로는 부적합한 밸브는?

① 버터플라이 밸브 ② 슬루스 밸브
③ 글로브 밸브   ④ 콕

해설 ② 슬루스 밸브 설명이다.

54 보일러 내처리로 사용되는 약제 중 가성 취화 방지, 탈산소, 슬러지 조정 등의 작용을 하는 것은?

① 수산화나트륨
② 암모니아
③ 타닌
④ 고급 지방산 폴리알코올

해설 ③ 타닌 : 가성 취하 방지, 탈산소, 슬러지 조정 등의 작용

55 신에너지 및 재생 에너지 개발·이용·보급 촉진법에 따라 신·재생 에너지의 기술 개발 및 이용 보급을 촉진하기 위한 기본 계획은 누가 수립하는가?

① 교육부 장관
② 환경부 장관
③ 국토교통부 장관
④ 산업통상자원부 장관

해설 신·재생 에너지의 기술 개발 및 기본 계획 수립은 산업통상자원부 장관이 한다.

56 에너지 이용 합리화법에 따라 국내·외 에너지 사정의 변동으로 에너지 수급에 중대한 차질이 발생하거나 발생할 우려가 있다고 인정되면 에너지 수급의 안정을 기하기 위하여 필요한 범위 내에 조치를 취할 수 있는데, 다음 중 그러한 조치에 해당하지 않는 것은?

① 에너지의 비축과 저장
② 에너지 공급 설비의 가동 및 조업
③ 에너지의 배급
④ 에너지 판매 시설의 확충

해설 국내·외 에너지 사정의 변동으로 에너지 수급의 안정을 기하기 위한 조치 사항
㉠ 에너지의 비축과 저장
㉡ 에너지 공급 설비의 가동 및 조업
㉢ 에너지의 배급

57 에너지 이용 합리화법에 따라 효율 관리 기자재 중 하나인 가정용 가스 보일러의 제조업자 또는 수입업자는 소비 효율 또는 소비 효율 등급을 라벨에 표시하여 나타내야 하는데, 이때 표시해야 하는 항목에 해당하지 않는 것은?

① 난방 출력
② 표시 난방 열효율
③ 1시간 사용 시 CO_2 배출량
④ 소비 효율 등급

해설 가스 보일러의 제조업자 또는 수입업자의 소비 효율 등급 라벨 표시 항목
㉠ 난방 출력
㉡ 표시 난방 열효율
㉢ 소비 효율 등급

정답 52 ④ 53 ② 54 ③ 55 ④ 56 ④ 57 ③

58 에너지 이용 합리화법에 따라 연료·열 및 전력의 연간 사용량의 합계가 몇 티오이 이상인 자를 "에너지 다소비 사업자"라 하는가?

① 5백   ② 1천
③ 1천 5백 ④ 2천

해설 에너지 다소비 사업자 : 연료·열 및 전력의 연간 사용량의 합계가 2천 티오이 이상인 자

59 에너지 이용 합리화법에 따라 보일러 개조 검사의 경우 검사 유효 기간으로 옳은 것은?

① 6개월   ② 1년
③ 2년   ④ 5년

해설 보일러 개조 검사 시 검사 유효 기간 : 1년

60 에너지법에서 정의하는 "에너지 사용자"의 의미로 가장 옳은 것은?

① 에너지 보급 계획을 세우는 자
② 에너지를 생산, 수입하는 사업자
③ 에너지 사용 시설의 소유자 또는 관리자
④ 에너지를 저장, 판매하는 자

해설 에너지 사용자 : 에너지 사용 시설의 소유자 또는 관리자

정답 58 ④ 59 ② 60 ③

에너지관리기능사 (2023. 1. 28 시행)

01 프라이밍의 발생 원인으로 거리가 먼 것은?
① 보일러 수위가 높을 때
② 보일러수가 농축되어 있을 때
③ 송기 시 증기 밸브를 급개할 때
④ 증발 능력에 비하여 보일러수의 표면적이 클 때

해설 (개) 프라이밍(priming) : 비수라 하며 압력의 급강하, 거품이 부풀어 올라 터지면서 수면 위로 물방울이 튀어 오르는 현상을 말한다.
(내) 프라이밍 발생 원인
  ㉠ 보일러 수위가 높을 때
  ㉡ 보일러수가 농축되어 있을 때
  ㉢ 송기 시 증기 밸브를 급개할 때
  ㉣ 증발 수면이 좁거나 증기부가 작을 때
  ㉤ 증기 부하가 과대할 때
  ㉥ 관수에 유지분, 부유물, 불순물이 많을 때
  ㉦ 청관제 사용이 부적당할 때
  ㉧ 증기 발생이 과다하거나 급격히 증기를 발생시킬 때
  ㉨ 보일러수 중에 불순물이 다량 함유된 때

02 오일 버너 종류 중 회전 컵의 회전 운동에 의한 원심력과 미립화용 1차 공기의 운동 에너지를 이용하여 연료를 분무시키는 버너는?
① 건타입 버너   ② 로터리 버너
③ 유압식 버너   ④ 기류 분무식 버너

해설 ① 건타입 버너(gun-type burner) : 소형 보일러에 사용되며, 오일에 높은 압력을 주고 작은 구멍에서 분출시켜 미세한 액체의 작은 방울을 만든 다음 이를 연소시키는 방식이다.
③ 유압식 버너(압력 분무 버너) : 액체를 노즐로부터 분출할 때의 액체의 압력, 분사 압력을 높일수록 분출된 액의 운동 에너지가 증가한다. 따라서 분사 압력이 높을수록 분무 연소가 양호해진다.
④ 기류 분무식 버너 : 중유를 2~10kg/cm² 정도의 고압 공기로 무화하는 고압 기류식 버너와 0.02~0.2kg/cm² 정도의 저압 공기로 무화하는 저압 공기식 버너가 있다. 또 공기와 중유의 혼합 형식에는 분사 구멍의 외부에서 혼합하는 외부 혼합식과 내부에서 혼합하는 내부 혼합식이 있다.

03 오일 여과기의 기능으로 거리가 먼 것은?
① 펌프를 보호한다.
② 유량계를 보호한다.
③ 연료 노즐 및 연료 조절 밸브를 보호한다.
④ 분무 효과를 높여 연소를 양호하게 하고 연소 생성물을 활성화시킨다.

해설 (개) 오일 여과기(oil strainer) : 연료유 속에 함유된 토사, 쇠의 녹, 먼지 등의 고형물을 여과하여 오일 버너의 노즐이나 오일 펌프, 오일 유량계로 들어가는 고형의 물의 끼임에 의한 트러블을 방지하기 위하여 오일 배관 계통에 사용하는 여과기이다. 구조적으로는 철망식과 층판식으로 대별한다.
(내) 오일 여과기 기능
  ㉠ 펌프를 보호한다.
  ㉡ 유량계를 보호한다.
  ㉢ 연료 노즐 및 연료 조절 밸브를 보호한다.

04 다음 중 목푯값이 변화되어 목푯값을 측정하면서 제어 목표량을 목표량에 맞도록 하는 제어에 속하지 않는 것은?
① 추종 제어
② 비율 제어
③ 정치 제어
④ 캐스케이드 제어

정답 01 ④ 02 ② 03 ④ 04 ③

[해설] 목푯값이 변화되어 목푯값을 측정하면서 제어목 표량을 목표량에 맞도록 하는 제어
㉠ 추종 제어
㉡ 비율 제어
㉢ 캐스케이드 제어

05 다음 중 슈트 블로어의 종류가 아닌 것은?

① 장발형
② 건타입형
③ 정치 회전형
④ 컴버스터형

[해설] 슈트 블로어의 종류
㉠ 장발형, ㉡ 입형, ㉢ 정치 회전형

06 노통 보일러에서 갤로웨이관(galloway tube)을 설치하는 목적으로 가장 옳은 것은?

① 스케일 부착을 방지하기 위하여
② 노통의 보강과 양호한 물 순환을 위하여
③ 노통의 진동을 방지하기 위하여
④ 연료의 완전 연소를 위하여

[해설] 노통 보일러에서 갤로웨이관(galloway tube) 을 설치하는 목적 : 노통의 보강과 양호한 물 순환을 위하여

07 건배기가스 중의 이산화탄소분 최댓값이 15.7%이다. 공기비를 1.2로 할 경우 건배기가스 중의 이산화탄소분은 몇 %인가?

① 11.21
② 12.07
③ 13.08
④ 17.58

[해설] 공기비$(m) = \dfrac{15.7\%}{CO_2\%}$

$CO_2\% = \dfrac{15.7}{1.2} = 13.08$

08 보일러 급수 펌프 중 비용적식 펌프로서 원심 펌프인 것은?

① 워싱턴 펌프
② 웨어 펌프
③ 플런저 펌프
④ 벌류트 펌프

[해설]

09 다음 자동 제어에 대한 설명에서 온-오프 (ON-OFF) 제어에 해당되는 것은?

① 제어량이 목푯값을 기준으로 열거나 닫는 2 개의 조작량을 가진다.
② 비교부의 출력이 조작량에 비례하여 변화 한다.
③ 출력 편차량의 시간 적분에 비례한 속도로 조작량을 변화시킨다.
④ 어떤 출력 편차의 시간 변화에 비례하여 조 작량을 변화시킨다.

[해설] 온-오프(ON-OFF) 제어 : 제어량이 목푯값을 기준으로 열거나 닫는 2개의 조작량을 갖는다.

10 다음 중 비열에 대한 설명으로 옳은 것은?

① 비열은 물질 종류에 관계없이 1.4로 동일 하다.
② 질량이 동일할 때 열용량이 크면 비열이 크다.

정답 05 ④ 06 ② 07 ③ 08 ④ 09 ① 10 ②

③ 공기의 비열이 물보다 크다.
④ 기체의 비열비는 항상 1보다 작다.

해설 ① 비열은 물질마다 다르다.
③ 공기(0.31)의 비열이 물(1)보다 작다.
④ 기체의 비열비는 항상 1보다 크다.

11 통풍 방식에 있어서 소요 동력이 비교적 많으나 통풍력 조절이 용이하고 노내압을 정압 및 부압으로 임의로 조절이 가능한 방식은?

① 흡입 통풍 ② 압입 통풍
③ 평형 통풍 ④ 자연 통풍

해설 ① 흡입(유인) 통풍 : 송풍기를 연도에 설치하여 배기가스를 연도로 강제로 배출하는 방식
② 압입 통풍 : 송풍기를 이용하여 연소용 공기를 연소실 앞에서 노내로 불어넣어 공급하는 방식
④ 자연 통풍 : 배기가스의 부력을 이용하여 연돌로부터 흡입 통풍을 하는 것

12 보일러 자동 연소 제어(ACC)의 조작량에 해당 하지 않는 것은?

① 연소 가스량 ② 공기량
③ 연료량 ④ 급수량

해설 보일러 자동 연소 제어(ACC)의 조작량
㉠ 연소 가스량, ㉡ 공기량, ㉢ 연료량

13 다음 도시가스의 종류를 크게 천연가스와 석유계 가스, 석탄계 가스로 구분할 때 석유계 가스에 속하지 않는 것은?

① 코르크 가스 ② LPG 변성 가스
③ 나프타 분해 가스 ④ 정제소 가스

해설 석유계 가스의 종류
㉠ LPG 변성 가스, ㉡ 나프타 분해 가스, ㉢ 정제소 가스

14 다음 중 증기의 건도를 향상시키는 방법으로 틀린 것은?

① 증기의 압력을 더욱 높여서 초고압 상태로 만든다.
② 기수 분리기를 사용한다.
③ 증기 주관에서 효율적인 드레인 처리를 한다.
④ 증기 공간 내의 공기를 제거한다.

해설 증기의 건도를 향상시키는 방법
㉠ 기수 분리기를 사용한다.
㉡ 증기 주관에서 효율적인 드레인 처리를 한다.
㉢ 증기 공간 내의 공기를 제거한다.

15 다음 중 연소 시에 매연 등의 공해 물질이 가장 적게 발생되는 연료는?

① 액화 천연가스 ② 석탄
③ 중유 ④ 경유

해설 기체 연료는 액체 연료에 비해 연소 효율이 높아 매연 등의 공해 물질이 가장 적게 발생된다.

16 다음 중 수관식 보일러에 해당되는 것은?

① 스코치 보일러
② 바브콕 보일러
③ 코크란 보일러
④ 케와니 보일러

해설 보일러의 종류

	종류	실용 예
원통 보일러	노통 보일러	코니시 보일러, 랭커셔 보일러
	입형 보일러	입형 횡관 보일러, 입형 연관식 보일러, 코크란 보일러
	연관 보일러	횡형 연관 보일러, 입형 연관 보일러, 케와니 보일러(기관차형 보일러)
	노통 연관 보일러	스코치 보일러, 노통 연관 패키지 보일러

정답 11 ③ 12 ④ 13 ① 14 ① 15 ① 16 ②

수관 보일러	자연 순환식 보일러	바브콕, 윌콕스 보일러, 타쿠마 보일러, 야로우 보일러
	강제 순환식 보일러	섹션 보일러, 라몬트 보일러, 베록스 보일러
	관류 보일러	벤슨 보일러, 슐처 보일러
	복사 보일러	방사 보일러
특수 보일러	폐열 보일러	–
	특수 연료 보일러	–
	특수 액체 보일러	다우섬 보일러
	간접 가열 보일러	슈미트 보일러
난방용 보일러	주철제 증기 보일러	–
	주철제 온수 보일러	–

17 1보일러 마력을 열량으로 환산하면 몇 kcal/h인가?

① 8,435   ② 9,435
③ 7,435   ④ 10,173

해설 ㉠ 보일러 마력 : 상당(환산) 증발량 값이 15.65kg/h 인 보일러
㉡ 증기 보일러 열출력＝상당 증발량×539kcal/kg
㉢ 1보일러 마력의 열출력＝15.65×539＝8,435kcal/h

18 보일러 열효율 향상을 위한 방안으로 잘못 설한 것은?

① 절탄기 또는 공기 예열기를 설치하여 배기가스 열을 회수한다.
② 버너 연소 부하 조건을 낮게 하거나 연속 운전을 간헐 운전으로 개선한다.
③ 급수 온도가 높으면 연료가 절감되므로 고온의 응축수는 회수한다.
④ 온도가 높은 블로 다운수를 회수하여 급수 및 온수 제조 열원으로 활용한다.

해설 보일러 열효율 향상을 위한 방안
㉠ 절탄기 또는 공기 예열기를 설치하여 배기가스 열을 회수한다.

㉡ 급수 온도가 높으면 연료가 절감되므로 고온의 응축수는 회수한다.
㉢ 온도가 높은 블로 다운수를 회수하여 급수 및 온수 제조 열원으로 활용한다.
㉣ 연료를 완전 연소시킨다.
㉤ 장치의 설계 조건과 운전 조건을 일치시킨다.
㉥ 화염의 길이 등을 점검하여 그을음 등에 의한 전열에 방해가 되지 않도록 한다.
㉦ 동 저부 등에 침전물 등이 체류되지 않도록 적절한 조치를 한다.
㉧ 급수의 수처리를 통하여 관수가 농축되지 않도록 한다.
㉨ 수관의 경우에는 연소 가스의 접촉을 유도하기 위해 핀 등을 부착한다.
㉩ 연관의 경우에는 연소 가스의 유속을 감소시키고 전열의 효과를 증대시키기 위해 방해판을 삽입한다.
㉪ 관체 외부로의 방산 및 열전도를 감소시키기 위해 보온을 철저히 한다.

19 석탄의 함유 성분에 대해서 그 성분이 많을수록 연소에 미치는 영향에 대한 설명으로 틀린 것은?

① 수분 : 착화성이 저하된다.
② 회분 : 연소 효율이 증가한다.
③ 휘발분 : 검은 매연이 발생하기 쉽다.
④ 고정 탄소 : 발열량이 증가한다.

해설 ② 회분 : 연소 효율이 감소한다.

20 시간당 100kg의 중유를 사용하는 보일러에서 총 손실 열량이 200,000kcal/h일 때 보일러의 효율은 약 얼마인가? (단, 중유의 발열량은 10,000kcal/kg임)

① 75%   ② 80%
③ 85%   ④ 90%

해설 입·출열법에 따른 보일러 효율(η)
$= \dfrac{유효 출열}{입열} \times 100 = \dfrac{(100 \times 10,000) - 200,000}{100 \times 10,000} \times 100$
$= 80\%$

정답 17 ① 18 ② 19 ② 20 ②

21 보일러 부속 장치에 관한 설명으로 틀린 것은?

① 배기가스의 여열을 이용하여 급수를 예열하는 장치를 절탄기라 한다.
② 배기가스의 열로 연소용 공기를 예열하는 것을 공기 예열기라 한다.
③ 고압 증기 터빈에서 팽창되어 압력이 저하된 증기를 재과열하는 것을 과열기라 한다.
④ 오일 프리 히터는 기름을 예열하여 점도를 낮추고, 연소를 원활히 하는 데 목적이 있다.

해설 ③ 재열기에 대한 설명이다.

22 KS에서 규정하는 보일러의 열정산은 원칙적으로 정격 부하 이상에서 정상 상태(steady state)로 적어도 몇 시간 이상의 운전 결과에 따라야 하는가?

① 1시간
② 2시간
③ 3시간
④ 5시간

해설 KS에서 규정하는 보일러의 열정산 : 정격 부하 이상에서 정상 상태로 적어도 2시간 이상의 운전 결과에 따른다.

23 전기식 증기 압력 조절기에서 증기가 벨로스 내에 직접 침입하지 않도록 설치하는 것으로 가장 적합한 것은?

① 신축 이음쇠
② 균압관
③ 사이펀관
④ 안전 밸브

해설 사이펀관의 설명이다.

24 열사용 기자재의 검사 및 검사의 면제에 관한 기준에 따라 온수 발생 보일러(액상식 열매체 보일러 포함)에서 사용하는 방출 밸브와 방출관의 설치 기준에 관한 설명으로 옳은 것은?

① 인화성 액체를 방출하는 열매체 보일러의 경우 방출 밸브 또는 방출관은 밀폐식 구조로 하든가 보일러 밖의 안전한 장소에 방출시킬 수 있는 구조이어야 한다.
② 온수 발생 보일러에는 압력이 보일러의 최고 사용 압력에 달하면 즉시 작동하는 방출 밸브 또는 안전 밸브를 2개 이상 갖추어야 한다.
③ 393K의 온도를 초과하는 온수 발생 보일러에는 안전 밸브를 설치하여야 하며, 그 크기는 호칭 지름 10mm 이상이어야 한다.
④ 액상식 열매체 보일러 및 온도 393K 이하의 온수 발생 보일러에는 방출 밸브를 설치하여야 하며, 그 지름은 10mm 이상으로 하고, 보일러의 압력이 보일러의 최고 사용 압력에 그 5%(그 값이 0.035MPa 미만인 경우에는 0.035MPa로 한다)를 더한 값을 초과하지 않도록 지름과 개수를 정하여야 한다.

해설 ② 온수 발생 보일러에는 압력이 보일러의 최고 사용 압력에 달하면 즉시 작동하는 방출 밸브 또는 안전 밸브를 1개 이상 갖추어야 한다.
③ 373K의 온도를 초과하는 온수 발생 보일러에는 안전 밸브를 설치하여야 하며, 그 크기는 호칭 지름 20mm 이상이어야 한다.
④ 액상식 열매체 보일러 및 온도 373K 이하의 온수 발생 보일러에는 방출 밸브를 설치하여야 하며, 그 지름은 20mm 이상으로 하고 보일러의 압력이 보일러의 최고 사용 압력에 그 10%(그 값이 0.035MPa 미만인 경우에는 0.035MPa로 한다)를 더한 값을 초과하지 않도록 지름과 개수를 정하여야 한다.

정답 21 ③ 22 ② 23 ③ 24 ①

25 외분식 보일러의 특징 설명으로 거리가 먼 것은?

① 연소실 개조가 용이하다.
② 노내 온도가 높다.
③ 연료의 선택 범위가 넓다.
④ 복사열의 흡수가 많다.

해설 ④ 복사열의 흡수가 적다.

26 보일러와 관련한 기초 열역학에서 사용하는 용어에 대한 설명으로 틀린 것은?

① 절대 압력 : 완전 진공 상태를 0으로 기준하여 측정한 압력
② 비체적 : 단위 체적당 질량으로 단위는 kg/m³임
③ 현열 : 물질 상태의 변화 없이 온도가 변화하는 데 필요한 열량
④ 잠열 : 온도의 변화 없이 물질 상태가 변화하는 데 필요한 열량

해설 ② 비체적 : 밀도의 역수로 단위는 m³/kg이다.

27 보일러에서 사용하는 안전 밸브 구조의 일반 사항에 대한 설명으로 틀린 것은?

① 설정 압력이 3MPa를 초과하는 증기 또는 온도가 508K를 초과하는 유체에 사용하는 안전 밸브에는 스프링이 분출하는 유체에 직접 노출되지 않도록 하여야 한다.
② 안전 밸브는 그 일부가 파손하여도 충분한 분출량을 얻을 수 있는 것이어야 한다.
③ 안전 밸브는 쉽게 조정이 가능하도록 잘 보이는 곳에 설치하고 봉인하지 않도록 한다.
④ 안전 밸브의 부착부는 배기에 의한 반동력에 대하여 충분한 강도가 있어야 한다.

해설 ③ 안전 밸브는 쉽게 조정이 가능하도록 잘 보이는 곳에 설치하고 봉인한다.

28 함진 배기가스를 액방울이나 액막에 충돌시켜 분진 입자를 포집·분리하는 집진 장치는?

① 중력식 집진 장치
② 관성력식 집진 장치
③ 원심력식 집진 장치
④ 세정식 집진 장치

해설 ① 중력식 집진 장치 : 배출 가스를 용적이 큰 침강실에 끌어들여 그 내부의 가스 유속을 0.5~1m/sec 정도로 해주면 분진이 중력 작용에 의해 침강한다는 원리를 이용하여 분진을 가스와 분리시키는 장치
② 관성력식 집진 장치 : 분진을 함유한 배출 가스를 5~10m/sec의 속도로 흐르게 하면서 장애물들을 이용하여 흐름 방향을 급격히 바꾸어 주면 분진이 갖고 있는 관성력으로 인해 분진이 직진하여 장애물에 부딪힌다. 이 원리를 이용하여 분진을 가스와 분리시키는 장치
③ 원심력식 집진 장치 : 원심력을 이용하여 분진을 함유한 가스에 중력보다 훨씬 큰 가속도를 주게 되면, 분진과 가스와의 분리 속도가 무게에 의한 침강과 비교해서 커지게 되는 원리를 이용하는 집진 장치

29 보일러 가동 중 실화(失火)가 되거나, 압력이 규정치를 초과하는 경우에 연료 공급을 자동적으로 차단하는 장치는?

① 광전관
② 화염 검출기
③ 전자 밸브
④ 체크 밸브

해설 ① 광전관(photoelectric tube) : 광전 효과를 이용하여 전기식 신호를 만드는 진공관으로 음극에서 빛에너지를 흡수하여 광전자를 방출하고 양극에서 광전자를 모아 전류를 만든다.
② 화염 검출기(flame project) : 연소실 내의 화염 상태가 불안정하거나 실화 시에 이를 검출하여 전자 밸

정답 25 ④ 26 ② 27 ③ 28 ④ 29 ③

브로 연료 공급을 차단하여 역화나 미연소 가스 축적으로 인한 폭발 사고를 사전에 방지해주는 안전 장치이다.
④ 체크 밸브(check valve) : 액체의 역류를 방지하기 위해 한쪽 방향으로만 흐르게 하는 밸브이다.

30 보일러 내처리로 사용되는 약제의 종류에서 pH, 알칼리 조정 작용을 하는 내처리제에 해당하지 않는 것은?

① 수산화나트륨 ② 히드라진
③ 인산 ④ 암모니아

해설 ㉠ 보일러수의 내처리 : 2차 처리라 하며 보일러 본체에 청관제 약품을 사용하는 방법이다.
㉡ pH, 알칼리 조정 작용 : pH 값이 낮아져 산성에 가까우면 부식을 일으킬 염려가 많으므로 조정제를 첨가하여 pH 값을 높여줌으로써 스케일 고착과 부식을 막을 수 있다. 내처리제에는 수산화나트륨, 인산, 암모니아, 탄산나트륨 등이 있다.

31 증기 난방에서 응축수의 환수 방법에 따른 분류 중 증기의 순환과 응축수의 배출이 빠르며, 방열량도 광범위하게 조절할 수 있어서 대규모 난방에서 많이 채택하는 방식은?

① 진공 환수식 증기 난방
② 복관 중력 환수식 증기 난방
③ 기계 환수식 증기 난방
④ 단관 중력 환수식 증기 난방

해설 ② 복관 중력 환수식 증기 난방 : 증기와 응축수가 각기 다른 배관에서 흐르는 것
③ 기계 환수식 증기 난방 : 중력 환수식 배관을 그대로 두고서 그 환수 주관과 수수 탱크와의 사이는 중력식으로 조작하며 수수 탱크에 모인 응축수를 보일러에 급수하는 것
④ 단관 중력 환수식 증기 난방 : 응축수와 증기가 동일 배관 내에서 역방향으로 흐르는 것

32 보일러의 휴지(休止) 보존 시에 질소 가스 봉입 보존법을 사용할 경우 질소 가스의 압력을 몇 MPa 정도로 보존하는가?

① 0.2 ② 0.6
③ 0.02 ④ 0.06

해설 보일러의 휴지 보존 : 질소 가스 봉입 보존법을 사용할 경우 질소 가스의 압력을 0.06MPa 정도로 보존한다.

33 증기, 물, 기름 배관 등에 사용되며 관 내의 이물질, 찌꺼기 등을 제거할 목적으로 사용되는 것은?

① 플로트밸브 ② 스트레이너
③ 세정 밸브 ④ 분수 밸브

해설 ① 플로트 밸브(float valve) : 밸브의 가동 부분이 부자의 역할을 하고, 그 상부의 돌출부와 밸브실의 틈새가 부자의 상하 움직임에 따라 자동적으로 가감되는 구조의 밸브이다.
③ 세정 밸브(flush valve) : 세척 밸브라고도 하며 대변기 또는 소변기 등을 세척할 때 직접 급수관의 물을 이용하는 경우에 사용하는 밸브이며, 연속 사용이 가능하고, 소형으로 장소를 작게 차지한다. 다량의 물을 일시에 흘려보내게 되면 수격 작용이 발생하기 쉬우며, 세척할 때의 소음이 크다. 일반적으로 대변기에는 핸들식을 사용하며, 소변기에는 푸시 버튼식을 사용한다.
④ 분수 밸브 : 물이 분수처럼 솟아오르게 Y형 분리기와 물을 차단하는 밸브이다.

34 보일러 저수위 사고의 원인으로 가장 거리가 먼 것은?

① 보일러 이음부에서의 누설
② 수면계 수위의 오판
③ 급수 장치가 증발 능력에 비해 과소
④ 연료 공급 노즐의 막힘

정답 30 ② 31 ① 32 ④ 33 ② 34 ④

[해설] 보일러 저수위 사고의 원인
㉠ 보일러 이음부에서의 누설
㉡ 수면계 수위의 오판
㉢ 수면계 주시 태만
㉣ 수면계 연락관의 막힘
㉤ 급수 펌프의 고장
㉥ 급수 장치가 증발 능력에 비해 과소
㉦ 분출 장치 계통에서 누수 발생

35 보일러에서 사용하는 수면계 설치 기준에 관한 설명 중 잘못된 것은?

① 유리 수면계는 보일러의 최고 사용 압력과 그에 상당하는 증기 온도에서 원활히 작용하는 기능을 가져야 한다.
② 소용량 및 소형 관류 보일러에는 2개 이상의 유리 수면계를 부착해야 한다.
③ 최고 사용 압력 1MPa 이하로서 동체 안지름이 750mm 미만인 경우에 있어서는 수면계 중 1개는 다른 종류의 수면 측정 장치로 할 수 있다.
④ 2개 이상의 원격 지시 수면계를 시설하는 경우에 한하여 유리 수면계를 1개 이상으로 할 수 있다.

[해설] ② 소용량 및 소형 관류 보일러에는 1개 이상의 유리 수면계를 부착해야 한다.

36 보일러에서 발생하는 부식 형태가 아닌 것은?

① 점식
② 수소 취화
③ 알칼리 부식
④ 라미네이션

[해설] ① 점식(pitting) : 내부 부식에 속하며 보일러수 중의 산소, 탄산 가스가 용해하면서 콩알만한 작은 구멍 형태의 부식이 군데군데 떼를 지어 발생한다.

② 수소 취화 : 고용된 수소에 의해서 재료가 취화되어 부스러지는 현상이다. 이 경우 인장 응력을 받고 있으면 응력 부식 균열로 발전한다.
③ 알칼리 부식 : 보일러수 속에 수산화나트륨 등의 유리 알칼리 농도가 너무 높아지고 pH가 너무 상승하면 증발관 등에서 수산화나트륨이 농축하여 고농도 알칼리와 고온 작용으로 강재를 부식시키는 것이다.
④ 라미네이션(lamination) : 일종의 재료의 결함으로 강괴 속에 잔류된 가스체가 강철판을 압연할 때에 압축되어 2장의 층을 형성하고 있는 흠을 말한다.

37 온수 난방을 하는 방열기의 표준 방열량은 몇 $kcal/m^2 \cdot h$인가?

① 440
② 450
③ 460
④ 470

[해설] 온수 난방을 하는 방열기의 표준 방열량 : $450 kcal/m^2 \cdot h$

38 증기 난방과 비교하여 온수 난방의 특징을 설명한 것으로 틀린 것은?

① 난방 부하의 변동에 따라서 열량 조절이 용이하다.
② 예열 시간이 짧고, 가열 후에 냉각 시간도 짧다.
③ 방열기의 화상이나, 공기 중의 먼지 등이 늘어붙어 생기는 나쁜 냄새가 적어 실내의 쾌적도가 높다.
④ 동일 발열량에 대하여 방열 면적이 커야 하고 관경도 굵어야 하기 때문에 설비비가 많이 드는 편이다.

[해설] ② 예열 시간이 길며, 가열 후에 냉각 시간도 길다.

39 배관 내에 흐르는 유체의 종류를 표시하는 기호 중 증기를 나타내는 것은?

① A
② G
③ S
④ O

해설 ① A : 공기
② G : 가스
③ S : 수증기
④ O : 유류

40 보온 시공 시 주의 사항에 대한 설명으로 틀린 것은?

① 보온재와 보온재의 틈새는 되도록 적게 한다.
② 겹침부의 이음새는 동일 선상을 피해서 부착한다.
③ 테이프 감기는 물, 먼지 등의 침입을 막기 위해 위에서 아래쪽으로 향하여 감아내리는 것이 좋다.
④ 보온의 끝 단면은 사용하는 보온재 및 보온 목적에 따라서 필요한 보호를 한다.

해설 보온 시공 시 주의 사항
㉠ 보온재와 보온재의 틈새는 되도록 적게 한다.
㉡ 겹침부의 이음새는 동일 선상을 피해서 부착한다.
㉢ 보온의 끝 단면은 사용하는 보온재 및 보온 목적에 따라서 필요한 보호를 한다.

41 부식 억제제의 구비 조건에 해당하지 않는 것은?

① 스케일의 생성을 촉진할 것
② 정지나 유동 시에도 부식 억제 효과가 클 것
③ 방식 피막이 두꺼우며 열전도에 지장이 없을 것
④ 이중 금속과의 접촉 부식 및 이중 금속에 대한 부식 촉진 작용이 없을 것

해설 ① 스케일의 생성을 방지한다.

42 로터리 밸브의 일종으로 원통 또는 원뿔에 구멍을 뚫고 축을 회전함에 따라 개폐하는 것으로 플러그 밸브라고도 하며, 0~90° 사이의 임의의 각도로 회전함으로써 유량을 조절하는 밸브는?

① 글로브 밸브
② 체크 밸브
③ 슬루스밸브
④ 콕(cock)

해설 ① 글로브 밸브(globe valve) : 스톱 밸브라고도 하며 나사에 의해 밸브를 밸브 시트에 꽉 눌러 유체의 개폐를 실행하는 밸브
② 체크 밸브(check valve) : 액체의 역류를 방지하기 위해 한쪽 방향으로만 흐르게 하는 밸브
③ 슬루스 밸브(sluice valve) : 제수 밸브의 일종으로 밸브 몸체가 흐름에 대해 직각이며 밸브 시트에 대해 상하로 미끄러지는 운동을 하여 개폐하는 밸브

43 열사용 기자재 검사 기준에 따라 수압 시험을 할 때 강철제 보일러의 최고 사용 압력이 0.43MPa 초과 1.5MPa 이하인 보일러의 수압 시험 압력은?

① 최고 사용 압력의 2배＋0.1MPa
② 최고 사용 압력의 1.5배＋0.2MPa
③ 최고 사용 압력의 1.3배＋0.3MPa
④ 최고 사용 압력의 2.5배＋0.5MPa

해설 강철제 보일러의 수압 시험 압력

최고 사용 압력	수압 시험 압력
0.43MPa 이하	최고 사용 압력의 2배 (단, 그 시험 압력이 0.2MPa 미만인 경우에는 0.2MPa로 한다)
0.43MPa 초과 1.5MPa 이하	최고 사용 압력의 1.3배＋0.3MPa
1.5MPa 초과	최고 사용 압력의 1.5배

정답 39 ③ 40 ③ 41 ① 42 ④ 43 ③

44 방열기의 종류 중 관과 핀으로 이루어지는 엘리먼트와 이것을 보호하기 위한 덮개로 이루어지며 실내 벽면 아랫부분의 나비 나무 부분을 따라서 부착하여 방열하는 형식의 것은?

① 컨벡터
② 패널 라디에이터
③ 섹셔널 라디에이터
④ 베이스 보드 히터

해설 ① 컨벡터(convector) : 대류의 작용을 응용한 난방으로, 표면은 공기 또는 액체의 운동을 통해 열을 밖으로 발산하도록 설계한 것이다.
② 패널 라디에이터(panel radiator) : 방열면의 위치에 따라서 바닥 난방, 벽 난방, 천장 난방 등으로 분류된다. 보통의 증기 난방 또는 온수 난방이 실내의 공기를 방열기에 의한 대류로 난방을 한다.
③ 섹셔널 라디에이터 : 증기용, 온수용이 있다.

45 신축 곡관이라고도 하며 고온, 고압용 증기관 등의 옥외 배관에 많이 쓰이는 신축 이음은?

① 벨로스형　　② 슬리브형
③ 스위블형　　④ 루프형

해설 ① 벨로스형 : 배관의 축방향 변위를 흡수할 수는 신축 이음(expansion joint)으로, 물결 형상으로 가압한 관(벨로스)이 신축한다.
② 슬리브형 : 이음 본체 속에 미끄러질 수 있는 슬리브 파이프를 넣고 석면을 흑연으로 처리한 패킹제를 끼워 설치한 신축 이음이다.
③ 스위블형 : 배관을 상온과 유체가 흐르는 온도 간에 온도 차가 있는 경우 팽창 또는 수축되므로 이를 해결하기 위하여 플렉시블 튜브와 같은 신축 이음을 한다.

46 표준 방열량을 가진 증기 방열기가 설치된 실내의 난방 부하가 20,000kcal/h일 때 방열 면적은 몇 m²인가?

① 30.8　　② 36.4
③ 44.4　　④ 57.1

해설 상당 방열 면적(EDR)
$$S = \frac{H_r}{Q_0}$$
여기서, S : 소요 상당 방열 면적(m²)
　　　　H_r : 그 실에 필요한 전 발열량, 즉 실의 난방 부하(kcal/h)
　　　　Q_0 : 방열기의 방열량(kcal/m²·h) (단, 온수 방열기의 표준 방열량=450kcal/h·m², 증기 방열기의 표준 방열량=650kcal/h·m²)

$$\therefore \frac{20,000\text{kcal/h}}{650\text{kcal/h} \cdot \text{m}^2} \fallingdotseq 30.8\text{m}^2$$

47 보일러 배관 중에 신축 이음을 하는 목적으로 가장 적합한 것은?

① 증기 속의 이물질을 제거하기 위하여
② 열팽창에 의한 관의 파열을 막기 위하여
③ 보일러수의 누수를 막기 위하여
④ 증기 속의 수분을 분리하기 위하여

해설 보일러 배관 중에 신축 이음을 하는 목적 : 열팽창에 의한 관의 파열을 막기 위하여

48 가동 중인 보일러의 취급 시 주의 사항으로 틀린 것은?

① 보일러수가 항시 일정 수위(상용 수위)가 되도록 한다.
② 보일러 부하에 응해서 연소율을 가감한다.
③ 연소량을 증가시킬 경우에는 먼저 연료량을 증가시키고 난 후 통풍량을 증가시켜야 한다.
④ 보일러수의 농축을 방지하기 위해 주기적으로 블로 다운을 실시한다.

해설 ③ 연소량을 증가시킬 경우에는 먼저 통풍량을 증가시키고 난 후 연료량을 증가시켜야 한다.

정답　44 ④　45 ④　46 ①　47 ②　48 ③

49 증기 보일러에는 원칙적으로 2개 이상의 안전 밸브를 부착해야 하는데, 전열 면적이 몇 m^2 이하이면 안전 밸브를 1개 이상 부착해도 되는가?

① 50
② 30
③ 80
④ 100

해설 증기 보일러의 설명이다.

50 배관의 나사 이음과 비교한 용접 이음의 특징으로 잘못 설명된 것은?

① 나사 이음부와 같이 관의 두께에 불균일한 부분이 없다.
② 돌기부가 없어 배관상의 공간 효율이 좋다.
③ 이음부의 강도가 작고, 누수의 우려가 크다.
④ 변형과 수축, 잔류 응력이 발생할 수 있다.

해설 ③ 이음부의 강도가 크고, 누수의 우려가 없다.

51 온수 순환 방법에서 순환이 빠르고 균일하게 급탕할 수 있는 방법은?

① 단관 중력 순환식 배관법
② 복관 중력 순환식 배관법
③ 건식 순환식 배관법
④ 강제 순환식 배관법

해설 온수 순환 방법
㉠ 단관 중력 순환식 배관법 : 온수 주관을 하향 기울기로 하여 공기가 모두 팽창 탱크로 빠지도록 한 것
㉡ 복관 중력 순환식 배관법 : 상향 공급식이란, 온수 공급관은 상향 기울기, 복귀관은 하향 기울기로 한 것. 하향 공급식은 공급관, 복귀관 모두 하향 기울기로 한 것
㉢ 강제 순환식 배관법 : 온수 순환 방법에서 순환이 빠르고 균일하게 급탕할 수 있는 방법

52 연료(중유) 배관에서 연료 저장 탱크와 버너 사이에 설치되지 않는 것은?

① 오일 펌프
② 여과기
③ 중유 가열기
④ 축열기

해설 연료(중유) 배관의 설치 순서 : 연료 저장 탱크 → 여과기 → 연료 펌프(오일 펌프) → 서비스 탱크 → 오일 프리 히터(중유 가열기) → 버너

53 보일러 점화 조작 시 주의 사항에 대한 설명으로 틀린 것은?

① 연소실의 온도가 높으면 연료의 확산이 불량해져서 착화가 잘 안 된다.
② 연료 가스의 유출 속도가 너무 빠르면 실화 등이 일어나고, 너무 늦으면 역화가 발생한다.
③ 연료의 유압이 낮으면 점화 및 분사가 불량하고 높으면 그을음이 축적된다.
④ 프리퍼지 시간이 너무 길면 연소실의 냉각을 초래하고 너무 늦으면 역화를 일으킬 수 있다.

해설 ① 연소실의 온도가 높으면 연료의 확산이 양호해져서 착화가 잘된다.

54 보일러 가동 시 맥동 연소가 발생하지 않도록 하는 방법으로 틀린 것은?

① 연료 속에 함유된 수분이나 공기를 제거한다.
② 2차 연소를 촉진시킨다.
③ 무리한 연소를 하지 않는다.
④ 연소량의 급격한 변동을 피한다.

해설 맥동(진동) 연소의 발생 방지법
㉠ 연료 속에 함유된 수분이나 공기를 제거한다.
㉡ 연소실이나 연도에 가스 포켓부가 만들어지지 않게 한다.
㉢ 무리한 연소를 하지 않는다.
㉣ 연소량의 급격한 변동을 피한다.

정답 49 ① 50 ③ 51 ④ 52 ④ 53 ① 54 ②

55 에너지 이용 합리화법에서 정한 국가 에너지 절약 추진 위원회의 위원장은 누구인가?

① 산업통상자원부장관
② 지방자치단체의 장
③ 국무총리
④ 대통령

해설 국가 에너지 절약 추진 위원회의 위원장 : 산업통상자원부 장관

56 신·재생 에너지 설비 중 태양의 열에너지를 변환시켜 전기를 생산하거나 에너지원으로 이용하는 설비로 맞는 것은?

① 태양열 설비
② 태양광 설비
③ 바이오 에너지 설비
④ 풍력 설비

해설 ② 태양광 설비 : 태양의 빛에너지를 변환시켜 전기를 생산하거나 채광에 이용하는 설비
③ 바이오 에너지 설비 : 신에너지 및 재생 에너지 개발·이용·보급 촉진법 시행령 별표 Ⅰ의 바이오 에너지를 생산하거나 이를 에너지원으로 이용하는 설비
④ 풍력 설비 : 바람의 에너지를 변환시켜 전기를 생산하는 설비

57 에너지 이용 합리화법에 따라 에너지 사용 계획을 수립하여 산업통상자원부 장관에게 제출하여야 하는 민간 사업 주관자의 시설 규모로 맞는 것은?

① 연간 2,500티오이 이상의 연료 및 열을 사용하는 시설
② 연간 5,000티오이 이상의 연료 및 열을 사용하는 시설
③ 연간 1천만 킬로와트 이상의 전력을 사용하는 시설
④ 연간 500만 킬로와트 이상의 전력을 사용하는 시설

해설 에너지 사용 계획을 수립하여 산업통상자원부 장관에게 제출하여야 하는 민간 사업 주관자의 시설 규모 : 연간 5,000티오이 이상의 연료 및 열을 사용하는 시설

58 에너지 이용 합리화법에 따라 산업통상자원부령으로 정하는 광고 매체를 이용하여 효율 관리 기자재의 광고를 하는 경우에는 그 광고 내용에 에너지 소비 효율, 에너지 소비 효율 등급을 포함시켜야 할 의무가 있는 자가 아닌 것은?

① 효율 관리 기자재 제조업자
② 효율 관리 기자재 광고업자
③ 효율 관리 기자재 수입업자
④ 효율 관리 기자재 판매업자

해설 에너지 소비 효율, 에너지 소비 효율 등급을 포함시켜야 할 의무가 있는 자
㉠ 효율 관리 기자재 제조업자
㉡ 효율 관리 기자재 수입업자
㉢ 효율 관리 기자재 판매업자

59 에너지 이용 합리화법상 효율 관리 기자재에 해당하지 않는 것은?

① 전기 냉장고
② 전기 냉방기
③ 자동차
④ 범용 선반

해설 효율 관리 기자재
㉠ 전기 냉장고
㉡ 전기 냉방기
㉢ 전기 세탁기
㉣ 조명 기기
㉤ 삼상 유도 전동기
㉥ 자동차
㉦ 그 밖에 산업통상자원부 장관이 그 효율의 향상이 특히 필요하다고 인정하여 고시하는 기자재 및 설비

정답 55 ① 56 ① 57 ② 58 ② 59 ④

60 효율 관리 기자재 운용 규정에 따라 가정용 가스 보일러에서 시험 성적서 기재 항목에 포함되지 않는 것은?

① 난방 열효율
② 가스 소비량
③ 부하 손실
④ 대기 전력

해설 가정용 가스 보일러 시험 성적서 기재 항목
㉠ 난방 열효율
㉡ 가스 소비량
㉢ 대기 전력

정답 60 ③

에너지관리기능사 (2023. 4. 8 시행)

01 유류 보일러의 자동 장치 점화 방법의 순서로 맞는 것은?

① 송풍기 기동 → 연료 펌프 기동 → 프리퍼지 → 점화용 버너 착화 → 주버너 착화
② 송풍기 기동 → 프리퍼지 → 점화용 버너 착화 → 연료 펌프 기동 → 주버너 착화
③ 연료 펌프 기동 → 점화용 버너 착화 → 프리퍼지 → 주버너 착화 → 송풍기 기동
④ 연료 펌프 기동 → 주버너 착화 → 점화용 버너 착화 → 프리퍼지 → 송풍기 기동

해설 유류 보일러의 자동 장치 점화 방법 순서
송풍기 기동 → 연료 펌프 기동 → 프리퍼지 → 점화용 버너 착화 → 주버너 착화

02 엔탈피가 25kcal/kg인 급수를 받아 1시간당 20,000kg의 증기를 발생하는 경우 이 보일러의 매시 환산 증발량은 몇 kg/h인가? (단, 발생 증기 엔탈피는 725kcal/kg임)

① 3,246   ② 6,493
③ 12,987   ④ 25,974

해설 환산 증발량 $G_e(\text{kg/h}) = \dfrac{G_a(h_2 - h_1)}{539}$

$= \dfrac{20,000(725 - 25)}{539}$

$= 25,974\text{kg/h}$

03 보일러의 기수 분리기를 가장 옳게 설명한 것은?

① 보일러에서 발생한 증기 중에 포함되어 있는 수분을 제거하는 장치
② 증기 사용처에서 증기 사용 후 물과 증기를 분리하는 장치
③ 보일러에 투입되는 연소용 공기 중의 수분을 제거하는 장치
④ 보일러 급수 중에 포함되어 있는 공기를 제거하는 장치

해설 기수 분리기(steam seperater) : 보일러에서 발생한 증기 중에 포함되어 있는 수분을 제거하는 장치

04 다음 중 보일러 스테이(stay)의 종류에 해당되지 않는 것은?

① 거싯(gusset) 스테이
② 바(bar) 스테이
③ 튜브(tube) 스테이
④ 너트(nut) 스테이

해설 (개) 스테이(stay) : 버팀 또는 지지라 하며 강도가 부족한 부분에 부착하여 강도를 보강하고 변형이나 파손을 방지한다.
(내) 스테이의 종류
  ㉠ 거싯(gusset) 스테이
  ㉡ 바(bar) 스테이
  ㉢ 튜브(tube) 스테이
  ㉣ 도그(dog) 스테이
  ㉤ 볼트(bolt) 스테이
  ㉥ 경사(oblique) 스테이
  ㉦ 거더(girder) 스테이

05 보일러에 부착하는 압력계의 취급상 주의 사항으로 틀린 것은?

① 온도가 353K 이상 올라가지 않도록 한다.
② 압력계는 고장이 날 때까지 계속 사용하는 것이 아니라 일정 사용 시간을 정하고 정기적으로 교체하여야 한다.

정답 01 ① 02 ④ 03 ① 04 ④ 05 ④

③ 압력계 사이펀관의 수직부에 콕을 설치하고 콕의 핸들이 축 방향과 일치할 때에 열린 것이어야 한다.
④ 부르동관 내에 직접 증기가 들어가면 고장이 나기 쉬우므로 사이펀관에 물이 가득 차지 않도록 한다.

해설 ④ 부르동관 내에 직접 증기가 들어가면 고장나기 쉬우므로 사이펀관에 물이 가득 차게 한다.

06 증기 중에 수분이 많을 경우의 설명으로 잘못된 것은?

① 건조도가 저하한다.
② 증기의 손실이 많아진다.
③ 증기 엔탈피가 증가한다.
④ 수격 작용이 발생할 수 있다.

해설 ③ 증기 엔탈피가 감소한다.

07 다음 중 고체 연료의 연소 방식에 속하지 않는 것은?

① 화격자 연소 방식
② 확산 연소 방식
③ 미분탄 연소 방식
④ 유동층 연소 방식

해설 연료의 연소 방식
(가) 고체 연료의 연소 방식
  ㉠ 화격자 연소 방식
  ㉡ 미분탄 연소 방식
  ㉢ 유동층 연소 방식
(나) 미분탄 연료의 연소 방식
  ㉠ U형 연소
  ㉡ L형 연소
  ㉢ 코너탭 연소
  ㉣ 슬래그탭 연소
(다) 액체 연료의 연소 방식
  ㉠ 무화 연소 방식
  ㉡ 기화 연소 방식

08 보일러 열정산 시 증기의 건도는 몇 % 이상에서 시험함을 원칙으로 하는가?

① 96
② 97
③ 98
④ 99

해설 보일러 열정산 시 증기의 건도는 98% 이상에서 시험함을 원칙으로 한다.

09 어떤 물질의 단위 질량(1kg)에서 온도를 1℃ 높이는 데 소요되는 열량을 무엇이라고 하는가?

① 열용량
② 비열
③ 잠열
④ 엔탈피

해설 ① 열용량(heat capacity) : 어떤 물체의 온도를 1℃ 높이는 데 필요한 열량
② 비열(specific heat) : 어떤 물질의 단위 질량(kg)에서 온도를 1℃ 높이는 데 소요되는 열량
③ 잠열(latent heat) : 기화열이라 하며 물체의 온도 변화는 일으키지 않고 상변화만을 일으키는 데 필요한 열량
④ 엔탈피(entalphy) : 전열량이라 하며 물체가 갖는 단위 중량당 열량이며, 내부 에너지와 외부 에너지의 합

10 액체 연료의 일반적인 특징에 관한 설명으로 틀린 것은?

① 유황분이 없어서 기기 부식의 염려가 거의 없다.
② 고체 연료에 비해서 단위 중량당 발열량이 높다.
③ 연소 효율이 높고 연소 조절이 용이하다.
④ 수송과 저장 및 취급이 용이하다

해설 ① 유황분이 있어서 기기 부식의 염려가 있다.

정답 06 ③ 07 ② 08 ③ 09 ② 10 ①

11 난방 및 온수 사용 열량이 400,000kcal/h인 건물에, 효율 80%인 보일러로 저위 발열량 10,000kcal/Nm³인 기체 연료를 연소키는 경우, 시간당 소요 연료량은 약 몇 Nm³/h인가?

① 45   ② 60
③ 56   ④ 50

해설   시간당 소요 연료량(Nm³/h)
$= \dfrac{\text{난방 및 온수 사용 열량}}{\text{저위 발열량} \times \text{효율}}$
$= \dfrac{400{,}000\text{kcal/h}}{10{,}000\text{kcal/Nm}^3 \times 0.8}$
$= 50\text{Nm}^3/\text{h}$

12 다음 중 수면계의 기능 시험을 실시해야 할 시기로 옳지 않은 것은?

① 보일러를 가동하기 전
② 2개의 수면계의 수위가 동일할 때
③ 수면계 유리의 교체 또는 보수를 행하였을 때
④ 프라이밍, 포밍 등이 생길 때

해설   수면계의 기능 시험을 실시하는 시기
㉠ 보일러를 가동하기 전
㉡ 2개의 수면계 수위가 서로 다르게 나타날 때
㉢ 수면계 유리의 교체 또는 보수를 행하였을 때
㉣ 프라이밍, 포밍 등이 생길 때
㉤ 수면계 수위에 의심이 갈 때
㉥ 수면계 수위가 둔할 때
㉦ 보일러 가동 후 압력이 오르기 시작할 때

13 공기 예열기에서 전열 방법에 따른 분류에 속하지 않는 것은?

① 전도식   ② 재생식
③ 히트 파이프식   ④ 열팽창식

해설   전열 방법에 따른 공기 예열기의 분류
㉠ 전도식, ㉡ 재생식, ㉢ 히트 파이프식

14 보일러 자동 제어에서 급수 제어의 약호는?

① ABC   ② FWC
③ STC   ④ ACC

해설   보일러 자동 제어(ABC ; Automatic Boiler Control)
㉠ 증기 온도 제어(STC ; Steam Tenperature Control)
㉡ 급수 제어 (FWC ; Feed Water Control)
㉢ 연소 제어(ACC ; Automatic Combustion Control)

15 슈트 블로어에 관한 설명으로 잘못된 것은?

① 전열면 외측의 그을음 등을 제거하는 장치이다.
② 분출기 내의 응축수를 배출시킨 후 사용한다.
③ 블로 시에는 댐퍼를 열고 흡입 통풍을 증가시킨다.
④ 부하가 50% 이하인 경우에만 블로한다.

해설   슈트 블로어(soot blower) 장치 : 그을음 제거기라 하며 보일러 전열면 외부나 수관 주위에 부착되어 있는 그을음이나 재를 불어 제거시키는 것으로 부하가 50% 이하인 경우에는 블로를 하지 않는다.

16 외분식 보일러의 특징 설명으로 잘못된 것은?

① 연소실의 크기나 형상을 자유롭게 할 수 있다.
② 연소율이 좋다.
③ 사용 연료의 선택이 자유롭다.
④ 방사 손실이 거의 없다.

해설   ④ 방사 손실이 있다.

17 보일러 마력(boiler horsepower)에 대한 정의로 가장 옳은 것은?

정답   11 ④ 12 ② 13 ④ 14 ② 15 ④ 16 ④ 17 ②

① 0℃ 물 15.65kg을 1시간에 증기로 만들 수 있는 능력
② 100℃ 물 15.65kg을 1시간에 증기로 만들 수 있는 능력
③ 0℃ 물 15.65kg을 10분에 증기로 만들 수 있는 능력
④ 100℃ 물 15.65kg을 10분에 증기로 만들 수 있는 능력

해설 보일러 마력(boiler horsepower)의 정의
㉠ 100℃ 물 15.65kg을 1시간에 증기로 만들 수 있는 능력
㉡ $4.9kgf/cm^2 \cdot atg$(게이지 압력)하에서 급수 온도 37.8℃에서 시간당 증발량이 13.6kg의 능력을 갖는 보일러
㉢ 상당(환산) 증발량 값이 15.65kg/h인 보일러

18 원통형 보일러와 비교할 때 수관식 보일러의 특징 설명으로 틀린 것은?

① 수관의 관경이 작아 고압에 잘 견딘다.
② 보유수가 적어서 부하 변동 시 압력 변화가 작다.
③ 보일러수의 순환이 빠르고 효율이 높다.
④ 구조가 복잡하여 청소가 곤란하다.

해설 ② 보유수가 적어서 부하 변동 시 압력 변화가 크다.

19 다음 보기에서 그 연결이 잘못된 것은?

㉮ 관성력 집진 장치 – 충돌식, 반전식
㉯ 전기식 집진 장치 – 코트렐 집진 장치
㉰ 저유수식 집진 장치 – 로터리 스크러버식
㉱ 가압수식 집진 장치 – 임펄스 스크러버식

① ㉮   ② ㉯
③ ㉰   ④ ㉱

해설 ④ 가압수식 집진 장치 – 벤투리 스크러버식

20 보일러의 안전 장치와 거리가 가장 먼 것은?

① 과열기   ② 안전 밸브
③ 저수위 경보기   ④ 방폭문

해설 (가) 보일러의 안전 장치
㉠ 안전 밸브   ㉡ 고·저수위 경보기
㉢ 방폭문   ㉣ 전자 밸브
㉤ 압력 제한기   ㉥ 화염 검출기
㉦ 가용 마개
(나) 열교환(폐열 회수) 장치
㉠ 과열기   ㉡ 재열기
㉢ 절탄기   ㉣ 공기 예열기
㉤ 열교환기

21 다음 보일러 중 특수 열매체 보일러에 해당되는 것은?

① 타쿠마 보일러   ② 카네크롤 보일러
③ 슐처 보일러   ④ 하우덴 존슨 보일러

해설 보일러의 분류

종류		실용 예
원통 보일러	노통 보일러	코니시 보일러, 랭커셔 보일러
	입형 보일러	입형 횡관 보일러, 입형 연관식 보일러, 코크란 보일러
	연관 보일러	횡형 연관 보일러, 입형 연관 보일러, 케와니 보일러(기관차형 보일러)
	노통 연관 보일러	스코치 보일러, 노통 연관 패키지 보일러, 하우덴 존슨 보일러
수관 보일러	자연 순환식 보일러	바브콕 보일러, 윌콕스 보일러, 타쿠마 보일러, 야로우 보일러
	강제 순환식 보일러	섹션 보일러, 라몬트 보일러, 베록스 보일러
	관류 보일러	벤슨 보일러, 슐처 보일러
	복사 보일러	방사 보일러

정답 18 ② 19 ④ 20 ① 21 ②

	종류	실용 예
특수 보일러	주철제 섹셔널 보일러	주철제 증기 보일러, 주철제 온수 보일러
	특수 열매체(액체) 보일러	수은 보일러, 다우섬 보일러, 세큐리티 보일러(열매체의 종류 : 수은, 다우섬, 카네크롤, 모빌섬)
	폐열 보일러	하이네 보일러, 리 보일러
	간접 가열식 (2중 증발) 보일러	슈미트 보일러, 뢰플러 보일러
	특수 연료 보일러	특수 연료의 종류 : 버케이스, 바크, 흑액, 소다회수
	전기 보일러	–
난방용 보일러	주철제 증기 보일러	–
	주철제 온수 보일러	–

22 다음 각각의 자동 제어에 관한 설명 중 맞는 것은?

① 목푯값이 일정한 자동 제어를 추치 제어라고 한다.
② 어느 한쪽의 조건이 구비되지 않으면 다른 제어를 정지시키는 것은 피드백 제어이다.
③ 결과가 원인으로 되어 제어 단계를 진행하는 것을 인터록 제어라고 한다.
④ 미리 정해진 순서에 따라 제어의 각 단계를 차례로 진행하는 제어는 시퀀스 제어이다.

해설 ① 추치 제어 : 목푯값이 변화되는 자동 제어
② 피드백 제어 : 폐회로를 형성하여 제어량의 크기와 목푯값의 비교를 피드백 신호에 의해 행하는 자동 제어
③ 인터록(interlock) 제어 : 제어 결과에 따라 현재 진행 중인 제어 동작을 다음 단계로 옮겨가지 못하도록 차단하는 제어

23 보일러 자동 제어에서 신호 전달 방식 종류에 해당되지 않는 것은?

① 팽창식
② 유압식
③ 전기식
④ 공기압식

해설 보일러 자동 제어의 신호 전달 방식 종류
㉠ 공기압식 : 출력 신호에 공기압을 이용해서 신호를 보내는 것
㉡ 유압식 : 출력 신호에 유압을 이용해서 신호를 보내는 것
㉢ 전기식 : 출력 신호에 전기적인 힘을 이용해서 신호를 보내는 것

24 연료의 연소 시 과잉 공기 계수(공기비)를 구하는 올바른 식은?

① $\dfrac{연소\ 가스량}{이론\ 공기량}$
② $\dfrac{실제\ 공기량}{이론\ 공기량}$
③ $\dfrac{배기가스량}{사용\ 공기량}$
④ $\dfrac{사용\ 공기량}{배기가스량}$

해설 과잉 공기 계수(공기비, m) : 실제 공기량(A)과 이론 공기량(A_0)과의 비이다.

공기비(m) = $\dfrac{실제\ 공기량(A)}{이론\ 공기량(A_0)}$

25 보일러 저수위 경보 장치 종류에 속하지 않는 것은?

① 플로트식
② 전극식
③ 열팽창관식
④ 압력 제어식

해설 보일러 저수위 경보 장치 종류
㉠ 플로트식
㉡ 전극식
㉢ 열팽창관식

정답 22 ④ 23 ① 24 ② 25 ④

26 보일러에서 카본이 생성되는 원인으로 거리가 먼 것은?

① 유류의 분무 상태 또는 공기와의 혼합이 불량할 때
② 버너 타일공의 각도가 버너의 화염 각도보다 작은 경우
③ 노통 보일러와 같이 가느다란 노통을 연소실로 하는 것에서 화염 각도가 현저하게 작은 버너를 설치하고 있는 경우
④ 직립 보일러와 같이 연소실의 길이가 짧은 노에다가 화염의 길이가 매우 긴 버너를 설치하고 있는 경우

해설 ③ 노통 보일러와 같이 가느다란 노통을 연소실로 하는 것에서 화염 각도가 현저하게 큰 버너를 설치하고 있는 경우

27 고체 연료에서 탄화가 많이 될수록 나타나는 현상으로 옳은 것은?

① 고정 탄소가 감소하고, 휘발분은 증가되어 연료비는 감소한다.
② 고정 탄소가 증가하고, 휘발분은 감소되어 연료비는 감소한다.
③ 고정 탄소가 감소하고, 휘발분은 증가되어 연료비는 증가한다.
④ 고정 탄소가 증가하고, 휘발분은 감소되어 연료비는 증가한다.

해설 고체 연료에서 탄화가 많이 될 수록 나타나는 현상 : 고정 탄소가 증가하고, 휘발분은 감소되어 연료비는 증가한다.

28 다음 중 여과식 집진 장치의 분류가 아닌 것은?

① 유수식   ② 원통식
③ 평판식   ④ 역기류 분사식

해설 여과식 집진 장치의 분류
㉠ 원통식, ㉡ 평판식, ㉢ 역기류 분사식

29 절대 온도 380K를 섭씨 온도로 환산하면 약 몇 ℃인가?

① 107   ② 380
③ 653   ④ 926

해설 ℃ = 380K − 273 = 107℃

30 파이프 또는 이음쇠의 나사 이음 분해 조립 시 파이프 등을 회전시키는 데 사용되는 공구는?

① 파이프 리머   ② 파이프 익스팬더
③ 파이프 렌치   ④ 파이프 커터

해설 ① 파이프 리머(pipe reamer) : 파이프 커터로 관을 절단할 때 안으로 거스러미(burr)를 능률적으로 제거하는 데 사용하는 공구이다.
② 파이프 익스팬더(pipe expander) : 동관의 관 끝 확산용 공구이다.
④ 파이프 커터(pipe cutter) : 관을 절단하는 공구로 1개의 날에 2개의 롤러로 된 것과 날만 3개인 것이 있다.

31 보일러의 자동 연료 차단 장치가 작동하는 경우가 아닌 것은?

① 최고 사용 압력이 0.1MPa 미만인 주철제 온수 보일러의 경우 온수 온도가 105℃인 경우
② 최고 사용 압력이 0.1MPa를 초과하는 증기 보일러에서 보일러의 저수위 안전 장치가 동작할 때
③ 관류 보일러에 공급하는 급수량이 부족한 경우

정답 26 ③ 27 ④ 28 ① 29 ① 30 ③ 31 ①

④ 증기 압력이 설정 압력보다 높은 경우

해설 ① 최고 사용 압력이 0.1MPa(수압의 경우 10m)를 초과하는 주철제 온수 보일러에는 온수 온도가 388K를 초과할 경우

32 스케일의 종류 중 보일러 급수 중의 칼슘 성분과 결합하여 규산칼슘을 생성하기도 하며, 이 성분이 많은 스케일은 대단히 경질이기 때문에 기계적, 화학적으로 제거하기 힘든 스케일 성분은?

① 실리카
② 황산마그네슘
③ 염화마그네슘
④ 유지

해설 실리카의 설명이다.

33 다음 열역학과 관계된 용어 중 그 단위가 다른 것은?

① 열전달 계수
② 열전도율
③ 열관류율
④ 열통과율

해설 ㉠ 열전달 계수, 열관류율, 열통과율 : kcal/h·m²·℃
㉡ 열전도율 : kcal/h·m·℃

34 증기 트랩의 설치 시 주의 사항에 관한 설명으로 틀린 것은?

① 응축수 배출점이 여러 개가 있을 경우 응축수 배출점을 묶어서 그룹 트랩핑을 하는 것이 좋다.
② 증기가 트랩에 유입되면 즉시 배출시켜 운전에 영향을 미치지 않도록 하는 것이 필요하다.
③ 트랩에서의 배출관은 응축수 회수 주관의 상부에 연결하는 것이 필수적으로 요구되며, 특히 회수 주관이 고가 배관으로 되어 있을 때에는 더욱 주의하여 연결하여야 한다.
④ 증기 트랩에서 배출되는 응축수를 회수하여 재활용하는 경우에 응축수 회수관 내에는 원하지 않는 배압이 형성되어 증기 트랩의 용량에 영향을 미칠 수 있다.

해설 ① 응축수 배출점이 여러 개 있을 경우 응축수 배출점 중 제일 낮은 점을 기준으로 일시에 배출한다.

35 회전 이음, 지블 이음 등으로 불리며, 증기 및 온수 난방 배관용으로 사용하고 현장에서 2개 이상의 엘보를 조립해서 설치하는 신축 이음은?

① 벨로스형 신축 이음
② 루프형 신축 이음
③ 스위블형 신축 이음
④ 슬리브형 신축 이음

해설 ① 벨로스형 신축 이음(bellows expansion joint) : 기기의 일부에 유연성, 밀봉성 등을 필요로 할 때 사용하는 신축 이음
② 루프형 신축 이음 : 온도 변화에 따른 팽창이나 수축을 할 수 있는 관 이음
④ 슬리브형 신축 이음(sleeve expansion joint) : 이음 본체 속에 미끄러질 수 있는 슬리브 파이프를 넣고 석면을 흑연으로 처리한 패킹재를 끼워 설치한 신축 이음

36 그림과 같이 개방된 표면에서 구멍 형태로 깊게 침식하는 부식을 무엇이라고 하는가?

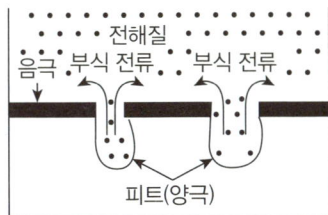

① 국부 부식
② 그루빙(grooving)
③ 저온 부식
④ 점식(pitting)

해설 ① 국부 부식(local corrosion) : 부식이 금속 표면의 일부에 집중적으로 발생되는 부식
② 그루빙(grooving) : 단면이 V형 또는 U형으로 어느 범위 길이의 도랑 모양으로 발생하는 부식
③ 저온 부식 : 연료 중의 유황(S)이 연소해서 아황산가스(SO_2)가 되고, 그 일부는 산화해서 무수황산(SO_3)이 되며, 이것이 가스 중의 수분(H_2O)과 화합하여 황산(H_2SO_4)이 되고 보일러의 저온 전열면에 융착하여서 그 부분을 부식시키는 것

37 증기 난방과 비교하여 온수 난방의 특징에 대한 설명으로 틀린 것은?

① 물의 현열을 이용하여 난방하는 방식이다.
② 예열에 시간이 걸리지만 쉽게 냉각되지 않는다.
③ 동일 방열량에 대하여 방열 면적이 크고 관경도 굵어야 한다.
④ 실내 쾌감도가 증기 난방에 비해 낮다.

해설 ④ 실내 쾌감도가 증기 난방에 비해 높다.

38 파이프 커터로 관을 절단하면 안으로 거스러미(burr)가 생기는데 이것을 능률적으로 제거하기 위해 사용되는 공구는?

① 다이 스토크
② 사각줄
③ 파이프 리머
④ 체인 파이프 렌치

해설 ③ 파이프 리머(pipe reamer)의 설명이다.

39 진공 환수식 증기 난방 배관 시공에 관한 설명 중 맞지 않는 것은?

① 증기 주관은 흐름 방향에 1/200~1/300의 앞내림 기울기로 하고 도중에 수직 상향부가 필요할 때 트랩 장치를 한다.
② 방열기 분기관 등에서 앞단에 트랩 장치가 없을 때는 1/50~1/100의 앞올림 기울기로 하여 응축수를 주관에 역류시킨다.
③ 환수관에 수직 상향부가 필요할 때는 리프트 피팅을 써서 응축수가 위쪽으로 배출하게 한다.
④ 리프트 피팅은 될 수 있으면 사용 개소를 많게 하고 1단을 2.5m 이내로 한다.

해설 ④ 리프트 피팅 이음 방법은 환수 주관보다 높은 곳에 진공 펌프가 있을 때와 방열기보다 높은 곳에 환수 주관을 배관하는 경우 적용되는 이음 방법이며, 1단 흡상 높이는 1.5m 이내이다.

정답   36 ④   37 ④   38 ③   39 ④

40 액상 열매체 보일러 시스템에서 열매체유의 액팽창을 흡수하기 위한 팽창 탱크의 최소 체적(V_T)을 구하는 식으로 옳은 것은? (단, V_E는 승온 시 시스템 내의 열매체유 팽창량, V_M은 상온 시 탱크 내의 열매체유 보유량임)

① $V_T = V_E + V_M$ ② $V_T = V_E + 2V_M$
③ $V_T = 2V_E + V_M$ ④ $V_T = 2V_E + 2V_M$

해설 액상 열매체 보일러 시스템에서 팽창 탱크의 최소 체적
$V_T = 2V_E + V_M$
여기서, V_T : 팽창 탱크의 최소 체적
V_E : 승온 시 시스템 내의 열매체유 팽창량
V_M : 상온 시 탱크 내의 열매체유 보유량

41 압축기 진동과 서징, 관의 수격 작용, 지진 등에서 발생하는 진동을 억제하는 데 사용되는 지지 장치는?

① 벤드벤 ② 플랩 밸브
③ 그랜드 패킹 ④ 브레이스

해설 ④ 브레이스의 설명이다.

42 점화 장치로 이용되는 파일럿 버너는 화염을 안정시키기 위해 보염식 버너가 이용되고 있는데, 이 보염식 버너의 구조에 관한 설명으로 가장 옳은 것은?

① 동일한 화염 구멍이 8~9개 내외로 나뉘어져 있다.
② 화염 구멍이 가느다란 타원형으로 되어 있다.
③ 중앙의 화염 구멍 주변으로 여러 개의 작은 화염 구멍이 설치되어 있다.
④ 화염 구멍부 구조가 원뿔 형태와 같이 되어 있다.

해설 보염식 버너 구조 : 중앙의 화염 구멍 주변으로 여러 개의 작은 화염 구멍이 설치되어 있다.

43 증기 난방의 분류 중 응축수 환수 방식에 의한 분류에 해당되지 않는 것은?

① 중력 환수 방식 ② 기계 환수 방식
③ 진공 환수 방식 ④ 상향 환수 방식

해설 응축수 환수 방식에 의한 분류
㉠ 중력 환수 방식
㉡ 기계 환수 방식
㉢ 진공 환수 방식

44 천연 고무와 비슷한 성질을 가진 합성 고무로서 내유성, 내후성, 내산화성, 내열성 등이 우수하며, 석유 용매에 대한 저항성이 크고 내열도 $-46 \sim 121$℃의 범위에서 안정한 패킹 재료는?

① 과열 석면 ② 네오프렌
③ 테프론 ④ 하스텔로이

해설 ② 네오프렌의 설명이다.

45 연료의 완전 연소를 위한 구비 조건으로 틀린 것은?

① 연소실 내의 온도는 낮게 유지할 것
② 연료와 공기의 혼합이 잘 이루어지도록 할 것
③ 연료와 연소 장치가 맞을 것
④ 공급 공기를 충분히 예열시킬 것

해설 ① 연소실 내의 온도는 높게 유지한다.

정답 40 ③ 41 ④ 42 ③ 43 ④ 44 ② 45 ①

46 관의 결합 방식 표시 방법 중 플랜지식의 그림 기호로 맞는 것은?

① ──┼── ② ──•──
③ ──╫── ④ ──╫┤──

해설 ① 나사형 ② 납땜형
③ 플랜지형 ④ 유니언형

47 어떤 거실의 난방 부하가 5,000kcal/h이고, 주철제 온수 방열기로 난방할 때 필요한 방열기의 쪽수(절수)는? (단, 방열기 1쪽당 방열 면적은 0.26m²이고, 방열량은 표준 방열량으로 함)

① 11 ② 21
③ 30 ④ 43

해설 온수 난방 방열기 쪽수(N_w) = $\dfrac{H_r}{450 \times a}$
$= \dfrac{5,000}{450 \times 0.26}$
$= 43$

여기서, N_w : 온수 난방 방열기 쪽수
H_r : 실의 난방 부하(kcal/h)
a : 방열기 형식에 따른 섹션 1개당 면적(m²)

48 다음 보기 중에서 보일러의 운전 정지 순서를 올바르게 나열한 것은?

㉮ 증기 밸브를 닫고, 드레인 밸브를 연다.
㉯ 공기의 공급을 정지시킨다.
㉰ 댐퍼를 닫는다.
㉱ 연료의 공급을 정지시킨다.

① ㉯ - ㉱ - ㉮ - ㉰ ② ㉱ - ㉯ - ㉮ - ㉰
③ ㉰ - ㉱ - ㉮ - ㉯ ④ ㉮ - ㉱ - ㉯ - ㉰

해설 보일러의 운전 정지 순서 : 연료의 공급을 정지시킨다. → 공기의 공급을 정지시킨다. → 증기 밸브를 닫고, 드레인 밸브를 연다. → 댐퍼를 닫는다.

49 다음 관 이음 중 진동이 있는 곳에 가장 적합한 이음은?

① MR 조인트 이음 ② 용접 이음
③ 나사 이음 ④ 플렉시블 이음

해설 ④ 플렉시블 이음 : 진동이 있는 곳에 가장 적합한 이음

50 보온재 선정 시 고려해야 할 조건이 아닌 것은?

① 부피, 비중이 작을 것
② 보온 능력이 클 것
③ 열전도율이 클 것
④ 기계적 강도가 클 것

해설 ③ 열전도율이 작을 것

51 가스 폭발에 대한 방지 대책으로 거리가 먼 것은?

① 점화 조작 시에는 연료를 먼저 분무시킨 후 무화용 증기나 공기를 공급한다.
② 점화할 때에는 미리 충분한 프리퍼지를 한다.
③ 연료 속의 수분이나 슬러지 등은 충분히 배출한다.
④ 점화 전에는 중유를 가열하여 필요한 점도로 해둔다.

해설 ① 점화 조작 시에는 무화용 증기나 공기를 먼저 공급하고 연료를 분무시킨다.

52 주증기관에서 증기의 건도를 향상시키는 방법으로 적당하지 않은 것은?

① 가압하여 증기의 압력을 높인다.
② 드레인 포켓을 설치한다.
③ 증기 공간 내에 공기를 제거한다.
④ 기수 분리기를 사용한다.

해설 ① 감압하여 증기의 압력을 낮춘다.

정답 46 ③ 47 ④ 48 ② 49 ④ 50 ③ 51 ① 52 ①

53 보일러 사고의 원인 중 보일러 취급상의 사고 원인이 아닌 것은?

① 재료 및 설계 불량
② 사용 압력 초과 운전
③ 저수위 운전
④ 급수 처리 불량

해설 보일러 취급상의 사고 원인
㉠ 사용 압력 초과 운전
㉡ 저수위 운전
㉢ 급수 처리 불량

54 평소 사용하고 있는 보일러의 가동 전 준비 사항으로 틀린 것은?

① 각종 기기의 기능을 검사하고 급수 계통의 이상 유무를 확인한다.
② 댐퍼를 닫고 프리퍼지를 행한다.
③ 각 밸브의 개폐 상태를 확인한다.
④ 보일러수 물의 높이는 상용 수위로 하여 수면계로 확인한다.

해설 ② 댐퍼를 개방하고 프리퍼지를 행한다.

55 에너지 이용 합리화법에 따라 에너지 다소비 사업자에게 개선 명령을 하는 경우는 에너지 관리 지도 결과 몇 % 이상의 에너지 효율 개선이 기대되고 효율 개선을 위한 투자의 경제성이 인정되는 경우인가?

① 5
② 10
③ 15
④ 20

해설 에너지 다소비 사업자에게 개선 명령을 하는 경우는 에너지 관리 지도 결과 10% 이상의 에너지 효율 개선이 기대되고 효율 개선을 위한 투자의 경제성이 인정되는 경우이다.

56 다음 ( ) 안의 A, B에 각각 들어갈 용어로 옳은 것은?

> 에너지 이용 합리화법은 에너지의 수급을 안정시키고 에너지의 합리적이고 효율적인 이용을 증진하며 에너지 소비로 인한 (A)을(를) 줄임으로써 국민 경제의 건전한 발전 및 국민 복지의 증진과 (B)의 최소화에 이바지함을 목적으로 한다.

① A : 환경 파괴
  B : 온실가스
② A : 자연 파괴
  B : 환경 피해
③ A : 환경 피해
  B : 지구 온난화
④ A : 온실가스 배출
  B : 환경 파괴

해설 에너지 이용 합리화법의 목적 : 에너지의 수급을 안정시키고 에너지의 합리적이고 효율적인 이용을 증진하며 에너지 소비로 인한 환경 피해를 줄임으로써 국민 경제의 건전한 발전 및 국민 복지의 증진과 지구 온난화의 최소화에 이바지함을 목적으로 한다.

57 에너지 이용 합리화법에 따라 검사 대상 기기의 용량이 15t/h인 보일러일 경우 조종자의 자격 기준으로 가장 옳은 것은?

① 에너지관리기능장 자격 소지자만이 가능하다.
② 에너지관리기능장, 에너지관리기사 자격 소지자만이 가능하다.
③ 에너지관리기능장, 에너지관리기사, 에너지관리산업기사 자격 소지자 만이 가능하다.
④ 에너지관리기능장, 에너지관리기사, 에너지관리산업기사, 보일러기능사 자격 소지자만이 가능하다.

정답 53 ① 54 ② 55 ② 56 ③ 57 ③

해설 검사 대상 기기 조종자의 자격 및 조종 범위

조종자의 자격	조종 범위
에너지관리기능장 또는 에너지관리기사	용량이 30t/h를 초과하는 보일러
에너지관리기능장, 에너지관리기사 또는 에너지관리산업기사	용량이 10t/h를 초과하고 30t/h 이하인 보일러
에너지관리기능장, 에너지관리기사, 에너지관리산업기사 또는 에너지관리기능사	용량이 10t/h 이하인 보일러
에너지관리기능장, 에너지관리기사, 에너지관리산업기사, 에너지관리기능사 또는 인정 검사 대상 기기 관리자의 교육을 이수한 자	1. 증기 보일러로서 최고 사용 압력이 1MPa 이하이고, 전열면적이 10m² 이하인 것 2. 온수 발생 및 열매체를 가열 하는 보일러로서 용량이 581.5kW 이하인 것 3. 압력 용기

58 제3자로부터 위탁을 받아 에너지 사용 시설의 에너지 절약을 위한 관리·용역 사업을 하는 자로서 산업통상자원부 장관에게 등록을 한 자를 지칭하는 기업은?

① 에너지 진단 기업
② 수요 관리 투자 기업
③ 에너지 절약 전문 기업
④ 에너지 기술 개발 전담 기업

해설 ③ 에너지 절약 전문 기업의 설명이다.

59 신·재생 에너지 설비 인증 심사 기준을 일반 심사 기준과 설비 심사 기준으로 나눌 때 다음 중 일반 심사 기준에 해당되지 않는 것은?

① 신·재생 에너지 설비의 제조 및 생산 능력의 적정성
② 신·재생 에너지 설비의 품질 유지·관리 능력의 적정성
③ 신·재생 에너지 설비의 에너지 효율의 적정성
④ 신·재생 에너지 설비의 사후 관리의 적정성

해설 설비 인증 심사 기준
(가) 일반 심사 기준
  ㉠ 신·재생 에너지 설비의 제조 및 생산 능력의 적정성
  ㉡ 신·재생 에너지 설비의 품질 유지·관리 능력의 적정성
  ㉢ 신·재생 에너지 설비의 사후 관리의 적정성
(나) 설비 심사 기준
  ㉠ 국제 또는 국내의 성능 및 규격에의 적합성
  ㉡ 설비의 효율성
  ㉢ 설비의 내구성

60 에너지법상 지역 에너지 계획에 포함되어야 할 사항이 아닌 것은?

① 에너지 수급의 추이와 전망에 관한 사항
② 에너지 이용 합리화와 이를 통한 온실가스 배출 감소를 위한 대책에 관한 사항
③ 미활용 에너지원의 개발·사용을 위한 대책에 관한 사항
④ 에너지 소비 촉진 대책에 관한 사항

해설 에너지법상 지역 에너지 계획에 포함되어야 할 사항
㉠ 에너지 수급의 추이와 전망에 관한 사항
㉡ 에너지의 안정적 공급을 위한 대책에 관한 사항
㉢ 신·재생 에너지 등 환경 친화적 에너지 사용을 위한 대책에 관한 사항
㉣ 에너지 사용의 합리화와 이를 통한 온실가스의 배출 감소를 위한 대책에 관한 사항
㉤ 집단 에너지 사업법에 따라 집단 에너지 공급 대상 지역으로 지정된 지역의 경우 그 지역의 집단 에너지 공급을 위한 대책에 관한 사항
㉥ 미활용 에너지원의 개발·사용을 위한 대책에 관한 사항
㉦ 그 밖에 에너지 시책 및 관련 사업을 위하여 시·도지사가 필요하다고 인정하는 사항

정답 58 ③ 59 ③ 60 ④

에너지관리기능사 (2023. 6. 24 시행)

01 보일러에 사용하는 화염 검출기에 관한 설명 중 틀린 것은?

① 화염 검출기는 검출이 확실하고 검출에 요구되는 응답 시간이 길어야 한다.
② 사용하는 연료의 화염을 검출하는 것에 적합한 종류를 적용해야 한다.
③ 보일러용 화염 검출기에는 주로 광학식 검출기와 화염 검출봉식(flame rod) 검출기가 사용된다.
④ 광학식 화염 검출기는 자외선식을 사용하는 것이 효율적이지만 유류 보일러에는 일반적으로 가시광선식 또는 적외선식 화염 검출기를 사용한다.

해설 ① 화염 검출기는 검출이 확실하고 검출에 요구되는 응답 시간이 짧아야 한다.

02 과열기의 형식 중 증기와 열가스 흐름의 방향이 서로 반대인 과열기의 형식은?

① 병류식   ② 대향류식
③ 증류식   ④ 역류식

해설 열가스 흐름의 방향에 따른 과열기의 종류
㉠ 병류식 : 증기와 열가스 흐름 방향이 같을 때
㉡ 대향류식 : 증기와 열가스 흐름 방향이 반대일 때
㉢ 혼류식 : 병류식과 대향류식을 조합한 것이며 열의 이용도가 양호하다.

03 다음 중 보일러의 안전 장치로 볼 수 없는 것은?

① 고저수위 경보 장치
② 화염 검출기
③ 급수 펌프
④ 압력 조절기

해설 ③ 급수 펌프 : 급수 장치

04 측정 장소의 대기 압력을 구하는 식으로 옳은 것은?

① 절대 압력+게이지 압력
② 게이지 압력−절대 압력
③ 절대 압력−게이지 압력
④ 진공도×대기 압력

해설 대기 압력=절대 압력−게이지 압력

05 원통형 보일러의 일반적인 특징에 관한 설명으로 틀린 것은?

① 구조가 간단하고 취급이 용이하다.
② 수부가 크므로 열 비축량이 크다.
③ 폭발 시에도 비산 면적이 작아 재해가 크게 발생하지 않는다.
④ 사용 증기량의 변동에 따른 발생 증기의 압력 변동이 작다.

해설 ③ 폭발 시에도 비산 면적이 커서 재해가 크게 발생한다.

06 포화 증기와 비교하여 과열 증기가 가지는 특징 설명으로 틀린 것은?

① 증기의 마찰 손실이 작다.
② 같은 압력의 포화 증기에 비해 보유 열량이 많다.

정답 01 ① 02 ② 03 ③ 04 ③ 05 ③ 06 ④

③ 증기 소비량이 적어도 된다.
④ 가열 표면의 온도가 균일하다.

해설 ④ 가열 표면의 온도가 균일하지 않다.

07 대기압에서 동일한 무게의 물 또는 얼음을 다음과 같이 변화시키는 경우 가장 큰 열량이 필요한 것은? (단, 물과 얼음의 비열은 각각 1kcal/kg·℃, 0.48kcal/kg·℃이고, 물의 증발 잠열은 539kcal/kg, 융해 잠열은 80kcal/kg임)

① −20℃의 얼음을 0℃의 얼음으로 변화
② 0℃의 얼음을 0℃의 물로 변화
③ 0℃의 물을 100℃의 물로 변화
④ 100℃의 물을 100℃의 증기로 변화

해설 ① 20×0.48=9.6kcal/kg
② 80kcal/kg
③ 100kcal/kg
④ 539kcal/kg

08 보일러 효율이 85%, 실제 증발량이 5t/h이고 발생 증기의 엔탈피는 656kcal/kg, 급수 온도의 엔탈피는 56kcal/kg, 연료의 저위 발열량 9,750kcal/kg일 때 연료 소비량은 약 몇 kg/h인가?

① 316
② 362
③ 389
④ 405

해설 $\eta = \dfrac{G_a(h_2-h_1)}{G_f \times H_l} \times 100\%$

$G_f = \dfrac{G_a(h_2-h_1) \times 100}{\eta \times H_l}$

$= \dfrac{5 \times 1,000 \times (656-56) \times 100}{85 \times 9,750}$

$= 362\text{kg/h}$

09 온수 보일러에서 배플 플레이트(baffle plate)의 설치 목적으로 맞는 것은?

① 급수를 예열하기 위하여
② 연소 효율을 감소시키기 위하여
③ 강도를 보강하기 위하여
④ 그을음 부착량을 감소시키기 위하여

해설 배플 플레이트의 설치 목적 : 그을음 부착량을 감소시키기 위하여

10 보일러 통풍에 대한 설명으로 잘못된 것은?

① 자연 통풍은 일반적으로 별도의 동력을 사용하지 않고 연돌로 인한 통풍을 말한다.
② 평형 통풍은 통풍 조절은 용이하나 통풍력이 약하여 주로 소용량 보일러에서 사용한다.
③ 압입 통풍은 연소용 공기를 송풍기로 노 입구에서 대기압보다 높은 압력으로 밀어 넣고 굴뚝의 통풍 작용과 같이 통풍을 유지하는 방식이다.
④ 흡입 통풍은 크게 연소 가스를 직접 통풍기에 빨아들이는 직접 흡입식과 통풍기로 대기를 빨아들이게 하고 이를 이젝터로 보내어 그 작용에 의해 연소 가스를 빨아들이는 간접 흡입식이 있다.

해설 ② 평형 통풍은 통풍 조절이 용이하나 통풍력이 강하여 주로 대용량 보일러에서 사용한다.

11 고압관과 저압관 사이에 설치하여 고압 측의 압력 변화 및 증기 사용량 변화에 관계없이 저압 측의 압력을 일정하게 유지시켜 주는 밸브는?

① 감압 밸브
② 온도 조절 밸브
③ 안전 밸브
④ 플로트 밸브

정답 07 ④ 08 ② 09 ④ 10 ② 11 ①

해설 ② 온도 조절 밸브(temperature control valve) : 제어 대상의 온도를 검출하여 그 온도를 제어하여 증기나 온수 등의 열매 유량을 조절하기 위해 사용되는 자동 제어용 밸브
③ 안전 밸브(safety valve) : 기기나 배관의 압력이 일정한 압력을 넘었을 경우에 자동적으로 작동하는 밸브
④ 플로트 밸브(float valve) : 밸브의 가동 부분이 부자의 역할을 하고, 그 상부의 돌출부와 밸브실의 틈새가 부자의 상하의 움직임에 따라 자동적으로 가감되는 구조의 밸브

12 2보일러 마력을 열량으로 환산하면 약 몇 kcal/h 인가?

① 10,780
② 13,000
③ 15,650
④ 16,870

해설 증기 보일러의 열출력
= 상당 증발량 × 539kcal/kg
1보일러 마력의 열출력 = 15.65 × 539
 = 8,435kcal/h
2보일러 마력의 열출력 = 8,435kcal/h × 2
 = 16,870kcal/h

13 자동 제어의 신호 전달 방법에서 공기압식의 특징으로 맞는 것은?

① 신호 전달 거리가 유압식에 비하여 길다.
② 온도 제어 등에 적합하고 화재의 위험이 많다.
③ 전송 시 시간 지연이 생긴다.
④ 배관이 용이하지 않고 보존이 어렵다.

해설 ① 신호 전달 거리가 유압식에 비하여 짧다.
② 온도 제어 등에 적합하고 화재의 위험이 적다.
④ 배관이 까다롭고 보존이 쉽다.

14 보일러 설치 기술 규격에서 보일러의 분류에 대한 설명 중 틀린 것은?

① 주철제 보일러의 최고 사용 압력은 증기 보일러일 경우 0.5MPa까지, 온수 온도는 373K(100℃)까지로 국한된다.
② 일반적으로 보일러는 사용 매체에 따라 증기 보일러, 온수 보일러 및 열매체 보일러로 분류한다.
③ 보일러의 재질에 따라 강철제 보일러와 주철제 보일러로 분류한다.
④ 연료에 따라 유류 보일러, 가스 보일러, 석탄 보일러, 목재 보일러, 폐열 보일러, 특수 연료 보일러 등이 있다.

해설 ① 주철제 보일러의 최고 사용 압력은 증기 보일러일 경우 0.1MPa까지, 온수 온도는 373K(120℃)까지로 국한한다.

15 연소 시 공기비가 적을 때 나타나는 현상으로 거리가 먼 것은?

① 배기가스 중 NO 및 NO_2 발생량이 많아진다.
② 불완전 연소가 되기 쉽다.
③ 미연소 가스에 의한 폭발이 일어나기 쉽다.
④ 미연소 가스에 의한 열손실이 증가될 수 있다.

해설 ① 배기가스 중 NO 및 NO_2의 발생량이 적어진다.

16 기체 연료의 일반적인 특징을 설명한 것으로 잘못된 것은?

① 적은 공기비로 완전 연소가 가능하다.
② 수송 및 저장이 편리하다.
③ 연소 효율이 높고 자동 제어가 용이하다.
④ 누설 시 화재 및 폭발의 위험이 크다.

해설 ② 수송 및 저장이 어렵다.

정답 12 ④ 13 ③ 14 ① 15 ① 16 ②

17 보일러 수면계의 설명으로 틀린 것은?

① 증기 보일러에는 2개(소용량 및 소형 관류 보일러는 1개) 이상의 유리 수면계를 부착하여야 한다. 다만, 단관식 관류 보일러는 제외한다.
② 유리 수면계는 보일러 동체에만 부착하여야 하며 수주관에 부착하는 것은 금지하고 있다.
③ 2개 이상의 원격 지시 수면계를 시설하는 경우에 한하여 유리 수면계를 1개 이상으로 할 수 있다.
④ 유리 수면계는 상·하에 밸브 또는 콕을 갖추어야 하며, 한눈에 그것의 개·폐 여부를 알 수 있는 구조이어야 한다. 다만, 소형 관류 보일러에서는 밸브 또는 콕을 갖추지 아니할 수 있다.

해설 ② 유리 수면계는 보일러 사용 중 안전한 수위를 나타내도록 보일러 또는 수주관에 부착한다.

18 전열 면적이 $30m^2$인 수직 연관 보일러를 2시간 연소시킨 결과 3,000kg의 증기가 발생하였다. 이 보일러의 증발률은 약 몇 $kg/m^2 \cdot h$인가?

① 20　　　　② 30
③ 40　　　　④ 50

해설 보일러의 증발률

$$= \frac{\text{매시 실제 증발량(kg/h)}}{\text{전열 면적}(m^2)}$$

$$= \frac{1,500 kg/h}{30 m^2} = 50 kg/m^2 \cdot h$$

수직 연관 보일러를 2시간 연소시킨 결과 3,000kg의 증기가 발생하였으므로 매시 실제 증발량을 1,500kg/h로 본다.

19 보일러의 부속 설비 중 연료 공급 계통에 해당하는 것은?

① 컴버스터
② 버너 타일
③ 슈트 블로어
④ 오일 프리 히터

해설 ① 컴버스터 : 배기 설비
② 버너 타일 : 연소 설비
③ 슈트 블로어 : 배기 설비
④ 오일 프리 히터 : 연료 공급 계통 설비

20 노내에 분사된 연료에 연소용 공기를 유효하게 공급 확산시켜 연소를 유효하게 하고 확실한 착화와 화염의 안정을 도모하기 위하여 설치하는 것은?

① 화염 검출기
② 연료 차단 밸브
③ 버너 정지 인터록
④ 보염 장치

해설 ① 화염 검출기(flame project) : 연소실 내의 화염 상태가 불안정하거나 실화 시에 전자 밸브로 하여금 자동으로 연료 공급을 차단시켜 연화나 가스 폭발 사고를 사전에 방지해 주는 안전 장치
② 연료 차단 밸브(fuel shut-off valve) : 연소(버너) 정지 시, 자동 보일러 운전 시의 저수위·실화 등 각부에 소정의 이상 상태가 생긴 경우, 그 신호에 의해 순간적으로 밸브를 열어 버너로 가는 연료의 공급을 차단하여 연소를 정지시켜, 보일러의 안전을 꾀하기 위한 밸브
③ 버너 정지 인터록 : 버너의 가동을 정지시키거나 가동이 되지 않도록 하여 사고를 미연에 방지하는 장치

21 노통이 하나인 코니시 보일러에서 노통을 편심으로 설치하는 가장 큰 이유는?

① 연소 장치의 설치를 쉽게 하기 위함이다.
② 보일러수의 순환을 좋게 하기 위함이다.
③ 보일러의 강도를 크게 하기 위함이다.
④ 온도 변화에 따른 신축량을 흡수하기 위함이다.

해설 코니시 보일러에서 노통을 편심으로 설치하는 가장 큰 이유는 보일러수의 순환을 좋게하기 위함이다.

22 보일러 부속 장치에 대한 설명 중 잘못된 것은?

① 인젝터 : 증기를 이용한 급수 장치
② 기수 분리기 : 증기 중에 혼입된 수분을 분리하는 장치
③ 스팀 트랩 : 응축수를 자동으로 배출하는 장치
④ 절탄기 : 보일러 동 저면의 스케일, 침전물을 밖으로 배출하는 장치

해설 ④ 수저 분출 장치 : 보일러 동 저면의 스케일, 침전물을 밖으로 배출하는 장치

23 어떤 보일러의 3시간 동안 증발량이 4,500kg이고, 그때의 급수 엔탈피가 25kcal/kg, 증기 엔탈피가 680kcal/kg이라면 상당 증발량은 약 몇 kg/h인가?

① 551
② 1,684
③ 1,823
④ 3,051

해설 상당 증발량 : 표준 기압하에서 100℃ 포화수를 같은 온도의 포화 증기로 1시간 동안 변화시키는 증발량(kg)을 말한다.

$$G_e = \frac{G_a(h_2 - h_1)}{539} (kg/h)$$

여기서, G_e : 상당 증발량(kg/h)
G_a : 매시 실제 증발량(kg/h)
h_1 : 급수의 엔탈피(kcal/kg)
h_2 : 발생 증기의 엔탈피(kcal/kg)

$$G_e = \frac{1,500(680 - 25)}{539} = 1823 kg/h$$

※ 보일러의 3시간 동안 증발량이 4,500kg이므로 1시간 동안의 증발량은 1,500kg이다.

24 보일러 연료의 구비 조건으로 틀린 것은?

① 공기 중에 쉽게 연소할 것
② 단위 중량당 발열량이 클 것
③ 연소 시 회분 배출량이 많을 것
④ 저장이나 운반, 취급이 용이할 것

해설 ③ 연소 시 회분 배출량이 적을 것

25 운전 중 화염이 블로 오프(blow-off)된 경우 특정한 경우에 한하여 재점화 및 재시동을 할 수 있다. 이때 재점화와 재시동의 기준에 관한 설명으로 틀린 것은?

① 재점화에서의 점화 장치는 화염의 소화 직후, 1초 이내에 자동으로 작동할 것
② 강제 혼합식 버너의 경우 재점화 동작 시 화염 감시 장치가 부착된 버너에는 가스가 공급되지 아니할 것
③ 재점화에 실패한 경우에는 지정된 안전 차단 시간 내에 버너가 작동 폐쇄될 것
④ 재시동은 가스의 공급이 차단된 후 즉시 표준 연속 프로그램에 의하여 자동으로 이루어질 것

해설 ① 재점화에서의 점화 장치는 화염의 소화 직후, 5초 이내에 자동으로 작동할 것

26 보일러의 급수 장치에 해당되지 않는 것은?

① 비수 방지관
② 급수 내관
③ 원심 펌프
④ 인젝터

해설 ① 비수 방지관 : 송기 장치

정답 22 ④ 23 ③ 24 ③ 25 ① 26 ①

27 전자 밸브가 작동하여 연료 공급을 차단하는 경우로 거리가 먼 것은?

① 보일러수의 이상 감수 시
② 증기 압력 초과 시
③ 배기가스 온도의 이상 저하 시
④ 점화 중 불착화 시

해설 전자 밸브가 작동하여 연료 공급을 차단하는 경우
㉠ 보일러수의 이상 감수 시
㉡ 증기 압력 초과 시
㉢ 점화 중 불착화 시

28 집진 장치 중 가압수를 이용한 집진 장치는?

① 포켓식
② 임펠러식
③ 벤투리 스크러버식
④ 타이젠 와셔식

해설 가압수를 이용한 집진 장치
㉠ 벤투리 스크러버식
㉡ 제트 스크러버
㉢ 사이클론 스크러버
㉣ 충전탑

29 연소가 이루어지기 위한 필수 요건에 속하지 않는 것은?

① 가연물
② 수소 공급원
③ 점화원
④ 산소 공급원

해설 연소의 3요소
㉠ 가연물
㉡ 산소 공급원
㉢ 점화원

30 동관 이음에서 한쪽 동관의 끝을 나팔형으로 넓히고 압축 이음쇠를 이용하여 체결하는 이음 방법은?

① 플레어 이음
② 플랜지 이음
③ 플라스턴 이음
④ 몰코 이음

해설 ② 플랜지 이음(flange coupling) : 관 자체를 회전시키지 않고 플랜지 사이에 기밀을 유지하기 위해 개스킷을 삽입시킨 다음 볼트와 너트를 이용하여 접합시키는 방법
③ 플라스턴 이음(plastan joint) : 동관이나 납관의 접합 방법의 하나로 납과 주석을 합금하고 이것에 중성 용제를 혼합한 플라스턴을 이음 부분에 삽입한 다음 가열하여 접합하는 이음
④ 몰코 이음 : 전용 압착 공구를 사용하여 접합하는 이음

31 보기와 같이 부하에 대해서 보일러의 "정격 출력"을 올바르게 표시한 것은?

H_1 : 난방 부하
H_2 : 급탕 부하
H_3 : 배관 부하
H_4 : 예열 부하

① $H_1+H_2+H_3$
② $H_2+H_3+H_4$
③ $H_1+H_2+H_4$
④ $H_1+H_2+H_3+H_4$

해설 보일러의 정격 출력 = $H_1+H_2+H_3+H_4$
여기서, H_1 : 난방 부하
H_2 : 급탕 부하
H_3 : 배관 부하
H_4 : 예열 부하

정답 27 ③ 28 ③ 29 ② 30 ① 31 ④

32 보일러에서 이상 고수위를 초래한 경우 나타나는 현상과 그 조치에 관한 설명으로 옳지 않은 것은?

① 이상 고수위를 확인한 경우에는 즉시 연소를 정지시킴과 동시에 급수 펌프를 멈추고 급수를 정지시킨다.
② 이상 고수위를 넘어 만수 상태가 되면 보일러 파손이 일어날 수 있으므로 동체 하부에 분출 밸브(콕)를 전개하여 보일러수를 전부 재빨리 방출하는 것이 좋다.
③ 이상 고수위나 증기의 취출량이 많은 경우에는 캐리 오버나 프라이밍 등을 일으켜 증기 속에 물방울이나 수분이 포함되며, 심할 경우 수격 작용을 일으킬 수 있다.
④ 수위가 유리 수면계의 상단에 달했거나 조금 초과한 경우에는 급수를 정지시켜야 하지만, 연소는 정지시키지 말고 저연소율로 계속 유지하여 송기를 계속한 후 보일러 수위가 정상으로 회복하면 원래 운전 상태로 돌아오는 것이 좋다.

해설 ② 이상 고수위를 넘어 만수 상태가 되면 보일러 파손이 일어날 수 있으므로 동체 하부에 분출 밸브(콕)를 전개하여 보일러수를 서서히 방출하여 정상 수위로 만든다.

33 보일러가 최고 사용 압력 이하에서 파손되는 이유로 가장 옳은 것은?

① 안전 장치가 작동하지 않기 때문에
② 안전 밸브가 작동하지 않기 때문에
③ 안전 장치가 불완전하기 때문에
④ 구조상 결함이 있기 때문에

해설 보일러가 최고 사용 압력 이하에서 파손되는 이유 : 구조상 결함이 있기 때문에

34 손실 열량 3,000kcal/h의 사무실에 온수 방열기를 설치할 때 방열기의 소요 섹션 수는 몇 쪽인가? (단, 방열기 방열량은 표준 방열량으로 하며, 1섹션의 방열 면적은 $0.26m^2$임)

① 12쪽　② 15쪽
③ 26쪽　④ 32쪽

해설 온수 방열기의 소요 섹션수

$$N_w = \frac{H_r}{450 \times a} = \frac{3,000}{450 \times 0.26} = 26쪽$$

여기서, a : 방열기 형식에 따른 섹션 1개당 면적(m^2)
　　　H_r : 실의 난방 부하(kcal/h)

35 보일러를 옥내에 설치할 때의 설치 시공 기준 설명으로 틀린 것은?

① 보일러에 설치된 계기들을 육안으로 관찰하는 데 지장이 없도록 충분한 조명 시설이 있어야 한다.
② 보일러 동체에서 벽, 배관, 기타 보일러 측부에 있는 구조물(검사 및 청소에 지장이 없는 것은 제외)까지 거리는 0.6m 이상이어야 한다. 다만, 소형 보일러는 0.45m 이상으로 할 수 있다.
③ 보일러실은 연소 및 환경을 유지하기에 충분한 급기구 및 환기구가 있어야 하며 급기구는 보일러 배기가스 덕트의 유효 단면적 이상이어야 하고 도시가스를 사용하는 경우에는 환기구를 가능한 한 높이 설치하여 가스가 누설되었을 때 체류하지 않는 구조이어야 한다.
④ 연료를 저장할 때에는 보일러 외측으로부터 2m 이상 거리를 두거나 방화 격벽을 설치하여야 한다. 다만, 소형 보일러의 경우에는 1m 이상 거리를 두거나 반격벽으로 할 수 있다.

정답　32 ②　33 ④　34 ③　35 ②

해설 ② 보일러 동체에서 벽, 배관, 기타 보일러 측부에 있는 구조물(검사 및 청소에 지장이 없는 것은 제외)까지의 거리는 0.45m 이상이어야 한다. 다만, 소형 보일러는 0.3m 이상으로 할 수 있다.

36 점화 조작 시 주의 사항에 관한 설명으로 틀린 것은?

① 연료 가스의 유출 속도가 너무 빠르면 실화 등이 일어날 수 있고, 너무 늦으면 역화가 발생할 수 있다.
② 연소실의 온도가 낮으면 연료의 확산이 불량해지며 착화가 잘 안된다.
③ 연료의 예열 온도가 너무 높으면 기름이 분해되고, 분사 각도가 흐트러져 분무 상태가 불량해지며, 탄화물이 생성될 수 있다.
④ 유압이 너무 낮으면 그을음이 축적될 수 있고, 너무 높으면 점화 및 분사가 불량해질 수 있다.

해설 ④ 유압이 너무 낮으면 그을음이 축적될 수 있고, 적정하면 점화 및 분사가 양호하다.

37 보일러에서 연소 조작 중의 역화의 원인으로 거리가 먼 것은?

① 불완전 연소의 상태가 두드러진 경우
② 흡입 통풍이 부족한 경우
③ 연도 댐퍼의 개도를 너무 넓힌 경우
④ 압입 통풍이 너무 강한 경우

해설 ③ 연도 댐퍼의 개도를 너무 넓힌 경우 열손실이 발생한다.

38 보온재가 갖추어야 할 조건 설명으로 틀린 것은?

① 열전도율이 작아야 한다.

② 부피, 비중이 커야 한다.
③ 적합한 기계적 강도를 가져야 한다.
④ 흡수성이 낮아야 한다.

해설 ② 부피, 비중이 작아야 한다.

39 관의 접속 상태·결합 방식의 표시 방법에서 용접 이음을 나타내는 그림 기호로 맞는 것은?

① ——|—— ② ——|⊢——
③ ——●—— ④ ——‖——

해설 ① 나사 이음 ② 유니언 이음
③ 용접 이음 ④ 플랜지 이음

40 어떤 주철제 방열기 내 증기의 평균 온도가 110℃이고, 실내 온도가 18℃일 때, 방열기의 방열량(kcal/m²·h)은? (단, 방열기의 방열 계수는 7.2kcal/m²·h·℃임)

① 236.4 ② 478.8
③ 521.6 ④ 662.4

해설 $Q = Q_c \times L$
여기서, Q : 방열기의 방열량(kcal/m²·h)
Q_c : 증기 응축량(kg/m²·h)
L : 그 증기 압력에서의 증발 잠열(kcal/kg)
∴ $Q = 7.2 \times (110-18) = 662.4$ kcal/m²·h

41 원통 보일러에서 급수의 pH 범위(25℃ 기준)로 가장 적합한 것은?

① pH3~pH5
② pH7~pH9
③ pH11~pH12
④ pH14~pH15

해설 원통형 보일러 25℃ 기준 급수 pH : pH7~pH9

정답 36 ④ 37 ③ 38 ② 39 ③ 40 ④ 41 ②

42 가스 보일러에서 가스 폭발의 예방을 위한 유의 사항 중 틀린 것은?

① 가스 압력이 적당하고 안정되어 있는지 점검한다.
② 화로 및 굴뚝의 통풍, 환기를 완벽하게 하는 것이 필요하다.
③ 점화용 가스의 종류는 가급적 화력이 낮은 것을 사용한다.
④ 착화 후 연소가 불안정할 때는 즉시 가스 공급을 중단한다.

해설 ③ 점화용 가스의 종류는 가급적 화력이 높은 것을 사용한다.

43 보일러를 계획적으로 관리하기 위해서는 연간 계획 및 일상 보전 계획을 세워 이에 따라 관리를 하는데 연간 계획에 포함할 사항과 가장 거리가 먼 것은?

① 급수 계획 ② 점검 계획
③ 정비 계획 ④ 운전 계획

해설 연간 계획에 포함할 사항
㉠ 점검 계획, ㉡ 정비 계획, ㉢ 운전 계획

44 구상 흑연 주철관이라고도 하며, 땅속 또는 지상에 배관하여 압력 상태 또는 무압력 상태에서 물의 수송 등에 주로 사용되는 주철관은?

① 덕타일 주철관
② 수도용 이형 주철관
③ 원심력 모르타르 라이닝 주철관
④ 수도용 원심력 금형 주철관

해설 ① 덕타일(구상 흑연) 주철관 : 양질의 선철을 강에 배합하며, 주철 중에 흑연을 구상화시켜서 질이 균일하고 치밀하며 강도가 크다.

45 다음 중 보온재의 종류가 아닌 것은?

① 코르크   ② 규조토
③ 기포성 수지 ④ 제게르콘

해설 ④ 제게르콘 : 내화물

46 보일러 운전 중 연도 내에서 폭발이 발생하면 제일 먼저 해야 할 일은?

① 급수를 중단한다.
② 증기 밸브를 잠근다.
③ 송풍기 가동을 중지한다.
④ 연료 공급을 차단하고 가동을 중지한다.

해설 보일러 운전 중 연도 내에서 폭발 발생 시 긴급 조치 순서 : 연료 공급을 차단하고 가동을 중지한다. → 급수를 중단한다. → 증기 밸브를 잠근다. → 송풍기 가동을 중지시킨다.

47 강철제 보일러의 최고 사용 압력이 0.43MPa 초과 1.5MPa 이하일 때 수압 시험 압력 기준으로 옳은 것은?

① 0.2MPa로 한다.
② 최고 사용 압력의 1.3배에 0.3MPa를 더한 압력으로 한다.
③ 최고 사용 압력의 1.5배로 한다.
④ 최고 사용 압력의 2배에 0.5MPa를 더한 압력으로 한다.

해설 강철제 보일러 수압 시험 압력
㉠ 보일러의 최고 사용 압력이 0.43MPa 이하일 때에는 그 최고 사용 압력의 2배의 압력으로 한다. 다만, 그 시험 압력이 0.2MPa 미만인 경우에는 0.2MPa로 한다.
㉡ 보일러의 최고 사용 압력이 0.43MPa 초과 1.5MPa 이하일 때에는 그 최고 사용 압력의 1.3배에 0.3MPa를 더한 압력으로 한다.
㉢ 보일러의 최고 사용 압력이 1.5MPa를 초과할 때에는 그 최고 사용 압력의 1.5배의 압력으로 한다.

정답 42 ③ 43 ① 44 ① 45 ④ 46 ④ 47 ②

48 신축 곡관이라고 하며 강관 또는 동관 등을 구부려서 구부림에 따른 신축을 흡수하는 이음쇠는?

① 루프형 신축 이음쇠
② 슬리브형 신축 이음쇠
③ 스위블형 신축 이음쇠
④ 벨로스형 신축 이음쇠

해설 ② 슬리브형 신축 이음쇠 : 조인트 본체와 파이프로 되어있고, 관의 신축이 본체 속에 미끄러지는 슬리브 파이프에 흡수되는 단식과 복식의 2형식이 있다.
③ 스위블형 신축 이음쇠 : 2개 이상의 엘보를 사용하여 나사의 회전을 이용한 것이며, 방열기 입구 측 배관에 설치 사용한다.
④ 벨로스형 신축 이음쇠 : 벨로스가 신축을 흡수하여 열응력을 받지 않으나 벨로스 내에 물이 고이면 부식을 많이 일으킨다.

49 증기 난방 방식에서 응축수 환수 방법에 의한 분류가 아닌 것은?

① 진공 환수식   ② 세정 환수식
③ 기계 환수식   ④ 중력 환수식

해설 증기 난방 방식에서 응축수 환수 방법에 의한 분류
㉠ 진공 환수식   ㉡ 기계 환수식   ㉢ 중력 환수식

50 온수 온돌의 방수 처리에 대한 설명으로 적절하지 않은 것은?

① 다층 건물에 있어서도 전층의 온수 온돌에 방수 처리를 하는 것이 좋다.
② 방수 처리는 내식성이 있는 루핑, 비닐, 방수 모르타르로 하며, 습기가 스며들지 않도록 완전히 밀봉한다.
③ 벽면으로 습기가 올라오는 것을 대비하여 온돌 바닥보다 약 10cm 이상 위까지 방수 처리를 하는 것이 좋다.
④ 방수 처리를 함으로써 열손실을 감소시킬 수 있다.

해설 ① 온수 온돌이란 보일러 또는 그 밖의 열원으로부터 생성된 온수를 바닥에 설치된 배관을 통하여 흐르게 하여 난방을 하는 방식이며, 다층 건물에 있어서는 전층의 온수 온돌에 방수 처리를 하지 않는다.

51 배관의 하중을 위에서 끌어당겨 지지할 목적으로 사용되는 지지구가 아닌 것은?

① 리지드 행거(rigid hanger)
② 앵커(anchor)
③ 콘스탄트 행거(constant hanger)
④ 스프링 행거(spring hanger)

해설 ② 앵커(anchor) : 신축으로 인한 배관의 상하 좌우 이동을 구속하고 제한하는 목적에 사용하는 것

52 보일러 휴지 기간이 1개월 이하인 단기 보존에 적합한 방법은?

① 석회 밀폐 건조법   ② 소다 만수 보존법
③ 가열 건조법   ④ 질소 가스 봉입법

해설 ③ 가열 건조법의 설명이다.

53 온수 난방에서 팽창 탱크의 용량 및 구조에 대한 설명으로 틀린 것은?

① 개방식 팽창 탱크는 저온수 난방 배관에 주로 사용된다.
② 밀폐식 팽창 탱크는 고온수 난방 배관에 주로 사용된다.
③ 밀폐식 팽창 탱크에는 수면계를 설치한다.
④ 개방식 팽창 탱크에는 압력계를 설치한다.

해설 ④ 개방식 팽창 탱크에 있어서는 장치 내의 공기를 배출하는 공기 배출구로 이용되고, 온수 보일러의 도피관으로도 이용된다.

정답 48 ① 49 ② 50 ① 51 ② 52 ③ 53 ④

54 난방 설비와 관련된 설명 중 잘못된 것은?

① 증기 난방의 표준 방열량은 650kcal/m²·h이다.
② 방열기는 증기 또는 온수 등의 열매를 유입하여 열을 방산하는 기구로 난방의 목적을 달성하는 장치이다.
③ 하트포드 접속법(hartford connection)은 고압 증기 난방에 필요한 접속법이다.
④ 온수 난방에서 온수 순환 방식에 따라 크게 중력 순환식과 강제 순환식으로 구분한다.

해설 ③ 하트포드 접속법은 저압 증기 난방의 습식 환수 방식에 사용된다.

55 에너지 이용 합리화법에 따라 주철제 보일러에서 설치 검사를 면제받을 수 있는 기준으로 옳은 것은?

① 전열 면적 30제곱미터 이하의 유류용 주철제 증기 보일러
② 전열 면적 40제곱미터 이하의 유류용 주철제 온수 보일러
③ 전열 면적 50제곱미터 이하의 유류용 주철제 증기 보일러
④ 전열 면적 60제곱미터 이하의 유류용 주철제 온수 보일러

해설 주철제 보일러에서 설치 검사를 면제받을 수 있는 기준 : 전열 면적 30m² 이하의 유류용 주철제 증기 보일러

56 신·재생 에너지 설비의 인증을 위한 심사 기준 항목으로 거리가 먼 것은?

① 국제 또는 국내의 성능 및 규격에의 적합성
② 설비의 효율성
③ 설비의 우수성
④ 설비의 내구성

해설 신·재생 에너지 설비의 인증을 위한 심사 기준 항목
㉠ 국제 또는 국내의 성능 및 규격에의 적합성
㉡ 설비의 효율성
㉢ 설비의 내구성

57 에너지 이용 합리화법의 목적이 아닌 것은?

① 에너지의 수급 안정을 기함
② 에너지의 합리적이고 비효율적인 이용을 증진함
③ 에너지 소비로 인한 환경 피해를 줄임
④ 지구 온난화의 최소화에 이바지함

해설 에너지 이용 합리화법의 목적 : 에너지의 수급을 안정시키고 에너지의 합리적이고 효율적인 이용을 증진하며 에너지 소비로 인한 환경 피해를 줄임으로써 국민 경제의 건전한 발전 및 국민 복지의 증진과 지구 온난화의 최소화에 이바지함을 목적으로 한다.

58 에너지 이용 합리화법에 따라 에너지 이용 합리화 기본 계획에 포함될 사항으로 거리가 먼 것은?

① 에너지 절약형 경제 구조로의 전환
② 에너지 이용 효율의 증대
③ 에너지 이용 합리화를 위한 홍보 및 교육
④ 열사용 기자재의 품질 관리

해설 에너지 이용 합리화법에 따라 에너지 이용 합리화 기본 계획에 포함될 사항
㉠ 에너지 절약형 경제 구조로의 전환
㉡ 에너지 이용 효율의 증대
㉢ 에너지 이용 합리화를 위한 홍보 및 교육

정답 54 ③ 55 ① 56 ③ 57 ② 58 ④

59 에너지 이용 합리화법 시행령상 에너지 저장 의무 부과 대상자에 해당되는 자는?

① 연간 2만 석유환산톤 이상의 에너지를 사용하는 자
② 연간 1만 5천 석유환산톤 이상의 에너지를 사용하는 자
③ 연간 1만 석유환산톤 이상의 에너지를 사용하는 자
④ 연간 5천 석유환산톤 이상의 에너지를 사용하는 자

해설 에너지 저장 의무 부과 대상자 : 연간 2만 석유환산톤 이상의 에너지를 사용하는 자

60 저탄소 녹색 성장 기본법에 따라 대통령령으로 정하는 기준량 이상의 에너지 소비업체를 지정하는 기준으로 옳은 것은? (단, 기준일은 2013년 7월 21일을 기준으로 함)

① 해당 연도 1월 1일을 기준으로 최근 3년간 업체의 모든 사업체에서 소비한 에너지의 연평균 총량이 650terajoules 이상
② 해당 연도 1월 1일을 기준으로 최근 3년간 업체의 모든 사업체에서 소비한 에너지의 연평균 총량이 550terajoules 이상
③ 해당 연도 1월 1일을 기준으로 최근 3년간 업체의 모든 사업체에서 소비한 에너지의 연평균 총량이 450terajoules 이상
④ 해당 연도 1월 1일을 기준으로 최근 3년간 업체의 모든 사업체에서 소비한 에너지의 연평균 총량이 350terajoules 이상

해설 저탄소 녹색 성장 기본법에 따라 대통령령으로 정하는 기준량 이상의 에너지 소비 업체를 지정하는 기준 : 해당 연도 1월 1일을 기준으로 최근 3년간 업체의 모든 사업체에서 소비한 에너지의 연평균 총량이 350terajoules 이상

정답 59 ① 60 ④

에너지관리기능사 (2023. 9. 19 시행)

01 증기 보일러에 설치하는 압력계의 최고 눈금은 보일러 최고 사용 압력의 몇 배가 되어야 하는가?

① 0.5~0.8배   ② 1.0~1.4배
③ 1.5~3.0배   ④ 5.0~10.0배

해설 증기 보일러 압력계의 최고 눈금 : 최고 사용 압력의 1.5~3.0배

02 보일러의 부속 장치 중 축열기에 대한 설명으로 가장 옳은 것은?

① 통풍이 잘 이루어지게 하는 장치이다.
② 폭발 방지를 위한 안전 장치이다.
③ 보일러의 부하 변동에 대비하기 위한 장치이다.
④ 증기를 한 번 더 가열시키는 장치이다.

해설 축열기 : 보일러의 부하 변동에 대비하기 위한 장치

03 보일러의 연소 장치에서 통풍력을 크게 하는 조건으로 틀린 것은?

① 연돌의 높이를 높인다
② 배기가스 온도를 높인다.
③ 연돌의 굴곡부를 줄인다.
④ 연돌의 단면적을 줄인다.

해설 ④ 연돌의 단면적을 넓힌다.

04 보일러 액체 연료의 특징 설명으로 틀린 것은?

① 품질이 균일하여 발열량이 높다
② 운반 및 저장, 취급이 용이하다.
③ 회분이 많고 연소 조절이 쉽다.
④ 연소 온도가 높아 국부 과열 위험성이 높다.

해설 ③ 회분이 적고 연소 조절이 쉽다.

05 벽체 면적이 $24m^2$, 열관류율이 $0.5kcal/m^2 \cdot h \cdot ℃$, 벽체 내부의 온도가 $40℃$, 벽체 외부의 온도가 $8℃$일 경우 시간당 손실 열량은 약 몇 kcal/h인가?

① 294   ② 380
③ 384   ④ 394

해설 시간당 손실 열량
$= 0.5kcal/m^2 \cdot h \cdot ℃ \times 24m^2 \times (40-8)℃$
$= 384 kcal/h$

06 증기 공급 시 과열 증기를 사용함에 따른 장점이 아닌 것은?

① 부식 발생 저감
② 열효율 증대
③ 가열 장치의 열응력 저하
④ 증기 소비량 감소

해설 과열 증기를 사용함에 따른 장점
㉠ 부식 발생 저감
㉡ 열효율 증대
㉢ 증기 소비량 감소

07 화염 검출기의 종류 중 화염의 발열을 이용한 것으로 바이메탈에 의하여 작동되며, 주로 소용량 온수 보일러의 연도에 설치되는 것은?

① 플레임 아이   ② 스택 스위치
③ 플레임 로드   ④ 적외선 광전관

정답 01 ③ 02 ③ 03 ④ 04 ③ 05 ③ 06 ③ 07 ②

해설 화염(불꽃) 검출기 : 연소실 내의 화염 상태가 불안정하거나 실화 시에 전자 밸브로 하여금 자동으로 연료 공급을 차단시켜 역화 또는 가스 폭발 사고를 사전에 방지해 주는 안전 장치
㉠ 플레임 아이(flame eye) : 화염의 방사선을 이용하여 화염을 검출한다
㉡ 플레임 로드(flame road) : 화염의 이온화를 이용하여 화염을 검출한다.
㉢ 스택 스위치(stack switch) : 화염의 발열을 이용한 것으로 바이메탈에 의하여 작동되며, 주로 소용량 온수 보일러의 연도에 설치한다.

08 수위 경보기의 종류에 속하지 않는 것은?

① 맥도널식
② 전극식
③ 배플식
④ 마그네틱식

해설 수위 경보기의 종류
㉠ 맥도널식, ㉡ 전극식, ㉢ 마그네틱식

09 보일러의 3대 구성 요소 중 부속 장치에 속하지 않는 것은?

① 통풍 장치
② 급수 장치
③ 여열 장치
④ 연소 장치

해설 보일러의 3대 구성 요소 중 부속 장치의 종류
㉠ 통풍 장치, ㉡ 급수 장치, ㉢ 여열 장치

10 연소 안전 장치 중 플레임 아이(flame eye)로 사용되지 않는 것은?

① 광전관
② CdS cell
③ PbS cell
④ CdP cell

해설 연소 안전 장치 중 플레임 아이(flame eye)로 사용되는 것 : 자외선 광전관, 적외선 광전관, 황화카드뮴 셀(CdS cell), 황화납 셀(PbS cell)

11 연료 발열량은 9,750kcal/kg, 연료의 시간당 사용량은 3kg/h인 보일러의 상당 증발량이 5,000kg/h일 때 보일러 효율은 약 몇 %인가?

① 83
② 85
③ 87
④ 92

해설 보일러 효율

$$= \frac{\text{상당 증발량(kg/h)} \times 539}{\text{매시 연료 사용량(kg/h)} \times \text{연료의 저위 발열량(kcal/kg)}} \times 100\%$$

$$= \frac{5,000\text{kg/h} \times 539}{3\text{kg/h} \times 9,750\text{kcal/kg}} \times 100\% = 92\%$$

12 보일러 예비 급수 장치인 인젝터의 특징을 설명한 것으로 틀린 것은?

① 구조가 간단하다.
② 설치 장소를 많이 차지하지 않는다.
③ 증기압이 낮아도 급수가 잘 이루어진다.
④ 급수 온도가 높으면 급수가 곤란하다.

해설 ③ 증기압이 너무 높거나(1MPa 이상) 낮으면 (0.2MPa 이하) 급수가 잘 이루어지지 않는다.

13 다음 중 액화 천연가스(LNG)의 주성분은 어느 것인가?

① CH_4
② C_2H_6
③ C_3H_6
④ C_4H_{10}

해설 액화 천연가스(LNG)의 주성분 : CH_4

정답 08 ③ 09 ④ 10 ④ 11 ④ 12 ③ 13 ①

14 보일러의 세정식 집진 방법은 유수식과 가압수식, 회전식으로 분류할 수 있는데, 다음 중 가압수식 집진 장치의 종류가 아닌 것은?

① 타이젠 와셔
② 벤투리 스크러버
③ 제트 스크러버
④ 충전탑

해설 가압수식 집진 장치의 종류
㉠ 벤투리 스크러버
㉡ 제트 스크러버
㉢ 충전탑

15 중유 연소에서 버너에 공급되는 중유의 예열 온도가 너무 높을 때 발생되는 이상 현상으로 거리가 먼 것은?

① 카본(탄화물) 생성이 잘 일어날 수 있다
② 분무 상태가 고르지 못할 수 있다.
③ 역화를 일으키기 쉽다.
④ 무화 불량이 발생하기 쉽다.

해설 중유 연소의 특징

예열 온도가 너무 높을 때 (점도가 낮은 경우)	예열 온도가 너무 낮을 때 (점도가 높을 경우)
㉠ 카본(탄화물) 생성이 잘 일어날 수 있다.	㉠ 카본(탄화물) 생성의 원인이다.
㉡ 분무 상태가 고르지 못할 수 있다.	㉡ 분무 및 무화 불량이 발생하기 쉽다.
㉢ 역화를 일으키기 쉽다.	㉢ 송유가 곤란하다.
㉣ 연료 소비량이 과다하다.	㉣ 점화 불량의 원인이다.
㉤ 불완전 연소의 원인이다.	㉤ 연소 시 화염의 스파크가 발생한다.

16 1보일러 마력은 몇 kg/h의 상당 증발량의 값을 가지는가?

① 15.65
② 79.8
③ 539
④ 860

해설 보일러 마력 : 상당(환산) 증발량 값이 15.65kg/h인 보일러

17 보일러 증발률이 $80kg/m^2 \cdot h$이고, 실제 증발량이 40t/h일 때 전열 면적은 약 몇 m^2인가?

① 200
② 320
③ 450
④ 500

해설 전열 면적 $= \dfrac{40t/h}{80kg/m^2 \cdot h} = \dfrac{40 \times 10^3 kg/h}{80kg/m^2 \cdot h}$
$= 500m^2$

18 보일러 자동 제어에서 시퀀스(sequence) 제어를 가장 옳게 설명한 것은?

① 결과가 원인으로 되어 제어 단계를 진행하는 제어이다.
② 목푯값이 시간적으로 변화하는 제어이다.
③ 목푯값이 변화하지 않고 일정한 값을 갖는 제어이다.
④ 제어의 각 단계를 미리 정해진 순서에 따라 진행하는 제어이다.

해설 시퀀스(sequence) 제어 : 제어의 각 단계를 미리 정해 진순서에 따라 진행하는 제어

19 수관 보일러 중 자연 순환식 보일러와 강제 순환식 보일러에 관한 설명으로 틀린 것은?

① 강제 순환식은 압력이 작아질수록 물과 증기와의 비중 차가 작아서 물의 순환이 원활하지 않은 경우 순환력이 약해지는 결점을 보완하기 위해 강제로 순환시키는 방식이다.
② 자연 순환식 수관 보일러는 드럼과 다수의 수관으로 보일러 물의 순환 회로를 만들 수 있도록 구성된 보일러이다.

정답 14 ① 15 ④ 16 ① 17 ④ 18 ④ 19 ①

③ 자연 순환식 수관 보일러는 곡관을 사용하는 형식이 널리 사용되고 있다.
④ 강제 순환식 수관 보일러의 순환 펌프는 보일러수의 순환 회로 중에 설치한다.

해설 강제 순환식은 압력이 상승하면 불과 증기와의 비중 차가 작아서 물의 순환이 원활하지 않은 경우 순환력이 약해지는 결점을 보완하기 위해 강제로 순환시키는 방식이다.

20 공기 예열기에서 발생되는 부식에 관한 설명으로 틀린 것은?

① 중유 연소 보일러의 배기가스 노점은 연료유 중의 유황 성분과 배기가스의 산소 농도에 의해 좌우된다.
② 공기 예열기에 가장 주의를 요하는 것은 공기 입구와 출구부의 고온 부식이다.
③ 보일러에 사용되는 액체 연료 중에는 유황 성분이 함유되어 있으며 공기 예열기 배기가스 출구 온도가 노점 이상인 경우에도 공기 입구 온도가 낮으면 전열관 온도가 배기가스의 노점 이하가 되어 전열관에 부식을 초래한다.
④ 노점에 영향을 주는 SO_2에서 SO_3로의 변환율은 배기가스 통의 O_2에 영향을 크게 받는다.

해설 ② 공기 예열기에 가장 주의를 요하는 것은 공기 입구와 출구부의 저온 부식이다.

21 다음 중 프로판 가스가 완전 연소될 때 생성되는 것은?

① CO 와 C_3H_8
② C_4H_{10}와 CO_2
③ CO_2와 H_2O
④ CO와 CO_2

해설 $C_3H_8 + 5O_2 \rightarrow 3CO_2 + 4H_2O$

22 보일러 수위 제어 방식인 2요소식에서 검출하는 요소로 옳게 짝지어진 것은?

① 수위와 온도
② 수위와 급수 유량
③ 수위와 압력
④ 수위와 증기 유량

해설 보일러 수위 제어 방식인 2요소식에서 검출하는 요소 : 수위와 증기 유량

23 일반적으로 보일러의 효율을 높이기 위한 방법으로 틀린 것은?

① 보일러 연소실 내의 온도를 낮춘다.
② 보일러 장치의 설계를 최대한 효율이 높도록 한다.
③ 연소 장치에 적합한 연료를 사용한다.
④ 공기 예열기 등을 사용한다.

해설 ① 보일러 연소실 내의 온도를 높인다.

24 보일러 전열면의 그을음을 제거하는 장치는?

① 수저 분출 장치
② 슈트 블로어
③ 절탄기
④ 인젝터

해설 ① 수저 분출 장치 : 보일러수의 pH 조절 및 농축을 방지한다
③ 절탄기 : 연소 가스의 폐열을 이용하여 보일러 급수를 예열시키는 장치이다.
④ 인젝터(injector) : 증기의 분사력을 이용하여 보일러 보조 급수 장치로 사용한다.

정답 20 ② 21 ③ 22 ④ 23 ① 24 ②

25 주철제 보일러의 특징 설명으로 옳은 것은?

① 내열성 및 내식성이 나쁘다.
② 고압 및 대용량으로 적합하다.
③ 섹션의 증감으로 용량을 조절할 수 있다.
④ 인장 및 충격에 강하다.

> **해설** ① 내열성이 나쁘고 내식성이 우수하다.
> ② 고압 및 대용량으로 부적합하다.
> ④ 인장 및 충격에 약하다.

26 고체 연료의 고위 발열량으로부터 저위 발열량을 산출할 때 연료 속의 수분과 다른 한 성분의 함유율을 가지고 계산하여 산출할 수 있는데 이 성분은 무엇인가?

① 산소   ② 수소
③ 유황   ④ 탄소

> **해설** 고체 연료의 고위 발열량으로부터 저위 발열량을 산출할 때 : 연료 속의 수분과 수소 성분의 함유율을 가지고 계산한다.
> 저위 발열량(H_l)=고위 발열량(H_h)−증발 잠열
> $\qquad$ =고위 발열량(H_h)−600(9H+W)
> 여기서, H : 수소, W : 증발 잠열(연료 속의 수분)

27 노통 보일러에서 노통에 직각으로 설치하여 노통의 전열 면적을 증가시키고, 이로 인한 강도 보강, 관수 순환을 양호하게 하는 역할을 위해 설치하는 것은?

① 갤로웨이관
② 아담슨 조인트(Adamson joint)
③ 브리징 스페이스(breathing space)
④ 반구형 경판

> **해설** 갤로웨이관의 설명이다.

28 다음 중 열량(에너지)의 단위가 아닌 것은?

① J
② cal
③ N
④ BTU

> **해설** 열량(에너지)의 단위
> ㉠ 1cal : 표준 대기압 하에서 순수한 물 1g을 14.5℃에서 15.5℃로 1℃ 높이는 데 필요한 열량
> ㉡ 1BTU(british thermal unit) : 순수한 물 1lb를 61.5°F에서 62.5°F로 1°F 높이는 데 필요한 열량
> ㉢ 1J≒0.24cal

29 연료유 저장 탱크의 일반 사항에 대한 설명으로 틀린 것은?

① 연료유를 저장하는 저장 탱크 및 서비스 탱크는 보일러의 운전에 지장을 주지 않는 용량의 것으로 하여야 한다.
② 연료유 탱크에는 보기 쉬운 위치에 유면계를 설치하여야 한다.
③ 연료유 탱크에는 탱크 내의 유량이 정상적인 양보다 초과 또는 부족한 경우에 경보를 발하는 경보 장치를 설치하는 것이 바람직하다.
④ 연료유 탱크에 드레인을 설치할 경우, 누유에 따른 화재 발생 소지가 있으므로 이물질을 배출할 수 있는 드레인은 탱크 상단에 설치하여야 한다.

> **해설** ④ 연료유 탱크에 드레인을 설치할 경우, 누유에 따른 화재 발생 소지가 있으므로 이물질을 배출할 수 있는 드레인은 탱크 하단에 설치하여야 한다.

정답 25 ③ 26 ② 27 ① 28 ③ 29 ④

30 강철제 증기 보일러의 안전 밸브 부착에 관한 설명으로 잘못된 것은?

① 쉽게 검사할 수 있는 곳에 부착한다.
② 밸브 축을 수직으로 하여 부착한다.
③ 밸브의 부착은 플랜지, 용접 또는 나사 접합식으로 한다.
④ 가능한 한 보일러의 동체에 직접 부착시키지 않는다.

해설 ④ 가능한 한 보일러의 동체에 직접 부착한다.

31 회전 이음이라고도 하며 2개 이상의 엘보를 사용하여 이음부의 나사 회전을 이용해서 배관의 신축을 흡수하는 신축 이음쇠는?

① 루프형 신축 이음쇠
② 스위블형 신축 이음쇠
③ 벨로스형 신축 이음쇠
④ 슬리브형 신축 이음쇠

해설 ① 루프형 신축 이음쇠 : 강관을 구부려 그 신축성을 이용한 것으로서 고압 증기의 옥외 배관에 사용한다.
③ 벨로스형 신축 이음쇠 : 설치에 넓은 장소를 필요로 하지 않고 신축에 의한 응력을 일으키지 않는다.
④ 슬리브형 신축 이음쇠 : 이음 본체 속에 미끄러질 수 있는 슬리브 파이프를 넣고 석면을 흑연으로 처리한 패킹재를 끼워 설치한 신축 이음쇠이다.

32 단열재의 구비 조건으로 맞는 것은?

① 비중이 커야 한다.
② 흡수성이 커야 한다.
③ 가연성이어야 한다.
④ 열전도율이 작아야 한다.

해설 ① 비중이 작아야 한다.
② 흡수성이 작아야 한다.
③ 불연성이어야 한다.

33 보일러 사고 원인 중 취급 부주의가 아닌 것은?

① 과열
② 부식
③ 압력 초과
④ 재료 불량

해설 보일러 사고 원인
㉠ 취급 부주의 : 과열, 부식, 압력 초과 등
㉡ 제작상의 결함 : 재료 불량, 설계 불량, 구조 불량, 용접 불량 등

34 보일러의 계속 사용 검사 기준 중 내부 검사에 관한 설명이 아닌 것은?

① 관의 부식 등을 검사할 수 있도록 스케일은 제거되어야 하며, 관 끝 부분의 손상, 취화 및 빠짐이 없어야 한다.
② 노벽 보호 부분은 벽체의 현저한 균열 및 파손 등 사용상 지장이 없어야 한다.
③ 내용물의 외부 유출 및 본체의 부식이 없어야 한다. 이때 본체의 부식 상태를 판별하기 위하여 보온재 등 피복물을 제거하게 할 수 있다.
④ 연소실 내부에는 부적당하거나 결함이 있는 버너 또는 스토커의 설치 운전에 의한 현저한 열의 국부적인 집중으로 인한 현상이 없어야 한다.

해설 보일러의 계속 사용 검사 기준 중 내부 검사
㉠ 관의 부식 등을 검사할 수 있도록 스케일은 제거되어야 하며 관 끝 부분의 손상, 취화 및 빠짐이 없어야 한다.
㉡ 노벽 보호 부분은 벽체의 현저한 균열 및 파손 등 사용상 지장이 없어야 한다.
㉢ 연소실 내부에는 부적당하거나 결함이 있는 버너 또는 스토커의 설치 운전에 의한 현저한 열의 국부적인 집중으로 인한 현상이 없어야 한다.

정답 30 ④ 31 ② 32 ④ 33 ④ 34 ③

35 배관계에 설치한 밸브의 오작동 방지 및 배관계 취급의 적정화를 도모하기 위해 배관에 식별(識別) 표시를 하는데 관계가 없는 것은?

① 지지 하중
② 식별색
③ 상태 표시
④ 물질 표시

해설 배관계에 설치한 밸브의 오작동 방지 등을 위한 배관에의 식별 표시
㉠ 식별색
㉡ 상태 표시
㉢ 물질 표시

36 증기 난방의 중력 환수식에서 복관식인 경우 배관 기울기로 적당한 것은?

① 1/50 정도의 순 기울기
② 1/100 정도의 순 기울기
③ 1/150 정도의 순 기울기
④ 1/200 정도의 순 기울기

해설 증기 난방의 중력 환수식 중 복관식의 배관 기울기 : $\frac{1}{200}$ 정도의 순 기울기

37 스테인리스 강관의 특징 설명으로 옳은 것은?

① 강관에 비해 두께가 얇고 가벼워 운반 및 시공이 쉽다.
② 강관에 비해 내열성은 우수하나 내식성은 떨어진다.
③ 강관에 비해 기계적 성질이 떨어진다.
④ 한랭지 배관이 불가능하며 동결에 대한 저항이 작다.

해설 스테인리스 강관 : 강관에 비해 두께가 얇고 가벼워 운반 및 시공이 쉽다.

38 증기 난방의 시공에서 환수 배관에 리프트 피팅(lift fitting)을 적용하여 시공할 때 1단의 흡상 높이로 적당한 것은?

① 1.5m 이내
② 2m 이내
③ 2.5m 이내
④ 3m 이내

해설 리프트 피팅(lift fitting) : 이음 방법은 환수 주관보다 높은 곳에 진공 펌프가 있을 때와 방열기보다 높은 곳에 환수 주관을 배관하는 경우 적용되며, 1단 흡상 높이는 1.5m 이내이다.

39 기름 보일러에서 연소 중 화염이 점멸하는 등 연소 불안정이 발생하는 경우가 있다. 그 원인으로 적당하지 않은 것은?

① 기름의 점도가 높을 때
② 기름 속에 수분이 혼입되었을 때
③ 연료의 공급 상태가 불안정한 때
④ 노내가 부압(負壓)인 상태에서 연소했을 때

해설 기름 보일러에서 연소 불안정이 발생하는 경우
㉠ 기름의 점도가 높을 때
㉡ 기름 속에 수분이 혼입되었을 때
㉢ 연료의 공급 상태가 불안정할 때

40 보일러의 가동 중 주의해야 할 사항으로 맞지 않는 것은?

① 수위가 안전 저수위 이하로 되지 않도록 수시로 점검한다.
② 증기 압력이 일정하도록 연료 공급을 조절한다.
③ 과잉 공기를 많이 공급하여 완전 연소가 되도록 한다.
④ 연소량을 증가시킬 때는 통풍량을 먼저 증가시킨다.

해설 ③ 적정한 공기를 공급하여 완전 연소가 되도록 한다.

정답 35 ① 36 ④ 37 ① 38 ① 39 ④ 40 ③

41 증기 난방에서 환수관의 수평 배관에서 관경이 가늘어지는 경우 편심 리듀서를 사용하는 이유로 적합한 것은?

① 응축수의 순환을 억제하기 위해
② 관의 열팽창을 방지하기 위해
③ 동심 리듀서보다 시공을 단축하기 위해
④ 응축수의 체류를 방지하기 위해

해설 편심 리듀서를 사용하는 이유 : 응축수의 체류를 방지하기 위해

42 온수 난방 설비에서 복관식 배관 방식에 대한 특징으로 틀린 것은?

① 단관식보다 배관 설비비가 적게 든다.
② 역귀환 방식의 배관을 할 수 있다.
③ 발열량을 밸브에 의하여 임의로 조정할 수 있다.
④ 온도 변화가 거의 없고 안정성이 높다.

해설 ① 단관식보다 배관 설비비가 많이 든다.

43 개방식 팽창 탱크에서 필요가 없는 것은?

① 배기관
② 압력계
③ 급수관
④ 팽창관

해설 개방식 팽창 탱크의 구성
㉠ 배기관, ㉡ 급수관, ㉢ 팽창관

44 중앙식 급탕법에 대한 설명으로 틀린 것은?

① 기구의 동시 이용률을 고려하여 가열 장치의 총 용량을 적게 할 수 있다.
② 기계실 등에 다른 설비 기계와 함께 가열 장치 등이 설치되기 때문에 관리가 용이하다.
③ 설비 규모가 크고 복잡하기 때문에 초기 설비비가 비싸다.
④ 비교적 배관 길이가 짧아 열손실이 작다.

해설 ④ 비교적 배관 길이가 길어 열손실이 크다.

45 보일러의 손상에서 팽출(彭出)을 옳게 설명한 것은?

① 보일러의 본체가 화염에 과열되어 외부로 볼록하게 튀어나오는 현상
② 노통이나 화실이 외측의 압력에 의해 눌려 쭈그러져 찢어지는 현상
③ 강판에 가스가 포함된 것이 화염의 접촉으로 양쪽으로 오목하게 되는 현상
④ 고압 보일러 드럼 이음에 주로 생기는 응력 부식 균열의 일종

해설 팽출 : 보일러의 본체가 화염에 과열되어 외부로 볼록하게 튀어나오는 현상

46 방열기 내 온수의 평균 온도 85℃, 실내 온도 15℃, 방열 계수 7.2kcal/m²·h·℃인 경우 방열기 방열량은 얼마인가?

① 450kcal/m²·h
② 504kcal/m²·h
③ 509kcal/m²·h
④ 515kcal/m²·h

해설 방열기 방열량(kcal/m²·h)
=방열기의 방열 계수(kcal/m²·h·℃)
　×(방열기 내 열매의 평균 온도−실내의 공기 온도)℃
=7.2kcal/m²·h·℃×(85−15)℃
=504kcal/m²·h

정답 41 ④　42 ①　43 ②　44 ④　45 ①　46 ②

47 보일러 건식 보존법에서 가스 봉입 방식(기체 보존법)에 사용되는 가스는?

① O_2
② N_2
③ CO
④ CO_2

해설 보일러 건식 보존법 중 가스 봉입 방식(기체 보존법)에 사용되는 가스 : N_2(질소)

48 보일러 점화 전 수위 확인 및 조정에 대한 설명 중 틀린 것은?

① 수면계의 기능 테스트가 가능한 정도의 증기 압력이 보일러 내에 남아있을 때는 수면계의 기능 시험을 해서 정상인지 확인한다.
② 2개의 수면계의 수위를 비교하고 동일 수위인지 확인한다.
③ 수면계에 수주관이 설치되어 있을 때는 수주 연락관의 체크 밸브가 바르게 닫혀 있는지 확인한다.
④ 유리관이 더러워졌을 때는 수위를 오인하는 경우가 있기 때문에 필히 청소하거나 또는 교환하여야 한다.

해설 ③ 수면계에 수주관이 설치되어 있을 때는 수주 연락관의 체크 밸브가 바르게 열려 있는지 확인한다.

49 온수 난방에 대한 특징을 설명한 것으로 틀린 것은?

① 증기 난방에 비해 소요 방열 면적과 배관경이 작게 되므로 시설비가 적어진다.
② 난방 부하의 변동에 따라 온도 조절이 쉽다.
③ 실내 온도의 쾌감도가 비교적 높다.
④ 밀폐식일 경우 배관의 부식이 적어 수명이 길다.

해설 ① 증기 난방에 비해 소요 방열 면적과 배관경이 크게 되므로 시설비가 많이 든다.

50 보일러 운전 중 정전이 발생한 경우의 조치 사항으로 적합하지 않은 것은?

① 전원을 차단한다.
② 연료 공급을 멈춘다.
③ 안전 밸브를 열어 증기를 분출시킨다.
④ 주증기 밸브를 닫는다.

해설 ③ 안전 밸브는 작동시키지 않는다.

51 보일러 취급자가 주의하여 염두에 두어야 할 사항으로 틀린 것은?

① 보일러 사용처의 작업 환경에 따라 운전 기준을 설정하여 둔다.
② 사용치에 필요한 증기를 항상 발생, 공급할 수 있도록 한다.
③ 증기 수요에 따라 보일러 정격 한도를 10% 정도 초과하여 운전한다.
④ 보일러 제작사 취급 설명서의 의도를 파악 숙지하여 그 지시에 따른다.

해설 ③ 증기 수요에 따라 보일러 정격 한도를 초과하여 운전하지 않아야 한다.

52 캐리 오버(carry over)에 대한 방지 대책이 아닌 것은?

① 압력을 규정 압력으로 유지해야 한다
② 수면이 비정상적으로 높게 유지되지 않도록 한다.
③ 부하를 급격히 증가시켜 증기실의 부하율을 높인다.

정답 47 ② 48 ③ 49 ① 50 ③ 51 ③ 52 ③

④ 보일러수에 포함되어 있는 유지류나 용해 고형물 등의 불순물을 제거한다.

해설 캐리 오버(carry over) : 보일러수 속의 용해 고형물이나 현탁 고형물이 증기에 섞여 보일러 밖으로 튀어 나가는 현상
㈎ 발생 원인
　㉠ 부하를 급격히 증가시켜 증기실의 부하율을 높인다.
　㉡ 주증기 밸브를 급히 개방한다.
　㉢ 고수위로 운전한다.
　㉣ 보일러수가 농축되었다.
㈏ 방지 대책
　㉠ 압력을 규정 압력으로 유지해야 한다.
　㉡ 주증기 밸브를 천천히 개방한다.
　㉢ 수면이 비정상적으로 높게 유지되지 않도록 한다.
　㉣ 보일러수에 포함되어 있는 유지류나 용해 고형물 등의 불순물을 제거한다.

53 보일러 수압 시험 시의 시험 수압은 규정된 압력의 몇 % 이상을 초과하지 않도록 해야 하는가?

① 3%　　② 4%
③ 5%　　④ 6%

해설 보일러 수압 시험 : 시험 수압은 규정된 압력의 6% 이상을 초과하지 않도록 한다.

54 증기 배관 내에 응축수가 고여있을 때 증기 밸브를 급격히 열어 증기를 빠른 속도로 보냈을 때 발생하는 현상으로 가장 적합한 것은?

① 압궤가 발생한다.
② 팽출이 발생한다.
③ 블리스터가 발생한다.
④ 수격 작용이 발생한다.

해설 수격 작용(water hammer) : 증기 배관 내에 응축수가 고여있을 때 증기 밸브를 급격히 열어 증기를 빠른 속도로 보냈을 때 발생하는 현상

55 에너지법에서 정한 에너지 기술 개발 사업비로 사용될 수 없는 사항은?

① 에너지에 관한 연구 인력 양성
② 온실가스 배출을 늘리기 위한 기술 개발
③ 에너지 사용에 따른 대기오염 저감을 위한 기술개발
④ 에너지 기술 개발 성과의 보급 및 홍보

해설 에너지 기술 개발 사업비로 사용될 수 있는 것
㉠ 에너지 기술의 연구·개발에 관한 사항
㉡ 에너지 기술의 수요 조사에 관한 사항
㉢ 에너지 사용 기자재와 에너지 공급 설비 및 그 부품에 관한 기술 개발에 관한 사항
㉣ 에너지 기술 개발 성과의 보급 및 홍보에 관한 사항
㉤ 에너지 기술에 관한 국제 협력에 관한 사항
㉥ 에너지에 관한 연구 인력 양성에 관한 사항
㉦ 에너지 사용에 따른 대기오염을 줄이기 위한 기술 개발에 관한 사항
㉧ 온실가스 배출을 줄이기 위한 기술 개발에 관한 사항
㉨ 에너지 기술에 관한 정보의 수집·분석 및 제공과 이와 관련된 학술 활동에 관한 사항
㉩ 평가원의 에너지 기술 개발 사업 관리에 관한 사항

56 산업통상자원부 장관이 에너지 저장 의무를 부과할 수 있는 대상자로 맞는 것은?

① 연간 5천 석유환산톤 이상의 에너지를 사용하는 자
② 연간 6천 석유환산톤 이상의 에너지를 사용하는 자
③ 연간 1만 석유환산톤 이상의 에너지를 사용하는 자
④ 연간 2만 석유환산톤 이상의 에너지를 사용하는 자

해설 산업통상자원부 장관이 에너지 저장 의무를 부과할 수 있는 대상자 : 연간 2만 석유환산톤 이상의 에너지를 사용하는 자

정답　53 ④　54 ④　55 ②　56 ④

57 신에너지 및 재생 에너지 개발·이용·보급 촉진법에서 규정하는 신에너지 또는 재생 에너지에 해당하지 않는 것은?

① 태양 에너지
② 풍력
③ 수소 에너지
② 원자력 에너지

해설 신에너지 및 재생 에너지 : 기존의 화석 연료를 변환시켜 이용하거나 햇빛·물·지열(地熱)·강수(降水)·생물 유기체 등을 포함하는 재생 가능한 에너지를 변환시켜 이용하는 에너지로서 다음에 해당하는 것을 말한다.
㉠ 태양 에너지
㉡ 생물 자원을 변환시켜 이용하는 바이오 에너지로서 대통령령으로 정하는 기준 및 범위에 해당하는 에너지
㉢ 풍력
㉣ 수력
㉤ 연료 전지
㉥ 석탄을 액화·가스화한 에너지 및 중질잔사유(重質殘査油)를 가스화한 에너지로서 대통령령으로 정하는 기준 및 범위에 해당하는 에너지
㉦ 해양 에너지
㉧ 대통령령으로 정하는 기준 및 범위에 해당하는 폐기물 에너지
㉨ 지열 에너지
㉩ 수소 에너지
㉪ 그 밖에 석유·석탄·원자력 또는 천연가스가 아닌 에너지로서 대통령령으로 정하는 에너지

58 에너지 이용 합리화법에 따라 에너지 다소비 사업자가 매년 1월 31일까지 신고해야 할 사항과 관계없는 것은?

① 전년도의 에너지 사용량
② 전년도의 제품 생산량
③ 에너지 사용 기자재의 현황
④ 해당 연도의 에너지 관리 진단 현황

해설 에너지 다소비 사업자가 매년 1월 31일까지 신고해야 할 사항
㉠ 전년도의 에너지 사용량·제품 생산량
㉡ 해당 연도의 에너지 사용 예정량·제품 생산 예정량
㉢ 에너지 사용 기자재의 현황
㉣ 전년도의 에너지 이용 합리화 실적 및 해당 연도의 계획
㉤ ㉠부터 ㉣까지의 사항에 관한 업무를 담당하는 자의 현황

59 에너지 이용 합리화법의 목적과 거리가 먼 것은?

① 에너지 소비로 인한 환경 피해 감소
② 에너지의 수급 안정
③ 에너지의 소비 촉진
⑤ 에너지의 효율적인 이용 증진

해설 에너지 이용 합리화법의 목적 : 에너지의 수급을 안정시키고 에너지의 합리적이고 효율적인 이용을 증진하며 에너지 소비로 인한 환경 피해를 줄임으로써 국민 경제의 건전한 발전 및 국민 복지의 증진과 지구 온난화의 최소화에 이바지함을 목적으로 한다.

60 저탄소 녹색 성장 기본법에 따라 2020년의 우리나라 온실가스 감축 목표로 옳은 것은?

① 2020년의 온실가스 배출 전망치 대비 100분의 20
② 2020년의 온실가스 배출 전망치 대비 100분의 30
③ 2000년 온실가스 배출량의 100분의 20
④ 2000년 온실가스 배출량의 100분의 30

해설 2020년 우리나라 온실가스 감축 목표 : 2020년의 온실가스 배출 전망치 대비 100분의 30

정답 57 ④ 58 ④ 59 ③ 60 ②

에너지관리기능사 (2024. 1. 21 시행)

01 수관식 보일러에 대한 설명으로 틀린 것은?

① 고온, 고압에 적당하다.
② 용량에 비해 소요 면적이 적으며 효율이 좋다.
③ 보유 수량이 많아 파열 시 피해가 크고, 부하 변동에 응하기 쉽다.
④ 급수의 순도가 나쁘면 스케일이 발생하기 쉽다.

> **해설** ③ 보유 수량이 적어 파열 시 피해가 적고, 부하 변동에 응하기 어렵다.

02 보일러 제어 장치 중 연소용 공기를 제어하는 설비는 자동제어에서 어디에 속하는가?

① F.W.C ② A.B.C
③ A.C.C ④ A.F.C

> **해설** ① F.W.C(Feed Water Control) : 급수 제어
> ② A. B. C(Automatic Boiler Control) : 보일러 자동 제어
> ③ A. C. C(Automatic Combustion Control) : 연소 제어
> ④ A. F. C(Automatic Frequency Control) : 자동 주파수 조정

03 절대 온도 360K를 섭씨 온도로 환산하면 약 몇 ℃인가?

① 97℃ ② 87℃
③ 67℃ ④ 57℃

> **해설** 섭씨 온도(℃)=절대 온도(K)−273
> =360−273=87℃

04 기체 연료의 발열량 단위로 옳은 것은?

① $kcal/m^2$ ② $kcal/cm^2$
③ $kcal/mm^2$ ④ $kcal/Nm^2$

> **해설** 기체 연료의 발열량 단위 : $kcal/Nm^2$

05 제어계를 구성하는 요소 중 전송기의 종류에 해당되지 않는 것은?

① 전기식 전송기
② 증기식 전송기
③ 유압식 전송기
④ 공기압식 전송기

> **해설** 전송기의 종류
> ㉠ 공기압식 전송기
> ㉡ 유압식 전송기
> ㉢ 전기식 전송기

06 액체 연료의 유압 분무식 버너의 종류에 해당되지 않는 것은?

① 플런저형
② 외측 반환유형
③ 직접 분사형
④ 간접 분사형

> **해설** 액체 연료의 유압 분무식 버너의 종류
> ㉠ 플런저형
> ㉡ 외측 반환유형
> ㉢ 직접 분사형

정답 01 ③ 02 ③ 03 ② 04 ④ 05 ② 06 ④

07 입형(직립) 보일러에 대한 설명으로 틀린 것은?
① 동체를 바로 세워 연소실을 그 하부에 둔 보일러이다.
② 전열 면적을 넓게 할 수 있어 대용량에 적당하다.
③ 다관식은 전열 면적을 보강하기 위하여 다수의 연관을 설치한 것이다.
④ 횡관식은 횡관의 설치로 전열면을 증가시킨다.

해설 ② 전열 면적을 넓게 할 수 있어 소용량에 적당하다.

08 공기 예열기에 대한 설명으로 틀린 것은?
① 보일러의 열효율을 향상시킨다.
② 불완전 연소를 감소시킨다.
③ 배기가스의 열손실을 감소시킨다.
④ 통풍 저항이 작아진다.

해설 ④ 통풍 저항이 증가한다.

09 보일러 1마력을 상당 증발량으로 환산하면 약 얼마인가?
① 13.65kg/h ② 15.65kg/h
③ 18.65kg/h ④ 21.65kg/h

해설 보일러 1마력 : 표준 상태에서 15.65kg/h의 상당 증발량을 나타낼 수 있는 능력

10 다음 중 LPG의 주성분이 아닌 것은?
① 부탄   ② 프로판
③ 프로필렌 ④ 메탄

해설 LPG의 주성분
㉠ 프로판(C_3H_8)
㉡ 프로필렌(C_3H_6)
㉢ 부탄(C_4H_{10})
㉣ 부타디엔(C_4H_8)

11 수면계의 기능 시험 시기에 대한 설명으로 틀린 것은?
① 가마울림 현상이 나타날 때
② 2개 수면계의 수위에 차이가 있을 때
③ 보일러를 가동하여 압력이 상승하기 시작했을 때
④ 프라이밍, 포밍 등이 생길 때

해설 수면계 기능 시험의 시기
㉠ ②③④
㉡ 수면계 수위가 의심이 갈 때
㉢ 수면계 유리관을 교체하였을 때
㉣ 보일러의 점화 전(가동하기 전)

12 특수 보일러 중 간접 가열 보일러에 해당되는 것은?
① 슈미트 보일러   ② 베록스 보일러
③ 벤슨 보일러   ④ 코니시 보일러

해설 ① 슈미트 보일러 : 간접 가열 보일러
② 베록스 보일러 : 강제 순환식 수관 보일러
③ 벤슨 보일러 : 관류 보일러
④ 코니시 보일러 : 횡형 보일러 중 노통 보일러

13 오일 프리 히터의 사용 목적이 아닌 것은?
① 연료의 점도를 높여준다.
② 연료의 유동성을 증가시켜 준다.
③ 완전 연소에 도움을 준다.
④ 분무 상태를 양호하게 한다.

해설 연료의 점도를 낮춰준다.

14 보일러의 안전 저수면에 대한 설명으로 적당한 것은?
① 보일러의 보안상, 운전 중에 보일러 전열면이 화염에 노출되는 최저 수면의 위치

정답 07 ② 08 ④ 09 ② 10 ④ 11 ① 12 ① 13 ① 14 ④

② 보일러의 보안상, 운전 중에 급수하였을 때의 최초 수면의 위치
③ 보일러의 보안상, 운전 중에 유지해야 하는 일상적인 가동 시의 표준 수면의 위치
④ 보일러의 보안상, 운전 중에 유지해야 하는 보일러 드럼 내 최저 수면의 위치

해설 보일러의 안전 저수면 : 보일러의 보안상, 운전 중에 유지해야 하는 보일러 드럼 내 최저 수면의 위치

15 가스 버너에서 리프팅(lifting) 현상이 발생하는 경우는?

① 가스압이 너무 높은 경우
② 버너 부식으로 염공이 커진 경우
③ 버너가 과열된 경우
④ 1차 공기의 흡인이 많은 경우

해설 리프팅 현상은 역화와 반대로 불꽃이 버너에서 비상하여 형성되는 경우이며, 가스압이 너무 높은 경우 발생한다.

16 보일러 급수 처리의 목적으로 볼 수 없는 것은?

① 부식의 방지
② 보일러수의 농축 방지
③ 스케일 생성 방지
④ 역화(back fire) 방지

해설 보일러 급수 처리의 목적
㉠ 부식의 방지
㉡ 보일러수의 농축 방지
㉢ 스케일 생성 방지

17 보일러 효율 시험 방법에 관한 설명으로 틀린 것은?

① 급수 온도는 절탄기가 있는 것은 절탄기 입구에서 측정한다.
② 배기가스의 온도는 전열면의 최종 출구에서 측정한다.
③ 포화 증기의 압력은 보일러 출구의 압력으로 부르동관식 압력계로 측정한다.
④ 증기 온도의 경우 과열기가 있을 때는 과열기 입구에서 측정한다.

해설 ④ 증기 온도의 경우 과열기가 있을 때는 과열기 출구에서 측정한다.

18 증기 보일러에서 감압 밸브 사용의 필요성에 대한 설명으로 가장 적합한 것은?

① 고압 증기를 감압시키면 잠열이 감소하여 이용열이 감소된다.
② 고압 증기는 저압 증기에 비해 관경을 크게 해야 하므로 배관 설비비가 증가한다.
③ 감압을 하면 열교환 속도가 불규칙하나 열전달이 균일하여 생산성이 향상된다.
④ 감압을 하면 증기의 건도가 향상되어 생산성 향상과 에너지 절감이 이루어진다.

해설 증기 보일러에서 감압 밸브 사용의 필요성
감압을 하면 증기의 건도가 향상되어 생산성 향상과 에너지 절감이 이루어진다.

19 자연 통풍에 대한 설명으로 가장 옳은 것은?

① 연소에 필요한 공기를 압입 송풍기에 의해 통풍하는 방식이다.
② 연돌로 인한 통풍 방식이며, 소형 보일러에 적합하다.
③ 축류형 송풍기를 이용하여 연도에서 열가스를 배출하는 방식이다.
④ 송·배풍기를 보일러 전·후면에 부착하여 통풍하는 방식이다.

해설 자연 통풍
연돌로 인한 통풍이며, 소형 보일러에 적합하다.

정답 15 ① 16 ④ 17 ④ 18 ④ 19 ②

20 육상용 보일러의 열정산은 원칙적으로 정격 부하 이상에서 정상 상태로 적어도 몇 시간 이상의 운전 결과에 따라 하는가? (단, 액체 또는 기체 연료를 사용하는 소형 보일러에서 인수·인도 당사자 간의 협정이 있는 경우는 제외)

① 0.5시간 ② 1시간
③ 1.5시간 ④ 2시간

해설 육상용 보일러의 열정산
원칙적으로 정격 부하 이상에서 정상 상태로 적어도 2시간 이상의 운전 결과에 따라 한다(단, 액체 또는 기체 연료를 사용하는 소형 보일러에서 인수·인도 당사자 간의 협정이 있는 경우는 제외).

21 과열기를 연소 가스 흐름 상태에 의해 분류할 때 해당되지 않는 것은?

① 복사형 ② 병류형
③ 향류형 ④ 혼류형

해설 연소 가스 흐름 형태에 의한 과열기의 분류
㉠ 병류형, ㉡ 향류형, ㉢ 혼류형

22 공기량이 지나치게 많을 때 나타나는 현상 중 틀린 것은?

① 연소실 온도가 떨어진다.
② 열효율이 저하한다.
③ 연료 소비량이 증가한다.
④ 배기가스 온도가 높아진다.

해설 ④ 배기가스 온도가 낮아진다.

23 보일러 연소 장치의 선정 기준에 대한 설명으로 틀린 것은?

① 사용 연료의 종류와 형태를 고려한다.
② 연소 효율이 높은 장치를 선택한다.
③ 과잉 공기를 많이 사용할 수 있는 장치를 선택한다.
④ 내구성 및 가격 등을 고려한다.

해설 ③ 과잉 공기를 적게 사용할 수 있는 장치를 선택한다.

24 열전달의 기본 형식에 해당되지 않는 것은?

① 대류 ② 복사
③ 발산 ④ 전도

해설 열전달의 기본 형식
㉠ 전도, ㉡ 대류, ㉢ 복사

25 보일러의 출열 항목에 속하지 않는 것은?

① 불완전 연소에 의한 열손실
② 연소 잔재물 중의 미연소분에 의한 열손실
③ 공기의 현열 손실
④ 방산에 의한 손실열

해설 보일러의 출열 항목
㉠ ①②④
㉡ 발생 증기의 흡수열(유효 출열)
㉢ 연소 가스에 의해서 생기는 배기가스 손실열(수증기 포함)
㉣ 노내 분입 증기에 의한 열손실

26 보일러의 압력이 $8kgf/cm^2$이고, 안전 밸브 입구 구멍의 단면적이 $20cm^2$라면 안전 밸브에 작용하는 힘은 얼마인가?

① 140kgf ② 160kgf
③ 170kgf ④ 180kgf

해설 안전 밸브에 작용하는 힘
$= 8kgf/cm^2 \times 20cm^2$
$= 160kgf$

정답 20 ④ 21 ① 22 ④ 23 ③ 24 ③ 25 ③ 26 ②

27 어떤 보일러의 5시간 동안 증발량이 5,000kg 이고, 그때의 급수 엔탈피가 25kcal/kg, 증기 엔탈피가 675kcal/kg이라면 상당 증발량은 약 몇 kg/h인가?

① 1,106 ② 1,206
③ 1,304 ④ 1,451

해설 상당 증발량
= 매시 실제 증발량[kg/h] ×
$\dfrac{(중기\ 엔탈피\ [kcal/kg] - 급수\ 엔탈피\ [kcal/kg])}{539[kcal/kg]}$

$\dfrac{5,000/5 \times (675-25)}{539}$

= 1,206kg/h

28 보일러 동 내부 안전 저수위보다 약간 높게 설치하여 유지분, 부유물 등을 제거하는 장치로서 연속 분출 장치에 해당되는 것은?

① 수면 분출 장치
② 수저 분출 장치
③ 수중 분출 장치
④ 압력 분출 장치

해설 수면 분출 장치의 설명이다.

29 1기압하에서 20℃ 물 10kg을 100℃ 증기로 변화시킬 때 필요한 열량은 얼마인가? (단, 물의 비열은 1kcal/kg·℃임)

① 6,190kcal ② 6,390kcal
③ 7,380kcal ④ 7,480kcal

해설 ㉠ 20℃의 물 10kg을 100℃의 물로 변화시키기 위해 필요한 열량
여기서, Q_1 : 열량(kcal)
　　　　C : 비열(kcal/kg·℃)
　　　　G : 질량(kg)
　　　　t_2 : 최후 온도(℃)
　　　　t_1 : 최초 온도(℃)

∴ $Q_1 = 10kg \times 1kcal/kg·℃ \times (100℃ - 20℃)$
　　　= 800kcal

㉡ 100℃의 물 10kg을 100℃의 수증기로 변화시키기 위해 필요한 열량
$Q_2 = G\gamma$
여기서, Q_2 : 열량(kcal)
　　　　G : 질량(kg)
　　　　γ : 증발 잠열(539[kcal/kg])

∴ $Q_2 = 10kg \times 539kcal/kg = 5,390kcal$

㉢ 20℃의 물 10kg을 100℃의 증기로 변화시킬 때 필요한 열량
$Q = Q_1 + Q_2 = 800kcal + 5,390kcal$
　　= 6,190kcal

30 최고 사용 압력이 16kgf/cm²인 강철제 보일러의 수압 시험 압력으로 맞는 것은?

① 8kgf/cm²
② 16kgf/cm²
③ 24kgf/cm²
④ 32kgf/cm²

해설 강철제 보일러의 수압 시험 압력
㉠ 최고 사용 압력 0.43MPa 이하
　= 최고 사용 압력의 2배(단, 시험 압력이 0.2MPa 미만인 경우에는 0.2MPa)
㉡ 최고 사용 압력 0.43MPa 초과 1.5MPa 이하
㉢ 최고 사용 압력 1.5MPa 초과
　= 최고 사용 압력의 1.5배
16kgf/cm² = 1.6MPa이므로
수압 시험 압력 = 16kgf/cm² × 1.5 = 24kgf/cm²

31 강관재 루프형 신축 이음은 고압에 견디고, 고장이 적어 고온·고압용 배관에 이용되는데, 이 신축 이음의 곡률 반경은 관지름의 몇 배 이상으로 하는 것이 좋은가?

① 2배 ② 3배
③ 4배 ④ 6배

정답 27 ② 28 ① 29 ① 30 ③ 31 ④

[해설] 강관재 루프형 신축 이음
고압에 견디고 고장이 적어 고온·고압용 배관에 이용되는데, 이 신축 이음의 곡률 반경은 관지름의 6배 이상으로 한다.

32 단관 중력 순환식 온수 난방의 배관은 주관을 앞내림 기울기로 하여 공기가 모두 어느 곳으로 빠지게 하는가?

① 드레인 밸브   ② 팽창 탱크
③ 에어벤트 밸브   ④ 체크 밸브

[해설] 관 중력 순환식 온수 난방의 배관은 주관을 앞내림 기울기로 하여 공기가 모두 팽창 탱크로 빠지게 한다.

33 보일러에서 발생하는 고온 부식의 원인 물질로 거리가 먼 것은?

① 나트륨   ② 유황
③ 철   ④ 바나듐

[해설] 고온 부식의 원인 물질
나트륨(Na), 유황(S), 바나듐(V)

34 두께가 13cm, 면적이 $10m^2$인 벽이 있다. 벽 내부 온도는 200℃, 외부의 온도가 20℃일 때 벽을 통한 전도되는 열량은 약 몇 kcal/h인가? (단, 열전도율은 0.02kcal/m·h·℃임)

① 234.2   ② 259.6
③ 276.9   ④ 312.3

[해설] 벽을 통해 전도되는 열량
$= 열전도율 \times \dfrac{(내부\ 온도\ -\ 외부\ 온도)}{두께} \times 면적$
$= 0.02 Kcal/m \cdot h \cdot ℃ \times \dfrac{(200℃ - 20℃)}{0.13m} \times 10m^2$
$= 276.9 kcal/h$

35 배관 지지 장치의 명칭과 용도가 잘못 연결된 것은?

① 파이프 슈 – 관의 수평부, 곡관부 지지
② 리지드 서포트 – 빔 등으로 만든 지지대
③ 롤러 서포트 – 방진을 위해 변위가 적은 곳에 사용
④ 행거 – 배관계의 중량을 위에서 달아 매는 장치

[해설] ③ 롤러 서포트 : 관을 지지하면서 신축을 자유롭게 하는 것으로, 롤러가 관을 받친다.

36 다음 중 보일러에서 실화가 발생하는 원인으로 거리가 먼 것은?

① 버너의 팁이나 노즐이 카본이나 소손 등으로 막혀 있다.
② 분사용 증기 또는 공기의 공급량이 연료량에 비해 과다 또는 과소하다.
③ 중유를 과열하여 중유가 유관 내나 가열기 내에서 가스화하여 중유의 흐름이 중단되었다.
④ 연료 속의 수분이나 공기가 거의 없다.

[해설] 보일러에 실화가 발생하는 원인
㉠ 버너의 팁이나 노즐이 카본이나 소손 등으로 막혀 있다.
㉡ 분사용 증기 또는 공기의 공급량이 연료량에 비해 과대 또는 과소하다.
㉢ 중유를 과열하여 중유가 유관 내나 가열기 내에서 가스화하여 중유의 흐름이 중단되었다.

37 포화 온도 105℃인 증기 난방 방열기의 상당 방열 면적이 $20m^2$일 경우 시간당 발생하는 응축수량은 약 몇 kg/h인가? (단, 105℃ 증기의 증발 잠열은 535.6kcal/kg임)

① 10.37   ② 20.57
③ 12.17   ④ 24.27

정답 32 ② 33 ③ 34 ③ 35 ③ 36 ④ 37 ④

해설 증기 방열기의 표준 방열량은 650kcal/h·m²이므로 시간당 발생하는 응축수량(kg/h)은
= 방열량(kcal/h·m²) × 상당 방열 면적(m²) / 증발 잠열(kcal/kg)
= 650kcal/h·m² × 20m² / 535.6kcal/kg
= 24.27kg/h

38 가동 보일러에 스케일과 부식물 제거를 위한 산 세척 처리 순서로 올바른 것은?

① 전처리 → 수세 → 산액 처리 → 수세 → 중화·방청 처리
② 수세 → 산액 처리 → 전처리 → 수세 → 중화·방청 처리
③ 전처리 → 중화·방청 처리 → 수세 → 산액 처리 → 수세
④ 전처리 → 수세 → 중화·방청 처리 → 수세 → 산액 처리

해설 산 세척 처리 순서
전처리 → 수세 → 산액 처리 → 수세 → 중화·방청 처리

39 다음 중 난방 부하의 단위로 옳은 것은?

① kcal/kg
② kcal/h
③ kg/h
④ kcal/m²·h

해설 난방 부하
난방을 목적으로 실내 온도를 보호하기 위해 공급되는 열량(kcal/h)이다.

40 보일러수 처리에서 순환 계통의 처리 방법 중 용해 고형물 제거 방법이 아닌 것은?

① 약제 첨가법
② 이온 교환법
③ 증류법
④ 여과법

해설 용해 고형물 제거 방법
㉠ 약제 첨가법
㉡ 이온 교환법
㉢ 증류법

41 보일러 운전이 끝난 후의 조치 사항으로 잘못된 것은?

① 유류 사용 보일러의 경우 연료 계통의 스톱 밸브를 닫고 버너를 청소한다.
② 연소실 내의 잔류 여열로 보일러 내부의 압력이 상승하는지 확인한다.
③ 압력계 지시 압력과 수면계의 표준 수위를 확인해둔다.
④ 예열용 연료를 노내에 약간 넣어둔다.

해설 ④ 예열용 연료를 노내에 약간 넣어두면 보일러 가동 시 점화할 경우에 역화의 문제가 발생한다.

42 강관에 대한 용접 이음의 장점으로 거리가 먼 것은?

① 열에 의한 잔류 응력이 거의 발생하지 않는다.
② 접합부의 강도가 강하다.
③ 접합부의 누수의 염려가 없다.
④ 유체의 압력 손실이 적다.

해설 ① 열에 의한 잔류 응력이 생긴다.

43 다음 보일러의 휴지 보존법 중 단기 보존법에 속하는 것은?

① 석회 밀폐 건조법
② 질소 가스 봉입법
③ 소다 만수 보존법
④ 가열 건조법

정답 38 ① 39 ② 40 ④ 41 ④ 42 ① 43 ④

해설 ㉠ 단기 보존법
: 보통 만수 보존법, 가열 건조법
㉡ 장기 보존법 : 소다 만수 보존법, 석회 밀폐 건조법, 질소 가스 봉입법

44 보일러 본체나 수관, 연관 등에 발생하는 블리스터(blister)를 옳게 설명한 것은?

① 강판이나 관의 제조 시 두 장의 층을 형성하는 것
② 라미네이션된 강판이 열에 의해 혹처럼 부풀어 나오는 현상
③ 노통이 외부 압력에 의해 내부로 짓눌리는 현상
④ 리벳 조인트나 리벳 구멍 등의 응력이 집중하는 곳에 물리적 작용과 더불어 화학적 작용에 의해 발생하는 균열

해설 블리스터(blister)
라미네이션된 강판이 열에 의해 혹처럼 부풀어 나오는 현상

45 보온재 선정 시 고려하여야 할 사항으로 틀린 것은?

① 안전 사용 온도 범위에 적합해야 한다.
② 흡수성이 크고, 가공이 용이해야 한다.
③ 물리적, 화학적 강도가 커야 한다.
④ 열전도율이 가능한 적어야 한다.

해설 ② 흡수성이 없고, 가공이 용이해야 한다.

46 무기질 보온재 중 하나로 안산암, 현무암에 석회석을 섞어 용융하여 섬유 모양으로 만든 것은?

① 코르크
② 암면
③ 규조토
④ 유리 섬유

해설 암면의 설명이다.

47 방열기의 구조에 관한 설명으로 옳지 않은 것은?

① 주요 구조 부분은 금속 재료나 그 밖의 강도와 내구성을 가지는 적절한 재질의 것을 사용해야 한다.
② 엘리먼트 부분은 사용하는 온수 또는 증기의 온도 및 압력을 충분히 견디어 낼 수 있는 것으로 한다.
③ 온수를 사용하는 것에는 보온을 위해 엘리먼트 내에 공기를 빼는 구조가 없도록 한다.
④ 배관 접속부는 시공이 쉽고, 점검이 용이해야 한다.

해설 ③ 온수를 사용하는 것에는 보온을 위해 엘리먼트 내에 공기를 빼는 구조가 있도록 한다.

48 콘크리트 벽이나 바닥 등에 배관이 관통하는 곳에 관의 보호를 위하여 사용하는 것은?

① 슬리브
② 보온 재료
③ 행거
④ 신축 곡관

해설 슬리브의 설명이다.

49 보일러에서 수면계 기능 시험을 해야 할 시기로 가장 거리가 먼 것은?

① 수위의 변화에 수면계가 빠르게 반응할 때
② 보일러를 가동하기 전
③ 2개의 수면계 수위가 서로 다를 때
④ 프라이밍, 포밍 등이 발생할 때

정답 44 ② 45 ② 46 ② 47 ③ 48 ① 49 ①

해설   수면계 기능 시험의 시기
㉠ ②③④
㉡ 보일러를 가동하여 압력이 상승하기 시작했을 때
㉢ 수면계 수위가 의심이 갈 때
㉣ 수면계 유리관을 교체하였을 때

50 액상 열매체 보일러 시스템에서 사용하는 팽창 탱크에 관한 설명으로 틀린 것은?

① 액상 열매체 보일러 시스템에는 열매체유의 액팽창을 흡수하기 위한 팽창 탱크가 필요하다.
② 열매체유 팽창 탱크에는 액면계와 압력계가 부착되어야 한다.
③ 열매체유 팽창 탱크의 설치 장소는 통상 열매체유 보일러 시스템에서 가장 낮은 위치에 설치한다.
④ 열매체유의 노화 방지를 위해 팽창 탱크의 공간부에는 N_2 가스를 봉입한다.

해설   ③ 열매체유 팽창 탱크의 설치 장소는 통상 열매체유 보일러 시스템에서 가장 높은 위치에 설치한다.

51 일반 보일러(소용량 보일러 및 가스용 온수 보일러 제외)에서 온도계를 설치할 필요가 없는 곳은?

① 절탄기가 있는 경우 절탄기 입구 및 출구
② 보일러 본체의 급수 입구
③ 버너 급유 입구(예열을 필요로 할 때)
④ 과열기가 있는 경우 과열기 입구

해설   ④ 과열기가 있는 경우 과열기 출구

52 배관 용접 작업 시 안전 사항 중 산소 용기는 일반적으로 몇 ℃ 이하의 온도로 보관하여야 하는가?

① 100℃ 이하
② 80℃ 이하
③ 60℃ 이하
④ 40℃ 이하

해설   산소 용기는 40℃ 이하로 보관한다.

53 수격 작용을 방지하기 위한 조치로 거리가 먼 것은?

① 송기에 앞서서 관을 충분히 데운다.
② 송기할 때 주증기 밸브는 급히 열지 않고 천천히 연다.
③ 증기관은 증기가 흐르는 방향으로 경사가 지도록 한다.
④ 증기관에 드레인이 고이도록 중간을 낮게 배관한다.

해설   ④ 증기관에 드레인이 고이기 쉬운 곳에는 드레인 빼기를 설치한다.

54 열사용 기자재의 검사 및 검사 면제에 관한 기준에 따라 급수 장치를 필요로 하는 보일러에는 기준을 만족시키는 주펌프 세트와 보조 펌프 세트를 갖춘 급수 장치가 있어야 하는 데, 특정 조건에 따라 보조 펌프 세트를 생략할 수 있다. 다음 중 보조 펌프 세트를 생략할 수 없는 경우는?

① 전열 면적이 $10m^2$인 보일러
② 전열 면적이 $8m^2$인 가스용 온수 보일러
③ 전열 면적이 $16m^2$인 가스용 온수 보일러
④ 전열 면적이 $50m^2$인 관류 보일러

해설   보조 펌프 세트를 생략하는 경우
㉠ 전열 면적 $12m^2$ 이하의 보일러
㉡ 전열 면적 $14m^2$ 이하의 가스용 온수 보일러
㉢ 전열 면적 $100m^2$ 이하의 관류 보일러

정답   50 ③   51 ④   52 ④   53 ④   54 ③

55 에너지 수급 안정을 위하여 산업통상자원부 장관이 필요한 조치를 취할 수 있는 사항이 아닌 것은?

① 에너지의 배급
② 산업별·주요 공급자별 에너지 할당
③ 에너지 비축과 저장
④ 에너지의 양도·양수의 제한 또는 금지

해설 에너지 수급 안정을 위하여 산업통상자원부 장관이 필요한 조치를 취할 수 있는 사항
㉠ ①③④
㉡ 지역별·주요 수급자별 에너지 할당
㉢ 에너지 공급 설비의 가동 및 조업
㉣ 에너지의 도입·수출입 및 위탁 가공
㉤ 에너지 공급자 상호 간의 에너지 교환 또는 분배 사용
㉥ 에너지의 유통 시설과 그 사용 및 유통 경로
㉦ 에너지 사용의 시기·방법 및 에너지 사용 기자재의 사용 제한 또는 금지 등 대통령령으로 정하는 사항
㉧ 그 밖에 에너지 수급을 안정시키기 위하여 대통령령으로 정하는 사항

56 에너지 이용 합리화법에서 정한 검사 대상 기기 조종자의 자격에서 에너지관리기능사가 조정할 수 있는 조종 범위로서 옳지 않은 것은?

① 용량이 15t/h 이하인 보일러
② 온수 발생 및 열매체를 가열하는 보일러로서 용량이 581.5kW 이하인 것
③ 최고 사용 압력이 1MPa 이하이고, 전열 면적이 10m² 이하인 증기 보일러
④ 압력 용기

해설 검사 대상 기기 조종자의 자격 및 조종 범위

조종자의 자격	조종 범위
에너지관리기능장 또는 에너지관리기사	용량이 30t/h를 초과하는 보일러
에너지관리기능장, 에너지관리기사, 에너지관리산업기사	용량이 10t/h를 초과하고, 30t/h 이하인 보일러
에너지관리기능장, 에너지관리기능사, 에너지관리산업기사 또는 에너지관리기능사	용량이 10t/h를 이하인 보일러
에너지관리기능장, 에너지관리기사, 에너지관리산업기사, 에너지관리기능사 또는 인정 검사 대상 기기 관리자의 교육을 이수한 자	㉠ 증기 보일러로서 최고 사용 압력이 1MPa 이하이고, 전열 면적이 10m² 이하인 것 ㉡ 온수 발생 및 열매체를 가열하는 보일러로서 용량이 581.5kW 이하인 것 ㉢ 압력 용기

57 저탄소 녹색 성장 기본법에 의거 온실가스 감축 목표 등의 설정·관리 및 필요한 조치에 관한 사항을 관장하는 기관으로 옳은 것은?

① 농림축산식품부 : 건물·교통 분야
② 환경부 : 농업·축산 분야
③ 국토교통부 : 폐기물 분야
④ 산업통상자원부 : 산업·발전 분야

해설 ① 농림축산부식품부 : 농업·축산 분야
② 환경부 : 폐기물 분야
③ 국토교통부 : 건물·교통 분야

58 에너지법에 의거 지역 에너지 계획을 수립한 시·도지사는 이를 누구에게 제출하여야 하는가?

① 대통령
② 산업통상자원부 장관
③ 국토교통부 장관
④ 에너지관리공단 이사장

해설 지역 에너지 계획을 수립한 시·도지사는 이를 산업통상자원부 장관에게 제출하여야 한다.

정답 55 ② 56 ① 57 ④ 58 ②

59 신·재생에너지 정책 심의회의 구성으로 맞는 것은?

① 위원장 1명을 포함한 10명 이내의 위원
② 위원장 1명을 포함한 20명 이내의 위원
③ 위원장 2명을 포함한 10명 이내의 위원
④ 위원장 2명을 포함한 20명 이내의 위원

해설 신·재생에너지 정책 심의회 구성
위원장 1명을 포함한 20명 이내의 위원

60 다음 고효율 에너지 인증 대상 기자재의 종류가 아닌 것은?

① 펌프
② 산업 건물용 보일러
③ 무정전 전원 장치
④ 관류 보일러

해설 고효율 에너지 인증대상 기자재의 종류
㉠ 펌프
㉡ 산업건물용 보일러
㉢ 무정전 전원 장치
㉣ 폐열 회수용 환기장치
㉤ 발광다이오드(LED) 등 조명기기
㉥ 그 밖에 산업통상부장관이 특히 에너지 이용의 효율성이 높아 보급을 촉진할 필요가 있다고 인정하여 고시하는 기자재 및 설비

정답 59 ② 60 ④

에너지관리기능사 (2024. 3. 31 시행)

01 어떤 보일러의 시간당 발생 증기량 G_a, 발생 증기의 엔탈피를 i_2, 급수 엔탈피를 i_1이라 할 때 다음 식으로 표시되는 값(G_e)은?

$$G_e = \frac{G_a(i_2 - i_1)}{539} (\text{kg/h})$$

① 증발률 ② 보일러 마력
③ 연소 효율 ④ 상당 증발량

해설 $G_e = \frac{G_a(i_2 - i_1)}{539} (\text{kg/h})$

여기서, G_e : 시간당 발생 증기량
 i_2 : 발생 증기의 엔탈피
 i_1 : 급수 엔탈피

02 보일러의 자동 제어를 제어 동작에 따라 구분할 때 연속 동작에 해당되는 것은?

① 2위치 동작
② 다위치 동작
③ 비례 동작(P 동작)
④ 부동 제어 동작

해설 자동 제어의 동작
㉠ 불연속 동작 : 2위치 동작, 다위치 동작, 불연속 속도(부동 제어) 동작
㉡ 연속 동작 : 비례 동작(P 동작), 적분 동작(I 동작), 미분 동작(D 동작), 비례 적분 제어(PI 동작), 비례 미분 제어(PD 동작), 비례 적분 미분 제어(PID 동작)

03 정격 압력이 12kgf/cm^2일 때 보일러의 용량이 가장 큰 것은? (단, 급수 온도는 10℃, 증기 엔탈피는 663.8kcal/kg이다.)

① 실제 증발량 1,200kg/h
② 상당 증발량 1,500kg/h
③ 정격 출력 800,000kcal/h
④ 보일러 100마력(B—HP)

해설 ① 상당 증발량 $= \frac{\text{실제증발량} \times \text{증기 엔탈피}}{539}$

$= \frac{1,200 \times 663.8}{539} = 1447.85$

보일러 마력 $= \frac{1447.85}{15.65} = 92.51$마력

② 보일러 마력 $= \frac{1,500}{15.65} = 95.85$마력

③ 상당 증발량 $= \frac{\text{정격 출력}}{539}$

$= \frac{800,000}{539} = 1484.23$

보일러 마력 $= \frac{1484.23}{15.65} = 94.84$마력

④ 보일러 마력 = 100마력

04 프라이밍의 발생 원인으로 거리가 먼 것은?

① 보일러 수위가 낮을 때
② 보일러수가 농축되어 있을 때
③ 송기 시 증기 밸브를 급개할 때
④ 증발 능력에 비하여 보일러수의 표면적이 작을 때

해설 ① 보일러 수위가 높을 때

05 보일러의 부하율에 대한 설명으로 적합한 것은?

① 보일러의 최대 증발량에 대한 실제 증발량의 비율

정답 01 ④ 02 ③ 03 ④ 04 ① 05 ①

② 증기 발생량을 연료 소비량으로 나눈 값
③ 보일러에서 증기가 흡수한 총 열량을 급수량으로 나눈 값
④ 보일러 전열 면적 1m²에서 시간당 발생되는 증기 열량

해설 보일러의 부하율 : 보일러의 최대 증발량에 대한 실제 증발량의 비율

06 보일러의 급수 장치에서 인젝터의 특징으로 틀린 것은?

① 구조가 간단하고 소형이다.
② 급수량의 조절이 가능하고 급수 효율이 높다.
③ 증기와 물이 혼합하여 급수가 예열된다.
④ 인젝터가 과열되면 급수가 곤란하다.

해설 ② 급수량의 조절이 어렵고, 급수 효율이 매우 낮다.

07 물의 임계 압력에서의 잠열은 몇 kcal/kg인가?

① 539 ② 100
③ 0   ④ 639

해설 임계점 : 물을 가열하여 압력을 높이면 어느 지점에서 액체, 기체 상태의 구분이 없어지고, 증발 잠열이 0kcal/kg인 상태가 되는 점을 말한다. 이때의 온도를 임계 온도, 압력을 임계 압력이라 한다.

08 유류 연소 시의 일반적인 공기비는?

① 0.95~1.1
② 1.6~1.8
③ 1.2~1.4
④ 1.8~2.0

해설 유류 연소 시 일반적 공기비 : 1.2~1.4

09 다음과 같은 특징을 갖고 있는 통풍 방식은?

- 연도의 끝이나 연돌 하부에 송풍기를 설치한다.
- 연도 내의 압력은 대기압보다 낮게 유지된다.
- 매연이나 부식성이 강한 배기가스가 통과하므로 송풍기의 고장이 자주 발생한다.

① 자연 통풍   ② 압입 통풍
③ 흡입 통풍   ④ 평형 통풍

해설 ① 자연 통풍: 배기가스의 부력을 이용하여 연돌로부터 흡입 통풍을 하는 것
② 압입 통풍: 송풍기를 이용하여 연소용 공기를 연소실 앞에서 노 내로 불어 넣어 공급하는 방식
④ 평형 통풍 : 압입 통풍과 흡입 통풍을 조합한 것으로, 통풍력이 강하여 대형 보일러에 사용하는 것

10 보일러의 열손실이 아닌 것은?

① 방열 손실   ② 배기가스 열손실
③ 미연소 손실 ④ 응축수 손실

해설 보일러의 열손실 : 방열 손실, 배기가스 열손실, 미연소 손실

11 상당 증발량이 6,000kcal/h, 연료 소비량이 400kg/h인 보일러의 효율은 약 몇 %인가? (단, 연료의 저위 발열량은 9,700kcal/kg 이다.)

① 81.3%   ② 83.4%
③ 85.8%   ④ 79.2%

해설 보일러 효율(%)
$$= \frac{상당증발량 \times 539}{시 간당 연료 소비량 \times 연료의 저위 발열량} \times 100$$
$$= \frac{6{,}000 \times 539}{400 \times 9{,}700} \times 100 = 83.4\%$$

12 다음 중 탄화수소비가 가장 큰 액체 연료는?

① 휘발유 ② 등유
③ 경유   ④ 중유

해설 (가) 탄화수소비 : 연료 중의 C와 H의 비를 말한다. 고위 발열량을 기준으로 C의 발열량은 8,100kcal/kg이고, H의 발열량은 34,000kcal/kg이다. 따라서 탄화수소의 비는 작을수록 발열량이 높으며, 좋은 연료이다.
(나) 탄화수소비가 큰 순서
  ㉠ 고체 연료 > 액체 연료 > 기체 연료
  ㉡ 타르유 > 중유 > 경유 > 등유 > 휘발유

13 무게 80kgf인 물체를 수직으로 5m까지 끌어올리기 위한 일을 열량으로 환산하면 약 몇 kcal인가?

① 0.94kcal
② 0.094kcal
③ 40kcal
④ 400kcal

해설 열의 일당량 : $\dfrac{1}{427}$ kcal/kg·m

열량 $= \dfrac{1}{427}$ kcal/kg·m $\times (80 \times 5)$ kg·m
  $= 0.94$ kcal

14 중유의 연소 상태를 개선하기 위한 첨가제의 종류가 아닌 것은?

① 연소 촉진제
② 회분 개질제
③ 탈수제
④ 슬러지 생성제

해설 중유 첨가제의 종류 : 연소 촉진제(조연제), 회분 개질제, 탈수제, 분산제, 매연 방지제

15 보일러의 폐열 회수 장치에 대한 설명으로 가장 거리가 먼 것은?

① 공기 예열기는 배기가스와 연소용 공기를 열교환하여 연소용 공기를 가열하기 위한 것이다.
② 절탄기는 배기가스의 여열을 이용하여 급수를 예열하는 급수 예열기를 말한다.
③ 공기 예열기의 형식은 전열 방법에 따라 전도식과 재생식, 히트 파이프식으로 분류된다.
④ 급수 예열기는 설치하지 않아도 되지만, 공기 예열기는 반드시 설치하여야 한다.

해설 폐열 회수 장치란 보일러의 열효율을 올리기 위한 장치이며 과열기, 재열기, 절탄기, 공기 예열기가 있다.

16 수관식 보일러의 특징에 관한 설명으로 틀린 것은?

① 구조상 고압 대용량에 적합하다.
② 전열 면적을 크게 할 수 있으므로 일반적으로 효율이 높다.
③ 급수 및 보일러수 처리에 주의가 필요하다.
④ 전열 면적당 보유 수량이 많아, 기동에서 소요 증기가 발생할 때까지의 시간이 길다.

해설 ④ 전열 면적당 보유 수량이 적고, 기동에서 소요 증기가 발생할 때까지의 시간이 짧다.

17 화염 검출기 기능 불량과 대책을 연결한 것으로 잘못된 것은?

① 집광렌즈 오염 – 분리 후 청소
② 증폭기 노후 – 교체
③ 동력선의 영향 – 검출 회로와 동력선 분리
④ 점화 전극의 고전압이 프레임 로드에 흐를 때 – 전극과 불꽃 사이를 넓게 분리

정답 12 ④ 13 ① 14 ④ 15 ④ 16 ④ 17 ④

해설 ④ 점화 전극의 고전압이 프레임 로드에 흐를 때
- 전극과 불꽃 사이를 좁게 분리

18 유압 분무식 오일 버너의 특징에 관한 설명으로 틀린 것은?

① 대용량 버너의 제작이 가능하다.
② 무화 매체가 필요 없다.
③ 유량 조절 범위가 넓다.
④ 기름의 점도가 크면 무화가 곤란하다.

해설 ③ 유량 조절 범위가 좁다.

19 노통 연관식 보일러의 특징으로 가장 거리가 먼 것은?

① 내분식이므로 열손실이 적다.
② 수관식 보일러에 비해 보유수량이 적어 파열시 피해가 작다.
③ 원통형 보일러 중에서 효율이 가장 높다.
④ 원통형 보일러 중에서 구조가 복잡한 편이다.

해설 ② 수관식 보일러에 비해 보유수량이 많아 파열 시 피해가 크다.

20 액체 연료에서의 무화의 목적으로 틀린 것은?

① 연료와 연소용 공기와의 혼합을 고르게 하기 위해
② 연료 단위 중량당 표면적을 작게 하기 위해
③ 연소 효율을 높이기 위해
④ 연소실 열발생률을 높게 하기 위해

해설 ② 연료 단위 중량당 표면적을 크게 하기 위해

21 매연 분출 장치에서 보일러의 고온부인 과열기나 수관부용으로 고온의 열가스 통로에 사용할 때만 사용되는 매연 분출 장치는?

① 정치 회전용
② 롱레트랙터블형
③ 쇼트레트랙터블형
④ 이동 회전형

해설 ① 정치 회전용 : 절탄기나 공기 예열기, 보일러 전열 면 등에 많이 사용되는 정치 회전식이며, 분산관을 정위치에 고정시키고, 많은 노즐을 내부에 설치하여 관을 회전시켜 처리하는 장치
③ 쇼트레트랙터블형 : 분사관이 짧으며, 1개의 노즐을 설치하여 연소실 노벽에 부착되어 있는 이물질 을 제거하는 것

22 보일러의 자동 제어에서 연소 제어 시 조작량과 제어량의 관계가 옳은 것은?

① 공기량-수위
② 급수량-증기 온도
③ 연료량 - 증기압
④ 전열량 - 노내압

해설 보일러의 자동 제어에서 연소 제어
㉠ 조작량 : 연료량
㉡ 제어량 : 증기압

23 다음 보일러 중 수관식 보일러에 해당되는 것은?

① 타쿠마 보일러
② 카네크롤 보일러
③ 스코치 보일러
④ 하우덴 존슨 보일러

정답 18 ③ 19 ② 20 ② 21 ② 22 ③ 23 ①

해설 **보일러의 분류**

종류		실용 예
원통 보일러	노통 보일러	코니시 보일러, 랭커셔 보일러
	입형 보일러	입형 횡관 보일러, 입형 연관식 보일러, 코크란 보일러
	연관 보일러	횡형 연관 보일러, 입형 연관 보일러, 케와니 보일러(기관차형 보일러)
	노통 연관 보일러	스코치 보일러, 노통 연관 패키지 보일러, 하우덴 존슨 보일러
수관 보일러	자연 순환식 보일러	바브콕 보일러, 월콕스 보일러, 타쿠마 보일러, 야로우 보일러
	강제 순환식 보일러	섹션 보일러, 라몬트 보일러, 베록스 보일러
	관류 보일러	벤슨 보일러, 슐처 보일러
	복사 보일러	방사 보일러
특수 보일러	주철제 섹셔널 보일러	주철제 증기 보일러, 주철제 온수 보일러
	특수 열매체(액체) 보일러	수은 보일러, 다우섬 보일러, 세큐리티 보일러(열매체의 종류 : 수은, 다우섬, 카네크롤 모빌섬)
	폐열 보일러	하이네 보일러, 리 보일러
	간접 가열식 (2중 증발) 보일러	슈미트 보일러, 뢰플러 보일러
	특수 연료 보일러	특수 연료의 종류 : 버케이스, 바크, 흑액, 소다회수
	전기 보일러	-
난방용 보일러	주철제 증기 보일러	-
	주철제 온수 보일러	-

24 보일러 화염 검출 장치의 보수나 점검에 대한 설명 중 틀린 것은?

① 프레임 아이 장치의 주위 온도는 50℃ 이상이 되지 않게 한다.
② 광전관식은 유리나 렌즈를 매주 1회 이상 청소하고, 감도 유지에 유의한다.
③ 프레임 로드는 검출부가 불꽃에 직접 접하므로 소손에 유의하고, 자주 청소해 준다.
④ 프레임 아이는 불꽃의 직사광이 들어가면 오동작하므로 불꽃의 중심을 향하지 않도록 설치한다.

해설 ④ 프레임 아이는 불꽃의 직사광선이 들어가면 오동작하므로 불꽃의 중심을 향하게 설치한다.

25 열용량에 대한 설명으로 옳은 것은?

① 열용량의 단위는 kcal/g·℃이다.
② 어떤 물질 1g의 온도를 1℃ 올리는 데 소요되는 열량이다.
③ 어떤 물질의 비열에 그 물질의 질량을 곱한 값이다.
④ 열용량은 물질의 질량에 관계없이 항상 일정하다.

해설 **열용량**
어떤 물질의 비열에 그 물질의 질량을 곱한 값이다.
열용량 = 비열 × 질량

26 일반적으로 보일러 동(드럼) 내부에는 물을 어느 정도로 채워야 하는가?

① $\frac{1}{4} \sim \frac{1}{3}$ ② $\frac{1}{6} \sim \frac{1}{5}$

③ $\frac{1}{4} \sim \frac{2}{5}$ ④ $\frac{2}{3} \sim \frac{4}{5}$

해설 일반적으로 보일러 동(드럼) 내부에는 물을 2/3~4/5 정도 채운다.

27 주철제 보일러의 특징 설명으로 틀린 것은?

① 내열·내식성이 우수하다.
② 쪽수의 증감에 따라 용량 조절이 용이하다.
③ 재질이 주철이므로 충격에 강하다.

정답 24 ④ 25 ③ 26 ④ 27 ③

④ 고압 및 대용량에 부적당하다.

[해설] ③ 재질이 주철이므로 충격에 약하다.

28 다음 중 잠열에 해당되는 것은?
① 기화열　　　② 생성열
③ 중화열　　　④ 반응열

[해설] 잠열
어떤 물질을 온도는 변화 없이 상태만 변화시키는 데 소요되는 열량
예 기화열

29 집진 장치 중 집진 효율은 높으나, 압력 손실이 낮은 형식은?
① 전기식 집진 장치
② 중력식 집진 장치
③ 원심력식 집진 장치
④ 세정식 집진 장치

[해설] ② 중력식 집진 장치 : 자체 중력에 의해 자연 침강시킨 후 분리하여 구조가 간단하다.
③ 원심력식 집진 장치 : 함진 가스를 선회 운동시켜 원심력을 이용하여 분리한다.
④ 세정식 집진 장치 : 한랭 시 세정수의 동결 방지 대책이 필요하며, 세정 용수가 많이 필요하므로 급수 배관을 설치하고, 오수 처리 설비도 갖추어야 한다.

30 보일러 연소실 내에서 가스 폭발을 일으킨 원인으로 가장 적절한 것은?
① 프리 퍼지 부족으로 미연소 가스가 충만되어 있었다.
② 연도 쪽의 댐퍼가 열려 있었다.
③ 연소용 공기를 다량으로 주입하였다.
④ 연료의 공급이 부족하였다.

[해설] 보일러 연소실 내에서 가스 폭발을 일으키는 원인 : 프리 퍼지 부족으로 미연소 가스가 충만되어 있었다.

31 증기 보일러의 캐리 오버(carry over)의 발생 원인과 가장 거리가 먼 것은?
① 보일러 부하가 급격하게 증대할 경우
② 증발부 면적이 불충분할 경우
③ 증기 정지 밸브를 급격히 열었을 경우
④ 부유 고형물 및 용해 고형물이 존재하지 않을 경우

[해설] ④ 부유 고형물 및 용해 고형물이 존재하고 있는 경우

32 보일러의 점화 조작 시 주의 사항에 대한 설명으로 잘못된 것은?
① 유압이 낮으면 점화 및 분사가 불량하고, 유압이 높으면 그을음이 축적되기 쉽다.
② 연료의 예열 온도가 낮으면 무화 불량, 화염의 편류, 그을음, 분진이 발생하기 쉽다.
③ 연료 가스의 유출 속도가 너무 빠르면 역화가 일어나고, 너무 늦으면 실화가 발생하기 쉽다.
④ 프리 퍼지 시간이 너무 길면 연소실의 냉각을 초래하고, 너무 짧으면 역화를 일으키기 쉽다.

[해설] ③ 연료 가스의 유출 속도가 너무 빠르면 실화가 일어나고, 너무 늦으면 역화가 발생하기 쉽다.

33 보일러 건조 보존 시에 사용되는 건조제가 아닌 것은?
① 암모니아　　　② 생석회
③ 실리카겔　　　④ 염화칼슘

정답 28 ① 29 ① 30 ① 31 ④ 32 ③ 33 ①

[해설] 보일러 건조 보존 시 건조제: 생석회, 실리카겔, 염화 칼슘, 오산화인(P_2O_5), 활성알루미나, 기화성 방청제

34 이동 및 회전을 방지하기 위해 지지점 위치에 완전히 고정하는 지지 금속으로, 열팽창 신축에 의한 영향이 다른 부분에 미치지 않도록 배관을 분리하여 설치·고정해야 하는 리스트레인트의 종류는?

① 앵커　　　　② 리지드 행거
③ 파이프 슈　　④ 브레이스

[해설] ② 리지드 행거 : 수직 방향에 변위가 없는 곳, 지지점 주위 상황에 따라 이동이 다양한 곳에 사용한다.
③ 파이프 슈 : 배관을 밑에서 받쳐주는 장치
④ 브레이스 : 배관 라인에 설치된 각종 펌프류 압축기 등에서 발생되는 진동, 밸브류 등의 급속 개폐에 따른 수격 작용, 충격 및 지지 등에 의한 진동 현상을 제한하는 지지대

35 보일러 동체가 국부적으로 과열되는 경우는?

① 고수위로 운전하는 경우
② 보일러 동 내면에 스케일이 형성된 경우
③ 안전 밸브의 기능이 불량한 경우
④ 주증기 밸브의 개폐 동작이 불량한 경우

[해설] 보일러 동체가 국부적으로 과열되는 경우 : 보일러 동 내면에 스케일이 형성된 경우

36 복사 난방의 특징에 관한 설명으로 옳지 않은 것은?

① 쾌감도가 좋다.
② 고장 발견이 용이하고, 시설비가 싸다.
③ 실내 공간의 이용률이 높다.
④ 동일 방열량에 대한 열손실이 적다.

[해설] ② 고장 발견이 어렵고, 시설비가 비싸다.

37 다음 중 보일러 용수 관리에서 경도(hardness)와 관련되는 항목으로 가장 적합한 것은?

① Hg, SVI　　② BOD, COD
③ DO, Na　　④ Ca, Mg

[해설] 경도(hardness) : 수중에 함유하고 있는 칼슘(Ca), 마그네슘(Mg)의 농도를 나타내는 척도

38 보일러에서 열효율의 향상 대책으로 틀린 것은?

① 열손실을 최대한 억제한다.
② 운전 조건을 양호하게 한다.
③ 연소실 내의 온도를 낮춘다.
④ 연소 장치에 맞는 연료를 사용한다.

[해설] ③ 연소실 내의 온도를 높인다.

39 보일러의 증기관 중 반드시 보온을 해야 하는 곳은?

① 난방하고 있는 실내에 노출된 배관
② 방열기 주위 배관
③ 주증기 공급관
④ 관말 증기 트랩 장치의 냉각 레그

[해설] 보일러 증기관 중 주증기 공급관을 반드시 보온해야 한다.

40 강철제 증기 보일러의 최고 사용 압력이 2MPa일 때 수압 시험 압력은?

① 2MPa　　② 2.5MPa
③ 3MPa　　④ 4MPa

[해설] 수압 시험 압력 = 2MPa × 1.5 = 3MPa

정답 34 ①　35 ②　36 ②　37 ④　38 ③　39 ③　40 ③

강철제 보일러의 수압 시험 압력
㉠ 보일러의 최고 사용 압력이 0.43MPa 이하일 때 : 최고 사용 압력×2 (단, 시험 압력에 0.2MPa 미만인 경우에는 0.2MPa)
㉡ 보일러의 최고 사용 압력이 0.43MPa 초과 1.5MPa 이하일 때 : 최고 사용 압력×1.3+0.3MPa
㉢ 보일러의 최고 사용 압력이 1.5MPa를 초과할 때 : 최고 사용 압력×1.5

41 난방 부하의 발생 요인 중 맞지 않는 것은?

① 벽체(외벽, 바닥, 지붕 등)를 통한 손실 열량
② 극간풍에 의한 손실 열량
③ 외기(환기 공기)의 도입에 의한 손실 열량
④ 실내 조명, 전열 기구 등에서 발산되는 열 부하

해설 난방 부하의 발생 요인
㉠ 벽체(외벽, 바닥, 지붕 등)를 통한 손실 열량
㉡ 극간풍에 의한 손실 열량
㉢ 외기(환기 공기)의 도입에 의한 손실 열량

42 보일러의 수압 시험을 하는 주된 목적은?

① 제한 압력을 결정하기 위하여
② 열효율을 측정하기 위하여
③ 균열의 여부를 알기 위하여
④ 설계의 양부를 알기 위하여

해설 보일러 수압 시험의 목적 : 균열 여부를 알기 위하여

43 규산칼슘 보온재의 안전 사용 최고 온도(℃)는?

① 300 ② 450
③ 650 ④ 850

해설 규산칼슘 보온재 안전 사용 최고 온도 : 650℃

44 보일러 운전 중 저수위로 인하여 보일러가 과열된 경우의 조치법으로 거리가 먼 것은?

① 연료 공급을 중지한다.
② 연소용 공기 공급을 중단하고, 댐퍼를 전개한다.
③ 보일러가 자연 냉각하는 것을 기다려 원인을 파악한다.
④ 부동 팽창을 방지하기 위해 즉시 급수를 한다.

해설 ④ 부동 팽창을 방지하기 위해 서서히 급수를 한다.

45 보일러 운전 중 1일 1회 이상 실행하거나 상태를 점검해야 하는 것으로 가장 거리가 먼 사항은?

① 안전 밸브 작동 상태
② 보일러수 분출 작업
③ 여과기 상태
④ 저수위 안전 장치 작동 상태

해설 보일러 운전 중 1일 1회 이상 실행하거나 상태를 점검해야 하는 것
㉠ 안전 밸브 작동 상태
㉡ 보일러수 분출 작업
㉢ 저수위 안전 장치 작동 상태

46 강관 배관에서 유체의 흐름 방향을 바꾸는 데 사용되는 이음쇠는?

① 부싱
② 리턴 벤드
③ 리듀서
④ 소켓

해설 ㉠ 부싱, 리듀서 : 이경관을 연결할 때
㉡ 소켓 : 동경관을 직선 결합할 때

정답 41 ④ 42 ③ 43 ③ 44 ④ 45 ③ 46 ②

47 수면계의 점검 순서 중 가장 먼저 해야 하는 사항으로 적당한 것은?

① 드레인콕을 닫고, 물콕을 연다.
② 물콕을 열어 통수관을 확인한다.
③ 물콕 및 증기콕을 닫고, 드레인콕을 연다.
④ 물콕을 닫고, 증기콕을 열어 통기관을 확인한다.

해설 수면계의 점검 순서 중 가장 먼저 하는 사항 : 물콕 및 증기콕을 닫고, 드레인콕을 연다.

48 팽창 탱크 내의 물이 넘쳐 흐를 때를 대비하여 팽창 탱크에 설치하는 관은?

① 배수관　　② 환수관
③ 오버플로관　④ 팽창관

해설 ① 배수관 : 청소할 때 쓰는 관
② 환수관 : 응축수 또는 라디에이터로부터의 냉각된 물을 보일러로 되돌리는 배관
③ 오버플로관 : 팽창 탱크 내의 물이 넘쳐 흐를 때를 대비하여 팽창 탱크에 설치하는 관
④ 팽창관 : 물의 온도가 높아짐에 따라서 체적 흡수를 하는 관

49 배관 중간이나 밸브, 펌프, 열교환기 등의 접속을 위해 사용되는 이음쇠로서 분해, 조립이 필요한 경우에 사용되는 것은?

① 벤드
② 리듀서
③ 플랜지
④ 슬리브

해설 ① 벤드 : 배관의 방향을 바꿀 경우
② 리듀서 : 이경관을 연결한 경우
④ 슬리브 : 회전축 등을 둘러싸도록 축 외주에 끼워서 사용되는 비교적 긴 통형의 부품

50 흑체로부터의 복사 전열량은 절대 온도의 몇 승에 비례하는가?

① 2승　　② 3승
③ 4승　　④ 5승

해설 스테판-볼츠만(Stefan-Boltzmann)의 법칙 : 흑체로부터의 복사 전열량은 절대 온도의 4승에 비례한다.

51 환수관의 배관 방식에 의한 분류 중 환수주관을 보일러의 표준 수위보다 낮게 배관하여 환수하는 방식은 어떤 배관 방식인가?

① 건식 환수　② 중력 환수
③ 기계 환수　④ 습식 환수

해설 ① 건식 환수 : 환수주관이 보일러 수면보다 높은 위치에 배관되어 있는 경우
② 중력 환수 : 응축수를 중력 작용에 의해서 보일러에 유입시키는 것으로서 작은 보일러에 사용
③ 기계 환수 : 환수주관을 수주 탱크에 접촉하여 응축수를 이 탱크에 모으고, 펌프로 이 물에 수압을 주어 보일러로 송수하면 보일러의 높이에 관계없이 환수할 수 있는 것

52 세관 작업 시 규산염은 염산에 잘 녹지 않으므로 용해 촉진제를 사용하는데, 다음 중 어느 것을 사용하는가?

① H_2SO_4　② HF
③ NH_3　　④ Na_2SO_4

해설 세관 작업 시 용해 촉진제 : HF

53 주철제 보일러의 최고 사용 압력이 0.30MPa인 경우 수압 시험 압력은?

① 0.15MPa　② 0.30MPa
③ 0.43MPa　④ 0.60MPa

정답　47 ③　48 ③　49 ③　50 ③　51 ④　52 ②　53 ④

해설 수압 시험 압력＝0.30MPa×2＝0.60MPa
주철제 보일러의 수압시험 압력
㉠ 보일러 최고 사용 압력이 0.43MPa 이하일 때 : 최고 사용 압력×2 (단, 시험 압력이 0.2MPa 미만인 경우에는 0.2MPa)
㉡ 보일러 최고 사용 압력이 0.43MPa를 초과할 때 : 최고 사용 압력×1.3＋0.3MPa

54 강관 용접 접합의 특징에 대한 설명으로 틀린 것은?

① 관 내 유체의 저항 손실이 크다.
② 접합부의 강도가 강하다.
③ 보온 피복 시공이 어렵다.
④ 누수의 염려가 적다.

해설 ③ 보온 피복 시공이 용이하다.

55 에너지 이용 합리화법상 열사용 기자재가 아닌 것은?

① 강철제 보일러
② 구멍탄용 온수 보일러
③ 전기 순간 온수기
④ 2종 압력 용기

해설 열사용 기자재
㉠ 보일러 : 강철제 보일러, 주철제 보일러, 소형 온수 보일러, 구멍탄용 온수 보일러, 축열식 전기 보일러, 캐스 케이드 보일러, 가정용 화목 보일러
㉡ 태양열 집열기
㉢ 압력 용기 : 1종 압력 용기, 2종 압력 용기
㉣ 요로 : 요업 요로, 금속 요로

56 저탄소 녹색 성장 기본법상 온실가스에 해당하지 않는 것은?

① 이산화탄소   ② 메탄
③ 수소   ④ 육불화황

해설 온실가스란 이산화탄소(CO_2), 메탄(CH_4), 아산화질소(N_2O), 수소불화탄소(HFCs), 과불화탄소(PFCs), 육불화황(SF_6) 등으로 적외선 복사열을 흡수하거나 재방출하여 온실효과를 유발하는 대기 중 가스 상태의 물질을 말한다.

57 에너지법상 에너지 공급 설비에 포함되지 않는 것은?

① 에너지 수입 설비   ② 에너지 전환 설비
③ 에너지 수송 설비   ④ 에너지 생산 설비

해설 에너지 공급 설비란, 에너지를 생산·전환·수송 또는 저장하기 위하여 설치하는 설비를 말한다.

58 온실가스 감축 목표의 설정·관리 및 필요한 조치에 관하여 총괄·조정 기능을 수행하는 자는?

① 환경부 장관
② 산업통상자원부 장관
③ 국토교통부 장관
④ 농림축산식품부 장관

해설 환경부 장관은 온실가스 감축 목표의 설정·관리 및 필요한 조치에 관하여 총괄·조정 기능을 수행한다.

59 자원을 절약하고, 효율적으로 이용하여 폐기물의 발생을 줄이는 등 자원 순환 산업을 육성·지원하기 위한 다양한 시책에 포함되지 않는 것은?

① 자원의 수급 및 관리
② 유해하거나 재제조·재활용이 어려운 물질의 사용 억제
③ 에너지 자원으로 이용되는 목재, 식물, 농산물 등 바이오매스의 수집·활용
④ 친환경 생산 체재로의 전환을 위한 기술 지원

정답 54 ③ 55 ③ 56 ③ 57 ① 58 ① 59 ④

해설) 자원 순환 산업의 육성·지원 시책
㉠ 자원 순환 촉진 및 자원 생산성 제고 목표 설정
㉡ 자원의 수급 및 관리
㉢ 유해하거나 재제조·재활용이 어려운 물질의 사용 억제
㉣ 폐기물 발생의 억제 및 재제조·재활용 등 재자원화
㉤ 에너지 자원으로 이용되는 목재, 식물, 농산물 등 바이오매스의 수집·활용
㉥ 자원 순환 관련 기술 개발 및 산업의 육성
㉦ 자원 생산성 향상을 위한 교육 훈련·인력 양성 등에 관한 사항

60 온실가스 감축, 에너지 절약 및 에너지 이용 효율 목표를 통보받은 관리 업체가 규정의 사항을 포함한 다음 연도 이행 계획을 전자적 방식으로 언제까지 부문별 관장 기관에게 제출하여야 하는가?

① 매년 3월 31일까지
② 매년 6월 30일까지
③ 매년 9월 30일까지
④ 매년 12월 31일까지

해설) 온실가스 감축, 에너지 절약 및 에너지 이용 효율 목표를 통보받은 관리 업체는 규정의 시험을 포함한 다음 연도 이행 계획을 전자적 방식으로 매년 12월 31일까지 부문별 관장 기관에게 제출하여야 하며, 부문별 관장 기관은 이를 확인하여 다음 연도 1월 31일까지 센터에 제출하여야 한다.

정답 60 ④

에너지관리기능사 (2024. 6. 16 시행)

01 보일러 급수 배관에서 급수의 역류를 방지하기 위하여 설치하는 밸브는?

① 체크 밸브 ② 슬루스 밸브
③ 글로브 밸브 ④ 앵글 밸브

해설 ① 체크 밸브 : 보일러 급수 배관에서 급수의 역류를 방지하기 위하여 설치하는 밸브
② 슬루스 밸브 : 파이프 축에 대해서 직각 방향으로 개폐되는 밸브로 유체의 흐름에 따른 마찰 저항 손실이 적으며, 난방 배관 등에 주로 사용
③ 글로브 밸브 : 유량 조절용 밸브로 적합
④ 앵글 밸브 : 보일러 주증기 밸브의 일반적인 형식으로 증기의 흐름 방향을 90° 바꾸어 주는 밸브

02 보일러 증기 발생량 5t/h, 발생 증기 엔탈피 650kcal/kg, 연료 사용량 400kg/h, 연료의 저위 발열량 9,750kcal/kg일 때, 보일러 효율은 약 몇 %인가? (단, 급수 온도는 20℃이다.)

① 78.8% ② 80.8%
③ 82.4% ④ 84.2%

해설 $\eta = \dfrac{G_a(h_2-h_1)}{G_f \times H_L} \times 100$

$= \dfrac{5,000\text{kg/h} \times (650\text{kcal/kg}-20\text{kcal/kg})}{400\text{kg/h} \times 9,750\text{kcal/kg}} \times 100$

$= 80.8\%$

여기서, η : 보일러 효율(%)
G_a : 실제 증발량(=증기 발생량)(kg/h)
h_2 : 증기 엔탈피(kcal/kg)
h_1 : 급수 엔탈피(kcal/kg)
G_f : 연료 사용량(=연료 소비량) kg/h
H_L : 저위 발열량(kcal/kg)

03 열의 일당량 값으로 옳은 것은?

① 427kg·m/kcal ② 327kg·m/kcal
③ 273kg·m/kcal ④ 472kg·m/kcal

해설 ㉠ 열의 일당량 : 472kg·m/kcal
㉡ 일의 열당량 : $\dfrac{1}{427}$ kcal/kg·m

04 보일러 효율이 85%, 실제 증발량이 5t/h이고 발생 증기의 엔탈피는 656kcal/kg, 급수 온도의 엔탈피는 56kcal/kg, 연료의 저위 발열량은 9,750kcal/kg일 때, 연료 소비량의 약 kg/h인가?

① 316 ② 362
③ 389 ④ 405

해설 $\eta = \dfrac{G_a(h_2-h_1)}{G_f \times H_L} \times 100$

$85\% = \dfrac{5,000\text{kg/h} \times (650\text{kcal/kg}-56\text{kcal/kg})}{G_f \times 9,750\text{kcal/kg}} \times 100$

$G_f = 362\text{kg/h}$

여기서, η : 보일러 효율(%)
G_a : 실제 증발량(=증기 발생량)(kg/h)
h_2 : 증기 엔탈피(kcal/kg)
h_1 : 급수 엔탈피(kcal/kg)
G_f : 연료 사용량(=연료 소비량)(kg/h)
H_L : 저위 발열량(kcal/kg)

05 보일러 중에서 관류 보일러에 속하는 것은?

① 코크란 보일러 ② 코르니시 보일러
③ 스코치 보일러 ④ 슐처 보일러

해설 보일러의 분류

종류		실용 예
원통 보일러	노통 보일러	코니시 보일러, 랭커셔 보일러
	입형 보일러	입형 횡관 보일러, 입형 연관식 보일러, 코크란 보일러

정답 01 ① 02 ② 03 ① 04 ② 05 ④

	연관 보일러	횡형 연관 보일러, 입형 연관 보일러, 케와니 보일러(기관차형 보일러)
	노통 연관 보일러	스코치 보일러, 노통 연관 패키지 보일러, 하우덴 존슨 보일러
수관 보일러	자연 순환식 보일러	바브콕 보일러, 윌콕스 보일러, 타쿠마 보일러, 야로우 보일러
	강제 순환식 보일러	섹션 보일러, 라몬트 보일러, 베록스 보일러
	관류 보일러	벤슨 보일러, 슐처 보일러
	복사 보일러	방사 보일러
특수 보일러	주철제 섹셔널 보일러	주철제 증기 보일러, 주철제 온수 보일러
	특수 열매체(액체) 보일러	수은 보일러, 다우섬 보일러, 세큐리티 보일러(열매체의 종류 : 수은, 다우섬, 카네크롤, 모빌섬)
	폐열 보일러	하이네 보일러, 리 보일러
	간접 가열식 (2중 증발) 보일러	슈미트 보일러, 뢰플러 보일러
	특수 연료 보일러	특수 연료의 종류: 버케이스, 바크, 흑액, 소다회수
	전기 보일러	–
난방용 보일러	주철제 증기 보일러	–
	주철제 온수 보일러	–

06 급유량계 앞에 설치하는 여과기의 종류가 아닌 것은?

① U형
② V형
③ S형
④ Y형

해설 급유량계 앞에 설치하는 여과기
㉠ 종류 : Y형, U형, V형이 있으며, 그중 Y형 여과기를 가장 많이 사용한다.
㉡ 여과기 전후의 유체 압력의 차이가 0.02MPa 이상일 때에는 여과기를 청소한다.

07 보일러 시스템에서 공기 예열기 설치 사용시의 특징으로 틀린 것은?

① 연소 효율을 높일 수 있다.
② 저온 부식이 방지된다.
③ 예열 공기의 공급으로 불완전 연소가 감소된다.
④ 노 내의 연소 속도를 빠르게 할 수 있다.

해설 공기 예열기 설치 사용 시의 특징
(가) 장점
  ㉠ 연소 효율을 높일 수 있다.
  ㉡ 예열 공기의 공급으로 불완전 연소가 감소된다.
  ㉢ 노 내의 연소 속도를 빠르게 할 수 있다.
(나) 단점
  ㉠ 저온 부식을 일으키기 쉽다.
  ㉡ 연소 가스 흐름에 의한 마찰 저항을 일으키므로 통풍력을 약화시킨다.
  ㉢ 청소, 검사, 보수가 불편하다.

08 보일러 연료로 사용되는 LNG의 성분 중 함유량이 가장 많은 것은?

① CH_4
② C_2H_6
③ C_3H_8
④ C_4H_{10}

해설 LNG의 성분 : CH_4(80~99%), C_2H_6, C_4H_{10}, C_3H_8 등

09 긴 관의 한 끝에서 펌프로 압송된 급수가 관을 지나는 동안 차례로 가열, 증발, 과열된 다음 과열 증기가 되어 나가는 형식의 보일러는?

① 노통 보일러
② 관류 보일러
③ 연관 보일러
④ 입형 보일러

해설 ① 노통 보일러 : 원통형의 드럼을 본체로 하고 그 내부에 노통을 설치한 대표적인 내분식 보일러
② 관류 보일러 : 긴 관의 한 끝에서 펌프로 압송된 급수가 관을 지나는 동안 차례로 가열, 증발, 과열된 다음 과열 증기가 되어 나가는 형식의 보일러

정답 06 ③ 07 ② 08 ① 09 ①

③ 연관 보일러 : 횡연관 보일러는 동 내에 노통 대신에 연관을 설치하여 전열 면적을 증가시킨 보일러로서 원통형 보일러 중에서 외분식 보일러
④ 입형 보일러 : 보일러 동을 수직으로 세워 하부에 설치된 연소실에서 화염이 승염 상태이며 내분식 보일러

10 급유 장치에서 보일러 가동 중 연소의 소화, 압력 초과 등 이상 현상 발생 시 긴급히 연료를 차단하는 것은?

① 압력 조절 스위치 ② 압력 제한 스위치
③ 감압 밸브 ④ 전자 밸브

해설 ① 압력 조절 스위치 : 증기 압력을 검출하여 벨로스의 신축에 따라 전기 저항을 변화시켜 연료량과 함께 공기량을 조절하여 컨트롤 모터를 작동시키는 것
② 압력 제한 스위치 : 증기의 압력을 검출하여 설정 상·하(+, −)에서 연소를 on, off시키는 것
③ 감압 밸브 : 고압의 증기를 저압의 증기로 바꾸기 위하여 설치하는 밸브

11 보일러의 자동 제어 신호 전달 방식 중 전달 거리가 가장 긴 것은?

① 전기식 ② 유압식
③ 공기식 ④ 수압식

해설 자동 제어 신호 전달 방식
㉠ 전기식 : 전송 거리는 10km로 전달 거리가 가장 길다.
㉡ 유압식 : 전송 거리는 300m이다.
㉢ 공기식 : 전송 거리는 100~150m이다.

12 연료 중 표면 연소하는 것은?

① 목탄 ② 중유
③ 석탄 ④ LPG

해설 ㉠ 표면(직접) 연소 : 목탄
㉡ 분해 연소 : 중유, 석탄
㉢ 확산 연소 : LPG

13 일반적으로 효율이 가장 좋은 보일러는?

① 코르니시 보일러 ② 입형 보일러
③ 연관 보일러 ④ 수관 보일러

해설 일반적으로 효율이 가장 좋은 보일러는 수관 보일러이다.

14 플로트 트랩은 어떤 종류의 트랩인가?

① 디스크 트랩 ② 기계적 트랩
③ 온도 조절 트랩 ④ 열역학적 트랩

해설 ㉠ 기계적 트랩 : 플로트식
㉡ 온도 조절식 트랩 : 바이메탈식, 벨로스식
㉢ 열역학적 트랩 : 오리피스식, 디스크식

15 수면계의 기능 시험 시기로 틀린 것은?

① 보일러를 가동하기 전
② 수위 움직임이 활발할 때
③ 보일러를 가동하여 압력이 상승하기 시작했을 때
④ 2개의 수면계 수위의 차이를 발견했을 때

해설 수면계의 기능 시험 시기
㉠ ①③④
㉡ 보일러 가동 중 포밍, 프라이밍 현상이 일어나 수위 교란이 일어날 때
㉢ 수면의 수위에 의심이 갈 때
㉣ 수면계를 수리 또는 교체를 한 후
㉤ 수면계 수위가 둔할 때

16 연료를 연소시키는 데 필요한 실제 공기량과 이론 공기량의 비, 즉 공기비를 m이라 할 때 다음 식이 뜻하는 것은?

$$(m-1) \times 100\%$$

정답 10 ④ 11 ① 12 ① 13 ④ 14 ② 15 ② 16 ①

① 과잉 공기율　② 과소 공기율
③ 이론 공기율　④ 실제 공기율

해설 과잉 공기율 : 이론 공기량에 대한 과잉 공기량을 %로 표시한 것
과잉 공기율 $= (m-1) \times 100\%$
여기서, $m =$ 공기비

17 원통형 및 수관식 보일러의 구조에 대한 설명 중 틀린 것은?

① 노통 접합부는 아담슨 조인트(Adamson joint)로 연결하여 열에 의한 신축을 흡수한다.
② 코르니시 보일러는 노통을 편심으로 설치하여 보일러수의 순환이 잘 되도록 한다.
③ 겔로웨이관은 전열면을 증대하고 강도를 보강한다.
④ 강수관의 내부는 열가스가 통과하여 보일러수 순환을 증진한다.

해설 ④ 강수관의 내부는 물이 흐르고, 외부는 열가스가 닿게 만든 보일러로서 보유수가 적어서 부하 변동에 대한 압력 변화가 크다.

18 공기 예열기 설치 시의 이점으로 옳지 않은 것은?

① 예열 공기의 공급으로 불완전 연소가 감소한다.
② 배기가스의 열손실이 증가한다.
③ 저질 연료도 연소가 가능하다.
④ 보일러 열효율이 증가한다.

해설 공기 예열기
(가) 장점
　㉠ 예열 공기의 공급으로 불완전 연소가 감소한다.
　㉡ 보일러 효율이 증가한다.
　㉢ 연료 착화열이 감소한다.
　㉣ 저질 연료로 연소가 가능하다.

(나) 단점
　㉠ 저온 부식이 발생한다.
　㉡ 연도 내의 처리 및 재처리가 불편하다.
　㉢ 통풍 저항을 일으킨다.

19 보일러 연소실 내의 미연소 가스 폭발에 대비하여 설치하는 안전 장치는?

① 가용전　② 방출 밸브
③ 안전 밸브　④ 방폭문

해설 ① 가용전 : 주석과 납의 합금 금속으로 용융점이 낮은 점을 이용해 이상 감수로 노통이 과열되어 파열되기 이전에 먼저 녹아내려 위험을 알려주는 장치
② 방출 밸브 : 스프링식 안전 밸브와 구조가 비슷하며, 온수 보일러에서 안전 밸브 대용으로 사용
③ 안전 밸브 : 증기 또는 온수 보일러에서 내부 압력이 최고 사용 압력 초과 시 작동하여 내부 유체를 자동으로 취출시켜 압력 초과로 인한 파열 사고를 사전에 방지해 주는 장치
④ 방폭문 : 보일러 연소실 내의 미연소 가스 폭발에 대비하여 설치하는 안전 장치

20 물질의 온도 변화에 소요되는 열, 즉 물질의 온도를 상승시키는 에너지로 사용되는 열은 무엇인가?

① 잠열　② 증발열
③ 융해열　④ 현열

해설
① 잠열 : 물체의 온도 변화를 일으키지 않고 상태 변화만을 일으키는 데 필요한 열량
② 증발열 : 액체가 기화할 때 외부로부터 흡수하는 열량
③ 융해열 : 일정량의 고체를 같은 온도의 액체로 융해하는 데 소요되는 열량
④ 현열 : 물질의 온도 변화에 소요되는 열, 즉 물질의 온도를 상승시키는 에너지로 사용되는 열량

정답 17 ④　18 ②　19 ④　20 ④

21 보일러에 과열기를 설치하여 과열 증기를 사용하는 경우의 설명으로 잘못된 것은?

① 과열 증기란 포화 증기의 온도와 압력을 높인 것이다.
② 과열 증기는 포화 증기보다 보유 열량이 많다.
③ 과열 증기를 사용하면 배관부의 마찰 저항 및 부식을 감소시킬 수 있다.
④ 과열 증기를 사용하면 보일러의 열효율을 증대시킬 수 있다.

해설 ① 과열 증기란 건포화 증기의 압력을 일정하게 유지시키고 가열하여 온도를 높인 증기를 말한다.

22 자동 제어의 신호 전달 방법 중 신호 전송 시 시간 지연이 있으며, 전송 거리가 100~150m 정도인 것은?

① 전기식   ② 유압식
③ 기계식   ④ 공기식

해설 자동 제어의 신호 전달 방법
㉠ 전기식 : 전송에 시간 지연이 없고, 전송 거리는 10km까지 가능하며, 무선 통신을 할 수 있다.
㉡ 유압식 : 조작력이 크고, 전송에 지연이 적으며, 전송 거리는 최고 300m이다.
㉢ 공기식 : 신호 전송 시 시간 지연이 있으며, 전송거리가 100~150m 정도이다.

23 가압수식 집진 장치의 종류에 속하는 것은?

① 백필터   ② 세정탑
③ 코트렐   ④ 배풀식

해설 가압수식 집진 장치의 종류 : 세정탑

24 보일러 중 노통 연관식 보일러는?

① 코르니시 보일러
② 랭커셔 보일러
③ 스코치 보일러
④ 다쿠마 보일러

해설 보일러의 분류
5번 해설 참조

25 분사관을 이용해 선단에 노즐을 설치하여 청소하는 것으로, 주로 고온의 전열면에 사용하는 슈트 블로어(soot blower)의 형식은?

① 롱리트랙터블(long retractable)형
② 로터리(rotary)형
③ 건(gun)형
④ 에어 히터 클리너(air heater cleaner)형

해설 롱리트랙터블(long retractable)형의 설명이다.

26 용적식 유량계가 아닌 것은?

① 로터리형 유량계
② 피토관식 유량계
③ 루트형 유량계
④ 오벌기어형 유량계

해설 (가) 용적식 유량계
㉠ 유체의 흐름에 따라서 그 용적을 일정한 용기로 연속 측정하는 방법으로 유체의 밀도에는 무관하며, 체적 유량을 측정한다.
㉡ 종류
 • 로터리형 • 루트형 • 오벌기어형
 • 원판형 • 가스미터
(나) 유속 측정에 의한 유량계
㉠ 관로 내를 흐르는 유체의 유속을 측정하고, 그 값에 관로의 단면적을 곱하여 유량을 측정한다.
㉡ 종류
 • 피토관식 • 아뉴바식 • 열선식

정답   21 ①   22 ④   23 ②   24 ③   25 ①   26 ②

27 연소의 속도에 영향을 미치는 인자가 아닌 것은?

① 반응 물질의 온도
② 산소의 온도
③ 촉매 물질
④ 연료의 발열량

해설 연소 속도에 영향을 미치는 인자
㉠ ①②③
㉡ 활성화 에너지
㉢ 산소와의 혼합비
㉣ 연소 압력
㉤ 연료의 입자

28 액체 연료 중 경질류에 주로 사용하는 기화 연소 방식의 종류에 해당하지 않는 것은?

① 포트식
② 심지식
③ 증발식
④ 무화식

해설 기화 연소 방식의 종류
㉠ 포트식 ㉡ 심지식 ㉢ 증발식

29 서로 다른 두 종류의 금속판을 하나로 합쳐 온도 차이에 따라 팽창 정도가 다른 점을 이용한 온도계는?

① 바이메탈 온도계
② 압력식 온도계
③ 전기 저항 온도계
④ 열전대 온도계

해설 ① 바이메탈 온도계 : 서로 다른 두 종류의 금속판을 하나로 합쳐 온도 차이에 따라 팽창 정도가 다른 점을 이용한 온도계
② 압력식 온도계 : 일정한 부피의 유체의 압력이 온도에 따라 변하는 성질
③ 전기 저항 온도계 : 순금속의 온도 변화에 따른 전기 저항의 변동에 의한 성질을 이용한 온도계
④ 열전대 온도계 : 서로 다른 2종의 금속선 양단을 접합시켜 양단 접촉점인 열접점과 냉접점의 사이에 온도차를 주면 열기전력이 생기는데 이 원리를 이용한 온도계

30 냉동용 배관 결합 방식에 따른 도시 방법 중 용접식을 나타내는 것은?

① ——⊣⊢——
② ——•——
③ ——⊣——
④ ——⊣⊢——

해설 ① 플랜지식 ② 용접식
③ 나사식 ④ 유니언식

31 방열기 설치 시 벽면과의 간격으로 가장 적합한 것은?

① 50mm
② 80mm
③ 100mm
④ 150mm

해설 방열기 설치 시 벽면과의 간격은 50mm이다.

32 보일러 설치·시공 기준상 가스용 보일러의 경우 연료 배관 외부에 표시하여야 하는 사항이 아닌 것은? (단, 배관은 지상에 노출된 경우임.)

① 사용 가스명
② 최고 사용 압력
③ 가스 흐름 방향
④ 최저 사용 온도

해설 가스용 보일러의 경우 연료 배관 외부에 표시하는 사항
㉠ 사용 가스명
㉡ 최고 사용 압력
㉢ 가스 흐름 방향

33 관을 아래서 지지하면서 신축을 자유롭게 하는 지지물은 무엇인가?

① 스프링 행거
② 롤러 서포트

③ 콘스탄트 행거   ④ 리스트레인트

해설 ① 스프링 행거 : 대부분의 스프링 행거는 부하 용량이 35~14,000kg이다. 이동 거리는 0~120mm의 범위이며, 로스핀이 있고, 하중 조정은 턴버클로 행한다.
② 롤러 서포트 : 관을 아래서 지지하면서 신축을 자유롭게 하는 지지물이다.
③ 콘스탄트 행거 : 지정 이동 거리 범위 내에서 배관의 상하 방향의 이동에 대해 항상 일정한 하중으로 배관을 지지할 수 있는 장치에 사용하며, 부하 용량은 15~40,000kg이고, 이동 거리는 50~400mm이다.
④ 리스트레인트 : 신축으로 인한 배관의 상하, 좌우 이동을 구속하고 제한하는 목적으로 사용하는 것이다.

34 실내의 온도 분포가 가장 균등한 난방 방식은 무엇인가?

① 온풍 난방   ② 방열기 난방
③ 복사 난방   ④ 온돌 난방

해설 복사 난방의 설명이다.

35 20A 관을 90°로 구부릴 때 중심 곡선의 적당한 길이는 약 몇 mm인가? (단, 곡률 반지름 R = 100mm이다.)

① 147   ② 157
③ 167   ④ 177

해설 중심 곡선의 길이(l)

$$l = 2\pi R \times \frac{\theta}{360} = 2 \times 3.14 \times 100mm \times \frac{90}{360}$$
$$= 157mm$$

36 유류 연소 수동 보일러의 운전 정지 내용으로 잘못된 것은?

① 운전 정지 직전에 유류 예열기의 전원을 차단하고, 유류 예열기의 온도를 낮춘다.
② 연소실 내, 연도를 환기시키고 댐퍼를 닫는다.
③ 보일러 수위를 정상 수위보다 조금 낮추고, 버너의 운전을 정지한다.
④ 연소실에서 버너를 분리하여 청소를 하고, 기름이 누설되는지 점검한다.

해설 ③ 보일러 수위를 정상 수위로 하고, 버너의 운전을 정지한다.

37 증기 트랩의 종류가 아닌 것은?

① 그리스 트랩   ② 열동식 트랩
③ 버킷식 트랩   ④ 플로트 트랩

해설 증기 트랩의 종류
㉠ 버킷식 트랩
㉡ 열동식 트랩
㉢ 프로트 트랩

38 배관의 단열 공사를 실시하는 목적으로 가장 거리가 먼 것은?

① 열에 대한 경제성을 높인다.
② 온도 조절과 열량을 낮춘다.
③ 온도 변화를 제한한다.
④ 화상 및 화재 방지를 한다.

해설 ② 온도 조절과 열량을 높인다.

39 보일러의 운전 정지 시 가장 뒤에 조작하는 작업은?

① 연료의 공급을 정지시킨다.
② 연소용 공기의 공급을 정지시킨다.
③ 댐퍼를 닫는다.
④ 급수 펌프를 정지시킨다.

해설 보일러의 운전 정지 식 가장 뒤에 조작하는 작업 연료의 공급을 정지시킨다. → 연소용 공기의 공급을 정지시킨다. → 급수 펌프를 정지시킨다. → 댐퍼를 닫는다.

정답 34 ③ 35 ② 36 ③ 37 ① 38 ② 39 ③

40 보일러의 외부 부식 발생 원인과 관계가 가장 먼 것은?

① 빗물, 지하수 등에 의한 습기나 수분에 의한 작용
② 보일러수 등의 누출로 인한 습기나 수분에 의한 작용
③ 연소 가스 속의 부식성 가스(아황산가스 등)에 의한 작용
④ 급수 중에 유지류, 산류, 탄산가스, 산소, 염류 등의 불순물 함유에 의한 작용

해설 보일러의 외부 부식 발생 원인
급수 중에 유지류, 산류, 탄산가스, 산소, 염류 등의 불순물 함유에 의한 작용

41 강판 제조 시 강괴 속에 함유되어 있는 가스체 등에 의해 강판이 두 장의 층을 형성하는 결함은?

① 라미네이션
② 크랙
③ 블리스터
④ 심 리프트

해설 ② 크랙 : 반복적인 열응력을 끊임없이 받아 무리를 받고 있는 부분에 발생하는 것
③ 블리스터 : 라미네이션의 재료가 외부로부터 강하게 열을 받아 소손되어 부풀어 오르는 현상
④ 심 리프트 : 리벳 이음에서 리벳의 둘레 부분은 강도가 약하므로 균열이 생기게 되어 리벳에서 리벳으로 금이 나가는 현상

42 보일러 급수의 pH로 가장 적합한 것은?

① 4~6
② 7~9
③ 9~11
④ 11~13

해설 보일러 급수의 pH : 7~9

43 증기 난방과 비교한 온수 난방의 특징에 대한 설명으로 틀린 것은?

① 예열 시간이 길다.
② 건물 높이에 제한을 받지 않는다.
③ 난방 부하 변동에 따른 온도 조절이 용이하다.
④ 실내 쾌감도가 높다

해설 ② 건물 높이에 제한을 받는다.

44 가스 절단 조건에 대한 설명 중 틀린 것은?

① 금속 산화물의 용융 온도가 모재의 용융 온도보다 낮을 것
② 모재의 연소 온도가 그 용융점보다 낮을 것
③ 모재의 성분 중 산화를 방해하는 원소가 많을 것
④ 금속 산화물의 유동성이 좋으며, 모재로부터 이탈될 수 있을 것

해설 ③ 모재의 성분 중 산화를 방해하는 원소가 적을 것

45 보일러의 외처리 방법 중 탈기법에서 제거되는 것은?

① 황화수소
② 수소
③ 망간
④ 산소

해설 보일러의 외처리 방법 중 탈기법에서 제거되는 것 : 산소

46 난방 부하 계산 시 사용되는 용어에 대한 설명 중 틀린 것은?

① 열전도 : 인접한 물체 사이의 열의 이동 현상
② 열관류 : 열이 한 유체에서 벽을 통하여 다른 유체로 전달되는 현상
③ 난방 부하 : 방열기가 표준 상태에서 1m²당 단위 시간에 방출하는 열량

정답 40 ④ 41 ① 42 ② 43 ② 44 ③ 45 ④ 46 ③

④ 정격 용량 : 보일러 최대 부하 상태에서 단위 시간당 총 발생되는 열량

해설 ③ 난방 부하 : 실내를 적정 온도로 유지하기 위해 공급되는 열량

47 증기 보일러의 관류 밸브에서 보일러와 압력 릴리프 밸브와의 사이에 체크 밸브를 설치할 경우 압력 릴리프 밸브는 몇 개 이상 설치하여야 하는가?

① 1개
② 2개
③ 3개
④ 4개

해설 증기 보일러의 관류 밸브에서 보일러와 압력 릴리프 밸브와의 사이에 체크 밸브를 설치할 경우 압력 릴리프 밸브는 2개 이상 설치한다.

48 증기 보일러에서 송기를 개시할 때 증기 밸브를 급히 열면 발생할 수 있는 현상으로 가장 적당한 것은?

① 캐비테이션 현상
② 수격 작용
③ 역화
④ 수면계의 파손

해설 ② 수격 작용의 설명이다.

49 고체 내부에서의 열의 이동 현상으로 물질은 움직이지 않고 열만 이동하는 현상은 무엇인가?

① 전도
② 전달
③ 대류
④ 복사

해설 열의 이동 종류
㉠ 전도 : 고체 내부에서의 열의 이동 현상으로 물질은 움직이지 않고 열만 이동하는 현상
㉡ 대류 : 액체나 기체는 열팽창에 의해 밀도가 변하고 그 각 부분은 순환 운동을 하며 데워지는데 이러한 물질의 순환 운동

㉢ 복사 ; 열이 통과되는 중간 물질을 가열하지 않고 열선에 의해 높은 온도의 물체에서 낮은 온도의 물체로 열이 이동되는 현상

50 난방 부하가 15,000kcal/h이고, 주철제 증기 방열기로 난방한다면 방열기의 소요 방열 면적은 약 몇 m^2인가? (단, 방열기의 방열량은 표준 방열량으로 한다.)

① 16
② 18
③ 20
④ 23

해설 방열기 소요 면적(S)

증기 난방 : $S = \dfrac{난방 부하(kcal/h)}{650 kcal/m^2 \cdot h}$

온수 난방 : $S = \dfrac{난방 부하(kcal/h)}{450 kcal/m^2 \cdot h}$

주철제 증기 방열기로 난방할 경우 증기 난방에 해당하므로

$S = \dfrac{15,000}{650} = 23 m^2$

51 강관의 스케줄 번호가 나타내는 것은?

① 관의 중심
② 관의 두께
③ 관의 외경
④ 관의 내경

해설 강관의 스케줄 번호 : 관의 두께

52 신축 이음쇠의 종류 중 고온, 고압에 적당하며, 신축에 따른 자체 응력이 생기는 결점이 있는 신축 이음쇠는?

① 루프형(loop type)
② 스위블형(swivel type)
③ 벨로스형(bellows type)
④ 슬리브형(sleeve type)

정답 47 ② 48 ② 49 ① 50 ④ 51 ② 52 ①

해설 **신축 이음의 종류**
㉠ 루프형 : 고온, 고압에 적당하며, 신축에 따른 자체 응력이 생기는 결점이 있는 신축 이음쇠
㉡ 스위블형 : 2개 이상의 엘보를 사용하여 나사의 회전에 의해 신축을 흡수하는 형식으로 온수 또는 저압 증기 난방 시 주관으로부터의 분기관이나 방열기용으로 사용하는 신축 이음쇠
㉢ 벨로스형 : 온도 변화에 따라 일어나는 관의 신축을 벨로스의 변형에 의해서 흡수시키는 것으로 주로 저압 증기 배관에 사용되는 신축 이음쇠
㉣ 슬리브형 : 조인트 본체가 파이프로 되어 있으며, 관의 신축이 본체 속을 미끄러지는 슬리브 파이프에 흡수되는 신축 이음쇠

53 가연 가스의 미연 가스가 노 내에 발생하는 경우가 아닌 것은?
① 심한 불완전 연소가 되는 경우
② 점화 조작에 실패한 경우
③ 소정의 안전 저연소율보다 부하를 높여서 연소시킨 경우
④ 연소 정지 중에 연료가 노 내에 스며든 경우

해설 ③ 소정의 안전 저연소율보다 부하를 낮추어서 연소시킨 경우

54 가정용 온수 보일러 등에 설치하는 팽창 탱크의 주된 설치 목적은 무엇인가?
① 허용 압력 초과에 따른 안전 장치 역할
② 배관 중의 맥동 방지
③ 배관 중의 이물질 제거
④ 온수 순환의 원활

해설 가정용 온수 보일러 등에 설치하는 팽창 탱크의 주된 설치 목적 : 허용 압력 초과에 다른 안전 장치 역할

55 저탄소 녹색 성장 기본법상 녹색성장위원회는 위원장 2명을 포함한 몇 명 이내의 위원으로 구성하는가?
① 25 ② 30
③ 45 ④ 50

해설 녹색성장위원회의 구성 : 위원회는 위원장 2명을 포함한 50명 이내의 위원으로 구성한다.

56 열사용 기자재 관리 규칙에서 용접 검사가 면제될 수 있는 보일러의 대상 범위로 틀린 것은?
① 강철제 보일러 중 전열 면적이 $5m^2$ 이하이고, 최고 사용 압력이 0.35MPa 이하인 것
② 주철제 보일러
③ 제2종 관류보일러
④ 온수 보일러 중 전열 면적이 $18m^2$ 이하이고, 최고 사용 압력이 0.35MPa 이하인 것

해설 **검사의 면제 대상 범위**

검사 대상 기기명	대상 범위	면제되는 검사
강철제 보일러, 주철제 보일러	1. 강철제 보일러 중 전열 면적이 $5m^2$ 이하이고, 최고 사용 압력이 0.35MPa 이하인 것 2. 주철제 보일러 3. 1종 관류 보일러 4. 온수 보일러 중 전열 면적이 $18m^2$ 이하이고, 최고 사용 압력이 0.35MPa 이하인 것	용접 검사
	주철제 보일러	구조 검사
	1. 가스 외의 연료를 사용하는 1종 관류 보일러 2. 전열 면적 $30m^2$ 이하의 유류용 주철제 증기 보일러	설치 검사
	1. 전열 면적 $5m^2$ 이하의 증기 보일러로서 다음 각목의 어느 하나에 해당하는 것 가. 대기에 개방된 안지름이 25mm 이상인 증기관이 부착된 것	계속 사용 검사

정답 53 ③ 54 ① 55 ④ 56 ③

	나. 수두압(水頭壓)이 5m 이하이며 안지름이 25mm 이상인 대기에 개방된 U자형 입관이 보일러의 증기부에 부착된 것 2. 온수 보일러로서 다음 각 목의 어느 하나에 해당하는 것 　가. 유류·가스 외의 연료를 사용하는 것으로서 전열 면적이 30m² 이하인 것 　나. 가스 외의 연료를 사용하는 주철제 보일러	
소형 온수 보일러	가스 사용량이 17kg/h(도시가스는 232.6kW)를 초과하는 가스용 소형 온수 보일러	제조 검사
1종 압력 용기, 2종 압력 용기	1. 용접 이음(동체와 플랜지와의 용접 이음은 제외)이 없는 강관을 동체로 한 헤더 2. 압력 용기 중 동체의 두께가 6mm 미만인 것으로서 최고 사용 압력(MPa)과 내부 부피(m³)를 곱한 수치가 0.02 이하(난방용의 경우에는 0.05 이하)인 것 3. 전열 교환식인 것으로서 최고 사용 압력이 0.35MPa 이하이고, 동체의 안지름이 600mm 이하인 것	용접 검사
	1. 2종 압력 용기 및 온수 탱크 2. 압력 용기 중 동체의 두께가 6mm 미만인 것으로서 최고 사용 압력(MPa)과 내부 부피(m³)를 곱한 수치가 0.02 이하(난방용의 경우에는 0.05 이하)인 것 3. 압력 용기 중 동체의 최고 사용 압력이 0.5MPa 이하인 난방용 압력 용기 4. 압력 용기 중 동체의 최고 사용 압력이 0.1MPa 이하인 취사용 압력 용기	설치 검사 및 계속 사용 검사
철금속 가열로	철금속 가열로	제조 검사 재사용 검사 및 계속사용 검사중 안전 검사

57 에너지 절약 전문 기업의 등록의 누구에게 하도록 위탁되어 있는가?

① 산업통상자원부 장관
② 에너지관리공단 이사장
③ 시공업자 단체의 장
④ 시·도지사

해설 에너지 절약 전문 기업의 등록 위탁 : 에너지관리공단 이사장

58 신·재생에너지 설비의 설치를 전문으로 하려는 자는 자본금, 기술 인력 등의 신고 기준 및 절차에 따라 누구에게 신고를 하여야 하는가?

① 국토교통부 장관
② 환경부 장관
③ 고용노동부 장관
④ 산업통상자원부 장관

해설 신·재생에너지 설비의 설치를 전문으로 하려는 자는 자본금, 기술 인력 등의 신고 기준 및 절차에 따라 산업통상자원부 장관에게 신고한다.

59 에너지법에서 사용하는 "에너지"의 정의를 가장 올바르게 나타낸 것은?

① "에너지"라 함은 석유·가스 등 열을 발생하는 열원을 말한다.
② "에너지"라 함은 제품의 원료를 사용되는 것을 말한다.
③ "에너지"라 함은 태양, 조파, 수력과 같이 일을 만들어낼 수 있는 힘이나 능력을 말한다.

정답　57 ②　58 ④　59 ④

④ "에너지"라 함은 연료·열 및 전기를 말한다.

해설 에너지라 함은 연료·열 및 전기를 말한다.

60 에너지법상 지역 에너지 계획은 몇 년마다 몇 년 이상을 계획 기간으로 수립·시행하는가?

① 2년마다 2년 이상
② 5년마다 5년 이상
③ 7년마다 7년 이상
④ 10년마다 10년 이상

해설 지역 에너지 계획 : 5년 마다 5년 이상을 계획 기간으로 수립·시행한다.

정답 60 ②

에너지관리기능사 (2024. 9. 8 시행)

01 보일러 제어에서 자동 연소 제어에 해당하는 약호는?

① A.C.C
② A.B.C
③ S.T.C
④ F.W.C

해설 ① A.C.C : 자동 연소 제어
② A.B.C : 보일러 자동 제어
③ S.T.C : 증기 온도 제어
④ F.W.C : 급수 제어

02 보일러의 수위 제어에 영향을 미치는 요인 중에서 보일러 수위 제어 시스템으로 제어할 수 없는 것은?

① 급수 온도
② 급수량
③ 수위 검출
④ 증기량 검출

해설 보일러 수위 제어 시스템으로 제어할 수 없는 것 : 급수 온도

03 보일러에서 기체 연료의 연소 방식으로 가장 적당한 것은?

① 화격자 연소
② 확산 연소
③ 증발 연소
④ 분해 연소

해설 기체 연료의 연소 방식
㉠ 확산 연소
㉡ 예혼합 연소

04 수관식 보일러의 특징에 대한 설명으로 틀린 것은?

① 전열 면적이 커서 증기의 발생이 빠르다.
② 구조가 간단하여 청소, 검사, 수리 등이 용이하다.
③ 철저한 급수 처리가 요구된다.
④ 보일러수의 순환이 빠르고 효율이 좋다.

해설 수관식 보일러의 특징
(가) 장점
　㉠ 구조상 고온·고압 대용량으로 제작할 수 있다.
　㉡ 보일러수의 순환이 좋고, 관류 보일러 다음으로 효율이 좋다.
　㉢ 보유 수량이 적어서 파열 사고 시 피해가 적다.
　㉣ 전열 면적이 커서 증발이 빠르며, 급수요에 응할 수 있다.
　㉤ 수관의 관경이 적어 고압에 잘 견디며, 전열 면적이 커서 증기 발생이 빠르다.
　㉥ 용량에 비해 소요 면적이 적으며, 효율이 좋고, 운반·설치가 쉽다.
(나) 단점
　㉠ 보유 수량에 비해 전열 면적이 크므로 압력 변화가 크며, 부하 변동에 응하기 어렵다.
　㉡ 구조가 복잡하여 청소, 검사, 수리가 불편하다.
　㉢ 급수의 순도가 나쁘면 스케일이 잘 발생한다.
　㉣ 보유 수량에 대한 증발 속도가 빠르므로 급수 조절에 유의해야 한다(습증기 발생 우려).
　㉤ 수관의 관경이 적어 고압에 잘 견디며, 전열 면적이 커서 증기 발생이 빠르다.
　㉥ 용량에 비해 수요 면적이 작으며, 효율이 좋고, 운반 및 설치가 쉽다.
　㉦ 과열기, 공기 예열기의 설치가 용이하다.

05 연관식 보일러의 특징으로 틀린 것은 어느 것인가?

① 동일 용량인 노통 보일러에 비해 설치 면적이 작다.
② 전열 면적이 커서 증기 발생이 빠르다.

정답 01 ① 02 ① 03 ② 04 ② 05 ③

③ 외분식은 연료 선택 범위가 좋다.
④ 양질의 급수가 필요하다.

해설 ③ 외분식은 연료 선택 범위가 넓다.

06 랭커셔 보일러는 어디에 속하는가?
① 관류 보일러　② 연관 보일러
③ 수관 보일러　④ 노통 보일러

해설 보일러의 분류

종류		실용 예
원통 보일러	노통 보일러	코니시 보일러, 랭커셔 보일러
	입형 보일러	입형 횡관 보일러, 입형 연관식 보일러, 코크란 보일러
	연관 보일러	횡형 연관 보일러, 입형 연관 보일러, 케와니 보일러(기관차형 보일러)
	노통 연관 보일러	스코치 보일러, 노통 연관 패키지 보일러, 하우덴 존슨 보일러
수관 보일러	자연 순환식 보일러	바브콕 보일러, 윌콕스 보일러, 타쿠마 보일러, 야로우 보일러
	강제 순환식 보일러	섹션 보일러, 라몬트 보일러, 베록스 보일러
	관류 보일러	벤슨 보일러, 슐처 보일러
	복사 보일러	방사 보일러
특수 보일러	주철제 섹셔널 보일러	주철제 증기 보일러, 주철제 온수 보일러
	특수 열매체(액체) 보일러	수은 보일러, 다우섬 보일러, 세큐리티 보일러(열매체의 종류 : 수은, 다우섬, 카네크롤 모빌섬)
	폐열 보일러	하이네 보일러, 리 보일러
	간접 가열식 (2중 증발) 보일러	슈미트 보일러, 뢰플러 보일러
	특수 연료 보일러	특수 연료의 종류: 버케이스, 바크, 흑액, 소다회수
	전기 보일러	-
난방용 보일러	주철제 증기 보일러	-
	주철제 온수 보일러	-

07 고체 연료와 비교하여 액체 연료 사용 시의 장점을 잘못 설명한 것은?
① 인화의 위험성이 없으며, 역화가 발생하지도 않는다.
② 그을음이 적게 발생하고, 연소 효율도 높다.
③ 품질이 비교적 균일하며, 발열량이 크다.
④ 저장 중 변질이 적다.

해설 고체 연료와 비교하여 액체 연료 사용 시의 장점
(가) 장점
　㉠ 품질이 비교적 균일하며, 발열량이 크다.
　㉡ 그을음이 적게 발생하고, 연소 효율도 높다.
　㉢ 저장 중 변질이 적다.
　㉣ 회분 및 분진이 적다.
　㉤ 점화 및 소화, 연소 조절이 용이하다.
　㉥ 완전 연소를 위한 공기비는 1.1~1.3이다.
(나) 단점
　㉠ 인화의 위험성이 없으며, 역화가 발생하지 않는다.
　㉡ 연소 온도가 높이 국부 과열 위험성이 높다.
　㉢ 연소 시 소음이 난다.
　㉣ 수입에 의존하여 가격이 비싸다.
　㉤ 황분이 있어 연소 시 분진 등 환경 오염의 원인이 된다.

08 보일러 기관 작동을 저지시키는 인터록 제어에 속하지 않는 것은?
① 저수위 인터록
② 저압력 인터록
③ 저연소 인터록
④ 프리 퍼지 인터록

해설 인터록 제어
㉠ 저수위 인터록
㉡ 압력 초과 인터록
㉢ 불착화 인터록
㉣ 저연소 인터록
㉤ 프리 퍼지 인터록

정답　06 ④　07 ①　08 ②

09 액체 연료 연소에서 무화의 목적이 아닌 것은?

① 단위 중량당 표면적을 크게 한다.
② 연소 효율을 향상시킨다.
③ 주위 공기와 혼합을 좋게 한다.
④ 연소실의 열부하를 낮게 한다.

해설 액체 연료 연소에서 무화의 목적
㉠ ①②③
㉡ 연소실의 열부하를 높게 한다.
㉢ 완전 연소가 가능하게 한다.

10 최근 난방 또는 급탕용으로 사용되는 진공 온수보일러에 대한 설명 중 틀린 것은?

① 열매수의 온도는 운전 시 100℃ 이하이다.
② 운전 시 열매수의 급수는 불필요하다.
③ 본체의 안전 장치로서 용해전, 온도 퓨즈, 안전 밸브 등을 구비한다.
④ 추기 장치는 내부에서 발생하는 비응축 가스 등을 외부로 배출시킨다.

해설 ③ 본체의 안전 장치로서 관체 온도(과열) 센서, 가용 안전변, 진공 압력 차단 스위치를 구비한다.

11 슈트 블로어(soot blower) 사용 시 주의 사항으로 거리가 먼 것은?

① 한 곳으로 집중하여 사용하지 말 것
② 분출기 내의 응축수를 배출시킨 후 사용할 것
③ 보일러 가동을 정지 후 사용할 것
④ 연도 내 배풍기를 사용하여 유인 통풍을 증가시킬 것

해설 슈트 블로어(soot blower) 사용 시 주의 사항
㉠ ①②④
㉡ 증기 분사식의 경우 부하가 50% 이하인 경우는 사용을 금한다.
㉢ 소화 후 즉시 슈트 블로어를 사용해서는 안 된다.
㉣ 슈트 블로어 사용 중에는 저연소 상태를 유지해야 한다.

12 노통 보일러에서 아담슨 조인트를 하는 목적은?

① 노통 제작을 쉽게 하기 위해서
② 재료를 절감하기 위해서
③ 열에 의한 신축을 조절하기 위해서
④ 물 순환을 촉진하기 위해서

해설 노통 보일러에서 아담슨 조인트를 하는 목적 : 열에 의한 신축을 조절하기 위해서

13 다음 중 압력계의 종류가 아닌 것은?

① 부르동관식 압력계
② 벨로스식 압력계
③ 유니버설 압력계
④ 다이어프램 압력계

해설 압력계의 종류
㉠ 브루동관식 압력계
㉡ 벨로스식 압력계
㉢ 다이어프램 압력계

14 증기 압력이 높아질 때 감소되는 것은?

① 포화 온도
② 증발 잠열
③ 포화수 엔탈피
④ 포화 증기 엔탈피

해설 증기 압력이 높아질 때 증발 잠열이 감소된다.

15 프로판(C_3H_8) 1kg이 완전 연소하는 경우 필요한 이론 산소량은 약 몇 Nm^3인가?

① 3.47
② 2.55
③ 1.25
④ 1.50

정답 09 ④ 10 ③ 11 ③ 12 ③ 13 ③ 14 ② 15 ②

[해설] $C_3H_8 + 5O_2 \rightarrow 3CO_2 + 4H_2O$

$$\begin{matrix} 44kg & & 5 \times 22.4Nm^3 \\ 1kg & & x(Nm^3) \end{matrix}$$

$44 \times x = 1 \times 5 \times 22.4$

$\therefore x = \dfrac{1 \times 5 \times 22.4}{44} = 2.55Nm^3$

16 스팀 헤더(steam header)에 관한 설명으로 틀린 것은?

① 보일러 주증기관과 부하측 증기관 사이에 설치한다.
② 송기 및 정지가 편리하다.
③ 불필요한 장소에 송기하기 때문에 열손실은 증가한다.
④ 증기의 과부족을 일부 해소할 수 있다.

[해설] ③ 불필요한 장소에 송기하지 않으므로 열손실이 방지된다.

17 오일 버너의 화염이 불안정한 원인과 가장 무관한 것은?

① 분무 유압이 비교적 높을 경우
② 연료 중에 슬러지 등의 협잡물이 들어 있을 경우
③ 무화용 공기량이 적절치 않을 경우
④ 연소용 공기의 과다로 노내 온도가 저하될 경우

[해설] 오일 버너의 화염이 불안정한 원인
㉠ 연료 중에 슬러지 등의 협잡물이 들어 있을 경우
㉡ 무화용 공기량이 적절치 않을 경우
㉢ 연소용 공기의 과다로 노내 온도가 저하될 경우

18 500W의 전열기로서 2kg의 물을 18℃로부터 100℃까지 가열하는 데 소요되는 시간은 얼마인가? (단, 전열기 효율은 100%로 가정한다.)

① 약 10분 ② 약 16분
③ 약 20분 ④ 약 23분

[해설] $860Pt\eta = m \cdot C \cdot \Delta t$ 에서

$t = \dfrac{m \cdot C \cdot \Delta t}{860 \cdot t \cdot \eta} = \dfrac{2 \times 1 \times (100-18)}{860 \times 0.5 \times 1} = 0.38$시간

여기서, P : 전열기 용량(kW)
  t : 소요 시간(h)
  η : 효율
  m : 질량(kg)
  C : 비열(kcal/kg·℃)
  Δt : 온도차

∴ 소요 시간(분) = $0.38 \times 60 = 23$분

19 연소 가스와 대기의 온도가 각각 250℃, 30℃이고 연도의 높이가 50m일 때 이론 통풍력은 약 얼마인가? (단, 연소 가스와 대기의 비중량은 각각 1.35kg/Nm³, 1.25kg/Nm³이다.)

① 21.08mmAq ② 23.12mmAq
③ 25.02mmAq ④ 27.36mmAq

[해설] 이론 통풍력
$= 273 \times$ 연돌 높이
$\times \left(\dfrac{\text{대기의 비중량}}{\text{대기의 절대 온도}} - \dfrac{\text{연소 가스의 비중량}}{\text{연소 가스의 절대 온도}} \right)$
$= 273 \times 50 \times \left(\dfrac{1.25}{273+30} - \dfrac{1.35}{273+250} \right)$
$= 21.08$mmAq

20 사이클론 집진기의 집진율을 증가시키기 위한 방법으로 틀린 것은?

① 사이클론의 내면을 거칠게 처리한다.
② 블로 다운 방식을 사용한다.
③ 사이클론 입구의 속도를 크게 한다.
④ 분진 박스와 모양은 적당한 크기와 형상으로 한다.

정답 16 ③ 17 ① 18 ④ 19 ① 20 ①

해설) 사이클론 집진기의 집진율을 증가시키기 위한 방법
㉠ 블로 다운 방식을 사용한다.
㉡ 사이클론 입구의 속도를 크게 한다.
㉢ 분진 박스와 모양은 적당한 크기와 형상으로 한다.

21 보일러의 여열을 이용하여 증기 보일러의 효율을 높이기 위한 부속 장치로 맞는 것은?

① 버너, 댐퍼, 송풍기
② 절탄기, 공기 예열기, 과열기
③ 수면계, 압력계, 안전 밸브
④ 인젝터, 저수위 경보 장치, 집진 장치

해설) 보일러의 여열을 이용하여 증기 보일러의 효율을 높이기 위한 부속 장치 ; 절탄기, 공기 예열기, 과열기

22 보일러에서 발생하는 증기를 이용하여 급수하는 장치는?

① 슬러지(sludge) ② 인젝터(injector)
③ 콕(cock)   ④ 트랩(trap)

해설) 인젝터(injector)의 설명이다.

23 다음 중 특수 보일러에 속하는 것은?

① 벤슨 보일러
② 슐처 보일러
③ 소형 관류 보일러
④ 슈미트 보일러

해설) 6번 해설 참조

24 보일러 연소실이나 연도에서 화염의 유무를 검출하는 장치가 아닌 것은?

① 스테빌라이저   ② 플레임 로드
③ 플레임 아이   ④ 스택 스위치

해설) 보일러 연소실이나 연도에서 화염의 유무를 검출하는 장치
㉠ 플레임 로드
㉡ 플레임 아이
㉢ 스택 스위치

25 건포화 증기의 엔탈피와 포화수의 엔탈피의 차는?

① 비열
② 잠열
③ 현열
④ 액체열

해설) ② 잠열의 설명이다.

26 열전도에 적용되는 푸리에의 법칙에 대한 설명 중 틀린 것은?

① 두 면 사이에 흐르는 열량은 물체의 단면적에 비례한다.
② 두 면 사이에 흐르는 열량은 두 면 사이의 온도차에 비례한다.
③ 두 면 사이에 흐르는 열량은 시간에 비례한다.
④ 두 면 사이에 흐르는 열량은 두 면 사이의 거리에 비례한다.

해설) 푸리에의 법칙 : 열전도량 $= \lambda \cdot F \cdot \dfrac{\Delta t}{d} \cdot Z$

여기서, λ : 열전도율
　　　　F : 물체의 단면적
　　　　Δt : 두 면 사이의 온도차
　　　　d : 고체의 두께
　　　　Z : 시간

즉, 두 면 사이에 흐르는 열량은 고체의 두께에 반비례한다.

정답 21 ② 22 ② 23 ④ 24 ① 25 ② 26 ④

27 보일러에서 실제 증발량(kg/h)을 연료 소모량(kg/h)으로 나눈 값은?

① 증발 배수
② 전열면 증발량
③ 연소실 열부하
④ 상당 증발량

해설 ① 증발 배수의 설명이다.

28 보일러의 과열 원인으로 적당하지 않은 것은?

① 보일러수의 순환이 좋은 경우
② 보일러 내에 스케일이 부착된 경우
③ 보일러 내에 유지분이 부착된 경우
④ 국부적으로 심하게 복사열을 받는 경우

해설 보일러의 과열 원인
㉠ ②③④
㉡ 보일러수의 순환이 불량한 경우
㉢ 보일러수가 농축된 경우
㉣ 보일러 수위가 이상 저수위가 된 경우
㉤ 증기포 이탈이 나쁜 곳이 있을 경우

29 고압, 중압 보일러 급수용 및 고양정 급수용으로 쓰이는 것으로 임펠러와 안내 날개가 있는 펌프는?

① 벌류트 펌프
② 터빈 펌프
③ 워싱턴 펌프
④ 위어 펌프

해설 ② 터빈 펌프의 설명이다.

30 증기 보일러에 설치하는 유리 수면계는 2개 이상이어야 하는데 1개만 설치해도 되는 경우는?

① 소형 관류 보일러
② 최고 사용 압력 2MPa 미만의 보일러
③ 동체 안지름 800mm 미만의 보일러
④ 1개 이상의 원격 지시 수면계를 설치한 보일러

해설 ① 소형 관류 보일러 : 유리 수면계를 1개만 설치해도 된다.

31 보일러의 열효율 향상과 관계가 없는 것은?

① 공기 예열기를 설치하여 연소용 공기를 예열한다.
② 절탄기를 설치하여 급수를 예열한다.
③ 가능한 한 과잉 공기를 줄인다.
④ 급수 펌프로는 원심 펌프를 사용한다.

해설 보일러의 열효율 향상
㉠ 공기 예열기를 설치하여 연소용 공기를 예열한다.
㉡ 절탄기를 설치하여 급수를 예열한다.
㉢ 가능한 한 과잉 공기를 줄인다.

32 온수 난방 배관 시공법의 설명으로 잘못된 것은?

① 온수 난방은 보통 1/250 이상의 끝올림 구배를 주는 것이 이상적이다.
② 수평 배관에서 관경을 바꿀 때는 편심 리듀서를 사용하는 것이 좋다.
③ 지관이 주관 아래로 분기될 때는 45° 이상 끝내림 구배로 배관한다.
④ 팽창 탱크에 이른 팽창관에는 조정용 밸브를 단다.

해설 ④ 팽창 탱크에 이르는 팽창관에는 배수관이 설치된다.

33 보일러 내부에 아연판을 매다는 가장 큰 이유는?

① 기수공발을 방지하기 위하여
② 보일러판의 부식을 방지하기 위하여
③ 스케일 생성을 방지하기 위하여
④ 프라이밍을 방지하기 위하여

정답 27 ① 28 ① 29 ② 30 ① 31 ④ 32 ④ 33 ②

해설 보일러 내부에 아연판을 매다는 가장 큰 이유 : 보일러판의 부식을 방지하기 위하여

해설 ③ 압입 통풍기를 정지시킨다.

34 배관의 높이를 관의 중심을 기준으로 표시한 기호는?

① TOP ② GL
③ BOP ④ EL

해설 ① TOP(Top Of Pipe) : 관의 외경을 윗면으로 기준으로 표시한 기호
② GL(Ground Line) : 포장된 지표면을 기준으로 하여 배관 장치의 높이를 표시할 때 적용한 기호
③ BOP(Bottom Of Pipe) : 지름이 서로 다른 관의 높이 표시 방법으로 관 외경의 아랫면까지의 높이를 기준으로 표시한 기호
④ EL(Elevation) : 배관의 높이를 관의 중심으로 표시한 기호

37 보일러 슈트 블로어를 사용하여 그을음 제거 작업을 하는 경우의 주의 사항에 대한 설명으로 가장 옳은 것은?

① 가급적 부하가 높을 때 실시한다.
② 보일러를 소화한 직후에 실시한다.
③ 흡출 통풍을 감소시킨 후 실시한다.
④ 작업 전에 분출기 내부의 드레인을 충분히 제거한다.

해설 보일러 슈트 블로어를 사용하여 그을음 제거 작업을 하는 경우의 주의 사항
㉠ 가급적 부하가 낮을 때 실시한다.
㉡ 보일러를 소화한 직전에 실시한다.
㉢ 흡출 통풍을 감소시키기 전에 실시한다.
㉣ 작업 전에 분출기 내부의 드레인을 충분히 제거한다.

35 증기 난방의 분류에서 응축수 환수 방식에 해당하는 것은?

① 고압식 ② 상향 공급식
③ 기계 환수식 ④ 단관식

해설 증기 난방의 분류
㉠ 중력 환수식
㉡ 기계 환수식 : 응축수 환수 방식
㉢ 진공 환수식

38 어떤 거실의 난방 부하가 5,000kcal/h이고, 주철제 온수 방열기로 난방할 때 필요한 방열기 쪽수는? (단, 방열기 1쪽당 방열 면적은 $0.26m^2$이고, 방열량은 표준 방열량으로 한다.)

① 11쪽 ② 21쪽
③ 30쪽 ④ 43쪽

해설 방열기 쪽수 = $\dfrac{5,000}{450 \times 0.26}$ = 43쪽

36 보일러에서 분출 사고 시 긴급 조치 사항으로 틀린 것은?

① 연도 댐퍼를 전개한다.
② 연소를 정지시킨다.
③ 압입 통풍기를 가동시킨다.
④ 급수를 계속하여 수위의 저하를 막고 보일러의 수위 유지에 노력한다.

39 가정용 온수 보일러 등에 설치하는 팽창 탱크의 주된 기능은?

① 배관 중의 이물질 제거
② 온수 순환의 맥동 방지
③ 열효율의 증대
④ 온수의 가열에 따른 체적 팽창 흡수

정답 34 ④ 35 ③ 36 ③ 37 ④ 38 ④ 39 ④

해설 가정용 온수 보일러 등에 설치하는 팽창 탱크의 주된 기능 : 온수의 가열에 따른 체적 팽창 흡수

40 호칭 지름 20A인 강관을 그림과 같이 배관할 때 엘보 사이 파이프의 절단 길이는? (단, 20A 엘보의 끝단에서 중심까지의 거리는 32mm이고, 파이프의 물림 길이는 13mm이다.)

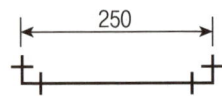

① 210mm   ② 212mm
③ 214mm   ④ 216mm

해설 절단 길이 = 250 − (32 + 32) + (13 + 13)
= 212mm

41 보일러 급수 성분 중 포밍과 관련이 가장 큰 것은?

① pH   ② 경도 성분
③ 용존 산소   ④ 유지 성분

해설 포밍 : 물거품 솟음이라 하며, 보일러수의 농축, 유지분 또는 가스분 등이 불순물에 의하여 동 수면이 거품으로 덮이는 현상

42 보온재 중 흔히 스티로폼이라고도 하며, 체적의 97~98%가 기공으로 되어 있어 열 차단 능력이 우수하고, 내수성도 뛰어난 보온재는?

① 폴리스티렌 폼
② 경질 우레탄 폼
③ 코르크
④ 글라스 울

해설 ② 경질 우레탄 폼 : 강성이 있고, 단열성과 저온 특성이 좋다.
③ 코르크 : 주로 보냉용으로 사용한다.
④ 글라스 울 : 용융 유리를 압축 공기나 원심력을 이용하여 섬유 형태로 제조한 것으로 안전 사용 온도가 300℃ 정도인 보온재

43 다음 중 유리솜 또는 암면의 용도와 관계 없는 것은?

① 보온재   ② 보냉재
③ 단열재   ④ 방습재

해설 유리솜 또는 암면의 용도
㉠ 보온재
㉡ 보냉재
㉢ 단열재

44 진공 환수식 증기 난방에서 리프트 피팅이란?

① 저압 환수관이 진공 펌프의 흡입구보다 낮은 위치에 있을 때 적용되는 이음 방법이다.
② 방열기보다 낮은 곳에 환수 주관이 설치된 경우 적용되는 이음 방법이다.
③ 진공 펌프가 환수 주관과 같은 위치에 있을 때 적용되는 이음 방법이다.
④ 방열기와 환수 주관의 위치가 같을 때 적용되는 이음 방법이다.

해설 진공 환수식 증기 난방에서 리프트 피팅 : 저압 환수관이 진공 펌프의 흡입구보다 낮은 위치에; 있을 때 적용되는 이음 방법

45 단관 중력 환수식 온수 난방에서 방열기 입구 반대편 상부에 부착하는 밸브는?

① 방열기 밸브
② 온도 조절 밸브

정답 40 ② 41 ④ 42 ① 43 ④ 44 ① 45 ③

③ 공기빼기 밸브
④ 배니 밸브

해설 공기빼기 밸브의 설명이다.

46 보일러에서 역화의 발생 원인이 아닌 것은?
① 점화 시 착화가 지연되었을 경우
② 연료보다 공기를 먼저 공급하는 경우
③ 연료 밸브를 과대하게 급히 열었을 경우
④ 프리 퍼지가 부족할 경우

해설 ㉠ ①③④
㉡ 공기보다 연료를 먼저 공급하는 경우
㉢ 압입 통풍이 너무 강할 경우와 흡입 통풍이 부족할 경우
㉣ 실화 시 노 내의 여열로 재점화할 경우

47 보일러 내면의 산 세정 시 염산을 사용하는 경우 세정액의 처리 온도와 처리 시간으로 가장 적합한 것은?
① 60±5℃, 1~2시간
② 60±5℃, 4~6시간
③ 90±5℃, 1~2시간
④ 90±5℃, 4~6시간

해설 염산으로 세정 시 세정액의 처리 온도와 처리 시간 : 60±5℃, 4~6시간

48 다른 보온재에 비하여 단열 효과가 낮으며, 500℃ 이하의 파이프, 탱크, 노벽 등에 사용하는 것은?
① 규조토   ② 암면
③ 글라스 울   ④ 펠트

해설 ② 암면 : 무기질 보온재 중 하나로 안산암, 현무암에 석회석을 섞어 용융하여 섬유 모양으로 만든 것
③ 글라스 울 : 용융 유리를 압축 공기나 원심력을 이용하여 섬유 형태로 제조한 것으로 안전 사용 온도가 300℃ 정도인 보온재
④ 펠트 : 양털이나 소털 등의 동물성 섬유를 원료로 만든 것으로 안전 사용 온도가 100℃ 이하인 것

49 보일러수(水) 중의 경도 성분을 슬러지로 만들기 위하여 사용하는 청관제는?
① 가성 취화 억제제
② 연화제
③ 슬러지 조정제
④ 탈산소제

해설 연화제의 설명이다.

50 방열기의 표준 방열량에 대한 설명으로 틀린 것은?
① 증기의 경우 게이지 압력 1kg/cm², 온도 80℃로 공급하는 것이다.
② 증기 공급 시의 표준 방열량은 650kcal/m²·h이다.
③ 실내 온도는 증기일 경우 21℃, 온수일 경우 18℃ 정도이다.
④ 온수 공급 시의 표준 방열량은 450kcal/m²·h이다.

해설 ① 증기의 경우 절대 압력 1kg/cm², 온도 100℃로 공급하는 것이다.

51 건물을 구성하는 구조체, 즉 바닥, 벽 등에 난방용 코일을 묻고 열매체를 통과시켜 난방을 하는 것은?
① 대류 난방   ② 복사 난방
③ 간접 난방   ④ 전도 난방

정답 46 ② 47 ② 48 ① 49 ② 50 ① 51 ②

해설 ① 대류 난방 : 직접 난방 방식의 하나로 대류 작용에 의해 실내 공기를 순환하며 난방을 하는 방식
② 복사 난방 : 건물을 구성하는 구조체, 즉 바닥, 벽 등에 난방용 코일을 묻고 열매체를 통과시켜 난방을 하는 방식
③ 간접 난방 ; 실내를 난방할 때 공기와 열교환시켜 만든 온풍을 방에 보내 난방하는 방법
④ 전도 난방 ; 방바닥에 깔린 넓적한 돌(구들장)에 화기를 도입시켜 온도가 높아진 돌이 방출하는 열로 난방하는 것

52 점화 전 댐퍼를 열고 노 내와 연도에 체류하고 있는 가연성 가스를 송풍기로 취출시키는 작업은?

① 분출
② 송풍
③ 프리 퍼지
④ 포스트 퍼지

해설 ③ 프리 퍼지의 설명이다.

53 보일러 유리 수면계의 유리 파손 원인과 무관한 것은?

① 유리관 상하 콕의 중심이 일치하지 않을 때
② 유리가 알칼리 부식 등에 의해 노화되었을 때
③ 유리관 상하 콕의 너트를 너무 조였을 때
④ 증기의 압력을 갑자기 올렸을 때

해설 유리 수면계의 유리 파손 원인
㉠ 유리관 상하 콕의 중심이 일치하지 않을 때
㉡ 유리가 알칼리 부식 등에 의해 노화되었을 때
㉢ 유리관 상하 콕의 너트를 너무 조였을 때

54 지역 난방의 특징을 설명한 것 중 틀린 것은?

① 설비가 길어지므로 배관 손실이 있다.
② 초기 시설 투자비가 높다.
③ 개개 선물의 공간을 많이 차지한다.
④ 대기 오염의 방지를 효과적으로 할 수 있다.

해설 지역 난방의 특징
(가) 장점
㉠ 열효율이 높고, 연료비가 절감된다.
㉡ 토지의 이용 효용도가 높다.
㉢ 대기 오염의 방지를 효과적으로 할 수 있다.
㉣ 난방 운전의 합리화로 열의 손실이 적다.
㉤ 설비비 및 인건비가 절약된다.
(나) 단점
㉠ 설비가 길어지므로 배관 손실이 있다.
㉡ 초기 시설 투자비가 높다.
㉢ 열의 사용이 적으면 기본 요금이 높아진다.

55 에너지 이용 합리화법상의 목표 에너지원 단위를 가장 옳게 설명한 것은?

① 에너지를 사용하여 만드는 제품의 단위당 폐연료 사용량
② 에너지를 사용하여 만드는 제품의 연간 폐열 사용량
③ 에너지를 사용하여 만드는 제품의 단위당 에너지 사용 목표량
④ 에너지를 사용하여 만드는 제품의 연간 폐열 에너지 사용 목표량

해설 목표 에너지원 단위
에너지를 사용하여 만드는 제품의 단위당 에너지 사용 목표량

56 다음은 저탄소 녹색 성장 기본법에 명시된 용어의 뜻이다. ( ) 안에 알맞은 것은?

온실가스란 (㉮), 메탄, 아산화질소, 수소불화탄소, 과불화탄소, 육불화황 및 그 밖에 대통령령으로 정하는 것으로 (㉯) 복사열을 흡수하거나 재방출하여 온실 효과를 유발하는 대기 중의 가스 상태의 물질을 말한다.

① ㉮ : 일산화탄소, ㉯ : 자외선

정답 52 ③ 53 ④ 54 ③ 55 ③ 56 ④

② ㉮ : 일산화탄소, ㉯ : 적외선
③ ㉮ : 이산화탄소, ㉯ : 자외선
④ ㉮ : 이산화탄소, ㉯ : 적외선

해설 온실 가스란 (이산화탄소), 메탄, 아산화질소, 수소불화탄소, 과불화탄소, 육불화황 및 그 밖에 대통령령으로 정하는 것으로 (적외선) 복사열을 흡수하거나 재방출하여 온실 효과를 유발하는 대기 중의 가스 상태의 물질을 말한다.

57 에너지 이용 합리화법상 에너지의 최저 소비 효율 기준에 미달하는 효율 관리 기자재의 생산 또는 판매 금지 명령을 위반한 자에 대한 벌칙 기준은?

① 1년 이하의 징역 또는 1천만 원 이하의 벌금
② 1천만 원 이하의 벌금
③ 2년 이하의 징역 또는 2천만 원 이하의 벌금
④ 2천만 원 이하의 벌금

해설 에너지의 최저 소비 효율 기준에 미달하는 효율 관리 기자재의 생산 또는 판매 금지 명령을 위반한 자에 대한 벌칙 ; 2천만 원 이하의 벌금

58 특정열 사용 기자재 중 산업통산자원부령으로 정하는 검사 대상 기기의 계속 사용 검사 신청서는 검사 유효 기간 만료 며칠 전까지 제출해야 하는가?

① 10일 전까지
② 15일 전까지
③ 20일 전까지
④ 30일 전까지

해설 특정열 사용 기자재 중 산업통상자원부령으로 정하는 검사 대상 기기의 계속 사용 검사 신청서는 검사 유효기간 만료 (15일 전까지) 제출해야 한다.

59 화석 연료에 대한 의존도를 낮추고 청정에너지의 사용 및 보급을 확대하여 녹색 기술 연구 개발, 탄소 흡수원 확충 등을 통하여 온실가스를 적정 수준 이하로 줄이는 것에 대한 정의로 옳은 것은?

① 녹색 성장
② 저탄소
③ 기후 변화
④ 자원 순환

해설 저탄소의 설명이다.

60 특정열 사용 기자재 중 산업통상자원부령으로 정하는 검사 대상 기기를 폐기한 경우에는 폐기한 날부터 며칠 이내에 폐기 신고서를 제출해야 하는가?

① 7일 이내에
② 10일 이내에
③ 15일 이내에
④ 30일 이내에

해설 특정열 사용 기자재 중 산업통산자원부령으로 정하는 검사 대상 기기를 폐기한 경우에는 폐기한 날부터 (15일 이내에) 폐기 신고서를 제출해야 한다.

정답 57 ④ 58 ② 59 ② 60 ③

에너지관리기능사 (2025. 1. 25 시행)

01 증기 난방 시공에서 관말 증기 트랩 장치의 냉각 레그(cooling leg) 길이는 일반적으로 몇 m 이상으로 해 주어야 하는가?

① 0.7m   ② 1.0m
③ 1.5m   ④ 2.5m

해설 증기 난방 시공에서 관말 증기 트랩 장치의 냉각 레그 길이 : 1.5m 이상

02 다음 중 액체 연료 연소 장치에서 보염 장치 (공기 조절 장치)의 구성 요소가 아닌 것은 어느 것인가?

① 바람 상자
② 보염기
③ 버너 팁
④ 버너 타일

해설 보염 장치(공기 조절 장치)의 구성
㉠ 바람 상자(윈드 박스, wind box)
㉡ 보염기(stabilizer)
㉢ 컴버스터 (combuster)
㉣ 버너 타일(burner tile)

03 드럼 없이 초임계 압력 하에서 증기를 발생시키는 강제 순환 보일러는?

① 특수 열매체 보일러
② 2중 증발 보일러
③ 연관 보일러
④ 관류 보일러

해설 ① 특수 열매체 보일러 : 수은, 다우섬액, 가네크, 모빌섬액 등은 비점이 낮아 저압에서도 고온의 증기 및 유체를 얻을 수 있는 보일러

② 2중 증발 보일러 : 급수 중의 불순물 때문에 물이 증발되는 동안에 불순물은 스케일로 되어 수관 내면에 부착하여 보일러의 유지 및 운전에 해를 미치는 보일러
③ 연관 보일러 : 통체 안에 노통 대신 연관을 설치하여 전열 면적을 증가시킨 보일러

04 증발량 3,500kgf/h인 보일러의 증기 엔탈피가 640kcal/kg이고, 급수의 온도는 20℃이다. 이 보일러의 상당 증발량은 얼마인가?

① 약 3,786kgf/h   ② 약 4,156kgf/h
③ 약 2,760kgf/h   ④ 약 4,026kgf/h

해설 상당 증발량$(G_e) = \dfrac{G(h_2 - h_1)}{539}$

여기서, G : 실제 증발량(kg/h)
h_2 : 발생 증기 엔탈피(kcal/kg)
h_1 : 급수 엔탈피(kcal/kg)=급수 온도

∴ $G_e = \dfrac{3,500(640-20)}{539} = 4,026$ kgf/h

05 보일러의 상당 증발량을 옳게 설명한 것은?

① 일정 온도의 보일러수가 최종의 증발 상태에서 증기가 되었을 때의 중량
② 시간당 증발된 보일러수의 중량
③ 보일러에서 단위 시간에 발생하는 증기 또는 온수의 보유 열량
④ 시간당 실제 증발량이 흡수한 전열량을 온도 100℃의 포화수를 100℃의 증기로 바꿀 때의 열량으로 나눈 값

해설 상당 증발량 : 시간당 실제 증발량이 흡수한 전열량을 온도 100℃의 포화수를 100℃의 증기로 바꿀 때의 열량으로 나눈 값

정답 01 ③ 02 ③ 03 ④ 04 ④ 05 ④

06 수관식 보일러의 일반적인 특징에 관한 설명으로 틀린 것은?

① 구조상 고압 대용량에 적합하다.
② 전열 면적을 크게 할 수 있으므로 일반적으로 열효율이 좋다.
③ 부하 변동에 따른 압력이나 수위의 변동이 적으므로 제어가 편리하다.
④ 급수 및 보일러수 처리에 주의가 필요하며, 특히 고압 보일러에서는 엄격한 수질 관리가 필요하다.

해설 ③ 부하 변동에 따른 압력이나 수위의 변동이 크므로 제어가 어렵다.

07 증기의 압력을 높일 때 변하는 현상으로 틀린 것은?

① 현열이 증대한다.
② 증발 잠열이 증대한다.
③ 증기의 비체적이 증대한다.
④ 포화수 온도가 높아진다.

해설 ② 증발 잠열이 낮아진다.

08 증기 보일러의 압력계 부착에 대한 설명으로 틀린 것은?

① 압력계와 연결된 관의 크기는 강관을 사용할 때에는 안지름이 6.5mm 이상이어야 한다.
② 압력계는 눈금판의 눈금이 잘 보이는 위치에 부착하고 얼지 않도록 하여야 한다.
③ 압력계는 사이펀관 또는 동등한 작용을 하는 장치가 부착되어야 한다.
④ 압력계의 콕은 그 핸들을 수직인 관과 동일 방향에 놓은 경우에 열려 있는 것이어야 한다.

해설 압력계와 연결된 관의 크기
㉠ 강관 : 안지름이 12.7mm 이상
㉡ 동관 및 황동관 : 안지름이 6.5mm 이상

09 분출 밸브의 최고 사용 압력은 보일러 최고 사용 압력의 몇 배 이상이어야 하는가?

① 0.5배　　② 1.0배
③ 1.25배　　④ 2.0배

해설 분출 밸브의 최고 사용 압력은 보일러 최고 사용 압력의 1.25배 이상이어야 한다.

10 증기 또는 온수 보일러로서 여러 개의 섹션(section)을 조합하여 제작하는 보일러는?

① 열매체 보일러
② 강철제 보일러
③ 관류 보일러
④ 주철제 보일러

해설 ① 열매체 보일러 : 수은, 다우섬액, 가네크, 모빌섬액 등은 비점이 낮아 저압에서도 고온의 증기 및 유체를 얻을 수 있는 보일러
② 강철제 보일러 : 보일러의 본체를 연강 철판으로 제작한 보일러
③ 관류 보일러 : 드럼 없이 초임계 압력 하에서 증기를 발생시키는 강제 순환 보일러

11 게이지 압력이 1.57MPa이고, 대기압이 0.103MPa일 때 절대 압력은 몇 MPa인가?

① 1.467　　② 1.673
③ 1.783　　④ 2.008

해설 절대 압력＝대기압＋게이지 압력
0.103Mpa＋1.57MPa＝1.673Mpa

정답　06 ③　07 ②　08 ①　09 ③　10 ④　11 ②

12 연소용 공기를 노의 앞에서 불어 넣으므로 공기가 차고 깨끗하며 송풍기의 고장이 적고 점검수리가 용이한 보일러의 강제 통풍 방식은?

① 압입 통풍   ② 흡입 통풍
③ 자연 통풍   ④ 수직 통풍

해설 강제 통풍 방식
㉠ 흡입 통풍 : 크게 연소 가스를 직접 연소기에 빨아들이는 직접 흡입식과 통풍기로 대기를 빨아들이게 하고, 이를 이젝터로 보내어 그 작용에 의해 연소 가스를 빨아들이는 간접 흡입식이 있다.
㉡ 자연 통풍 : 일반적으로 별도의 동력을 사용하지 않고 연돌로 인한 통풍 방식이며, 소형 보일러에 적합하다.
㉢ 평형 통풍 : 압입 통풍과 흡입 통풍을 조합한 것으로 소요 동력이 비교적 많으나 통풍력 조절이 용이하고 통풍력이 강력하며, 노 내압을 정압 및 부압으로 임의로 조절이 가능한 방식으로 대형 보일러에 사용된다.

13 보일러 자동 제어 신호 전달 방식 중 공기압 신호 전송의 특징 설명으로 틀린 것은?

① 배관이 용이하고, 보존이 비교적 쉽다.
② 내열성이 우수하나 압축성이므로 신호 전달에 지연이 된다.
③ 신호 전달 거리가 100~150m 정도이다.
④ 온도 제어 등에 부적합하고, 위험이 크다.

해설 ④ 온도 제어 등에 적합하고, 위험이 작다.

14 액면계 중 직접식 액면계에 속하는 것은?

① 압력식   ② 방사선식
③ 초음파식   ④ 유리관식

해설 액면계
(가) 직접식 액면계
  ㉠ 유리관식
(나) 간접식 액면계
  ㉠ 압력식   ㉡ 방사선식   ㉢ 초음파식

15 보일러 자동 제어의 급수 제어(F.W.C)에서 조작 량은?

① 공기량   ② 연료량
③ 전열량   ④ 급수량

해설 보일러의 자동 제어(ABC ; Automatic Boiler Control)

종류와 약칭	제어량	조작량	비고
증기 온도 제어 (STC)	증기 온도	전열량	STC(Steam Temperature Control) 감온기를 사용하여 직접 주수 또는 간접 냉각에 의하여 과열기 출구의 증기 온도를 제어한다.
급수 제어 (FWC)	보일러 수위	급수량	FWC(Feed Water Control) 제어 방식에는 1요소식, 2요소식, 3요소식 제어가 있다.
연소 제어 (ACC)	증기 압력	공기량, 연료량	ACC(Automatic Combustion Control) ① 제어 방식에는 위치식과 측정식이 있다. ② 증기 압력을 제어하는 주조절계는 연료, 연소용 공기량을 조작한다.
	노 내 압력	연소 가스량	

16 연료유 탱크에 가열 장치를 설치한 경우에 대한 설명으로 틀린 것은?

① 열원에는 증기, 온수, 전기 등을 사용한다.
② 전열식 가열 장치에 있어서는 직접식 또는 저항 밀봉 피복식의 구조로 한다.
③ 온수, 증기 등의 열매체가 동절기에 동결할 우려가 있는 경우에는 동결을 방지하는 조치를 취해야 한다.
④ 연료유 탱크의 기름 취출구 등에 온도계를 설치하여야 한다.

해설 연료유 탱크에 가열 장치를 설치한 경우의 기준
㉠ 열원에는 증기, 온수, 전기 등을 사용한다.
㉡ 온수, 증기 등의 열매체가 동절기에 동결할 우려가 있는 경우에는 동결을 방지하는 조치를 취해야 한다.

정답 12 ① 13 ④ 14 ④ 15 ④ 16 ②

ⓒ 연료유 탱크의 기름 취출구 등에 온도계를 설치하여 야 한다.

17 분진 가스를 방해판 등에 충돌시키거나 급격한 방향 전환 등에 의해 매연을 분리 포집하는 집진 방법은?

① 중력식 ② 여과식
③ 관성력식 ④ 유수식

해설　① 중력식 : 자체 중력에 의해 자연 침강시킨 후 분리한다.
② 여과식 : 함진 가스를 여과재에 통과시켜 매진을 분리한다.
④ 유수식 : 습식 집진 장치이다.

18 보일러 연료 중에서 고체 연료를 원소 분석하였을 때 일반적인 주성분은? (단, 중량%를 기준으로 한 주성분을 구한다.)

① 탄소 ② 산소
③ 수소 ④ 질소

해설　각종 연료의 원소 조성

연료 종류	탄소(C)%	수소(H)%	산소 및 기타%
고체	95~50	6~3	44~2
액체	87~85	15~13	2~1
기체	75~0	100~0	57~0

19 보일러에 사용되는 열 교환기 중 배기가스의 폐열을 이용하는 교환기가 아닌 것은?

① 절탄기 ② 공기 예열기
③ 방열기 ④ 과열기

해설　㉠ 열 교환기 중 배기가스의 폐열을 이용하는 교환기 : 절탄기, 공기 예열기, 과열기
㉡ 증기 또는 온수 등의 열매를 유입하여 열을 방산하는 기구 : 방열기

20 보일러 본체에서 수부가 클 경우의 설명으로 틀린 것은?

① 부하 변동에 대한 압력 변화가 크다.
② 증기 발생 시간이 길어진다.
③ 열효율이 낮아진다.
④ 보유 수량이 많으므로 파열 시 피해가 크다.

해설　① 부하 변동에 대한 압력 변화가 작다.

21 매시간 1,500kg의 연료를 연소시켜서 시간당 11,000kg의 증기를 발생시키는 보일러의 효율은 약 몇 %인가? (단, 연료의 발열량은 6,000kcal/kg, 발생 증기의 엔탈피는 742kcal/kg, 급수의 엔탈피는 20kcal/kg이다.)

① 88% ② 80%
③ 78% ④ 70%

해설　$\eta = \dfrac{\text{유효 출열}(Q_s)}{\text{입열 합계}(Q_f)} \times 100$

$= \dfrac{11{,}000 \times (742-20)}{1{,}500 \times 6{,}000} \times 100 = 88\%$

22 육용 보일러 열 정산의 조건과 관련된 설명 중 틀린 것은?

① 전기 에너지는 1kW당 860kcal/h로 환산한다.
② 보일러 효율 산정 방식은 입출열법과 열손실법으로 실시한다.
③ 열 정산 시험 시의 연료 단위량은 액체 및 고체 연료의 경우 1kg에 대하여 열 정산을 한다.
④ 보일러의 열 정산은 원칙적으로 정격 부하 이하에서 정상 상태로 3시간 이상의 운전 결과에 따라 한다.

해설　④ 보일러의 열 정산은 원칙적으로 정격 부하 이하에서 정상 상태로 1시간 이상의 운전 결과에 따라 한다.

정답　17 ③　18 ①　19 ③　20 ①　21 ①　22 ④

23 안전 밸브의 종류가 아닌 것은?

① 레버 안전 밸브 ② 추 안전 밸브
③ 스프링 안전 밸브 ④ 핀 안전 밸브

해설 안전 밸브의 종류
㉠ 레버 안전 밸브
㉡ 추 안전 밸브
㉢ 스프링 안전 밸브

24 가스용 보일러의 연소 방식 중에서 연료와 공기를 각각 연소실에 공급하여 연소실에서 연료와 공기가 혼합되면서 연소하는 방식은?

① 확산 연소식
② 예혼합 연소식
③ 복열혼합 연소식
④ 부분 예혼합 연소식

해설 연소 방식
㉠ 확산 연소식 : 연료와 공기를 각각 연소실에 공급하여 연소실에서 연료와 공기가 혼합되면서 연소하는 방식
㉡ 예혼합 연소식 : 연소 전에 공기와 연소 가스를 일정한 혼합비로 조성하여 공급하는 형식

25 보일러 급수 예열기를 사용할 때의 장점을 설명한 것으로 틀린 것은?

① 보일러의 증발 능력이 향상된다.
② 급수 중 불순물의 일부가 제거된다.
③ 증기의 건도가 향상된다.
④ 급수와 보일러수와의 온도 차이가 작아 열응력 발생을 방지한다.

해설 급수 예열기(절탄기)의 장점
㉠ 보일러의 증발 능력이 향상된다.
㉡ 급수 중 불순물의 일부가 제거된다.
㉢ 급수와 보일러수와의 온도 차이가 작아 열응력 발생을 방지한다.

26 다음 중 수관식 보일러에 속하는 것은?

① 기관차 보일러
② 코니시 보일러
③ 타쿠마 보일러
④ 랭커셔 보일러

해설 보일러의 분류

종류		실용 예
원통 보일러	노통 보일러	코니시 보일러, 랭커셔 보일러
	입형 보일러	입형 횡관 보일러, 입형 연관식 보일러, 코크란 보일러
	연관 보일러	횡형 연관 보일러, 입형 연관 보일러, 케와니 보일러(기관차형 보일러)
	노통 연관 보일러	스코치 보일러, 노통 연관 패키지 보일러, 하우덴 존스 보일러
수관 보일러	자연 순환식 보일러	바브콕 보일러, 윌콕스 보일러, 타쿠마 보일러, 야로우 보일러
	강제 순환식 보일러	섹션 보일러, 라몬트 보일러, 베록스 보일러
	관류 보일러	벤슨 보일러, 슐처 보일러
	복사 보일러	방사 보일러
특수 보일러	주철제 섹셔널 보일러	주철제 증기 보일러, 주철제 온수 보일러
	특수 열매체(액체) 보일러	수은 보일러, 다우섬 보일러, 세큐리티 보일러(열매체의 종류 : 수은, 다우섬, 카네크롤, 모빌섬)
	폐열 보일러	하이네 보일러, 리 보일러
	간접 가열식 (2중 증발) 보일러	슈미트 보일러, 뢰플러 보일러
	특수 연료 보일러	특수 연료의 종류 : 버케이스, 바크, 흑액, 소다회수
	전기 보일러	-
난방용 보일러	주철제 증기 보일러	-
	주철제 온수 보일러	-

27 물의 임계 압력은 약 몇 kgf/cm²인가?

① 175.23
② 225.65
③ 374.15
④ 539.75

해설 물의 임계 압력 : 225.65kgf/cm²

28 액화 석유 가스(LPG)의 특징에 대한 설명 중 틀린 것은?

① 유황분이 없으며, 유독 성분도 없다.
② 공기보다 비중이 무거워 누설 시 낮은 곳에 고여 인화 및 폭발성이 크다.
③ 연소 시 액화 천연 가스(LNG)보다 소량의 공기로 연소한다.
④ 발열량이 크고, 저장이 용이하다.

해설 ③ 연소 시 액화 천연 가스(LNG)보다 많은 양의 공기로 연소한다.

29 보일러 피드백 제어에서 동작 신호를 받아 규정된 동작을 하기 위해 조작 신호를 만들어 조작부에 보내는 부분은?

① 조절부
② 제어부
③ 비교부
④ 검출부

해설 ② 제어부 : 동작 신호를 여러 가지 동작으로 처리해서 조작 신호를 만들어내는 부분이다.
③ 비교부 : 기준 입력과 주피드백량과의 차이를 구하는 부분이다. 제어량의 현재값이 목표치와 얼마만큼의 차이가 나는가를 판단한다.
④ 검출부 : 제어량의 현상을 알기 위해 목표치, 기준 입력과 비교할 수 있도록 같은 종류의 양으로 변환하는 부분이다.

30 보일러에서 발생한 증기 또는 온수를 건물의 각 실내에 설치된 방열기에 보내어 난방하는 방식은?

① 복사 난방법
② 간접 난방법
③ 온풍 난방법
④ 직접 난방법

해설 복사 난방법 : 방을 형성하고 있는 벽체에 열원을 매입하고 벽면을 그대로 가열면으로 사용하여 복사열에 의해 난방하는 형식

31 상용 보일러의 점화 전 준비 사항과 관련이 없는 것은?

① 압력계 지침의 위치를 점검한다.
② 분출 밸브 및 분출 콕을 조작해서 그 기능이 정상인지 확인한다.
③ 연소 장치에서 연료 배관, 연료 펌프 등의 개폐 상태를 확인한다.
④ 연료의 발열량을 확인하고, 성분을 점검한다.

해설 상용 보일러의 점화 전 준비 사항
㉠ 압력계 지침의 위치를 점검한다.
㉡ 분출 밸브 및 분출 콕을 조작해서 그 기능이 정상인지 확인한다.
㉢ 연소 장치에서 연료 배관, 연료 펌프 등의 개폐 상태를 확인한다.

32 경납땜의 종류가 아닌 것은?

① 황동납
② 인동납
③ 은납
④ 주석－납

해설 경납땜의 종류
㉠ 황동납
㉡ 인동납
㉢ 은납

정답 27 ② 28 ③ 29 ① 30 ④ 31 ④ 32 ④

33 보일러수 중에 함유된 산소에 의해서 생기는 부식의 형태는?

① 점식
② 가성 취화
③ 그루빙
④ 전면 부식

해설 ② 가성 취화 : 보일러수의 pH가 지나치게 높아 pH13 이상이 되면 발생하는 부식
③ 그루빙 : 보일러의 모재가 연결되는 부분에서 U자나 V자 모양으로 부식이 발생하는 것
④ 전면 부식 : 보일러 내면에 부식이 전면적으로 일어나는 것

34 보일러 점화 전 자동 제어 장치의 점검에 대한 설명이 아닌 것은?

① 수위를 올리고 내려서 수위 검출기 기능을 시험하고, 설정된 수위 상한 및 하한에서 정확하게 급수 펌프가 기동, 정지하는지 확인한다.
② 저수 탱크 내의 저수량을 점검하고, 충분한 수량인 것을 확인한다.
③ 저수위 경보기가 정상 작동하는 것을 확인한다.
④ 인터록 계통의 제한기는 이상 없는지 확인한다.

해설 보일러 점화 전 자동 제어 장치의 점검 기준
㉠ 수위를 올리고 내려서 수위 검출기 기능을 시험하고, 설정된 수위 상한 및 하한에서 정확하게 급수 펌프가 기동, 정지하는지 확인한다.
㉡ 저수위 경보기가 정상 작동하는 것을 확인한다.
㉢ 인터록 계통의 제한기는 이상 없는지 확인한다.

35 땅속 또는 지상에 배관하여 압력 상태 또는 무압력 상태에서 물의 수송 등에 주로 사용되는 덕 타일 주철관을 무엇이라 부르는가?

① 회 주철관
② 구상 흑연 주철관
③ 모르타르 주철관
④ 사형 주철관

해설 구상 흑연 주철관(덕 타일)의 설명이다.

36 보일러 운전 정지의 순서를 바르게 나열한 것은?

> 가. 댐퍼를 닫는다.
> 나. 공기의 공급을 정지한다.
> 다. 급수 후 급수 펌프를 정지한다.
> 라. 연료의 공급을 정지한다.

① 가 → 나 → 다 → 라
② 가 → 라 → 나 → 다
③ 라 → 가 → 나 → 다
④ 라 → 나 → 다 → 가

해설 보일러 운전 정지 순서
연료의 공급을 정지한다. → 공기의 공급을 정지한다. → 급수 후 급수 펌프를 정지한다. → 댐퍼를 닫는다.

37 보일러 점화 시 역화가 발생하는 경우와 가장 거리가 먼 것은?

① 댐퍼를 너무 조인 경우나 흡입 통풍이 부족할 경우
② 적정 공기비로 점화한 경우
③ 공기보다 먼저 연료를 공급했을 경우
④ 점화할 때 착화가 늦어졌을 경우

해설 보일러 점화 시 역화가 발생하는 경우
㉠ 댐퍼를 너무 조인 경우나 흡입 통풍이 부족할 경우
㉡ 공기보다 먼저 연료를 공급했을 경우
㉢ 점화할 때 착화가 늦어졌을 경우

정답 33 ① 34 ② 35 ② 36 ④ 37 ②

38 보일러의 계속 사용 검사 기준에서 사용 중 검사에 대한 설명으로 거리가 먼 것은?

① 보일러 지지대의 균열, 내려앉음, 지지 부재의 변형 또는 파손 등 보일러의 설치 상태에 이상이 없어야 한다.
② 보일러와 접속된 배관, 밸브 등 각종 이음부에는 누기, 누수가 없어야 한다.
③ 연소실 내부가 충분히 청소된 상태이어야 하고, 축로의 변형 및 이탈이 없어야 한다.
④ 보일러 동체는 보온 및 케이싱이 분해되어 있어야 하며, 손상이 약간 있는 것은 사용해도 관계가 없다.

해설 ④ 보일러 동체는 보온 및 케이싱이 분해되어 있어야 하며, 손상이 약간 있는 것은 사용해서는 안 된다.

39 다음 보온재 중 안전 사용 온도가 가장 높은 것은 어느 것인가?

① 펠트　　② 암면
③ 글라스 울　　④ 세라믹 파이버

해설

보온재	안전 사용 온도
펠트	100℃ 이하
암면	400~600℃ 이하
글라스 울	300℃ 정도
세라믹 파이버	1,300℃ 이하

40 어떤 건물의 소요 난방 부하가 45,000kcal/h이다. 주철제 방열기로 증기 난방을 한다면 약 몇 쪽(section)의 방열기를 설치해야 하는가? (단, 표준 방열량으로 계산하며, 주철제 방열기의 쪽 당 방열 면적은 0.24m²이다.)

① 156쪽　　② 254쪽
③ 289쪽　　④ 315쪽

해설 방열기 섹션 수(증기 난방 시)

$$N_s = \frac{H}{650 \times a}$$

여기서, N_s : 증기 난방에서 방열기 쪽수
a : 방열기 1쪽의 방열 면적(m²)
H : 난방 부하[난방을 필요로 하는 방의 손실 열량(kcal/h)]

$$\therefore N_s = \frac{45,000}{650 \times 0.24} = 289쪽$$

41 주철제 방열기를 설치할 때 벽과의 간격은 약 몇 mm 정도로 하는 것이 좋은가?

① 10~30　　② 50~60
③ 70~80　　④ 90~100

해설 주철제 방열기를 설치할 때 벽과의 간격 : 50~60mm

42 벨로스형 신축 이음쇠에 대한 설명으로 틀린 것은?

① 설치 공간을 넓게 차지하지 않는다.
② 고온, 고압 배관의 옥내 배관에 적당하다.
③ 일명 팩레스(packless) 신축 이음쇠라고도 한다.
④ 벨로스는 부식되지 않는 스테인리스, 청동 제품 등을 사용한다.

해설 ② 80℃ 이하의 온도에서 사용하며, 고압 배관에는 적당하지 않다.

43 배관의 이동 및 회전을 방지하기 위해 지지점 위치에 완전히 고정시키는 장치는?

① 앵커　　② 서포트
③ 브레이스　　④ 행거

해설 ② 서포트 : 배관 하중을 아래에서 위로 떠받쳐 지지하는 기구

정답　38 ④　39 ④　40 ③　41 ②　42 ②　43 ①

③ 브레이스 : 배관 라인에 설치된 각종 펌프류 압축기 진동과 서징, 관의 수격 작용, 지진 등에서 발생하는 진동을 억제하는 데 사용되는 지지 장치
④ 행거 : 배관의 중량을 위에서 끌어당겨 지지할 목적으로 사용되는 지지구

44 동관 끝을 원형으로 정형하기 위해 사용하는 공구는?

① 사이징 툴
② 익스팬더
③ 리머
④ 튜브 벤더

해설 ② 익스팬더 : 동관의 관 끝 확관용 공구이다.
③ 리머 : 동관 절단 후 관의 내·외면에 생긴 거스러미를 제거하는 공구이다.
④ 튜브 벤더 : 동관 벤딩용 공구이다.

45 보일러수 속에 유지류, 부유물 등의 농도가 높아지면 드럼 수면에 거품이 발생하고, 또한 거품이 증가하여 드럼의 증기실에 확대되는 현상을 무엇이라 하는가?

① 포밍
② 프라이밍
③ 워터 해머링
④ 프리퍼지

해설 ② 프라이밍(priming) : 비수 현상이라 하며 고수위, 저압력 원인으로 인하여 급격한 증기가 발생하면서 수면으로부터 끊임없이 증기와 물방울이 비산하면서 수위를 불안정하게 만드는 현상
③ 워터 해머링(water hammering) : 펌프에서 물을 압송하고 있을 때 정전 등으로 급히 펌프가 멈춘 경우와 수량 조절 밸브를 급히 개폐한 경우 등 관 내의 유속이 급변하면 물에 심한 압력 변화가 생기는 현상
④ 프리퍼지(pre-purge) : 점화 전에 노 내 환기

46 보일러 산 세정의 순서로 옳은 것은?

① 전처리 → 산액 처리 → 수세 → 중화 방청 → 수세

② 전처리 → 수세 → 산액 처리 → 수세 → 중화 방청
③ 산액 처리 → 수세 → 전처리 → 중화 방청 → 수세
④ 산액 처리 → 전처리 → 수세 → 중화 방청 → 수세

해설 보일러 산 세정의 순서
전처리 → 수세 → 산액 처리 → 수세 → 중화 방청

47 방열기 내 온수의 평균 온도 80℃, 실내 온도 18℃, 방열 계수 7.2kcal/m²·h·℃인 경우 방열기의 방열량은 얼마인가?

① 346.4kcal/m²·h
② 446.4kcal/m²·h
③ 519kcal/m²·h
④ 560kcal/m²·h

해설 $Q = Q_c \times L$
여기서, Q : 방열기의 방열량(kcal/m²·h)
Q_c : 증기 응축량(kg/m²·h)
L : 그 증기 압력에서의 증발 잠열(kcal/kg)
∴ $Q = 7.2 \times (80 - 18) = 446.4$ kcal/m²·h

48 온수 난방 배관 시공법에 대한 설명 중 틀린 것은?

① 배관 구배는 일반적으로 1/250 이상으로 한다.
② 배관 중에 공기가 모이지 않게 배관한다.
③ 온수관의 수평 배관에서 관경을 바꿀 때는 편심 이음쇠를 사용한다.
④ 지관이 주관 아래로 분기될 때는 90° 이상으로 끝올림 구배로 한다.

해설 ④ 지관이 주관 아래로 분기될 때는 45° 이상으로 끝올림 구배로 한다.

정답 44 ① 45 ① 46 ② 47 ② 48 ④

49 단열재를 사용하여 얻을 수 있는 효과에 해당하지 않는 것은?

① 축열 용량이 작아진다.
② 열전도율이 작아진다.
③ 노 내의 온도 분포가 균일하게 된다.
④ 스폴링 현상을 증가시킨다.

[해설] ④ 스폴링(spalling, 박락) 현상(내화 벽돌 등이 사용 중에 내부에 생기는 응력 때문에 균열이 생기거나 표면이 떨어지는 것)을 방지한다.

50 보일러 사고의 원인 중 취급상의 원인이 아닌 것은?

① 부속 장치 미비
② 최고 사용 압력의 초과
③ 저수위로 인한 보일러의 과열
④ 습기나 연소 가스 속의 부식성 가스로 인한 외부 부식

[해설] 보일러 사고 중 취급상의 원인
㉠ 최고 사용 압력의 초과
㉡ 저수위로 인한 보일러의 과열
㉢ 습기나 연소 가스 속의 부식성 가스로 인한 외부 부식

51 보일러에서 라미네이션(lamination)이란?

① 보일러 본체나 수관 등이 사용 중에 내부에서 2장의 층을 형성한 것
② 보일러 강판이 화염에 닿아 불룩 튀어나온 것
③ 보일러 동에 작용하는 응력의 불균일로 동의 일부가 함몰된 것
④ 보일러 강판이 화염에 접촉하여 점식된 것

[해설] 라미네이션(lamination) : 보일러 본체나 수관 등이 사용 중에 내부에서 2장의 층을 형성한 것

52 증기 난방 방식을 응축수 환수법에 의해 분류하였을 때 해당되지 않는 것은?

① 중력 환수식　　② 고압 환수식
③ 기계 환수식　　④ 진공 환수식

[해설] 증기 난방 방식을 응축수 환수법에 의해 분류
㉠ 중력 환수식　㉡ 기계 환수식　㉢ 진공 환수식

53 보일러 설치·시공 기준상 가스용 보일러의 연료 배관 시 배관의 이음부와 전기 계량기 및 전기 개폐기와의 유지 거리는 얼마인가? (단, 용접 이음매는 제외한다.)

① 15cm 이상　　② 30cm 이상
③ 45cm 이상　　④ 60cm 이상

[해설] 가스용 보일러의 연료 배관 시 배관의 이음부와 전기 계량기 및 전기 개폐기와의 유지 거리 : 60cm 이상

54 보일러 과열의 요인 중 하나인 저수위의 발생 원인으로 거리가 먼 것은?

① 분출 밸브의 이상으로 보일러수가 누설
② 급수 장치가 증발 능력에 비해 과소한 경우
③ 증기 토출량이 과소한 경우
④ 수면계의 막힘이나 고장

[해설] 보일러 과열의 요인 중 하나인 저수위의 발생 원인
㉠ 분출 밸브의 이상으로 보일러수가 누설
㉡ 급수 장치가 증발 능력에 비해 과소한 경우
㉢ 수면계의 막힘이나 고장

55 에너지 이용 합리화법상 에너지를 사용하여 만드는 제품의 단위당 에너지 사용 목표량 또는 건축물의 단위 면적당 에너지 사용 목표량을 정하여 고시하는 자는?

① 산업통상자원부 장관

정답　49 ④　50 ①　51 ①　52 ②　53 ④　54 ③　55 ①

② 에너지관리공단 이사장
③ 시·도지사
④ 고용노동부 장관

해설 에너지를 사용하여 만드는 제품의 단위당 에너지 사용 목표량 또는 건축물의 단위 면적당 에너지 사용 목표량을 정하여 고시하는 자 : 산업통상자원부 장관

56 에너지 다소비 사업자가 매년 1월 31일까지 신고해야 할 사항에 포함되지 않는 것은?

① 전년도의 분기별 에너지 사용량·제품 생산량
② 해당 연도의 분기별 에너지 사용 예정량·제품 생산 예정량
③ 에너지 사용 기자재의 현황
④ 전년도의 분기별 에너지 절감량

해설 에너지 다소비 사업자가 매년 1월 31일까지 신고해야 할 사항
㉠ 전년도의 분기별 에너지 사용량·제품 생산량
㉡ 해당 연도의 분기별 에너지 사용 예정량·제품 생산 예정량
㉢ 에너지 사용 기자재의 현황
㉣ 전년도의 분기별 에너지 이용 합리화 실적 및 해당 연도의 계획
㉤ ㉠~㉣까지의 사항에 관한 업무를 담당하는 자의 현황

57 정부는 국가 전략을 효율적·체계적으로 이행하기 위하여 몇 년마다 저탄소 녹색 성장 국가 전략 5개년 계획을 수립하는가?

① 2년
② 3년
③ 4년
④ 5년

해설 저탄소 녹색 성장 국가 전략 5개년 계획 : 5년마다 수립

58 붙박이 에너지 사용 기자재의 종류가 아닌 것은?

① 선풍기
② 전기 냉장고
③ 전기 세탁기
④ 산업통상자원부장관이 국토교통부장관과 협의를 거쳐 고시하는 에너지 사용 기자재

해설 ① 식기세척기

59 대기전력 경고 표지 대상 제품이 아닌 것은?

① 프린터
② 전자레인지
③ 복사기
④ 냉장고

해설 대기 전력 경고 표지 대상 제품 : 프린터, 복합기, 전자레인지, 팩시밀리, 복사기, 스캐너, 오디오, DVD플레이어, 라디오카세트, 도어폰, 유무선전화기, 비데, 모뎀, 홈 게이트웨이

60 에너지 이용 합리화법에서 정한 검사에 합격되지 아니한 검사 대상 기기를 사용한 자에 대한 벌칙은?

① 1년 이하의 징역 또는 1천만 원 이하의 벌금
② 2년 이하의 징역 또는 2천만 원 이하의 벌금
③ 3년 이하의 징역 또는 3천만 원 이하의 벌금
④ 4년 이하의 징역 또는 4천만 원 이하의 벌금

해설 검사에 합격되지 아니한 검사 대상 기기를 사용한 자에 대한 벌칙 : 1년 이하의 징역 또는 1천만 원 이하의 벌금

정답 56 ④ 57 ④ 58 ① 59 ④ 60 ①

에너지관리기능사 (2025. 4. 6 시행)

01 노통 연관식 보일러에서 노통을 한쪽으로 편심시켜 부착하는 이유로 가장 타당한 것은 어느 것인가?

① 전열 면적을 크게 하기 위해서
② 통풍력의 증대를 위해서
③ 노통의 열 신축과 강도를 보강하기 위해서
④ 보일러수를 원활하게 순환하기 위해서

해설 노통 연관식 보일러에서 노통을 한쪽으로 편심시켜 부착하는 이유 : 보일러수를 원활하게 순환하기 위해서

02 보기에서 설명한 송풍기의 종류는?

> ㉮ 경량 날개형이고, 6~12매의 철판제 직선 날개를 보스에서 방사한 스포크에 리벳죔을 한 것이며, 측판이 있는 임펠러와 측판이 없는 것이 있다.
> ㉯ 구조가 견고하며 내마모성이 크고 날개를 바꾸기도 쉬우며, 회진이 많은 가스의 흡출 통풍기, 미분탄 장치의 배탄기 등에 사용된다.

① 터보 송풍기
② 다익 송풍기
③ 축류 송풍기
④ 플레이트 송풍기

해설 ㈎ 터보 송풍기
㉠ 풍압이 비교적 높고, 고온·고압·대용량에 적합하며, 효율이 좋고 구조가 간단하다.
㉡ 대형이고 고가이며, 동력 소비가 크다.
㈏ 다익 송풍기
㉠ 풍압이 15~20mmAq으로 낮으며, 소형이고 경량이다.
㉡ 고온·고압에 부적당하며, 소형 보일러나 특수한 경우에 사용한다.

㈐ 축류 송풍기
㉠ 풍량은 많고 풍압은 낮으며, 대용량이 요구되는 곳에 사용된다.
㉡ 소음이 크며, 풍량의 증가에 따라 풍압이 낮아진다.

03 스프링식 안전 밸브에서 전양정식의 설명으로 옳은 것은?

① 밸브의 양정이 밸브 시트 구경의 1/40~1/15 미만인 것
② 밸브의 양정이 밸브 시트 구경의 1/15~1/7 미만인 것
③ 밸브의 양정이 밸브 시트 구경의 1/7 이상인 것
④ 밸브 시트 증기 통로 면적은 목부분 면적의 1.05배 이상인 것

해설 스프링식 안전 밸브

종류	크기
저양정식	밸브의 양정이 밸브 시트 구경의 $\frac{1}{40}$ 이상 $\frac{1}{15}$ 미만
고양정식	밸브의 양정이 밸브 시트 구경의 $\frac{1}{15}$ 이상 $\frac{1}{7}$ 미만
전양정식	밸브의 양정이 밸브 시트 구경의 $\frac{1}{7}$ 이상
전량식	밸브 시트 지름이 목부분 지름의 1.15배

04 다음 중 2차 연소의 방지 대책으로 적합하지 않은 것은?

① 연도의 가스 포켓이 되는 부분을 없앨 것
② 연소실 내에서 완전 연소시킬 것

정답 01 ④ 02 ④ 03 ③ 04 ③

③ 2차 공기 온도를 낮추어 공급할 것
④ 통풍 조절을 잘 할 것

해설 2차 연소의 방지 대책
㉠ 연도의 가스 포켓이 되는 부분을 없앨 것
㉡ 연소실 내에서 완전 연소시킬 것
㉢ 통풍 조절을 잘 할 것

05 연도에서 폐열 회수 장치의 설치 순서가 옳은 것은?

① 재열기 → 절탄기 → 공기 예열기 → 과열기
② 과열기 → 재열기 → 절탄기 → 공기 예열기
③ 공기 예열기 → 과열기 → 절탄기 → 재열기
④ 절탄기 → 과열기 → 공기 예열기 → 재열기

해설 연도에서 폐열 회수 장치의 설치 순서
과열기 → 재열기 → 절탄기 → 공기 예열기

06 수관식 보일러 종류에 해당되지 않는 것은?

① 코니시 보일러
② 슐처 보일러
③ 타쿠마 보일러
④ 라몬트 보일러

해설 보일러의 분류

종류		실용 예
원통 보일러	노통 보일러	코니시 보일러, 랭커셔 보일러
	입형 보일러	입형 횡관 보일러, 입형 연관식 보일러, 코크란 보일러
	연관 보일러	횡형 연관 보일러, 입형 연관 보일러, 케와니 보일러(기관차형 보일러)
	노통 연관 보일러	스코치 보일러, 노통 연관 패키지 보일러, 하우덴 존슨 보일러
수관 보일러	자연 순환식 보일러	바브콕 보일러, 윌콕스 보일러, 타쿠마 보일러, 야로우 보일러
	강제 순환식 보일러	섹션 보일러, 라몬트 보일러, 베록스 보일러
	관류 보일러	벤슨 보일러, 슐처 보일러
	복사 보일러	방사 보일러
특수 보일러	주철제 섹셔널 보일러	주철제 증기 보일러, 주철제 온수 보일러
	특수 열매체(액체) 보일러	수은 보일러, 다우섬 보일러, 세큐리티 보일러(열매체의 종류 : 수은, 다우섬, 카네크롤, 모빌섬)
	폐열 보일러	하이네 보일러, 리 보일러
	간접 가열식 (2중 증발) 보일러	슈미트 보일러, 뢰플러 보일러
	특수 연료 보일러	특수 연료의 종류 : 버케이스, 바크, 흑액, 소다회수
	전기 보일러	–
난방용 보일러	주철제 증기 보일러	–
	주철제 온수 보일러	–

07 일반적으로 보일러의 열손실 중에서 가장 큰 것은?

① 불완전 연소에 의한 손실
② 배기가스에 의한 손실
③ 보일러 본체 벽에서의 복사, 전도에 의한 손실
④ 그을음에 의한 손실

해설 보일러의 열손실 중에서 가장 큰 것 : 배기가스에 의한 손실

08 탄소(C) 1kmol이 완전 연소하여 탄산가스(CO_2)가 될 때 발생하는 열량은 몇 kcal인가?

① 29,200
② 57,600
③ 68,600
④ 97,200

해설 $C + O_2 \rightarrow CO_2 + 97,200$ kcal

정답 05 ② 06 ① 07 ② 08 ④

09 기름 예열기에 대한 설명 중 옳은 것은?

① 가열 온도가 낮으면 기름 분해와 분무 상태가 불량하고, 분사 각도가 나빠진다.
② 가열 온도가 높으면 불길이 한 쪽으로 치우쳐 그을음, 분진이 일어나고, 무화 상태가 나빠진다.
③ 서비스 탱크에서 점도가 떨어진 기름을 무화에 적당한 온도로 가열시키는 장치이다.
④ 기름 예열기에서의 가열 온도는 인화점보다 약간 높게 한다.

해설 기름 예열기 : 서비스 탱크에서 점도가 떨어진 기름을 무화에 적당한 온도로 가열시키는 장치이다.

10 압력이 일정할 때 과열 증기에 대한 설명으로 가장 적절한 것은?

① 습포화 증기에 열을 가해 온도를 높인 증기
② 건포화 증기에 압력을 높인 증기
③ 습포화 증기에 과열도를 높인 증기
④ 건포화 증기에 열을 가해 온도를 높인 증기

해설 압력이 일정할 때 과열 증기 : 건포화 증기에 열을 가해 온도를 높인 증기

11 보일러의 자동 제어 중 제어 동작이 연속 동작에 해당하지 않는 것은?

① 비례 동작　　② 적분 동작
③ 미분 동작　　④ 다위치 동작

해설 제어 동작이 연속 동작에 해당하지 않는 것 : 다위치 동작

12 바이패스(by-pass)관에 설치해서는 안 되는 부품은?

① 플로트 트랩
② 연료 차단 밸브
③ 감압 밸브
④ 유류 배관의 유량계

해설 바이패스(by-pass)관에 설치하는 부품
㉠ 플로트 트랩
㉡ 감압 밸브
㉢ 유류 배관의 유량계

13 다음 중 압력의 단위가 아닌 것은?

① mmHg　　　② bar
③ N/m^2　　　④ $kg \cdot m/s$

해설 압력의 단위
㉠ mmHg　　㉡ bar　　㉢ N/m^2

14 보일러에 부착하는 압력계에 대한 설명으로 옳은 것은?

① 최대 증발량 10t/h 이하인 관류 보일러에 부착하는 압력계는 눈금판의 바깥지름을 50mm 이상으로 할 수 있다.
② 부착하는 압력계의 최고 눈금은 보일러의 최고 사용 압력의 1.5배 이하의 것을 사용한다.
③ 증기 보일러에 부착하는 압력계 눈금판의 바깥지름은 80mm 이상의 크기로 한다.
④ 압력계를 보호하기 위하여 물을 넣은 안지름 6.5mm 이상의 사이펀관 또는 동등한 장치를 부착하여야 한다.

해설 ① 최대 증발량 10t/h 이하인 관류 보일러에 부착하는 압력계는 눈금판의 바깥지름을 60mm 이상으로 할 수 있다.
② 부착하는 압력계의 최고 눈금은 보일러의 최고 사용 압력의 3배 이하로 하되, 1.5배보다 작아서는 안 된다.
③ 증기 보일러에 부착하는 압력계 눈금판의 바깥지름은 100mm 이상의 크기로 한다.

정답 09 ③　10 ④　11 ④　12 ②　13 ④　14 ④

15 다음 중 수트 블로어 사용에 관한 주의 사항으로 틀린 것은?

① 분출기 내의 응축수를 배출시킨 후 사용할 것
② 그을음 불어내기를 할 때는 통풍력을 크게 할 것
③ 원활한 분출을 위해 분출하기 전 연도 내 배풍기를 사용하지 말 것
④ 한 곳에 집중적으로 사용하여 전열면에 무리를 가하지 말 것

해설 ③ 원활한 분출을 위해 분출하기 전 연도 내 배풍기를 사용한다.

16 다음 중 수관 보일러의 특징에 대한 설명으로 틀린 것은?

① 자연 순환식은 고압이 될수록 물과의 비중차가 작아 순환력이 낮아진다.
② 증발량이 크고 수부가 커서 부하 변동에 따른 압력 변화가 작으며, 효율이 좋다.
③ 용량에 비해 설치 면적이 작으며 과열기, 공기 예열기 등 설치와 운반이 쉽다.
④ 구조상 고압 대용량에 적합하며, 연소실의 크기를 임의로 할 수 있어 연소 상태가 좋다.

해설 ② 증발량이 크고 수부가 커서 부하 변동에 따른 압력 변화가 크며, 효율이 좋다.

17 연통에서 배기되는 가스량이 2,500kg/h이고, 배기가스 온도가 230℃, 가스의 평균 비열이 0.31kcal/kg·℃, 외기 온도가 18℃이면 배기가스에 의한 손실 열량은?

① 164,300kcal/h
② 174,300kcal/h
③ 184,300kcal/h
④ 194,300kcal/h

해설 배기가스에 의한 손실 열량(Q)
= 2,500kg/h × 0.31kcal/kg·℃ × (230−18)℃
= 164,300kcal/h

18 연소 효율이 95%, 전열 효율이 85%인 보일러의 효율은 약 몇 %인가?

① 90
② 81
③ 70
④ 61

해설 보일러 효율(η) = (연소 효율 × 전열 효율) × 100
= (0.95 × 0.85) × 100
= 81%

19 보일러 집진 장치의 형식과 종류를 짝지은 것 중 틀린 것은?

① 가압수식 - 제트 스크러버
② 여과식 - 충격식 스크러버
③ 원심력식 - 사이클론
④ 전기식 - 코트렐

해설 ② 여과식 - 백필터식

20 소형 연소기를 실내에 설치하는 경우, 급배기통을 전용 체임버 내에 접속하여 자연 통기력에 의해 급배기하는 방식은?

① 강제 배기식
② 강제 급배기식
③ 자연 급배기식
④ 옥외 급배기식

해설 ③ 자연 급배기식의 설명이다.

정답 15 ③ 16 ② 17 ① 18 ② 19 ② 20 ③

21 가스 버너 연소 방식 중 예혼합 연소 방식이 아닌 것은?

① 저압 버너 ② 포트형 버너
③ 고압 버너 ④ 송풍 버너

해설 기체 연료의 연소 장치
(가) 확산 연소 방식에 의한 장치
　㉠ 포트형
　㉡ 버너형
(나) 예혼합 연소 방식에 의한 장치
　㉠ 저압 버너(공기 흡인)
　㉡ 고압 버너
　㉢ 송풍 버너

22 물을 가열하여 압력을 높이면 어느 지점에서 액체, 기체 상태의 구별이 없어지고 증발 잠열이 0kcal/kg이 된다. 이 점을 무엇이라 하는가?

① 임계점 ② 삼중점
③ 비등점 ④ 압력점

해설 ② 삼중점(triple point) : 고체, 액체, 기체가 서로 열역학적 균형을 유지하는 상태의 압력과 온도를 말한다.
③ 비등점 : 액체 물질의 증기압이 외부 압력과 같아져 끓기 시작하는 온도를 말한다.

23 전열 면적이 $25m^2$인 연관 보일러를 8시간 가동시킨 결과 4,000kgf의 증기가 발생하였다면, 이 보일러의 전열면의 증발률은 몇 $kgf/m^2 \cdot h$인가?

① 20 ② 30
③ 40 ④ 50

해설 보일러 전열면의 증발률 = $\dfrac{실제\ 증발량(kg/h)}{전열\ 면적(m^2)}$

$= \dfrac{4,000kgf}{25m^2 \times 8h}$

$= 20kgf/m^2 \cdot h$

24 증기 난방과 비교한 온수 난방의 특징에 대한 설명으로 틀린 것은?

① 가열 시간은 길지만 잘 식지 않으므로 동결의 우려가 적다.
② 난방 부하의 변동에 따라 온도 조절이 용이하다.
③ 취급이 용이하고 표면의 온도가 낮아 화상의 염려가 없다.
④ 방열기에는 증기 트랩을 반드시 부착해야 한다.

해설 ④ 방열기에는 증기 트랩을 부착하지 않는다.

25 외기 온도 20℃, 배기가스 온도 200℃이고, 연돌 높이가 20m일 때, 통풍력은 약 몇 mmAq인가?

① 5.5 ② 7.2
③ 9.2 ④ 12.2

해설 $Z = 355 \times H \left(\dfrac{1}{T_a} - \dfrac{1}{T_g} \right)$(mmHg)(mmAq)

여기서, Z : 통풍력(mmHg)(mmAq)
　　　H : 연돌 높이(m)
　　　T_a : 외기의 절대 온도(K)
　　　T_g : 배기가스의 평균 절대 온도(K)

$\therefore Z = 355 \times 20 \times \left(\dfrac{1}{293} - \dfrac{1}{473} \right) = 9.2 mmAq$

26 과잉 공기량에 관한 설명으로 옳은 것은?

① 실제 공기량 × 이론 공기량
② 실제 공기량 / 이론 공기량
③ 실제 공기량 + 이론 공기량
④ 실제 공기량 − 이론 공기량

해설 과잉 공기량 = 실제 공기량 − 이론 공기량

27 다음 그림은 인젝터의 단면을 나타낸 것이다. C부의 명칭은?

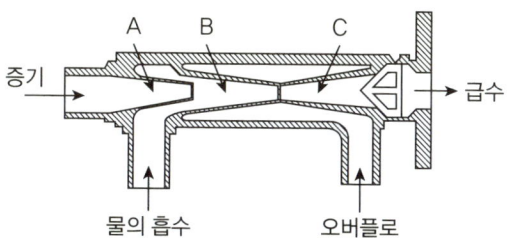

① 증기 노즐 ② 혼합 노즐
③ 분출 노즐 ④ 고압 노즐

해설 ㉠ A : 증기 노즐
B : 혼합 노즐
C : 분출(배출) 노즐
㉡ 인젝터는 1개월에 1회 시운전을 한다.

28 증기 축열기(steam accumulator)에 대한 설명으로 옳은 것은?

① 송기 압력을 일정하게 유지하기 위한 장치
② 보일러 출력을 증가시키는 장치
③ 보일러에서 온수를 저장하는 장치
④ 증기를 저장하여 과부하 시에 증기를 방출하는 장치

해설 증기 축열기(steam accumulator) : 증기를 저장하여 과부하 시에 증기를 방출하는 장치

29 물체의 온도를 변화시키지 않고, 상(相) 변화를 일으키는 데에만 사용되는 열량은?

① 감열 ② 비열
③ 현열 ④ 잠열

해설 ①, ③ 현열(감열) : 물질의 상태는 변화 없이 온도만 변화시키는 데 필요한 열량
② 비열 : 어떤 물질의 단위 질량(1kg에서 온도를 1℃ 높이는 데 소요되는 열량(kcal/kg·℃)을 말한다.

30 고체벽의 한 쪽에 있는 고온의 유체로부터 이 벽을 통과하여 다른 쪽에 있는 저온의 유체로 흐르는 열의 이동을 의미하는 용어는?

① 열관류 ② 현열
③ 잠열   ④ 전열량

해설 ② 현열 : 물질의 상태는 변화 없이 온도만 변화시키는 데 필요한 열량
③ 잠열 : 물체의 온도를 변화시키지 않고, 상변화를 일으키는 데에만 사용되는 열량
④ 전열량 : 어떤 물체(얼음, 물, 수증기)가 갖는 단위 중량 단위 열량이며, 또한 현열과 잠열의 합을 엔탈피라고 한다.

31 보일러의 점화 조작 시 주의 사항으로 틀린 것은 어느 것인가?

① 연료 가스의 유출 속도가 너무 빠르면 실화 등이 일어나고, 너무 늦으면 역화가 발생한다.
② 연소실의 온도가 낮으면 연료의 확산이 불량해지며 착화가 잘 안 된다.
③ 연료의 예열 온도가 낮으면 무화 불량, 화염의 편류, 그을음, 분진이 발생한다.
④ 유압이 낮으면 점화 및 분사가 양호하고, 높으면 그을음이 없어진다.

해설 ④ 유압이 낮으면 점화 및 분사가 불량하고, 높으면 그을음이 축적되기 쉽다.

32 호칭 지름 15A의 강관을 각도 90도로 구부릴 때 곡선부의 길이는 약 몇 mm인가? (단, 곡선부의 반지름은 90mm로 한다.)

① 141.4 ② 145.5
③ 150.2 ④ 155.3

해설 $l = \pi D \times \dfrac{\theta}{360} = 3.14 \times 180 \times \dfrac{90}{360} = 141.4$ mm

정답 27 ③ 28 ④ 29 ④ 30 ① 31 ④ 32 ①

33 온수 난방에서 상당 방열 면적이 45m²일 때 난방 부하는? (단, 방열기의 방열량은 표준 방열량으로 한다.)

① 16,450kcal/h ② 18,500kcal/h
③ 19,450kcal/h ④ 20,250kcal/h

해설 온수 난방 부하(kcal/h)
=소요 방열 면적×방열기의 방열량
=45m²×450kcal/m²·h
=20,250kcal/h

34 주철제 벽걸이 방열기의 호칭 방법은?

① W-형×쪽수
② 종별-치수×쪽수
③ 종별-쪽수×형
④ 치수-종별×쪽수

해설 주철제 벽걸이 방열기의 호칭 방법 : W-형×쪽수

35 보일러 사고에서 제작상의 원인이 아닌 것은?

① 구조 불량   ② 재료 불량
③ 캐리 오버   ④ 용접 불량

해설 보일러 사고의 원인
㉠ 취급 부주의 : 캐리 오버, 이상 감수, 최고 사용 압력 초과, 미연소 가스 폭발 사고 등
㉡ 제작상의 원인 : 구조 불량, 재료 불량, 용접 불량, 설계 불량 등

36 증기 난방에서 응축수의 환수 방법에 따른 분류 중 증기의 순환과 응축수의 배출이 빠르며, 방열량도 광범위하게 조절할 수 있어서 대규모 난방에 많이 채택하는 방식은?

① 진공 환수식 증기 난방
② 복관 중력 환수식 증기 난방
③ 기계 환수식 증기 난방
④ 단관 중력 환수식 증기 난방

해설 증기 난방의 분류
㉠ 중력(자연) 환수식 증기 난방 : 응축수를 중력 작용에 의해서 보일러에 유입시키는 것으로 저압 보일러에 사용되며, 단관식과 복관식이 있다.
㉡ 기계 환수식 증기 난방 : 환수 주관을 수주 탱크에 접속하여서 응축수를 이 탱크에 모아 펌프로 이 물에 수압을 주어 보일러로 송수하면 보일러의 높이에는 관계없이 환수할 수 있다. 즉 중력 환수식의 배관을 그대로 두고 그 환수 주관과 수주 탱크와의 사이는 중력식으로 조작하고 수주 탱크에 응축수를 보일러에 급수하는 방식이다.
㉢ 진공 환수식 증기 난방 : 증기의 순환과 응축수의 배출이 빠르며, 방열량은 광범위하게 조절할 수 있어서 대규모 난방에서 많이 채택하는 방식이다.

37 저탕식 급탕 설비에서 급탕의 온도를 일정하게 유지시키기 위해서 가스나 전기를 공급 또는 정지하는 것은?

① 사일런서
② 순환 펌프
③ 가열 코일
④ 서모스탯

해설 ④ 서모스탯의 설명이다.

38 파이프 벤더에 의한 구부림 작업 시 관에 주름이 생기는 원인으로 가장 옳은 것은 어느 것인가?

① 압력 조정이 세고, 저항이 크다.
② 굽힘 반지름이 너무 작다.
③ 받침쇠가 너무 나와 있다.
④ 바깥지름에 비하여 두께가 너무 얇다.

해설 파이프 벤더에 의한 구부림 작업 시 관에 주름이 생기는 원인 : 바깥지름에 비하여 두께가 너무 얇다.

정답 33 ④ 34 ① 35 ③ 36 ① 37 ④ 38 ④

39 보일러의 정상 운전 시 수면계에 나타나는 수위의 위치로 가장 적당한 것은?

① 수면계의 최상위
② 수면계의 최하위
③ 수면계의 중간
④ 수면계 하부의 1/3 위치

해설 보일러의 정상 운전 시 수면계에 나타나는 수위의 위치 : 수면계의 중간

40 보일러 급수의 수질이 불량할 때 보일러에 미치는 장해와 관계가 없는 것은?

① 보일러 내부의 부식이 발생된다.
② 라미네이션 현상이 발생한다.
③ 프라이밍이나 포밍이 발생된다.
④ 보일러 동 내부에 슬러지가 퇴적된다.

해설 보일러 급수의 수질이 불량할 때 보일러에 미치는 장해
㉠ 보일러 내부의 부식이 발생된다.
㉡ 프라이밍이나 포밍이 발생된다.
㉢ 보일러 동 내부에 슬러지가 퇴적된다.

41 유류 연소 자동 점화 보일러의 점화 순서상 화염 검출기 작동 후 다음 단계는?

① 공기 댐퍼 열림
② 전자 밸브 열림
③ 노 내압 조정
④ 노 내 환기

해설 유류 연소 자동 점화 보일러의 점화 순서
㉠ 공기 댐퍼가 개방되어 프리퍼지 실시
㉡ 주버너 동작 시작
㉢ 노 내압 조정(공기 댐퍼 조정)
㉣ 파일럿(점화) 버너 작동
㉤ 화염 검출기 작동
㉥ 주버너 전자 밸브가 열림과 동시에 주버너 점화

㉦ 파일럿 버너 가동 정지
㉧ 공기 댐퍼 및 메털링 펌프(자동 유량 조절 장치)가 작동하여 저연소에서 고연소로 조정된 부하까지 자동으로 조정

42 보일러 내처리제에서 가성 취화 방지에 사용되는 약제가 아닌 것은?

① 인산나트륨
② 질산나트륨
③ 탄닌
④ 암모니아

해설 보일러 내처리제에서 가성 취화 방지에 사용되는 약제
㉠ 인산나트륨
㉡ 질산나트륨
㉢ 탄닌

43 연관 최고부보다 노통 윗면이 높은 노통 연관 보일러의 최저 수위(안전 저수면)의 위치는?

① 노통 최고부 위 100mm
② 노통 최고부 위 75mm
③ 연관 최고부 위 100mm
④ 연관 최고부 위 75mm

해설 노통 연관 보일러의 최저 수위(안전 저수면)의 위치 : 노통 최고부 위 100mm

44 보일러의 외부 검사에 해당되는 것은?

① 스케일, 슬러지 상태 검사
② 노벽 상태 검사
③ 배관의 누설 상태 검사
④ 연소실의 열 집중 현상 검사

해설 보일러의 외부 검사 : 배관의 누설 상태 검사

정답 39 ③ 40 ② 41 ② 42 ④ 43 ① 44 ③

45 보일러 강판이나 강관을 제조할 때 재질 내부에 가스체 등이 함유되어 두 장의 층을 형성하고 있는 상태의 흠은?

① 블리스터
② 팽출
③ 압궤
④ 라미네이션

해설 ① 블리스터(blister) : 라미네이션된 강판이 외부로부터 강하게 열을 받아 소손되어 혹처럼 부풀어 오르는 현상
② 팽출 : 보일러의 본체가 화염에 과열되어 외부로 볼록하게 튀어나오는 현상
③ 압궤 : 노통이나 연관이 스케일로 인하여 과열되어 보일러수로부터 압축을 받아 발생하는 현상

46 보일러의 과열 원인과 무관한 것은?

① 보일러수의 순환이 불량할 경우
② 스케일 누적이 많은 경우
③ 저수위로 운전할 경우
④ 1차 공기량의 공급이 부족한 경우

해설 보일러의 과열 원인
㉠ 보일러수의 순환이 불량할 경우
㉡ 스케일 누적이 많은 경우
㉢ 저수위로 운전할 경우
㉣ 보일러수가 농축되어 있을 때
㉤ 전열면에 국부적인 열을 받았을 때

47 다음 중 오일 프리 히터의 종류에 속하지 않는 것은?

① 증기식   ② 직화식
③ 온수식   ④ 전기식

해설 오일 프리 히터의 종류
㉠ 증기식   ㉡ 온수식   ㉢ 전기식

48 증기 난방 배관 시공 시 환수관이 문 또는 보와 교차할 때 이용되는 배관 형식으로 위로는 공기, 아래로는 응축수를 유통시킬 수 있도록 시공하는 배관은?

① 루프형 배관
② 리프트 피팅 배관
③ 하트포드 배관
④ 냉각 배관

해설 ① 루프형 배관 : 환수관이 문 또는 보와 교차할 때 이용되는 배관 형식으로 위로는 공기, 아래로는 응축수를 유통시킬 수 있도록 시공하는 배관이다.
② 리프트 피팅 배관 : 환수 주관보다 높은 곳에 진공 펌프가 있을 때와 방열기보다 높은 곳에 환수 주관을 배관하는 경우 적용된다.
③ 하트포드 배관 : 보일러의 물이 환수관에 역류하여 보일러 속의 수면이 저수위 이하로 내려가는 경우가 있다. 이것을 방지하기 위하여 증기관과 환수관 사이에 균형관을 설치하여 증기 압력과 환수관의 균형을 유지시킴으로써 보일러의 물이 환수관으로 들어가지 않도록 방지하는 역할을 하는 배관이다.
④ 냉각 배관 : 증기나 응축수를 냉각시켜 완전한 응축수를 트랩에 보내는 역할을 하며, 보온 피복을 할 필요가 없다.

49 강철제 증기 보일러의 최고 사용 압력이 0.4MPa인 경우 수압 시험 압력은?

① 0.16MPa
② 0.2MPa
③ 0.8MPa
④ 1.2MPa

해설 강철제 증기 보일러의 수압 시험 압력
= 최고 사용 압력 × 2배
= 0.4MPa × 2
= 0.8MPa

정답 45 ④ 46 ④ 47 ② 48 ① 49 ③

50 질소 봉입 방법으로 보일러 보존 시 보일러 내부에 질소 가스의 봉입 압력(MPa)으로 적합한 것은?

① 0.02
② 0.03
③ 0.06
④ 0.08

해설 질소 봉입 방법으로 보일러 보존 시 보일러 내부에 질소 가스의 봉입 압력 : 0.06MPa

51 증기 난방에서 방열기와 벽면과의 적합한 간격(mm)은?

① 30~40
② 50~60
③ 80~100
④ 100~120

해설 증기 난방에서 방열기와 벽면과의 간격 : 50~60mm

52 보일러 급수 중 Fe, Mn, CO_2를 많이 함유하고 있는 경우의 급수 처리 방법으로 가장 적합한 것은?

① 분사법
② 기폭법
③ 침강법
④ 가열법

해설 ② 기폭법 : 보일러 급수 중 Fe, Mn, CO_2를 많이 함유하고 있는 경우의 급수 처리 방법

53 다음 중 보온재의 종류가 아닌 것은?

① 코르크
② 규조토
③ 프탈산 수지 도료
④ 기포성 수지

해설 보온재의 종류
㉠ 코르크
㉡ 규조토
㉢ 기포성 수지

54 다음 보온재 중 안전 사용 (최고) 온도가 가장 높은 것은?

① 탄산마그네슘 물반죽 보온재
② 규산칼슘 보온판
③ 경질 폼 라버 보온통
④ 글라스 울 블랭킷

해설 ① 130℃ 이하
② 650℃
③ 80℃ 이하
④ 300℃

55 저탄소 녹색 성장 기본법상 녹색성장위원회의 위원으로 틀린 것은?

① 국토교통부 장관
② 미래창조과학부 장관
③ 기획재정부 장관
④ 고용노동부 장관

해설 녹색성장위원회의 위원 : 기획재정부 장관, 미래창조과학부 장관, 산업통상자원부 장관, 환경부 장관, 국토교통부 장관 등 대통령령으로 정하는 공무원

56 검사 대상 기기 사고의 일시·내용등 산업통상자원부령으로 정하는 사항이 아닌 것은?

① 통보자의 소속, 성명 및 연락처
② 사고 발생 일시 및 장소
③ 사고 원인
④ 인명 및 재산의 피해 현황

해설 ③ 사고 내용

정답 50 ③ 51 ② 52 ② 53 ③ 54 ② 55 ④ 56 ③

57 에너지 이용 합리화법상 에너지 사용자와 에너지 공급자의 책무로 맞는 것은?

① 에너지의 생산·이용 등에서의 그 효율을 극소화
② 온실가스 배출을 줄이기 위한 노력
③ 기자재의 에너지 효율을 높이기 위한 기술 개발
④ 지역 경제 발전을 위한 시책 강구

해설 에너지 사용자와 에너지 공급자의 책무 : 온실가스 배출을 줄이기 위한 노력

58 에너지 이용 합리화법령상 산업통상자원부 장관이 에너지 다소비 사업자에게 개선 명령을 할 수 있는 경우는 에너지 관리 지도 결과 몇 % 이상 에너지 효율 개선이 기대되는 경우인가?

① 2%   ② 3%
③ 5%   ④ 10%

해설 에너지 다소비 사업자에게 개선 명령을 할 수 있는 경우 : 에너지 관리 지도 결과 10% 이상 에너지 효율 개선이 기대되는 경우

59 에너지 이용 합리화법상 평균 에너지 소비 효율에 대하여 총량적인 에너지 효율의 개선이 특히 필요하다고 인정되는 기자재는?

① 승용 자동차
② 강철제 보일러
③ 1종 압력 용기
④ 축열식 전기 보일러

해설 평균 에너지 소비 효율에 대하여 총량적인 에너지 효율의 개선이 특히 필요하다고 인정되는 기자재 : 승용 자동차

60 에너지 이용 합리화법에 따라 에너지 진단을 면제 또는 에너지 진단 주기를 연장 받으려는 자가 제출하여야 하는 첨부 서류에 해당하지 않는 것은?

① 보유한 효율 관리 기자재 자료
② 중소기업임을 확인할 수 있는 서류
③ 에너지 절약 유공자 표창 사본
④ 친에너지형 설비 설치를 확인할 수 있는 서류

해설 에너지 진단을 면제 또는 에너지 진단 주기를 연장 받으려는 자가 제출하여야 하는 첨부 서류
㉠ 중소기업임을 확인할 수 있는 서류
㉡ 에너지 절약 유공자 표창 사본
㉢ 친에너지형 설비 설치를 확인할 수 있는 서류

정답 57 ② 58 ④ 59 ① 60 ①

에너지관리기능사 (2025. 6. 28 시행)

01 후향 날개 형식으로 보일러의 압입 송풍에 많이 사용되는 송풍기는?

① 다익형 송풍기
② 축류형 송풍기
③ 터보형 송풍기
④ 플레이트형 송풍기

해설 ① 다익형 송풍기 : 전향 날개로 되어 있으며, 풍량은 많으나 효율이 낮다.
② 축류형 송풍기 : 일명 프로펠러형의 송풍기라고 하며, 주로 환기 배기용으로 많이 사용한다.
④ 플레이트형 송풍기 : 풍량이 많고, 흡인 송풍기로 사용한다.

02 부르동관 압력계를 부착할 때 사용되는 사이펀관 속에 넣는 물질은?

① 수은   ② 증기
③ 공기   ④ 물

해설 부르동관 압력계를 부착 시 사이펀관 속에 넣는 물질 : 물

03 증기의 발생이 활발해지면 증기와 함께 물방울이 같이 비산하여 증기관으로 취출되는데, 이때 드럼 내에 증기 취출구에 부착하여 증기 속에 포함된 수분 취출을 방지해주는 관은?

① 워터실링관
② 주증기관
③ 베이퍼록 방지관
④ 비수 방지관

해설 ② 주증기관 : 보일러 상부 주증기 밸브에 연결하여 보일러에서 발생한 증기를 공급하기 위한 증기관
④ 비수 방지관 : 증기의 발생이 활발해지면 증기와 함께 물방울이 같이 비산하여 증기관으로 취출되는데, 이때 드럼 내에 증기 취출구에 부착하여 증기 속에 포함된 수분 취출을 방지해주는 관

04 증기의 과열도를 옳게 표현한 식은?

① 과열도＝포화 증기 온도 － 과열 증기 온도
② 과열도＝포화 증기 온도 － 압축수의 온도
③ 과열도＝과열 증기 온도 － 압축수의 온도
④ 과열도＝과열 증기 온도 － 포화 증기 온도

해설 과열도＝과열 증기 온도 － 포화 증기 온도

05 다음 중 3요소식 보일러 급수 제어 방식에서 검출하는 3요소는?

① 수위, 증기 유량, 급수 유량
② 수위, 공기압, 수압
③ 수위, 연료량, 공기압
④ 수위, 연료량, 수압

해설 3요소식 보일러 급수 제어 방식에서 검출하는 3요소 : 수위, 증기 유량, 급수 유량

06 연료의 가연 성분이 아닌 것은?

① N
② C
③ H
④ S

해설 연료의 가연 성분 : 탄소(C), 수소(H), 황(S)

정답 01 ③ 02 ④ 03 ④ 04 ④ 05 ① 06 ①

07 다음 중 연료의 연소 온도에 가장 큰 영향을 미치는 것은?

① 발화점 ② 공기비
③ 인화점 ④ 회분

해설 연료의 연소 온도에 가장 큰 영향을 미치는 것 : 공기비

08 수관식 보일러에 속하지 않는 것은?

① 입형 횡관식 ② 자연 순환식
③ 강제 순환식 ④ 관류식

해설 보일러의 분류

종류		실용 예
원통 보일러	노통 보일러	코니시 보일러, 랭커셔 보일러
	입형 보일러	입형 횡관 보일러, 입형 연관식 보일러, 코크란 보일러
	연관 보일러	횡형 연관 보일러, 입형 연관 보일러, 케와니 보일러(기관차형 보일러)
	노통 연관 보일러	스코치 보일러, 노통 연관 패키지 보일러, 하우덴 존슨 보일러
수관 보일러	자연 순환식 보일러	바브콕 보일러, 윌콕스 보일러, 타쿠마 보일러, 야로우 보일러
	강제 순환식 보일러	섹션 보일러, 라몬트 보일러, 베록스 보일러
	관류 보일러	벤슨 보일러, 슐처 보일러
	복사 보일러	방사 보일러
특수 보일러	주철제 섹셔널 보일러	주철제 증기 보일러, 주철제 온수 보일러
	특수 열매체(액체) 보일러	수은 보일러, 다우섬 보일러, 세큐리티 보일러(열매체의 종류 : 수은, 다우섬, 카네크롤, 모빌섬)
	폐열 보일러	하이네 보일러, 리 보일러
	간접 가열식 (2중 증발) 보일러	슈미트 보일러, 뢰플러 보일러
	특수 연료 보일러	특수 연료의 종류 : 버케이스, 바크, 흑액, 소다회수
	전기 보일러	–
난방용 보일러	주철제 증기 보일러	–
	주철제 온수 보일러	–

09 보일러에서 배출되는 배기가스의 여열을 이용하여 급수를 예열하는 장치는?

① 과열기 ② 재열기
③ 절탄기 ④ 공기 예열기

해설 ① 과열기 : 보일러에서 발생이 되는 포화 증기를 배기가스에 의해 가열하여 압력을 변화시키지 않고 온도만을 상승시켜서 과열 증기로 만드는 장치
② 재열기 : 과열기에서 과열된 증기가 열 사용처에 열을 방출하고 나면 그 온도가 포화 온도로 떨어진다. 이 증기를 고온의 열 가스나 과열 증기로 재가열하여 과열 증기로 만들어 다시 열 사용처로 보내는 장치
④ 공기 예열기 : 배기가스의 폐열을 이용하여 연소실 내로 공급되는 연소용 공기를 예열하는 장치

10 캐비테이션의 발생 원인이 아닌 것은?

① 흡입 양정이 지나치게 클 때
② 흡입관의 저항이 작은 경우
③ 유량의 속도가 빠른 경우
④ 관로 내의 온도가 상승되었을 때

해설 ② 흡입관의 저항이 큰 경우

11 보일러의 부속품 중 안전 장치에 속하는 것은?

① 감압 밸브
② 주증기 밸브
③ 가용전
④ 유량계

해설 ① 감압 밸브 : 송기 장치
② 주증기 밸브 : 송기 장치
③ 가용전 : 안전 장치
④ 유량계 : 지시 기구 장치

정답 07 ② 08 ① 09 ③ 10 ② 11 ③

12 수소 15%, 수분 0.5%인 중유의 고위 발열량이 10,000kcal/kg이다. 이 중유의 저위 발열량은 몇 kcal/kg인가?

① 8,795　　　② 8,984
③ 9,085　　　④ 9,187

해설 저위 발열량
= 고위 발열량 $-600(9H+W)$[kcal/kg]
$= 10,000 - 600(9 \times 0.15 + 0.005)$
$= 9,187$ kcal/kg

13 대형 보일러인 경우에 송풍기가 작동되지 않으면 전자 밸브가 열리지 않고, 점화를 저지하는 인터록의 종류는?

① 저연소 인터록
② 압력 초과 인터록
③ 프리퍼지 인터록
④ 불착화 인터록

해설 프리퍼지 인터록의 설명이다.

14 슈트 블로어 사용 시 주의 사항으로 틀린 것은?

① 부하가 50% 이하인 경우에 사용한다.
② 보일러 정지 시 슈트 블로어 작업을 하지 않는다.
③ 분출 시에는 유인 통풍을 증가시킨다.
④ 분출기 내의 응축수를 배출시킨 후 사용한다.

해설 ① 부하가 50% 이하인 경우에는 사용을 금한다.

15 비접촉식 온도계의 종류가 아닌 것은?

① 광전관식 온도계
② 방사 온도계
③ 광고 온도계
④ 열전대 온도계

해설 (가) 접촉식 온도계
　㉠ 열전대 온도계　㉡ 유리제 온도계
　㉢ 바이메탈 온도계　㉣ 압력식 온도계
　㉤ 전기 저항식 온도계
(나) 비접촉식 온도계
　㉠ 광고 온도계　㉡ 광전관식 온도계
　㉢ 방사 온도계　㉣ 색 온도계

16 효율이 82%인 보일러로 발열량 9,800kcal/kg의 연료를 15kg 연소시키는 경우의 손실 열량은?

① 80,360kcal　　　② 32,500kcal
③ 26,460kcal　　　④ 120,540kcal

해설 효율이 82%이므로 18%만큼의 손실 열량이 발생한다.
열량 = 15kg × 9,800kcal/kg × 0.18 = 26,460kcal

17 다음 중 보일러의 전열 면적이 클 때의 설명으로 틀린 것은?

① 증발량이 많다.
② 예열이 빠르다.
③ 용량이 작다.
④ 효율이 높다.

해설 ③ 용량이 크다.

18 보일러 화염 유무를 검출하는 스택 스위치에 대한 설명으로 틀린 것은?

① 화염의 발열 현상을 이용한 것이다.
② 구조가 간단하다.
③ 버너 용량이 큰 곳에 사용된다.
④ 바이메탈의 신축 작용으로 화염 유무를 검출한다.

해설 ③ 버너 용량이 작은 소용량 온수 보일러에서 사용한다.

정답 12 ④　13 ③　14 ①　15 ④　16 ③　17 ③　18 ③

19 보일러 연소용 공기 조절 장치 중 착화를 원활하게 하고 화염의 안정을 도모하는 장치는?

① 윈드 박스(wind box)
② 보염기(stabilizer)
③ 버너 타일(burner tile)
④ 플레임 아이(flame eye)

해설 ① 윈드 박스(wind box) : 공기와 연료의 혼합을 촉진시키며 공기의 흐름을 좋게 하고, 공기의 배분을 균등하게 해주는 장치
② 보염기(stabilizer) : 보일러 연소용 공기 조절 장치 중 착화를 원활하게 하고 화염의 안정을 도모하는 장치
③ 버너 타일(burner tile) : 버너 슬롯을 구성하는 내화재로서 그 형태에 따라 분무 각도도 변화하며 노 내에 분사되는 연료와 공기의 분포 속도 및 흐름의 방향을 최종적으로 조정하는 장치
④ 플레임 아이(flame eye) : 화염의 발광체를 이용한 것이며, 화염의 복사선을 광전관이 잡아 화염의 유무를 검출해주는 장치

20 목표값이 시간에 따라 임의로 변화되는 것은?

① 비율 제어
② 추종 제어
③ 프로그램 제어
④ 캐스케이드 제어

해설 ① 비율 제어 : 목표값이 다른 양과 일정한 비율 관계에서 변화되는 추치 제어
③ 프로그램 제어 : 목표값이 이미 정해진 계획에 따라 시간적으로 변화하는 제어
④ 캐스케이드 제어 : 측정 제어라고도 하며, 2개의 제어계를 조합하여 제어량을 1차 조절계로 측정하고, 그 조작 출력으로 2차 조절계의 목표값을 설정한다.

21 보일러 연도에 설치하는 댐퍼의 설치 목적과 관계가 없는 것은?

① 매연 및 그을음의 제거
② 통풍력의 조절
③ 연소 가스 흐름의 차단
④ 주연도와 부연도가 있을 때 가스의 흐름을 전환

해설 댐퍼의 설치 목적
㉠ 통풍력의 조절
㉡ 연소 가스 흐름의 차단
㉢ 주연도와 부연도가 있을 때 가스의 흐름을 전환

22 통풍력을 증가시키는 방법으로 옳은 것은?

① 연도는 짧고, 연돌은 낮게 설치한다.
② 연도는 길고, 연돌의 단면적을 작게 설치한다.
③ 배기가스의 온도는 낮춘다.
④ 연도는 짧고, 굴곡부는 적게 한다.

해설 ① 연도는 짧고, 연돌은 높게 설치한다.
② 연도는 짧고, 연돌의 단면적을 크게 설치한다.
③ 배기가스의 온도를 높게 한다.

23 파형 노통 보일러의 특징을 설명한 것으로 옳은 것은?

① 제작이 용이하다.
② 내·외면의 청소가 용이하다.
③ 평형 노통보다 전열 면적이 크다.
④ 평형 노통보다 외압에 대하여 강도가 작다.

해설 ① 제작이 어렵고, 가격이 비싸다.
② 내·외면의 청소가 불편하다.
④ 평형 노통보다 외압에 대하여 강도가 크다.

24 집진 장치의 종류 중 건식 집진 장치의 종류가 아닌 것은?

① 가압수식 집진기
② 중력식 집진기
③ 관성력식 집진기
④ 원심력식 집진기

정답 19 ② 20 ② 21 ① 22 ④ 23 ③ 24 ①

해설 건식 집진 장치의 종류
㉠ 여과 집진기(백 필터)
㉡ 중력식 집진기
㉢ 관성력식 집진기
㉣ 원심력식 집진기

25 수위의 부력에 의한 플로트 위치에 따라 연결된 수은 스위치로 작동하는 형식으로, 중·소형 보일러에 가장 많이 사용하는 저수위 경보 장치의 형식은?

① 기계식
② 전극식
③ 자석식
④ 맥도널식

해설 맥도널식 저수위 경보 장치의 설명이다.

26 공기 예열기의 종류에 속하지 않는 것은?

① 전열식
② 재생식
③ 증기식
④ 방사식

해설 공기 예열기의 종류
㉠ 전열식   ㉡ 재생식   ㉢ 증기식

27 연료의 연소에서 환원염이란?

① 산소 부족으로 인한 화염이다.
② 공기비가 너무 클 때의 화염이다.
③ 산소가 많이 포함된 화염이다.
④ 연료를 완전 연소시킬 때의 화염이다.

해설 연료의 연소
㉠ 산화염 : 공기비가 너무 클 때의 화염이다.
㉡ 환원염 : 산소 부족으로 인한 화염이다.

28 어떤 액체 연료를 완전 연소시키기 위한 이론 공기량이 $10.5 Nm^3/kg$이고, 공기비가 1.4인 경우 실제 공기량은?

① $7.5 Nm^3/kg$
② $11.9 Nm^3/kg$
③ $14.7 Nm^3/kg$
④ $16.0 Nm^3/kg$

해설 실제 공기량=이론 공기량×공기비
$10.5 Nm^3/kg \times 1.4 = 14.7 Nm^3/kg$

29 보일러에 과열기를 설치할 때 얻어지는 장점으로 틀린 것은?

① 증기관 내의 마찰 저항을 감소시킬 수 있다.
② 증기 기관의 이론적 열효율을 높일 수 있다.
③ 같은 압력의 포화 증기에 비해 보유 열량이 많은 증기를 얻을 수 있다.
④ 연소 가스의 저항으로 압력 손실을 줄일 수 있다.

해설 과열기를 설치할 때 얻어지는 장점
㈎ 장점
  ㉠ 증기관 내의 마찰 저항을 감소시킬 수 있다.
  ㉡ 증기 기관의 이론적 열효율을 높일 수 있다.
  ㉢ 같은 압력의 포화 증기에 비해 보유 열량이 많은 증기를 얻을 수 있다.
㈏ 단점
  ㉠ 과열기 표면에 고온 부식이 발생하기 쉽다.
  ㉡ 연소 가스 흐름에 의한 마찰 저항을 일으켜서 통풍력을 약화시킬 수 있다.
  ㉢ 청소, 검사, 보수가 불편하다.

30 기포성 수지에 대한 설명으로 틀린 것은?

① 열전도율이 낮고 가볍다.
② 불에 잘 타며, 보온성과 보냉성은 좋지 않다.
③ 흡수성은 좋지 않으나, 굽힘성은 풍부하다.
④ 합성수지 또는 고무질 재료를 사용하여 다공질 제품으로 만든 것이다.

해설 ② 불에 타지 않고, 보온성과 보냉성이 좋다.

정답 25 ④ 26 ④ 27 ① 28 ③ 29 ④ 30 ②

31 장시간 사용을 중지하고 있던 보일러의 점화 준비에서, 부속 장치 조작 및 시동으로 틀린 것은?

① 댐퍼는 굴뚝에서 가까운 것부터 차례로 연다.
② 통풍 장치의 댐퍼 개폐도가 적당한지 확인한다.
③ 흡입 통풍기가 설치된 경우는 가볍게 운전한다.
④ 절탄기나 과열기에 바이패스가 설치된 경우는 바이패스 댐퍼를 닫는다.

해설 ④ 절탄기나 과열기에 바이패스가 설치된 경우는 바이패스 댐퍼를 연다.

32 보통 온수식 난방에서 온수의 온도는?

① 65~70℃
② 75~80℃
③ 85~90℃
④ 95~100℃

해설 온수식 난방에서 온수의 온도 : 85~90℃

33 보일러 용량 결정에 포함될 사항으로 거리가 먼 것은?

① 난방 부하
② 급탕 부하
③ 배관 부하
④ 연료 부하

해설 보일러 용량 결정에 포함될 사항
㉠ 난방 부하　㉡ 급탕 부하　㉢ 배관 부하

34 보일러 점화 시 역화의 원인과 관계가 없는 것은?

① 착화가 지연될 경우
② 점화원을 사용한 경우
③ 프리퍼지가 불충분한 경우
④ 연료 공급 밸브를 급개하여 다량으로 분무한 경우

해설 보일러 점화 시 역화의 원인
㉠ 착화가 지연될 경우
㉡ 1차 공기의 압력이 부족할 경우
㉢ 프리퍼지가 불충분한 경우
㉣ 연료 공급 밸브를 급개하여 다량으로 분무한 경우

35 증기 난방 설비에서 배관 구배를 부여하는 가장 큰 이유는 무엇인가?

① 증기의 흐름을 빠르게 하기 위해서
② 응축수의 체류를 방지하기 위해서
③ 배관 시공을 편리하게 하기 위해서
④ 증기와 응축수의 흐름 마찰을 줄이기 위해서

해설 증기 난방 설비에서 배관 구배를 부여하는 가장 큰 이유 : 응축수의 체류를 방지하기 위해서

36 온수 보일러 개방식 팽창 탱크 설치 시 주의 사항으로 틀린 것은?

① 팽창 탱크에는 상부에 통기 구멍을 설치한다.
② 팽창 탱크 내부의 수위를 알 수 있는 구조이어야 한다.
③ 탱크에 연결되는 팽창 흡수관은 팽창 탱크 바닥면과 같게 배관해야 한다.
④ 팽창 탱크 높이는 최고 부위 방열기보다 1m 이상 높은 곳에 설치한다.

해설 ③ 탱크에 연결되는 팽창 흡수관은 팽창 탱크 바닥면과 다르게 배관해야 한다.

37 무기질 보온재에 해당되는 것은?

① 암면
② 펠트
③ 코르크
④ 기포성 수지

해설 ㉠ 무기질 보온재 : 암면
㉡ 유기질 보온재 : 펠트, 코르크, 기포성 수지

정답　31 ④　32 ③　33 ④　34 ②　35 ②　36 ③　37 ①

38 금속 특유의 복사열에 대한 반사 특성을 이용한 대표적인 금속질 보온재는?

① 세라믹 화이버
② 실리카 화이버
③ 알루미늄 박
④ 규산칼슘

해설 금속질 보온재 : 알루미늄 박

39 온수 순환 방식에 의한 분류 중에서 순환이 자유롭고 신속하며, 방열기의 위치가 낮아도 순환이 가능한 방법은?

① 중력 순환식
② 강제 순환식
③ 단관식 순환식
④ 복관식 순환식

해설 온수의 순환 방법에 의한 분류
㉠ 중력 순환식 : 온수의 온도차에 의한 비중력의 차로 순환하는 방식으로, 보일러는 방열기보다 하부에 설치한다.
㉡ 강제 순환식 : 순환이 자유롭고 신속하며, 방열기의 위치가 낮아도 순환이 가능한 방법이다.

40 온수 난방의 특성을 설명한 것 중 틀린 것은?

① 실내 예열 시간이 짧지만 쉽게 냉각되지 않는다.
② 난방 부하 변동에 따른 온도 조절이 쉽다.
③ 단독 주택 또는 소규모 건물에 적용된다.
④ 보일러 취급이 비교적 쉽다.

해설 ① 실내 예열 시간이 길고 쉽게 냉각된다.

41 열팽창에 의한 배관의 이동을 구속 또는 제한하는 배관 지지구인 레스트레인트(restraint)의 종류가 아닌 것은?

① 가이드
② 앵커
③ 스토퍼
④ 행거

해설 ① 가이드 : 배관의 회전을 제한, 배관계의 축방향의 안내 역할, 축과 직각 방향의 이동을 구속하는 데 사용한다.
② 앵커 : 배관의 이동 및 회전을 방지하기 위해 지지점 위치에 완전히 고정하는 지지 금속으로 열팽창 신축에 의한 진동이 다른 부분에 영향을 미치지 않도록 배관을 분리하여 설치하고 잘 고정한다.
③ 스토퍼 : 고정시켜 주는 데 사용한다.

42 보일러 배관 중에 신축 이음을 하는 목적으로 가장 적합한 것은?

① 증기 속의 이물질을 제거하기 위하여
② 열팽창에 의한 관의 파열을 막기 위하여
③ 보일러수의 누수를 막기 위하여
④ 증기 속의 수분을 분리하기 위하여

해설 보일러 배관 중에 신축 이음을 하는 목적 : 열팽창에 의한 관의 파열을 막기 위하여

43 응축수 환수 방식 중 중력 환수 방식으로 환수가 불가능한 경우, 응축수를 별도의 응축수 탱크에 모으고 펌프 등을 이용하여 보일러에 급수를 행하는 방식은?

① 복관 환수식
② 부력 환수식
③ 진공 환수식
④ 기계 환수식

해설 응축수 환수 방식
㉠ 중력 환수식 : 응축수의 중력 작용을 이용하여 보일러에 유입하는 방식
㉡ 기계 환수식 : 중력 환수 방식으로 환수가 불가능한 경우 응축수를 별도의 응축수 탱크에 모으고 펌프 등을 이용하여 보일러에 급수를 행하는 방식
㉢ 진공 환수식 : 진공 펌프를 이용하여 순환하는 방식

정답 38 ③ 39 ② 40 ① 41 ④ 42 ② 43 ④

44 증기 난방의 중력 환수식에서 단관식인 경우 배관 기울기로 적당한 것은?

① 1/100~1/200 정도의 순 기울기
② 1/200~1/300 정도의 순 기울기
③ 1/300~1/400 정도의 순 기울기
④ 1/400~1/500 정도의 순 기울기

해설 증기 난방의 중력 환수식에서 단관식인 경우 배관 기울기 : 1/100~1/200 정도의 순 기울기

45 온수 보일러의 순환 펌프 설치 방법으로 옳은 것은?

① 순환 펌프의 모터 부분은 수평으로 설치한다.
② 순환 펌프는 보일러 본체에 설치한다.
③ 순환 펌프는 송수 주관에 설치한다.
④ 공기빼기 장치가 없는 순환 펌프는 체크 밸브를 설치한다.

해설 온수 보일러의 순환 펌프의 모터 부분은 수평으로 설치한다.

46 보일러를 비상 정지시키는 경우의 일반적인 조치 사항으로 거리가 먼 것은?

① 압력은 자연히 떨어지게 기다린다.
② 주증기 스톱 밸브를 열어 놓는다.
③ 연소 공기의 공급을 멈춘다.
④ 연료 공급을 중단한다.

해설 ② 주증기 스톱 밸브를 닫는다.

47 압력계로 연결하는 증기관을 황동관이나 동관을 사용할 경우, 증기 온도는 약 몇 ℃ 이하인가?

① 210℃ ② 260℃
③ 310℃ ④ 360℃

해설 압력계로 연결하는 증기관을 황동관이나 동관을 사용 시 증기 온도 : 210℃ 이하

48 중유 연소 시 보일러 저온 부식의 방지 대책으로 거리가 먼 것은?

① 저온의 전열면에 내식 재료를 사용한다.
② 첨가제를 사용하여 황산가스의 노점을 높여 준다.
③ 공기 예열기 및 급수 예열 장치 등에 보호 피막을 한다.
④ 배기가스 중의 산소 함유량을 낮추어 아황산가스의 산화를 제한한다.

해설 ② 연료 중의 황(S)을 제거한다.

49 온수 난방 배관에서 수평 주관에 지름이 다른 관을 접속하여 연결할 때, 가장 적합한 관 이음쇠는?

① 유니언
② 편심 리듀서
③ 부싱
④ 니플

해설 ㉠ 동일 지름의 관을 직선 연결하는 이음쇠 : 유니언, 니플
㉡ 지름이 다른 관을 연결하는 이음쇠 : 부싱

50 보일러 가동 시 매연 발생의 원인과 가장 거리가 먼 것은?

① 연소실 과열
② 연소실 용적의 과소
③ 연료 중의 불순물 혼입
④ 연소용 공기의 공급 부족

해설 ① 연소실의 온도가 낮은 경우

51 다음 중 주형 방열기의 종류로 거리가 먼 것은?

① 1주형 ② 2주형
③ 3세주형 ④ 5세주형

해설 주형 방열기의 종류
㉠ 2주형 ㉡ 3주형
㉢ 3세주형 ㉣ 5세주형

52 보일러 부식에 관련된 설명 중 틀린 것은?

① 점식은 국부 전지의 작용에 의해서 일어난다.
② 수용액 중에서 부식 문제를 일으키는 주요 인은 용존 산소, 용존 가스 등이다.
③ 중유 연소 시 중유 회분 중에 바나듐이 포함되어 있으면 바나듐 산화물에 의한 고온 부식이 발생한다.
④ 가성 취화는 고온에서 알칼리에 의한 부식 현상을 말하며, 보일러 내부 전체에 걸쳐 균일하게 발생한다.

해설 ④ 가성 취화는 보일러 판의 리벳 구멍 등에 농후한 알칼리 작용에 의해 강 조직을 침범하여 균열이 생기는 응력 부식의 일종이며, 균열은 반드시 수면 이하에서 발생한다.

53 팽창 탱크에 대한 설명으로 옳은 것은?

① 개방식 팽창 탱크는 주로 고온수 난방에서 사용한다.
② 팽창관에는 방열관에 부착하는 크기의 밸브를 설치한다.
③ 밀폐형 팽창 탱크에는 수면계를 구비한다.
④ 밀폐형 팽창 탱크는 개방식 팽창 탱크에 비하여 적어도 된다.

해설 ③ 밀폐형 팽창 탱크에는 수면계를 구비한다.

54 물의 온도가 393K를 초과하는 온수 발생 보일러에는 크기가 몇 mm 이상인 안전 밸브를 설치하여야 하는가?

① 5 ② 10
③ 15 ④ 20

해설 물의 온도가 393K를 초과하는 온수 발생 보일러에는 크기가 20mm 이상인 안전 밸브를 설치한다.

55 저탄소 녹색 성장 기본법상 녹색성장위원회의 심의 사항이 아닌 것은?

① 지방자치단체의 저탄소 녹색 성장의 기본 방향에 관한 사항
② 녹색 성장 국가 전략의 수립·변경·시행에 관한 사항
③ 기후 변화 대응 기본 계획, 에너지 기본 계획 및 지속 가능 발전 기본 계획에 관한 사항
④ 저탄소 녹색 성장을 위한 재원의 배분 방향 및 효율적 사용에 관한 사항

해설 녹색성장위원회의 심의 사항
㉠ 저탄소 녹색 성장 정책의 기본 방향에 관한 사항
㉡ 녹색 성장 국가 전략의 수립·변경·시행에 관한 사항
㉢ 기후 변화 대응 기본 계획, 에너지 기본 계획 및 지속 가능 발전 기본 계획에 관한 사항
㉣ 저탄소 녹색 성장 추진의 목표 관리, 점검, 실태 조사 및 평가에 관한 사항
㉤ 관계 중앙행정기관 및 지방자치단체의 저탄소 녹색 성장과 관련된 정책 조정 및 지원에 관한 사항
㉥ 저탄소 녹색 성장과 관련된 법제도에 관한 사항
㉦ 저탄소 녹색 성장을 위한 재원의 배분 방향 및 효율적 사용에 관한 사항
㉧ 저탄소 녹색 성장과 관련된 국제 협상·국제 협력, 교육·홍보, 인력 양성 및 기반 구축 등에 관한 사항
㉨ 저탄소 녹색 성장과 관련된 기업 등의 고충 조사, 처리, 시정 권고 또는 의견 표명
㉩ 다른 법률에서 위원회의 심의를 거치도록 한 사항
㉪ 그 밖에 저탄소 녹색 성장과 관련하여 위원장이 필요하다고 인정하는 사항

정답 51 ① 52 ④ 53 ③ 54 ④ 55 ①

56 다음 ( ) 안에 알맞은 것은?

> 에너지법령상 에너지 총 조사는 (A)마다 실시하되, (B)이 필요하다고 인정할 때에는 간이 조사를 실시할 수 있다.

① A : 2년, B : 행정자치부 장관
② A : 2년, B : 교육부 장관
③ A : 3년, B : 산업통상자원부 장관
④ A : 3년, B : 고용노동부 장관

해설 에너지 총 조사는 3년마다 실시하되, 산업통상자원부 장관이 필요하다고 인정할 때에는 간이 조사를 실시할 수 있다.

57 에너지 이용 합리화법상 효율 관리 기자재의 에너지 소비 효율 등급 또는 에너지 소비 효율을 효율관리시험기관에서 측정받아 해당 효율 관리 기자재에 표시하여야 하는 자는?

① 효율 관리 기자재의 제조업자 또는 시공업자
② 효율 관리 기자재의 제조업자 또는 수입업자
③ 효율 관리 기자재의 시공업자 또는 판매업자
④ 효율 관리 기자재의 시공업자 또는 수입업자

해설 효율 관리 기자재의 에너지 소비 효율 등급 또는 에너지 소비 효율을 효율관리시험기관에서 측정받아 해당 효율 관리 기자재에 표시하여야 하는 자 : 효율 관리 기자재의 제조업자 또는 수입업자

58 에너지법상 "에너지 사용자"의 정의로 옳은 것은?

① 에너지 보급 계획을 세우는 자
② 에너지를 생산, 수입하는 사업자
③ 에너지 사용 시설의 소유자 또는 관리자
④ 에너지를 저장, 판매하는 자

해설 에너지 사용자 : 에너지 사용 시설의 소유자 또는 관리자

59 에너지 이용 합리화 법규상 냉난방 온도 제한 건물에 냉난방 제한 온도를 적용할 때의 기준으로 옳은 것은? (단, 판매 시설 및 공항의 경우는 제외한다.)

① 냉방 : 24℃ 이상, 난방 : 18℃ 이하
② 냉방 : 24℃ 이상, 난방 : 20℃ 이하
③ 냉방 : 26℃ 이상, 난방 : 18℃ 이하
④ 냉방 : 26℃ 이상, 난방 : 20℃ 이하

해설 냉난방 제한 온도 적용 기준 : 냉방(26℃ 이상), 난방(20℃ 이하)

60 에너지 이용 합리화법상 검사 대상 기기 설치자가 시·도지사에게 신고하여야 하는 경우가 아닌 것은?

① 검사 대상 기기를 정비한 경우
② 검사 대상 기기를 폐기한 경우
③ 검사 대상 기기의 사용을 중지한 경우
④ 검사 대상 기기의 설치자가 변경된 경우

해설 검사 대상 기기 설치자가 시·도지사에게 신고하여야 하는 경우
㉠ 검사 대상 기기를 폐기한 경우
㉡ 검사 대상 기기의 사용을 중지한 경우
㉢ 검사 대상 기기의 설치자가 변경된 경우
㉣ 검사의 전부 또는 일부가 면제된 검사 대상 기기 중 산업통상자원부령으로 정하는 검사 대상 기기를 설치한 경우

정답 56 ③ 57 ② 58 ③ 59 ④ 60 ①

에너지관리기능사 (2025. 9. 20 시행)

01 천연가스의 비중이 약 0.64라고 표시되었을 때, 비중의 기준은?

① 물 ② 공기
③ 배기가스 ④ 수증기

해설 비중의 기준
㉠ 기체 : 공기
㉡ 액체, 고체 : 물

02 중유의 성상을 개선하기 위한 첨가제 중 분무를 순조롭게 하기 위하여 사용하는 것은?

① 연소 촉진제
② 슬러지 분산제
③ 회분 개질제
④ 탈수제

해설 ② 슬러지 분산제 : 중유 중에 생성되는 슬러지를 용해 또는 활성 작용에 의해 분산시켜서 연소실에 양호하게 분무 무화시켜서 연료의 완전 연소를 촉진 시킨다.
③ 회분 개질제 : 중유에 함유되어 있는 바나듐과 부가 화합물을 만들며 회분의 융점을 상승시켜 수관 중에 부착하는 것을 방지하며 바나듐의 부식을 억제한다.
④ 탈수제 : 수분이 혼입하여 에멀션을 형성하고 있는 중유에 첨가하여서 에멀션을 파괴하고 수분을 분리 침강시킨다.

03 30마력(PS)인 기관이 1시간 동안 행한 일량을 열량으로 환산하면 약 몇 kcal인가? (단, 이 과정에서 행한 일량은 모두 열량으로 변환된다고 가정한다.)

① 14,360 ② 15,240
③ 18,970 ④ 20,402

해설 $1kW = 860 kcal/h$, $1마력(PS) = 632.3 kcal/h$
열량$(Q) = 30PS \times \dfrac{632.3 kcal/h}{1PS} = 18,970 kcal/h$

04 프로판(propane) 가스의 연소식은 다음과 같다. 프로판 가스 10kg을 완전 연소시키는 데 필요한 이론 산소량은?

$$C_3H_8 + 5O_2 \rightarrow 3CO_2 + 4H_2O$$

① 약 $11.6 Nm^3$ ② 약 $13.8 Nm^3$
③ 약 $22.4 Nm^3$ ④ 약 $25.5 Nm^3$

해설 $C_3H_8 + 5O_2 \rightarrow 3CO_2 + 4H_2O$
44kg $5 \times 22.4 Nm^3$
10kg $x(Nm^3)$
$\therefore x = \dfrac{10 \times 5 \times 22.4}{44} = 25.5 Nm^3$

05 화염 검출기 종류 중 화염의 이온화를 이용한 것으로 가스 점화 버너에 주로 사용하는 것은?

① 플레임 아이
② 스택 스위치
③ 광도전 셀
④ 플레임 로드

해설 ① 플레임 아이 : 화염의 발광체를 이용한 것으로, 화염의 복사선을 광전관이 잡아 화염의 유무를 검출해준다.
② 스택 스위치: 연소가스의 발열체를 이용한 것으로, 연도를 흐르는 가스의 온도에 따라 바이메탈의 신축으로 화염의 유무를 검출해준다.
③ 광도전 셀
 • 황화납 광도전 셀: 기름이나 가스 연료에 이용한다.
 • 황화카드뮴 광도전 셀: 경유 버너에 이용한다.

정답 01 ② 02 ① 03 ③ 04 ④ 05 ④

06 수위 경보기의 종류 중 플로트의 위치 변위에 따라 수은 스위치 또는 마이크로 스위치를 작동 시켜 경보를 울리는 것은?

① 기계식 경보기
② 자석식 경보기
③ 전극식 경보기
④ 맥도널식 경보기

해설 ① 기계식 경보기 : 플로트의 위치 변위에 따라서 밸브가 열려서 경보를 발한다.
② 자석식 경보기 : 플로트의 위치 변위에 따라서 자석의 위치 변위로 수은 스위치를 작동시켜 경보를 발한다.
③ 전극식 경보기 : 보일러수의 전기 전도성을 이용한다.

07 보일러 열정산을 설명한 것 중 옳은 것은?

① 입열과 출열은 반드시 같아야 한다.
② 방열 손실로 인하여 입열이 항상 크다.
③ 열효율 증대 장치로 인하여 출열이 항상 크다.
④ 연소 효율에 따라 입열과 출열은 다르다.

해설 보일러 열정산 시 입열과 출열은 반드시 같아야 한다.

08 보일러 액체 연료 연소 장치인 버너의 형식별 종류에 해당되지 않는 것은?

① 고압 기류식
② 왕복식
③ 유압 분사식
④ 회전식

해설 액체 연료 연소 장치인 버너의 형식별 종류
(개) 유압 분무식
(내) 공기 분무식
　㉠ 고압 기류식
　㉡ 저압 기류식
(대) 증기 분무식
(래) 회전식

(매) 건타입
(배) 비례 조절
(새) 증발식(기화식)

09 함진가스에 선회 운동을 주어 분진 입자에 작용하는 원심력에 의하여 입자를 분리하는 집진 장치로 가장 적합한 것은?

① 백필터식 집진기
② 사이클론식 집진기
③ 전기식 집진기
④ 관성력식 집진기

해설 ① 백필터식 집진기 : 분진을 포함한 가스를 여과포를 통과시켜 분진을 제거한 후 여과 분리 방식으로 여과포 표면에 부착하여 쌓인 분진이 여과층을 형성하여서 미립자까지 분리할 수 있다.
③ 전기식 집진기 : 집진 효율이 좋고, 0.5μ 이하 정도의 미세한 입자도 처리할 수 있는 집진 장치이다.
④ 관성력식 집진기 : 함진가스를 방해판 등에 충돌시키거나 기류의 방향 전환을 시킨다.

10 매시간 425kg의 연료를 연소시켜 4,800kg/h의 증기를 발생시키는 보일러의 효율은 약 얼마인가? (단, 연료의 발열량 : 9,750kcal/kg, 증기 엔탈피 : 676kcal/kg, 급수 온도 : 20℃이다.)

① 76%
② 81%
③ 85%
④ 90%

해설 $\eta = \dfrac{G_a(h_2-h_1)}{G_f \times H_L} \times 100\%$

$= \dfrac{4,800(676 \times 20)}{9,750 \times 425} \times 100\%$

$= 76\%$

여기서, G_f : 매시 연료 사용량(kg/h)
　　　　H_L : 연료의 저위 발열량(kcal/kg)
　　　　G_a : 매시 실제 증발량(kg/h)
　　　　h_2 : 발생 증기의 엔탈피(kcal/kg)
　　　　h_1 : 급수의 엔탈피(kcal/kg)

정답 06 ④ 07 ① 08 ② 09 ② 10 ①

11 연료 성분 중 가연 성분이 아닌 것은?

① C   ② H
③ S   ④ O

해설 연료의 성분 중 가연성 성분 : C, H, S

12 "1보일러 마력"에 대한 설명으로 옳은 것은?

① 0°C의 물 539kg을 1시간에 100°C의 증기로 바꿀 수 있는 능력이다.
② 100°C의 물 539kg을 1시간에 같은 온도의 증기로 바꿀 수 있는 능력이다.
③ 100°C의 물 15.65kg을 1시간에 같은 온도의 증기로 바꿀 수 있는 능력이다.
④ 0°C의 물 15.65kg을 1시간에 100°C의 증기로 바꿀 수 있는 능력이다.

해설 1보일러 마력 : 100°C의 물 15.65kg을 1시간에 같은 온도의 증기로 바꿀 수 있는 능력

13 보일러 배기가스의 자연 통풍력을 증가시키는 방법으로 틀린 것은?

① 연도의 길이를 짧게 한다.
② 배기가스 온도를 낮춘다.
③ 연돌 높이를 증가시킨다.
④ 연돌의 단면적을 크게 한다.

해설 ② 배기가스의 온도를 높인다.

14 보일러 급수 내관의 설치 위치로 옳은 것은?

① 보일러의 기준 수위와 일치되게 설치한다.
② 보일러의 상용 수위보다 50mm 정도 높게 설치한다.
③ 보일러의 안전 저수위보다 50mm 정도 높게 설치한다.
④ 보일러의 안전 저수위보다 50mm 정도 낮게 설치한다.

해설 보일러 급수 내관의 설치 위치 : 보일러의 안전 저수위 보다 50mm 정도 낮게 설치한다.

15 증기의 건조도(x) 설명이 옳은 것은?

① 습증기 전체 질량 중 액체가 차지하는 질량비를 말한다.
② 습증기 전체 질량 중 증기가 차지하는 질량비를 말한다.
③ 액체가 차지하는 전체 질량 중 습증기가 차지하는 질량비를 말한다.
④ 증기가 차지하는 전체 질량 중 습증기가 차지하는 질량비를 말한다.

해설 증기의 건조도(x) : 습증기 전체 질량 중 증기가 차지 하는 질량비를 말한다.

16 다음 중 저양정식 안전 밸브의 단면적 계산식은? (단, A=단면적(mm²), P=분출 압력(kgf/cm²), E=증발량(kg/h)이다.)

① $A = \dfrac{22E}{1.03P+1}$ ② $A = \dfrac{10E}{1.03P+1}$

③ $A = \dfrac{5E}{1.03P+1}$ ④ $A = \dfrac{2.5E}{1.03P+1}$

해설 안전 밸브의 단면적 계산식

㉠ 저양정식 : $A = \dfrac{22E}{1.03P+1}$

㉡ 고양정식 : $A = \dfrac{10E}{1.03P+1}$

㉢ 전양정식 : $A = \dfrac{5E}{1.03P+1}$

㉣ 전양식 : $A = \dfrac{2.5E}{1.03P+1}$

여기서, E : 증발량[최대 연속 증발량(kg/h)]

정답 11 ④ 12 ③ 13 ② 14 ④ 15 ② 16 ①

17 보일러용 가스 버너 중 외부 혼합식에 속하지 않는 것은?

① 파일럿 버너
② 센터 파이어형 버너
③ 링형 버너
④ 멀티 스폿형 버너

해설 외부 혼합식 가스 버너의 종류
㉠ 스크롤형 가스 버너
㉡ 센터 파이어형 버너
㉢ 링형 버너
㉣ 멀티 스폿형 버너

18 입형 보일러에 대한 설명으로 거리가 먼 것은?

① 보일러 동을 수직으로 세워 설치한 것이다.
② 구조가 간단하고, 설비비가 적게 든다.
③ 내부 청소 및 수리나 검사가 불편하다.
④ 열효율이 높고, 부하 능력이 크다.

해설 ④ 열효율이 낮고, 부하 능력이 작다.

19 보일러 부속 장치인 증기 과열기를 설치 위치에 따라 분류할 때, 해당되지 않는 것은?

① 복사식　　② 전도식
③ 접촉식　　④ 복사 접촉식

해설 증기 과열기의 설치 위치에 따른 분류
㉠ 복사식
㉡ 접촉식
㉢ 복사 접촉식

20 가스 연소용 보일러의 안전 장치가 아닌 것은?

① 가용마개　　② 화염 검출기
③ 이젝터　　　④ 방폭문

해설 보일러의 안전 장치
㉠ 가용마개　　㉡ 화염 검출기
㉢ 방폭문　　　㉣ 안전 밸브
㉤ 압력 제한기　㉥ 고·저수위 경보기
㉦ 전자 밸브

21 보일러에서 제어해야 할 요소에 해당되지 않는 것은?

① 급수 제어　　② 연소 제어
③ 증기 온도 제어　④ 전열면 제어

해설 보일러에서 제어해야 할 요소
㉠ 급수 제어
㉡ 연소 제어
㉢ 증기 온도 제어

22 관류 보일러의 특징에 대한 설명으로 틀린 것은?

① 철저한 급수 처리가 필요하다.
② 임계 압력 이상의 고압에 적당하다.
③ 순환비가 1이므로 드럼이 필요하다.
④ 증기의 가동 발생 시간이 매우 짧다.

해설 ③ 순환비가 1이므로 드럼이 필요 없다.

23 보일러 전열 면적 $1m^2$당 1시간에 발생되는 실제 증발량은 무엇인가?

① 전열면의 증발률
② 전열면의 출력
③ 전열면의 효율
④ 상당 증발 효율

해설 전열면의 증발률 : 보일러 전열 면적 $1m^2$당 1시간에 발생되는 실제 증발량

정답　17 ①　18 ④　19 ②　20 ③　21 ④　22 ③　23 ①

24 50kg의 −10℃ 얼음을 100℃의 증기로 만드는 데 소요되는 열량은 몇 kcal인가? (단, 물과 얼음의 비열은 각각 1kcal/kg·℃, 0.5kcal/kg·℃로 한다.)

① 36,200
② 36,450
③ 37,200
④ 37,450

해설 $Q_1 = GC(t_2 - t_1) = 50 \times 0.5[0-(-10)] = 250$ kcal
$Q_2 = Gr = 50 \times 80 = 4,000$ kcal
$Q_3 = GC(t_2 - t_1) = 50 \times 1(100-1) = 5,000$ kcal
$Q_4 = Gr = 50 \times 539 = 26,950$ kcal
∴ $Q = Q_1 + Q_2 + Q_3 + Q_4$
  $250 + 4,000 + 5,000 + 26,950 = 36,200$

25 중유 보일러의 연소 보조 장치에 속하지 않는 것은?

① 여과기
② 인젝터
③ 화염 검출기
④ 오일 프리히터

해설 ② 인젝터 : 급수 장치

26 피드백 자동 제어에서 동작 신호를 받아서 제어계가 정해진 동작을 하는 데 필요한 신호를 만들어 조작부에 보내는 부분은?

① 검출부
② 제어부
③ 비교부
④ 조절부

해설 ④ 조절부의 설명이다.

27 보일러 분출의 목적으로 틀린 것은?

① 불순물로 인한 보일러수의 농축을 방지한다.
② 포밍이나 프라이밍의 생성을 좋게 한다.
③ 전열면에 스케일 생성을 방지한다.
④ 관수의 순환을 좋게 한다.

해설 ② 포밍이나 프라이밍을 방지한다.

28 입형 보일러의 특징으로 거리가 먼 것은?

① 보일러 효율이 높다.
② 수리나 검사가 불편하다.
③ 구조 및 설치가 간단하다.
④ 전열 면적이 작고 소용량이다.

해설 ① 보일러 효율이 낮다.

29 캐리오버로 인하여 나타날 수 있는 결과로 거리가 먼 것은?

① 수격 현상
② 프라이밍
③ 열효율 저하
④ 배관의 부식

해설 캐리오버 : 기수 공발 현상이라고도 하며, 프라이밍 또는 포밍에 의해 발생된 물방울이 증기에 섞여 관 내를 흐르는 현상으로 수격 현상, 열효율 저하, 배관의 부식 등이 발생한다.

30 보일러의 점화 시 역화 원인에 해당되지 않는 것은?

① 압입 통풍이 너무 강한 경우
② 프리퍼지의 불충분이나 또는 잊어버린 경우
③ 점화원을 가동하기 전에 연료를 분무해버린 경우
④ 연료 공급 밸브를 필요 이상 급개하여 다량으로 분무한 경우

해설 보일러의 점화 시 역화 원인에 해당하는 것
㉠ 프리퍼지의 불충분이나 또는 잊어버린 경우
㉡ 점화원을 가동하기 전에 연료를 분무해버린 경우
㉢ 연료 공급 밸브를 필요 이상 급개하여 다량으로 분무한 경우

정답 24 ① 25 ② 26 ④ 27 ② 28 ① 29 ② 30 ①

31 보일러 청관제 중 보일러수의 연화제로 사용되지 않는 것은?

① 수산화나트륨
② 탄산나트륨
③ 인산나트륨
④ 황산나트륨

[해설] 연화제 : 용수 중의 경도 성분을 슬러지화하여 경질 스케일의 부착을 방지하기 위해 사용되는 약품
㉠ 수산화나트륨
㉡ 탄산나트륨
㉢ 인산나트륨

32 관 속에 흐르는 유체의 종류를 나타내는 기호 중 증기를 나타내는 것은?

① S
② W
③ O
④ A

[해설] 유체의 종류와 기호

유체의 종류	공기	가스	유류	증기	물
기호	A	G	O	S	W

33 어떤 방의 온수 난방에서 소요되는 열량이 시간당 21,000kcal이고, 송수 온도가 85℃이며, 환수 온도가 25℃라면, 온수의 순환량은? (단, 온수의 비열은 1kcal/kg·℃이다.)

① 324kg/h
② 350kg/h
③ 398kg/h
④ 423kg/h

[해설] $Q=WC(t_2-t_1)$
$W=\dfrac{Q}{C(t_2-t_1)}=\dfrac{21,000}{1\times(85-25)}=350\text{kg/h}$

34 보일러에 사용되는 안전 밸브 및 압력 방출 장치 크기를 20A 이상으로 할 수 있는 보일러가 아닌 것은?

① 소용량 강철제 보일러
② 최대 증발량 5t/h 이하의 관류 보일러
③ 최고 사용 압력 1MPa(10kgf/cm^2) 이하의 보일러로 전열 면적 5m^2 이하의 것
④ 최고 사용 압력 0.1MPa(1kgf/cm^2) 이하의 보일러

[해설] 안전 밸브 및 압력 방출 장치 크기를 20A 이상으로 할 수 있는 보일러
㉠ 최고 사용 압력 0.1MPa 이하의 보일러
㉡ 최고 사용 압력 0.5MPa 이하의 보일러로 동체의 안지름이 500mm 이하, 동체의 길이가 1,000mm 이하의 것
㉢ 최고 사용 압력 0.5MPa 이하의 보일러로 전열 면적 2m^2 이하의 것
㉣ 최대 증발량이 5t/h 이하의 관류 보일러
㉤ 소용량 강철제 보일러, 소용량 주철제 보일러

35 배관계의 식별 표시는 물질의 종류에 따라 달리 한다. 물질과 식별 색의 연결이 틀린 것은?

① 물 : 파랑
② 기름 : 연한 주황
③ 증기 : 어두운 빨강
④ 가스 : 연한 노랑

[해설] 물질의 종류에 따른 배관계의 식별 표시

물질의 종류	식별 표시
물	파랑
증기	어두운 빨강
전기	미황적색
산·알칼리	회자색
공기	백색
가스	연한 노랑
유류	암황적색
수증기	암적색

정답 31 ④ 32 ① 33 ② 34 ③ 35 ②

36 다음 보온재 중 안전 사용 온도가 가장 낮은 것은?

① 우모 펠트 ② 암면
③ 석면 ④ 규조토

해설 ① 우모 펠트 : 100℃ 이하
② 암면 : 400~600℃ 이하
③ 석면 : 350~550℃
④ 규조토 : 500℃ 이하

37 주증기관에서 증기의 건도를 향상시키는 방법으로 적당하지 않은 것은?

① 가압하여 증기의 압력을 높인다.
② 드레인 포켓을 설치한다.
③ 증기 공간 내에 공기를 제거한다.
④ 기수 분리기를 사용한다

해설 주증기관에서 증기의 건도를 향상시키는 방법
㉠ 트레인 포켓을 설치한다.
㉡ 증기 공간 내에 공기를 제거한다.
㉢ 기수 분리기를 사용한다.

38 보일러 기수 공발(carry over)의 원인이 아닌 것은?

① 보일러의 증발 능력에 비하여 보일러수의 표면적이 너무 넓다.
② 보일러의 수위가 높아지거나, 송기 시 증기 밸브를 급개하였다.
③ 보일러수 중의 가성소다, 인산소다, 유지분 등의 함유 비율이 많았다.
④ 부유 고형물이나 용해 고형물이 많이 존재하였다.

해설 기수 공발(carry over)의 원인
㉠ 보일러의 수위가 높아지거나 송기 시 증기 밸브를 급개하였다.
㉡ 보일러수 중의 가성소다, 인산소다, 유지분 등의 함유 비율이 많았다.
㉢ 부유 고형물이나 용해 고형물이 많이 존재하였다.

39 보일러 분출 시의 유의 사항 중 틀린 것은 어느 것인가?

① 분출 도중 다른 작업을 하지 말 것
② 안전 저수위 이하로 분출하지 말 것
③ 2대 이상의 보일러를 동시에 분출하지 말 것
④ 계속 운전 중인 보일러는 부하가 가장 클 때 할 것

해설 ④ 계속 운전 중인 보일러는 부하가 가장 작을 때 할 것

40 동관의 끝을 나팔 모양으로 만드는 데 사용하는 공구는?

① 사이징 툴 ② 익스팬더
③ 플레어링 툴 ④ 파이프 커터

해설 ① 사이징 툴 : 동관의 끝부분을 원으로 정형한다.
② 익스팬더 : 동관의 관 끝 확산용 공구이다.
④ 파이프 커터 : 동관 절단용 공구이다.

41 난방 부하 계산 시 고려해야 할 사항으로 거리가 먼 것은?

① 유리창 및 문의 크기
② 현관 등의 공간
③ 연료의 발열량
④ 건물 위치

해설 난방 부하 계산 시 고려해야 할 사항
㉠ 유리창 및 문의 크기 ㉡ 현관 등의 공간
㉢ 건물 위치 ㉣ 천장 높이
㉤ 건축 구조 ㉥ 주위 환경 조건
㉦ 마루 등의 공간

42 보일러에서 수압 시험을 하는 목적으로 틀린 것은?

① 분출 증기 압력을 측정하기 위하여
② 각종 덮개를 장치한 후의 기밀도를 확인하기 위하여
③ 수리한 경우 그 부분의 강도나 이상 유무를 판단하기 위하여
④ 구조상 내부 검사를 하기 어려운 곳에는 그 상태를 판단하기 위하여

해설 보일러에서 수압 시험을 하는 목적
㉠ 각종 덮개를 장치한 후의 기밀도를 확인하기 위하여
㉡ 수리한 경우 그 부분의 강도나 이상 유무를 판단하기 위하여
㉢ 구조상 내부 검사를 하기 어려운 곳에는 그 상태를 판단하기 위하여

43 온수 방열기의 공기빼기 밸브의 위치로 적당한 것은?

① 방열기 상부
② 방열기 중부
③ 방열기 하부
④ 방열기의 최하단부

해설 온수 방열기의 공기빼기 밸브의 위치 : 방열기 상부

44 온수 난방법 중 고온수 난방에 사용되는 온수의 온도는?

① 100℃ 이상
② 80~90℃
③ 60~70℃
④ 40~60℃

해설 고온수 난방에 사용되는 온수의 온도 : 100℃ 이상

45 관의 방향을 바꾸거나 분기할 때 사용되는 이음쇠가 아닌 것은?

① 벤드   ② 크로스
③ 엘보   ④ 니플

해설 ④ 니플 : 동경관을 직선 결합할 때 사용

46 보일러 운전이 끝난 후, 노내와 연도에 체류하고 있는 가연성 가스를 배출시키는 작업은?

① 페일 세이프(fail safe)
② 풀 프루프(fool proof)
③ 포스트 퍼지(post-purge)
④ 프리퍼지(pre-purge)

해설 ③ 포스트 퍼지(post-purge)의 설명이다.

47 온도 조절식 트랩으로 응축수와 함께 저온의 공기도 통과시키는 특성이 있으며, 진공 환수식 증기 배관의 방열기 트랩이나 관말 트랩으로 사용되는 것은?

① 버킷 트랩
② 열동식 트랩
③ 플로트 트랩
④ 매니폴드 트랩

해설 ① 버킷 트랩 : 기계적 트랩이다.
③ 플로트 트랩 : 일명 다량 트랩이라고도 하며, 응축수의 양이 많은 곳에 적합하다.

48 온수 난방의 특징에 대한 설명으로 틀린 것은?

① 실내의 쾌감도가 좋다.
② 온도 조절이 용이하다.
③ 화상의 우려가 적다.
④ 예열 시간이 짧다.

해설 ④ 예열 시간이 길다.

정답 42 ① 43 ① 44 ① 45 ④ 46 ③ 47 ② 48 ④

49 보일러 수위에 대한 설명으로 옳은 것은?

① 항상 상용 수위를 유지한다.
② 증기 사용량이 적을 때는 수위를 높게 유지한다.
③ 증기 사용량이 많을 때는 수위를 얕게 유지한다.
④ 증기 압력이 높을 때는 수위를 높게 유지한다.

해설 보일러 수위 : 항상 상용 수위를 유지한다.

50 고온 배관용 탄소강 강관의 KS 기호는?

① SPHT
② SPLT
③ SPPS
④ SPA

해설 ② SPLT : 저온 배관용 강관
③ SPPS : 압력 배관용 탄소강 강관
④ SPA : 배관용 합금강 강관

51 급수 펌프에서 송출량이 10m³/min이고, 전양정이 8m일 때, 펌프의 소요 마력은? (단, 펌프 효율은 75%이다.)

① 15.6PS
② 17.8PS
③ 23.7PS
④ 31.6PS

해설 펌프의 소요 마력(PS)

$$= \frac{r \times H \times Q}{75 \times 60 \times \eta}$$

$$= \frac{1,000 \times 8 \times 10}{75 \times 60 \times 0.75} = 23.7 PS$$

여기서, r : 물의 비중량(kg/m³)
H : 전양정(m)
Q : 분당 급수량(m³/min)
η : 효율

52 증기 난방 배관에 대한 설명 중 옳은 것은?

① 건식 환수식이란 환수 주관이 보일러의 표준 수위보다 낮은 위치에 배관되고, 응축수가 환수 주관의 하부를 따라 흐르는 것을 말한다.
② 습식 환수식이란 환수 주관이 보일러의 표준 수위보다 높은 위치에 배관되는 것을 말한다.
③ 건식 환수식에서는 증기 트랩을 설치하고, 습식 환수식에서는 공기빼기 밸브나 에어 포켓을 설치한다.
④ 단관식 배관은 복관식 배관보다 배관의 길이가 길고 관경이 작다.

해설 ① 건식 환수식이란 환수 주관이 보일러의 수면보다 높게 배관되어 응축수를 관 밑바닥으로 흐르게 하며 방열기 및 관 끝에 증기 트랩을 장치하여 증기가 환수관에 유입되는 것을 방지한다.
② 습식 환수식이란 환수 주관이 보일러의 수면보다 낮은 곳에 배관되어 항상 만수 상태로 흐르고, 건식 환수관보다 관 지름을 가늘게 할 수 있으나 겨울철 동결에 주의를 해야 한다.
④ 단관식 배관은 응축수와 증기가 동일 관 속을 흐르는 방식으로 소규모 난방 방식에 사용된다.

53 사용 중인 보일러의 점화 전 주의 사항으로 틀린 것은?

① 연료 계통을 점검한다.
② 각 밸브의 개폐 상태를 확인한다.
③ 댐퍼를 닫고 프리퍼지를 한다.
④ 수면계의 수위를 확인한다.

해설 ③ 댐퍼를 열고 프리퍼지를 한다.

정답 49 ① 50 ① 51 ③ 52 ③ 53 ③

54 다음 중 보일러의 안전 장치에 해당되지 않는 것은?

① 방출 밸브 ② 방폭문
③ 화염 검출기 ④ 감압 밸브

해설 ④ 감압 밸브 : 보일러의 송기 장치

55 에너지 이용 합리화법상 목표 에너지원 단위란?

① 에너지를 사용하여 만드는 제품의 종류별 연간 에너지 사용 목표량
② 에너지를 사용하여 만드는 제품의 단위당 에너지 사용 목표량
③ 건축물의 총 면적당 에너지 사용 목표량
④ 자동차 등의 단위 연료당 목표 주행 거리

해설 목표 에너지원 단위 : 에너지를 사용하여 만드는 제품의 단위당 에너지 사용 목표량

56 에너지 이용 합리화법에 따른 열 사용 기자재 중 소형 온수 보일러의 적용 범위로 옳은 것은?

① 전열 면적 24m² 이하이며, 최고 사용 압력이 0.5MPa 이하의 온수를 발생하는 보일러
② 전열 면적 14m² 이하이며, 최고 사용 압력이 0.35MPa 이하의 온수를 발생하는 보일러
③ 전열 면적 20m² 이하인 온수 보일러
④ 최고 사용 압력이 0.8MPa 이하의 온수를 발생하는 보일러

해설 소형 온수 보일러의 적용 범위 : 전열 면적 14m² 이하이며, 최고 사용 압력이 0.35MPa 이하의 온수를 발생하는 보일러. 다만, 구멍탄용 온수 보일러·축열식 전기 보일러·가정용 화목보일러 및 가스 사용량이 17kg/h(도시가스 232.6kW) 이하인 가스용 온수 보일러를 제외한다.

57 에너지 이용 합리화법 시행령에서 에너지 다소비 사업자라 함은 연료·열 및 전력의 연간 사용량 합계가 얼마 이상인 경우인가?

① 5백 티오이
② 1천 티오이
③ 1천5백 티오이
④ 2천 티오이

해설 에너지 다소비 사업자라 함은 연료·열 및 전력의 연간 사용량 합계가 2천 티오이 이상인 경우이다.

58 저탄소 녹색 성장 기본법령상 관리업체는 해당 연도 온실가스 배출량 및 에너지 소비량에 관한 명세서를 작성하고, 이에 대한 검증 기관의 검증 결과를 부문별 관장 기관에게 전자적 방식으로 언제까지 제출하여야 하는가?

① 해당 연도 12월 31일까지
② 다음 연도 1월 31일까지
③ 다음 연도 3월 31일까지
④ 다음 연도 6월 30일까지

해설 저탄소 녹색 성장 기본법령상 관리업체는 해당 연도 온실가스 배출량 및 에너지 소비량에 관한 명세서를 작성하고, 이에 대한 검증 기관의 검증 결과를 부문별 관장 기관에게 전자적 방식으로 다음 연도 3월 31일까지 제출한다.

59 에너지 이용 합리화법상 에너지 소비 효율 등급 또는 에너지 소비 효율을 해당 효율 관리 기자재에 표시할 수 있도록 효율 관리 기자재의 에너지 사용량을 측정하는 기관은?

① 효율 관리 진단기관
② 효율 관리 전문기관
③ 효율 관리 표준기관
④ 효율 관리 시험기관

정답 54 ④ 55 ② 56 ② 57 ④ 58 ③ 59 ④

해설 효율 관리 기자재의 에너지 사용량을 측정하는 기관 : 효율 관리 시험기관

60 다음 고효율 에너지 인증 대사 기자재의 종류가 아닌 것은?
① 펌프
② 산업 건물용 보일러
③ 무정전 전원 장치
④ 관류 보일러

해설 고효율 에너지 인증대상 기자재의 종류
㉠ 펌프
㉡ 산업건물용 보일러
㉢ 무정전 전원 장치
㉣ 폐열 회수용 환기장치
㉤ 발광다이오드(LED) 등 조명기기
㉥ 그 밖에 산업통상부장관이 특히 에너지 이용의 효율성이 높아 보급을 촉진할 필요가 있다고 인정하여 고시하는 기자재 및 설비

정답 60 ④

〈저자 약력〉

저자 김 재 호

- 한국폴리텍I대학 겸임교수
- 경남정보대학 외래교수

에너지관리기능사 기출문제집 필기 [핵심이론+10개년 기출]

1판 1쇄 발행	2024년 1월 10일	
2판 1쇄 발행	2025년 1월 10일	
3판 1쇄 발행	2026년 1월 12일	

저자 김재호
펴낸이 박 용
펴낸곳 도서출판 세화
주소 경기도 파주시 회동길 325-22(서패동69-2)
영업부 (031)955-9331~2
편집부 (031)955-9333
FAX (031)955-9334
등록 1978년 12월 26일 제1-338호

이 책에 실린 모든 내용에 대한 저작권은 도서출판 세화에 있으므로 무단으로 복사 복제할 수 없습니다.
copyright©Sehwa Publishing Co.,Ltd.

ISBN 978-89-317-1358-9 13530
정가 18,000원

독자 여러분의 의견을 기다립니다.
잘못된 책은 교환하여 드립니다.